조경기능사 실기 [조경작업]

개정15판1쇄 발행일	2026년 1월 5일	
개정15판1쇄 인쇄일	2025년 11월 3일	
초판인쇄일	2010년 2월 10일	

발 행 인   박영일
책 임 편 집   이해욱
편 저   이우성

편 집 진 행   윤진영 · 장윤경
표지디자인   권은경 · 김전흥선
편집디자인   정경일

발 행 처   (주)시대고시기획
출판등록   제10-1521호
주   소   서울시 마포구 큰우물로 75 [도화동 538 성지(B/D)] 9F
전   화   1600-3600
팩   스   02)701-8823
홈 페 이 지   www.sdedu.co.kr

I S B N   979-11-434-0422-0(13520)
가   격   29,000원

※ 저자와의 협의에 의해 인지를 생략합니다.
※ 이 책은 저작권법에 의해 보호를 받는 저작물이므로 동영상 제작 및 무단전재와 복제를 금합니다.
※ 잘못된 책은 구입하신 서점에서 바꾸어 드립니다.

조경기능사 실기 조경작업 한권으로 끝내기

시험 안내

합격의 공식 Formula of pass | 시대에듀 www.sdedu.co.kr

머리글

조경은 삶이 있는 종합예술입니다. 집 주변에 수목을 가꾸고 정원을 꾸미는 일은 개인의 삶에 활력을 주고, 잘 가꾸어진 녹지와 공원들은 도시를 숨쉬게 합니다. 자연에 대한 현대인의 욕구는 우리가 사는 도시 곳곳에 영감을 불러냅니다. 새로 짓는 아파트 단지들은 수목을 가꾸는 공간을 늘려 자연과 환경이라는 이미지를 강조하고, 고층건물에서도 정원을 가꾸는 일이 많아졌습니다. 조경과 관련한 선업들이 발전하면서 조경설계와 시공, 관리 업무를 전문적으로 할 수 있는 인력의 필요성도 점차 증대되고 있습니다.

한국산업인력공단에서는 조경전문인력 양성을 위해 조경기능사 자격시험을 시행하고 있고, 이 자격증을 취득하면 다양한 조경 분야로의 진출이 가능합니다. 최근에는 재취업 희망자들이 조경 분야로의 진출을 위해 조경기능사 취득을 선호하고 있습니다.

조경기능사 자격증을 취득하고자 하는 여러분은 조경전문가로 성장하는 길의 첫 번째 관문에 도전하는 것입니다. 이 책은 그런 여러분의 도전에 안내자가 되기 위해 쓰여졌습니다. 특히, 조경기능사 실기시험 대비에 유용한 지침서가 되어 줄 것입니다.

본 도서의 특징

01 조경설계의 순서, 방법, 시험에서 꼭 필요한 요령이 친절하게 설명되어 있습니다.

02 조경기능사 자격 취득자분들 많이 강의해 온 저자의 경험을 바탕으로 기존 실기교재에서 아쉬웠던 점들이 보완되었습니다.

03 높은 수준의 실전 연습문제들이 수록되어 있습니다. 이 책에 실린 문제들로 꾸준히 연습하여 조경설계 실기시험에 자신감을 가지시길 바랍니다.

04 직접 손으로 작도한 모범 답안이 제시되어 있습니다. 실기시험에서 중요한 것은 시간 내에 정확한 설계도면을 그려내는 것입니다. 수험생 여러분들이 제도를 연습하면서 참고할 수 있도록 저자가 한 장 한 장 손으로 그린 도면이 수록되어 있습니다.

아무쪼록 이 책과 함께 조경기능사 시험을 준비하는 여러분들이 모두 합격의 기쁨을 누릴 수 있기를 기원합니다. 또한, 자격증을 취득한 여러분들이 조경전문가로서 현장에서 아름다운 도시경관을 만드는 데 기여하고, 개인의 품을 향해 한걸음 나아갈 수 있기를 기원합니다.

수목을 진정으로 사랑하고 가꾸는 조경전문인이 많아진다면 조경의 미래는 더욱 발을 것이라 기대합니다. 책을 만드느라 함께 고생한 학교 졸업생, 여러 선생님, 자료 정리하느라 수고한 세 딸, 그리고 간식하느라 수고가 많았던 안사람에게 감사를 드립니다.

편저자 이우섬 씀

합격의 공식
온라인 강의

보다 깊이 있는 학습을 원하는 수험생들을 위한
시대에듀 동영상 강의가 준비되어 있습니다.

www.sdedu.co.kr → 회원가입(로그인) → 강의 살펴보기

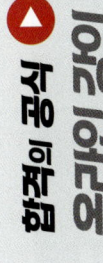

조경기능사 실기 조경작업 한권으로 끝내기

시험 안내

합격의 공식 Formula of pass | 시대에듀 www.sdedu.co.kr

개 요

급속한 산업화에 따른 환경의 파괴로 인하여 환경 복원과 주거환경 문제에 대한 관심과 그 중요성이 부각됨으로써 공종별 전문인력으로 하여금 생활공간을 아름답게 꾸미고 자연환경을 보호하고자 도입하여 시행한다.

수행직무

자연환경과 인문환경에 대한 현장조사를 수행하여 기본구상 및 기본계획을 수립하고, 부분적 실시설계를 이해하고 현장여건을 고려하여 시공을 통해 조경결과물을 도출하며, 이를 관리하는 직무를 수행한다.

취득방법

- 시행처 : 한국산업인력공단(www.q-net.or.kr)
- 실기시험과목 : 1일차(도면설계, 수목감별), 2일차(조경시공작업)
- 실기검정방법 : 작업형(3시간)
- 합격기준 : 100점 만점에 60점 이상

실기시험일정

구분	실기원서접수	실기시험	최종 합격자 발표일
제1회	2월 초순	3월 중순	4월 중순
제2회	4월 중순	5월 하순	7월 초순
제3회	7월 하순	8월 하순	9월 하순
제4회	10월 중순	11월 하순	12월 하순

※ 상기 시험일정은 시행처의 사정에 따라 변경될 수 있으니 www.q-net.or.kr에서 확인하시기 바랍니다.

실기시험 출제기준

과목명	주요항목	세부항목	
조경 기초 실무	조경기초설계	• 조경디자인요소 표현하기 • 전산응용도면(CAD) 작성하기	• 조경식물재료 파악하기 • 조경인공재료 파악하기
	조경설계	• 대상지 조사하기 • 조경기반 설계하기 • 조경설계도서 작성하기	• 관련분야 설계 검토하기 • 조경식재 설계하기 • 기본계획안 작성하기 • 조경시설 설계하기
	기초 식재공사	• 굴취하기 • 수목 식재하기	• 수목 운반하기 • 지피 초화류 식재하기 • 교목 식재하기
	조경시설공사	• 시설 설치 전 작업하기 • 놀이시설 설치하기 • 환경조형물 설치하기	• 안내시설 설치하기 • 운동시설 설치하기 • 데크시설 설치하기	• 옥외시설 설치하기 • 경관조명시설 설치하기 • 펜스 설치하기
	조경포장공사	• 조경 포장기반 조성하기 • 탄성포장 공사하기 • 조경 콘크리트포장 공사하기	• 조경 포장경계 공사하기 • 조립블록 포장 공사하기	• 친환경흙포장 공사하기 • 조경 투수포장 공사하기
	잔디식재공사	• 잔디 기반 조성하기	• 잔디 식재하기	• 잔디 파종하기
	실내조경공사	• 실내조경기반 조성하기 • 실내조경시설 · 점경물 설치하기		• 실내녹화기반 조성하기 • 실내식물 식재하기
	조경공사 준공 전 관리	• 병해충 방제하기 • 제초관리하기 • 시설물 보수 관리하기	• 관배수관리하기 • 전정관리하기	• 시비관리하기 • 수목보호조치하기
	일반 정지전정관리	• 연간 정지전정 관리계획 수립하기 • 가지 솎기 • 생울타리 다듬기 • 화목류 정지전정하기	• 굵은 가지치기 • 생울타리 다듬기 • 화목류 정지전정하기	• 가지 길이 줄이기 • 가로수 가지치기 • 소나무 순 자르기
	관수 및 기타 조경관리	• 관수하기 • 월동 관리하기 • 실내 식물 관리하기	• 지주목 관리하기 • 청결 유지 관리하기	• 멀칭 관리하기

시험 안내

이무설 교수님이 알려 주는 조경설계기 시험 시 유의사항

조경설계 시 유의사항

❶ 조경계획도(평면도) 작도 시 중점사항

① 문제에 주어진 요구사항에 유의합니다.
② 요구사항에 주어진 수치(퍼걸러, 벤치, 주차장, 등고선 간의 높이차 등)를 빨간색으로 표시한 후 제도합니다.
③ 테두리선은 처음에는 가는 실선(0.2~0.3mm)으로 긋고, 마지막에는 굵은 실선(1.0~2.0mm)으로 그려서 제출합니다.

▶ 이유 : 처음부터 테두리선을 굵은 실선으로 작도하면 연필이 묻어서 지저분해집니다.

④ 수목의 표현 시 템플릿을 최대한 활용하면 빠르고 정확하게 작도할 수 있습니다.
⑤ 평면도 작도 시 모든 것을 그려 주는 것이 하는 받과 한 수를 차순로 완성하여 작도하는 법이 있는데, 처음에는 모든 것을 작도하는 데 시간이 걸리지만 점점 빨라지므로 모든 것을 희박한 연합게 그려서 작도하는 것이 수험자들에게는 유리합니다.
⑥ 수목식재 시 주어진 수목표에 표시하거나 0에 수목수량표를 먼저 작성하여 그것을 근거로 순차적으로 식재하고 수량을 표제란에 기록하면 수월합니다.
⑦ 요구사항에 '중부지역'이란 글이 있으면 남부지역의 수종은 식재하지 말아야 합니다.

▶ 이유 : 남부지방에서 자생하거나 가꾸진 나무를 중부지방에 식재하면 날씨가 추워 고사할 염려가 있기 때문입니다. 하지만 요즘 들어서는 남씨가 온난화되고 있어 수종 구분에 여러움이 있습니다. 요컨대, 남부수종을 반드시 구분할 수 있어야 합니다.

⑧ 위요공간과 수공간의 작도를 연습해 두어야 하며, 단면도 작도 시 주의해야 합니다.
⑨ 식수대(Plant Box) 설계 시 식수대 옆에는 경계석이 필요 없으므로 유의해야 합니다.
⑩ 식수대에는 거의 관목을 군식해야 하나, 식수대 옆에 심는 경우에는 활엽교목을 단식하면 됩니다.
⑪ 반지는 가능하면 활엽교목이나 등으로 수목보호대 밴치는 부두와 같이 붙어 놓으면 되고, 휴지통은 지나와 같이 근처에 설치하면 됩니다.
⑫ 이외에도 여러 가지가 있지만 공부하면서 터득해 볼 것을 권장합니다.

❷ 단면도 작도 시 중점사항

① 평면도상에 있는 단면선의 화살표을 앞쪽으로 향하게 하고 평면도를 확인합니다.
② 종종 (A-A')와 (A'-A) 때문에 신경이 쓰이겠지만 문제되어 있는 판계치 않고 좌측이 먼저, 우측이 다음에 훅칭 되다는 것이 중요합니다.
③ 단면선에 따라 애매하게 잘리는 경우가 많이 발생할 수 있습니다.
  - 수목이 끝이 절단된 경우
  - 퍼걸러 혹은 정글짐이 자리만 절단된 경우
  - 그네, 시소, 벤치가 대각선으로 절단된 경우
④ 위의 경우가 수험자를 어렵게 하므로 평면도 작도 시 수목·시설물을 설치하기 전에 단면선을 작도하여 위와 같이 애매한 경우를 사전에 막을 수 있습니다.
⑤ 단면도가 가장 까다로운 것이 요구경관입니다.
  - 등고선이 명확하지 않으면 등고선의 위치를 확인하기가 어려우므로 여러우므로 부드럽게 국선으로 진하게 작도해 주어야 합니다.
  - 각 등고선마다 높이차가 있으므로 높이점을 잘 나서 부드럽게 국선으로 연결해 주면 됩니다.
⑥ 단면도의 핵심요소는 지하단면도(포장상세도)입니다.
  - 도면에서 축척을 생명입니다.
  - 단면도 축척(1/100)대로 포장재료의 두께를 표시하기가 어렵습니다.
  - 이런 경우 상세도를 작도하여 도면의 신뢰성을 높일 수 있습니다.
  - 상세도는 도면의 전체 축척보다 확대하여 작도하면 되는데 1/30~1/10의 축척을 사용하여 포장상세도를 작도하면 됩니다.
⑦ GL의 상부에는 수목의 임면 작도하면 되므로 침엽·활엽을 간단히 표시하면 됩니다.
⑧ 수목·시설물의 명칭을 인출선을 이용하여 도시하면 됩니다.
⑨ 단면도 상부에는 공간의 구분을 하면 되는데, 문제의 요구사항을 참고해야 합니다.
⑩ 단면도 작도 시 균형을 유지하고 간격을 잘 맞추기 위해서는 가는 실선으로 보조선을 그려서 활용하면 됩니다.

조경기능사 실기 조경작업 한권으로 끝내기
합격의 공식 Formula of pass | 시대에듀
www.sdedu.co.kr

시험 안내

수목의 감별하기 요령

❶ 출제방법 : PC와 빔 프로젝터를 이용하여 출력된 수목의 이미지파일을 보고 감별하는 방법
  ① 실제 수험장소에서 수험자는 프로그램을 제어할 수 없습니다.
  ② 10~20개 수종을 질문합니다(변경될 수 있습니다).
  ③ 한 수종당 2~6개의 사진이 제공됩니다(변경될 수 있습니다).
  ④ 사진당 5초 정도 보여 줍니다.
  ⑤ 수험자는 제공되는 화면을 보고 수종의 이름을 시험지에 작성합니다.

❷ 공부요령
  도서에 포함되어 있는 조경기능사 수목감별 표준수종목록(192p)을 참고하여 학습합니다.

작업형 실기과제 요령

❶ 시험 당일 준비사항
  ① 복장 : 작업복에 장갑, 작업화(안전화), 공구용 가방은 필수요소입니다.
  ② 필수공구 : 전지가위, 삼각자, 줄자(2m 이상), 쇠망치, 고무망치
  ③ 태도 : 항상 적극적인 자세가 좋고, 실사 모르는 구술문제를 물으면 틀리는 한이 있어도 크게 답하는 것이 좋습니다.

❷ 시험장별 유의사항
  ① 시험 장소에 따라서 작업 여건이 다릅니다.
  ② 두 가지 과제를 A조, B조로 나누어 서로 교체해서 응시합니다.
  ③ 여러 명이 같은 과제로 응시하기 때문에 요령이 필요합니다.

❸ 과제별 유의사항
  ① 교목식재
   • 표토를 두 섬좀 파서 모아 놓습니다.
   • 공구는 반드시 앉아 놓습니다(삽, 레이크).
   • 죽쑥기를 물 없이 액션으로 성의껏 하십시오.
  ② 지주목 세우기
   • 삼각(사각) 지주목 세우기
    – 각목과 각목을 못으로 고정하는 작업으로 연습이 필수입니다.
    – 직점 해 보지 않으면 시험 당일 어려움이 많습니다.
    – 섬멀이지주와는 방법이 다르기 때문에 못 박는 연습이 중요합니다.
   • 벽돌포장
    – 포장할 기초 바닥을 잘 다져서 벽돌을 밟아도 땅이 까지지 않아야 합니다.
    – 벽돌 포장은 : 쌔를 모래와 혼합한 후 1/2을 삽에 보관하십시오.
    – 포장함 후에는 : 첫 곳부터 포장한 후 작은 것으로 마무리합니다.
   • 잔디 깎기 : 잔디가 드러나도록 마지막 마무리를 손으로 해 줍니다.
   • 수간주사
    – 과거에는 구두로 했으나 현재는 실제로 시행하는 곳이 많습니다.
    – 드릴작업을 연습해야 합니다.
   • 관목의 열식과 군식
    – 간격(30cm)에 유의해야 합니다.
    – 열식을 한 줄로 하지 말고 교호식재합니다.

조경기능사 실기 조경작업 한권으로 끝내기

합격의 공식 Formula of pass | 시대에듀 www.sdedu.co.kr

시험안내

합격수기

조경기능사 자격증을 따다!

— 장세희

약 2달간에 걸쳐 열심히 준비한 덕에 생애 처음으로 기능사 자격증을 얻었다. 오랜 기간 동안 몸담았던 정든 직장을 갑작스런 결정으로 퇴직하고, 퇴직 후 직업 대책에 대한 준비를 할 시간적인 여유가 없었다. 하지만 급하게 무엇인가를 해야 한다는 강박관념에서 자유로워져야 한다는 생각을 하였고, 바로 노사공에서 운영하는 재취업 센터에서 1달간 교육을 받으며 그간 살아온 지난 시간에 대한 삶에 대한 앞으로 무엇을 할 것인가에 대한 진지한 고민을 하게 되었다. 그간 일에 대한 깊은 애정 속에서 그 누구보다도 즐거움과 행복을 느끼며 열심히 노력해 왔었다고 자부한다. 하지만 한 가지 중요하고도 쉬운 점은 과연 내가 일에 대한 즐거움을 가질 수 있었는지에 대한 것이었다. 그것을 확인한 후에는 바로 갈 길을 정할 수 있었다. 바로 조경이었다.

조경에 대해서는 좋아하는 것이기에 열심히 할 것이고 열심히 할 수 있어 더더욱 좋아질 것이라는 결론을 내릴 수 있었다. 그에 따라 멀리에서 관심만 가졌던 조경에 대한 준비가 필요했다. 조경과 세무교육기관인 직업전문학교에 기능사 자격을 얻기 위한 준비에 들어갔다. 조경공부를 시작하며 나에겐 행운도 같이 따라 주었다. 조경에 깊은 애정을 갖고 계신 교수님을 만날 수 있었고, 그 분과 같이 공부하는 것만으로도 충분한 동기부여가 되었고 따라서 열심히 준비했으므로 그것을 준비하는 것이 나에겐 즐거움이었다. 모든 일이 그렇듯 내가 이욱과 노력으로 좋은 결과를 만들어 내야 한다. 하지만 기대한 결과를 만들어 내기 위하여 나름의 공부 방법을 찾는 것도 중요했다.

필기시험 준비시간이 짧아 시험을 앞두 매칠을 잠 못드는 악을 먹으며 밤을 샌 적도 있다. 나름 열심히 준비한 덕분에 필기에 합격했고, 실기 준비에 하루같이 계속적인 반복실습이 필요했다. 또한 이느 정도 수준에 오르기 위해서 하루에 한 장을 목표 장수로 정하고 그리기는 계속하여 공부했다. 처음엔 서툴고 익숙하지 않아 도면 그리는 데 많은 시간이 필요해서 잠자는 시간을 줄일 수밖에 없었다. 기능사 시험을 준비하며 적은 수면 시간이 지하철 안에서 대신하면서 짧은 시간이지만 지하철 안에서의 잠이 꿀잠이라는 것도 느낄 수 있었다. 지하철이 혼자 하철 안에서 대신하면서 아주 적합한 공간이라는 것을 안 후로 자기관리를 즐기게 되었다. 실기시험에 대한 도면작성, 포장, 식재, 그리고 수종 감별 등을 공부하고, 시험장소를 사전 방문하여 현장 파악 등에도 개을리 하지 않았던 덕택에 조경기능사 자격증을 얻었고, 현재도 조경에 관련된 자격증에 계속 도전 중이다. 그리 어려운 시험은 아니지만 그럼에도 불구하고 최선의 노력을 다한 것이며 그와 같은 시작이 장대한 꿈을 만든다는 그 목표를 향해 시간계획을 짜고 계획대로 실행하는 철저하게 준비하는 자세가 중요하고, 또한 목표가 정해지면 그 목표를 향해 시간계획을 짜고 계획대로 실행하는 것은 몇 번을 말해도 부족할 것이다.

이런 글귀가 생각난다. 꿈이 있는 자는 목표가 있다. 목표가 있는 자는 계획이 있다. 계획이 있는 자는 실천이 있다. 실천이 있는 자는 결과가 있다. 결과가 있는 자는 반성을 하게 된다. 반성을 하게 되면 새로운 꿈을 꾸게 된다.

모든 분들이 꿈을 이루는 한 해가 되길 바란다.

이 책의 목차

PART 01 | 조경설계

CHAPTER 01 기초조경의 설계작업
- 제1절 기초제도 … 003
- 제2절 조경제도의 기본 … 005
- 제3절 조경요소 설계 … 009
- 제4절 공간별 조경설계 … 021
- 제5절 조경설계 순서 … 027

CHAPTER 02 조경설계도면 작성
- 제1절 도로변 소공원 … 034
- 제2절 도심 휴식공간 … 039
- 제3절 도심 휴게공간 … 044
- 제4절 도심 휴식공원 … 048
- 제5절 열린 광장공원 … 053
- 제6절 아파트 단지 휴게공간 … 057
- 제7절 근린 휴게공원 … 061

CHAPTER 03 조경설계 문제와 해답도면 … 065

PART 02 | 수목의 감별

CHAPTER 01 조경식물의 식별작업
- 제1절 수목의 성상에 의한 식별 … 151
- 제2절 수목의 형태에 의한 식별 … 152
- 제3절 수목의 관상에 의한 식별 … 159
- 제4절 수목의 규격에 의한 식별 … 160
- 제5절 수목 식별의 실습과제 … 161

CHAPTER 02 조경식물의 식재작업
- 제1절 식재 일반 … 165
- 제2절 식생계획 및 설계 … 166
- 제3절 경관조성식재 … 174

CHAPTER 03 꼭 알아두어야 할 나무 … 185

PART 03 | 조경시공작업

CHAPTER 01 조경시공작업하기
- 제1절 잔디시공작업 … 195
- 제2절 원로포장작업 … 197
- 제3절 수목식재작업 … 200

CHAPTER 02 조경작업형 실기
- 제1절 조경작업형 실기시험 과제 … 202
- 제2절 조경 실기시험 채점기준 과년도 출제문제 목록 … 207
- 제3절 조경실습 구술 예상문제 … 211
- 제4절 단면상세도 참고자료 … 213

부 록 | 기출복원문제와 해답도면
- 제1절~제49절 기출복원문제와 해답도면 … 219

조경기능사 실기 [조경작업]

PART 01 조경설계

합격의 공식 시대에듀 | www.sdedu.co.kr

CHAPTER 01 기초조경의 설계작업

CHAPTER 02 기초조경의 도면작성

CHAPTER 03 조경설계 문제와 해답도면

합격의 공식 시대에듀 www.sdedu.co.kr

CHAPTER 01 기초조경의 설계작업

제1절 기초제도

1 제도용구

(1) 제도용 필기구

① **제도용 연필** : 제도용으로 쓰는 연필은 연필심의 굵기나 심의 굳고 무른 정도를 잘 알고 써야 한다. 무른 정도에 따라 H, HB, B 등으로 표시되는데 주로 HB, B가 쓰인다. B가 많을수록 진하고 무르며 H가 많을수록 연하고 단단하다.

② **샤프펜슬** : 요즘에는 연필보다 일정한 굵기의 선을 그을 수 있는 샤프펜슬이 일반적으로 쓰인다. 굵기에 따라 0.3, 0.5, 0.7, 0.9mm로 분류되며 세밀하고 명확한 제도를 할 수 있어서 좋다.

③ **홀더** : 비교적 굵은 선(2.0mm)을 그을 수 있지만 긋는 각도에 따라 굵기가 달라질 수 있기 때문에 초보자는 여러 번 긋는 연습을 해야만 정확한 제도를 할 수 있다.

④ **로트링 펜** : 과거에는 잉크로 제도를 하고 청사진을 떠서 작업에 참고하였다. 로트링 펜은 잉킹제도를 할 때 사용하는 필기도구이며 최근에는 잘 사용되지 않지만 도면의 청결도나 선명도면에서는 탁월하다.

제도용 필기구				
연 필	샤프펜슬	홀 더	로트링 펜

(2) 선긋기 도구

① **수평선 긋기**
  ㉠ T자 : 쉽고 빠르게 수평선을 긋는 도구로 모양이 알파벳 T와 같아 T자라 한다.
  ㉡ 평행자 : 보통 제도판에 부착되어 있고 제도판의 양쪽을 따라 이동하게 되어 있어서 수평선을 가장 손쉽게 그릴 수 있는 도구이다.
  ㉢ 만능 제도용 자 : 수직자와 수평자가 장치되어 있어서 수평과 수직선을 동시에 그릴 수 있다. 수작업 설계에서 가장 중요한 도구이다.

② **수직선, 사선 긋기**
  ㉠ 삼각자 : 30°, 45°, 60°, 75°, 90°, 105°, 120° 등의 선을 그릴 수 있다.
  ㉡ 각도자 : 삼각자로 그릴 수 없는 사선을 그을 때 사용되며 각도를 조절해야 한다.

③ **곡선 긋기**
  ㉠ 운형자 : 모양이 하늘에 떠 있는 구름의 형상이라 해서 운(雲)형자라고 하며 원호 이외의 곡선을 그을때 사용된다.
  ㉡ 자유곡선자 : 곡선을 자유로이 만들어서 그을 수 있게 되어 있어 널리 사용된다.
  ㉢ 템플릿 : 셀룰로이드, 아크릴 등의 얇은 판에 각기 다른 원형, 삼각형, 사각형, 다각형의 구멍을 뚫어 놓은 모양이다. 기초제도에서 사용 빈도가 높으며 특히 조경제도에서는 아주 중요한 형상제도용 도구로 사용된다.
  ㉣ 컴퍼스 : 원 또는 원호를 그릴 때 자유롭게 사용하는 도구이며 보통 소형, 중형, 대형이 있지만 가장 많이 사용되는 것은 중형 컴퍼스이다.

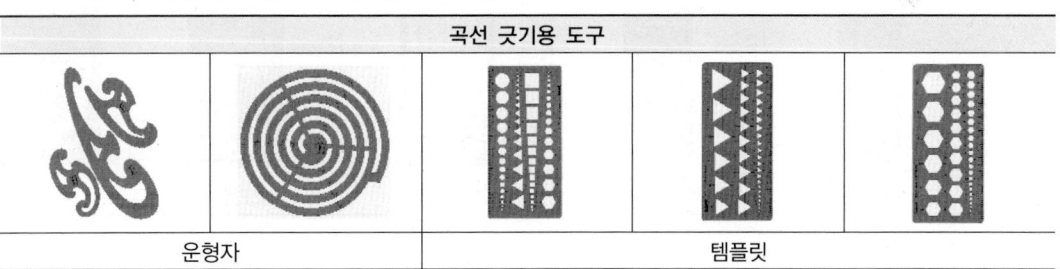

곡선 긋기용 도구		
운형자	템플릿	

(3) 제도용지

① 방안지(모눈종이) : 바둑판처럼 가로, 세로가 같은 선을 그은 것으로 간단한 제도나 스케치를 할 때 편리하게 이용한다.
② 원도용지 : 와트만지는 다소 두껍고, 켄트지는 일반적으로 사용되는 원도지이다.
③ 트레이싱지 : 원도를 그린 후 원도 위에 깔고 먹물 또는 잉크로 투사하는 것을 '트레이싱'이라 하며 반투명 용지를 사용한다.

(4) 기타 도구

① 스케일 : 축척에 맞추어 길이를 줄일 때 주로 쓰이고 금긋기나 치수를 표시할 때도 이용한다. 축척에는 1/100, 1/200, 1/300, 1/400, 1/500, 1/600 6가지가 있고 길이는 10cm, 30cm가 있다.
② 레터링 세트 : 한글, 영문, 숫자를 도면에 정형으로 적는 데 사용한다.
③ 지우개 판 : 얇은 강철판에 새겨진 구멍을 이용하여 지우고자 하는 부분을 세밀하게 지우는 데 사용하는 도구이다.
④ 제도용 솔 : 지우개로 지운 후 입김으로 불거나 손으로 쓸어내게 되면 도면이 지저분해지므로 솔을 이용해 가볍게 쓸어내리면 청결함을 유지할 수 있다.
⑤ 종이 테이프(마스킹) : 도면용지를 제도판 위에 고정시킬 때 사용되며 테이프를 붙였다 떼어내도 자국이 남지 않아서 사용하기 편하다.

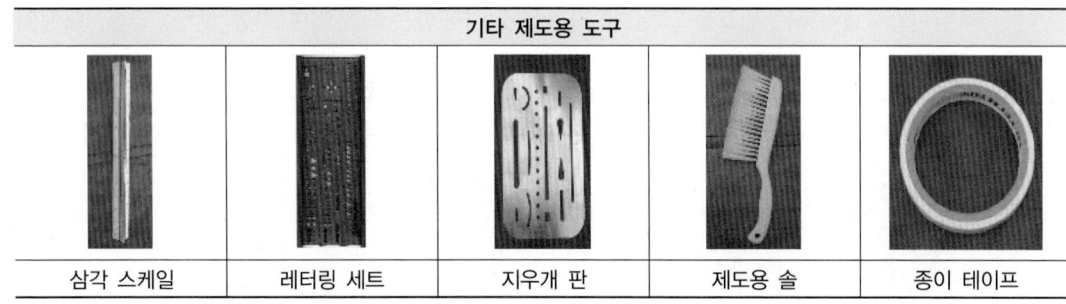

| 삼각 스케일 | 레터링 세트 | 지우개 판 | 제도용 솔 | 종이 테이프 |

기타 제도용 도구

(5) 제도판과 제도대

① 제도판
  ㉠ 용도 : 제도할 때 제도용지를 올려놓고 그리는 판
  ㉡ 품질 : 표면에 굴곡이 없어야 하고 사각모서리가 직각이며 마주 보는 면이 평행하여야 좋은 제도판이라 할 수 있다.
  ㉢ 규격 : 두께는 20~30mm이며 크기는 120×90cm, 105×75cm, 90×60cm, 60×45cm인 것이 있으므로 설계에 알맞은 규격을 선택하여 제도한다.
② 제도대 : 제도판을 올려놓고 사용할 수 있는 대로서 높이와 경사도를 조절할 수 있는 것이 편리하고 효과적이다.
③ 휴대용 평행제도판 : T자를 별도로 사용하지 않도록 평행자가 부착되어 있으며 이동하기 쉽도록 손잡이가 달려 있다. 어느 책상 위에서도 제도가 가능하고 가방 속에 넣어 휴대하기에도 편리하다.
④ 만능제도기 : 삼각자, 눈금자, 각도기 등의 여러 가지 기능을 겸할 수 있어서 붙여진 이름이다. 특별한 제도용 도구가 없어도 제도가 가능한 말 그대로 만능인 제도기이다.

(6) 기타 제도용 도구

① 사포 : 연필의 굵기를 조절할 때 사용
② 작은 헝겊 : 수시로 제도용품을 닦을 때 사용
③ 도면파일 : 도면이 훼손되지 않도록 보관할 때 사용

2 제도용품 사용시 유의사항

(1) 제도하기 전에 깨끗이 청소한 후 사용한다.

(2) 사용시 무리한 힘을 주지 않는다.

(3) 적재적소에 맞는 제도용 도구를 사용한다.

(4) 항상 자세를 바르게 한다.

(5) 제도용품이 손에 익을 때까지 연습을 게을리하지 않는다.

제2절 조경제도의 기본

1 스케일바의 표현

(1) 그래픽 스케일바(스케일)

그래픽 스케일바는 도면의 축소 또는 확대된 것의 실제 관계를 나타내 준다. 방위와 함께 쓰이기도 한다.

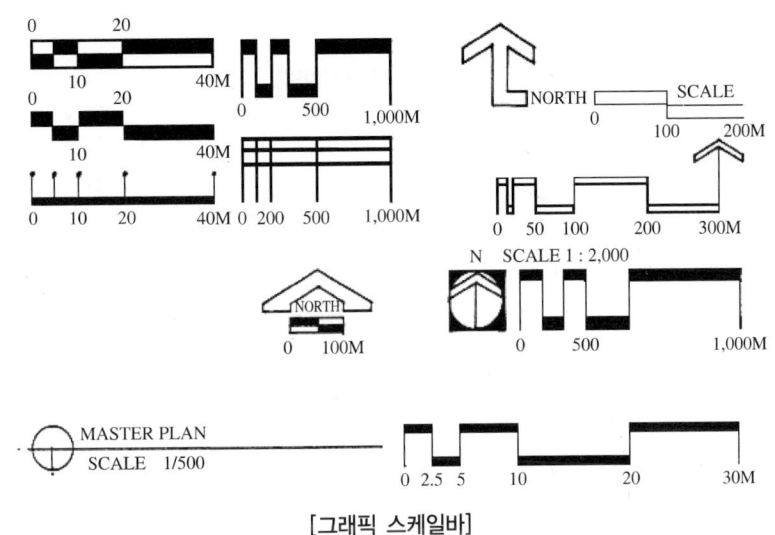

[그래픽 스케일바]

(2) 수목의 평면 표현기법

조경 수목의 표현은 일반적으로 하늘에서 본 형태를 기본으로 하며, 설계자에 따라 약간씩 표현 방법을 달리할 수 있다. 수목의 성상별 종류에 따라 다른 표현기법을 쓴다.

① 교목의 표현
  ㉠ 프리핸드로 기본선 연습
   • 조경 수목의 표시는 손끝의 섬세함으로 표현하여야 한다.
   • 꾸준한 연습으로 손끝의 감각을 익혀두는 것이 필요하다.
   • 직선, 곡선, 자유곡선 등을 자연스럽게 표현할 수 있도록 한다.
   • 억지로 모양을 그리지 말고 자연스럽고 단순하게 표현하는 것이 좋다.

  ㉡ 운형자, 템플릿을 활용하는 법
   • 새로 구입한 운형자나 템플릿이 자신의 손에 익숙해질 때까지 꾸준한 연습이 필요하다.
   • 조경 수목의 표현에서 템플릿을 잘 활용하면 설계시간을 줄일 수 있다.
   • 적절한 템플릿의 모양을 이용하여 수목의 표현과 시설물의 표현에 활용한다.
   • 교목의 표현에서 침엽수, 활엽수 모두 템플릿의 공간 안에서 표현하여야 한다.
   • 템플릿의 테두리가 울타리라 생각하고 부드럽고 단순한 형태로 교목을 표현한다.
   • 잎의 모양과 나무의 크기에 따라 템플릿의 규격을 달리하여 사용한다.

  ㉢ 원을 그리고 프리핸드로 수목 표현
   • 템플릿으로 원을 그리고 원 안에 교목을 표현한다.
   • 프리핸드가 익숙하면 표현이 쉽게 된다.
   • 잘못하면 원의 밖으로 선이 빠져나와서 도면이 지저분해질 수 있다.

② 침엽교목 표현
  ㉠ 모든 선이 중심에서 교차되도록 표현한다.
  ㉡ 한쪽에 더 많은 선을 추가하면 길이감을 준다.
  ㉢ 외형선은 침의 모양으로 뾰족하게 표현한다.
  ㉣ 자신만의 표현기법을 개발하여야 한다.
  ㉤ 침엽수 표현이 쉽게 되지 않으므로 꾸준한 연습이 요구된다.
  ㉥ 수목이 깔끔하게 표현될 때까지 반복하여 그려본다.
  ㉦ 처음에는 템플릿 안에서 연습하고 숙련도가 높아지면 밖에서 표현한다.

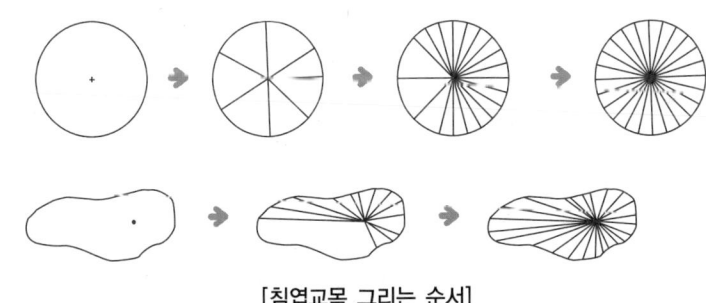

[침엽교목 그리는 순서]

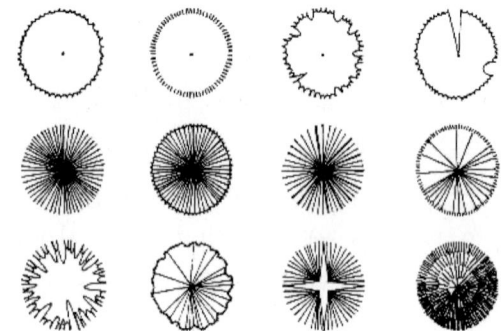

[침엽교목의 다양한 표현방법]

③ 활엽교목 표현
   ㉠ 외형선에 의하여 수목을 표현한다.
   ㉡ 수목이 완전히 성장하여 퍼진 상태의 수관 폭의 크기를 기준으로 한다.
   ㉢ 흐린 보조선을 사용하여 수목의 중심을 표시한다.
   ㉣ 두 개의 외형선에 의한 표현은 외부의 선을 진하게 한다.
   ㉤ 자신만의 표현기법을 개발하는 것이 좋다.
   ㉥ 활엽수 표현은 비교적 쉽게 표현되지만 꾸준한 연습이 요구된다.
   ㉦ 수목이 깔끔하게 표현될 때까지 반복하여 그려본다.
   ㉧ 처음에는 템플릿 안에서 연습하고 숙련도가 높아지면 밖에서 표현한다.

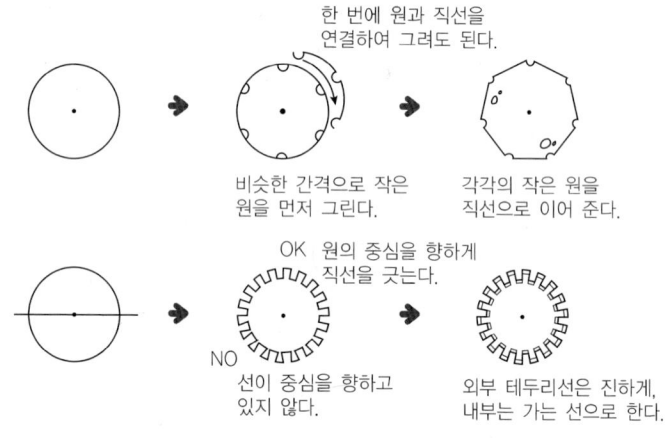

[활엽교목 그리는 순서]

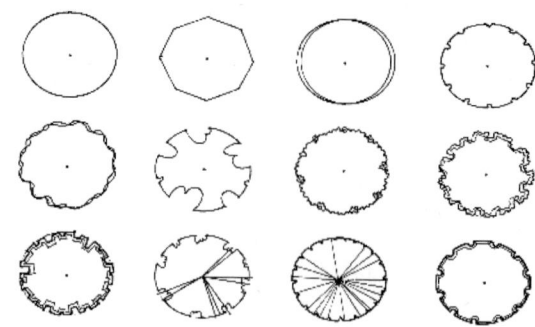

[활엽교목 표현방법]

④ 잎의 질감을 나타낸 수목 표현
   ㉠ 하나의 형태를 테두리 주변에 반복하여 그리고, 그림자가 진 부분에 겹쳐 그려서 구멍을 나타낸다.
   ㉡ 지나치게 상세한 표현은 산만하게 보일 수 있다.
   ㉢ 그림자가 진 부분이 일정하도록 표현해야 한다.
   ㉣ 실제 기능사 시험에서는 시간관계로 활용하기 쉽지 않으나 프리핸드로 연습한다.
   ㉤ 관목의 표현이나 원로 포장재료 설계에 유용하게 활용된다.

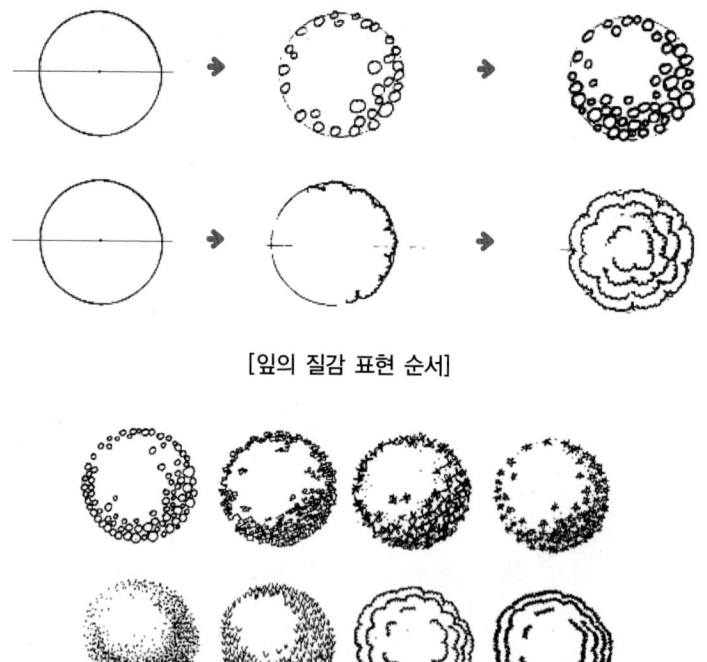

[잎의 질감 표현 순서]

[잎의 질감의 다양한 표현방법]

⑤ 가지의 형태에 의한 수목 표현
  ㉠ 두껍게 된 중심이 테두리를 향해서 점차 가늘어지도록 하고, 외부로 향한 잔가지의 선들이 원의 테두리를 형성하도록 표현한다.
  ㉡ 다섯 개의 주 가지들이 가장 자연스럽다.
  ㉢ 잔가지 주변에 원이나 점 등으로 잎의 질감을 표현하기도 한다.
  ㉣ 실제 기능사 시험에서는 시간관계로 활용하기 쉽지 않으나 프리핸드로 연습한다.
  ㉤ 연습해 두면 교목의 단면도 표현에 익숙해진다.
  ㉥ 지저분해질 수 있으므로 지나친 욕심은 금물이며 자연스럽게 표현할 수 있도록 한다.

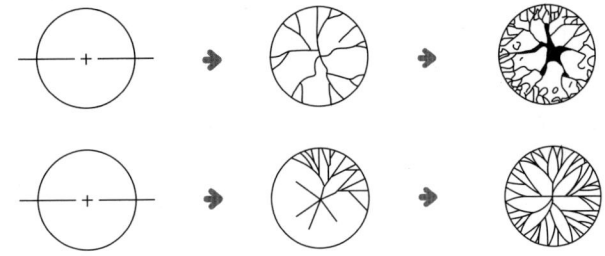

[가지 형태에 의한 수목 표현 순서]

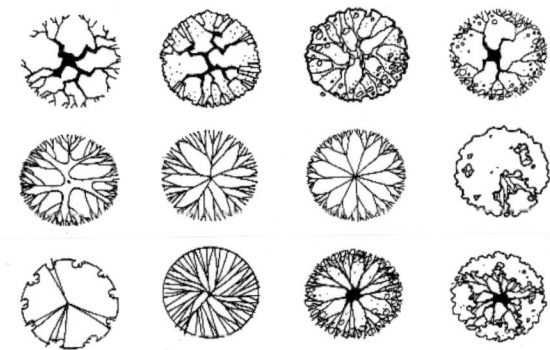

[가지 표현방법]

⑥ 관목의 표현
  ㉠ 관목의 표현은 교목의 표현과 비슷하다.
  ㉡ 관목은 군식 표현이 대부분이다.
  ㉢ 침엽과 활엽의 구분은 교목의 표현구분과 동일하게 적용한다.
  ㉣ 관목의 표현을 잘 하게 되면 모든 식재시공 도면이 돋보이게 된다.
  ㉤ 간단하고 명료하게 해야 한다.

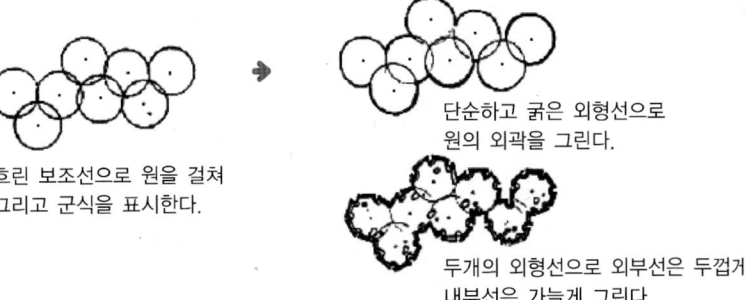

[관목 그리는 방법]

㉥ 관목의 군식 표현

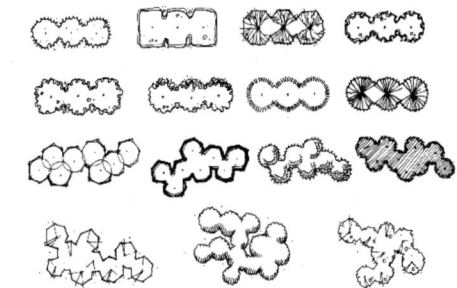

[관목의 군식 표현 1]

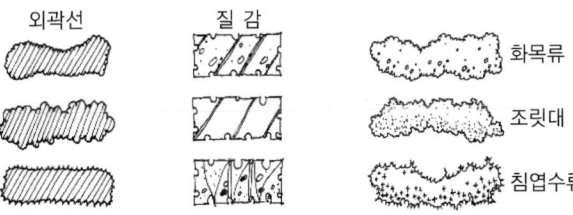

[관목의 군식 표현 2]

㉦ 수목의 겹침 표현

[수목의 겹침 표현]

(3) 시설물의 평면 표현기법

평면도에서 시설물은 하늘에서 본 형태를 평면기호로 표시하고, 특별히 표준기호가 만들어져 있지 않으므로 설계자가 디자인한 기본 형태를 간단히 기호화하여 사용한다.

상세도에서의 시설물 표현은 재료별로 다르게 표현되도록 해야 한다. 즉, 시설물에서 주로 사용되는 재료인 목재, 석재, 철재를 표시할 때 중복되지 않는 표현기법이 필요하며, 선 그리기의 테크닉을 이용하여 재료의 성격이 도면에 나타나도록 표현한다. 다음은 시설물 배치도에서 시설물기호로 사용되는 예시이다.

연 못	연 못	분 수	폭 포	가로등	우 물
관리사무실	식당 및 매점	바비큐	식물원	동물원	주차장
안내판	야외음악당	미끄럼틀	음수대	휴지통	정글짐
그 네	펜 스	창 문	교 량	기념탑	화장실
벤 치	벤 치	정 자	회전대	야외탁자	철 봉
화 단	정구장	농구장	배구장	원 로	정원동
벤 치	전망대	퍼걸러	퍼걸러	퍼걸러	시 소

[시설물의 평면 표현기법]

(4) 기타 도면 표기법

재료 표기법은 주로 상세도의 단면이나 입면표시에서 재료를 나타낼 때 사용되는 기호로써 기본적으로 모두 익히고, 정확한 표시로 설계자의 의도를 제대로 표현하도록 한다. 또한 표현할 때 혼동을 주는 것은 재료명을 반드시 기입하도록 한다.

재료 표기법	내 용	재료 표기법	내 용
	지반(흙)		평면도
	잡석다짐		입면도
	콘크리트(무근)		단면도
	콘크리트		상세 인출
	콘크리트 (철근, 대규모)		표준단면 축선
	콘크리트 (와이어 매시)		평면배치 축선
	자 갈		법면 표시 1
	모 래		법면 표시 2
	석 재		경사도
	벽 돌		수 위
대규모 소규모 형강	금 속		입·단면 높이
	목재(구조재)		지반고
	목재(치장재)		평면단차 표기

[기타 도면 표기법]

제3절 조경요소 설계

1 선

(1) 선의 종류와 용도

① 실선 : 물체의 보이는 부분을 나타내는 선 혹은 절단면의 윤곽선을 나타냄(굵은 선 : 외형선, 단면선, 가는 선 : 치수선, 치수보조선, 지시선, 해칭선)
② 파선(점선) : 물체의 보이지 않는 모양을 표시
③ 일점쇄선 : 물체의 중심축이나 대칭축 또는 물체의 절단 위치 및 경계를 표시
④ 이점쇄선 : 물체가 있을 것으로 예상되는 가상선, 대지의 경계 등을 표시
⑤ 절단선 : 긴 선에 지그재그 형태가 합쳐진 형태로 도면의 잘린 부분을 표현

(2) 선의 명칭 및 용도

명 칭		종 류	선의 굵기	용도에 의한 명칭
실 선		굵은선	0.5~0.8mm	단면선, 외형선, 파단선, 윤곽선
		중간선	0.3~0.5mm	외형선, 시설물 & 수목의 표현, 포장의 표현
		가는선	0.2mm 이하	치수선, 치수보조선, 인출선, 지시선, 해칭선, 보조선, 단면표시선
허 선	파 선	중간선	굵은 선의 1/2	숨은선(보이지 않는 부분의 윤곽선)
	일점쇄선	가는선	중간 선의 1/2	물체 및 도형의 중심선, 대칭선
		중간선	굵은 실선의 1/2	절단선, 경계선, 기준선
	이점쇄선	중간선	굵은 실선의 1/2	가상선, 경계선, 1점쇄선과 구분이 필요한 선

(3) 치수선의 사용

① 치수의 표시방법 : 치수의 단위는 원칙적으로 mm를 적용, mm가 아닐 경우에는 단위를 따로 표시해야 한다.
② 치수의 기입 : 치수선 및 치수보조선은 가는 실선을 사용한다.
  ㉠ 치수선의 각도가 다를 때는 치수선 위에 평행하게 기입한다.
  ㉡ 수직선 : 좌측에 평행하게 기입한다.

(4) 인출선의 사용

① 내용을 대상 자체에 기입하기 곤란할 때 사용한다.
② 수목명, 수량, 규격 등을 기입할 때 주로 이용된다.
③ 가는 실선으로 표시한다.
④ 수목의 인출선은 방향과 높이, 길이가 일정하게 긋는다.
⑤ 특별한 경우에는 부득이하게 방향을 바꿀 수 있다.

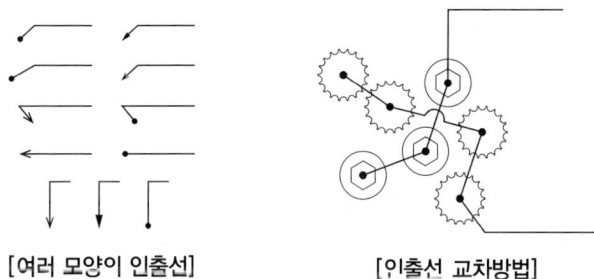

[여러 모양이 인출선] [인출선 교차방법]

2 제도 사항

(1) 축 척

① 실물 크기를 도면상에 나타낼 때의 비율
② 조경 도면에서의 일반적인 축척
  ㉠ 배치도의 축척 : 1/100~1/600(규모에 따른다)
  ㉡ 평면도의 축척 : 1/100~1/300(주택은 일반적으로 1/100으로 한다)
  ㉢ 입면도의 축척 : 1/100~1/600(가능한 평면도와 같은 축척이 좋다)
  ㉣ 단면도의 축척 : 1/100~1/600(가능한 평면도와 같은 축척이 좋다)
  ㉤ 상세도의 축척 : 1/10~1/50

(2) 도면의 구성

① 도면의 윤곽선은 용지의 가장자리에서 10mm 정도 떼고, 도면을 철할 경우를 예상해서 왼쪽은 25mm 정도의 여백을 둔다.

② 도면의 치수
  ㉠ A0 : 841×1,189, 실시설계도에 주로 사용
  ㉡ A1 : 594×841, 실시설계도에 주로 사용
  ㉢ A2 : 420×594, 기본설계도에 주로 사용
  ㉣ A3 : 297×420, 각종 서류에 주로 사용
  ㉤ A4 : 210×297, 각종 서류에 주로 사용

(3) 선긋기 요령

① 일관성과 통일성을 유지한다. 같은 목적으로 사용되는 선의 굵기와 진하기는 일정해야 한다.
② 선 긋는 방향 : 왼쪽 → 오른쪽, 아래쪽 → 위쪽
③ 처음부터 끝까지 일정한 힘으로 긋는다.
④ 선의 연결과 교차 부분이 정확하도록 작도한다.

3 설계과정

(1) 설계과정

① 기본구상
  ㉠ 자료수집·조사, 답사, 구역규모의 개략, 입지조건, 토지이용 구상 작성
  ㉡ 교통망 계획과 교통 시스템의 기본 구상, 개발상의 문제점 해석

② 기본계획 또는 계획설계(Master Plan or Schematic Design)
  ㉠ 프로젝트의 개략적인 골격, 토지이용과 동선체계, 각종 시설 및 녹지의 위치 등을 정하는 단계
  ㉡ 앞으로의 시행을 위한 사업규모 추정
  ㉢ 기본자료의 분석 및 정리, 배치 기본계획, 사업투자계획, 앞으로의 설계에 대한 설계지침 등을 제시

③ 기본설계(Preliminary Design)
  ㉠ 기본설계는 사업을 확정하고 그 안을 관계자들에게 이해시키고 최종적인 시행에 필요한 준비 작업을 하는 단계
  ㉡ 소규모 프로젝트에서는 기본계획과 구별하지 않는다.
  ㉢ 토목, 건축, 도시계획 등과 협동이 필요한 경우 구체적 사항 결정 필요
  ㉣ 대상물과 공간의 형태, 시각적 특징, 기능성과 효율성, 좋은 재료 등이 구체화되어야 한다.
  ㉤ 배치설계도, 도로설계도, 부지계획도, 배수설계도, 식재계획도, 시설물배치도, 시설물설계도 등의 도면과 설계개요서, 공사비계산서, 시방서 등의 서류 작성

④ 실시설계
  ㉠ 공사 시행을 위한 구체적이고 상세한 도면을 작성하는 단계
  ㉡ 표현효과보다 시공자가 쉽게 알아보고, 능률적·경제적으로 시공할 수 있도록 도면 작성
  ㉢ 모든 종류의 설계도, 상세도, 수량산출서, 일위 대가표, 공사비, 시방서, 공정표 등 작성

(2) 설계도의 종류

① 평면도
  ㉠ 배치도
    • 계획의 전반적인 사항을 알기 위한 도면, 계획대상지 주변의 개략적인 구성 표현
    • 시설물의 위치, 도로체계, 부지경계선, 지형, 방위, 식생 등을 표현
  ㉡ 식재평면도
    • 수목의 위치, 종류, 수량 등을 표현
    • 수목의 규격은 수고(H), 수관폭(W), 흉고직경(B), 근원직경(R) 등으로 나타냄
    • 누운향나무와 같은 수종은 수관길이(L)로 표현
  ㉢ 시설물 평면도 : 건축물, 벤치, 분수 등의 옥외 구조물의 평면도 포함

② 입면도와 단면도
  ㉠ 입면도
    • 평면도와 같은 축척을 이용하여 작성하며, 정면도, 배면도, 측면도 등으로 세분
    • 수직적 공간구성을 보여주기 위해 대지입면도 이용

ⓛ 단면도
- 시설물의 경우에 구조물을 수직으로 자른 단면을 보여주는 것
- 구조물의 내부 구조 및 공간 구성 표현
- 조경설계에서 대지단면도로 주로 이용

③ 상세도
ㄱ) 평면도나 단면도에서 나타나지 않는 세부사항을 시공이 가능토록 표현한 도면
ㄴ) 평면도나 단면도에 비해 확대된 축척을 이용
ㄷ) 재료, 공법, 치수 등을 상세히 기입

(3) 공간의 설계과정

① 프로그램 단계
ㄱ) 구체적으로 기술되거나 숫자로 산출된 설계의 내용이나 방향의 단계
ㄴ) 도입활동 프로그램(Activity Program) : 설계부지로 포함되어야 하는 활동들의 성격, 기능, 시설들을 구분하여 선택하는 단계
ㄷ) 시설별 소요 공간 프로그램(Space Program) : 도입활동 프로그램 단계에서 선정된 시설들을 설치하는 데에 필요한 공간의 면적규모를 산출하는 단계

② 기본설계 단계 : 기본구상 개념도의 대안들 중에서 최종안이 확정되면 공간의 형태와 동선의 배치를 구체적으로 발전시켜 디자인을 확정짓는 단계

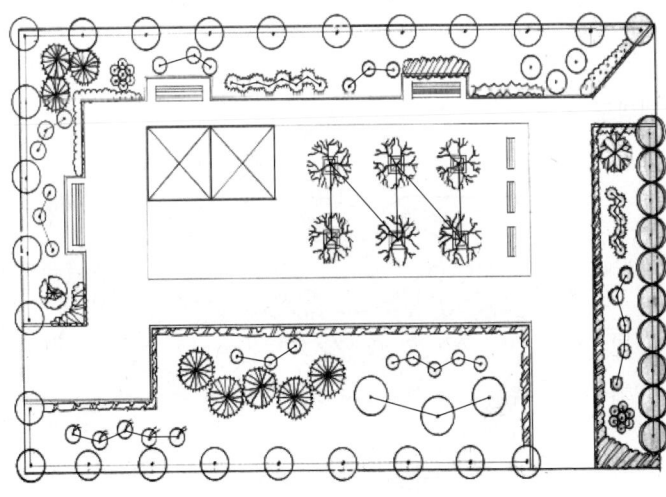

[배식 평면도 예제]

(4) 공간의 유형별 설계

① 휴게공간
ㄱ) 성격과 기능 : 정적 활동에 도입될 수 있는 대표적인 공간, 휴식, 대화, 전망, 감시, 만남, 대기 등의 기능을 가짐
ㄴ) 위치 설정
- 보행 동선의 결절점 또는 눈에 잘 띄는 곳
- 타 활동과 격리된 곳으로 주변경관이나 전망이 양호한 곳이 좋으며 이용자가 자연스럽게 집중하는 곳에 위치시킴
- 기존 수림대가 양호하고 휴게공간을 설치함으로써 자연환경에 악영향을 미치지 않는 곳
- 진입광장, 주차공간과 인접한 곳에 설치
- 운동공간, 놀이공간과 인접한 곳에 설치
ㄷ) 도입시설
벤치, 퍼걸러, 정자, 휴게소, 전망시설, 피크닉장, 매점, 휴지통, 바닥포장 등

② 놀이공간
ㄱ) 성격과 기능 : 대표적인 기능은 동적 활동이며, 놀이공간에는 주로 3~15세 어린이들이 이용하는 유희시설 설치
ㄴ) 놀이공간의 공간구성
동적 놀이공간, 휴게 및 감독공간, 정적 놀이공간으로 구분
ㄷ) 도입시설
- 유희시설 : 그네, 미끄럼틀, 시소, 정글짐, 사다리, 모래터
- 운동시설 : 철봉, 평행봉, 다목적 운동장
ㄹ) 도입시설의 배치
- 그네, 회전목마 등의 요동시설은 통행이 많은 곳을 피해서 외주부에 설치
- 미끄럼틀은 가급적 북향으로 설치, 그네는 북향 또는 동향으로 배치

③ 운동공간
ㄱ) 성격과 기능 : 운동, 관람, 휴게, 녹지 등의 기능으로 구성
ㄴ) 대부분의 운동장은 장축이 남북방향으로 배치
ㄷ) 배수가 양호하고 경사 5% 이하의 평탄지나 완경사지에 배치

④ 주차공간
  ㉠ 방문자들에게 편익을 제공하는 공간, 방문자의 이용과 관련된 기능에 인접한 곳에 위치
  ㉡ 진입도로에서 출입이 원활한 곳에 위치
  ㉢ 자연환경에 악영향을 미치지 않으며 토공량을 억제시켜 건설경비의 절감이 가능한 곳
  ㉣ 보행인의 안전을 고려하여 차량 동선과 보행 동선이 상충되지 않도록 배치
  ㉤ 차량이용 동선을 짧게 하기 위해 진입광장 또는 관리기능과 인접한 곳에 배치

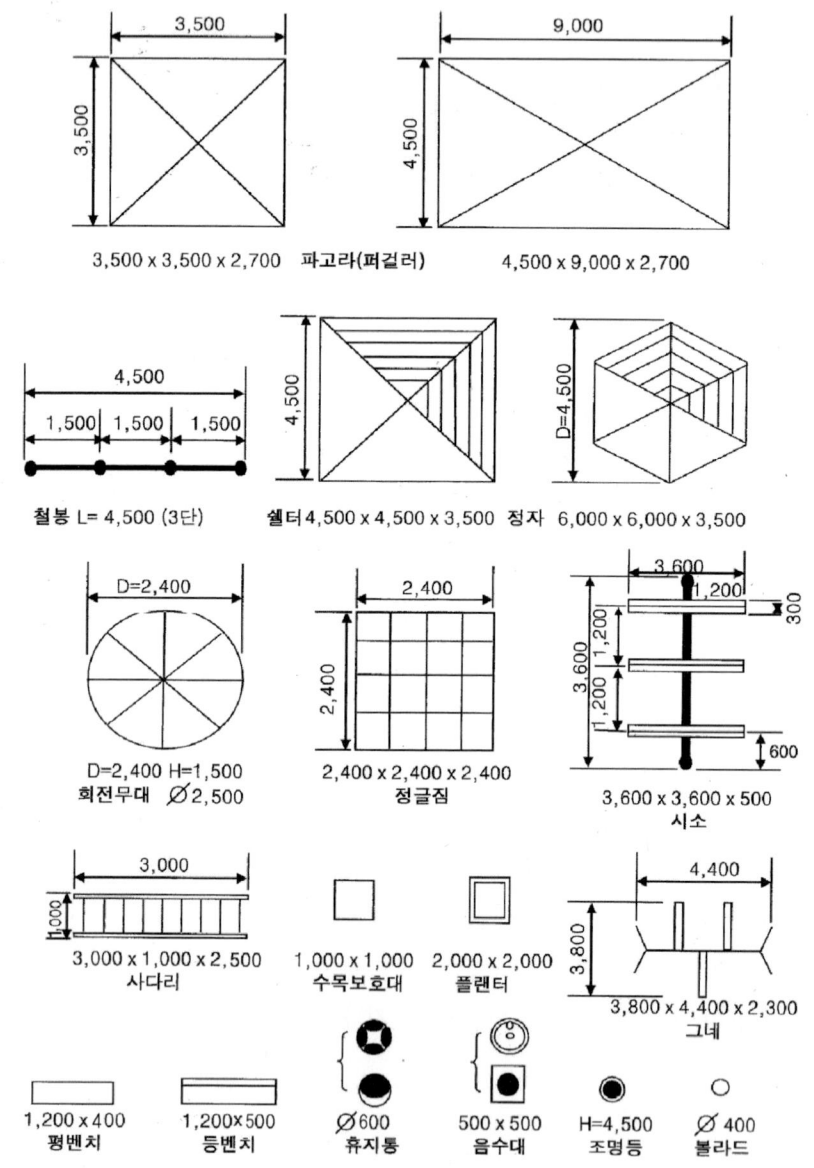

[조경 규격(1:200)]

(5) 식재설계
  ① 식재설계의 특성
    ㉠ 식물이 생육할 수 있는 환경조성이 필요하다.
    ㉡ 계절과 수목의 나이에 따라 질감, 형태, 색채의 변화가 있다.
    ㉢ 생태적인 식재를 하여 환경을 보존하고, 지역의 다양성을 살릴 수 있다.
  ② 식재설계의 과정
    ㉠ 레이아웃 디자인(Layout Design) : 동선배치, 공간배치, 포장재료 구분, 시설물 배치가 완료된 기본설계도 과정
    ㉡ 마운딩 설계 : 식재를 위한 지반조성, 마운딩 등고선 배치
    ㉢ 식재개념도 : 식재 기능 배치구성 개념도, 다이어그램 표현기법으로 작성
    ㉣ 수종선정 및 배식기준 작성 : 식재 기능별 식물재료 선정, 식재간격, 밀도기준 작성
    ㉤ 배식설계 : 기능, 경관을 고려한 식재디자인, 표현기법에 의한 배식평면도 작성, 인출선에 의한 수종명, 수량, 규격 표시
    ㉥ 수목 수량표 작성 : 배식 평면도에 배치된 수종별 수량을 집계하여 범례란에 표기함
  ③ 마운딩 설계
    ㉠ 지면의 형태를 변형시키는 작업
    ㉡ 배수 방향을 조절하고, 자연스러운 경관을 조성하며 토지 이용상 공간 기능을 분할, 수목 생장에 필요한 유효 토심을 확보하는 기능
  ④ 식재개념도
    ㉠ 설계자의 의도에 따라 식재기능이 선정되고, 선정된 식재기능을 부지상에 다이어그램으로 표현하여 식재개념도 작성

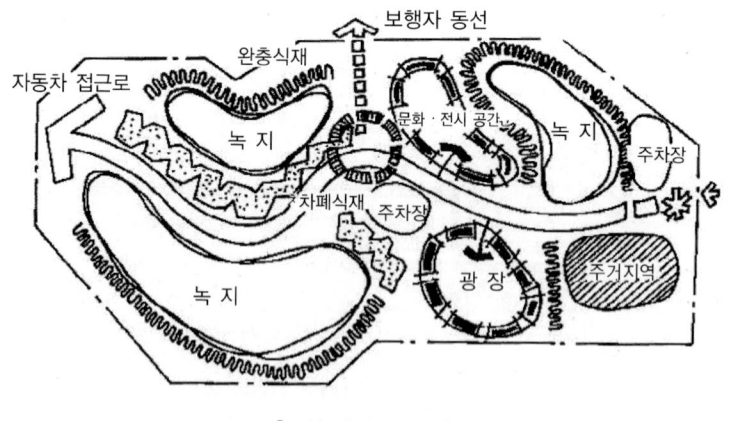

[구상 개념도의 예]

ⓒ 식재기능
- 경계식재 : 부지 내 공간의 특성을 강하게 함과 더불어 차폐, 방음, 방풍, 사생활 보호 등의 기능
- 녹음식재 : 광장, 휴게공간, 원로 등에 그늘 제공 및 경관조성 효과
- 지표식재 : 랜드마크적인 기능
- 경관식재 : 수형이 아름답고 관상가치가 높은 수종을 선정, 장식적인 성격의 식재 기능
- 요점식재 : 지표식재와 유사한 특성
- 차폐식재 : 불량 경관지, 소음발생지역, 사생활 침해 지역을 가리는 기능

ⓒ 식재개념도의 작성
- 개념적 식재기능 다이어그램 : 실제적인 식재 설계의 첫 번째 단계로 기본 방향을 추상적인 형태로 간략히 표현하고, 내용을 선별하여 간략화하고 설득력 높은 도면 작성
- 부지상 식재기능 다이어그램 : 개념적 기능 다이어그램을 바탕으로 부지의 조건에 맞게 구체화하는 단계로 부지기능과 식재기능과의 관련성, 공간의 개략적 크기, 건물과의 관련성 등을 고려하여 작성

⑤ 수종선정 및 배식기준

㉠ 수종선정 : 설계부지의 환경조건과 시장성, 생육환경에의 적응성, 경제성과 유지 관리성 및 수목이 지닌 여러 가지 기능적 가치를 종합적으로 고려하여 선정

㉡ 식재기능별 수종선정
- 경계식재 : 지엽이 치밀하고 전정에 강한 수종, 생장이 빠르며 유지관리가 쉬운 수종, 가지가 말라죽지 않는 상록수를 선정
- 녹음식재 : 지하고가 높은 낙엽활엽수, 병충해 기타 유해요소가 없는 수종
- 지표식재 : 꽃, 열매, 단풍 등이 특징적이며 상징적 의미와 높은 식별성을 가진 수종
- 경관식재 : 수형이 단정하고 아름다운 수종
- 요점식재 : 지표식재와 유사하며 강조적 요소가 강한 특성을 가진 수종
- 차폐식재 : 지하고가 낮고, 지엽이 치밀한 수종, 전정에 강하고 유지관리가 용이한 수종

㉢ 수목규격 및 수종별 규격표시
- 수목규격의 측정단위 : 수고(H), 수관폭(W), 흉고직경(B), 근원직경(R), 수관길이(L) 등으로 측정
  - 수고(H)×흉고직경(B) : 가슴높이 정도에서 흉고직경의 측정이 용이한 수종, 낙엽활엽교목류 (메타세쿼이아, 은행나무, 자작나무, 왕벚나무)
  - 수고(H)×수관폭(W) : 상록교목류 또는 낙엽관목류(곰솔, 독일가문비나무, 박태기나무, 섬잣나무, 향나무, 수수꽃다리, 잣나무, 전나무)
  - 수고(H)×근원직경(R) : 지상부 수간의 형태가 근원직경과 흉고직경 사이에 차이가 현저하게 나타나는 낙엽활엽교목류(감나무, 꽃사과, 낙우송, 느티나무, 대추나무, 모과나무, 칠엽수, 회화나무)
  - 수고(H)×수관폭(W)×수관길이(L) : 누운향나무
  - 수고(H)×수관폭(W)×근원직경(R) : 소나무, 산수유
  - 수고(H)×수관폭(W)×가지수 : 개나리
  - 수고(H)×수관길이(L)×근원직경(R) : 등나무

- 배식기준
  - 식재 주수의 산정 : 「건축법」에 의하여 부지면적의 규모에 따라 조경면적을 산출하고, 지자체에서 정한 조례에 따라 조경면적에 의한 식재 주수 소요량을 교목, 관목별로 산출
  - 식재간격 : 일반적으로 성목시의 수관 폭의 75~100% 정도의 간격

⑥ 단지시설물의 설계

㉠ 단지시설물의 정의 및 기능
외부공간에서 인간의 행위를 조절 및 유도하고 보조하기 위해서 가로상이나 공원, 광장 및 단지 내에 설치되는 장치물

㉡ 단지시설물의 분류
- 기능별 분류
  - 구조시설 : 경계석, 측구, 맨홀, 옹벽, 비탈면
  - 교통시설 : 교차로, 신호등, 교통표지판, 횡단보도, 횡단육교, 교량, 분리대, 방호책, 계단, 램프, 주차장, 버스 정차대, 택시 정차대, 포장
  - 관리시설 : 단주, 문주, 담장, 관리소
  - 휴게시설 : 벤치, 야외 탁자, 퍼걸러, 정자, 셸터
  - 위생시설 : 휴지통, 음수대, 화장실
  - 정보시설 : 안내판, 시계탑, 기념비, 국기 계양대
  - 조명시설 : 가로등, 조명등
  - 조경시설 : 식수대, 수목지지대, 수목보호덮개, 화단, 수경, 조각, 아치, 산책로

- 형태별 분류
  - 선적인 요소 : 가드레일, 분리대, 경계석, 측구, 산책로
  - 수직적 요소 : 문주, 가로등, 조명등, 신호등, 시계탑, 아치, 국기 게양대, 단주
  - 평면적 요소 : 안내판, 로고, 주차장, 횡단보도, 교차로, 포장재, 맨홀, 담장, 옹벽, 수목보호덮개, 교통표지판
  - 공간적 요소 : 벤치, 야외탁자, 퍼걸러, 정자, 화장실, 버스 정차대, 택시 정차대, 횡단육교, 교량, 가로수분, 식수대, 화단, 관리소, 셸터
  - 복합적(부정형적) 요소 : 조각, 분수, 새집, 음수대, 휴지통, 수목지지대, 비탈면, 계단, 램프

ⓒ 단지시설물 설계의 일반적 원칙
- 안전성 : 화재경보기, 소화전 등의 도시의 안전관리와 관계된 시설물의 이용, 교통관계 시설물과 신체장애인을 위한 시설물과의 관계 고려
- 편의성 : 정보계 시설물의 능률적 이용과 시공상의 경제적인 측면도 고려
- 위생성 : 화장실, 세면대, 휴지통, 재떨이 등의 위생시설과 청소, 쓰레기 처리가 요구되는 음식관련 시설물과의 관계
- 쾌적성 : 인간의 미에 대한 의식과 관련되고, 대부분의 단지 시설물에 해당하며, 분수, 화단, 조각, 기념비 등의 수경계 단지 시설물이 대표적
- 전달성 : 시계탑, 로고, 게시판 등의 정보계 시설물과 관계

ⓓ 단지시설물의 배치
- 상호간격의 특성 : 단지시설물은 상호 간 근접 배치되거나 멀리 떨어져야 하는 등의 속성을 고려해야 한다.
- 보행자, 차 동선의 고려 : 보행자와 차의 동선을 방해하지 않으면서 주로 이용하는 동선에서 쉽게 접근할 수 있어야 한다.
- 범죄의 위협 고려 : 범죄의 피해를 입을 수 있는 우범 장소를 피한다.
- 기후조건 고려 : 온도, 일조, 강우, 강설, 결빙, 습도 등을 고려한다.
- 지역특성 고려 : 가로 모습과 조화를 이루게 배치하여 매력 있는 거리환경을 조성하고, 유형의 다양화로 개성 있는 환경을 창출한다.
- 통일성 : 혼란한 가로경관의 정리나 지역의 특성을 표현하기 위해 가로시설물의 표준화, 규격화, 조직화가 이루어져야 한다.
- 연속성 : 단지시설물을 연속적으로 배치하여 공간의 일체화, 통일감을 부여한다.
- 통일성 : 가로시설물의 배치방법이나 순서, 밀도 등에 의해 리듬을 형성하여 쾌적성을 향상시킨다.
- 위계 : 가로시설물의 형태, 비율, 리듬, 상징성을 고려해서 치수나 형태, 배치의 체계화가 필요하다.
- 상징성 : 상징화된 가로시설물은 환경에 특징을 부여하고 보행자에게 긍지감을 부여한다.
- 명료도 : 명료도는 치수나 형태 등 윤곽이 뚜렷함을 의미하는 것으로 격조 있는 공간 창출에 기여하고, 복합배치로 공간의 변화를 제공함으로써 쾌적성을 향상시킨다.
- 환경과 일체감 : 단지시설물은 주변 환경과 자연스럽게 어울려야 한다.

4 단면도와 입면도

(1) 단면도의 정의
① 단면 높이의 관계를 토지의 한 부분을 수직으로 크게 쪼개어 보여주는 것
② 단면은 칼에 의해 잘려진 수직면으로 만들어진다.

(2) 입면도의 정의
① 입면도는 조경제도보다 건축제도에서 더 많이 사용되며, 건물의 외관을 상세하게 나타내는 데 효과적이다.
② 축척에 맞게 제도할 때 절단된 선 뒤의 요소들을 입면도로 나타내며 잘려진 선상에 있는 것은 입면도에 나타내지 않도록 한다.

(3) 단면 – 입면도의 특징
① 굵고 두드러진 절단선
② 모든 수직적인 요소들은 그것이 절단면에서 멀리 떨어져 있다 해도 같은 스케일로 표현

(4) 경관요소의 이용
① 활동과 이용을 연관시킴으로서 수직적 요소의 중요성을 강조한다.
② 수직, 수평에 있어 같은 스케일을 유지(가상되는 표현의 회피)한다.
③ 평면도에서 보이지 않는 요소를 전달한다.

④ 스크린 분석과 특별한 시점에서의 전망을 분석한다.
⑤ 지형을 연구한다.
⑥ 고저차를 구별하기 힘든 지형에서의 지형표현은 수평 스케일의 요소에 대해 수직 스케일의 1.5~2배의 확대에 의해 지형의 고도를 확대하여 효과를 크게 한다.
⑦ 기후와 미기후의 중요성을 강조한다.
⑧ 생태학적 관계를 표현한다.
⑨ 시설물에 대한 내적인 구조를 표현한다.

(5) 도면의 유형

① **경사도** : 지표의 변동, 배수, 구조물의 해발고를 나타낸다.
② **배치도** : 구조 요소들의 위치, 크기, 형태, 면적과 재료를 나타낸다.
③ **관계도** : 관계 시스템의 형태와 크기, 그리고 수도관 상부, 밸브, 슬리브관과 다른 요소의 위치를 나타낸다.
④ **식재기본 설계도** : 식물의 적절한 선택, 식재위치, 군식 위치를 손으로 표현한 대략적인 도면, 실제적인 식재도를 얻기 위한 기본 그림이다.
⑤ **식재 설계도**
  ㉠ 최종적인 도면은 식물재료의 식재에 이용되며 정확한 위치를 나타내 준다.
  ㉡ 식재도면에서 각 식물을 관용명과 학명을 규정짓고 크기와 양을 표현하는 것 또한 중요하다.
⑥ **시공 상세도** : 보통 단면과 평면도를 확대한 이런 종류의 시공 도면은 구조물의 내부 구조를 포함하여 상세한 구조를 보여주고 어떻게 여러 재료가 같이 이용되는가를 보여 준다.

5 경관분석

(1) 경관의 정의

눈에 보이는 자연 및 인공 풍경 모두를 포함하며 토지, 동식물 생태계, 인간의 사회적·문화적 활동을 내포하고 있는 것

(2) 경관의 관계개념

① **경관과 자연**
  ㉠ 자연은 인공적인 측면이 배제된 개념이다.
  ㉡ 경관은 자연과 인공을 구별하지 않는다.

② **경관과 풍경**
  ㉠ 풍경은 무대장치 혹은 무대장면의 뜻을 함축한다. 경관보다는 물리적 범위에 있어서 제한적이며 매력적인 미적 질을 가진다.
  ㉡ 경관은 어디에나 존재하고 있으며 모든 사람들에게 관찰될 수 있는 보다 개방적이고 포괄적인 개념이다.

(3) 경관과 환경

① 환경은 인간을 둘러싸고 있는 모든 것이다.
② 경관은 사람의 시야에 한정되고 사물의 움직임에 따라서 계속적으로 변화하므로 인간에게 지각되는 경치이고 사람은 경관 내에 있을 수 없다.

(4) 경관과 장소

장소는 일정행위나 사건이 일어나는 공간이고, 제한된 토지의 경계 안에서 무언가를 경험한다는 의미가 강하다.

(5) 경관 분석의 기초

① **경관의 우세요소** : 경관을 구성하는 데 있어 지배적인 요소(형태, 색채, 선, 질감)
② **경관의 우세원칙** : 경관의 우세요소를 미학적으로 부각시키고 주변의 대상과 비교가 될 수 있는 것들(대조, 연속성, 축, 집중, 상대성, 조형)
③ **경관의 가변요소** : 운동, 빛, 기후조건, 계절, 거리, 관찰위치, 규모, 시간
④ **산림경관의 유형**
  ㉠ 거시경관(기본적 유형)
   • 전경관 : 넓은 초원과 같이 시야가 가리지 않고 멀리 터져 보이는 경관
   • 지형경관 : 특징을 지닌 지형으로 관찰자가 강한 인상을 받게 되고 경관의 지표가 된다.
   • 위요경관 : 평탄한 중심경관이 있고, 그 주위는 숲이나 산으로 둘러싸여 있는 경관(숲 속의 호수)
   • 초점경관 : 시선이 한 곳으로 집중되는 경관, 계곡의 끝의 폭포

ⓒ 세부경관(세부적 유형)
- 관개경관 : 나무의 줄기가 기둥처럼 들어서 있거나 하층은 관목이나 어린 나무들로 이루어져 있는 경관(터널경관)
- 세부경관 : 관찰자가 가까이 접근하여 나무의 모양, 잎, 열매 등을 상세히 보며 이를 감상할 때
- 일시경관 : 대기권의 상황변화에 따라 경관의 모습이 달라지는 경우

6 조형의 원리(미학)

(1) 개념

① 조 화
  ㉠ 둘 이상의 요소의 상호관계에 대한 미적 가치판단으로 일종의 통일관계가 성립해서 쾌감을 낳는 경우
  ㉡ 대조와 융화의 교류에 의해서 생기는 미적인 통일감
  ㉢ 조화의 원리는 자연의 생성과 존재에 일관하여 나타나므로 우주의 성립이 이에 따른다.

② 파 조
  ㉠ 너무 대비가 강하면 나타난다.
  ㉡ 변화와 자극에 있어서 생기 있는 약동을 창조하나 통일과 질서가 없으므로 혼란과 불쾌한 느낌을 줄 수도 있다.

③ 균 형
  ㉠ 대칭, 균제, 상칭을 뜻한다.
  ㉡ 좌우대칭 : 대칭축의 양쪽 중심에서 등거리에 있는 것, 즉 형상이나 위치 등이 축을 경계로 동일하게 상대할 때
  ㉢ 방사대칭 : 둘 이상의 대칭축이 점을 중심으로 등각을 형성한 것

④ 비 례
  ㉠ 상대적인 크기, 즉 다른 요소들이나 어떤 전신적 규범이나 기준과 대비해서 측정한 크기
  ㉡ 황금분할 : 고대 그리스인들은 완벽한 비례라는 문제를 장방형을 만드는데 있어서 가로 : 세로 = 세로 : (가로+세로)라는 이상적인 황금분할을 사용하였다.

⑤ 대 비
  ㉠ 성질이나 분량을 달리하는 둘 이상의 것이 동시적·공간적으로 배열될 때 특질이 살아나는 통일적 현상
  ㉡ 조화에 이르는 주종 관계

⑥ 척 도
  ㉠ 두 가지 사물 사이의 크기 관계나 전체에 대한 부분
  ㉡ '사람만한 크기'라는 말과 같이 마땅히 그래야만 하는 사물의 크기를 나타낸다.
  ㉢ 사물의 수학적 관계가 아닌 크기 관계를 보는 방법에 의해 이해된다.

⑦ 점 진
  ㉠ 기본적으로 일련의 유사성을 갖고 있으며 조화적 단계에 의한 일정한 질서를 지닌 자연적 순서
  ㉡ 달의 변화, 일출, 태양의 이동, 조수, 계절 등의 자연계의 현상과 우리나라의 고석탑이나 건축물, 옷의 유행, 기능을 통한 변화에서도 볼 수 있다.

⑧ 반복과 교체
  ㉠ 반복 : 일정한 간격을 두고 되풀이되는 것
  ㉡ 교체 : 시각적 반복의 변화를 가진 연속적인 리듬을 되풀이할 경우에는 매력적인 것으로 되며 연속 리듬에 의한 반복

⑨ 통일 : 같은 종류의 재료나 요소로 결합되고, 유기적인 통일과 이질적 요소들의 문제점을 해소시켜서 결합 및 조화를 의도하는 것

⑩ 연속성
  ㉠ 시간의 흐름 속에서 공간을 이동하는데 각 장면이 움직임에 따라 연속적으로 발전
  ㉡ 동선은 장면을 담고 있는 환경요소이다.

(2) 조형기호와 구성요소

① 방향 : 조경 언어의 기본은 중력의 감각이다. 이것은 수직으로 표현되며 중력에 대한 지지감은 수평으로 표현한다.
  ㉠ 수평방향 : 균형과 중력의 지지로 안정되어 있고 조용하고 얌전한 평화적 느낌을 지녀 적막한 바다나 대평원의 수평선에 관련을 가진다.
  ㉡ 수직방향 : 평형, 강력한 지지력, 중심을 내재한 느낌을 가지고 있다.
  ㉢ 사방향 : 불안정 또는 안절부절한 자극을 준다.

- ② 화살의 방향표시
  - 임의의 방향으로 이끄는 가장 효과적인 지시
  - 화살을 상징화하여 삼각형, 예각 등 뾰족한 쪽으로 진행하라는 표시
  - ⑩ 스파눙(Spannung)
    - 점, 선, 면, 형태 등의 요소 중에 내재하고 있는 창조적인 운동의 일부를 의미하는 힘
    - 긴장, 전압, 인장력, 신장력, 앞으로 나아가려는 진행방향이라는 뜻
    - 조형적으로는 점, 선, 면 등의 구성요소가 서로 2개 이상 대치

② 면
- ㉠ 정사각형
  - 기하직선형 : 질서가 있는 간결함, 확실, 명료, 강함, 신뢰, 안정 등을 나타낸다.
  - 자유직선형 : 기하직선과 같이 다양한 감정의 표시는 못하나 강렬, 예민, 직접적, 명쾌, 대담, 활발 등을 표현
  - 기하곡선형 : 직선형보다는 유순하고 수리적 질서가 있다. 명료, 자유, 확실, 고상한 짜임새, 이해하기 쉬운 점 등을 표현
  - 자유곡선형 : 우아, 부드러움, 매력적, 여성적이며 반작용으로는 불명확, 무질서, 방심, 단정치 못함, 귀찮은 점 등의 심리적 특징이 있다.
- ㉡ 단(끝 마무리를 나타냄) : 정사각형이 건축이나 조화 있는 구조체, 문자 등 인간적인 조형에 관계되는 것이라면, 단은 신에 관계된 것이라 할 수 있다.
- ㉢ 평면과 곡면
  - 단곡면 : 단곡면은 원추형이나 원통형과 같이 직선을 옆으로 굴려서 형성되는 면
  - 복곡면 : 구형 또는 난형, 동물의 형과 같이 전혀 직선이 없고 곡선만의 운동에 의하여 생긴 곡면

③ 형과 형태
입체의 형은 보는 방향과 각도에 따라 평면상의 윤곽선과 차이가 있다.
- ㉠ 구상적 형태
  - 자연주의적 표현 형태
    - 비조형적(사실적), 지적, 정적
    - 표현 기술에는 고정 광선과 고정시점에 의하여 형성된 음영과 투시법적 기법의 표현방법 등이 존재
  - 표현주의적 형태 : 원시예술에서나 볼 수 있는 단순화된 환경 또는 유아의 그림, 의식된 현대 미술의 회화나 조각 작품에서 볼 수 있는 형태(신비감, 신성함, 생명감 등)
  - 조 건
    - 사실적이되 단순화되어야 한다.
    - 구상 속에서 기하학적 요소가 내재되어 있으므로 자연주의보다 강렬한 인상이 필요하다.
    - 인상이 깊은 것을 더욱 강조한다.
    - 계속, 반복을 복합한다.
    - 원근법의 복합으로 초현실적인 분위기를 표현한다.
- ㉡ 추상적 형태
  - 기하학적 형태 : 원시시대에 많이 표현한다. 현대적 단순성이 과학적, 합목적적, 합구조적, 합기술적 또는 다량생산의 가능성 등으로 시대적인 조형 조합성에 의한 것이다.
  - 비기하학적 형태 : 기하학적 질서나 구상적 형에서도 영향을 받지 않는 자유로운 형태
- ㉢ 이념적 형태 : 기하학적 형태와 같이 동적, 정적 두 방향으로 내릴 수 있다.
- ㉣ 순수 형태 : 이념적 형태를 직관하는 것에는 점에서 입체적 형태까지의 크기가 있고, 무엇인가의 실소재로 형성된다.

④ 명 암
- ㉠ 명암의 느낌
  - 명암은 공간에서의 깊이를 나타낸다.
  - 옛사람들은 빛은 천국이고 어둠은 지옥으로 상징했다.
  - 한낮의 강한 태양 광선은 우리들에게 강한 자극을 주며 빛의 양이 약해지는 저녁 무렵에는 적막하고 쓸쓸한 느낌, 빛이 거의 없어진 암흑의 밤중에는 심리적인 공포와 신비감을 느끼게 된다.
- ㉡ 명암의 개조(단조, 장조)
  - 가장 어두운 흑(1)에서 가장 밝은 백(9)까지 1~9까지 기호를 단다.
    - 1, 2, 3 = Low Key / 4, 5, 6 = Intermediate Key / 7, 8, 9 = High Key
    - 단조 : 가장 밝은 백과 가장 어두운 흑과의 개조의 차가 3단계 또는 그 이내의 것
    - 장조 : 가장 밝은 백에서 가장 어두운 흑까지의 개조의 차가 5단계 이상인 것

- 밝고 높은 장조 : 적극성, 쾌활성, 현실적인 성격
- 중간도 : 사랑과도 같은 달콤하고 흐뭇한 느낌
- 낮은 장조 : 폭발적인 고민과 고뇌를 느낌
- 낮은 단조 : 밤과 같이 어두운 죽음과 같은 우울함을 연상

ⓒ 명암의 감정
- 종 류
  - 밝다 : 눈부심, 유쾌, 고상함, 연약함
  - 어둡다 : 풍부함, 점잖음, 주책스러움
- 성 질
  - 빛나다 : 귀여움, 발랄함, 풍성함, 부드러움
- 무 게
  - 무겁다 : 웅대함, 중요함, 화려함
  - 가볍다 : 격식적임, 게으름, 모자람(부족함)
- 명확성
  - 흐릿하다 : 연약함, 사랑과 같은 애매함
  - 뚜렷하다 : 명백함, 확실함, 결정적임
- 온 도
  - 따뜻하다 : 감싸는 듯함, 진보적임
  - 차다 : 초연함, 퇴보적임

⑤ 질 감
ⓐ 재질감 : 촉감과 눈에 느껴지고 보이는 물질의 표면상태
ⓑ 질 감
- 물체의 표면상 특징을 촉각이 아닌 시각만으로 지각할 수 있는 것
- 거친 면은 따뜻하게 느껴지고 매끈한 면은 차갑게 느껴진다.
- 양복과 장갑, 핸드백, 블라우스는 동일한 색이라도 시각적으로는 다른 효과를 낸다.
- 포장도로의 마모된 돌과 벽에 쌓인 돌의 질감은 서로 다르다.

ⓒ 질감의 심리적 반응
- 거친 면에 광택이 있는 것과 없는 것
- 부드러운 면에 광택이 있는 것과 없는 것

⑥ 크기와 양
ⓐ 의 미
- 높이나 거리, 넓고 웅장한 광장을 거닐 때 공허와 개방됨에 대해 생기는 두려움
- 그 광장에 높은 나무, 간판, 철탑 등의 수직적인 물체가 서 있다면 곧 안정의 환각이 생긴다. 즉, 그 크기에 따라 정서가 변한다.
- 인간은 환경을 지각할 때 인간의 몸 크기를 기준으로 삼는다.
- 거시적 · 미시적 시각현상으로 나타나는 개나리꽃의 느낌은 그대로 현척 크기가 좋으나 큰 스크린에 200배로 확대되면 가련한 맛은 전혀 찾아 볼 수 없으며 다른 효과가 나타난다.
- 반대로 아주 미세한 것이 현미경으로 확대되면 새롭고 신선한 신비감이 생기는 경우도 있다.

ⓑ 인간 척도
- 가장 보기 좋은 건물 크기 : 폭 11.0m, 높이 9.6m
- 이상적인 건물 크기는 D=14.4m, H=6.3m, W=7.3m
- 사람의 존재를 알 수 있는 최대거리 : 약 1,200m
- 도시의 경관은 1,600m가 가시한도 ~ 공공적 인간척도

⑦ 공 간
ⓐ 공간구성
- 구성자는 나무, 철, 비금속, 돌, 유리 등의 소재로서 공간구성의 특색을 표현
- 공간은 추상적인 것이 아닌 실체로서 이용된다.

ⓑ 포지티브(Positive) 공간과 네거티브(Negative) 공간
- 포지티브 : 건물이나 차양
- 네거티브 : 건물의 외부공간과 위치의 기본
- 건물 외부공간이 흉하면 내부공간에도 좋지 않은 영향을 미친다.
- 건축의 외부공간은 자연 환경과 완전히 구별될 수 있는 외곽으로 그 안에는 아늑하게 폐쇄된 공간이 필요하다.

⑧ 착각
　㉠ 착각
　　• 사물을 틀리게 지각하는 일, 심리적으로 착각이라 한다.
　　• 흑백은 중복되거나 위치가 변하는 감각이 생기므로 진동 작용을 일으키기도 한다.
　㉡ 착시교정
　　• 정사각형이 각각 수평과 수직으로 구획되면 그 평행선과는 반대방향으로 늘어나는 것 같이 보인다.
　　• 백색 정사각형이 동일한 크기의 흑색 정사각형보다 크게 느껴진다.
　　• 밝은 하늘을 배경으로 한 조각의 실루엣은 실물보다 작게 보인다.
　　• 흑과 백의 격자교점에 착시에 의한 회색이 보인다. 그런 교점 중의 하나만 응시하면 착시의 효과는 없어진다.
⑨ 색채에 따른 심리적 영향
　㉠ 황색 : 활동적으로 명랑하게 하고 두뇌를 활발하게 하여 행복감을 느끼게 한다. 교실 벽에 황색을 바르면 아이들에게 좋은 결과를 준다.
　㉡ 청색 : 명랑한 색으로 노인들이 좋아한다.
　㉢ 적색 : 머리를 자극하고 맥박이 오르고 식욕이 늘어난다.
　㉣ 녹색 : 찬 느낌
　㉤ 오렌지색 : 따뜻한 느낌

7 디자인 원리

조형의 요소 즉 대조, 유사, 대칭, 방사, 조화, 통일, 창조, 운동, 균형 등의 조화미에 근원을 두었고 미적 구성의 기본은 변화 안에서의 통일, 복잡 속의 질서, 전체와 부분의 관계 등이다.

(1) 디자인 방법
① 욕구작용 : 디자인의 제1작용, 디자인의 필요성 인식
② 조형작용 : 본 설계와 제작도면 작성
③ 디자인과 제작을 종합적으로 생각해야 한다.

(2) 예술적 판단력의 배양
① 시각적 만족감 : 본능적 잠재의식의 하나로 미의식 배양
② 독창성 : 제작자의 인간성 반영
③ 시각화 : 연쇄적 이미지 시각화
④ 선택 : 목적에 합당한 이미지 선택
⑤ 변형 또는 왜곡 : 형태, 색채, 질감 등 강렬한 표현의 호소
⑥ 단순성 또는 기능성의 강조, 주제의 강조
⑦ 표현법 : 스타일 형성
⑧ 형태의 근원 : 새로운 발상과 경험의 이미지
⑨ 적당성 : 소재, 기능, 기법, 색채 등의 만족 정도
⑩ 기능의 필요성 : 생활요구의 만족

(3) 디자인 원리
① 조화
　㉠ 정의 : 예술적 시각요소들의 복합조립으로 부분의 질서정연함과 통일로 일치될 때 형성
　㉡ 종류
　　• 유사조화 : 동일한 요소의 심한 반복, 통일감, 지루함, 단조로움
　　• 대비조화 : 성질이 다른 요소들의 조화
　　　예 남해대교, 해금강, 꽃과 잎사귀의 색, 수덕사 대웅전, 잔잔한 물, 피라미드 등
　　• 기능적 조화 : 기능이 서로 유사
　　　예 주택과 정원, 술과 술잔, 바늘과 실
　　• 상징적 조화 : 문학적 인상이나 물체의 유사한 조화
　　　예 비둘기와 올리브 가지
　㉢ 조화와 대비의 요소 : 선, 형상, 크기, 명도, 색, 질감
　㉣ 조경계획의 조화 : 비례하여 조화시킨다.
　㉤ 시각적인 미 : 변화보다 질서를 중요시한다.

② 대 비
  ㉠ 상이한 둘 이상의 요소가 동시적·공간적으로 배열될 때 서로의 특질이 돋보이게 하는 통일적 현상
  ㉡ 다이나믹한 효과
  ㉢ 생활의 활력 제공
    예) 태극기의 음과 양, 고건물과 신형 자동차, 넓은 잔디밭과 거목

③ 통일 : 여러 요소들이 모여 하나를 구성하거나 하나의 조직계통 아래로 구성되는 원리
  ㉠ 정적 통일 : 기하학형이 정삼각형, 원 등의 구조가 주된 빙설의 확대결정이나 광물의 형에서 나타난다.
    예) 신전
  ㉡ 동적 통일 : 식물, 동물의 동태적 생태에서 볼 수 있음 예) 조개의 나선형

④ 반복과 교체
  ㉠ 반복 : 모든 예술형태의 주조와 통일을 이룸, 자연질서의 기초와 유사한 요소가 되풀이되거나 교체되는 것
    • 획일성 반복 : 강한 통일성과 명확한 효과
      예) 양탄자, 광고사진물, 건축양식, 덕수궁 미술관, 단주의 열
    • 변화성 반복 : 상업, TV 광고
  ㉡ 교체 : 연속적인 리듬의 반복, 복잡한 형태의 반복
    • 수목식재=AB, AB, …/ 1122, 1122, …

⑤ 리 듬
  ㉠ 공통요소, 유사요소들의 연속적인 되풀이에서 오는 시각적인 동세로 약동감을 준다.
  ㉡ 표현형식은 달라도 율동적인 질서로 통일감을 주는 운동감
    예) 칼도의 모빌, 공작새의 펼친 꼬리털, 분수, 밭이랑, 시드니의 오페라하우스, 고사리잎

⑥ 점 진
  ㉠ 일련의 유사성으로 조화적 단계에 의한 일정한 순서를 지니는 자연적 순서의 계열
  ㉡ 일정한 비율에 의한 점진은 안정감과 호감을 준다.
  ㉢ 방향성 - 점증대 - 점멸소
    예) 초승달에서 보름달로 바뀌는 과정, 자연계의 모든 현상, 흑에서 백으로 회색계열, 태양의 일출, 우리나라 석탑

⑦ 균형 : 둘 이상의 힘이 서로 평균이 되는 것이며 안정을 의미
  ㉠ 균정된 균형 : 대칭적 균형, 가장 일반적
  ㉡ 불균정의 균형 : 비대칭적 균형, 감각적인 평형이며 불균정한 평형감각
  ㉢ 특징 : 중심에 강한 집점을 둠으로써 장엄, 고귀, 형식적인 체통을 느끼게 하는 반면 비형식적, 비대칭적, 능동적 균형도 매력적이고 아름다운 균형이 될 수 있다.

⑧ 비 례
  ㉠ 대소의 분량, 장단의 차이, 부분과 부분, 부분과 전체와의 수량적 관계가 미적으로 분할될 때, 좋은 비례가 된다.
  ㉡ 가장 기본적이고 중요한 비례는 황금비례이다.
  ㉢ 황금분할 : A > B일 때, A : B=(A+B) : A
  ㉣ Fibonacci(피보나치의 급수) : 1 : 2 : 3 : 5 : 8 : 13 : 21 : 34 : 55 등 수열에 의한 비례
  ㉤ Plato의 비례 : 1 : 1,732
  ㉥ 르코르뷔지에의 Modulor : 미터척이나 피트척을 떠나 인간생활의 척도로서 적합한 척도를 재는 도구를 창안하였다.
  ㉦ 인간적 척도의 적용
    • D : 상호거리, H : 인간의 얼굴높이, t : D/H
      - $t=2(60\sim80cm)$: 얼굴 상세식별
      - $t=1$ 이내 : 매우 친밀
      - $t=1$ 이상(2m) : 균형, 상호안정
      - $t=2\sim3(4\sim5m)$: 떨어지는 느낌
    • D : 인동간격, H : 건물군 높이, t : D/H
      - $t=4$ 이상 : 이웃 간의 연관성 흐림
      - $t=1.5$: 심리적, 기능적 균형
      - $t=1$: 친밀
  ㉧ 건물높이가 9m이고, 폭이 11m일 때 가장 인간적 척도
    $D=14.4$, W(폭)$=7.2$, $H=6.3$일 때 가장 친밀한 인간적 척도이다.

제4절 공간별 조경설계

1 조경공간 형성 및 설계기준

(1) 동선 설계

① 동선의 성격
  ㉠ 단순하고 분명할 것
  ㉡ 성격이 다른 동선은 서로 분리할 것
  ㉢ 동선 간에 교차하지 말 것
  ㉣ 중요한 동선은 짧게 할 것

② 동선의 기능
  ㉠ 연결 기능 : 공간과 공간을 연결시켜 준다.
  ㉡ 분리 기능 : 공간과 공간을 서로 분리시켜 준다.

(2) 공간 설계

① 공간 설계의 순서
  공간의 조성 → 공간의 구분 → 공간기능 설정 → 공간의 형태 결정 → 공간 설계의 완성

② 공간 형태별 설계
  ㉠ 휴게공간 설계
  - 성격과 기능
    - 성격 : 조용하고 정적인 활동 공간
    - 기능 : 대화, 감시, 만남, 대기, 휴식을 하기 위한 공간
  - 공간의 조건
    - 눈에 잘 띄고 공간이 만나는 곳
    - 경관과 전망이 좋아서 시선이 모이는 곳
    - 녹음식재, 차폐식재가 되어서 아늑하고 그늘진 곳
    - 어린이 놀이터, 유아놀이공간 등으로의 시선이 제한되지 않은 곳
    - 운동공간, 진입공간, 주차공간과 인접한 곳으로 휴게기능에 적합한 곳
  - 공간 구성
    - 설치 시설물 : 벤치, 퍼걸러, 정자, 휴게시설, 전망시설, 피크닉장, 매점, 음수전, 휴지통 등
    - 식생 : 그늘을 위한 녹음식재, 차폐식재(일부주변), 경계식재(관목), 바닥은 자연적인 포장재료로 분위기에 어울리게 포장한다.

  ㉡ 놀이 및 운동공간
  - 성격과 기능
    - 동적 활동의 기능
    - 도시주변의 어린이 공원, 근린공원에서 필수적 공간
    - 놀이공간 : 3~15세까지의 어린이 놀이시설, 유희시설 설치
    - 운동공간 : 다목적으로 남녀노소가 어울릴 수 있는 운동시설, 체력 단련 시설 등 설치
  - 놀이공간의 공간 구성
    - 기능적 배치 : 동적 놀이공간, 정적 놀이공간, 휴게 및 감독공간으로 구분 배치
    - 시설 유형 : 그네, 미끄럼틀, 시소, 정글짐, 회전무대, 다목적 놀이시설, 사다리, 모래터(사장), 철봉, 평행봉 등
    - 시설 배치 방법 : 그네, 미끄럼대는 북향 또는 태양과 마주 보지 않도록 동향으로 배치하고 놀이공간 중앙이나 통행이 많은 출입구 주변을 피하여 배치한다.
  - 운동공간의 공간 구성
    - 기능적 배치 : 운동공간, 휴게공간, 녹지공간, 관람공간 등으로 구분하여 배치
    - 운동장 배치 : 긴 축이 남북 향으로 놓이도록 한다.
    - 운동공간 배치 방법 : 경사 5% 이하의 평탄지나 완경사지로 배수에 유의하고, 규모가 작을 경우에는 다목적 운동공간으로 조성한다.
    - 식재 방법 : 놀이터, 다목적 운동장, 축구장, 농구장, 배구장 등 동적 활동이 요구되는 공간에는 낙엽성 속성수로 열식 또는 교호식재를 하여 녹음, 위요, 방풍, 경계 기능을 지니도록 한다.

(3) 구조물 기준

① **조경구조물** : 옥외에 설치되는 계단, 경사로, 플랜터, 옹벽, 연못, 분수, 벽천 등

㉠ 설계 기준
- 각각의 설계 기준이 있으며, 무엇보다도 인간 척도와 관련하여 심리적 압박을 주지 않아야 한다.
- 외부 공간과 건물의 비례에 알맞은 크기가 중요하다.
- 구조물이 설치되는 공간의 경관 특성 및 주변 환경과 조화를 이룰 수 있는 형태와 재료를 선택해야 한다.

㉡ 포장 기준
- 포장의 기능
  - 공간 경계 구획·통합
  - 특정 공간 속에서 다른 요소들의 시각적 배경
  - 재료·문양을 달리하여 공간의 분위기 연출과 척도감 제공
- 포장 재료의 선정
  - 생산량이 많을 것
  - 시공이 쉬울 것
  - 내구성 및 내마멸성이 클 것
  - 자연 배수가 쉬울 것
  - 보행시 미끄러지지 않을 것
  - 외관 및 질감이 좋은 재료를 선정할 것
- 포장 재료
  - 부드러운 질감 : 잘게 쪼갠 돌, 흙, 잔디, 강자갈, 마사토
  - 딱딱한 질감 : 아스팔트, 콘크리트, 콘크리트 타일, 콘크리트 벽돌
  - 중간 질감 : 조약돌, 판석, 벽돌, 나무
- 포장 설계 방법
  - 색채, 질감, 문양의 조합으로 특징 있는 공간 설정으로 변화 있는 처리 기능
  - 보행 억제 공간 : 판석, 조약돌 등 거친 표면 재료 선정
  - 빠른 보행 속도 : 아스팔트, 콘크리트, 블록 등 고운 표면 재료 선정 사용
  - 보행자 공간 : 변화가 적고 질감이 고운 밝은 색 재료 사용
  - 휴식 공간 : 질감이 거칠고 비교적 어두운 색의 재료
  - 주차장·차량 통과하는 곳 : 차량의 하중에 견디는 재료를 사용하고 표면 배수를 위해 2% 정도의 물매를 확보한다.
  - 포장 경계석 : 포장재와 색상 및 질감이 조화되고 미끄럼 방지를 고려하고 포장 재료의 뒤섞임이 없도록 높이를 조절한다.

② **시설물 기준**

㉠ 시설물의 기능
- 개성 있는 형태와 색채
- 조경 공간 전체의 조화와 통일성에 유의한다.
- 인간 공학에 근거한 인체 치수를 적용하여 기능적 편리함을 도모한다.

㉡ 안내시설
- 보행이 시작되는 곳
- 주요 시설의 입구
- 각 안내시설의 재료, 형태, 색의 통일
- 식별성을 높일 것 : 상징과 그림문자 사용
- 주변에 관한 간단한 지역 주변 여건을 포함한다.

㉢ 휴식시설
- 벤치 : 프라이버시 확보를 위한 배치는 I자형, 대화, 친목도모를 위한 배치는 'ㄷ'자형, 원형 등을 도입한다.
- 퍼걸러 : 조망이 좋고 한적한 휴게 공간에 설치하여, 높이는 2.2~2.7m 정도로 한다.

㉣ 편익시설
- 휴지통 : 입식 70~100cm, 좌식 50~60cm 높이, 벤치 2~4개소마다 1개, 도로에는 20~60m마다 1개씩 설치한다.
- 음수전 : 그늘진 곳과 습한 곳, 바람의 영향을 많이 받는 곳을 피하며, 음수전의 받침 접시는 약 2%의 경사를 유지하여 단시간 내에 완전 배수가 가능하게 한다. 음수전의 꼭지가 위로 향한 경우에는 65~80cm, 아래로 향한 경우에는 70~95cm가 기준이다.

2 주택 정원 설계

출제포인트

조경기능사에서 주택 정원 설계는 여러 유형으로 초기에 출제되었다. 지금은 출제경향이 많이 바뀌어서 출제빈도가 높지는 않지만 기본적으로 조경을 공부하는 수험자는 주택 정원의 터 가르기, 식재 등의 형식을 배워야만 실무에서 응용할 수가 있다. 주택은 인간 생활의 근본적인 공간이며 삶의 원천이므로 아름답고 편안한 가정생활을 영위하고자 하는 인간의 기본 생활의 가치를 높이고 건강한 삶을 위해서 웰빙에 적합한 주택정원을 설계하고 직접 꾸밀 수 있도록 해야 하겠다.

(1) 단독 주택 정원

① 성격과 기능
  ㉠ 편안함과 즐거움, 안정성을 느낄 수 있어야 한다.
  ㉡ 주택 정원은 감상, 휴양, 오락, 가족 간의 친목, 손님의 접대 등을 위해서 마련되는 외부 공간이다.
  ㉢ 직접적 기능 : 개인의 건강과 휴식공간으로서의 효과
  ㉣ 간접적 기능 : 안락하고 편안한 독립된 공간으로서의 역할
  ㉤ 주택 정원의 공기 정화, 도심지 녹화 기능은 개인과 공공 모두에게 효과를 주는 기능이다.

② 설계 기준
  ㉠ 대지 자체가 가지고 있는 기후, 토양 등의 자연적 상태를 파악한다.
  ㉡ 기존 주택의 평면 배치와 조화가 되도록 계획하고 설계한다.
  ㉢ 가족구성원의 외부 공간에 대한 기호와 취향에 부합되도록 한다.
  ㉣ 가정생활의 활력소가 되도록 해야 한다.

③ 주택 정원의 공간 구성

  주택의 외부 공간은 내부 생활공간의 이용과 관련이 깊다. 봄, 가을에는 정원에서의 일상이 매우 중요하므로 내·외부 공간을 연계하여 조성해야 한다.

  ㉠ 앞 뜰
    • 대문에서 현관 사이에 마련되는 정원이다.
    • 주택외부공간에서 중심적인 공간이며 가정의 거울이다.
    • 차고를 설치하고, 진입 보행로, 조명등, 울타리 등을 효과적으로 배치하여 실용적인 기능을 살린다.
    • 수목이나 초화류 : 계절의 변화를 느낄 수 있도록 군식 및 혼합식재를 한다.
    • 강조 요소의 도입 : 가정의 가훈에 중점을 둔 특징적인 수목을 식재할 수 있다.
    • 앞뜰은 과장되게 치장하지 않아야 한다.
    • 시설물로는 대문, 진입 공간, 원로, 조명등, 차고 등이 있다.
    • 현관까지의 원로 폭은 1~1.5m, 자동차가 들어갈 경우에는 2.5m 정도 되도록 한다.
    • 원로 바닥 : 자연석, 판석, 화강석, 콘크리트, 벽돌 등
    • 담을 낮게 설치하여 이웃이 함께 정원을 즐길 수 있게 보여주는 정원으로서의 역할을 고려하여야 한다.

  ㉡ 안 뜰
    • 정원에서 가장 중요한 부분으로 실용성을 강조하여야 한다.
    • 면적도 넓고 양지바른 곳에 자리 잡는 것이 좋다.
    • 거실, 응접실로부터의 경관식재에 유의하여 구성하고 바닥에는 잔디밭, 판석, 통나무, 관목 등을 이용해 거실과 연결하여 꾸미는 것이 효과적이다.
    • 프라이버시의 보호 : 가족 구성원의 사적 공간
    • 공간의 역할 : 휴식, 독서, 야외 식사 등
    • 식재 : 넓은 잔디밭과 담장 주변을 따라 수목 배치
    • 시설물 : 퍼걸러, 정자, 목재 데크, 벤치, 야외 탁자, 바비큐 장, 연못이나 벽천, 놀이 및 운동 시설 등

  ㉢ 작업뜰
    • 부엌, 식당, 세탁실, 다용도실 등에 가깝게 조성한다.
    • 시설물 : 장독대, 쓰레기통, 빨래 건조대, 채소밭, 창고 등
    • 통풍과 채광, 배수가 잘 되도록 조성한다.
    • 바닥 : 황토벽돌이나 투수벽돌, 투수콘 등으로 포장한다.
    • 앞뜰과 뒤뜰과는 시각적 차폐를 유도하면서 동선을 연결해 준다.
    • 공간의 특징 : 기능적인 측면이 중요한 공간

  ㉣ 뒤 뜰
    • 침실과 연결되어 정숙한 분위기를 가지는 공간
    • 부지가 넓은 경우 건물 뒤쪽이나 옆에 위치하나 좁은 공간에서는 통로의 기능만을 지니게 된다.
    • 방풍식재, 차폐식재를 할 수 있으나 폭이 좁을 경우에는 식재를 생략할 수 있다.

ⓜ 주차 공간
- 2.3×5.0m 확보
- 경사진 대지에서는 단 차이를 활용하여 지하 차고를 계획하는 것이 공간 활용상 바람직하다.
- 지하 차고를 만들 경우 여유 폭을 고려하여 폭은 3~4m, 길이는 6~7m, 높이는 2.2~2.4m 정도 확보하는 것이 좋다.

(2) 주택 단지 정원

① 성격과 기능
㉠ 주택 단지는 입주자의 의식 구조, 경제 수준, 가족 구성, 연령대 등에 의해 내용이 달라진다.
㉡ 공동으로 이용하는 정원이다.
㉢ 주민의 일상생활에서 공동으로 즐길 수 있는 운동, 휴식과 건강증진을 제공하여야 한다.
㉣ 주민이 협력하고 화합할 수 있는 대화의 공간이 되어야 한다.

② 설계 기준
㉠ 인접한 건물의 높이와 그 지점의 위도, 일조 시간에 의해 결정된다.
㉡ 시각별 고도각과 방위각은 건물의 높이에 따라 상이한 그림자의 길이를 가지고 이러한 그림자의 길이가 인동 간격을 결정한다.

③ 주택 단지 정원 설계
㉠ 건축 용지 : 아파트, 상가 등 건축물이 놓여진 곳
㉡ 교통 용지 : 단지 내 중요한 도로와 주차장 등이 해당된다.
㉢ 녹지 용지
- 건축 용지와 교통 용지를 제외한 대부분의 공간(어린이 놀이터, 공원, 단지 주변, 도로 주변)으로 주택 단지의 정원으로 꾸며지는 곳
- 주택 단지에서 녹지율은 20% 이상이 바람직하나 우리나라에서는 15% 이상을 확보하도록 규정하고 있다.
- 단지 내 어린이 놀이터, 공원, 휴게소 등은 주민들이 이용하기에 편리하고 안전한 곳에 위치하도록 한다.
- 어린이 놀이터 : 단지 내의 간선 도로를 횡단하여 이용하지 않도록 안전한 곳에 설치
㉣ 단지 내 동선 : 보행자 우선으로 계획하며 보·차도 분리, 녹음 조성, 차량 통행금지 등에 유의한다.

④ 식재 설계
㉠ 그 지역의 특징을 나타낼 수 있는 나무의 식재
㉡ 건물 가까운 곳은 상록성 교목의 식재를 피하고, 계절적으로 변화감을 느낄 수 있는 나무를 선택한다.
㉢ 단지 입구 부근에는 지표 식재로 특징이 있는 대형 수목을 식재한다.
㉣ 진입로를 따라 가로수를 열식하여 유도식재한다.
㉤ 어린이 놀이터, 휴게소, 노인정 등의 시설 주변은 녹음식재와 경관식재, 경계식재를 병행한다.
㉥ 단지의 외곽부에는 차폐식재와 완충식재를 한다.

3 근린공원 설계

(1) 성격 및 유형
① 근린권에 거주하는 주민의 보건, 휴양 및 정서 생활의 향상에 기여하기 위한 도시공원
② 유치 거리 : 500m 이하, 1개소의 면적은 10,000m² 이상으로 한 초등학교 구역 내에 1개소 정도 설치하는 것이 바람직하다.
③ 시설물 : 넓은 면적이 필요한 운동 시설과 모임 시설, 편익 시설
④ 운동시설 : 다목적 운동장, 배드민턴장, 테니스장, 배구장, 농구장 등
⑤ 모임시설 : 진입 광장, 잔디 광장, 야외 무대 등
⑥ 편익시설 : 매점, 주차장, 자전거 보관소, 공중 전화 등
⑦ 근린공원의 시설 면적 : 전체 부지의 40% 이내로 규정한다.

(2) 공원시설의 종류
① 경관시설 : 플랜터, 잔디밭, 산울타리, 퍼걸러, 못, 폭포, 석등, 정원석, 징검다리
② 휴양시설 : 야유회장, 야영장, 경로당, 노인복지관, 수목원 등
③ 유희시설 : 시소, 정글짐, 사다리, 순환회전차, 모노레일, 유원시설, 낚시터
④ 운동시설 : 야구장, 축구장, 농구장, 배구장, 육상 경기장, 실내 사격장, 스케이트장, 조정장, 철봉, 평행봉, 씨름장, 레슬링장, 탁구장, 태권도장, 유도장, 롤러 스케이트장, 자연체험장

⑤ 교양시설 : 도서관, 온실, 야외 극장, 전시관, 문화예술회관, 미술관 및 과학관, 복지관, 어린이집, 천체·기상 관측실, 기념비와 고분, 성지, 고옥 등을 복원한 것으로 역사적, 학술적 가치가 높은 시설 등

⑥ 편익시설 : 우체통, 공중전화, 휴게음식점, 일반음식점, 약국, 유스호스텔, 수화물 예치소, 전망대, 시계탑, 음수장, 제과점 등

⑦ 공원 관리 시설 : 창고, 차고, 게시판, 표지, 조명시설, 쓰레기 처리장, 쓰레기통, 수도, 우물 등

(3) 근린공원의 공간 구성 및 시설

구 분	활 동	고려 사항	주요 시설
정적활동	피크닉	소수, 다수, 가족, 단체를 위한 활동 공간으로 세분하여 조성	화장실, 음수대, 간이 매점, 휴게소, 다목적 광장
	자연 관찰	경관조경, 도로형태, 공간연결, 수종별 군락 조성	자연 탐승로, 휴게소, 화장실
	경관 감상	경관이 수려한 지역, 탁 트인 전망	전망대, 휴게소
	휴 식	격리된 공간 조성, 경관이 좋은 곳	휴게소, 간이 매점, 화장실, 광장
동적활동	놀 이	평탄한 지형, 녹지, 잔디밭	오락시설, 서비스 센터
	운 동	여타 시설물과 가깝고, 배수가 잘 되고 경사 5% 이하의 평탄지	운동장, 간이 매점, 휴게소, 화장실, 음수전, 잔디밭

(4) 설계 기준

① 공간 구성
  ㉠ 공간 배치 : 놀이, 운동, 휴식, 만남 공간으로 구성 배치
  ㉡ 교육 문화 시설 : 도서관, 야외 음악당 등은 정적 공간과 동적 공간의 사이에 배치
  ㉢ 동선의 종류 : 주동선, 부동선, 관리 동선, 산책 동선 등으로 분리
  ㉣ 동선의 포장 : 동선의 용도에 따라 폭과 포장 재료를 선택한다.

② 식재 설계
  ㉠ 다양한 식물재료를 선정하여 특징에 따라 식재한다.
  ㉡ 기존 수림대나 수목을 보호하고 향토 수종을 선정하여 식재한다.
  ㉢ 잔디와 지피 식물을 이용하여 넓은 녹지대를 설계한다.
  ㉣ 경계지역 : 주변 지역과 분리를 위해 차폐식재한다.
  ㉤ 휴식공간과 놀이공간 : 녹음식재하여 그늘을 제공한다.
  ㉥ 정적공간과 동적공간 사이에는 완충 녹지를 조성한다.

  ㉦ 진입, 휴게공간의 빈 공간 : 수목보호대를 활용한 경관식재, 녹음식재를 한다.
  ㉧ 식재 기준
  • 적절한 수종과 식물 재료로 식재하여 지속적인 변화와 성장 유도
  • 병·해충과 공해에 강한 수종 선택
  • 지역 토양 특성에 적합한 수종 선택
  • 성장할수록 미관이 아름다운 수종을 선택
  • 기능적이고 경관적인 면을 고려한 수종

4 옥상정원 설계

(1) 성격과 기능

① 성 격
  ㉠ 좁은 의미 : 건물 옥상에 만들어지는 정원
  ㉡ 넓은 의미 : 원 지반과 분리된 인공 지반 위에 설치되는 모든 정원

② 효 과
  ㉠ 토지 이용의 효율성 증대
  ㉡ 녹음 제공
  ㉢ 심리적 쾌적함
  ㉣ 도시 환경오염의 피해 감소
  ㉤ 다양한 공간 활용
  ㉥ 현대인의 가수요에 대비한 휴게 공간 확보
  ㉦ 온실효과의 감소
  ㉧ 실내온도 상승 및 저하 예방

③ 기 능
  ㉠ 녹지공간 기능의 증대
  ㉡ 자연친화적인 녹지공간의 창조
  ㉢ 여가공간의 확보
  ㉣ 지역 사회의 환경 개선에 일조
  ㉤ 외부적 건물미관의 아름다움 향상

(2) 옥상정원 설계 시 유의사항

① 하중 : 건물 구조에 영향이 있으므로 경량재 사용
② 옥상 바닥 보호와 방수
③ 바람, 한발, 강우, 햇볕 등의 자연 재해에 대한 안전성 확보
④ 토양층의 깊이와 구성 성분의 적절한 설계
⑤ 관수, 배수, 시비, 유지와 관리 철저
⑥ 적합한 수종 식재

(3) 설계 기준

① 공간 구성
　㉠ 단순하고 간결하게 공간을 구성한다.
　㉡ 공간배분 : 정형적인 직선과 곡선을 사용한다.
　㉢ 동선은 정형식으로 단순하게 입구에서 배치한다.
　㉣ 전체 면적의 1/3 이하, 옥상 경계선의 안쪽에 군식하고, 휴게 장소로 이용이 용이하도록 유도식재 한다.
　㉤ 식재 경계 : 흙을 채우기 위한 벽돌, 호박돌 등으로 마감한다.

② 식재 기준
　㉠ 토양 두께와 바람을 고려하여 키가 비교적 작은 관목류와 초화류 및 잔디 식재
　㉡ 겨울철을 고려하여 상록수 비중을 높여 식재
　㉢ 가뭄에 강한 수목 식재
　㉣ 성장이 느리고 맹아력이 강한 수종 식재

③ 시설물 기준
　㉠ 시설물 : 분수, 벤치, 잔디, 화단, 퍼걸러, 연못, 벽천, 조명 시설 등
　㉡ 보행자 도로나 주위 건물로부터 차폐한다.
　㉢ 경관이 가리지 않게 하는 것이 중요하다.
　㉣ 추위와 풍속에 대비하여 유리, 나무, 벽돌 등 튼튼하게 바람막이 벽을 설치하여야 한다.
　㉤ 바닥에는 방수막을 설치하고 보호층과 최종 마감 재료로 처리한다.
　㉥ 옥상 가장자리에 안전을 위해 난간을 설치한다.

④ 토양의 조성과 두께
　㉠ 가볍고 비옥하며, 배수·보수가 잘 되는 흙·경 하중재료 사용
　㉡ 토질 : 사질 양토＋경량재
　㉢ 토양 혼합비는 사질 양토 : 부엽토 : 두엄 ＝ 1 : 1 : 1로 하여 경량재를 섞어서 사용
　㉣ 옥상 정원 두께 : 식물이 생장, 생존이 가능한 최소한의 깊이를 가질 것
　㉤ 플랜터 식재 : 자갈, 부서진 돌, 굵은 화산, 모래 등을 10~20cm 정도의 두께로 깔고 그 위에 왕모래나 거친 모래를 5cm로 깐다.
　㉥ 플랜터 배수 처리된 물은 배수 시설로 고정시켜 직접 배수관으로 연결되게 설계한다.

⑤ 관수와 배수
　㉠ 옥상정원의 일반적인 사항
　　• 토양층이 얇아 보수력이 낮다.
　　• 강한 태양 광선에 노출되어 있다.
　　• 심한 바람으로 증산작용이 활발하여 건조해지기 쉽다.
　　• 세심한 관리가 요구된다.
　　• 시설물, 수목의 안전한 지지가 필요하다.
　㉡ 관 수
　　• 옥상정원에서 가장 중요한 사항이다.
　　• 가능한한 토양에 수분이 충분히 흡수되도록 서서히 관수한다.
　　• 뿌리의 성장 방향을 유도하여 구조물에 영향을 덜 미치도록 고려한다.
　　• 옥상정원의 관수는 자동 조절되는 스프링클러 시스템을 도입하도록 한다.
　　• 토양층의 영양분이 유실되지 않도록 멀칭제(진흙, 낙엽, 분쇄목)를 덮어 준다.

5 어린이공원 설계

(1) 성격과 유형

① 가장 작은 규모의 도시공원
② 공간의 기능 : 어린이의 놀이, 휴식, 운동
③ 공간의 성격 : 놀이와 병행, 친구를 사귀고 어울리는 사회 학습의 터전
④ 유형 : 어린이공원으로 통합하여 지정, 설치되고 있다.

⑤ 유아를 위한 놀이터
  ㉠ 가시거리 이내, 유아용 놀이 기구, 모래터 설치
  ㉡ 동반자를 위한 휴게 및 감시 공간 필수
  ㉢ 독립적 설치보다는 어린이공원 내에 설치
  ㉣ 반경 150m 이내에 놀이, 휴게, 자유 놀이 공간으로 분할
⑥ 유년을 위한 놀이터
  ㉠ 반경 250m 이내
  ㉡ 다목적 운동장 등의 동적 운동 시설 공간으로 분할

(2) 설계 기준
① 공간 구성
  ㉠ 유치 거리 : 거리 250m 이하, 면적 기준은 1,500m² 이상
  ㉡ 공간 구성 : 놀이, 휴식, 운동 공간으로 구분한다.
  ㉢ 시설 면적 : 전체 면적의 60% 이내로 하고 건물은 5%를 넘지 않도록 한다.
  ㉣ 식재지 면적 : 전체 면적의 30~40% 정도가 적당하다.
  ㉤ 시설물의 종류
    • 놀이 시설 : 미끄럼대, 그네, 시소, 정글짐, 조합 놀이대, 모래터 등
    • 휴게 시설 : 퍼걸러, 벤치, 그늘집 등
    • 운동 시설 : 다목적 운동장, 평행봉, 철봉, 윗몸일으키기, 농구대 등
    • 기타 : 화장실, 음수대, 휴지통, 조명 등
② 식재 설계
  ㉠ 주로 경계부에 식재하되 최소 폭 2m 이상으로 돌려 심는다.
  ㉡ 시설 지역과 경계부는 부분적으로 산울타리를 식재하여 아늑한 분위기를 조성한다.
  ㉢ 공원 외곽의 밀식 식재 억제 : 공원 내 범죄 예방
  ㉣ 식재 수종 : 대략 20종 이내, 단순한 수종을 정형식으로 열식한다.
  ㉤ 수종 선택
    • 해충에 강하고 유지관리가 쉬울 것
    • 어린이들의 장난에 견딜 수 있는 강한 성질을 가질 것
    • 어린이들의 건강과 교육적 가치를 지닐 것
    • 도시의 미적 측면과 일반 생육 조건을 고려할 것
    • 가시가 있거나 불쾌한 냄새, 즙액이 흐르거나 독성이 있는 식물은 배제할 것
  ㉥ 시설 내부의 포장 지역에도 낙엽교목을 이용하여 녹음식재한다.

제5절 조경설계 순서

출제포인트

조경기능사 시험에서 가장 오랜 기간 동안 준비하고 연습하여야 할 부분은 바로 조경설계 중 계획 평면도 작성이다. 수험생들 중에는 많은 시간을 투자하고도 도면 그리기 실력이 쉽게 늘지 않아 속이 상했던 경험을 한 분들도 많을 것이다.
이 단원에서는 좀 더 쉽고 빠르고 정확하게 설계도를 작성할 수 있도록 상세한 설명과 예를 더하였다. 정리된 내용을 열심히 익히고, 이론을 바탕으로 차근차근 실습에 임한다면 설계 실력을 향상하는 데 많은 도움이 될 것이다.

1 평면도 그리기

(1) 평면도 작도 순서
① 테두리선 그리기
② 표제란 그리기
③ 대상지 외형선 그리기
④ 경계석 그리기
⑤ 시설물 그리기
⑥ 관목 식재하기
⑦ 교목 식재하기
⑧ 표제란 작성하기
⑨ 방위표, 축척표 작성하기
⑩ 테두리선, 설계대상지 외형선 그리기

(2) 평면도 그리기

① 테두리선 그리기

㉠ 테두리선의 규격(KS 규격)
- A₃ 용지의 규격
- 일반규격 : 용지 끝에서 10mm의 간격으로 그린다.
- 좌측을 철할 때 : 좌변 25mm, 위, 아래, 우측은 10mm

> ※ 주의하세요 ※
>
> 실기시험시 지급되는 용지의 좌측에는 아래와 같은 내용이 인쇄되어 있으므로 테두리선을 그릴 때 주의해야 합니다. 실기시험에서 작성하는 조경계획평면도, 단면도의 테두리선은 좌측으로부터 70mm, 위, 아래, 우측으로부터 10mm의 간격을 두고 그려줍니다.

㉡ 테두리선 그리는 순서
- 먼저, 제도판에 용지를 T자와 수평이 되게 종이테이프로 고정한다.
- 좌측은 70mm, 우측, 위, 아래는 10mm 간격을 재서 테두리선을 위한 점을 찍는다.
- T자를 이용하여 수평선을 긋고, 삼각자를 T자에 올려놓고 수직선을 긋는다.
- 선 긋기할 때 수평선은 좌에서 우로 수직선은 아래에서 위로 그리는 것을 습관화한다.

② 표제란 그리기

㉠ 표제란의 규격
- KS 규격 : 폭은 100mm
- 조경설계도의 규격 : 60~100mm를 조경설계 대상지의 크기에 따라 적당한 크기를 적용하여 그린다.
- 표제란의 폭으로 알맞은 크기 : 70mm

> ※ 주의하세요 ※
>
> 조경설계 대상지의 크기가 보통 가로 24m×세로 19m로 출제되는 경향이 있으므로 표제란의 폭은 70mm로 하는 것이 좋으며 대상지가 크거나 작다고 해서 표제란의 규격을 바꾸는 것은 불리합니다(고정해서 연습해야 숙련도가 높아집니다).

㉡ 설계도면의 예

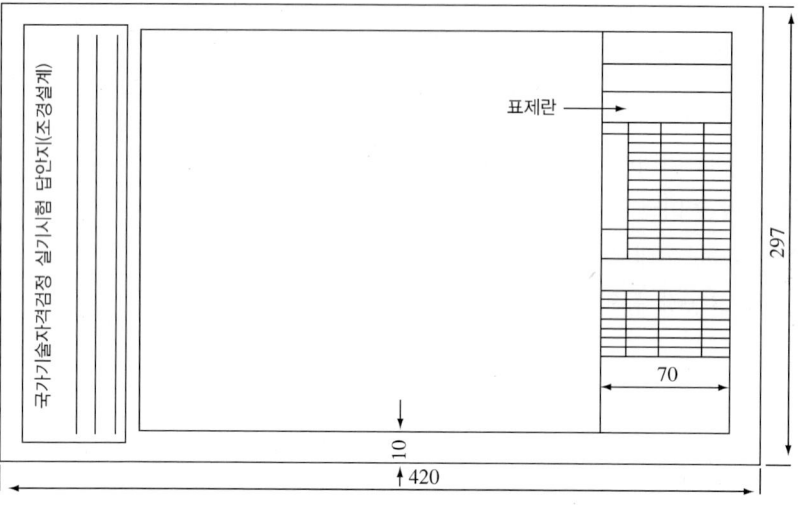

[테두리선과 표제란]

③ 대상지 외형선 그리기

㉠ 문제에 제시된 대상지의 가로, 세로 치수 또는 눈금의 수를 확인한다.
㉡ 대상지의 위치를 정하고 외형선을 그린다.
㉢ 외형선 안쪽으로 모눈눈금(1cm)을 가는 실선으로 표시한다. 모눈눈금을 그리지 않고 치수를 환산해서 제도할 수도 있지만 모눈눈금을 이용하는 것이 빠르고 효율적이다.

> ※ 주의하세요 ※
>
> 모눈눈금은 가로 세로 1cm로 균일하게 그려지도록 하고, 가능한 한 연하게 표시될 수 있도록 합니다.

ⓐ 설계도면의 예

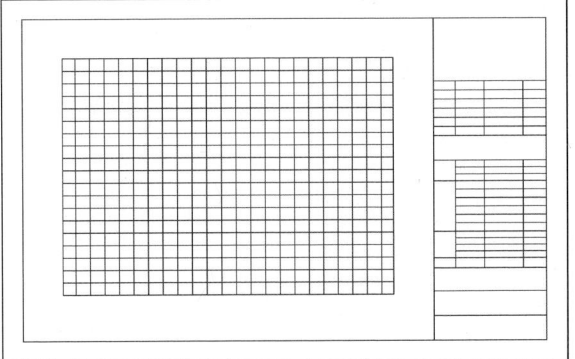

[모눈눈금]

④ 경계석 그리기
  ㉠ 조경설계에서 쓰이는 화강암 경계석의 규격에는 네 가지가 있다.
    • 100mm(가로)×100mm(세로)×1,000mm(길이)
    • 150mm×150mm×1,000mm
    • 200mm×200mm×1,000mm
    • 250mm×250mm×1,000mm
  ㉡ 이 화강암 경계석을 설계도면에 표시할 때는 설계자의 선택에 따라 치수를 결정할 수 있으나 일반적으로 규격 200mm×200mm×1,000mm의 경계석을 시공한다고 가정한다.
  ㉢ 아래 예시에서 또한 경계석 치수를 200mm로 생각하고 축척에 따라 외형선 안쪽으로부터 2mm로 표시하였다.
  ㉣ 설계도면의 예

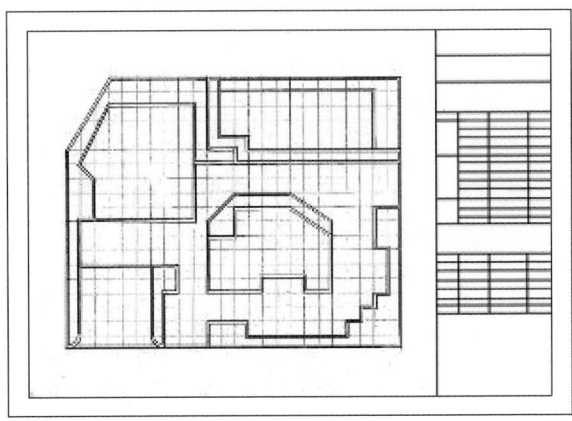

[경계석]

⑤ 시설물 그리기
  ㉠ 단면선을 표시한 후 시설물을 작도한다.
  ㉡ 시설물의 종류에는 퍼걸러, 셸터, 평벤치, 등벤치, 수목보호대, 휴지통, 볼라드, 정글짐 등이 있다.
  ㉢ 문제의 요구사항을 정확히 이해한 후 시설물의 위치와 방향을 결정한다.
  ㉣ 요구사항에 이미 치수가 주어진 시설물은 치수에 유의해서 정확히 설치한다.
  ㉤ 어린이 놀이시설은 안전성을 고려하여 위치를 잡는다.
  ㉥ 벤치는 가능하면 녹음식재 공간에 함께 설치되는 것이 좋고, 휴지통은 벤치와 가까이 설치하면 무난하다.

※ 주의하세요 ※

템플릿을 최대한 활용하여 빠르고 정확하게 제도할 수 있도록 합니다.

  ㉦ 설계도면의 예

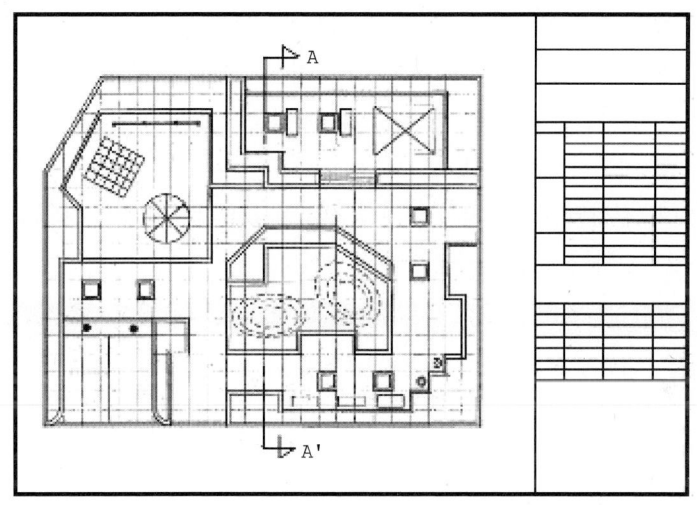

[시설물]

⑥ 관목식재하기
  ㉠ 관목의 식재경계를 먼저 그려두고 그 안에 종류별로 표시하면 된다.
  ㉡ 관목종류의 표시는 "○", "▽", "∨", "×" 등의 기호로 쉽게 표현한다.
  ㉢ 설계도면의 예

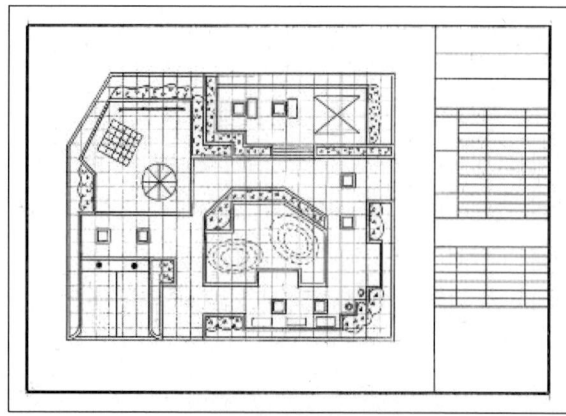

[관목식재]

⑦ 교목식재하기
  ㉠ 식재할 수목의 종류에서 70% 정도를 교목으로 선택한다.
  ㉡ 선택한 수종을 그릴 때는 반드시 수목의 크기를 고려해야 한다.
  ㉢ 수목의 크기는 수관폭(W)으로 결정되는데, 수관폭이 주어지지 않은 경우 일반적으로 수고(H)의 절반 치수를 수관폭으로 본다.
  ㉣ 수관폭(W)이 결정되면 템플릿의 크기를 찾아서 1차적인 방법인 원으로 도시한다.
  ㉤ 원 안에 활엽수와 침엽수를 구분해서 표현한다.

※ 주의하세요 ※

템플릿 안에서 교목의 표시를 할 수 있도록 평상시 많은 연습을 해두는 것이 중요합니다.

㉥ 설계도면의 예

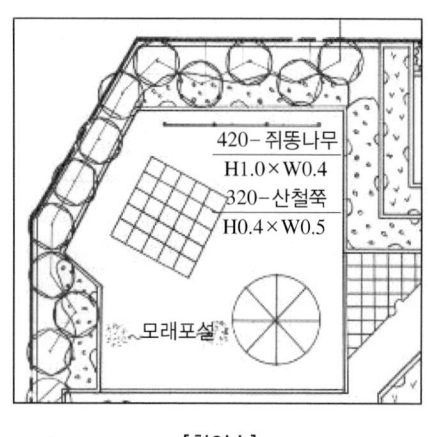

[활엽수]   [침엽수]

⑧ 표제란 작성하기
  ㉠ 표제란에는 공사명, 도면명, 수목 수량표, 시설물 수량표, 도면의 축척, 방위 등이 포함된다.
  ㉡ 시설물 수량표는 수목을 식재하기 전에 작성한다.
  ㉢ 수목 수량표와 도면에 식재한 수량이 잘 맞지 않을 수 있으므로 주의해서 여러 번 체크하는 것이 좋다.
  ㉣ 수목 수량표를 미리 작성해 놓고 도면에 식재하면 혼동을 막을 수 있다.
  ㉤ 시설물 수량표 안에 기호를 작성하는 것이 어려우면 템플릿을 활용해서 도시한다.
  ㉥ 설계도면의 예

공사명	도로변소공원		
도면명	조경계획도		
범 례	■ 수목수량표		
성상	수종명	규격	수량
상록 교목	소나무	H4.0×W2.0	2
	소나무	H3.5×W1.8	2
	소나무	H3.0×W1.5	1
	스트로브잣나무	H2.5×W1.3	13
낙엽 교목	왕벚나무	H4.5×B1.5	4
	느티나무	H3.5×B2.0	4
	홍단풍	H2.5×R9	5
	자귀나무	H2.5×R9	11
	청단풍	H2.5×R9	12
	꽃사과	H2.5×R6	18
관목	쥐똥나무	H1.0×W0.4	420
	산철쭉	H0.4×W0.5	320
	영산홍	H4.0×W2.0	500
지피식물	조릿대	H0.6×7가지	460

■ 시설물수량표

기호	시설명	규격	수량
□	퍼걸러	3,000×3,500	1
▦	정글짐	3,500×2,500	1
	회전무대	phi	1
⊗	휴지통	phi	1
	수목보호대	1,000×1,000	6
	평벤치	400×1,200	6
	볼라드	phi	2
	철 봉	1,500×4,500	1

0 1   3   5m
SCALE : 1 : 100

[표제란 작성법]

⑨ 방위표, 축척표 작성하기
  ㉠ 방위표는 조경설계도뿐만 아니라 어떤 도면에서도 중요한 설계요소이므로 빼놓지 않고 작도해야 한다.
  ㉡ 설계현황도의 방위를 잘 확인한 후에 방위를 맞추어 작도한다.
  ㉢ 여러 가지 작도법이 있지만 쉽고 정확한 본인의 방법을 찾아 숙지하는 것이 좋다.

※ 주의하세요 ※
축척표는 도면의 생명입니다. 축척이 적혀 있지 않은 도면은 가치가 없으므로 마지막 순간까지 확인해야 하는 것이 축척표임을 잊지 말아야 합니다.

⑩ 테두리선, 설계대상지 외형선 그리기
  ㉠ 이제 도면은 완성이 되었지만 한 가지가 남아 있다.
  ㉡ 도면 작성 중 가늘거나 흐리게 작도했던 테두리선과 설계대상지의 외형선을 분명하고 뚜렷하게 그려야 한다.

※ 주의하세요 ※
테두리선과 대상지 외형선은 처음부터 굵은 실선으로 작도하지 않기 바랍니다. 미리 굵게 작도하면 번져서 지저분해질 수 있기 때문입니다. 같은 도면이라면 청결도가 높은 도면이 높은 점수를 받을 수 있습니다.

2 단면도 그리기

(1) 단면도 작도 순서
① 테두리선 그리기
② 지표선(G.L) 그리기
③ 단면선 경계영역 그리기
④ 지상영역 표시하기
⑤ 단면선상의 경계석, 수목, 시설물, 포장 재료, 공간 카피하기
⑥ 지하 단면도 그리기
⑦ 포장상세도 그리기
⑧ 수목 단면도 그리기
⑨ 테두리선 마무리하기

(2) 단면도 그리기
① 테두리선 그리기
  ㉠ 제도판에 용지를 T자와 수평이 되게 종이테이프로 고정한다.
  ㉡ 좌측 : 70mm, 우측, 위, 아래 : 10mm 간격으로 점을 찍는다.
  ㉢ T자를 이용하여 수평선을 긋고, 삼각자를 T자에 올려놓고 수직선을 긋는다.
  ㉣ 선긋기 할 때 수평선은 좌에서 우로 수직선은 아래에서 위로 그리는 것을 습관화한다.
  ㉤ 가는 실선으로 위치만 표시한다.

② 지표선(G.L) 그리기
수평 중심선의 위치에서 40mm 위쪽으로 가는 실선을 사용하여 그린다.

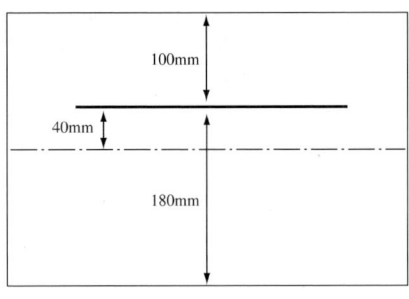

[지표선 그리기]

③ 단면선 경계영역과 지상영역 표시하기
  ㉠ 평면도에서 단면선 길이를 확인하여 지표선에 단면선 경계영역을 표기한다. 단, 실제영역(예시에서의 경우 24m)에서 좌, 우로 2m씩 여유 공간을 포함해서 그린다.
  ㉡ 지상 1m는 도면에서 1cm로 표기한다(축척 : 1/100).
  ㉢ 아래 예시에서와 같이 1cm 간격으로 여섯 개의 수평선을 긋고 숫자를 좌측에 기입한다.

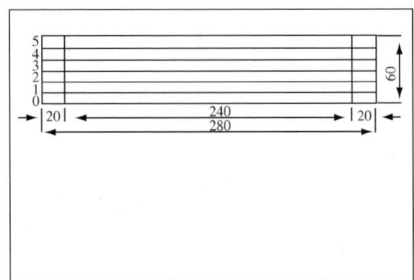

[지상영역 그리기]

④ 단면선상의 경계석, 수목, 시설물, 포장재료, 식재 공간 그리기
  ㉠ 평면도의 단면선에 용지를 대고 단면선상의 경계석, 수목, 시설물, 포장재료, 식재 공간의 위치를 표시한다.
  ㉡ 표시한 용지를 단면도의 G.L선에 대고 G.L선상에 경계석, 수목, 시설물, 포장재료, 식재 공간의 위치를 도시한다.
  ㉢ 도시된 공간의 위치의 높이를 확인하여야 하며 공간과 공간 사이에 경계석 표시를 한다.
  ㉣ 전체의 G.L선(지표선)은 굵은 실선으로 사용한다.
  ㉤ 플랜터(Planter) 공간의 높이는 60cm이므로 6mm 높이로 도시한다.
  ㉥ 계단의 좌우 공간의 높이차는 1m이므로 1cm의 고저차를 표시해야 한다.

※ 주의하세요 ※
위요공간의 등고선의 위치와 높이를 정확히 도시해야 합니다.

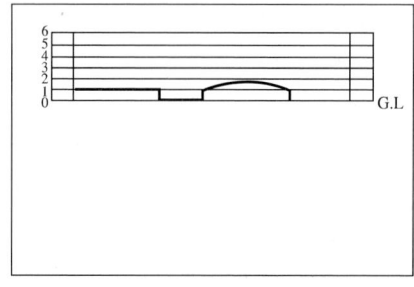

[G.L선 작도]

⑤ 지하 단면도 그리기
  ㉠ 경계석과 경계석 또는 플랜터(Planter)와의 공간(포장명, 원지반)을 정확하게 확인한다.
  ㉡ 단면도 표기법에 준하여 포장재료, 원지반의 기호를 N/S(정확한 축척이 아님)로 도시한다.
  ㉢ 수목의 도시는 지하 단면도가 완성된 후에 도시하면 되므로 수목의 도시는 다음으로 한다.
  ㉣ A, B, C 참조표를 표시해야 하므로 포장면의 두께가 5mm를 넘지 않도록 한다.
  ㉤ 같은 포장재료가 분산되어 있을 때는 연결선으로 연결하고 참조표는 하나만 표시한다.
  ㉥ 인출선이나 연결선이 겹칠 때는 건너기 표시를 한다.

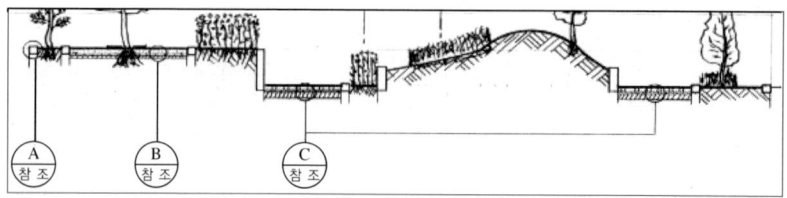

[지하단면도(N/S)]

⑥ 포장상세도 그리기
  ㉠ 포장재료의 수(경계석 포함)를 파악하여 좌에서 우로 배치한다.
  ㉡ 전체 간격은 10cm 정도가 되어야 한다.
  ㉢ 포장상세도 위쪽의 선이 일직선이 되도록 한다.
  ㉣ 상세도명이 일직선이 되도록 한다.
  ㉤ 포장면의 도시 원, 참조 도시 원, 포장명 도시 원의 크기를 순차적으로 한다.
  ㉥ 포장상세도의 폭은 20mm로 하여 공간을 확보한다.
  ㉦ 참조표 바로 밑에 상세도가 위치하지 않아도 되므로 상세도의 순서에 맞게 균등배치 해야 한다.

※ 주의하세요 ※
상세도의 축척은 1/100이므로 축척을 빠뜨리지 않도록 합니다.

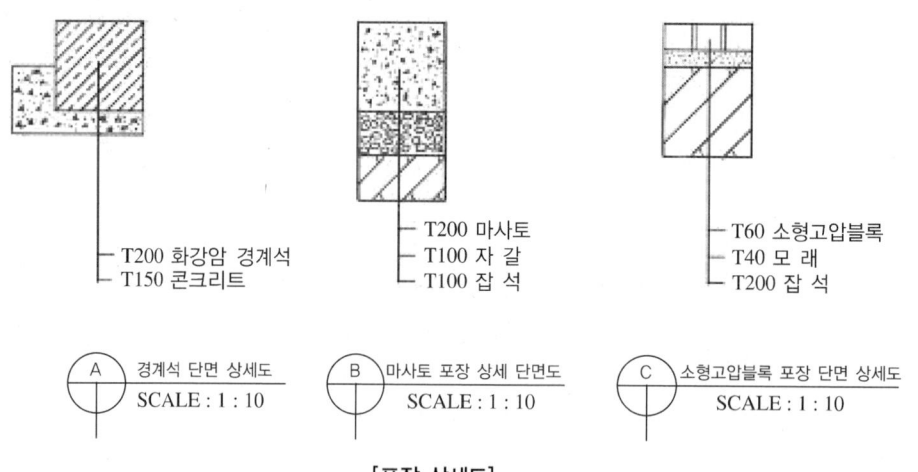

[포장 상세도]

⑦ 수목 단면도 그리기

  ㉠ 평면도에서의 수목의 식재위치, 수목명, 특히 수고(H)를 파악한다.
  ㉡ 수목입면도를 수종에 맞게, 정확한 위치에 표시한다.
  ㉢ 침엽, 낙엽교목, 관목, 지피식물 등에 대한 도시연습을 충분히 하는 것이 좋다.
  ㉣ 지상부 도시가 되면 지하부(뿌리)를 적절히 표시한다.
  ㉤ 아래에 예시되어 있는 대로 최대한 간단하고 명료하게 도시하도록 한다.

※ 주의하세요 ※

첫째, 수목의 상부까지의 높이와 수목의 수고(H)가 맞아야 합니다.
둘째, 평면도상의 수관 폭과 단면도상의 수관 폭이 일치해야 합니다.

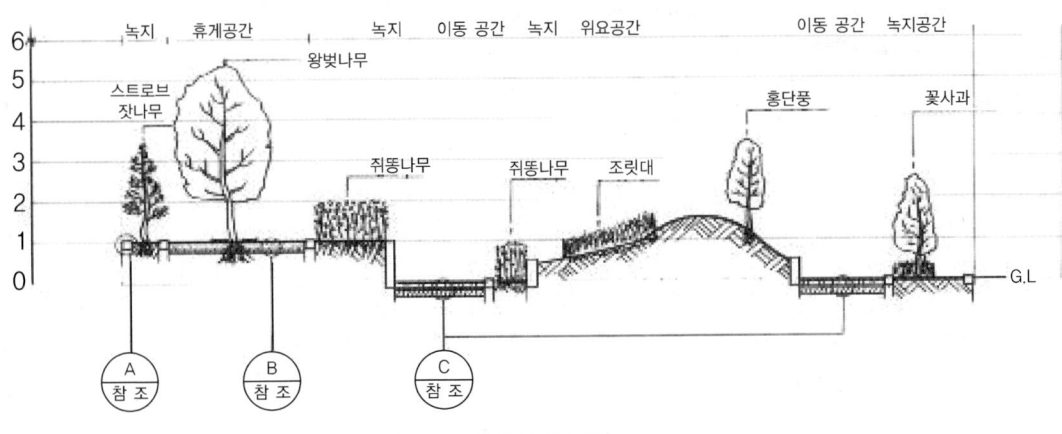

[수목식재요령]

⑧ 테두리선 마무리하기

  ㉠ 테두리선을 굵은 실선으로 마무리한다.
  ㉡ 단면도가 완성될 때쯤이면 마음이 조급해지고 시험시간에 대한 강박관념 때문에 실수를 하기 쉽다.
  ㉢ 시간이 촉박하다면 단면도의 포장상세도까지만이라도 완성을 해야 한다. 단면도 미제출시는 설계도의 채점이 되지 않을 수 있다.

※ 주의하세요 ※

마지막까지 차분하게 검토하는 여유를 가질 수 있도록 시간 배분에 신경써야 합니다.

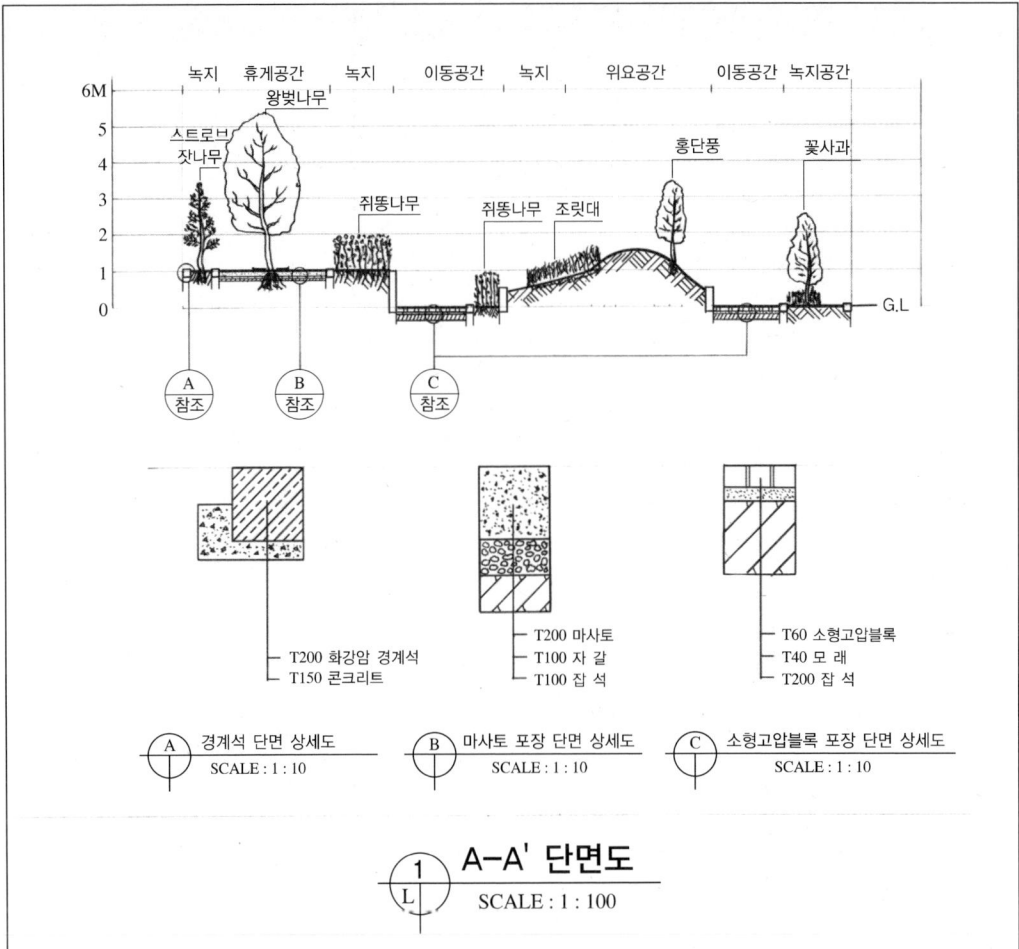

[단면도의 예]

CHAPTER 02 조경설계도면 작성

제1절 도로변 소공원

설계문제

우리나라 중부지역에 위치한 도로변의 빈 공간에 대한 조경설계를 하고자 합니다. 주어진 현황도 및 아래 사항을 참조하여 설계조건에 따라 조경계획도를 작성합니다(단, 1점 쇄선 안 부분을 조경설계 대상지로 합니다).

(1) 현황도

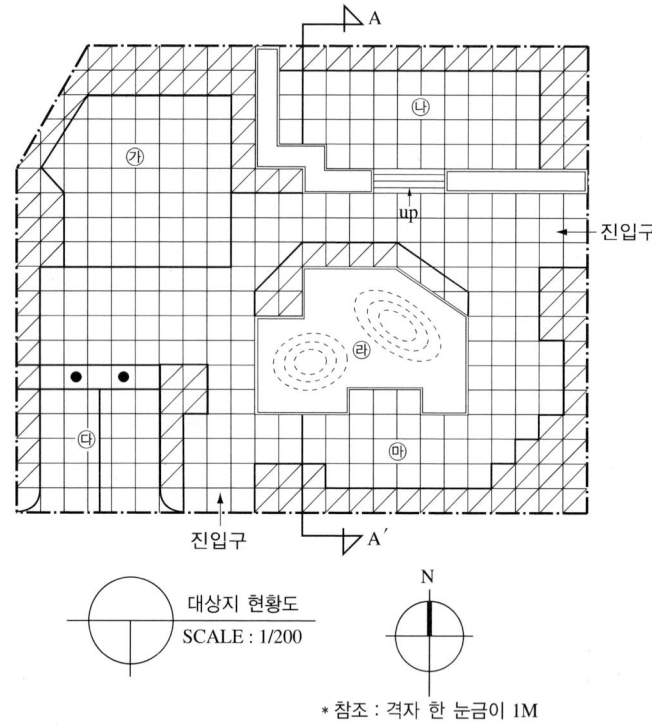

(2) 요구사항

① 식재평면도를 위주로 한 조경계획도를 축척 1/100로 작성하시오(용지 1).
② 도면 오른쪽 위에 작업명칭을 작성하시오.
③ 도면 오른쪽에는 "중요시설물 수량표와 수목(식재) 수량표"를 작성하고, 수량표 아래쪽에 "방위표시와 막대축척"을 그려 넣으시오(단, 전체 대상지의 길이를 고려하여 범례표의 폭을 조정할 수 있습니다).
④ 도면의 전체적인 안정감을 위하여 "테두리선"을 넣으시오.
⑤ A-A′ 단면도를 축척 1/100로 작성하시오(용지 2).

(3) 설계조건

① 해당 지역은 도로변에 위치한 소공원으로 어린이들이 주 이용 대상들이며, 그 특성에 맞는 조경계획도를 작성합니다.
  ※ 어린이가 주 이용 대상이라는 것에 유의합니다.
② 포장지역을 제외한 곳에는 가능한 식재계획을 합니다(녹지공간은 빗금 친 부분입니다).
  ※ 식재공간의 경계를 정확히 확인하고 식재계획을 세워야 합니다.
③ 포장지역은 "소형고압블록, 콘크리트, 마사토, 모래" 등 적당한 위치에 적합한 포장재를 선택하여 표시하고, 포장명을 기입합니다.
  ※ 포장지역은 식재공간을 제외한 곳이므로 몇 곳인지 확인한 후, 용도에 맞는 포장 재료를 선택합니다. 포장기호를 정확하게 표기합니다.

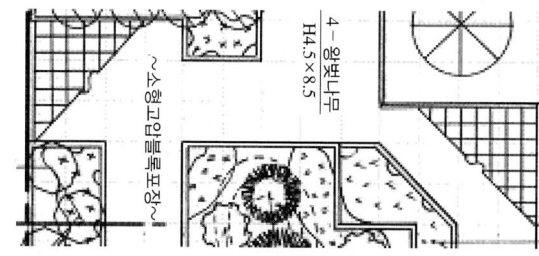

[그림001 소형고압블록포장]

  ※ 포장기호의 예 : "~소형고압블록포장~"
④ "㉮" 지역은 어린이 놀이공간으로 계획하고, 그 안에 어린이 놀이시설을 3종 배치하시오.
  ※ 놀이공간의 넓이를 고려하여 어떤 놀이시설을 설치할 것인가를 프리핸드로 먼저 그려보고 나서 설계도를 작도하면 좋습니다.

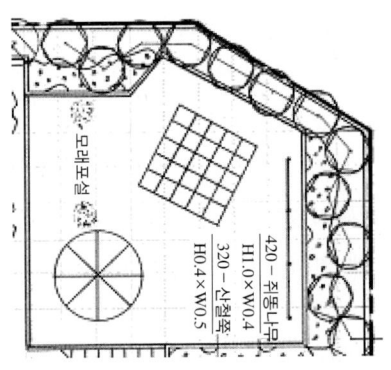

[그림002 어린이 놀이공간 설계]

⑤ "㉯" 지역은 "㉮", "㉱" 지역보다 1m 높고, 그 높이 차이를 식수대로 처리하였으므로 적합한 조치를 계획합니다.

※ 지형의 고저차가 있기 때문에 식수대(플랜터)에는 가능한 한 관목을 식재하는 것이 좋습니다. 부득이한 경우, 예를 들어 벤치에 녹음식재가 필요한 경우에는 교목을 단독 식재할 수 있습니다.

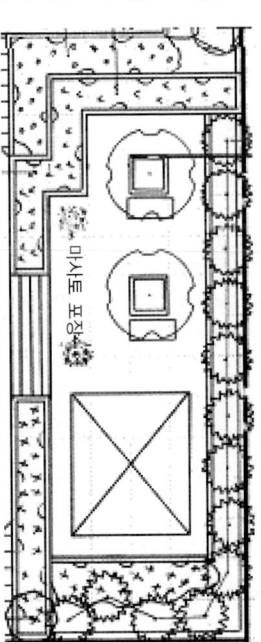

[그림003 식수대 관목식재]

⑥ "㉯" 지역은 휴식공간 주변으로 퍼걸러(3,000mm×3,500mm) 1개소, 수목보호대를 2개소를 설치하여 수목을 배치하고, 적당한 곳에 평벤치 2개를 설치합니다.

※ (그림003)에서와 같이 수목과 벤치를 설치합니다.

⑦ "㉰" 지역은 주차공간으로 소형자동차(2,500mm×5,000mm) 2대가 주차할 수 있는 공간으로 계획하고 설계합니다.

※ 주차공간을 표시할 때 모눈 칸을 잘 맞추어 주차선을 그려야 합니다.

⑧ "㉱" 지역은 주차장을 이용하는 고객 및 도보 이용자들을 위한 보행공간으로 활용합니다.

※ 수목보호대를 설치하고 녹음식재를 할 때에는 보행자 동선을 고려하여 불편함이 없도록 배려하는 것이 중요합니다.

⑨ "㉲" 지역은 등고선 1개당 30cm가 높으며, 전체적으로 "㉱" 지역에 비해 60cm가 높은 녹지지역으로 경관식재를 실시하시오. 아울러 반드시 크기가 다른 소나무를 3종 식재하고, 계절성을 느낄 수 있게 다른 수목을 조화롭게 배치하시오.

※ (그림004)에서와 같이 등고선(파선)을 그리고 경관식재(3종 이상 식재)를 도시합니다. 위요공간은 중요한 부분으로 문제지에서 표시된 등고선을 고려해서 식재해야 합니다.

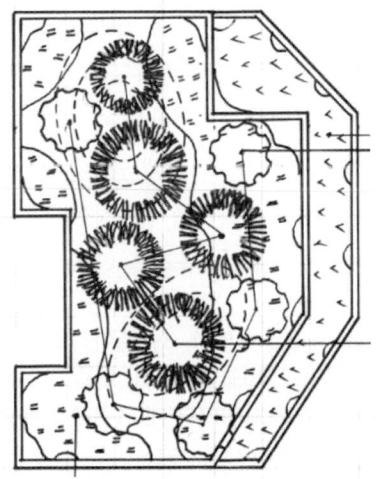

[그림004 위요공간 식재]

⑩ 대상지 내에 보행자 통행에 지장을 주지 않는 곳에 평벤치 4개와 휴지통 2개를 설치합니다.
　※ 반드시 녹음식재를 염두에 두고 벤치의 위치를 선정합니다.

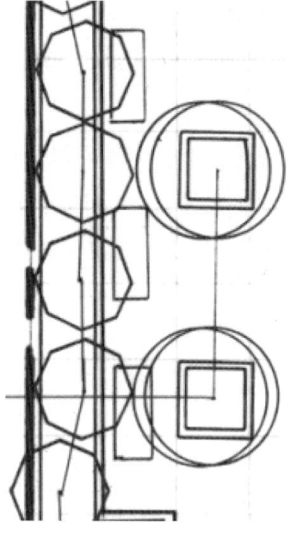

[그림005 벤치 설치]

⑪ 대상지 내에는 유도식재, 녹음식재, 경관식재, 소나무 군식 등의 식재 패턴을 필요한 곳에 적당히 배식하고, 필요한 곳에 수목보호대를 설치하여 포장 내에 식재를 합니다.
　※ 유도식재 : 주차장 주변에 열식
　※ 녹음식재 : 벤치, 원로의 적당한 위치, 휴게공간 중 빈 자리에 활엽교목을 식재하시오.
⑫ 수목은 아래에 주어진 수종 중에서 12가지를 선정하여 골고루 안정적인 배식이 될 수 있도록 계획하며, 인출선을 이용하여 수량, 수종명칭, 규격을 반드시 표기하시오.

소나무(H4.0×W2.0), 소나무(H3.5×W1.8), 소나무(H3.0×W1.5), 스트로브잣나무(H2.5×W1.3), 스트로브잣나무(H2.0×W1.0), 왕벚나무(H4.5×B15), 버즘나무(H3.5×B8), 느티나무(H3.5×R8), 홍단풍(H2.5×R9), 중국단풍(H2.5×R6), 자귀나무(H2.5×R9), 산딸나무(H2.0×R5), 청단풍(H2.5×R9), 꽃사과(H2.5×R5), 수수꽃다리(H1.5×W0.6), 병꽃나무(H1.0×W0.4), 쥐똥나무(H1.0×W0.4), 명자나무(H0.6×W0.4), 산철쭉(H0.4×W0.5), 영산홍(H0.4×W0.5), 조릿대(H0.6×7가지)

　※ 12가지 수종을 선택할 때는 침엽수, 활엽수, 경관수, 관목을 골고루 선택하여 식재하시오.
　※ 수종을 잘 모르면 선택의 어려움이 있으므로 미리 수목에 대한 공부를 해두어야 합니다.
⑬ A-A´ 단면도는 경사, 포장재료, 경계선 및 기타 시설물의 기초, 주변의 수목, 중요 시설물, 이용자 등을 반드시 표시하시오.
　※ (A-A´) 단면선에 유의하여야 합니다.
　※ 시설물 배치를 하기 전에 먼저 단면선을 도시해야 합니다.
　※ 단면선이 시설물을 애매하게 절단하였을 경우에 단면도를 작도하는데 어려움이 있습니다.
　※ 평면도상의 표고 차에 유의하고 특히 위요공간을 단면선이 지나갔을 때는 등고선에 유의해야 합니다.
　※ 포장재료의 경계는 경계석이 구분하므로 경계석과 경계석 사이의 공간을 정확히 확인하고 단면도를 작도해야 합니다.
　※ 수목 단면을 그리는 데 시간이 충분하지 않을 수 있습니다. 평상시 침엽, 활엽, 관목표현법을 연습해야 단면도를 제시간 안에 도시할 수 있습니다.
　※ 단면도는 프리핸드로 그리는 것이 많아서 연습만이 최선의 방법입니다.
　※ 단면상세도의 축척과 전체 단면도의 축척을 다르게 해야 하는 이유는 포장단면도를 1/100의 축척으로는 도시가 불가능한 경우가 있습니다. 그럴 경우에 사용하는 방법이 부분상세도를 그리는 것입니다 (단면도에서 가장 중요한 요소가 포장상세도입니다).
　※ 단면도의 배치에 유의하고 해답도면을 보고 연습하길 바랍니다.

중요 CHECK
- 설계조건은 채점규정이나 다름없습니다. 설계조건에 있는 치수는 빨간색으로 체크하고 확인하세요.
- 단면선에 최소의 시설물이나 수목이 걸리도록 하는 것도 하나의 방법이 될 수 있습니다.

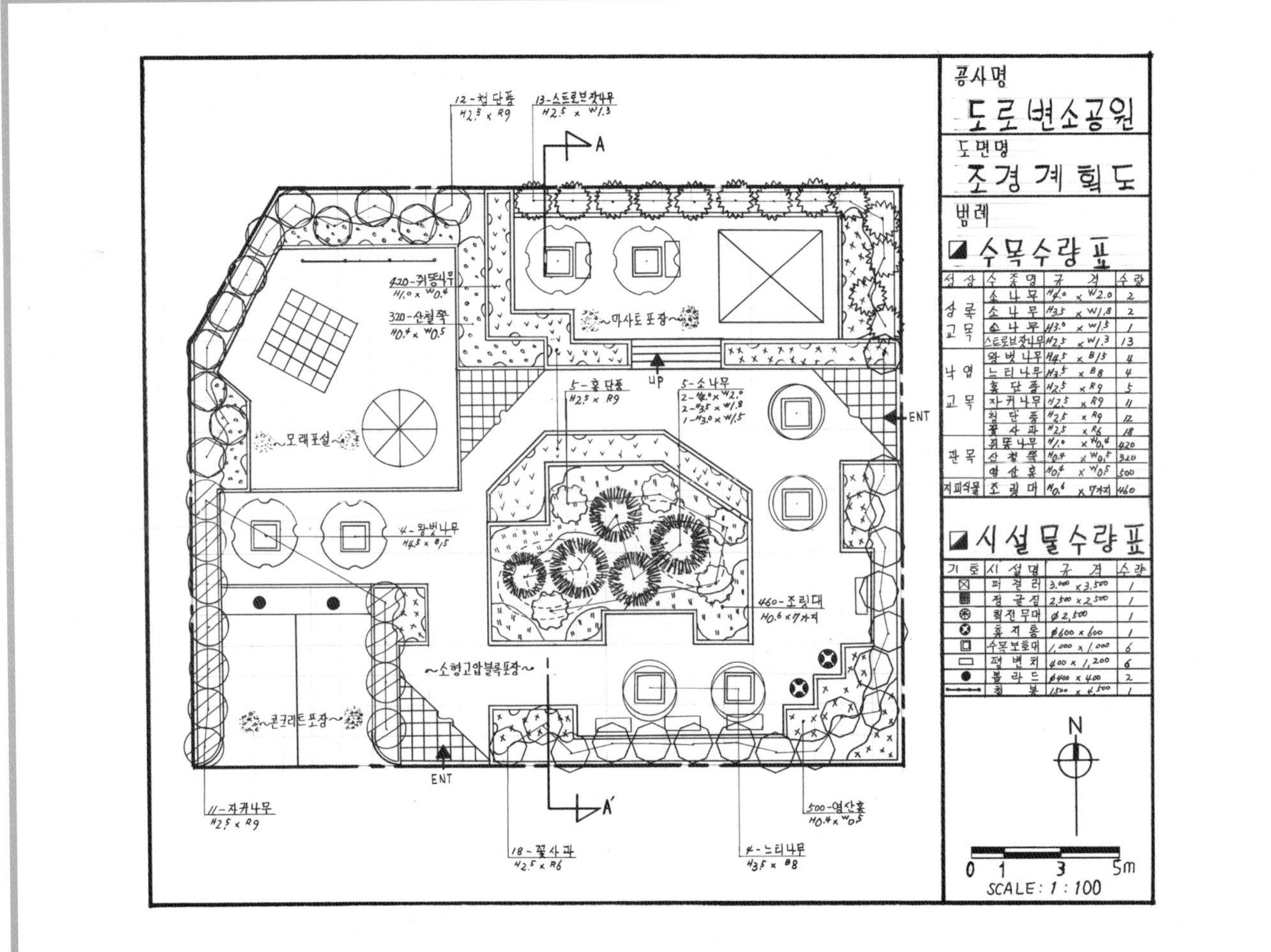

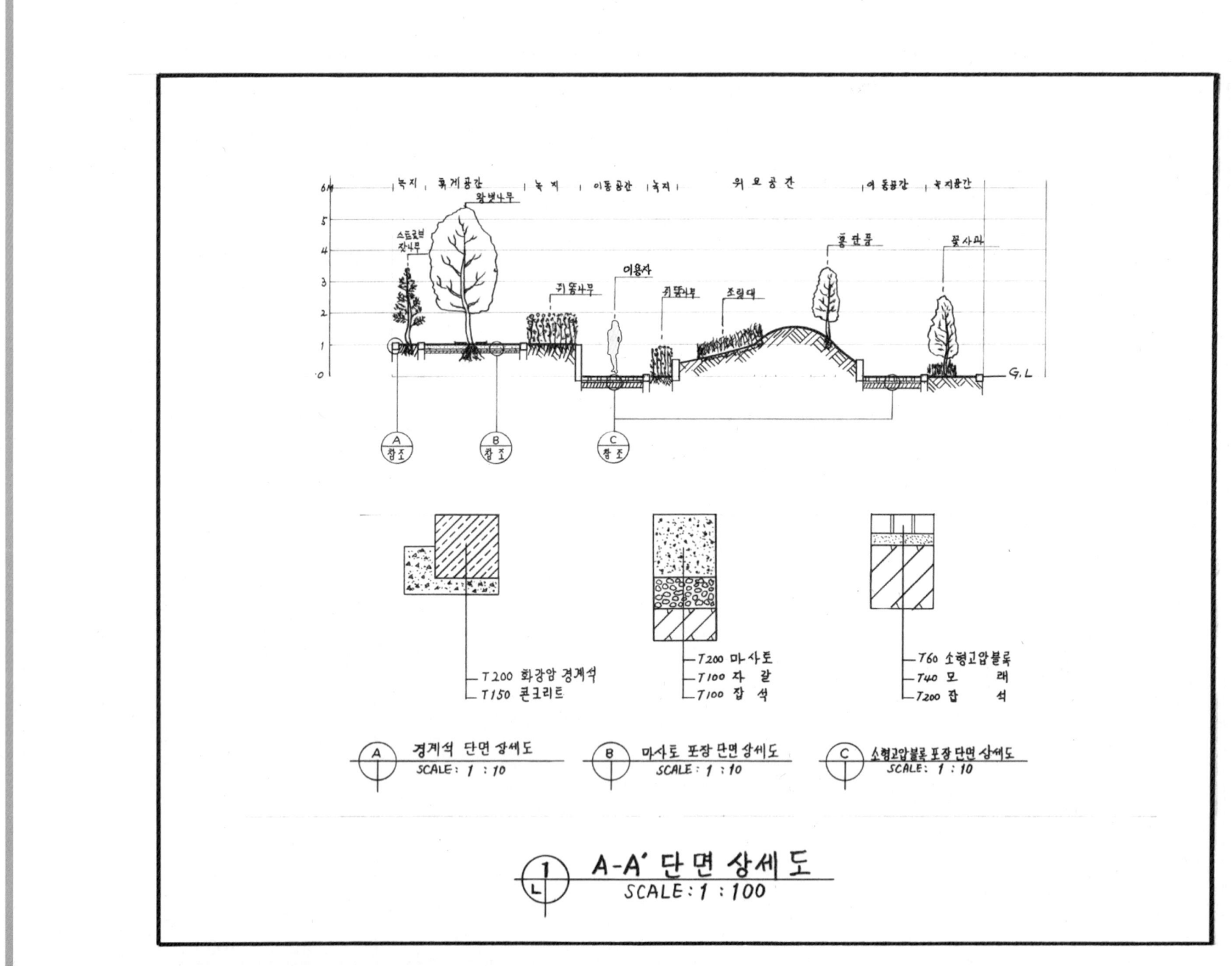

제2절 도심 휴식공간

설계문제

우리나라 중부지역에 위치한 도로변의 빈 공간에 대한 조경설계를 하고자 합니다. 주어진 현황도 및 아래 사항을 참조하여 설계조건에 따라 조경계획도를 작성합니다(단, 1점 쇄선 안 부분을 조경설계 대상지로 합니다).

(1) 현황도

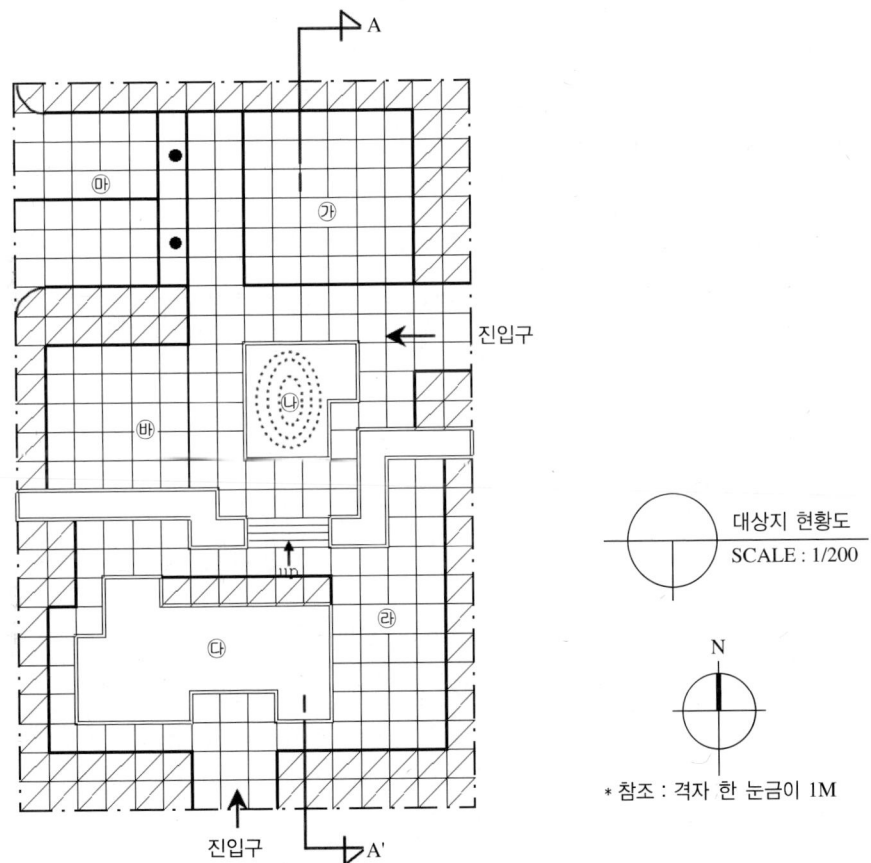

(2) 요구사항

① 식재평면도를 위주로 한 조경계획도를 축척 1/100로 작성하시오(용지 1).
② 도면 오른쪽 위에 작업명칭을 작성하시오.
③ 도면 오른쪽에는 "중요시설물 수량표와 수목(식재) 수량표"를 작성하고, 수량표 아래쪽에 "방위표시와 막대축척"을 반드시 그려 넣으시오(단, 전체 대상지의 길이를 고려하여 범례표의 폭을 조정할 수 있습니다).
④ 도면의 전체적인 안정감을 위하여 "테두리선"을 넣습니다.
⑤ A-A´ 단면도를 축척 1/100로 작성하시오(용지 2).

(3) 설계조건

① 해당 지역은 도로변의 자투리공간을 이용하여 휴식 및 어린이들이 즐길 수 있는 도심 휴식공간으로, 공원의 특징을 고려하여 조경계획도를 작성하시오.
② 포장지역을 제외한 곳에는 가능한 식재를 실시하시오(단, 녹지공간은 빗금 친 부분이며, 경사의 차이가 발생하는 곳은 식수대(Plant Box)로 처리되어 있으며 분위기를 고려하여 식재를 실시하시오).

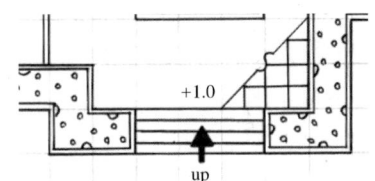

[그림001 식수대 주변도시]

※ (그림001)에서와 같이 계단 방향 화살표를 통해 표고차를 표시해야 합니다.
③ 포장지역은 "소형고압블록, 콘크리트, 모래, 마사토, 투수콘크리트" 등 적당한 재료를 선택하여 재료의 사용이 적합한 장소에 기호로 표현하고, 포장명을 반드시 기입하시오.

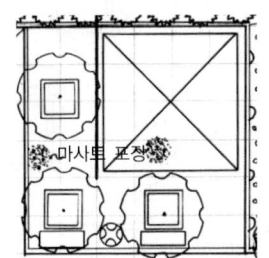

[그림002 마사토 포장재료 표시]

※ 포장재료를 잘 선정하고, 재료는 (그림002)에서와 같이 표시합니다.

④ "㉺" 지역은 놀이공간으로 계획하고, 그 안에 어린이 놀이시설을 2종 배치하시오.

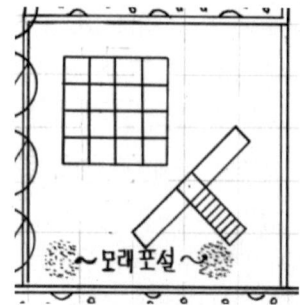

[그림003 놀이시설 배치]

※ 좁은 공간의 놀이시설의 배치 시 종류를 잘 선택해야 합니다.
※ (그림003)에서처럼 작은 크기의 놀이시설을 배치하면 됩니다.

⑤ "㉮" 지역은 휴식공간으로 이용자들의 편안한 휴식을 위해 퍼걸러(3,500mm×3,500mm) 1개와 앉아서 휴식을 즐길 수 있도록 평벤치 2개와 휴지통 1개를 계획, 설계하시오.

⑥ "㉳" 지역은 주차공간으로 소형 자동차(3,000mm×5,000mm) 2대가 주차할 수 있는 공간으로 계획하고 설계하시오.
※ 주차선을 확인하고 그려주면 됩니다.

⑦ "㉰" 지역은 동적인 공간의 휴식공간으로 평벤치 2개와 휴지통 1개를 설치하고, 수목보호대(3개)에 낙엽교목을 동일하게 식재하시오.

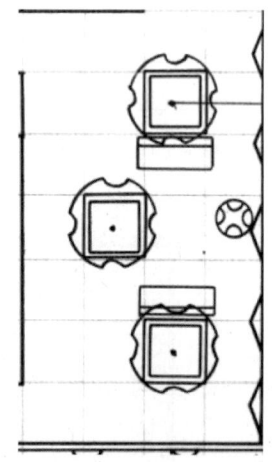

[그림004 수목보호대와 벤치, 휴지통]

※ 수목보호대와 벤치는 같이 배치하고, 주변에 휴지통을 배치하는 것이 좋습니다.

⑧ "㉯" 지역은 등고선 1개당 30cm가 높으며, 전체적으로 "㉺" 지역에 비해 60cm가 높은 녹지지역으로 경관식재를 실시하시오. 아울러 반드시 크기가 다른 소나무를 3종 식재하고, 계절성을 느낄 수 있게 다른 수목을 조화롭게 배치하시오.

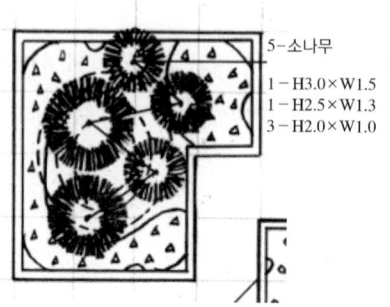

[그림005 위요경관 수목배치]

※ 좁은 공간에는 2종의 수종으로 식재하면 됩니다.

⑨ "㉮", "㉳", "㉺" 지역은 "㉱" 지역보다 1m 높은 지역으로 계획하시오.

⑩ "㉲" 지역은 "㉱" 지역보다 60cm 낮은 수(水)공간으로 계획하시오.

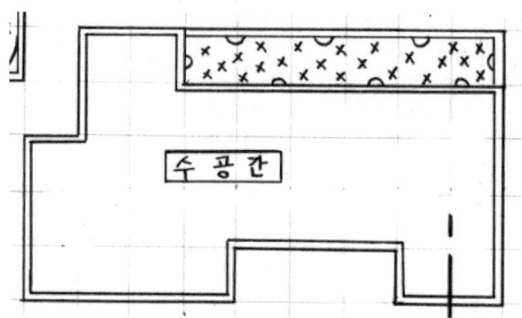

[그림006 수공간의 표시]

※ 수공간의 표시는 (그림006)과 같이 중앙에 수공간 으로 표시하면 됩니다.

⑪ 대상지 내에는 유도, 녹음, 경관식재, 소나무 군식 등의 식재 패턴을 필요한 곳에 배식하고, 필요에 따라 수목보호대를 추가로 설치하여 포장 내에 식재를 할 수 있습니다.
※ 수목보호대는 포장지역 중 적당한 곳에 추가로 배치할 수 있습니다. 반드시 활엽수를 식재하는 것을 잊지 말아야 합니다.

⑫ 수목은 아래에 주어진 수종 중에서 종류가 다른 10가지를 반드시 선정하여 골고루 안정적인 배식이 될 수 있도록 계획하며, 인출선을 이용하여 수량, 수종명칭, 규격을 반드시 표기하시오.
   ※ 인출선은 도면의 넓은 공간에 표시하면 됩니다. (그림007)을 참고하시오.

   ※ $\frac{수량 - 수목명}{수고(H) \times 흉고(B), 근원(R), 수관폭(W)}$ 과 같이 표시하면 됩니다.

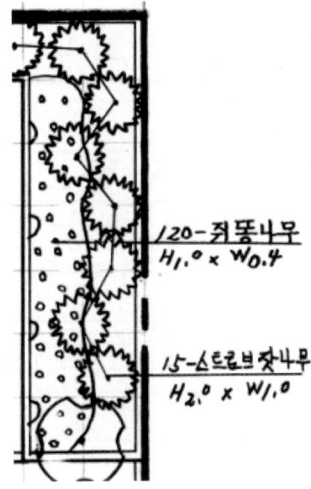

[그림007 인출선 표시]

소나무(H3.0×W1.5), 소나무(H2.5×W1.3), 소나무(H2.0×W1.0), 스트로브잣나무(H2.5×W1.2), 스트로브잣나무(H2.0×W1.0), 왕벚나무(H4.5×B15), 버즘나무(H3.5×B8), 느티나무(H3.0×B8), 청단풍(H2.5×R8), 다정큼나무(H1.0×W0.6), 동백나무(H2.5×R8), 중국단풍(H2.5×R5), 굴거리나무(H2.5×W0.6), 자귀나무(H2.0×R7), 태산목(H1.5×W0.5), 먼나무(H2.0×R5), 산딸나무(H2.0×R5), 산수유(H2.5×R7), 꽃사과(H2.5×R7), 수수꽃다리(H1.5×W0.6), 병꽃나무(H1.0×W0.4), 쥐똥나무(H1.0×W0.4), 명자나무(H0.6×W0.4), 산철쭉(H0.3×W0.4), 자산홍(H0.4×W0.2), 영산홍(H0.4×W0.3), 조릿대(H0.6×7가지)

⑬ A-A′ 단면도는 경사, 포장재료, 경계선 및 기타 시설물의 기초, 주변의 수목, 중요 시설물, 이용자 등을 단면도상에 반드시 표시하시오.
   ※ (A-A′) 단면선을 유의하여야 합니다.
   ※ 시설물 배치를 하기 전에 단면선을 도시해야 합니다.
   ※ 단면선이 시설물을 애매하게 절단하였을 경우에는 단면도를 작도하는 데 어려움이 있습니다.

※ 평면도상의 표고 차에 유의하고 특히 위요공간을 단면선이 지나갔을 때는 등고선에 유의해야 합니다.
※ 포장재료의 경계는 경계석이 구분하므로 경계석과 경계석 사이의 공간을 정확히 확인하고 단면도를 작도해야 합니다.
※ 수목 단면은 그리기가 까다롭습니다. 평상시 침엽, 활엽, 관목표현법을 많이 연습하면 시간 안에 도시할 수 있습니다.
※ 단면상세도의 축척과 전체 단면도의 축척을 다르게 해야 하는 이유는 포장단면도를 1/100의 축척으로는 도시가 불가능한 경우가 있습니다. 그럴 경우에 사용하는 방법이 부분상세도를 그리는 것입니다 (단면도에서 가장 중요한 요소가 포장상세도입니다).
※ 단면도의 배치에 유의하고 해답도면을 보고 연습하면 됩니다.

> **중요 CHECK**
> • 설계조건은 채점규정이나 다름없습니다. 설계조건에 있는 치수는 빨간색으로 체크하고 확인하세요.
> • 단면선에 최소의 시설물이나 수목이 걸리도록 하는 것도 하나의 방법이 될 수 있습니다.

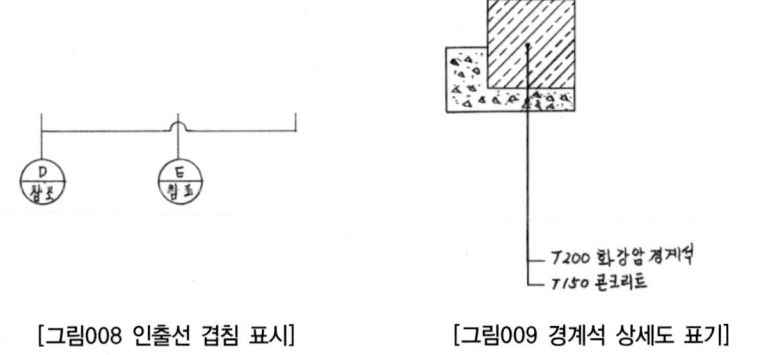

[그림008 인출선 겹침 표시]   [그림009 경계석 상세도 표기]

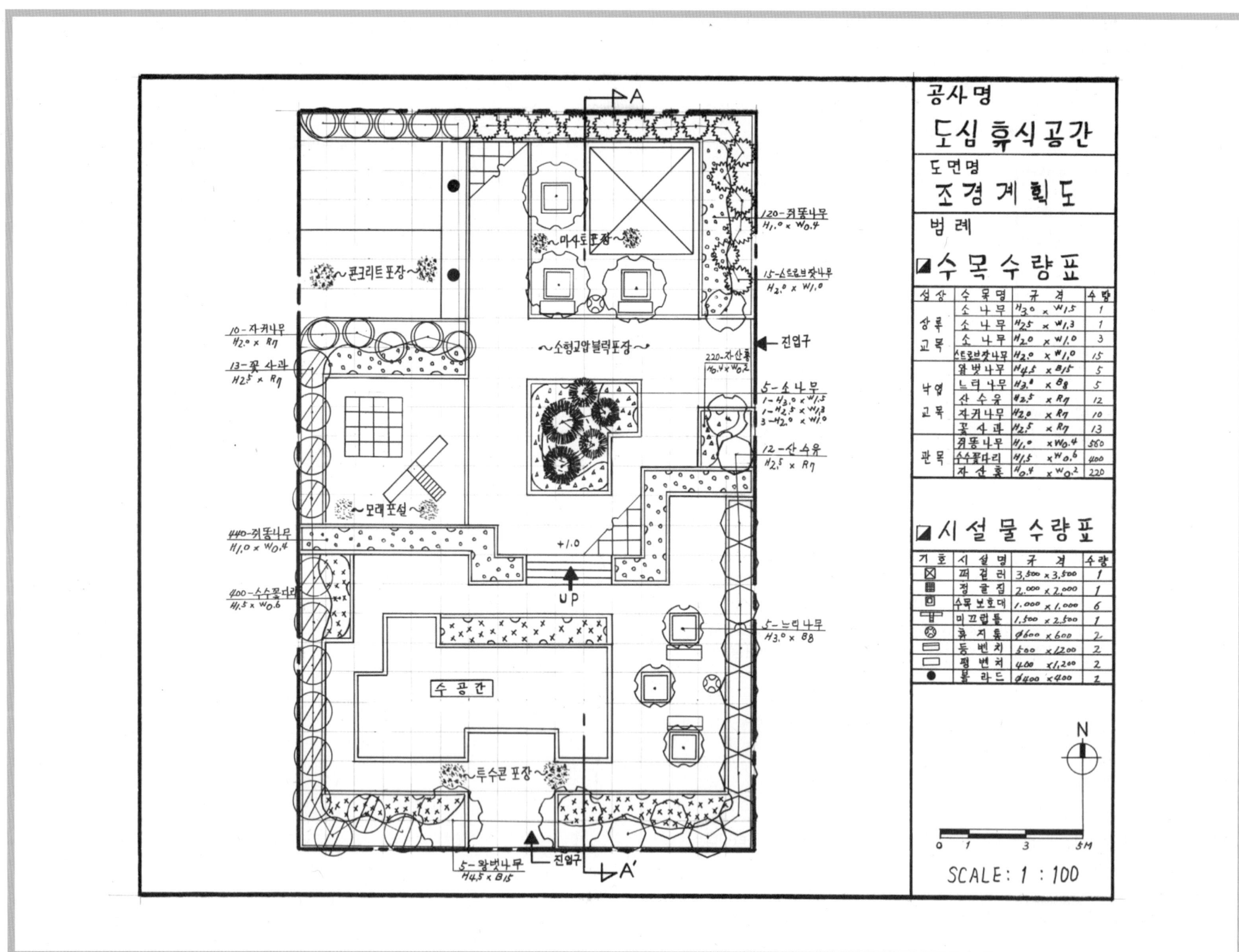

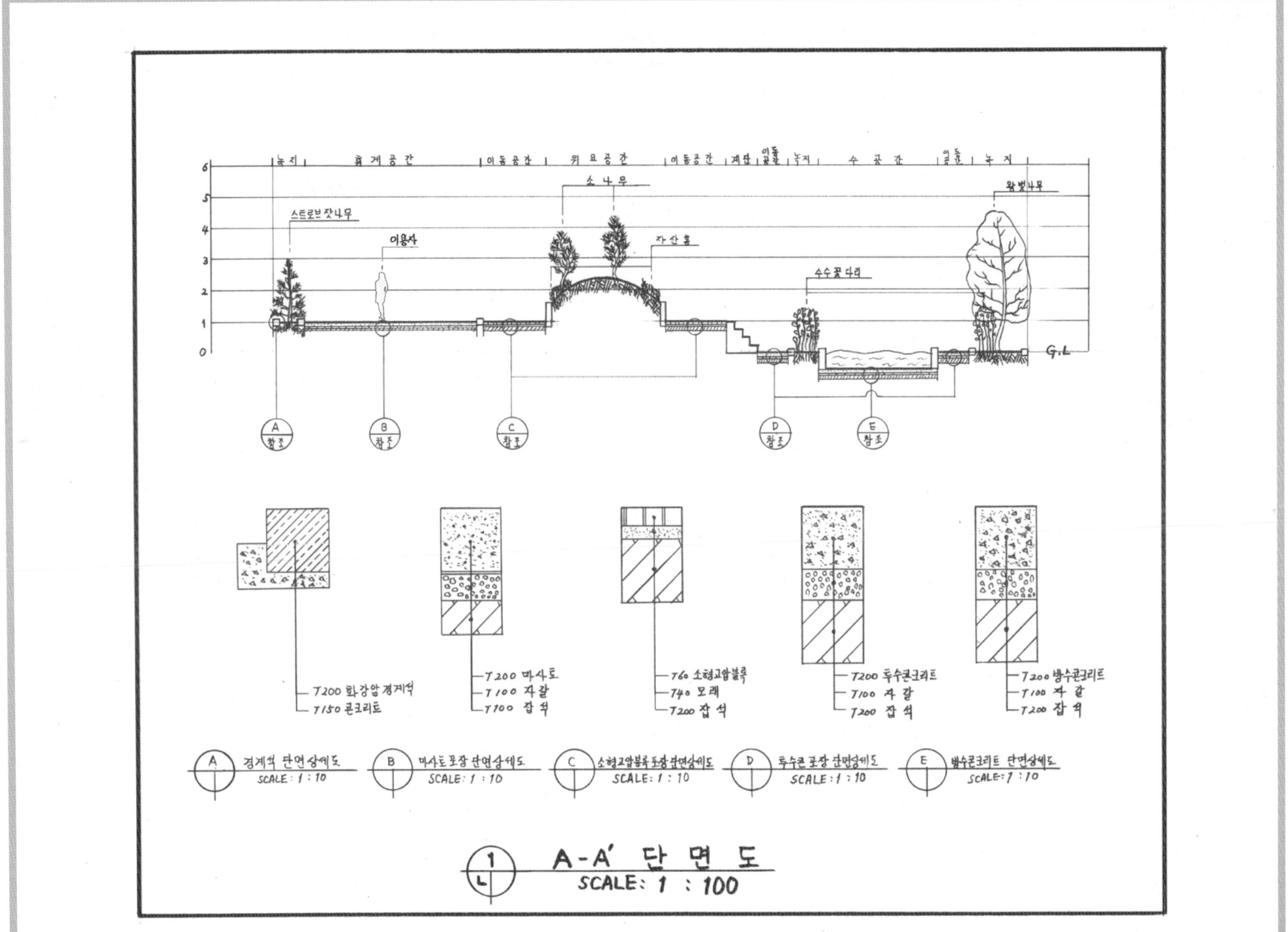

제3절 도심 휴게공간

설계문제

우리나라 중부지역에 위치한 도심도로변의 빈 공간에 대한 조경설계를 얻고자 합니다. 주어진 현황도 및 아래 사항을 참조하여 설계조건에 따라 조경계획도를 작성합니다(단, 1점 쇄선 안 부분이 조경설계 대상지로 합니다).

(1) 현황도

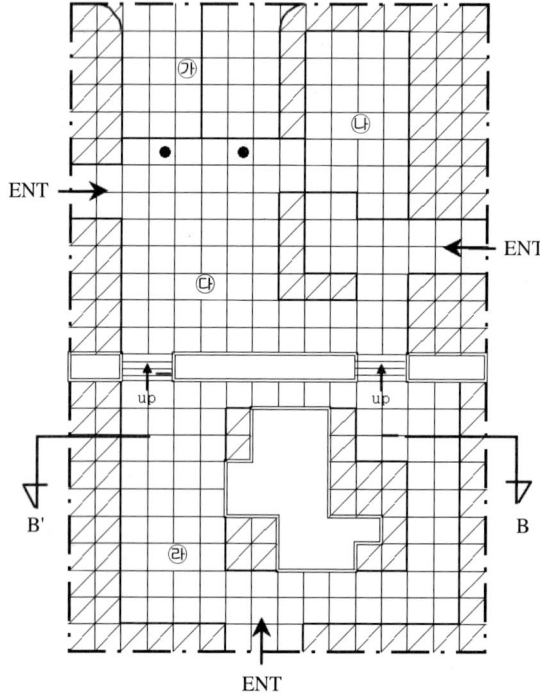

대상지 현황도
SCALE : 1/200

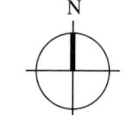

* 참조 : 격자 한 눈금이 1M

(2) 요구사항

① 식재평면도를 위주로 한 조경계획도를 축척 1/100로 작성하시오(용지 1).
② B-B' 단면도를 축척 1/100로 작성하시오(용지 2).

(3) 설계조건

① 해당 지역은 도심 휴게공간으로 휴식공간과 어린이들이 즐길 수 있는 특성을 고려하여 조경계획도를 작성합니다. 포장지역을 제외한 곳에는 가능한 식재를 계획합니다(녹지공간은 대각선 친 부분입니다).
② 포장지역은 "콘크리트, 마사토, 모래, 소형고압블록, 투수콘 포장" 등을 적당한 위치에 선택하여 표시하고 포장명을 기입합니다.

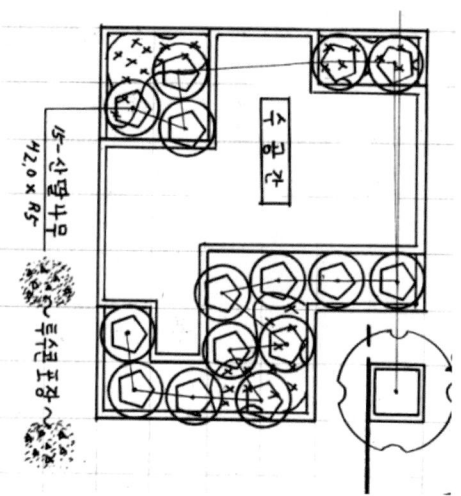

[그림001 수공간 주변 포장]

※ 수공간 주변은 물 빠짐이 좋은 투수콘크리트로 포장하시오.

③ "㉰" 지역은 어린이를 위한 놀이공간으로 "㉴" 지역에 비해 1m 높은 지역으로 적당한 곳에 유아 놀이시설 1개소, 수목보호대 4개소, 벤치 2개소를 계획하고 설계하시오.

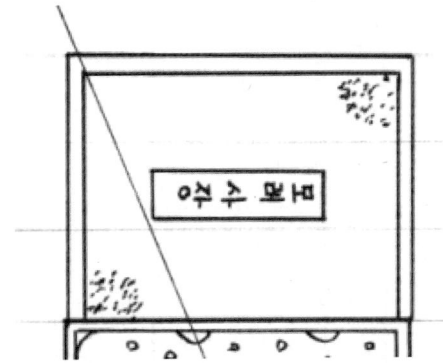

[그림002 모래사장(유아놀이시설)]

④ "㉯" 지역은 휴게공간으로 퍼걸러(3,500mm×5,000mm) 1개소, 휴지통 1개소를 계획하고 설치합니다.
⑤ "㉱" 지역은 수(水) 공간으로 "㉴" 지역에 비해 60cm가 낮은 지역으로 계획하고 설계합니다.
   ※ "㉴" 지역에 비해 60cm가 낮다는 조건을 단면도 작도 시 꼭 기억합니다.
⑥ "㉮" 지역은 소형자동차(3,000mm×5,000mm) 2대가 주차할 수 있도록 계획하고 설계합니다.
⑦ "㉴" 지역은 휴식공간으로 적당한 곳에 수목보호대 5개소, 평벤치 2개소, 휴지통 2개소를 계획하고 설계합니다.
   ※ "㉴" 지역은 비교적 넓은 이동공간이므로 녹음식재가 필요한 공간임을 알고 통행에 지장을 주지 않도록 경계서에서 1m 이상의 간격을 두고 수목보호대를 설치하도록 합니다.
⑧ 필요한 공간에 수목보호대를 계획하고, 차폐식재, 유도식재, 경관식재(소나무 군식), 녹음식재 패턴을 필요한 곳에 적당히 배식하여 조형을 계획하고 설계하시오.

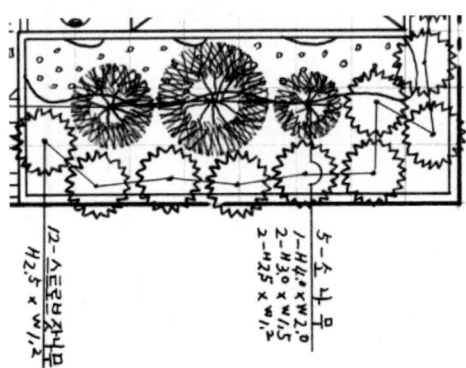

[그림003 경관식재(소나무 군식)]

※ (그림003)에서와 같이 폭이 3m 이상인 식재공간은 3종 이상의 수종으로 경관식재합니다. 소나무는 동종이므로 수고 차의 순서로 그림처럼 수목표시하면 됩니다.
⑨ 수목은 아래의 수종 중에서 10가지를 선정하여 골고루 안정적이고 아늑한 경관이 될 수 있도록 계획하고 설계하시오

> 소나무(H4.0×W2.0), 소나무(H3.0×W1.5), 소나무(H2.5×W1.2), 스트로브잣나무(H2.5×W1.2), 스트로브잣나무(H2.0×W1.0), 왕벚나무(H4.5×B15), 버즘나무(H3.5×B8), 느티나무(H3.5×R8), 청단풍(H2.5×R9), 중국단풍(H2.5×R5), 자귀나무(H2.5×R6), 산딸나무(H2.0×R5), 산수유(H2.5×R7), 꽃사과(H2.5×R5), 수수꽃다리(H1.5×W0.6), 병꽃나무(H1.0×W0.4), 쥐똥나무(H1.0×W0.4), 명자나무(H0.6×W0.4), 산철쭉(H0.4×W0.5), 자산홍(H0.4×W0.2), 조릿대(H0.6×8가지), 맥문동(H0.2×5포기)

⑩ B-B′ 단면도는 포장재료, 경계선, 및 기타 시설물의 기초, 주변의 수목, 중요 시설물, 이용자 등을 단면도상에 반드시 표시합니다.
   ※ 수공간의 표시를 그림과 같이하여 표시를 단순화하시오.

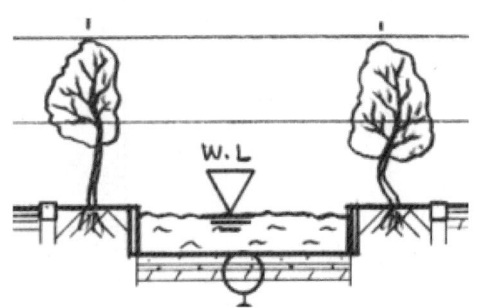

[그림004 수공간 표시]

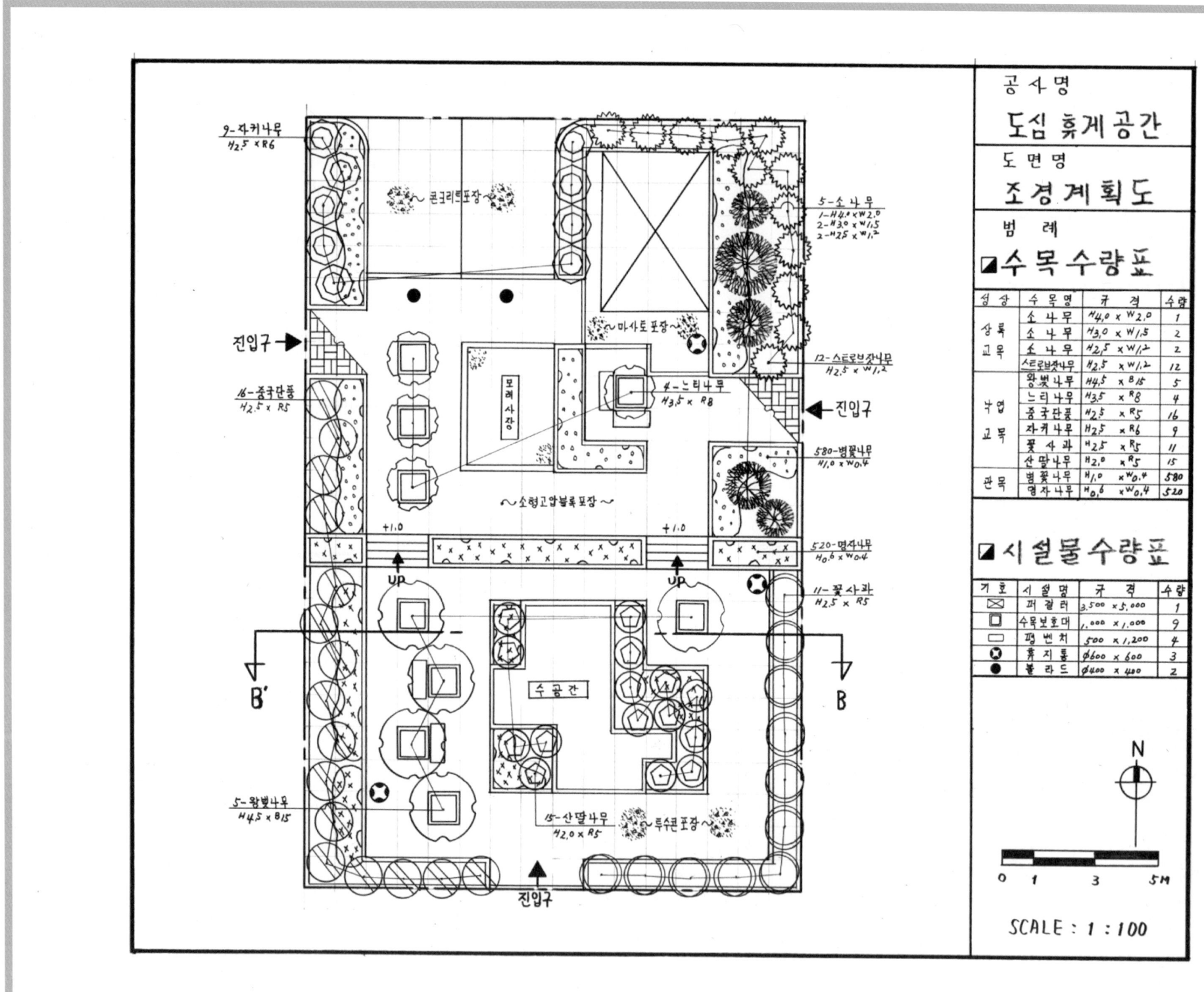

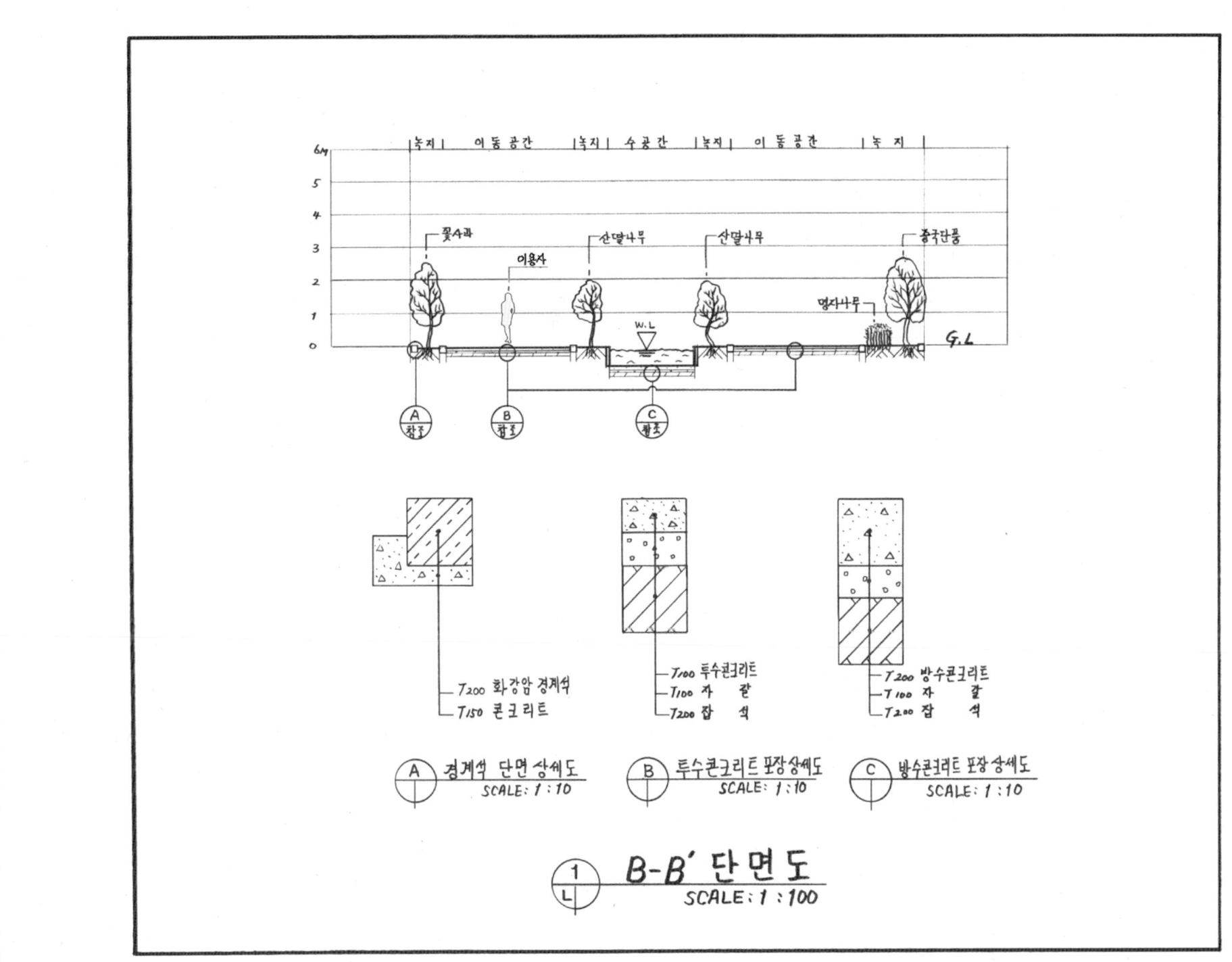

제4절 도심 휴식공원

설계문제

우리나라 중부지역에 위치한 도로변의 빈 공간에 대한 조경설계를 하고자 합니다. 주어진 현황도 및 아래 사항을 참조하여 설계조건에 따라 조경계획도를 작성합니다(단, 1점 쇄선 안 부분이 조경설계 대상지로 합니다).

(1) 현황도

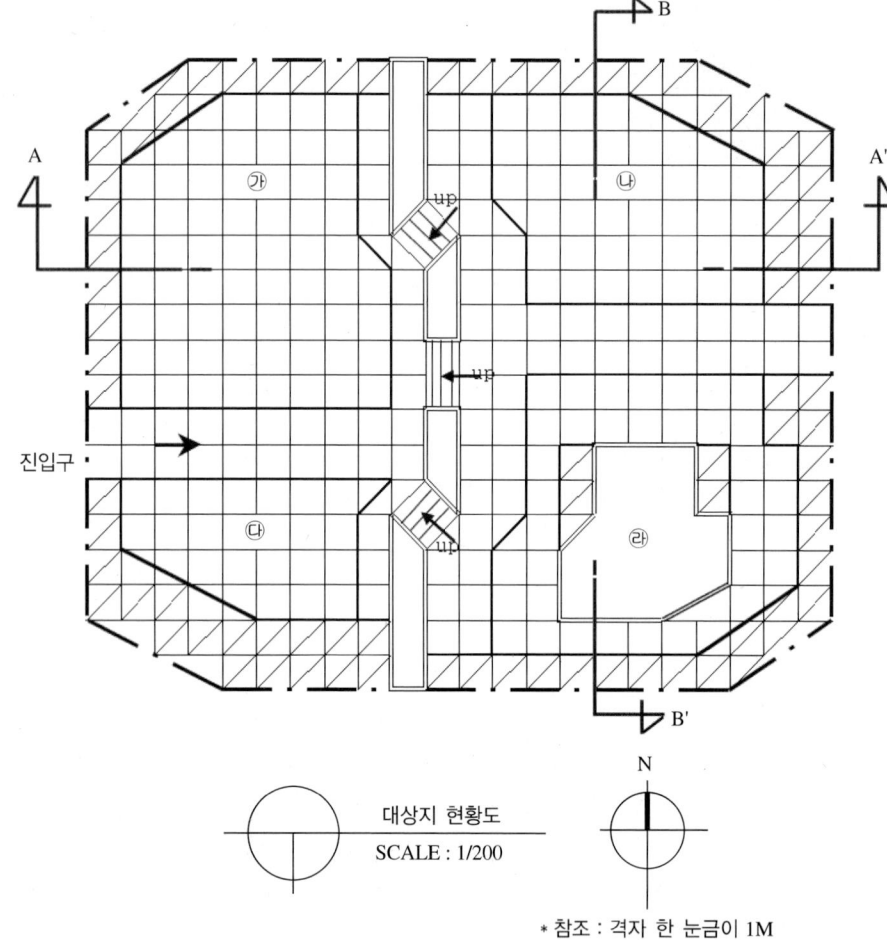

대상지 현황도
SCALE : 1/200

* 참조 : 격자 한 눈금이 1M

(2) 요구사항

① 식재평면도를 위주로 한 조경계획도를 축척 1/100로 작성하시오(용지 1).
② A-A' 단면도를 축척 1/100로 작성하시오(용지 2).
③ B-B' 단면도를 축척 1/100로 작성하시오(용지 3).

(3) 설계조건

① 해당 지역은 도로변 휴식공원으로 휴식공간과 어른들이 쉴 수 있는 특성을 고려하여 조경 계획도를 작성합니다. 포장지역을 제외한 곳에는 가능한 식재를 계획합니다(녹지공간은 대각선 친 부분입니다).
② 포장지역은 "점토블록, 황토, 투수콘, 소형고압블록, 마사토" 등을 적당한 위치에 선택하여 표시하고 포장명을 기입합니다.

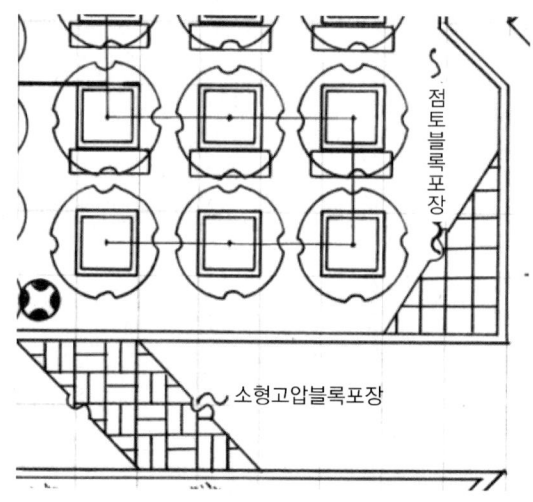

[그림001 점토블록과 소형고압블록]

※ (그림001)의 포장재료 표기법을 잘 보고 실습을 하면 도움이 됩니다.

③ "가" 지역은 어른들을 위한 휴식공간으로 수목보호대 11개소, 벤치 8개소, 휴지통 2개소를 계획하고 설계하시오.

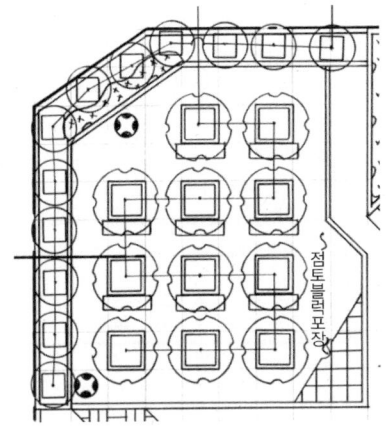

[그림002 어른의 휴식공간 수목배치]

※ (그림002)는 어른들의 휴식공간에 수목을 열식하고 나무 밑에 벤치를 설치하여 사계절 쉴 수 있는 공간을 조성한 예시입니다. 템플릿을 잘 활용하면 빨리 그릴 수 있습니다.

④ "나" 지역은 휴게공간으로 퍼걸러(3,500mm×3,500mm) 1개소, 등벤치 2개소, 휴지통 1개소를 계획하고 설치합니다.

⑤ "다" 지역은 휴게공간으로 퍼걸러(3,000mm×3,000mm) 1개소, 등벤치 2개소를 계획하고 설치합니다. 필요한 공간에 수목보호대를 계획하고, 녹음식재, 유도식재, 경관식재(소나무 군식), 녹음식재패턴을 필요한 곳에 적당히 배식하여 조형을 계획하고 설계하시오.

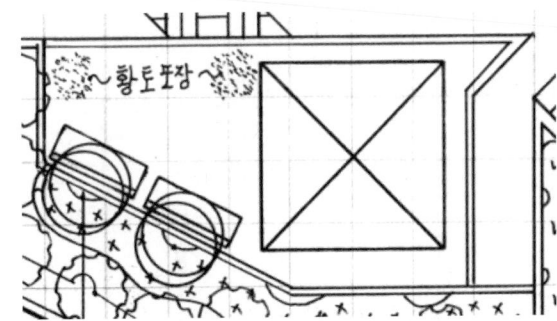

[그림003 벤치설치 후 녹음식재]

※ 협소한 공간에 벤치를 설치할 때는 그림과 같이 식재공간에 녹음식재하면 됩니다.

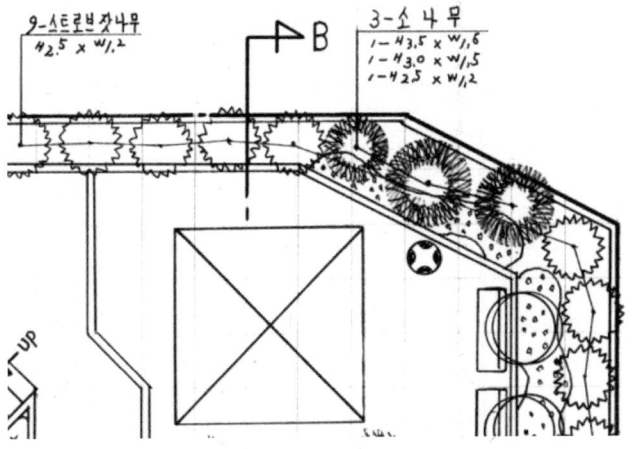

[그림004 휴게공간의 주변식재]

※ (그림004)에서와 같이 휴게공간의 주변(특히 북쪽)에는 안정감을 주기 위해서 지하고가 낮은 상록수로 차폐식재하는 것이 좋은 예입니다.

⑥ "라" 지역은 수(水)공간으로 계획하시오.

⑦ 수목은 아래의 수종 중에서 10가지를 골고루 선정하여 안정적이고 아늑한 경관이 될 수 있도록 계획하고 설계하시오.

> 소나무(H3.5×W1.6), 소나무(H3.0×W1.5), 소나무(H2.5×W1.2), 스트로브잣나무(H2.5×W1.2), 스트로브잣나무(H2.0×W1.0), 왕벚나무(H4.5×B15), 칠엽수(H3.5×R12), 층층나무(H3.5×R10), 청단풍(H2.5×R8), 이팝나무(H2.5×R6), 자작나무(H2.5×B5), 산딸나무(H2.0×R6), 산수유(H2.5×R7), 꽃사과(H2.5×R6), 수수꽃다리(H1.5×W0.6), 병꽃나무(H0.7×W0.5), 쥐똥나무(H1.0×W0.4), 백철쭉(H0.4×W0.4), 옥향(H0.4×W0.5), 자산홍(H0.5×W0.5), 조릿대(H0.6×8가지), 맥문동(H0.2×5포기)

⑧ A-A', B-B' 단면도는 포장재료, 경계선, 및 기타 시설물의 기초, 주변의 수목, 중요 시설물, 이용자 등을 단면도상에 반드시 표시합니다.

※ 본 과제는 단면선이 2개로 단면도를 중점적으로 연습할 수 있습니다.

※ 횡단면도와 종단면도를 그려보고 두 단면도를 서로 비교하여 보면 단면도를 이해하는 데 도움이 될 것입니다.

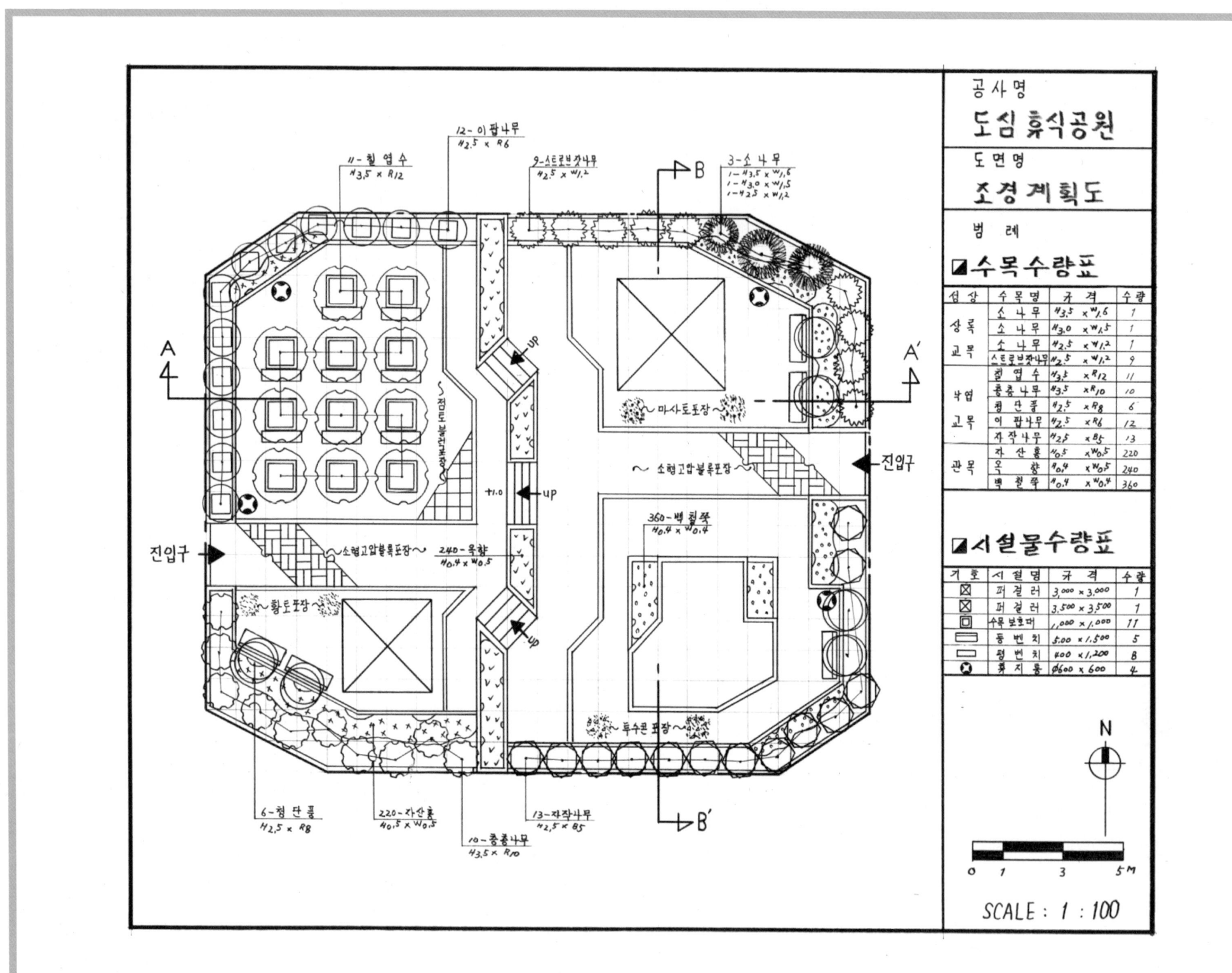

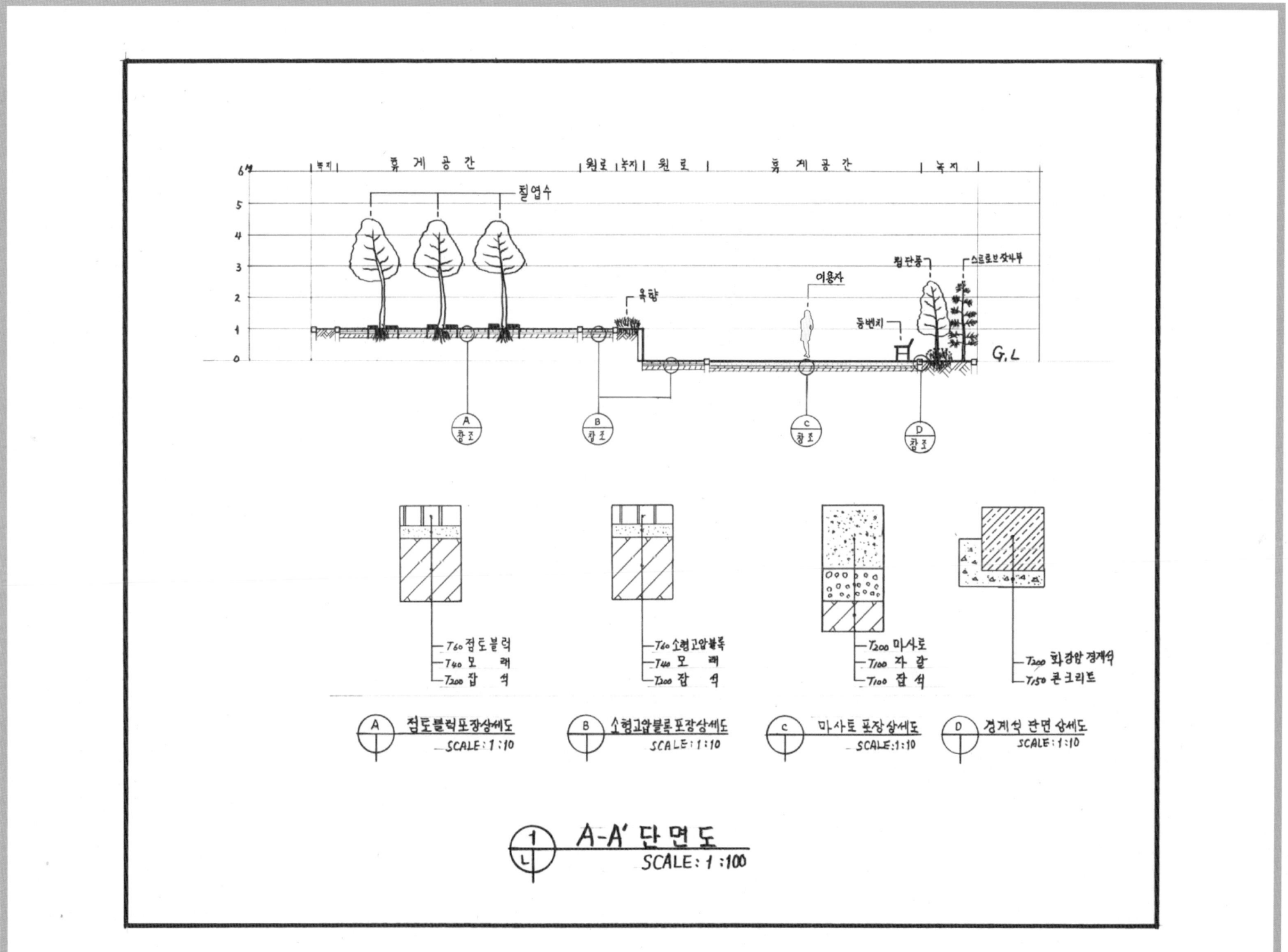

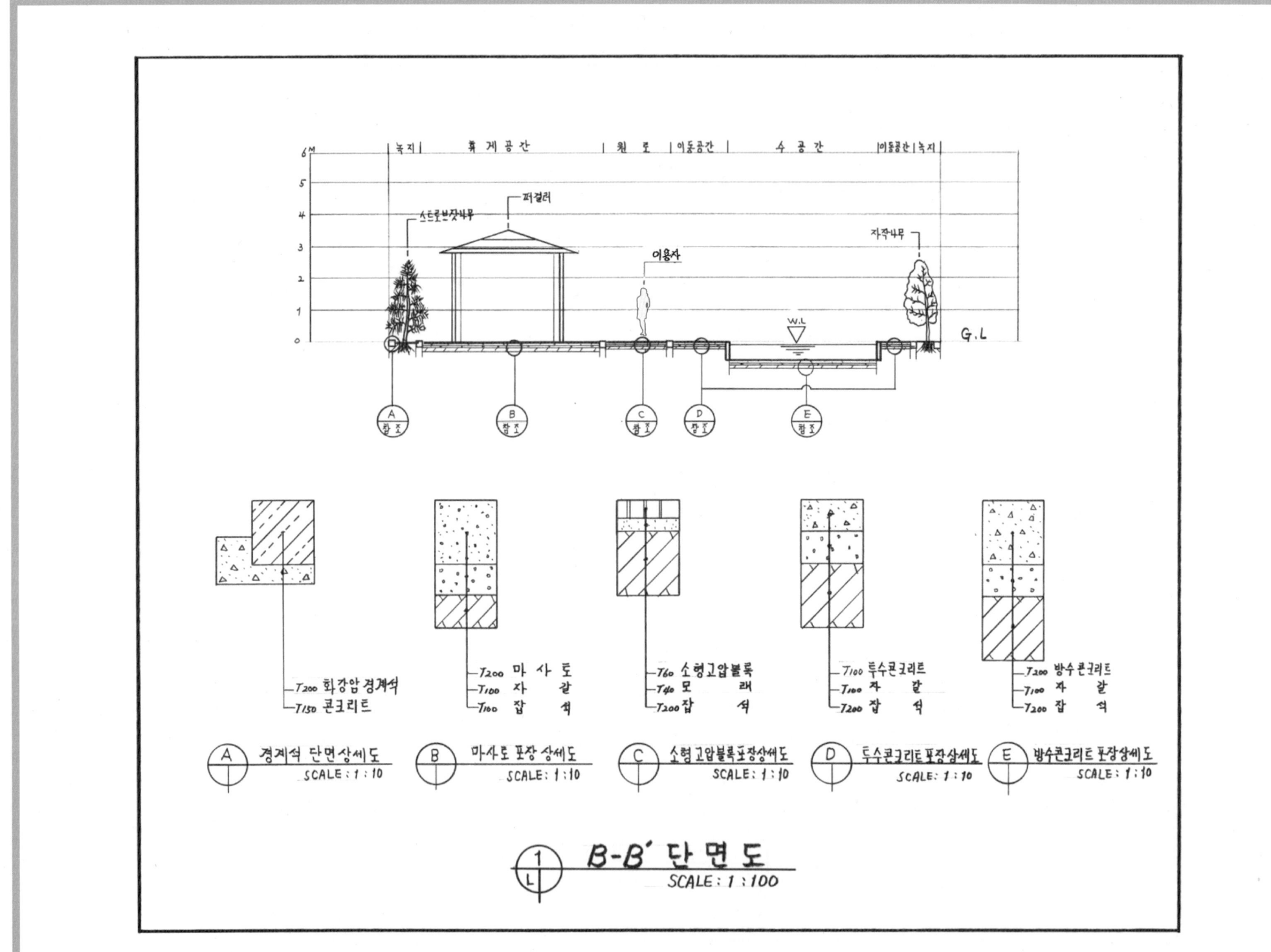

제5절 열린 광장공원

설계문제

우리나라 중부지역에 위치한 공공기관의 열린 광장에 대한 조경설계를 하고자 합니다. 주어진 현황도 및 아래 사항을 참조하여 설계조건에 따라 조경계획도를 설계하시오(단, 1점 쇄선 안 부분을 조경설계 대상지로 합니다).

(1) 현황도

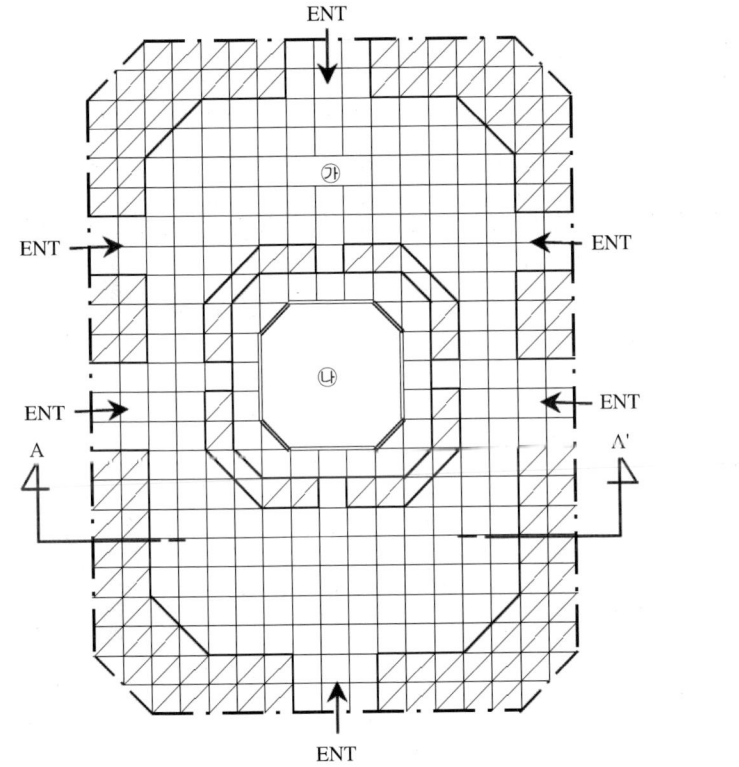

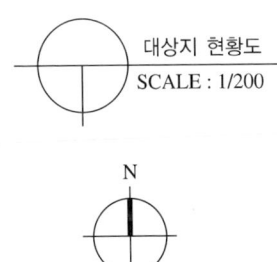

대상지 현황도
SCALE : 1/200

N

* 참조 : 격자 한 눈금이 1M

(2) 요구사항

① 식재평면도를 위주로 한 조경계획도를 축척 1/100로 작성하시오(용지 1).
② A-A' 단면도를 축척 1/100로 작성하시오(용지 2).

(3) 설계조건

① 해당 지역은 공공기관의 열린 광장지역으로 아늑하고 평화로운 광장공간이 될 수 있는 특성을 고려하여 조경계획도를 작성하시오. 조경지역 중 포장지역을 제외한 곳에는 가능한 식재를 계획합니다 (녹지공간은 대각선 친 부분입니다).
② 포장지역은 "소형고압블록, 마사토, 투수콘크리트, 점토블록 등" 중에서 적당한 위치에 선택하여 표시하고 포장명으로 기입합니다.

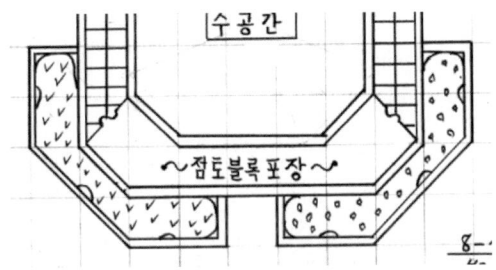

[그림001 수공간 주변로 포장]

※ 공공기관의 진입로 포장은 미관을 고려해야 합니다. 수공간 주변의 점토블록 도시법은 (그림 001)에서와 같이 부분적으로 작도하고 포장명을 기록할 수 있습니다.

③ "㉮" 지역은 업무상 또는 민원인의 이동공간으로 적절한 포장을 시설하고 통행에 지장을 주지 않도록 수목보호대를 설치하고 녹음식재합니다.

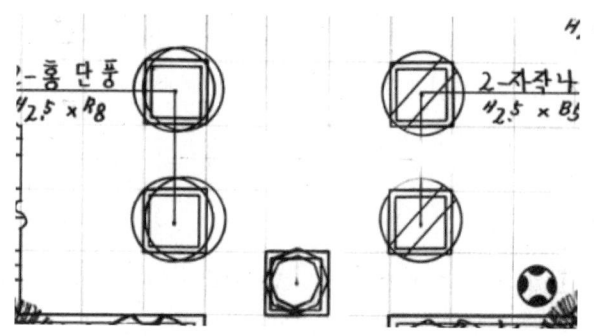

[그림002 열린 광장 주 통행로 식재]

※ "㉮" 지역은 열린 광장의 주 통행로이므로 좌, 우로 그림과 같이 대칭식재하여 녹음을 제공할 수 있도록 설계합니다.

④ "㉯" 지역은 수(水) 공간으로 "㉮" 지역보다 60cm 낮게 계획하고 설계합니다.

⑤ 식재공간에는 사각모서리에 대칭식재, 진입구는 대칭 및 유도식재, 수공간 주위에는 관목 대칭식재, 광장에는 녹음식재 패턴을 필요한 곳에 적당히 배식하여 조형을 계획하고 설계하시오.

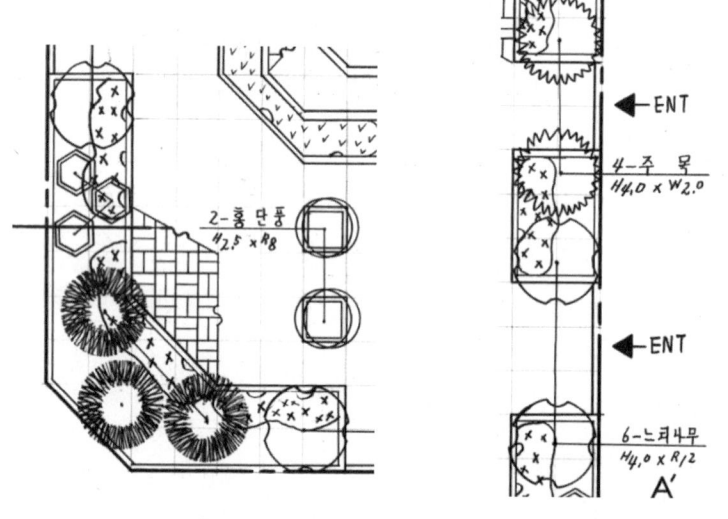

[그림003 사각모서리 대칭식재]   [그림004 진입구 대칭 및 유도식재]

※ 사각모서리 대칭식재 : (그림003)을 참조하시오.
※ 진입구 대칭 및 유도식재 : (그림004)을 참조하시오.
※ 수공간 주변 관목대칭식재 : (그림001)을 참조하시오.

※ 광장 녹음식재 : (그림002)를 참조하시오.

⑥ 수목은 아래의 수종 중에서 12가지를 선정하여 골고루 안정적이고 아늑한 경관이 될 수 있도록 계획하고 설계하시오.

> 소나무(H4.0×R15), 주목(H4.0×W2.0), 반송(H1.5×W2.0), 메타세쿼이아(H4.5×R10), 왕벚나무(H4.5×B15), 단풍나무(H2.5×R7), 느티나무(H4.0×R12), 칠엽수(H3.5×R12), 꽃사과(H2.5×R6), 회화나무(H2.5×R5), 배롱나무(H2.5×R7), 산딸나무(H2.5×R8), 자작나무(H2.5×B5), 산수유(H2.0×W0.9), 이팝나무(H2.0×R4), 홍단풍(H2.5×R8), 수수꽃다리(H1.5×W0.6), 명자나무(H0.6×W0.4), 쥐똥나무(H1.0×W0.3), 화살나무(H0.8×W0.4), 산철쭉(H0.3×W0.4), 회양목(H0.3×W0.3), 영산홍(H0.3×W0.3), 맥문동(H0.2×5포기)

⑦ A-A' 단면도는 포장재료, 경계선, 및 기타 시설물의 기초, 주변의 수목, 중요 시설물, 이용자 등을 단면도상에 반드시 표시합니다.

※ 광장공원의 단면도는 비교적 간단하게 작도할 수 있습니다.
※ 공간의 수가 많지 않으며 포장상세도가 단순하고 표고차가 없어 G.L선이 복잡하지 않습니다.

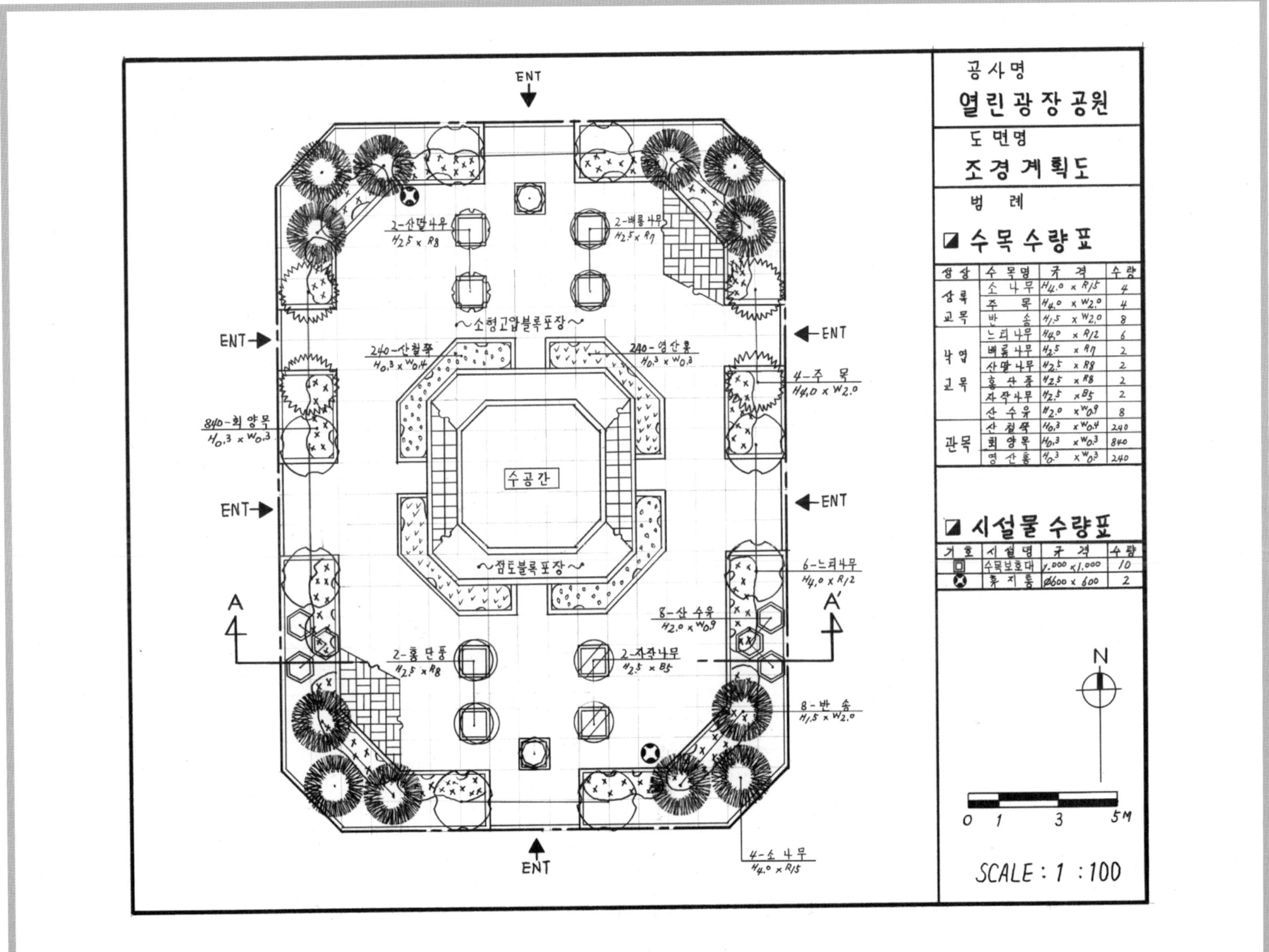

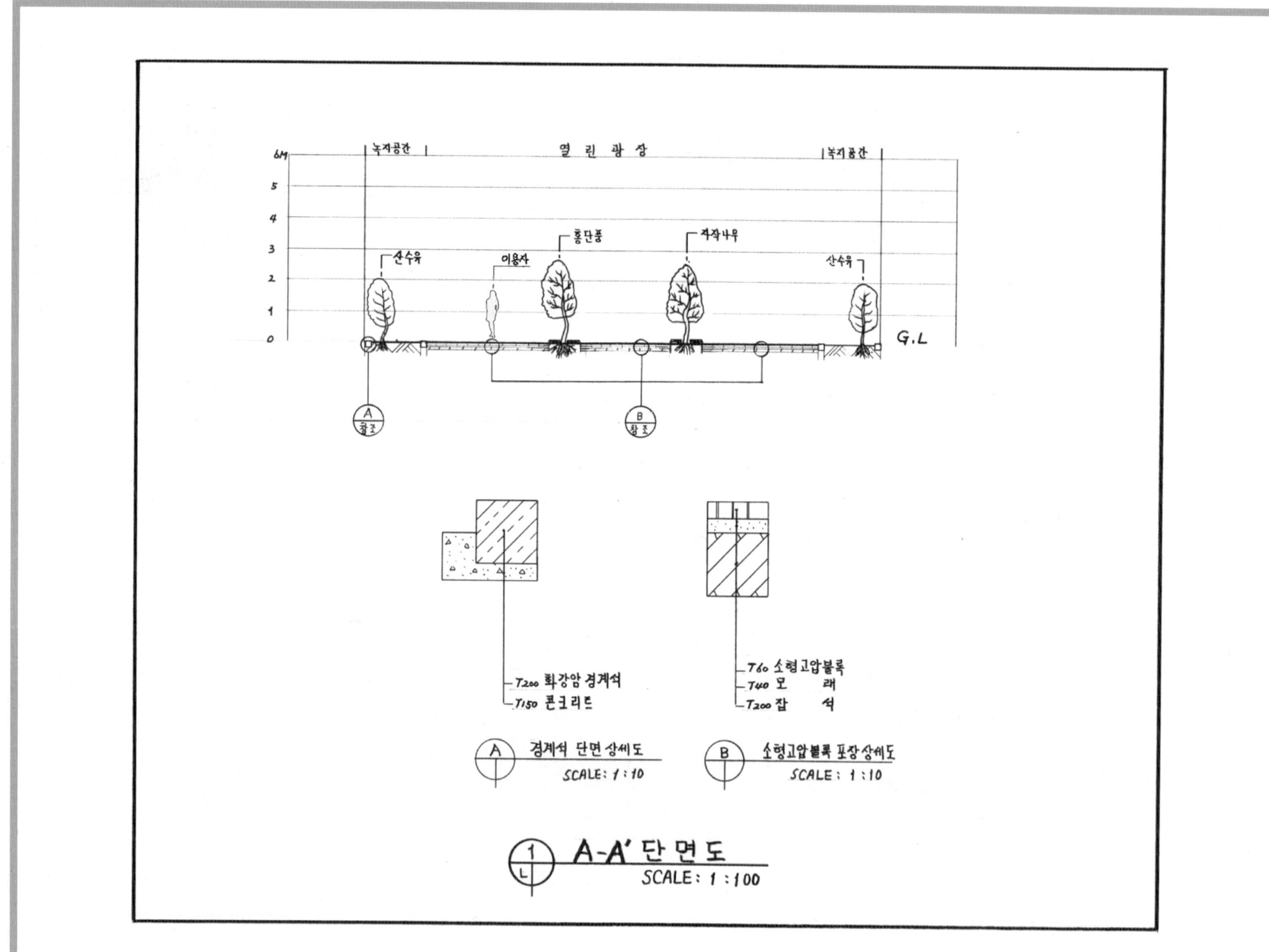

제 6 절 아파트 단지 휴게공간

설계문제

우리나라 중부지역에 위치한 아파트 단지의 빈 공간에 휴게공간을 설치하고자 합니다. 주어진 현황도 및 아래 사항을 참조하여 설계조건에 따라 조경계획도를 작성합니다(단, 1점 쇄선 안 부분을 조경설계 대상지로 합니다).

(1) 현황도

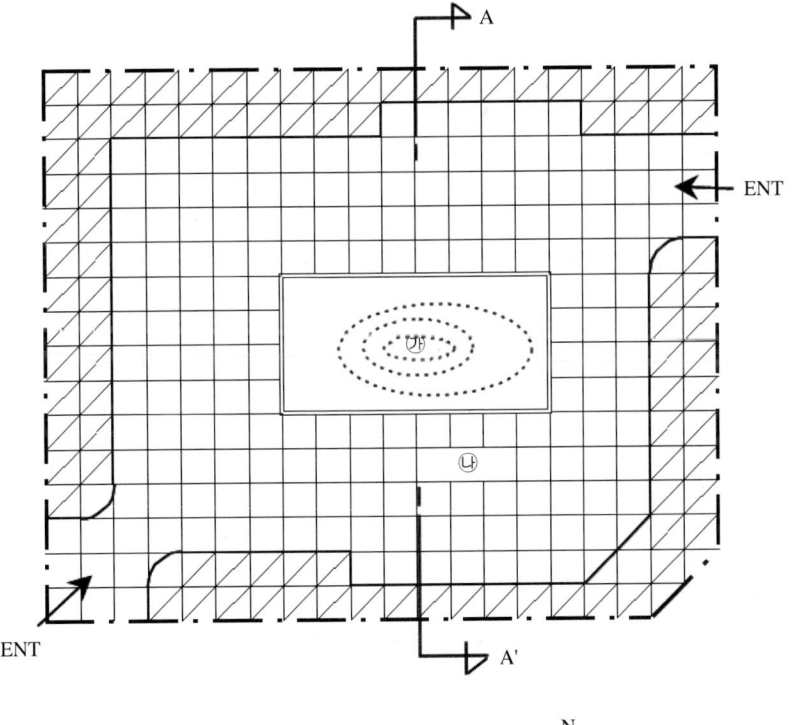

대상지 현황도
SCALE : 1/200

*참조 : 격자 한 눈금이 1M

(2) 요구사항

① 식재평면도를 위주로 한 조경계획도를 축척 1/100로 작성하시오(용지 1).
② A-A′ 단면도를 축척 1/100로 작성하시오(용지 2).

(3) 설계조건

① 해당 지역은 아파트 단지의 휴게공간으로 아늑하고 평화로운 휴식공간이 될 수 있는 특성을 고려하여 조경계획도를 작성하시오. 조경지역 중 포장지역을 제외한 곳에는 가능한 식재를 계획합니다(녹지공간은 대각선 친 부분입니다).
  ※ 아파트 단지의 내부공간이라는 점을 착안해야 합니다.
  ※ 노인들이 많이 이용할 수 있도록 계획하고 설계하도록 합니다.
② 포장지역은 "소형고압블록, 마사토, 투수콘크리트, 고무칩" 중에서 적당한 포장재료를 선택하여 표시하고 포장명을 기입합니다.
  ※ 포장재료는 4가지 중에서 1가지만 할 수 있고, 포장공간을 구분해서 2~3가지를 포장할 수 있습니다.
③ "㉮" 지역은 위요공간으로 등고선 1개당 30cm가 높으며, 전체적으로 "㉯" 지역에 60cm가 높은 녹지지역으로 경관식재를 실시하시오. 아울러 반드시 크기가 다른 나무를 3종 식재하고, 계절성을 느낄 수 있게 다른 수목을 조화롭게 배치하시오.
  ※ 조경요소 중 본 과제에서는 위요공간이 중요한 요소임을 감안하여 식재하시오.

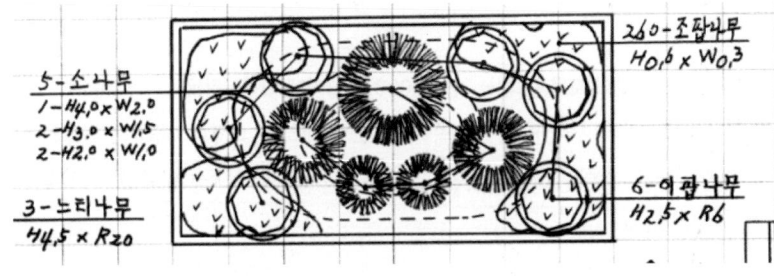

[그림001 위요공간 식재]

  ※ 그림에서는 중앙에 소나무 군식, 주변에 이팝나무와 조팝나무를 배식하여 계절감과 흰꽃의 청순함으로 안정감을 줄 수 있도록 하였고 인출선은 공간 내부에 표시하였습니다.

④ "㉯" 지역은 입주민의 휴게공간으로 셸터(3,000mm×3,000mm) 1개소, 퍼걸러(3,000mm×3,000mm) 1개소, 벤치 7개소, 휴지통 3개소를 계획하고 설치합니다.

※ 퍼걸러는 내부에 등벤치, 평벤치를 설치하며, 셸터는 평상형 벤치(들마루)를 설치하게 됩니다. 두 가지를 설치하도록 요구한 이유는 젊은 층과 장년층 모두의 쉼터를 만들기 위해서입니다.

※ 주변의 벤치는 별도로 설치하는 것이며 퍼걸러와 셸터에는 기본적으로 설치되어 있는 것으로 간주하여야 합니다.

⑤ 식재공간에는 녹음식재, 유도식재, 경관식재, 대칭식재 패턴을 필요한 곳에 적당히 배식하여 조형을 계획하고 설계하시오.

※ 수목식재에서 내부 측에는 낮은 관목을 식재하고, 외부 측에는 교목을 식재하는 혼합식재방법을 활용해서 식재패턴을 연습해야 합니다.

※ 식재순서는 안에 관목을 먼저 표현하고 나서 교목을 식재형식에 맞추어 식재하면 시간이 절약됩니다. (그림002, 003)를 참조합니다.

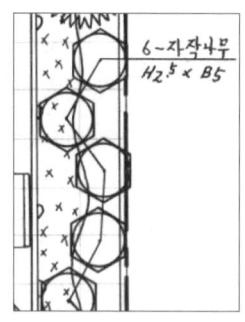 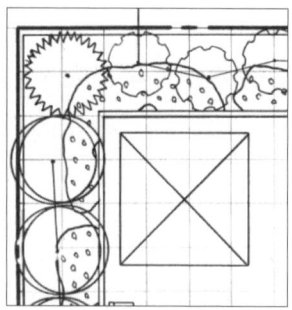 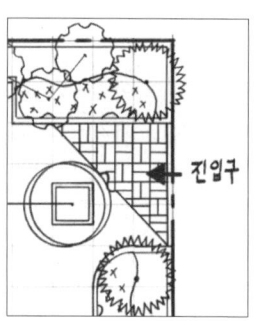

[그림002 혼합식재(교목,관목)]　[그림003 혼합식재(교목, 관목)]　[그림004 대칭식재(진입구)]

※ (그림 004)를 참조해서 진입구 양쪽에는 토피어리를 대칭식재하면 도움이 됩니다.

⑥ 수목은 아래의 수종 중에서 10가지를 골고루 선정하여 안정적이고 아늑한 경관이 될 수 있도록 계획하고 설계하시오.

> 소나무(H4.0×W2.0), 소나무(H3.0×W1.5), 소나무(H2.0×W1.0), 향나무(H4.0×W1.8), 왕벚나무(H4.5×B15), 버즘나무(H3.5×B8), 느티나무(H4.5×R20), 청단풍(H4.0×R20), 중국단풍(H2.5×R7), 자귀나무(H2.5×R7), 산딸나무(H3.0×R8), 산수유(H2.5×R7), 이팝나무(H2.5×R6), 자작나무(H2.5×B5), 수수꽃다리(H1.5×W0.6), 병꽃나무(H0.7×W0.5), 남천(H1.0×3가지), 조팝나무(H0.6×W0.3), 명자나무(H0.6×W0.4), 자산홍(H0.4×W0.4), 치자나무(H0.4×W0.3), 조릿대(H0.6×8가지), 맥문동(H0.2×5포기)

⑦ A-A′ 단면도는 포장재료, 경계선, 및 기타 시설물의 기초, 주변의 수목, 중요 시설물, 이용자 등을 단면도상에 반드시 표시합니다.

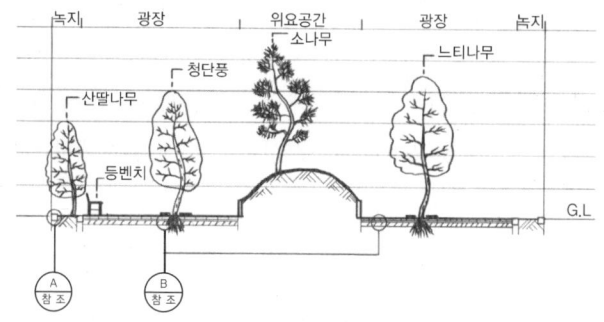

[그림005 단면도 수목표현]

※ 위요공간은 좌, 우측에 60cm의 식수대를 작도하고 등고선에 따라 표고를 잡아 자유롭게 연결합니다.
※ 수목표현은 수관 폭과 수고에 맞춰서 활엽수, 침엽수를 표현합니다.

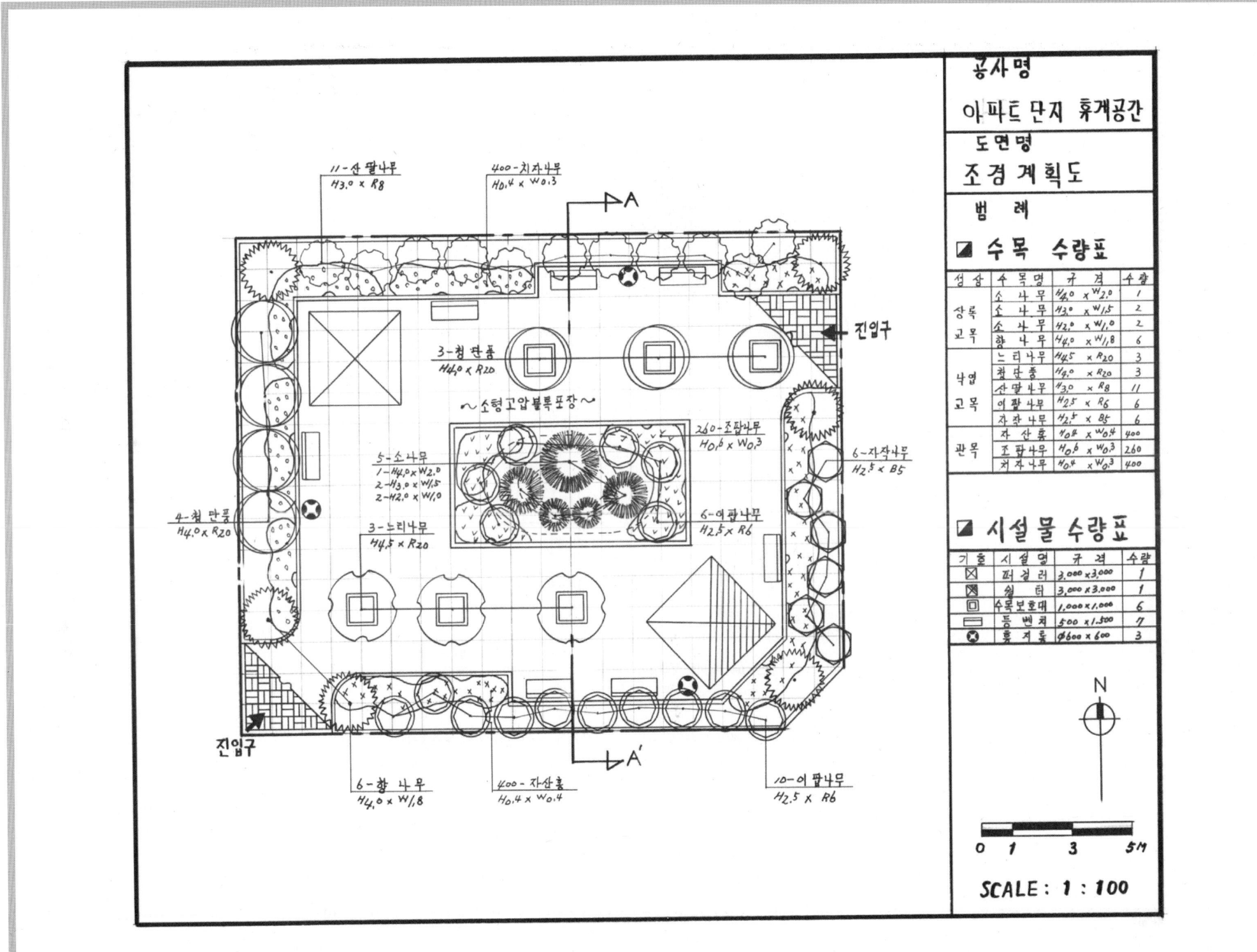

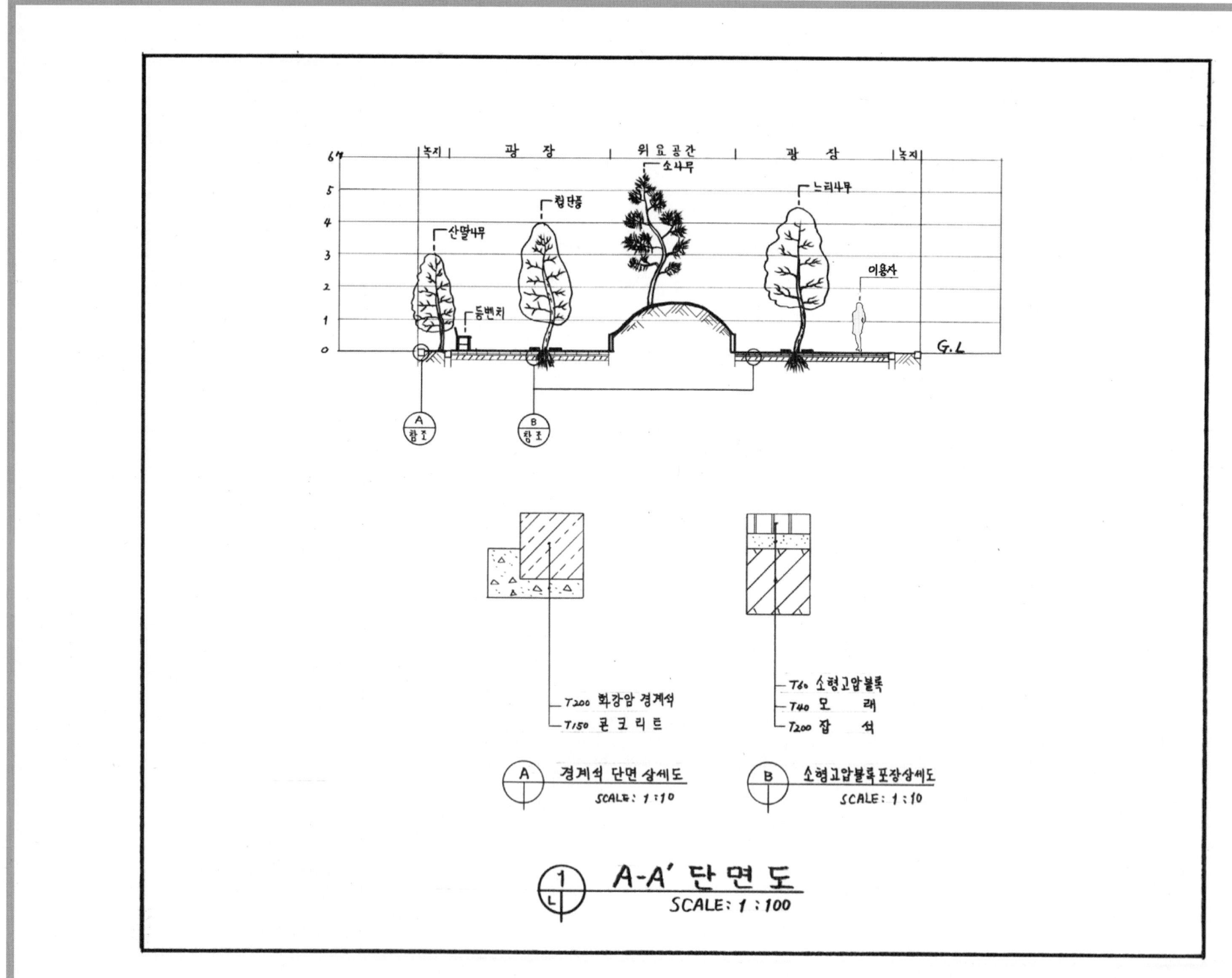

제7절 근린 휴게공원

설계문제

우리나라 중부지역 근린생활권에 위치한 빈 공간에 대한 조경설계를 얻고자 합니다. 주어진 현황도 및 아래 사항을 참조하여 설계조건에 따라 조경계획도를 작성하시오(단, 1점 쇄선 안 부분을 조경설계 대상지로 한다).

(1) 현황도

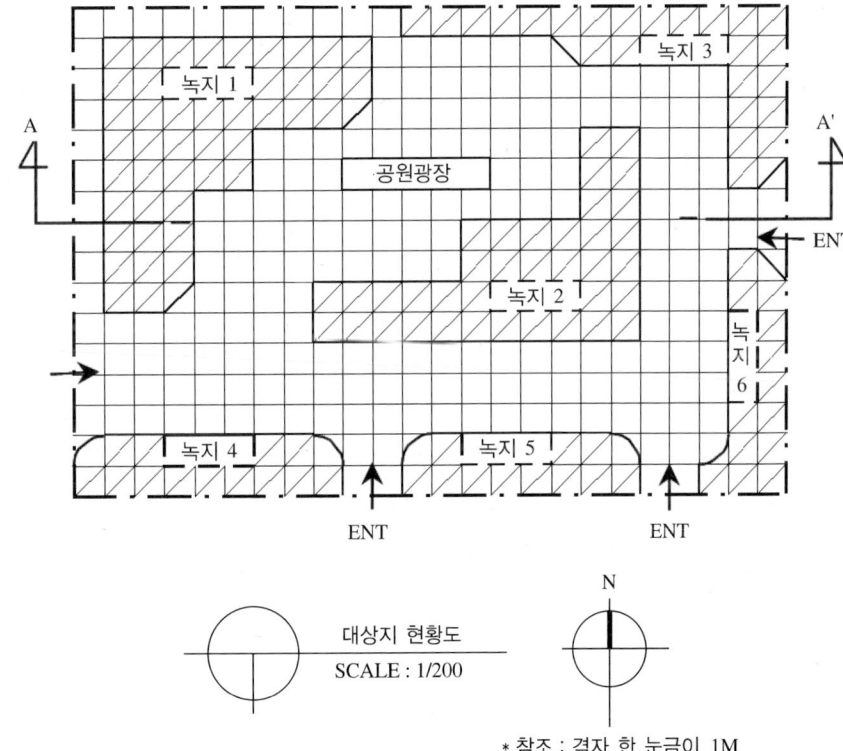

(2) 요구사항

① 식재평면도를 위주로 한 조경계획도를 축척 1/100로 작성하시오(용지 1).
② A-A′ 단면도를 축척 1/100로 작성하시오(용지 2).

(3) 설계조건

① 해당 지역은 근린생활권에 위치한 공원으로 아늑하고 평화로운 휴식공간이 될 수 있는 특성을 고려하여 조경계획도를 작성하시오. 조경지역 중 포장지역을 제외한 곳에는 가능한 식재를 계획하시오(녹지공간은 대각선 친 부분임).
② 포장지역은 "소형고압블록, 마사토, 모래, 황토" 등 중에서 적당한 위치에 선택하여 표시하고 포장명을 기입합니다.
  ※ 단일광장으로 포장은 단일재료로 하는 것이 좋습니다.
③ "공원광장" 지역은 휴게공간으로 셸터(3,000mm×3,000mm) 1개소, 모래사장 1개소, 수목보호대 6개소, 평벤치 6개소, 휴지통 4개소를 계획하고 설치합니다.
  ※ 본 과제에서 가장 주의해서 설계해야 하는 부분입니다. 모범답안을 참고해서 꼼꼼히 살펴보아야 합니다.
④ "녹지 1" 지역은 상록수와 낙엽수, 관목을 혼합식재하여 차폐와 경관을 목적으로 조성하시오.

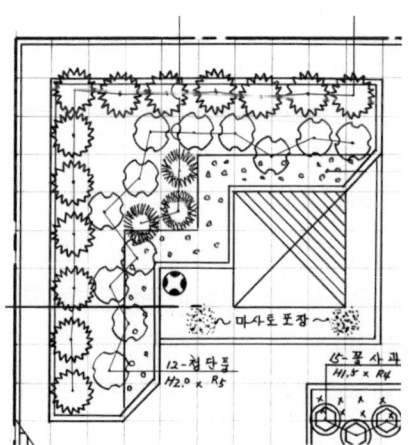

[그림001 녹지 1지역 경관식재]

※ 둘레는 스트로브잣나무로 차폐식재, 앞부분은 관목식재, 중앙 부분은 청단풍으로 식재하여 경관조성 하였습니다.

⑤ "녹지 2" 지역은 3종 이상의 경관식재를 계획하고 설계하시오.

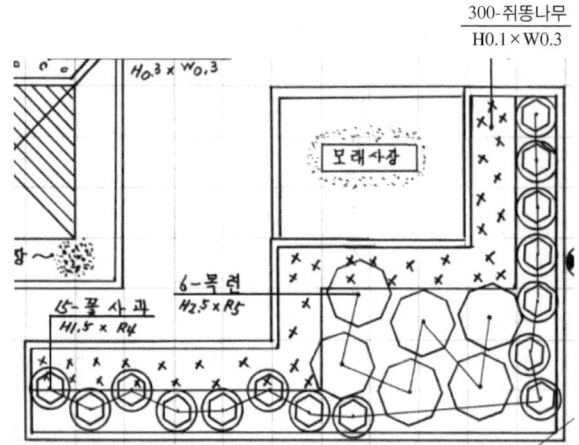

[그림002 녹지 2지역 경관식재]

※ "녹지 2" 지역은 중앙공원이므로 목련과 꽃사과로 장식하였고, 쥐똥나무로 앞부분을 식재하였습니다.

⑥ "녹지 3~6"지역은 2가지 이상의 수목으로 경관식재, 유도식재를 하시오.

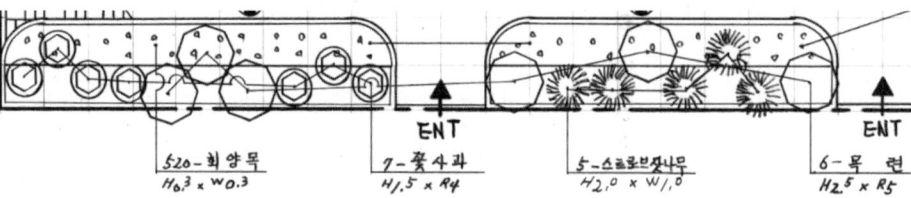

[그림003 녹지 3~6지역 유도, 경관식재]

※ 앞부분은 관목 군식, 뒷부분은 교목으로 유도, 경관식재하여 조화를 이루도록 하는 것이 좋습니다. 반드시 관목을 식재한 후에 교목을 식재하도록 합니다.

⑦ 녹지의 앞쪽에는 폭 1m의 관목을 식재하여 스카이라인을 형성하도록 하시오.

※ (그림003)에서 보듯이 관목을 앞부분에 교목을 뒷부분에 식재하여야 스카이라인이 형성되어 좋은 경관을 조성할 수 있습니다.

※ 수목을 식재할 때는 나무의 높이(H)를 머릿속에 상상하며 식재를 하는 것이 필요합니다.

⑧ 수목은 아래의 수종 중에서 9가지를 골고루 선정하여 안정적이고 아늑한 경관이 될 수 있도록 계획하고 설계하시오.

> 향나무(H3.0×W1.2), 섬잣나무(H2.0×W1.2), 스트로브잣나무(H2.0×W1.0), 왕벚나무(H4.5×B15), 단풍나무(H4.0×R20), 느티나무(H3.5×R10), 칠엽수(H3.5×R12), 청단풍(H2.0×R5), 회화나무(H2.5×R5), 목련(H2.5×R5), 산딸나무(H2.0×R5), 이팝나무(H2.0×R4), 꽃사과(H1.5×R4), 수수꽃다리(H1.5×W0.6), 병꽃나무(H0.7×W0.5), 쥐똥나무(H1.0×W0.3), 화살나무(H0.8×W0.4), 회양목(H0.3×W0.3), 산수국(H0.4×W0.6), 조릿대(H0.6×8가지), 맥문동(H0.2×5포기)

⑨ A-A' 단면도는 포장재료, 경계선, 및 기타 시설물의 기초, 주변의 수목, 중요 시설물, 이용자 등을 단면도상에 반드시 표시합니다.

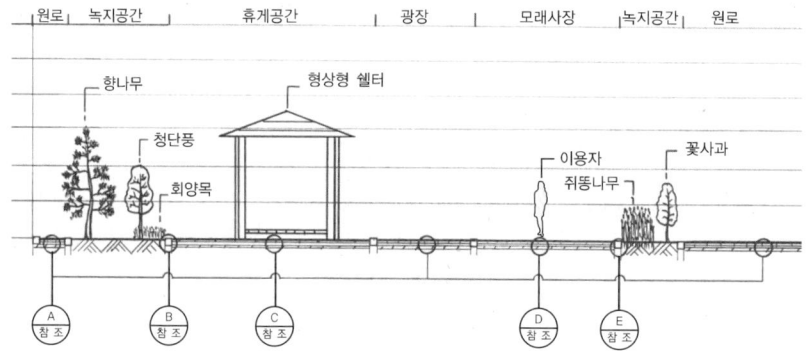

[그림004 단면도 도시법]

※ 단면도 인출선 표시법은 (그림004)를 참조하기 바랍니다.

※ (그림004)의 윗부분에서처럼 경계석과 경계석 사이의 공간명을 작성해야 합니다.

※ 중간부의 세부사항은 간편한 인출선을 도시하고 상세명을 작성합니다.

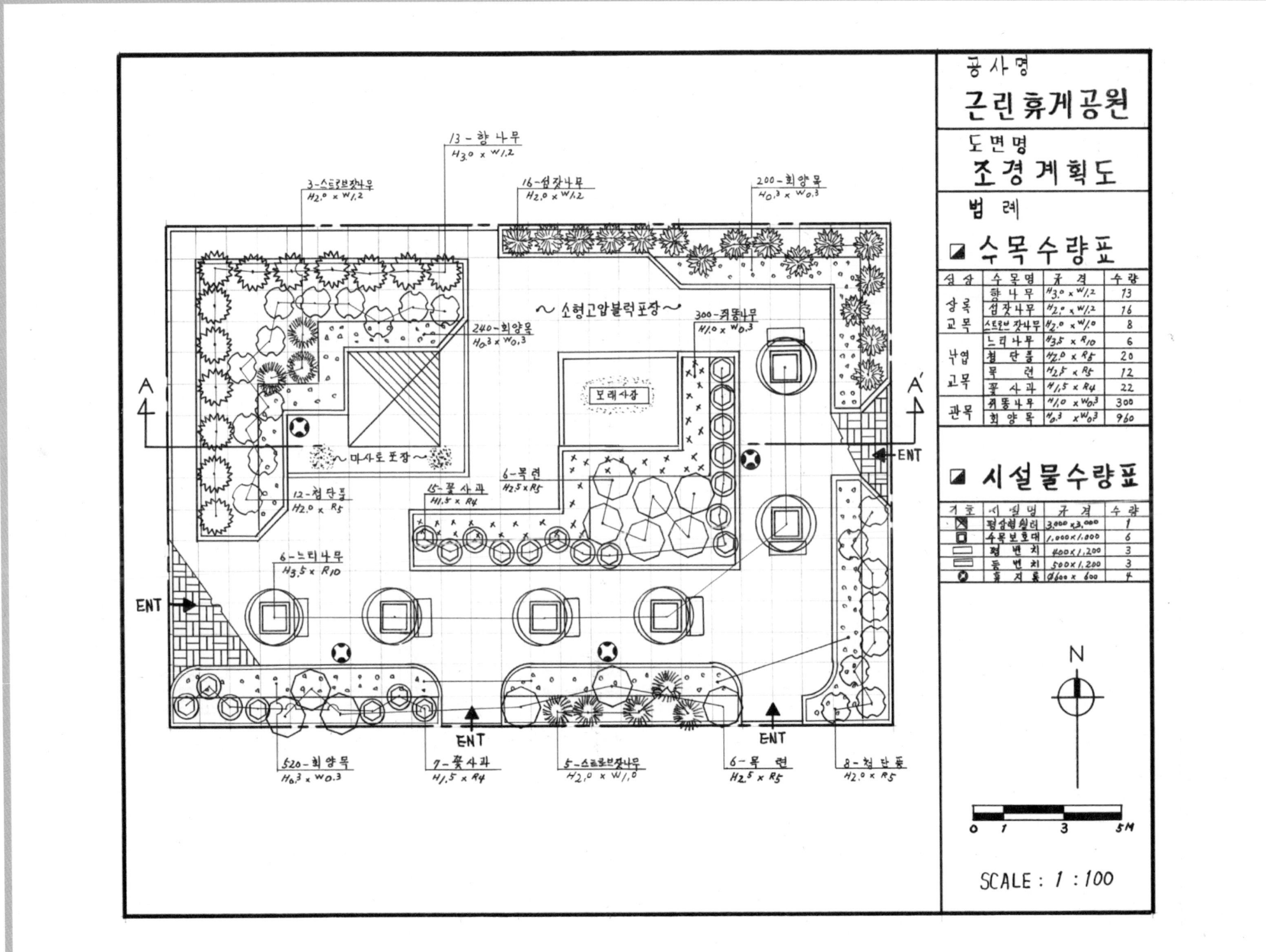

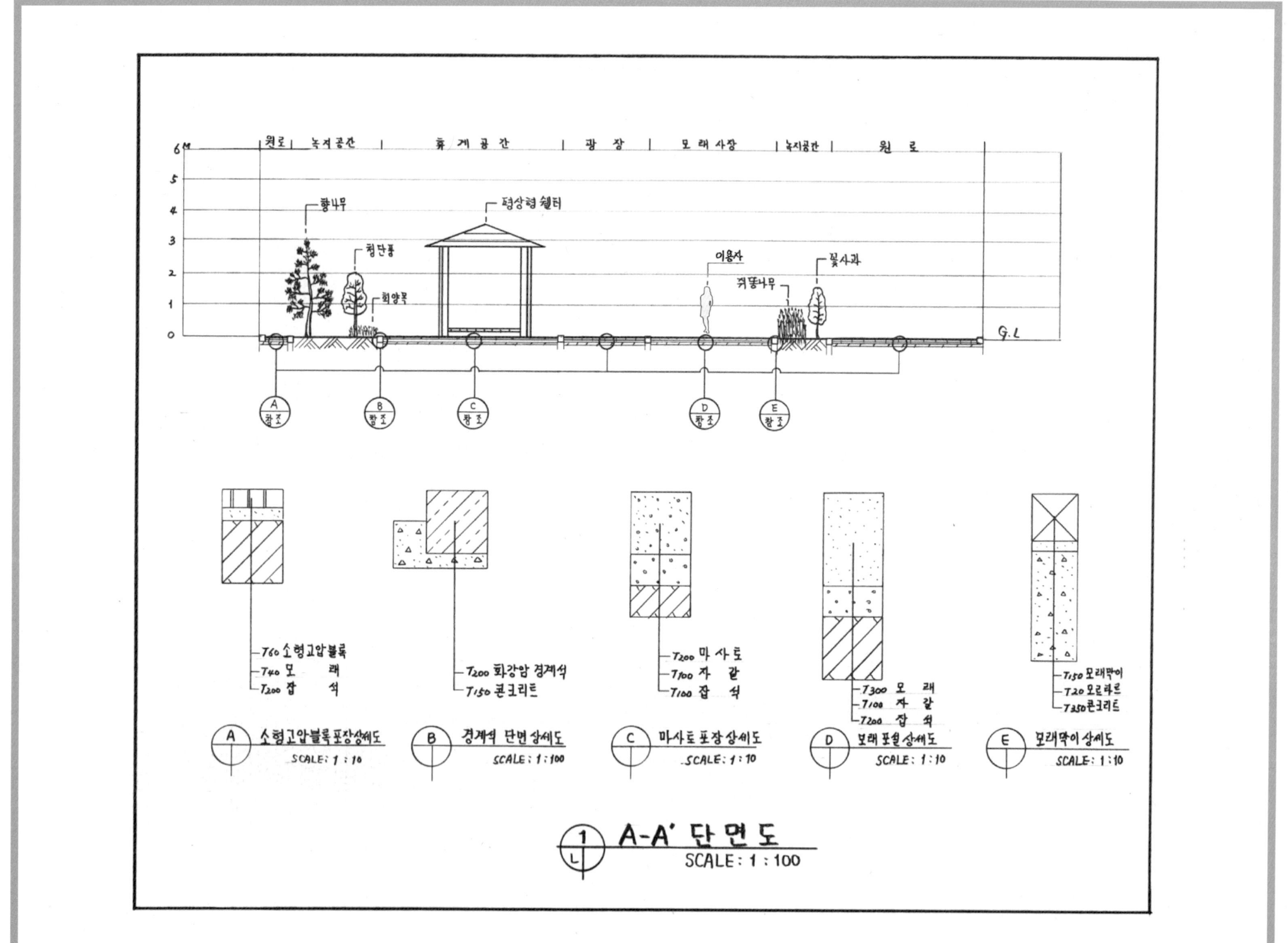

CHAPTER 03 조경설계 문제와 해답도면

제1절 도로변 소공원

설계문제

우리나라 중부지역에 위치한 도로변의 빈 공간에 대한 조경설계를 하고자 합니다. 주어진 현황도 및 아래 사항을 참조하여 설계조건에 따라 조경계획도를 작성하시오(단, 1점 쇄선 안 부분을 조경설계 대상지로 한다).

(1) 현황도

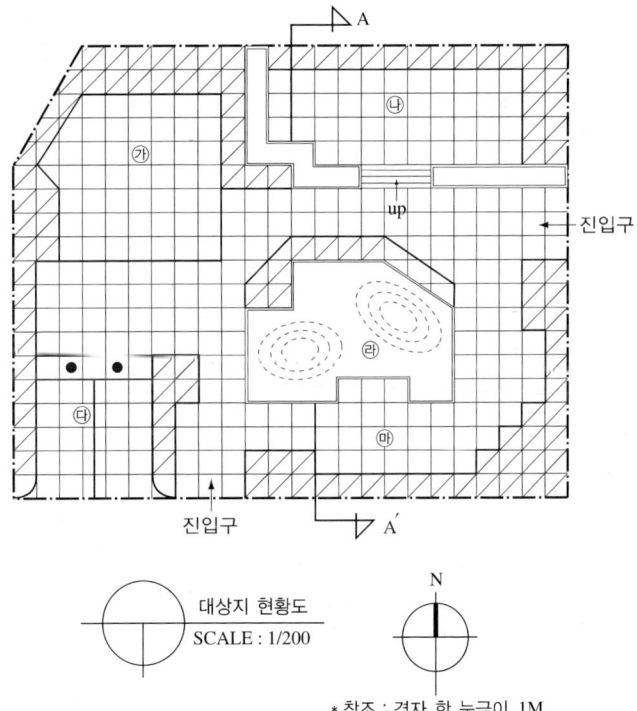

(2) 요구사항

① 식재 평면도를 위주로 한 조경계획도를 축척 1/100로 작성하시오(용지 1).
② 도면 오른쪽 위에 작업명칭을 작성하시오.
③ 도면 오른쪽에는 "중요시설물 수량표"와 "수목(식재) 수량표"를 작성하고, 수량표 아래쪽 "방위표시와 막대축척"을 그려 넣으시오(단, 전체 대상지의 길이를 고려하여 범례표의 폭을 조정할 수 있다).
④ 도면의 전체적인 안정감을 위하여 "테두리선"을 넣는다.
⑤ A-A´ 단면도를 축척 1/100로 작성하시오(용지 2).

(3) 설계조건

① 해당 지역은 도로변에 위치한 소공원으로 어린이들이 주 이용 대상들이며, 그 특성에 맞는 조경계획도를 작성하시오.
② 포장지역을 제외한 곳에는 가능한 식재를 계획하시오(녹지 공간은 빗금친 부분).
③ 포장지역은 "소형고압블록, 콘크리트, 마사토, 모래" 등 적당한 위치에 적합한 포장재를 선택하여 표시하고, 포장명을 기입하시오.
④ "가" 지역은 어린이 놀이공간으로 계획하고, 그 안에 어린이 놀이시설을 3종 배치하시오.
⑤ "나" 지역은 "가", "마" 지역보다 1m 높고, 그 높이 차이를 식수대로 처리하였으므로 적합한 조치를 계획하시오.
⑥ "나" 지역은 휴식공간 주변으로 퍼걸러(3,000mm×3,500mm) 1개소, 수목보호대 2개소를 설치하여 수목을 배치하고, 적당한 곳에 평벤치 2개소를 설치하시오.
⑦ "다" 지역은 주차공간으로 소형자동차(2,500mm×5,000mm) 2대가 주차할 수 있는 공간으로 계획하고 설계하시오.
⑧ "라" 지역은 등고선 1개당 30cm가 높으며, 전체적으로 "마" 지역에 비해 60cm가 높은 녹지지역으로 경관식재를 실시하시오. 아울러 반드시 크기가 다른 소나무를 3종 식재하고, 계절성을 느낄 수 있게 다른 수목을 조화롭게 배치하시오.
⑨ "마" 지역은 주차장을 이용하는 고객 및 도보 이용자들을 위한 보행공간으로 활용하시오.
⑩ 대상지 내에 보행자 통행에 지장을 주지 않는 곳에 평벤치 4개와 휴지통 2개를 설치하시오.
⑪ 대상지 내에는 유도식재, 녹음식재, 경관식재, 소나무 군식 등의 식재 패턴을 필요한 곳에 적당히 배식하고, 필요한 곳에 수목보호대를 설치하여 포장 내에 식재를 하시오.

⑫ 수목은 아래에 주어진 수종 중에서 12가지를 골고루 선정하여 안정적인 배식이 될 수 있도록 계획하며, 인출선을 이용하여 수량, 수종명칭, 규격을 반드시 표기하시오.

> 소나무(H4.0×W2.0), 소나무(H3.5×W1.8), 소나무(H3.0×W1.5), 스트로브잣나무(H2.5×W1.3), 스트로브잣나무(H2.0×W1.0), 왕벚나무(H4.5×B15), 버즘나무(H3.5×B8), 느티나무(H3.5×R8), 홍단풍(H2.5×R9), 중국단풍(H2.5×R6), 자귀나무(H2.5×R9), 산딸나무(H2.0×R5), 청단풍(H2.5×R9), 꽃사과(H2.5×R5), 수수꽃다리(H1.5×W0.6), 병꽃나무(H1.0×W0.4), 쥐똥나무(H1.0×W0.4), 명자나무(H0.6×W0.4), 산철쭉(H0.4×W0.5), 영산홍(H0.4×W0.5), 조릿대(H0.6×7가지)

⑬ A-A′ 단면도는 경사, 포장재료, 경계선 및 기타 시설물의 기초, 주변의 수목, 중요 시설물, 이용자 등을 반드시 표시하시오.

알아두면 좋은 조경상식

[조경기능사 실기 지참준비물]

	재료명	규 격	단 위	수 량	기 능	용 도
1	T자	제도용	개	1	기본적인 제도	설계용
2	긴 자	50cm	개	1	윤곽선 그릴 때	설계용
3	망치, 펜치, 못 (7~10cm)	목공용	개	각 1	삼각지주 세울 때 필수도구 (지급된 못이 작을 경우를 대비)	시공작업용
4	고무망치	보통용	개	1	벽돌, 판석깔 때 반드시 필요	시공작업용
5	볼 펜	흑 색	개	1	성명, 수험번호, 수목감별	수목감별용
6	삼각스케일	300mm	개	1	기능사는 불필요, 기사는 필수	설계용
7	삼각자(정, 직각)	300mm	개	각 1	작업장 직각(90°) 잴 때 필요, 특히 지주목 각도(60°)를 잴 때 요긴함	설계용
8	줄 자	1m 이상	개	1	작업장 규격(1m×1m) 잴 때 필수	시공작업용
9	연 필	제도용 (2H 이상)	개	1	제도 및 삼각, 사각지주를 잘라야 할 경우에 금긋기용	설계용, 시공작업용
10	샤프펜슬	굵기 별	개	각 1	0.3mm, 0.5mm, 0.7mm, 0.9mm 필요	설계용
11	자	30cm	개	1	테두리 이용	설계용
12	자	20cm	개	1	날렵하게 빨리 쓰기 좋음	설계용
13	작업에 필요한 안전복장 및 장비		개	각 1	작업복, 작업화, 장갑 불량은 감점 대상	시공작업용
14	면장갑	작업용	개	1	작업시 반드시 착용해야 함	시공작업용
15	전정가위	보통용	개	1	조경시공작업시 필요	시공작업용
16	지우개, 지우개판	제도용	개	각 1	제도시 불필요한 부분 지우기	설계용
17	칼	연필깎기	개	1	연필깎기용이나 많이 필요하지는 않음	설계용
18	컴퍼스	제도용	개	1	큰 원을 그려야 할 때 필요	설계용
19	템플릿(大, 小)	제도용	조	각 1	수목 그릴때 필수적	설계용
20	종이테이프	폭 19mm	개	1	조경 설계시 필수	설계용

※ 제도판은 시험장에 있습니다.

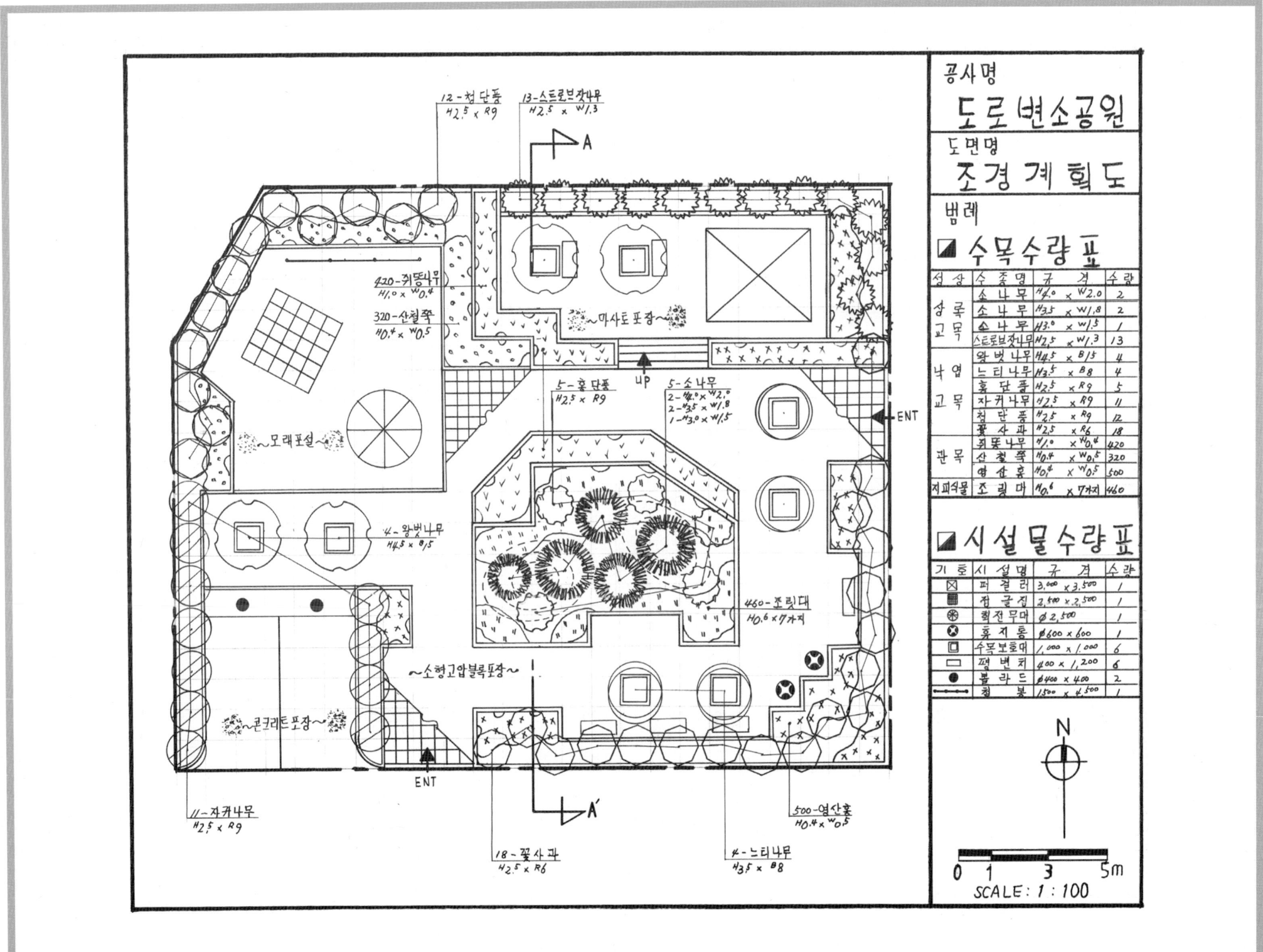

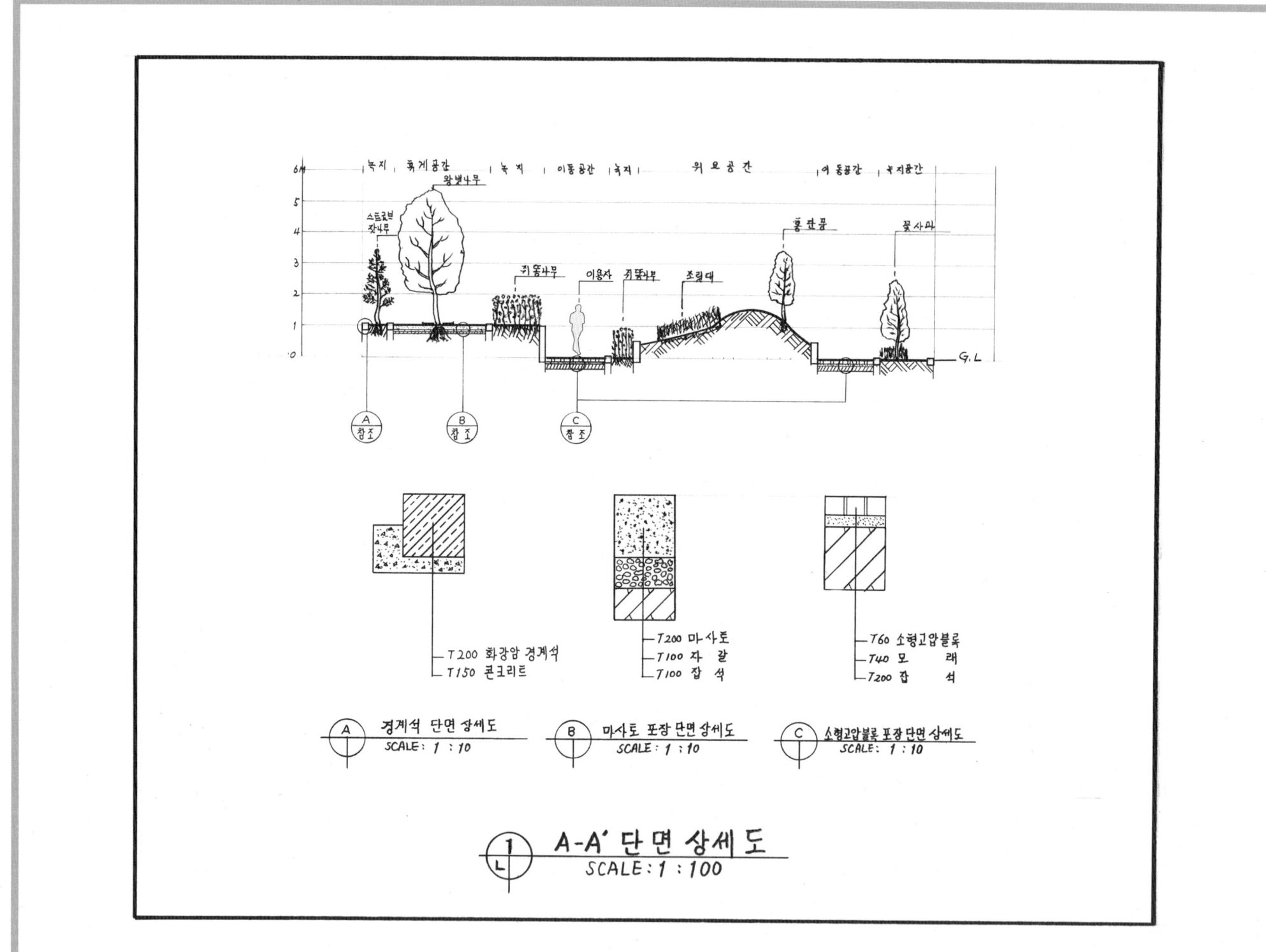

제2절 도심 휴식공간

설계문제

우리나라 중부지역에 위치한 도로변의 빈 공간에 대한 조경설계를 하고자 합니다. 주어진 현황도 및 아래 사항을 참조하여 설계조건에 따라 조경계획도를 작성하시오(단, 1점 쇄선 안 부분을 조경설계 대상지로 한다).

(1) 현황도

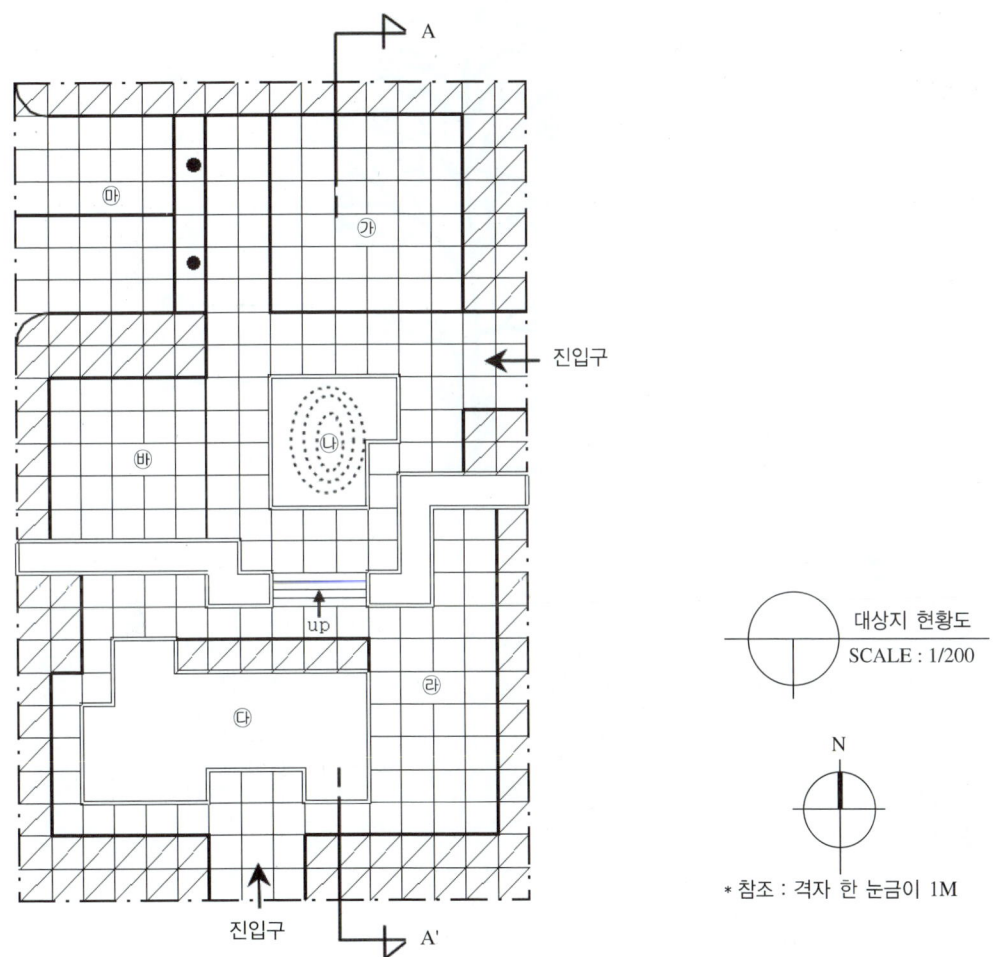

(2) 요구사항

① 식재평면도를 위주로 한 조경계획도를 축척 1/100로 작성하시오(용지 1).
② 도면 오른쪽 위에 작업명칭을 작성하시오.
③ 도면 오른쪽에는 "중요시설물 수량표"와 "수목(식재) 수량표"를 작성하고, 수량표 아래쪽 "방위표시와 막대축척"을 반드시 그려 넣으시오(단, 전체 대상지의 길이를 고려하여 범례표의 폭을 조정할 수 있음).
④ 도면의 전체적인 안정감을 위하여 "테두리선"을 넣으시오.
⑤ A-A´ 단면도를 축척 1/100로 작성하시오(용지 2).

(3) 설계조건

① 해당 지역은 도로변의 자투리 공간을 이용하여 휴식 및 어린이들이 즐길 수 있는 도심 휴식공간으로, 공원의 특징을 고려하여 조경계획도를 작성하시오.
② 포장지역을 제외한 곳에는 가능한 식재를 실시하시오(단, 녹지 공간은 빗금친 부분이며, 경사의 차이가 발생하는 곳은 식수대(Plant Box)로 처리되어 있으며 분위기를 고려하여 식재를 실시하시오).
③ 포장지역은 "소형고압블록, 콘크리트, 모래, 마사토, 투수콘크리트" 등 적당한 재료를 선택하여 재료의 사용이 적합한 장소에 기호로 표현하고, 포장명을 반드시 기입하시오.
④ "가" 지역은 휴식공간으로 이용자들의 편안한 휴식을 위해 퍼걸러(3,500mm×3,500mm) 1개와 앉아서 휴식을 즐길 수 있도록 평벤치 2개, 휴지통 1개를 계획·설계하시오.
⑤ "나" 지역은 등고선 1개당 30cm가 높으며, 전체적으로 "바" 지역에 비해 60cm가 높은 녹지지역으로 경관식재를 실시하시오. 아울러 반드시 크기가 다른 소나무를 3종 식재하고, 계절성을 느낄 수 있게 다른 수목을 조화롭게 배치하시오.
⑥ "다" 지역은 "라" 지역보다 60cm 낮은 수(水)공간으로 계획하시오.
⑦ "라" 지역은 동적인 공간의 휴식공간으로 평벤치 2개와 휴지통 1개를 설치하고, 수목보호대(3개)에 낙엽교목을 동일하게 식재하시오.
⑧ "마" 지역은 주차공간으로 소형자동차(3,000mm×5,000mm) 2대가 주차할 수 있는 공간으로 계획하고 설계하시오.
⑨ "바" 지역은 놀이공간으로 계획하고, 그 안에 어린이 놀이시설을 2종 배치하시오.
⑩ "가", "마", "바" 지역은 "라" 지역보다 1m 높은 지역으로 계획하시오.
⑪ 대상지 내에는 유도, 녹음, 경관식재, 소나무 군식 등의 식재 패턴을 필요한 곳에 배식하고, 필요에 따라 수목보호대를 추가로 설치하여 포장 내에 식재를 할 수 있음.

⑫ 수목은 아래에 주어진 수종 중에서 종류가 다른 10가지를 반드시 선정하여 골고루 안정적인 배식이 될 수 있도록 계획하며, 인출선을 이용하여 수량, 수종명칭, 규격을 반드시 표기하시오.

> 소나무(H3.0×W1.5), 소나무(H2.5×W1.3), 소나무(H2.0×W1.0), 스트로브잣나무(H2.5×W1.2), 스트로브잣나무(H2.0×W1.0), 왕벚나무(H4.5×B15), 버즘나무(H3.5×B8), 느티나무(H3.0×B8), 청단풍(H2.5×R8), 다정큼나무(H1.0×W0.6), 동백나무(H2.5×R8), 중국단풍(H2.5×R5), 굴거리나무(H2.5×W0.6), 자귀나무(H2.0×R7), 태산목(H1.5×W0.5), 먼나무(H2.0×R5), 산딸나무(H2.0×R5), 산수유(H2.5×R7), 꽃사과(H2.5×R7), 수수꽃다리(H1.5×W0.6), 병꽃나무(H1.0×W0.4), 쥐똥나무(H1.0×W0.4), 명자나무(H0.6×W0.4), 산철쭉(H0.3×W0.4), 자산홍(H0.4×W0.2), 영산홍(H0.4×W0.3), 조릿대(H0.6×7가지)

⑬ A-A´ 단면도는 경사, 포장재료, 경계선 및 기타 시설물의 기초, 주변의 수목, 중요 시설물, 이용자 등을 단면도상에 반드시 표시하시오.

알아두면 좋은 조경상식

[가지치기가 필요한 가지들]

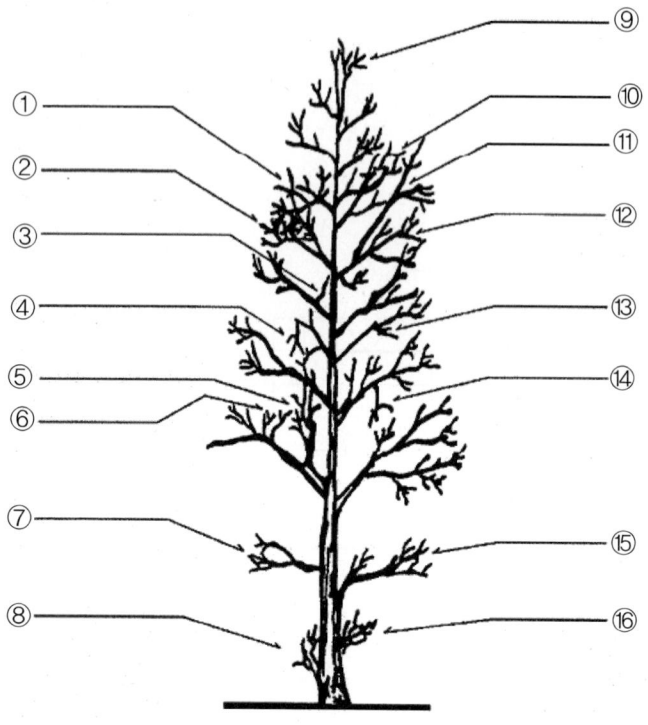

■ 가지의 명칭 ■

① 윤상지　② 겹쳐진 가지　③ 교차지
④ 병충해 피해지 및 고사지　⑤ 수직지　⑥ 역차지
⑦ 약소지　⑧ 분얼지　⑨ 경쟁지
⑩ 얽힘지　⑪ 도장지　⑫ 이차지
⑬ 평행지　⑭ 하향지　⑮ 저착지
⑯ 맹아지

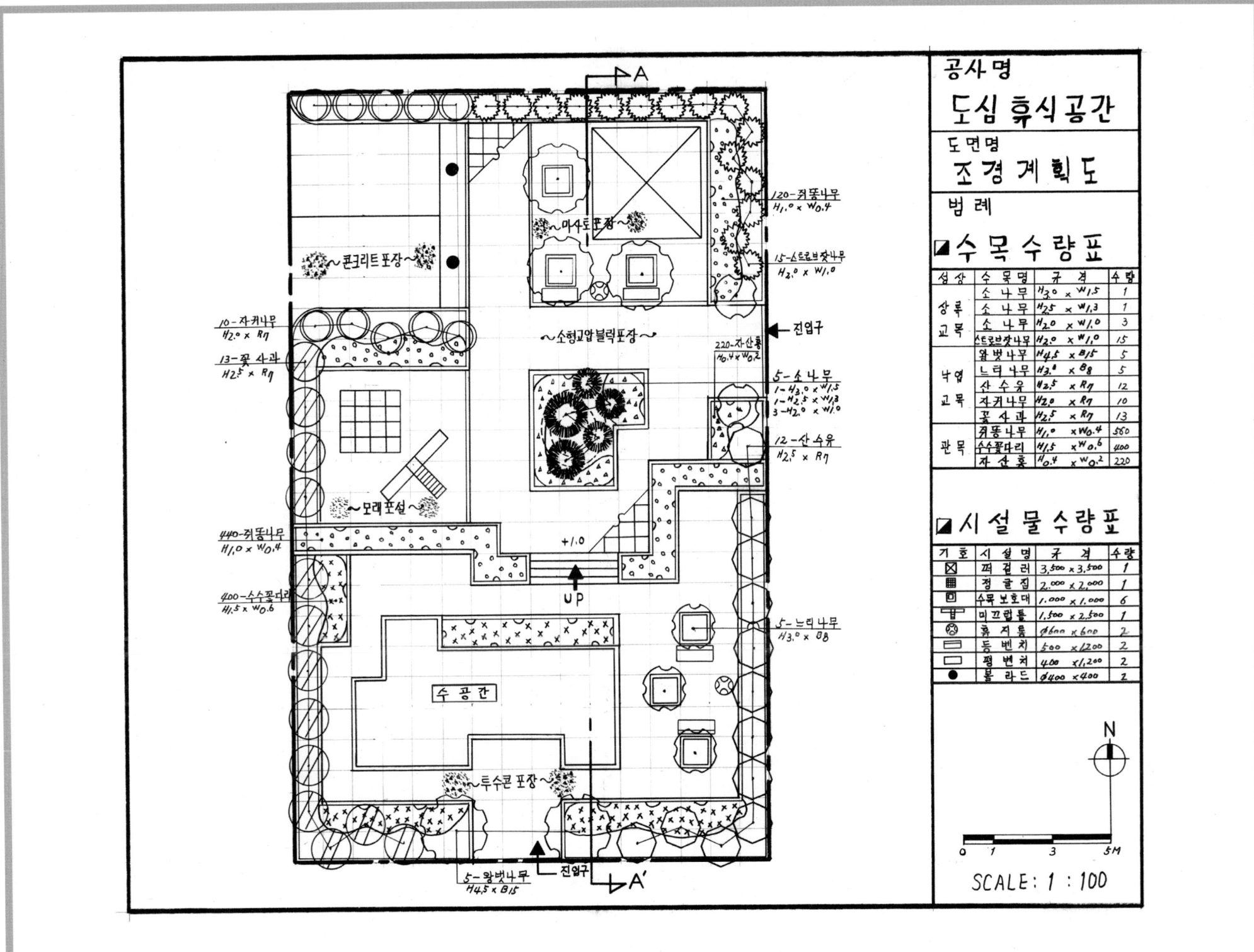

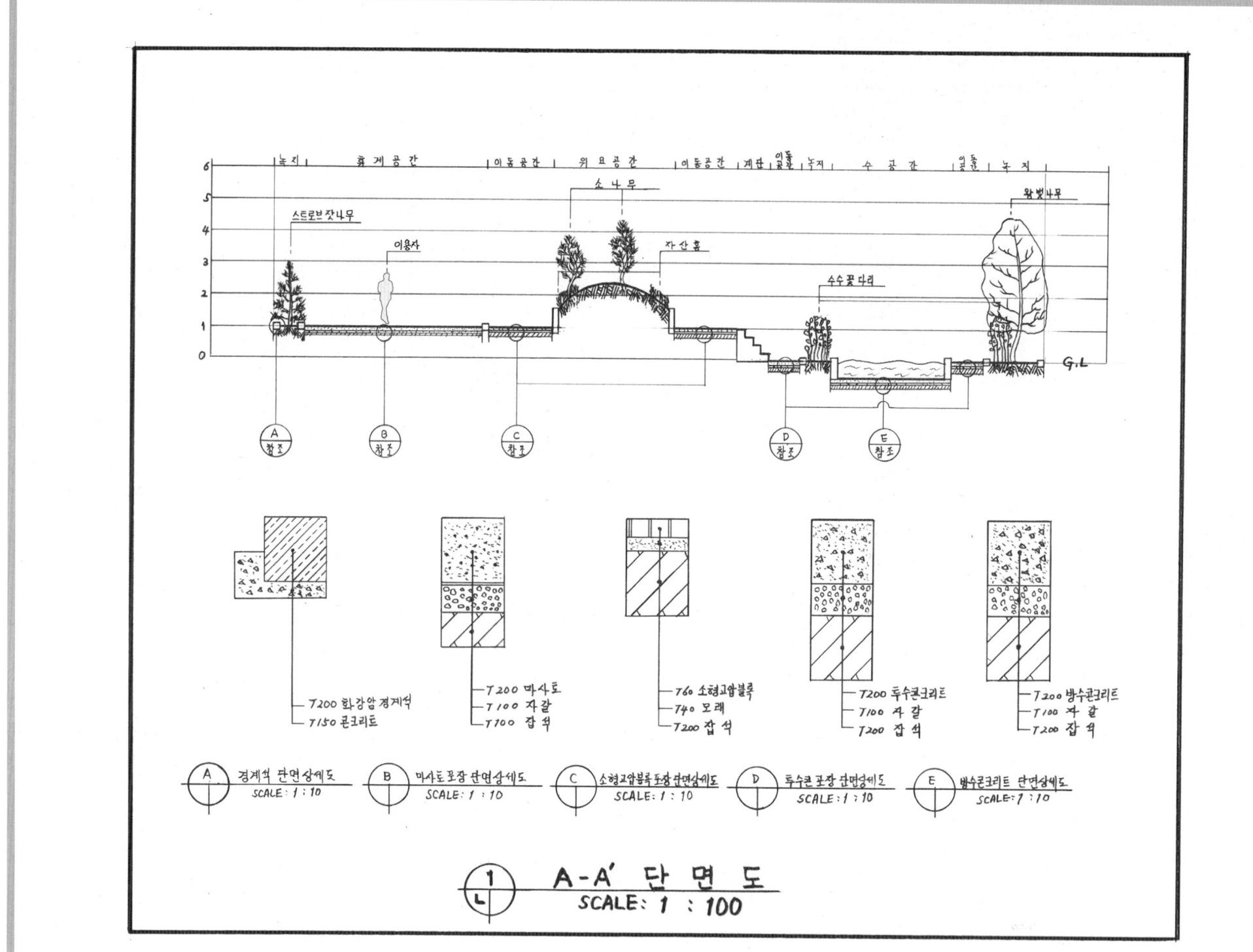

제3절 도심 휴게공간

설계문제

우리나라 중부지역에 위치한 도심도로변의 빈 공간에 대한 조경설계를 하고자 합니다. 주어진 현황도 및 아래 사항을 참조하여 설계조건에 따라 조경계획도를 작성합니다(단, 1점 쇄선 안 부분을 조경설계 대상지로 합니다).

(1) 현황도

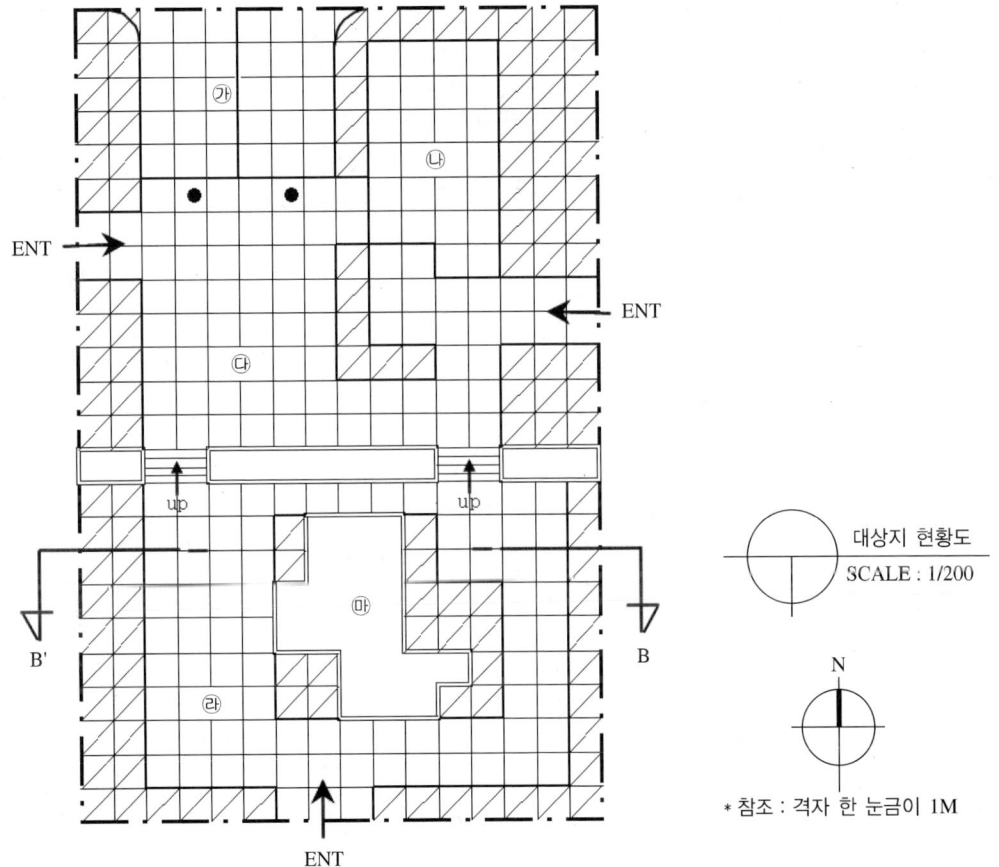

대상지 현황도
SCALE : 1/200

* 참조 : 격자 한 눈금이 1M

(2) 요구사항

① 식재평면도를 위주로 한 조경계획도를 축척 1/100로 작성하시오(용지 1).
② B-B' 단면도를 축척 1/100로 작성하시오(용지 2).

(3) 설계조건

① 해당 지역은 도심 휴게공간으로 휴식공간과 어린이들이 즐길 수 있는 특성을 고려하여 조경계획도를 작성합니다. 포장지역을 제외한 곳에는 가능한 식재를 계획합니다(녹지공간은 대각선 친 부분입니다).
② 포장지역은 "콘크리트, 마사토, 모래, 소형고압블록, 투수콘 포장" 등을 적당한 위치에 선택하여 표시하고 포장명을 기입합니다.
③ "다" 지역은 어린이를 위한 놀이공간으로 "라" 지역에 비해 1m 높은 지역으로 적당한 곳에 유아놀이시설 1개소, 수목보호대 4개소, 벤치 2개소를 계획하고 설계하시오.
④ "나" 지역은 휴게공간으로 퍼걸러(3,500mm×5,000mm) 1개소, 휴지통 1개소를 계획하고 설치합니다.
⑤ "마" 지역은 수(水)공간으로 "라" 지역에 비해 60cm가 낮은 지역으로 계획하고 설계합니다.
⑥ "가" 지역은 소형자동차(3,000mm×5,000mm) 2대가 주차할 수 있도록 계획하고 설계합니다.
⑦ "라" 지역은 휴식공간으로 적당한 곳에 수목보호대 5개소, 평벤치 2개소, 휴지통 2개소를 계획하고 설계합니다.
⑧ 식재공간에 차폐식재, 유도식재, 경관식재(소나무 군식), 녹음식재 패턴을 필요한 곳에 적당히 배식하여 조형을 계획하고 설계하시오.
⑨ 수목은 아래의 수종 중에서 10가지를 선정하여 골고루 안정적이고 아늑한 경관이 될 수 있도록 계획하고 설계하시오.

> 소나무(H4.0×W2.0), 소나무(H3.0×W1.5), 소나무(H2.5×W1.2), 스트로브잣나무(H2.5×W1.2), 스트로브잣나무(H2.0×W1.0), 왕벚나무(H4.5×B15), 버즘나무(H3.5×B8), 느티나무(H3.5×R8), 청단풍(H2.5×R9), 중국단풍(H2.5×R5), 자귀나무(H2.5×R6), 산딸나무(H2.0×R5), 산수유(H2.5×R7), 꽃사과(H2.5×R5), 수수꽃다리(H1.5×W0.6), 병꽃나무(H1.0×W0.4), 쥐똥나무(H1.0×W0.4), 명자나무(H0.6×W0.4), 산철쭉(H0.4×W0.5), 자산홍(H0.4×W0.2), 조릿대(H0.6×8가지), 맥문동(H0.2×5포기)

⑩ B-B' 단면도는 포장재료, 경계선 및 기타 시설물의 기초, 주변의 수목, 중요 시설물, 이용자 등을 단면도상에 반드시 표시합니다.

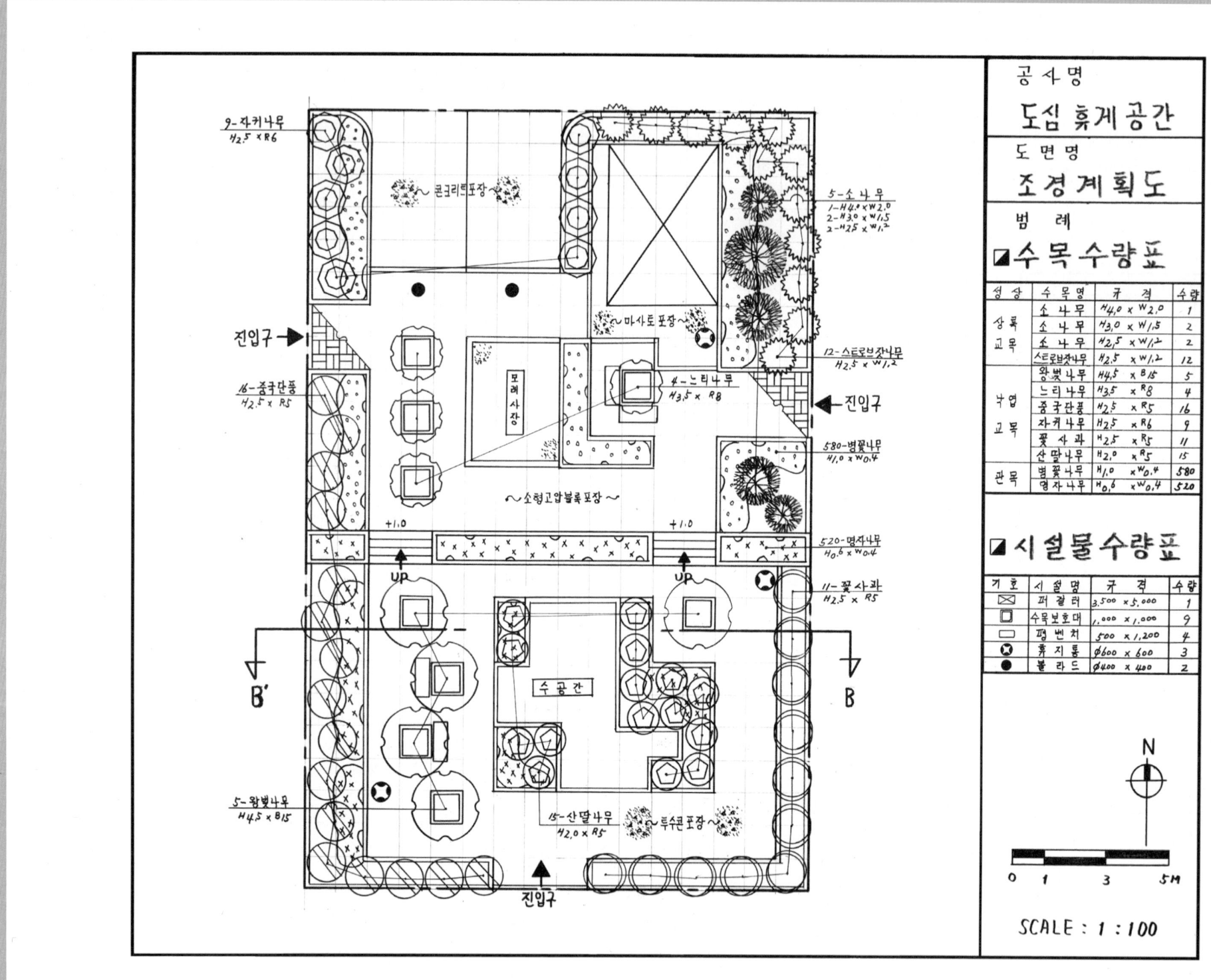

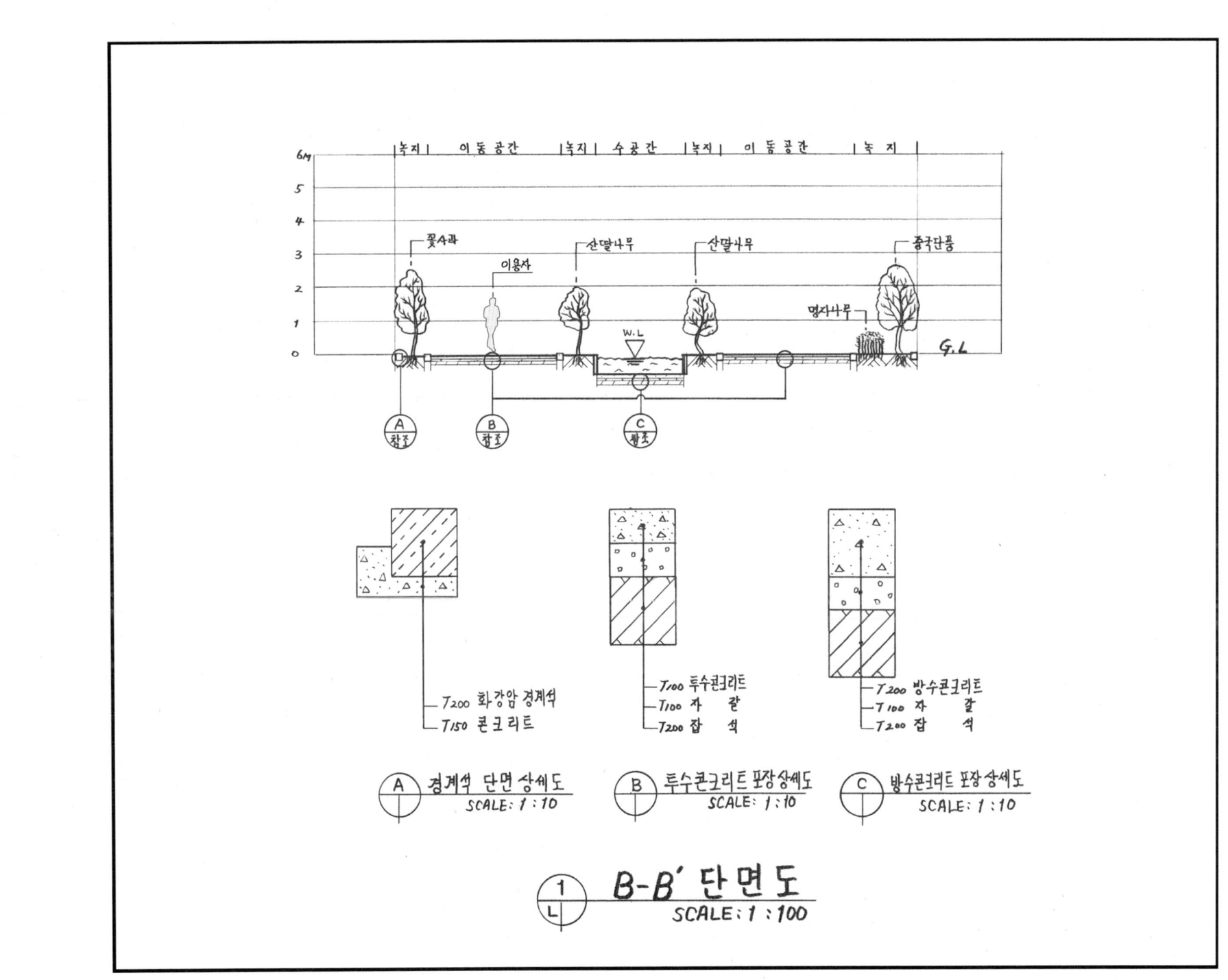

제4절 도로변 소공원

설계문제

우리나라 중부지역에 위치한 도로변의 빈 공간에 대한 조경설계를 하고자 합니다. 주어진 현황도 및 아래 사항을 참조하여 설계조건에 따라 조경계획도를 작성합니다(단, 1점 쇄선 안 부분을 조경설계 대상지로 합니다).

(1) 현황도

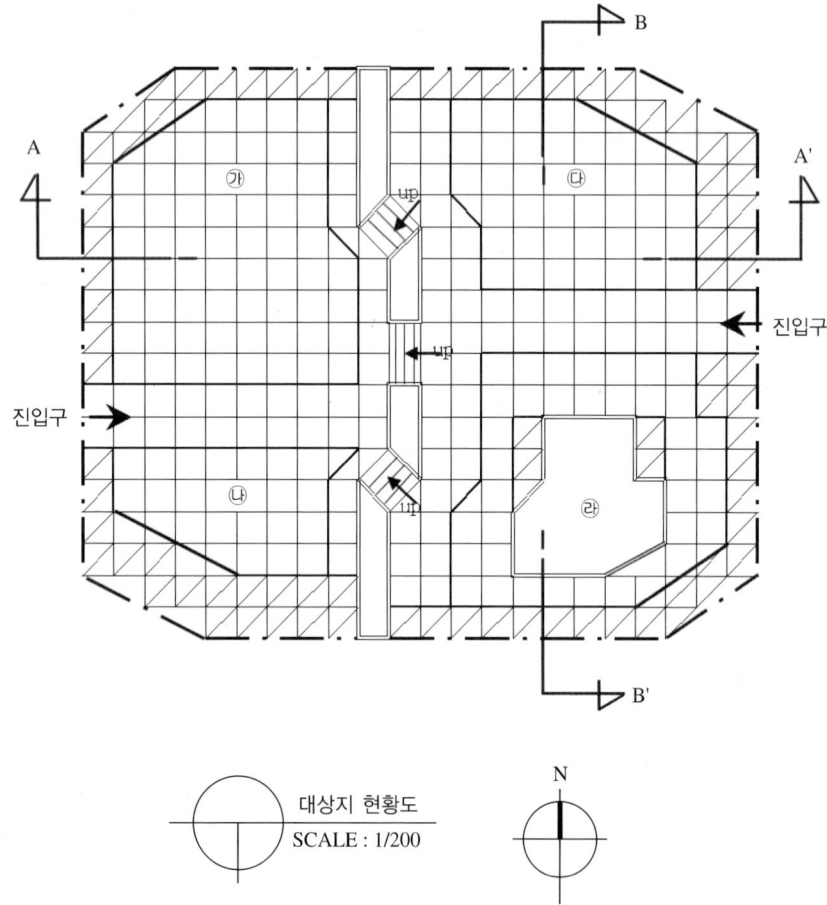

(2) 요구사항

① 식재평면도를 위주로 한 조경계획도를 축척 1/100로 작성하시오(용지 1).
② A-A′ 단면도를 축척 1/100로 작성하시오(용지 2).
③ B-B′ 단면도를 축척 1/100로 작성하시오(용지 3).

(3) 설계조건

① 해당 지역은 도로변 소공원으로 휴식공간과 어른들이 쉴 수 있는 특성을 고려하여 조경계획도를 작성합니다. 포장지역을 제외한 곳에는 가능한 식재를 계획합니다(녹지공간은 대각선 친 부분입니다).
② 포장지역은 "점토블록, 황토, 투수콘, 소형고압블록, 마사토" 등을 적당한 위치에 선택하여 표시하고 포장명을 기입합니다.
③ "가" 지역은 어른들을 위한 휴식공간으로 수목보호대 11개소, 벤치 8개소, 휴지통 2개소를 계획하고 설계하시오.
④ "나" 지역은 휴게공간으로 퍼걸러(3,500mm×3,500mm) 1개소, 등벤치 2개소, 휴지통 1개소를 계획하고 설치하시오.
⑤ "다" 지역은 휴게공간으로 퍼걸러(3,000mm×3,000mm) 1개소, 등벤치 2개소를 계획하고 설치합니다. 식재 공간에 녹음식재, 유도식재, 경관식재(소나무 군식), 녹음식재 패턴을 필요한 곳에 적당히 배식하여 조형을 계획하고 설계하시오.
⑥ "라" 지역은 수(水)공간으로 계획하시오.
⑦ 수목은 아래의 수종 중에서 10가지를 골고루 선정하여 안정적이고 아늑한 경관이 될 수 있도록 계획하고 설계하시오.

> 소나무(H3.5×W1.6), 소나무(H3.0×W1.5), 소나무(H2.5×W1.2), 스트로브잣나무(H2.5×W1.2), 스트로브잣나무(H2.0×W1.0), 왕벚나무(H4.5×B15), 칠엽수(H3.5×R12), 층층나무(H3.5×R10), 청단풍(H2.5×R8), 이팝나무(H2.5×R6), 자작나무(H2.5×B5), 산딸나무(H2.0×R6), 산수유(H2.5×R7), 꽃사과(H2.5×R6), 수수꽃다리(H1.5×W0.6), 병꽃나무(H0.7×W0.5), 쥐똥나무(H1.0×W0.4), 백철쭉(H0.4×W0.4), 옥향(H0.4×W0.5), 자산홍(H0.5×W0.5), 조릿대(H0.6×8가지), 맥문동(H0.2×5포기)

⑧ A-A′, B-B′ 단면도는 포장재료, 경계선 및 기타 시설물의 기초, 주변의 수목, 중요 시설물, 이용자 등을 단면도상에 반드시 표시합니다.

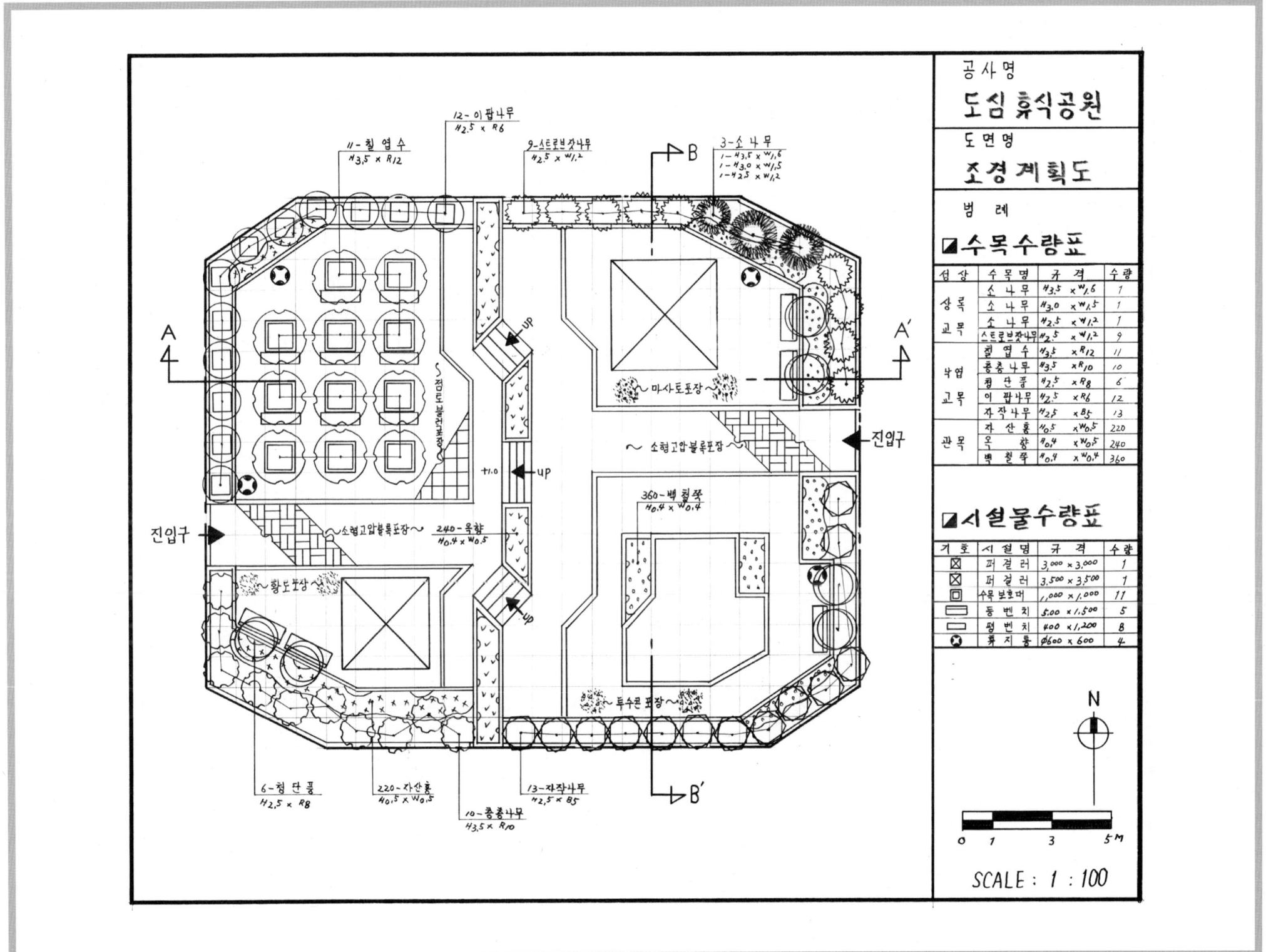

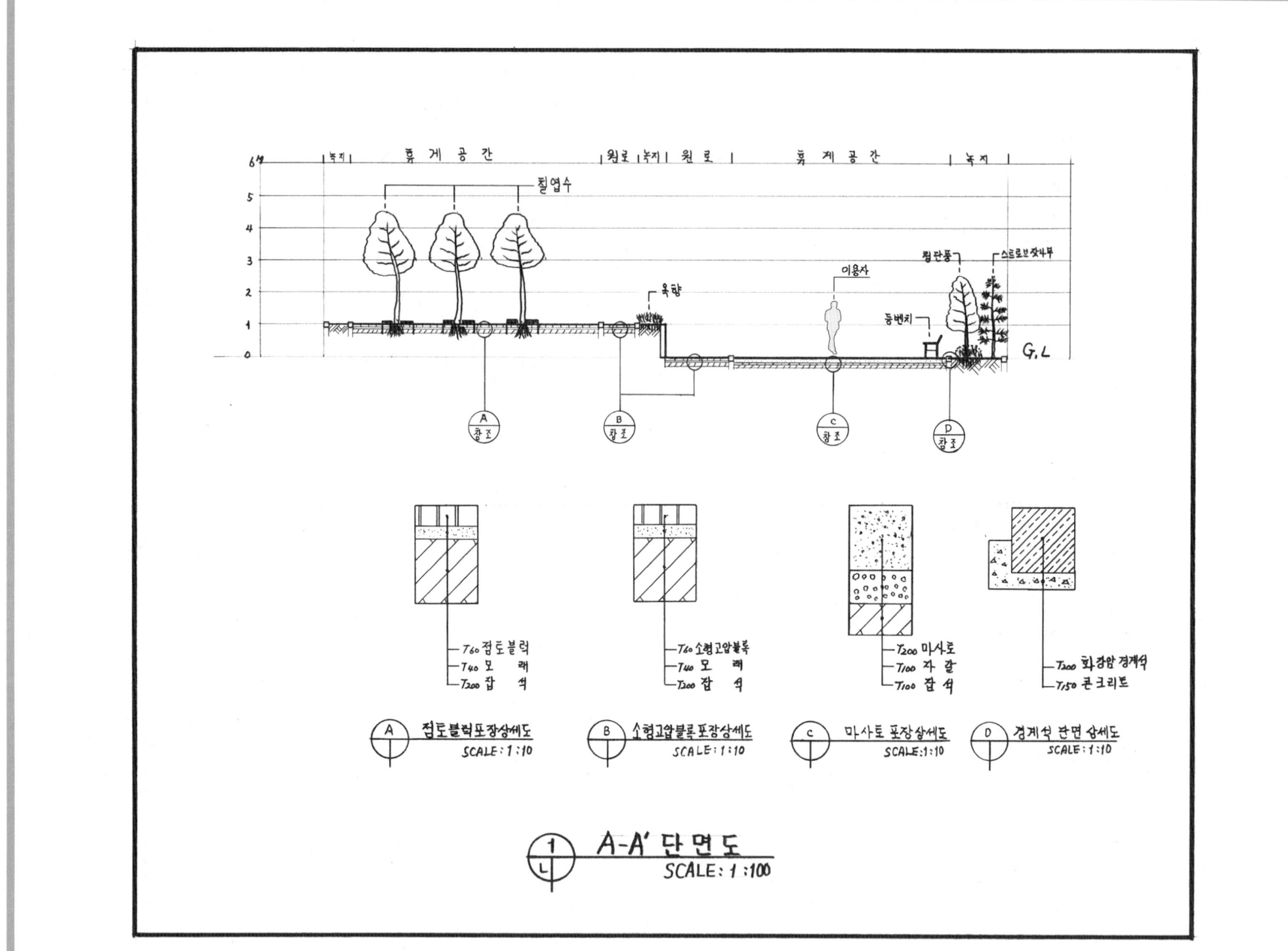

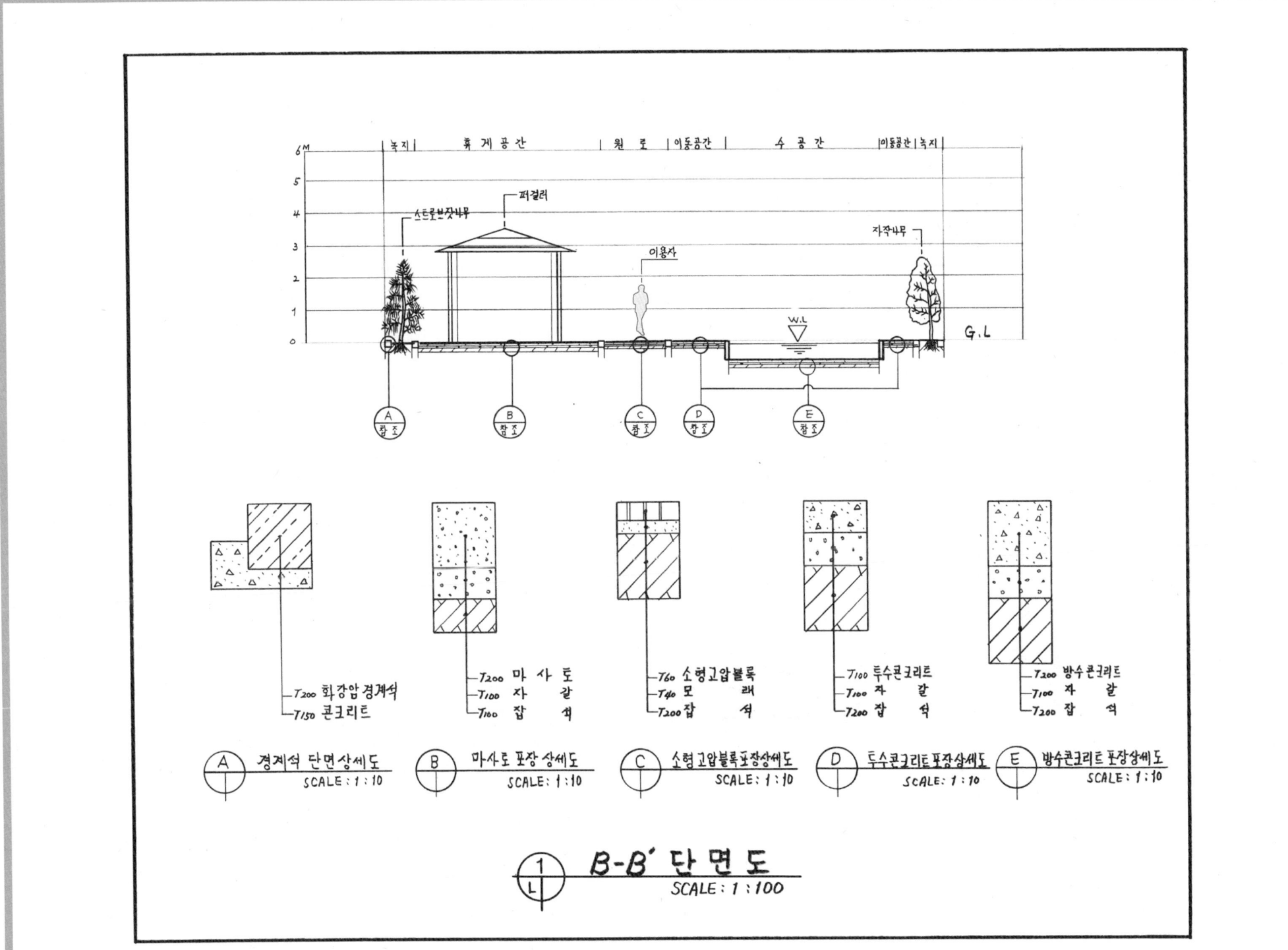

제5절 도로변 소공원

설계문제

우리나라 중부지역에 위치한 도로변의 빈 공간에 대한 조경설계를 하고자 합니다. 주어진 현황도 및 아래 사항을 참조하여 설계조건에 따라 조경계획도를 작성합니다(단, 1점 쇄선 안 부분을 조경설계 대상지로 합니다).

(1) 현황도

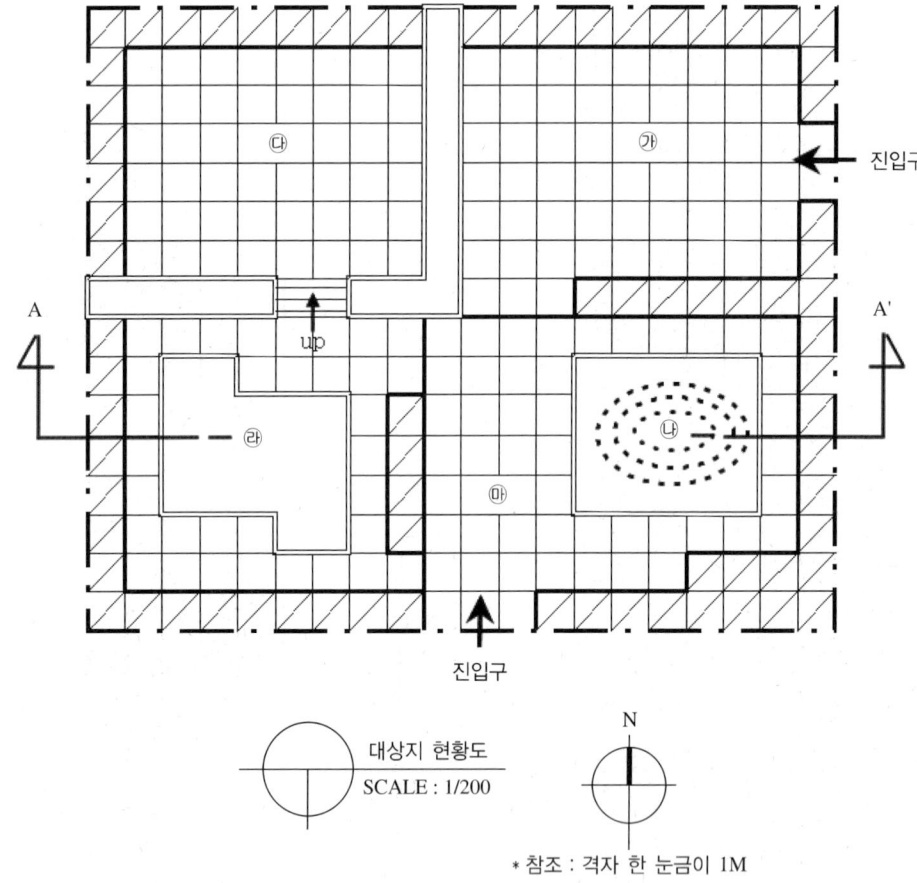

(2) 요구사항

① 식재평면도를 위주로 한 조경계획도를 축척 1/100로 작성하시오(용지 1).
② A-A' 단면도를 축척 1/100로 작성하시오(용지 2).

(3) 설계조건

① 해당 지역은 도로변 소공원으로 휴식공간과 다목적 운동공간의 특성을 고려하여 조경 계획도를 작성합니다. 포장지역을 제외한 곳에는 가능한 식재를 계획합니다(녹지공간은 빗금친 부분입니다).
② 포장지역은 "점토블록, 황토포장, 투수벽돌, 콘크리트, 고무칩 포장" 등을 적당한 위치에 선택하여 표시하고 포장명을 기입합니다.
③ "가" 지역은 다목적 운동공간으로 운동시설(2종)을 계획하고 설계하시오.
④ "나" 지역은 등고선 1개당 30cm가 높으며, 전체적으로 "마" 지역에 비해 60cm가 높은 녹지지역으로 경관식재를 실시하시오. 아울러 반드시 크기가 다른 소나무를 3종 식재하고, 계절성을 느낄 수 있게 다른 수목을 조화롭게 배치하시오.
⑤ "다" 지역은 "마" 지역에 비해 1m 높은 휴게공간으로 퍼걸러(3,500mm×3,500mm) 1개소, 등벤치 2개소, 휴지통 1개소를 계획하고 설계하시오.
⑥ "라" 지역은 "마" 지역에 비해 60cm 낮은 수(水)공간으로 계획하고 설계하시오.
⑦ 필요한 공간에 수목보호대 3개소를 계획하고, 녹음식재, 유도식재, 경관식재(소나무 군식), 녹음식재 패턴을 필요한 곳에 적당히 배식하여 조형을 계획하고 설계하시오.
⑧ 수목은 아래의 수종 중에서 10가지를 골고루 선정하여 안정적이고 아늑한 경관이 될 수 있도록 계획하고 설계하시오.

> 소나무(H4.0×W2.0), 소나무(H3.0×W1.5), 소나무(H2.5×W1.2), 스트로브잣나무(H2.5×W1.2), 스트로브잣나무(H2.0×W1.0), 산벚나무(H4.0×B10), 산사나무(H2.5×R6), 느티나무(H3.5×B8), 청단풍(H2.5×R8), 중국단풍(H2.5×R6), 자귀나무(H2.5×R8), 자작나무(H2.5×B5), 이팝나무(H2.5×R6), 꽃사과(H2.5×R6), 수수꽃다리(H1.5×W0.6), 병꽃나무(H0.7×W0.5), 쥐똥나무(H1.0×W0.4), 화살나무(H0.6×W0.3), 회양목(H0.4×W0.5), 황매화(H1.0×W0.4), 조릿대(H0.6×8가지), 맥문동(H0.2×5포기)

⑨ A-A' 단면도는 포장재료, 경계선 및 기타 시설물의 기초, 주변의 수목, 중요 시설물, 이용자 등을 단면도상에 반드시 표시합니다.

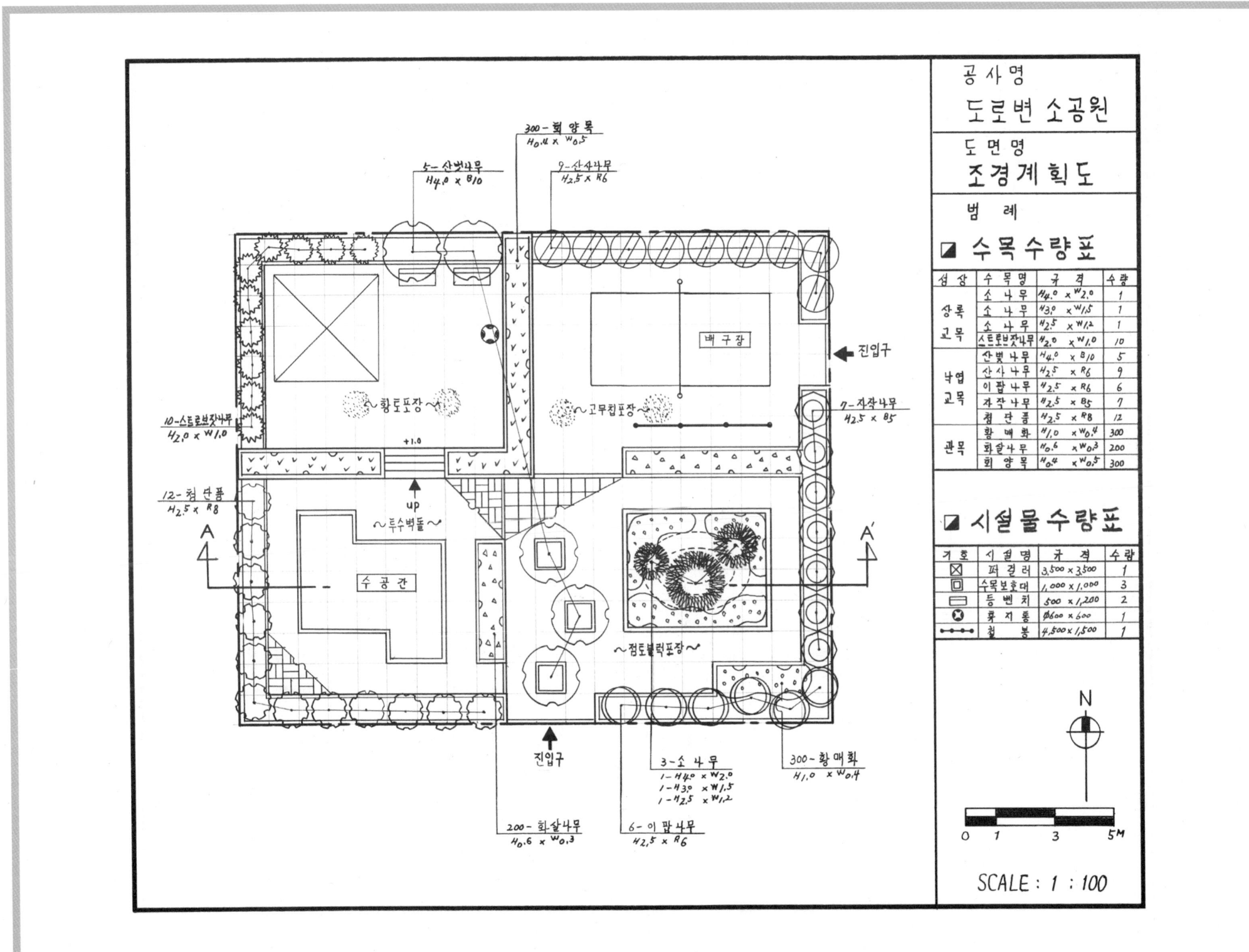

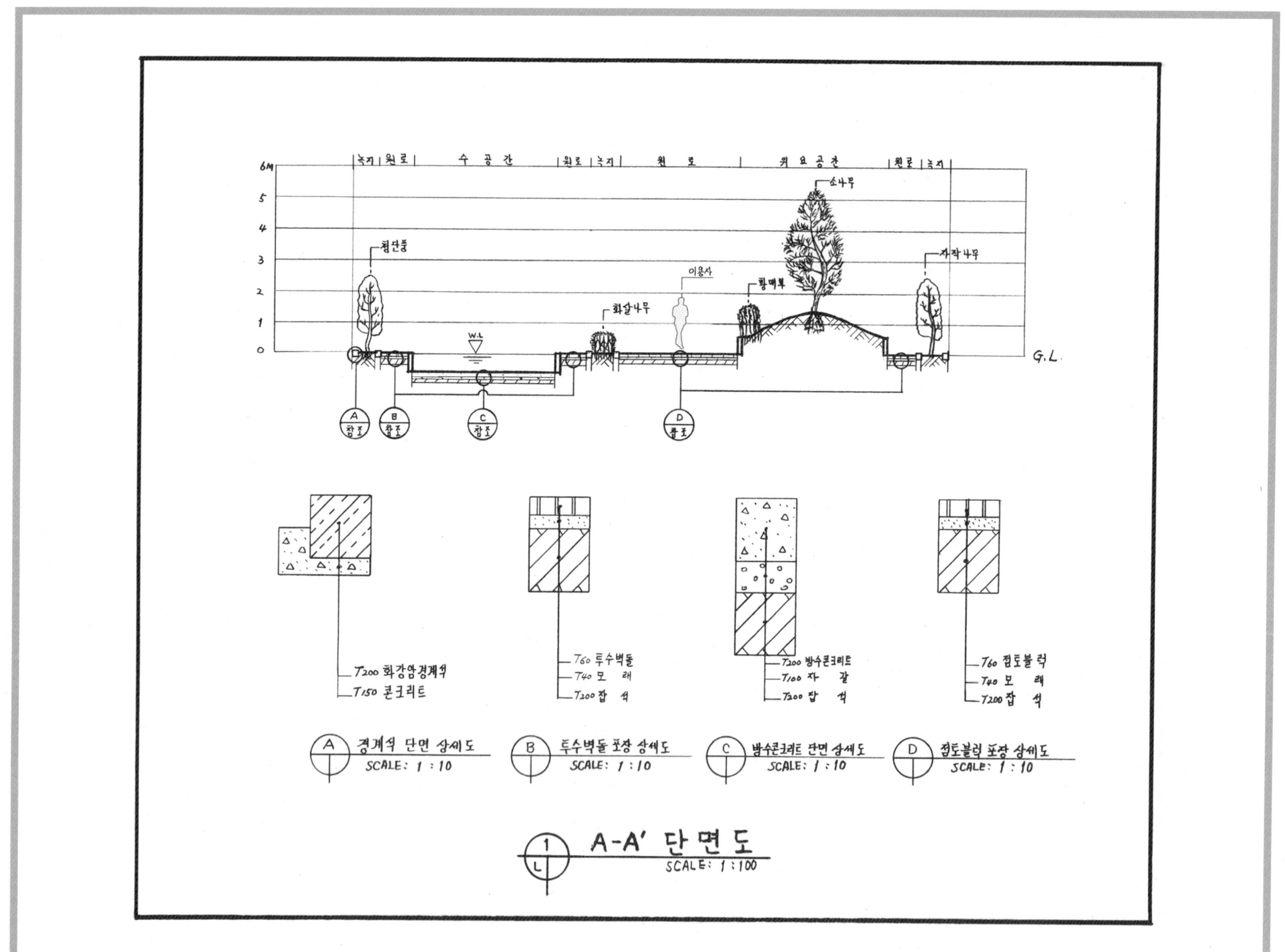

제6절　도로변 소공원

설계문제

우리나라 중부지역에 위치한 도로변의 빈 공간에 대한 조경설계를 하고자 합니다. 주어진 현황도 및 아래 사항을 참조하여 설계조건에 따라 조경계획도를 작성합니다(단, 1점 쇄선 안 부분을 조경설계 대상지로 합니다).

(1) 현황도

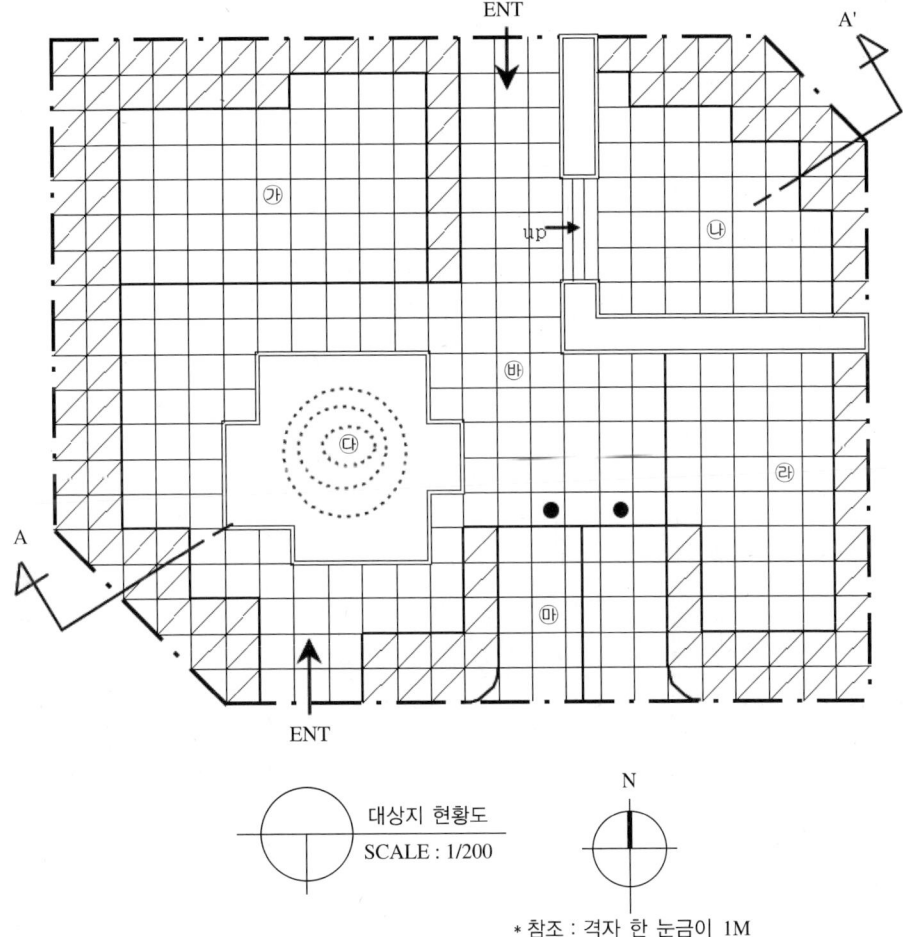

(2) 요구사항

① 식재평면도를 위주로 한 조경계획도를 축척 1/100로 작성하시오(용지 1).
② A-A' 단면도를 축척 1/100로 작성하시오(용지 2).

(3) 설계조건

① 당 지역은 도로변 소공원으로 어른들의 휴게공간과 어린이들이 즐길 수 있는 특성을 고려하여 조경계획도를 작성합니다. 포장지역을 제외한 곳에는 가능한 식재를 계획합니다(녹지공간은 대각선 친 부분입니다).
② 포장지역은 "점토블록, 황토, 투수콘, 고무칩, 콘크리트" 등에서 적당한 위치에 선택하여 표시하고 포장명을 기입합니다.
③ "가" 지역은 어린이를 위한 놀이공간으로 놀이시설(4종)을 계획하고 설계하시오.
④ "나" 지역은 휴게공간으로 퍼걸러(3,500mm×3,500mm) 1개소, 등벤치 2개소, 휴지통 1개소를 계획하고 설치합니다.
⑤ "다" 지역은 위요공간으로 "바" 지역보다 60cm 높게 계획하고 설계하며, 등고선 간격은 30cm로 설계하시오.
⑥ "라" 지역은 다목적 운동공간으로 계획하고 설계하시오.
⑦ "마" 지역은 주차공간으로 소형자동차(2,500mm×5,000mm) 2대가 주차할 수 있는 공간으로 계획하고 설계하시오.
⑧ "바" 지역은 공원의 이동공간으로, 이용자가 불편함이 없도록 계획하고 설계하시오.
⑨ 필요한 공간에 수목보호대 5개소를 설치하고, 등벤치(2인용) 3개소, 휴지통 1개소를 설치하고 녹음식재, 유도식재, 경관식재(소나무 군식), 녹음식재 패턴을 필요한 곳에 적당히 배식하여 조형을 계획하고 설계하시오.
⑩ 수목은 아래의 수종 중에서 11가지를 골고루 선정하여 안정적이고 아늑한 경관이 될 수 있도록 계획하고 설계하시오.

> 소나무(H4.0×W2.0), 소나무(H3.0×W1.5), 소나무(H2.5×W1.2), 스트로브잣나무(H2.5×W1.2), 스트로브잣나무(H2.0×W1.0), 왕벚나무(H4.5×B15), 버즘나무(H3.5×B8), 느티나무(H3.5×B8), 청단풍(H2.5×R9), 중국단풍(H2.5×R6), 자귀나무(H2.5×R8), 산딸나무(H2.0×R6), 산수유(H2.5×R7), 꽃사과(H2.5×R6), 수수꽃다리(H1.5×W0.6), 병꽃나무(H0.7×W0.5), 쥐똥나무(H1.0×W0.4), 명자나무(H0.6×W0.4), 산철쭉(H0.4×W0.5), 자산홍(H0.4×W0.2), 조릿대(H0.6×8가지), 맥문동(H0.2×5포기)

⑪ A-A' 단면도는 포장재료, 경계선 및 기타 시설물의 기초, 주변의 수목, 중요 시설물, 이용자 등을 단면도상에 반드시 표시합니다.

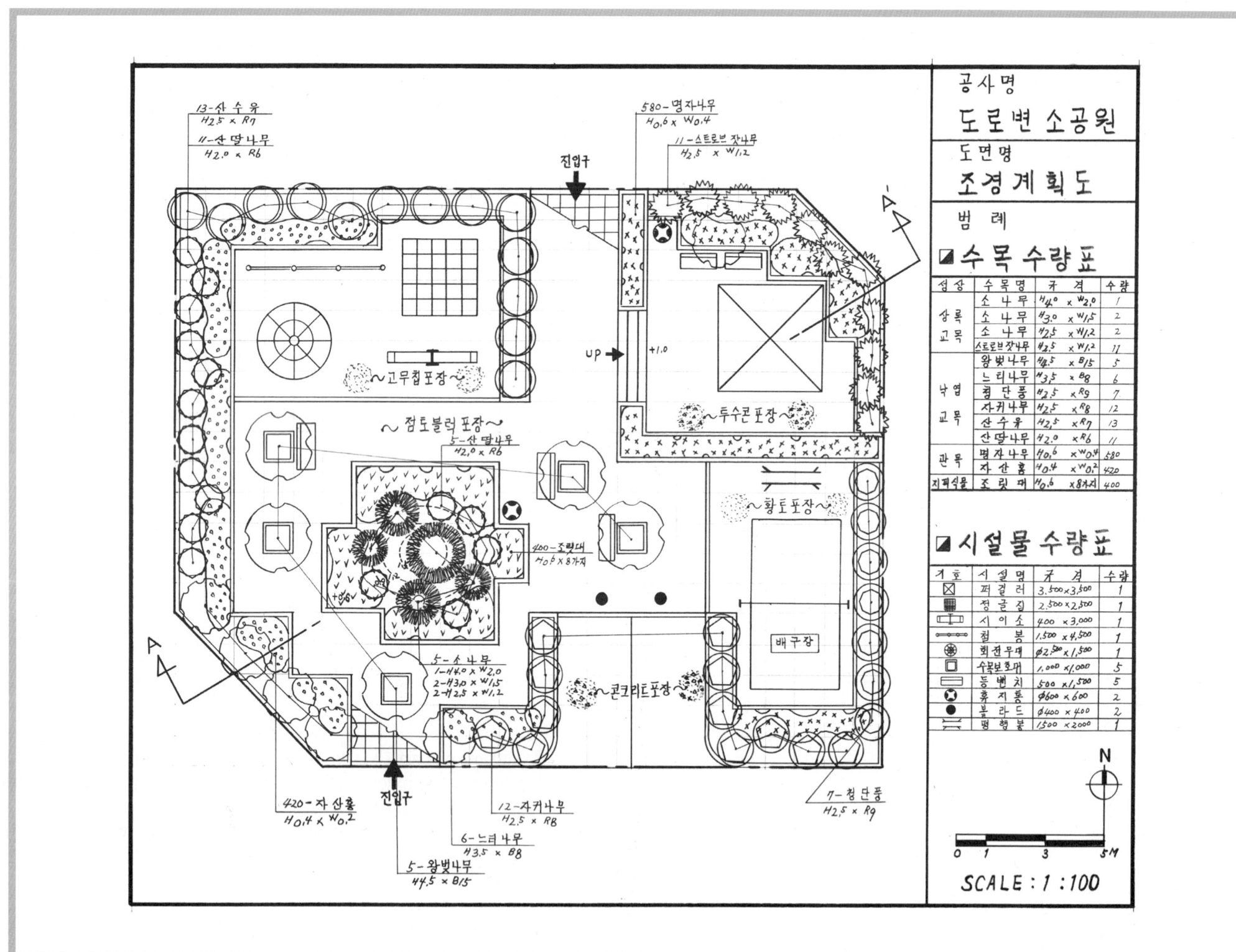

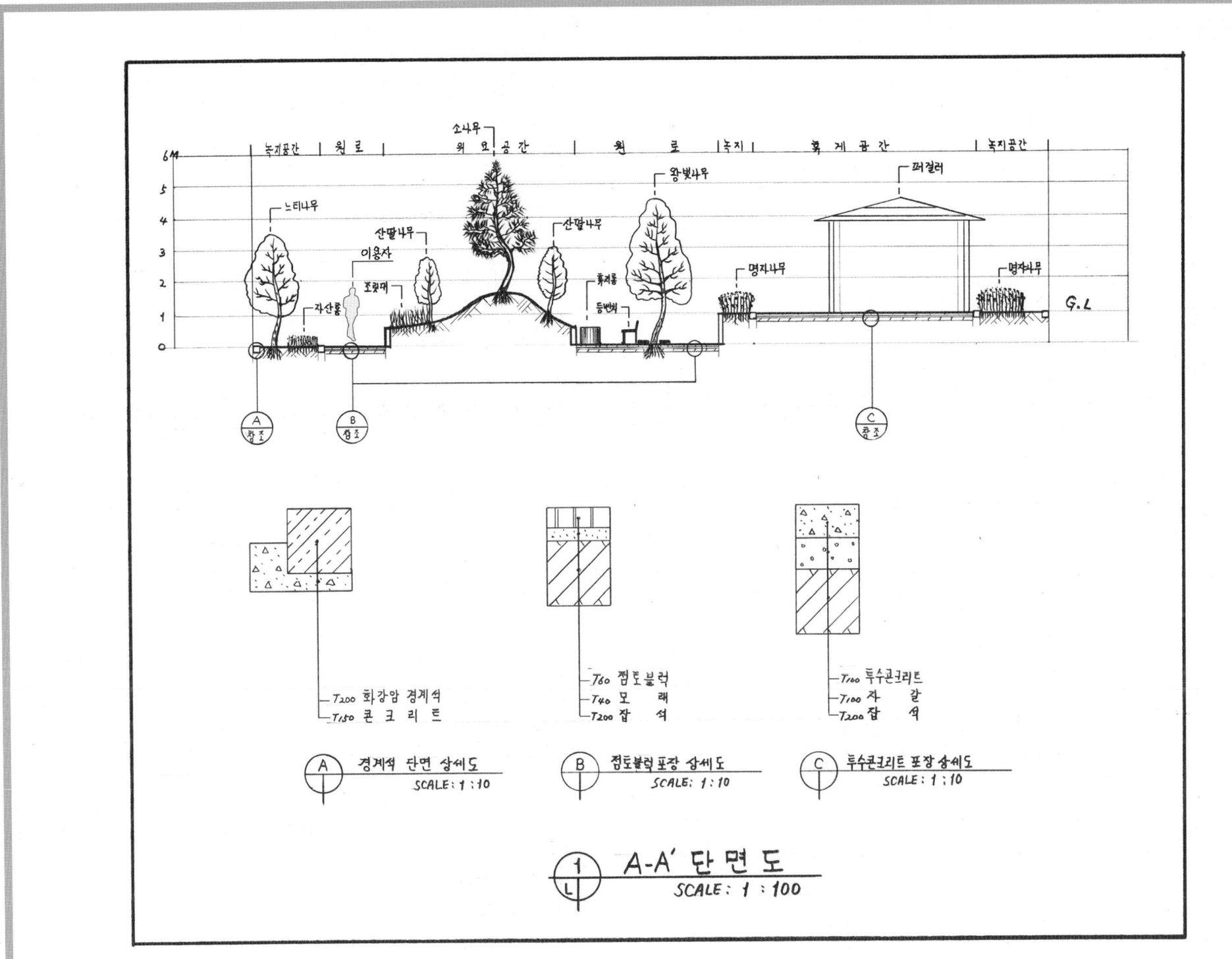

제7절 도심 휴게공원

설계문제

우리나라 중부지역에 위치한 도로변의 빈 공간에 대한 조경설계를 하고자 합니다. 주어진 현황도 및 아래 사항을 참조하여 설계조건에 따라 조경계획도를 작성합니다(단, 1점 쇄선 안 부분을 조경설계 대상지로 합니다).

(1) 현황도

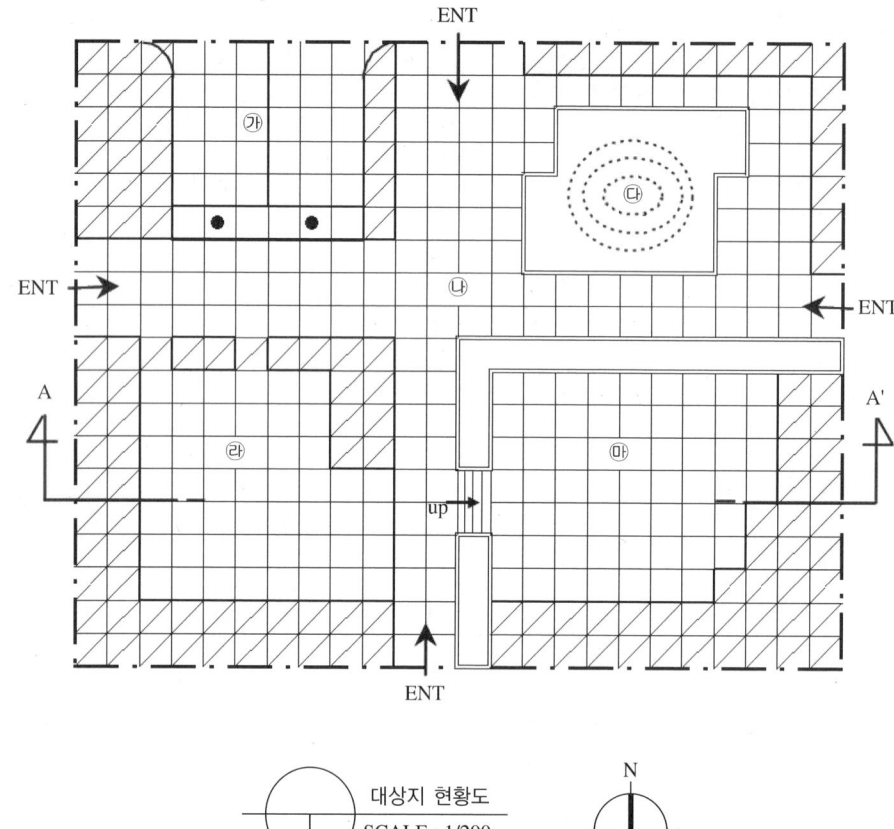

* 참조 : 격자 한 눈금이 1M

(2) 요구사항

① 식재평면도를 위주로 한 조경계획도를 축척 1/100로 작성하시오(용지 1).
② A-A' 단면도를 축척 1/100로 작성하시오(용지 2).

(3) 설계조건

① 해당 지역은 도심 휴게공원으로 휴식공간과 어린이들이 즐길 수 있는 특성을 고려하여 조경계획도를 작성합니다. 포장지역을 제외한 곳에는 가능한 식재를 계획합니다(녹지공간은 대각선 친 부분입니다).
② 포장지역은 "점토블록, 황토, 투수콘, 고무칩, 콘크리트 등"에서 적당한 위치에 선택하여 표시하고 포장명을 기입합니다.
③ "가" 지역은 주차공간으로 소형자동차(3,000mm×5,000mm) 2대가 주차할 수 있는 공간으로 계획하고 설계하시오.
④ "나" 지역은 이동 및 휴식공간으로 평벤치 3개소, 휴지통 1개소를 계획하고 설계하시오.
⑤ "다" 지역은 위요공간으로 "나" 지역보다 60cm 높게, 등고선 간격은 30cm로 계획하고 설계하며, 계절감을 느낄 수 있는 경관을 조성하시오.
⑥ "라" 지역은 어린이를 위한 놀이공간으로 놀이시설(3종)을 계획하고 설계하시오.
⑦ "마" 지역은 휴게공간으로 퍼걸러(3,500mm×3,500mm) 1개소, 등벤치 2개소, 휴지통 1개소를 계획하고 설치합니다.
⑧ 필요한 공간에 수목보호대 8개소를 설치하고, 경계식재, 유도식재, 경관식재(소나무 군식), 녹음식재 패턴을 필요한 곳에 적당히 배식하여 조형을 계획하고 설계하시오.
⑨ 수목은 아래의 수종 중에서 11가지를 골고루 선정하여 안정적이고 아늑한 경관이 될 수 있도록 계획하고 설계하시오.

> 소나무(H4.0×W2.0), 소나무(H3.5×W1.7), 소나무(H3.0×W1.5), 스트로브잣나무(H2.5×W1.2), 스트로브잣나무(H2.0×W1.0), 왕벚나무(H4.5×B15), 버즘나무(H3.5×B8), 느티나무(H3.5×B10), 청단풍(H2.5×R9), 배롱나무(H2.5×R8), 튤립나무(H2.5×R4), 산딸나무(H2.0×R6), 백목련(H2.5×R8), 모감주나무(H2.5×R4), 수수꽃다리(H1.5×W0.6), 병꽃나무(H0.7×W0.5), 쥐똥나무(H1.0×W0.4), 명자나무(H0.6×W0.4), 백철쭉(H0.4×W0.4), 모란(H0.5×W0.4), 자산홍(H0.4×W0.2), 조릿대(H0.6×8가지), 맥문동(H0.2×5포기)

⑩ A-A' 단면도는 포장재료, 경계선 및 기타 시설물의 기초, 주변의 수목, 중요 시설물, 이용자 등을 단면도상에 반드시 표시합니다.

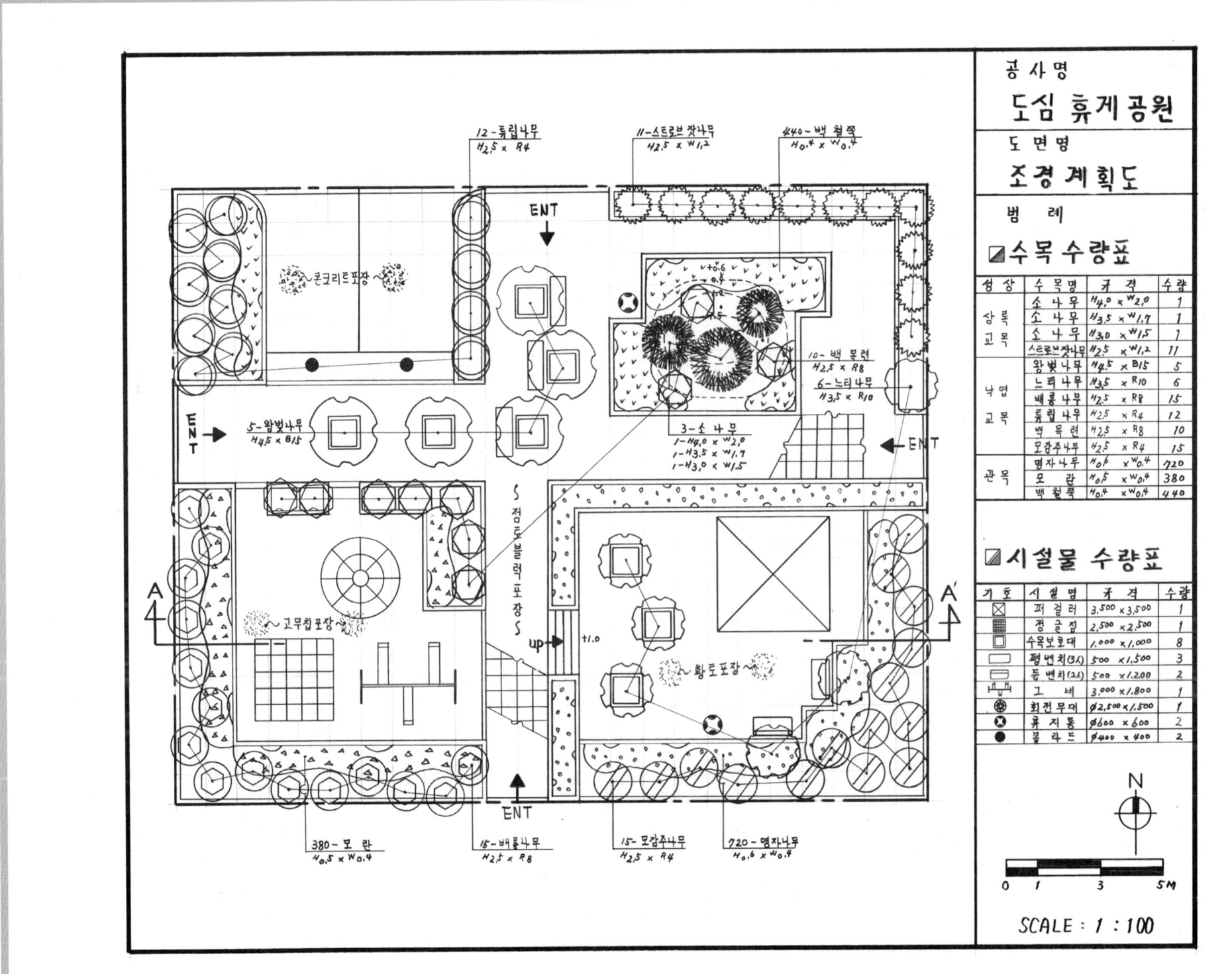

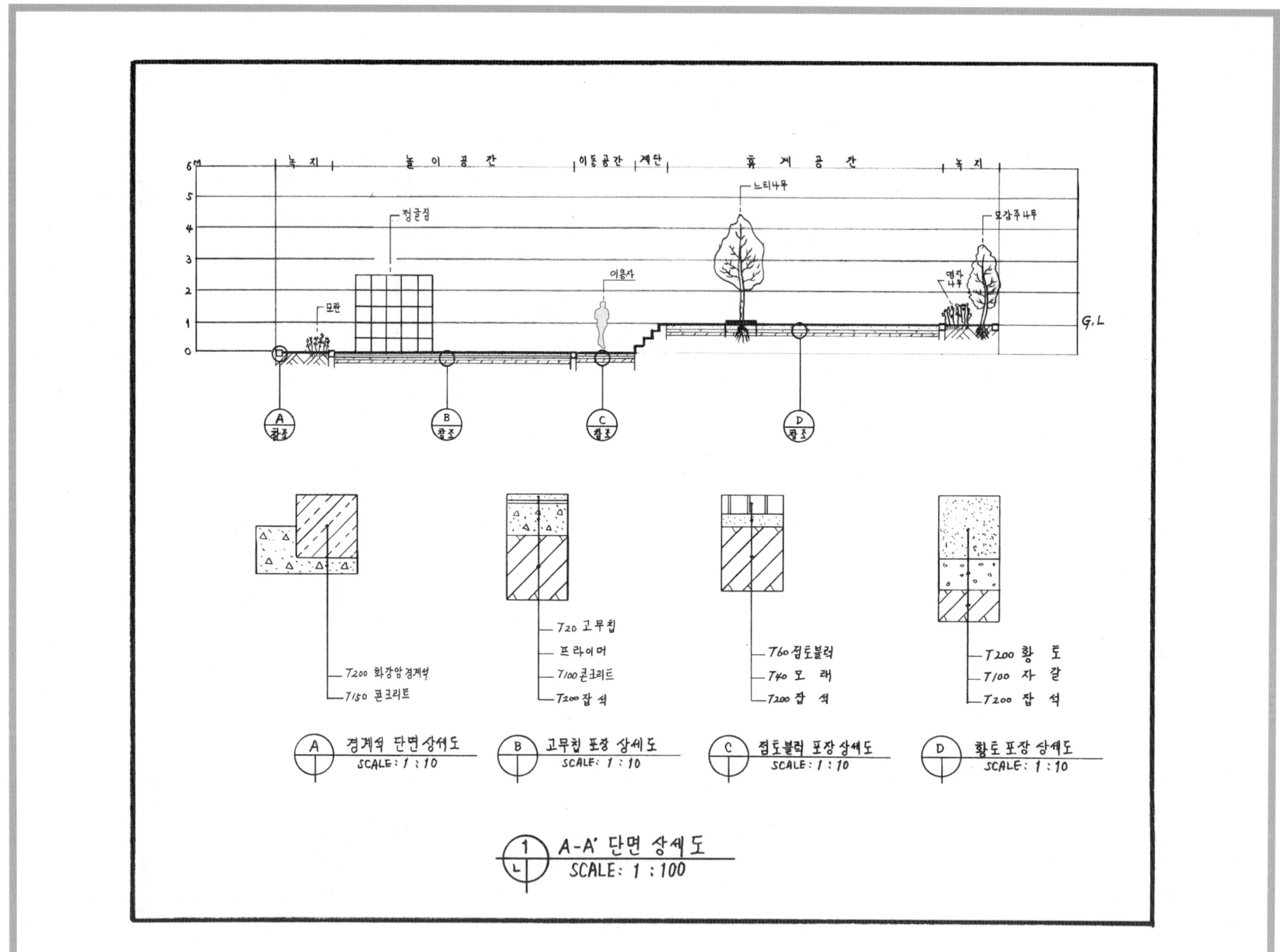

제8절 도로변 소공원

설계문제

우리나라 중부지역에 위치한 도로변의 빈 공간에 대한 조경설계를 하고자 합니다. 주어진 현황도 및 아래 사항을 참조하여 설계조건에 따라 조경계획도를 작성합니다(단, 1점 쇄선 안 부분을 조경설계 대상지로 합니다).

(1) 현황도

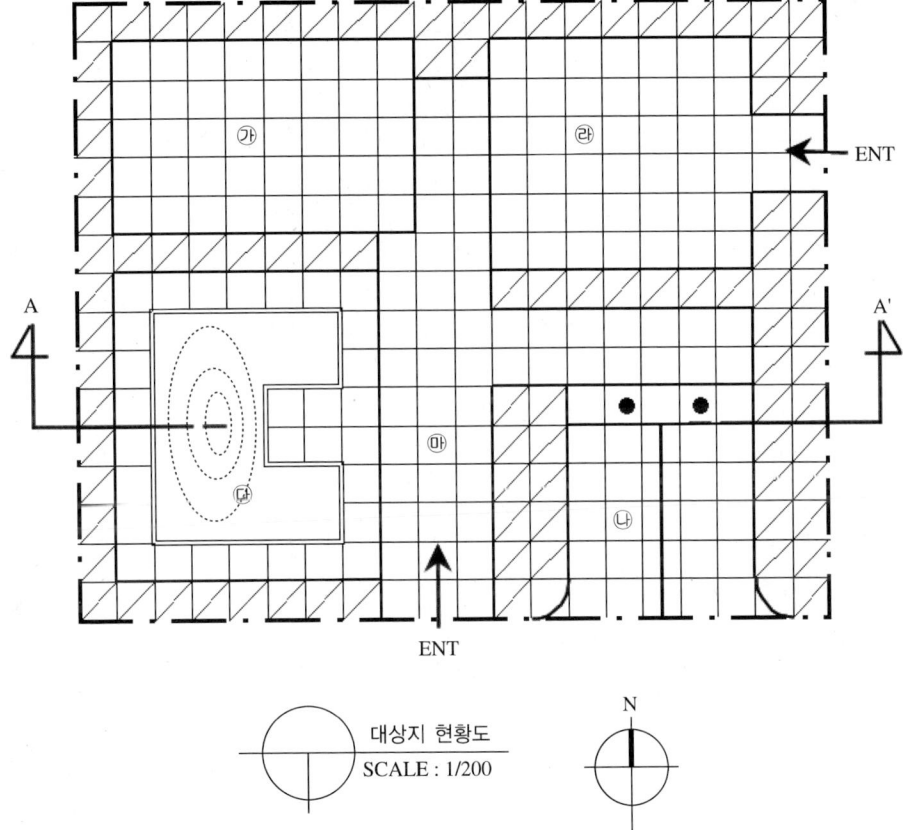

(2) 요구사항

① 식재평면도를 위주로 한 조경계획도를 축척 1/100로 작성하시오(용지 1).
② A-A' 단면도를 축척 1/100로 작성하시오(용지 2).

(3) 설계조건

① 해당 지역은 도로변 소공원으로 휴식공간과 어린이들이 즐길 수 있는 특성을 고려하여 조경계획도를 작성합니다. 포장지역을 제외한 곳에는 가능한 식재를 계획합니다(녹지공간은 대각선 친 부분입니다).
② 포장지역은 "소형고압블록, 콘크리트, 모래, 투수콘크리트, 마사토 등" 중에서 적당한 위치에 선택하여 표시하고 포장명을 기입합니다.
③ "가" 지역은 어린이를 위한 놀이공간으로 놀이시설(3종)을 계획하고 설계하시오.
④ "나" 지역은 주차공간으로 소형자동차(2,500mm×5,000mm) 2대가 주차할 수 있는 공간으로 계획하고 설계합니다.
⑤ "다" 지역은 등고선 1개당 30cm가 높으며, 전체적으로 "마" 지역에 비해 60cm가 높은 녹지지역으로 경관식재를 실시하시오. 아울러 반드시 크기가 다른 소나무를 3종 식재하고, 계절성을 느낄 수 있게 다른 수목을 조화롭게 배치하시오.
⑥ "라" 지역은 휴게공간으로 퍼걸러(3,500mm×3,500mm) 1개소, 등벤치 2개소, 휴지통 2개소를 계획하고 설치합니다.
⑦ "마" 지역은 이동공간으로 적당한 곳에 수목보호대 5개소를 설치하고 낙엽교목을 식재하시오.
⑧ 필요한 공간에 수목보호대 3개소를 설치하고, 녹음식재, 유도식재, 경관식재(소나무 군식), 녹음식재 패턴을 필요한 곳에 적당히 배식하여 조형을 계획하고 설계하시오.
⑨ 수목은 아래의 수종 중에서 10가지를 골고루 선정하여 안정적이고 아늑한 경관이 될 수 있도록 계획하고 설계하시오.

> 소나무(H4.0×W2.0), 소나무(H3.0×W1.5), 소나무(H2.5×W1.2), 스트로브잣나무(H2.5×W1.2), 스트로브잣나무(H2.0×W1.0), 왕벚나무(H4.5×B15), 버즘나무(H3.5×B8), 느티나무(H3.5×B8), 청단풍(H2.5×R9), 중국단풍(H2.5×R6), 자귀나무(H2.5×R8), 산딸나무(H2.0×R6), 산수유(H2.5×R7), 꽃사과(H2.5×R6), 수수꽃다리(H1.5×W0.6), 병꽃나무(H0.7×W0.5), 쥐똥나무(H1.0×W0.4), 명자나무(H0.6×W0.4), 산철쭉(H0.4×W0.5), 자산홍(H0.4×W0.2), 조릿대(H0.6×8가지), 맥문동(H0.2×5포기)

⑩ A-A' 단면도는 포장재료, 경계선 및 기타 시설물의 기초, 주변의 수목, 중요 시설물, 이용자 등을 단면도상에 반드시 표시합니다.

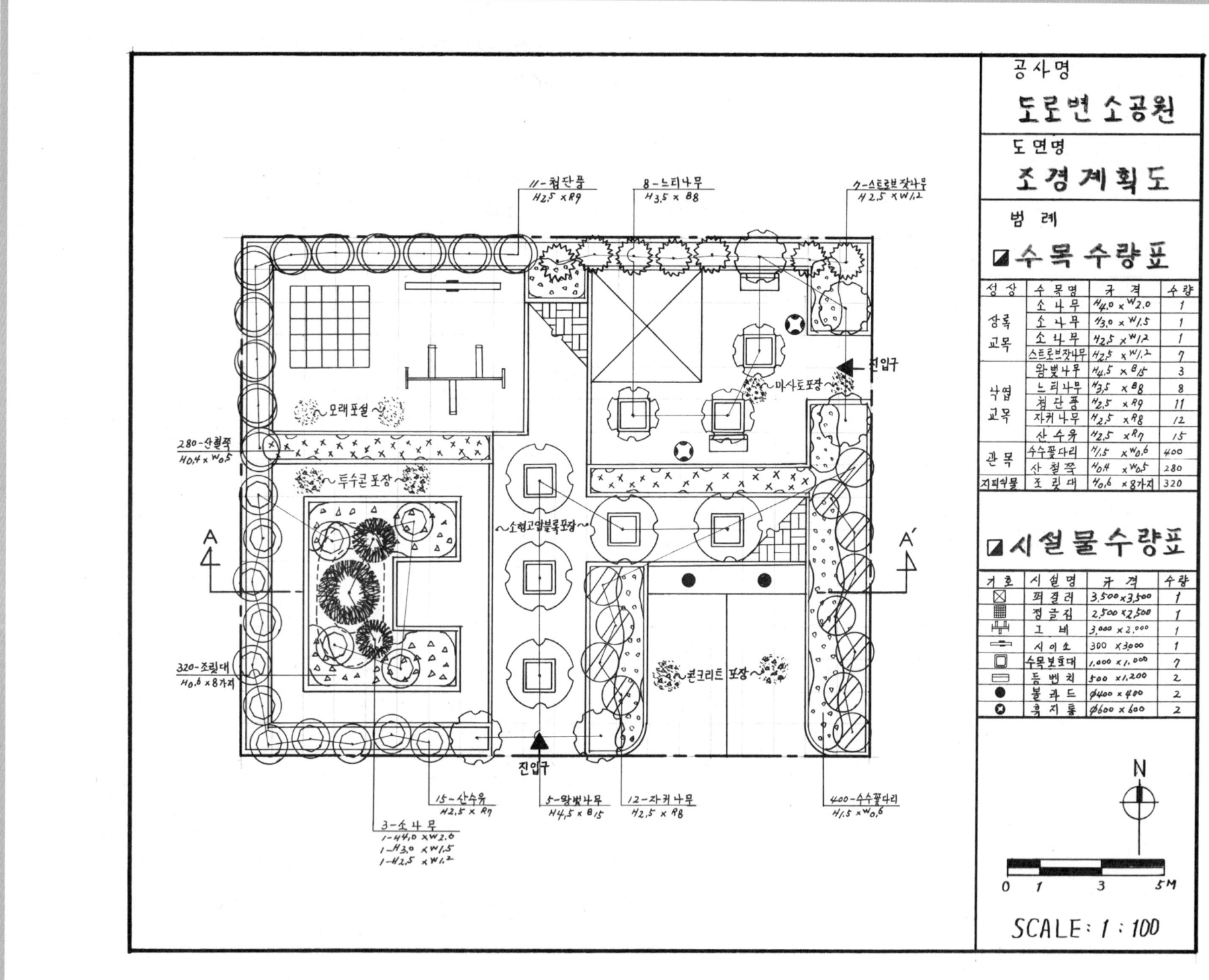

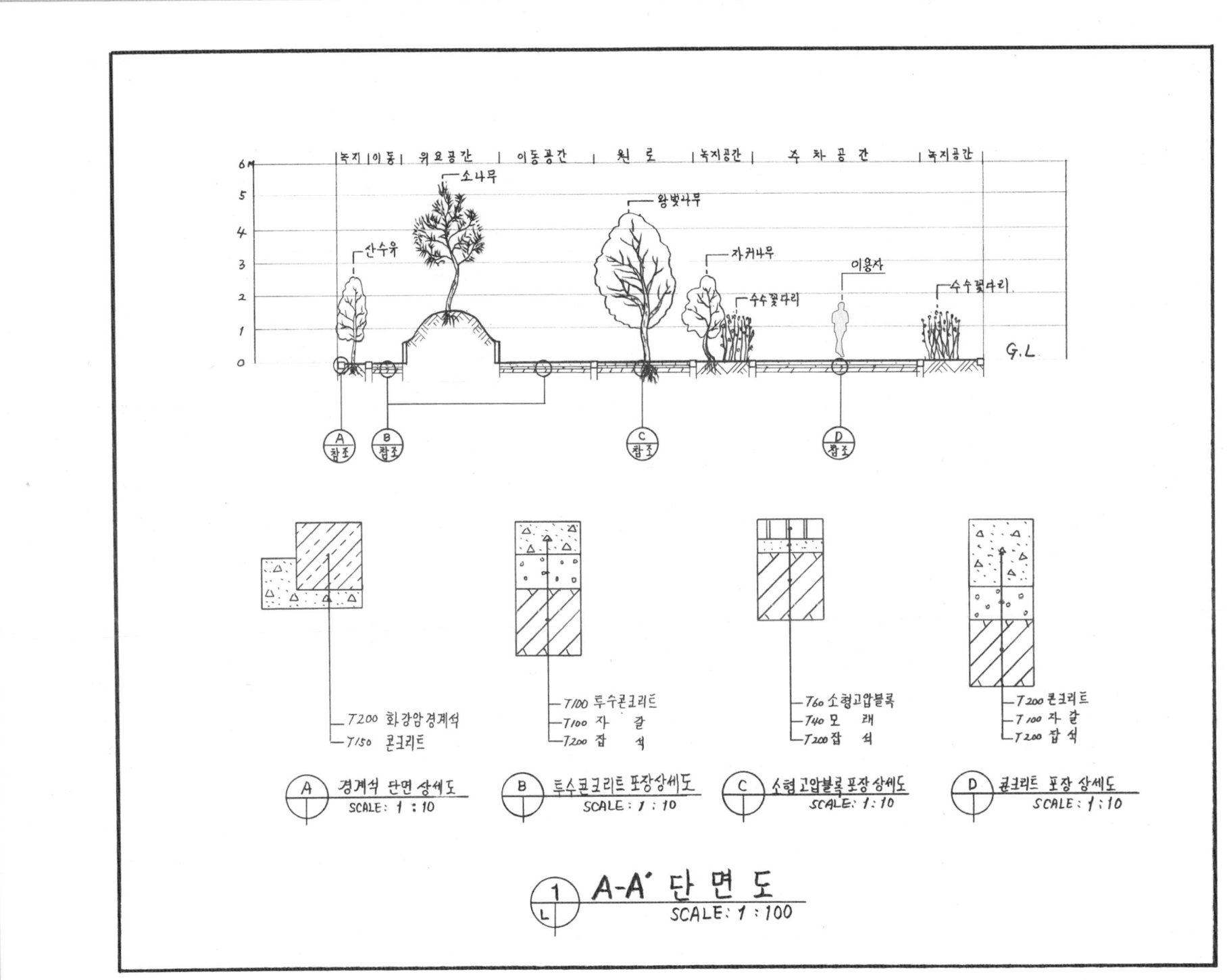

제 9 절 　 도로변 소공원

설계문제

우리나라 중부지역에 위치한 도로변의 빈 공간에 대한 조경설계를 하고자 합니다. 주어진 현황도 및 아래 사항을 참조하여 설계조건에 따라 조경계획도를 작성합니다(단, 1점 쇄선 안 부분을 조경설계 대상지로 합니다).

(1) 현황도

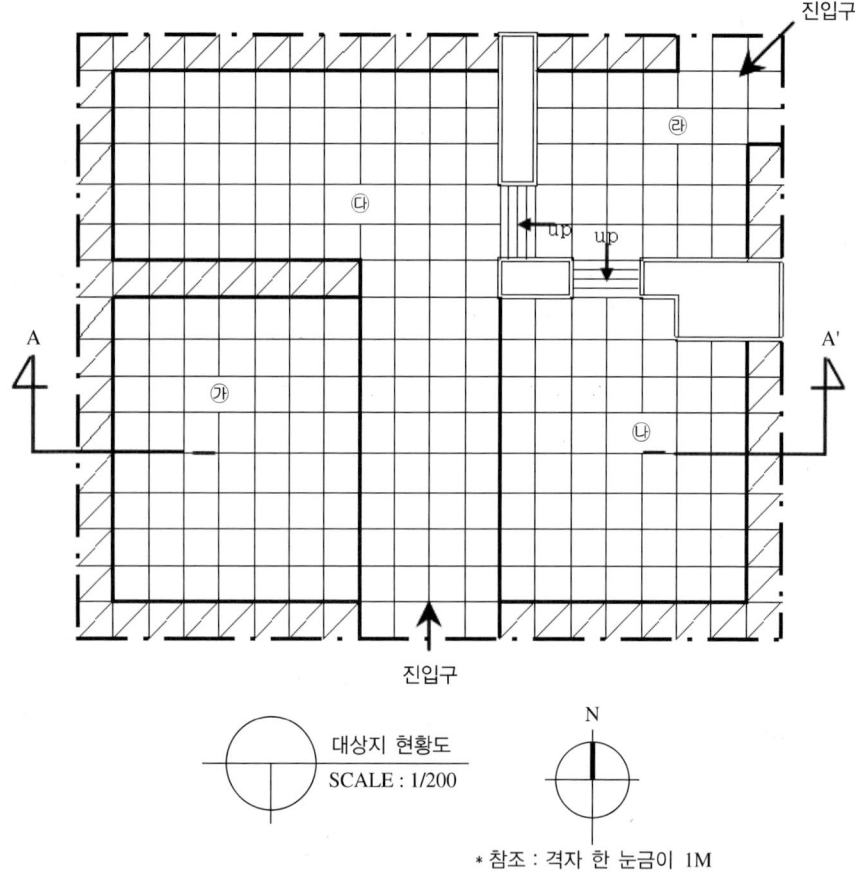

(2) 요구사항

① 식재평면도를 위주로 한 조경계획도를 축척 1/100로 작성하시오(용지 1).
② A-A' 단면도를 축척 1/100로 작성하시오(용지 2).

(3) 설계조건

① 해당 지역은 도로변 소공원으로 휴식공간과 어린이들이 즐길 수 있는 특성을 고려하여 조경계획도를 작성합니다. 포장지역을 제외한 곳에는 가능한 식재를 계획합니다(녹지공간은 대각선 친 부분입니다).
② 포장지역은 "점토블록, 황토포장, 투수벽돌, 콘크리트, 고무칩 포장 등"을 적당한 위치에 선택하여 표시하고 포장명을 기입합니다.
③ "가" 지역은 어린이를 위한 놀이공간으로 놀이시설(4종)을 계획하고 설계하시오.
④ "나" 지역은 휴게공간으로 퍼걸러(3,500mm×3,500mm) 1개소, 등벤치 2개소, 휴지통 2개소를 계획하고 설치합니다.
⑤ "라" 지역은 "다" 지역에 비해 1m 낮은 지역으로 계획하고 설계합니다.
⑥ 필요한 공간에 수목보호대 11개소, 평벤치 5개소, 휴지통 3개소를 계획하고, 녹음식재, 유도식재, 경관식재(소나무 군식), 녹음식재 패턴을 필요한 곳에 적당히 배식하여 조형을 계획하고 설계하시오.
⑦ 수목은 아래의 수종 중에서 10가지를 골고루 선정하여 안정적이고 아늑한 경관이 될 수 있도록 계획하고 설계하시오.

> 소나무(H4.0×W2.0), 소나무(H3.0×W1.5), 소나무(H2.5×W1.2), 스트로브잣나무(H2.5×W1.2), 스트로브잣나무(H2.0×W1.0), 왕벚나무(H4.5×B15), 버즘나무(H3.5×B8), 느티나무(H3.5×B8), 청단풍(H2.5×R9), 중국단풍(H2.5×R6), 자귀나무(H2.5×R8), 산딸나무(H2.0×R6), 산수유(H2.5×R7), 꽃사과(H2.5×R6), 수수꽃다리(H1.5×W0.6), 병꽃나무(H0.7×W0.5), 쥐똥나무(H1.0×W0.4), 명자나무(H0.6×W0.4), 산철쭉(H0.4×W0.5), 자산홍(H0.4×W0.2), 조릿대(H0.6×8가지), 맥문동(H0.2×5포기)

⑧ A-A' 단면도는 포장재료, 경계선 및 기타 시설물의 기초, 주변의 수목, 중요 시설물, 이용자 등을 단면도상에 반드시 표시합니다.

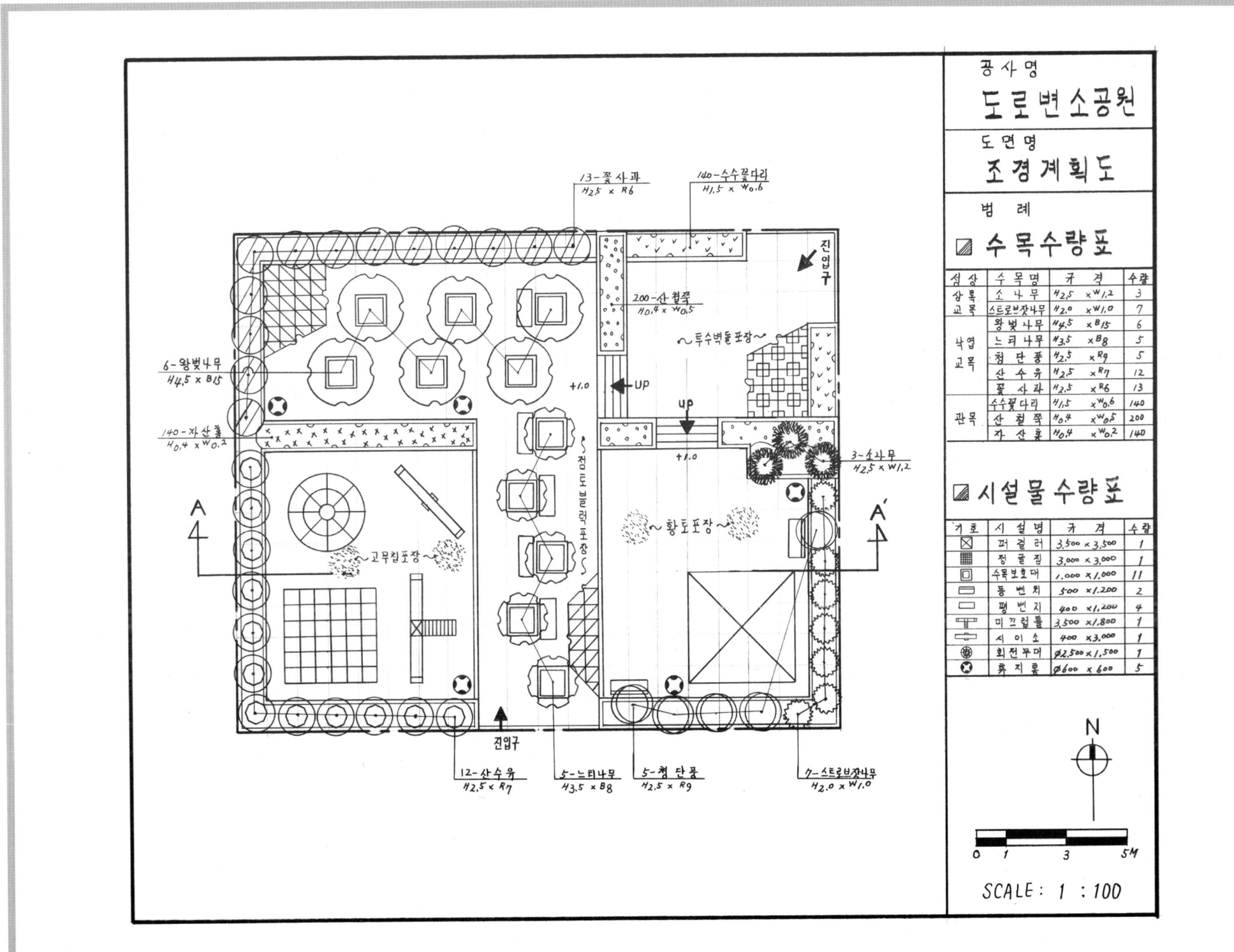

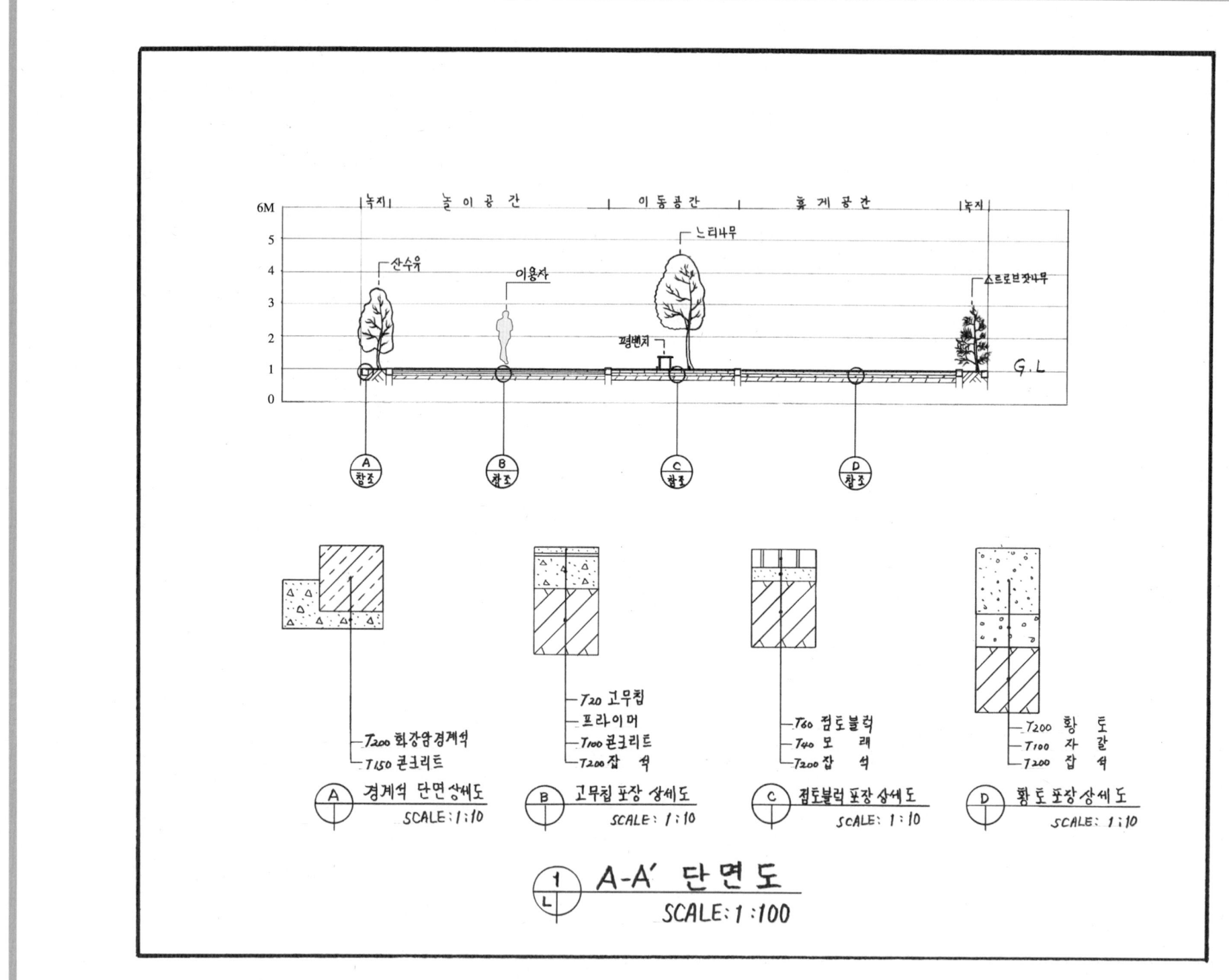

제 10 절 도로변 휴식공원

설계문제

우리나라 중부지역에 위치한 도로변의 빈 공간에 대한 조경설계를 하고자 합니다. 주어진 현황도 및 아래 사항을 참조하여 설계조건에 따라 조경계획도를 작성합니다(단, 2점 쇄선 안 부분을 조경설계 대상지로 합니다).

(1) 현황도

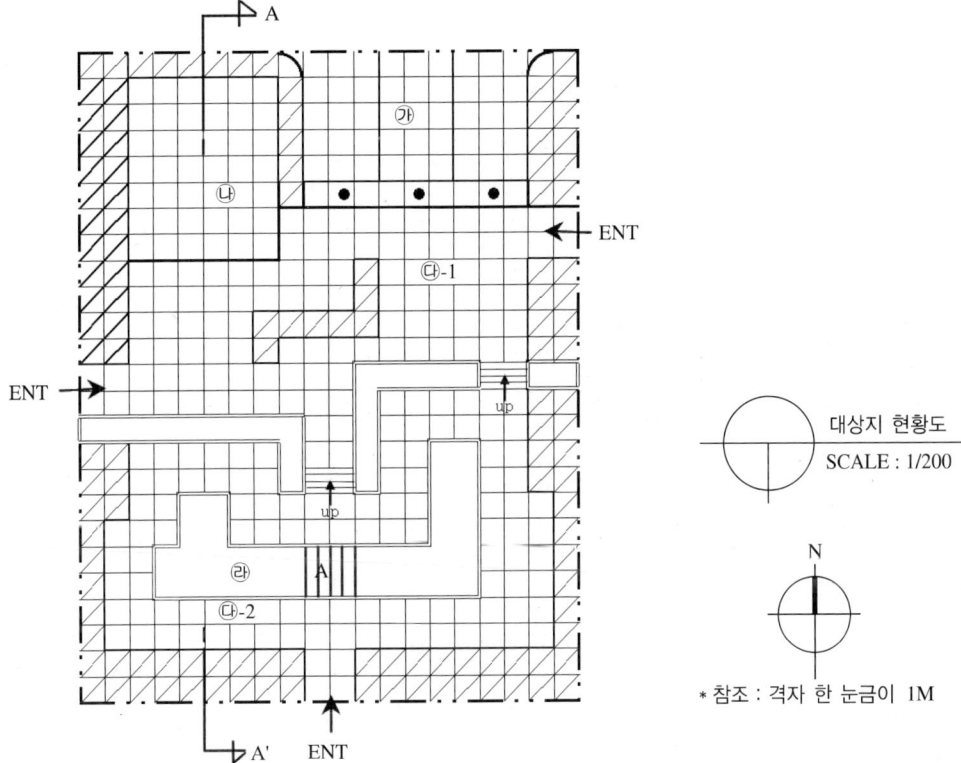

* 참조 : 격자 한 눈금이 1M

(2) 요구사항

① 식재평면도를 위주로 한 조경계획도를 축척 1/100로 작성하시오(용지 1).
② A-A' 단면도를 축척 1/100로 작성하시오(용지 2).

(3) 설계조건

① 해당 지역은 휴식공원으로 휴식공간과 어른들이 쉴 수 있는 특성을 고려하여 조경계획을 작성합니다.
② 포장지역을 제외한 곳에는 가능한 식재를 계획합니다(녹지공간은 대각선 친 부분입니다).
③ 포장지역은 "소형고압블록, 콘크리트, 모래, 판석, 투수콘크리트 등"을 활용하여 포장하고 포장명을 기입합니다.
④ "가" 지역은 주차공간으로 소형자동차(3,000mm×5,000mm) 3대가 주차할 수 있도록 계획하고 설계합니다.
⑤ "나" 지역은 정적인 휴식공간으로 퍼걸러 1개소(3,500mm×3,500mm), 평벤치 3개(2인용)를 규격에 알맞게 설치하도록 합니다.
⑥ "다-1", "다-2"에 평벤치 4개와 휴지통 3개를 설치합니다.
⑦ "라" 지역은 수경공간으로 계획합니다. "A"는 통행에 불편함이 없도록 가교를 설치하였습니다.
⑧ "가", "나", "다-1" 지역은 "다-2" 지역보다 높이차가 1m 높고, 그 높이 차이를 식수대로 처리하였으므로 적합한 조치를 계획합니다.
⑨ 대상지 내에는 유도식재, 녹음식재, 경관식재, 소나무 군식 등의 식재패턴을 필요한 곳에 적당히 배식하고, 필요한 곳에 수목보호대를 설치하여 포장 내에 식재를 합니다.
⑩ 수목은 아래에 주어진 수종 중에서 12가지를 골고루 선정하여 안정적인 배식이 될 수 있도록 계획하여 식재하고 인출선을 이용하여 수량, 수종명칭, 규격을 반드시 표기합니다.

> 소나무(H4.0×W2.0), 소나무(H3.0×W1.5), 소나무(H2.5×W1.2), 스트로브잣나무(H2.5×W1.2), 스트로브잣나무(H2.0×W1.0), 왕벚나무(H4.5×B15), 버즘나무(H3.5×B8), 느티나무(H3.5×B8), 청단풍(H2.5×R9), 중국단풍(H2.5×R6), 자귀나무(H2.5×R8), 산딸나무(H2.0×R6), 산수유(H2.5×R7), 꽃사과(H2.5×R6), 수수꽃다리(H1.5×W0.6), 병꽃나무(H0.7×W0.5), 쥐똥나무(H1.0×W0.4), 명자나무(H0.6×W0.4), 산철쭉(H0.4×W0.5), 자산홍(H0.4×W0.2), 조릿대(H0.6×8가지), 맥문동(H0.2×5포기)

⑪ A-A' 단면도는 경사, 포장재료, 경계선 및 기타 시설들의 기초, 주변의 수목, 중요시설, 이용자 등을 단면도상에 반드시 표시합니다.

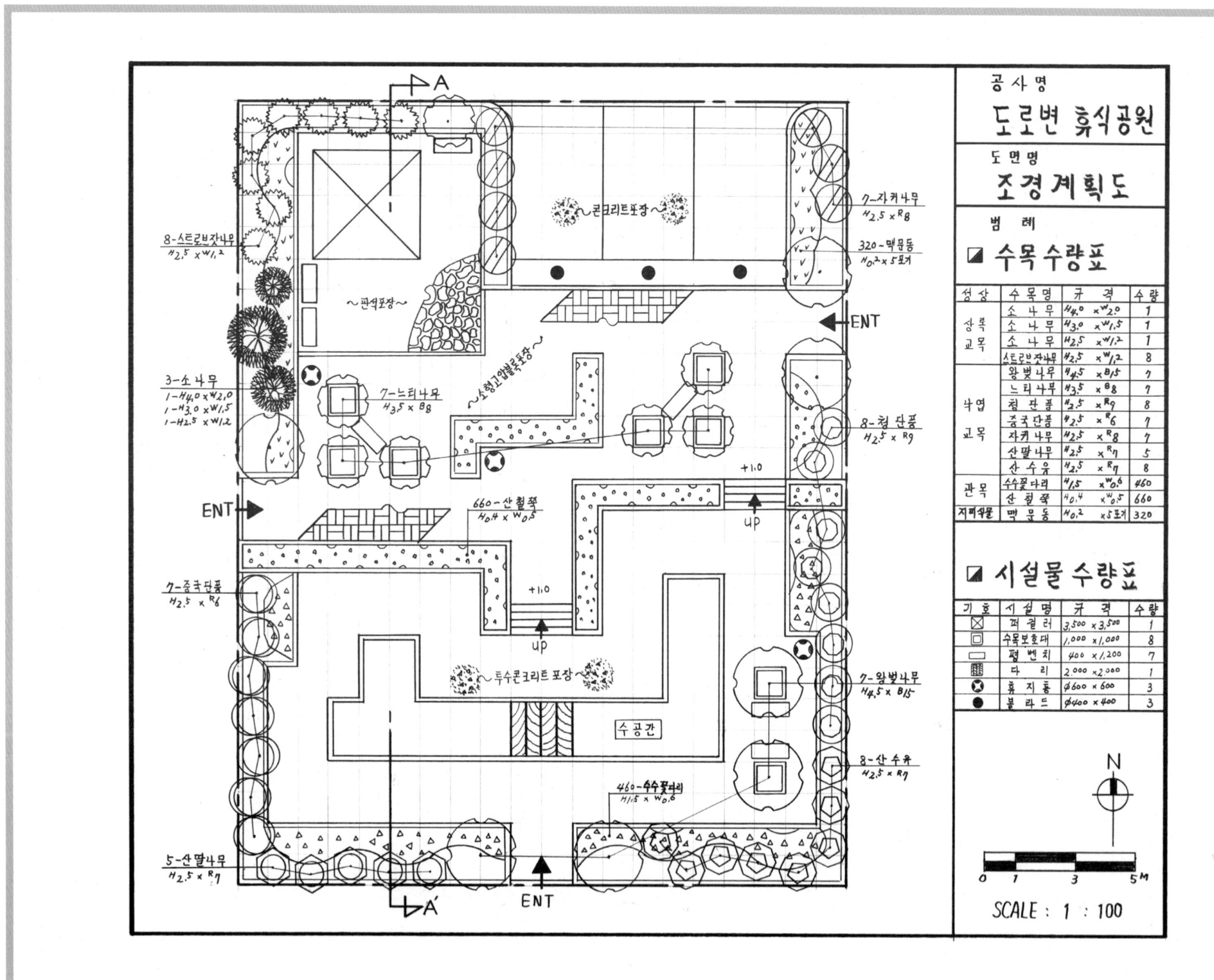

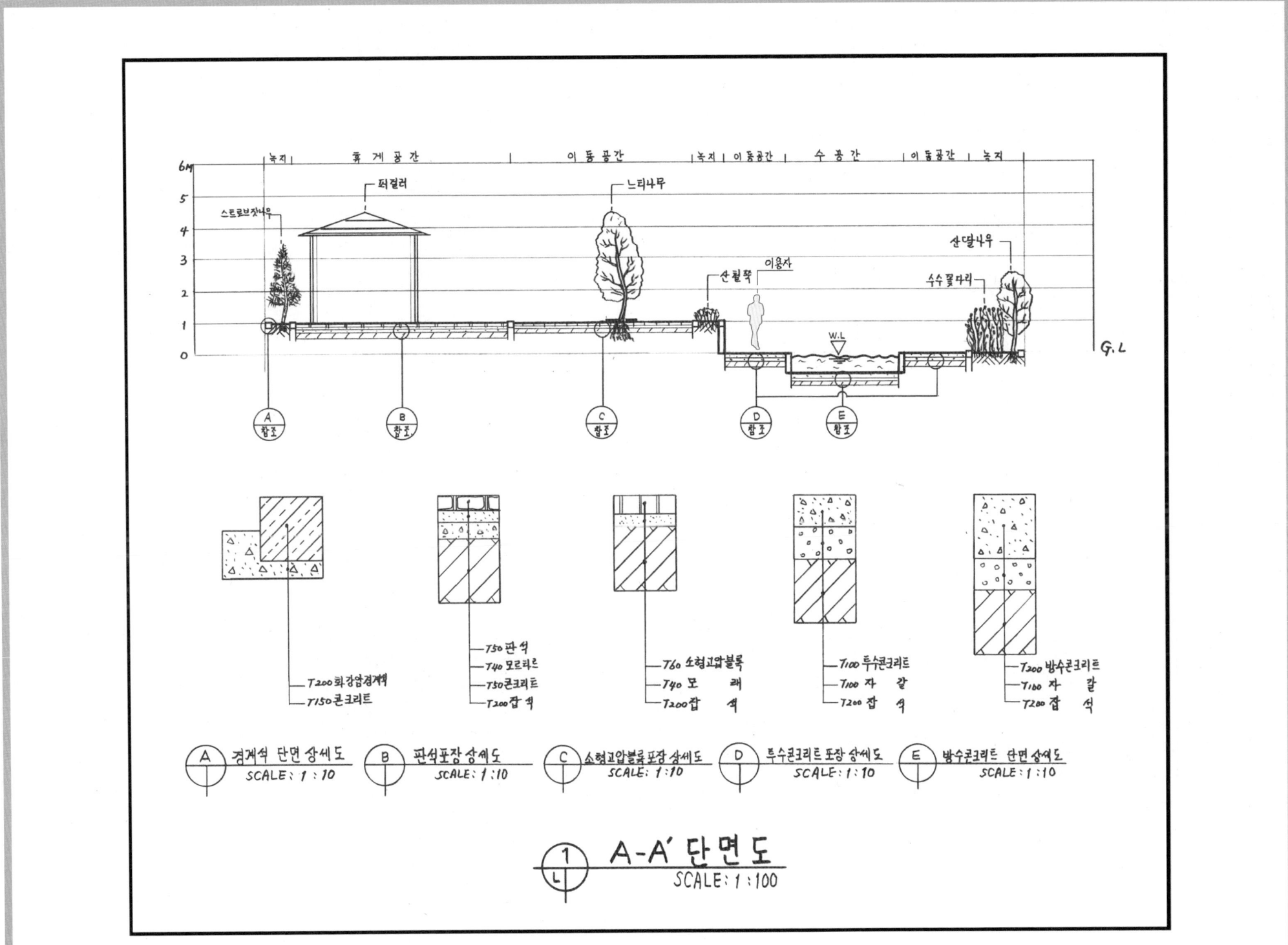

제11절 도로변 휴게공간

설계문제

우리나라 중부지역에 위치한 도로변의 빈 공간에 대한 조경설계를 하고자 합니다. 주어진 현황도 및 아래 사항을 참조하여 설계조건에 따라 조경계획도를 작성합니다(단, 1점 쇄선 안 부분을 조경설계 대상지로 합니다).

(1) 현황도

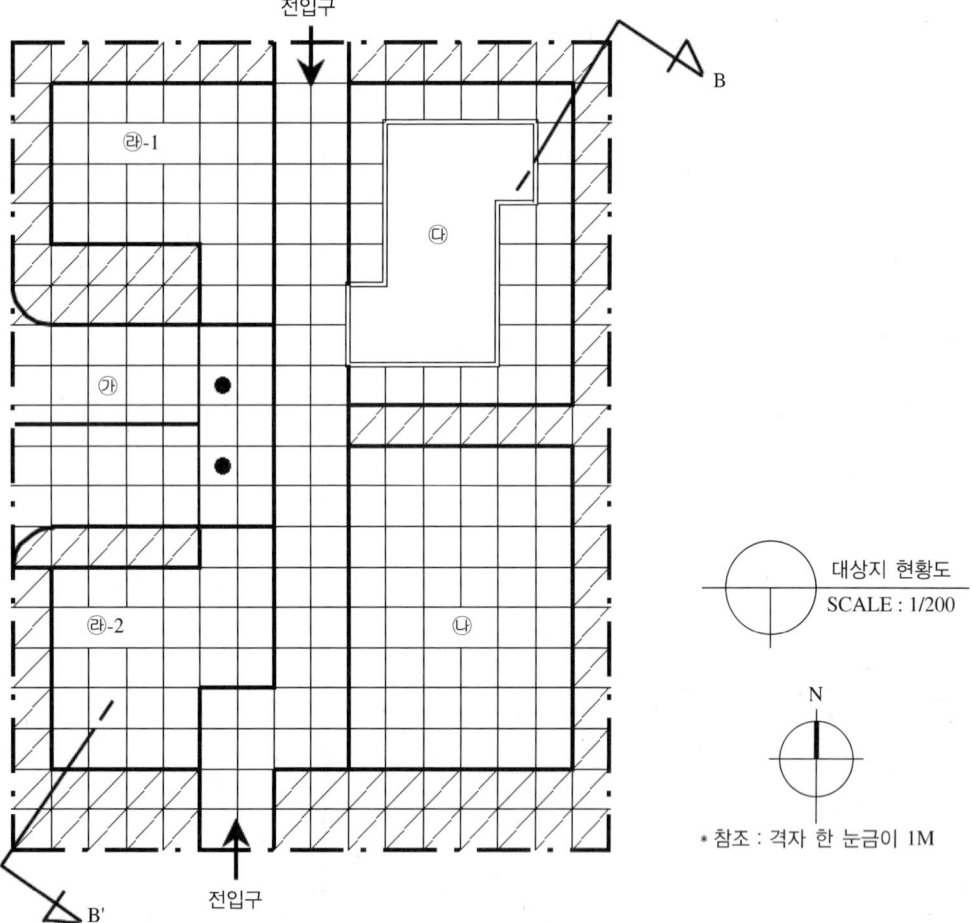

(2) 요구사항

① 식재평면도를 위주로 한 조경계획도를 축척 1/100로 작성하시오(용지 1).
② B-B' 단면도를 축척 1/100로 작성하시오(용지 2).

(3) 설계조건

① 해당 지역은 도로변 소공원으로 휴식공간과 어린이들이 즐길 수 있는 특성을 고려하여 조경계획도를 작성합니다. 포장지역을 제외한 곳에는 가능한 식재를 계획합니다(녹지공간은 대각선 친 부분입니다).
② 포장지역은 "소형고압블록, 콘크리트, 모래, 투수콘크리트, 마사토" 등 중에서 적당한 위치에 선택하여 표시하고 포장명을 기입합니다.
③ "가" 지역은 주차공간으로 소형자동차(2,500mm×5,000mm) 2대가 주차할 수 있는 공간으로 계획하고 설계합니다.
④ "나" 지역은 어린이를 위한 놀이공간으로 놀이시설(3종)을 계획하고 설계하시오.
⑤ "다" 지역은 수경공간으로 "라" 지역보다 60cm 낮게 계획하고 설계하시오.
⑥ "라-1, 라-2" 지역은 휴게공간으로 퍼걸러(3,000mm×3,000mm) 2개소, 등벤치 4개소, 휴지통 2개소를 계획하고 설치합니다.
⑦ 식재 공간은 유도식재, 경관식재, 녹음식재 패턴을 필요한 곳에 적당히 배식하여 조형을 계획하고 설계하시오.
⑧ 수목은 아래의 수종 중에서 10가지를 골고루 선정하여 안정적이고 아늑한 경관이 될 수 있도록 계획하고 설계하시오.

> 소나무(H4.0×W2.0), 소나무(H3.0×W1.5), 소나무(H2.5×W1.2), 스트로브잣나무(H2.5×W1.2), 스트로브잣나무(H2.0×W1.0), 왕벚나무(H4.0×B13), 이팝나무(H3.0×R8), 느티나무(H3.5×B8), 청단풍(H2.5×R9), 칠엽수(H2.5×R8), 자귀나무(H2.5×R6), 팥배나무(H2.5×R5), 홍단풍(H2.0×R6), 회화나무(H2.5×R4), 수수꽃다리(H1.5×W0.6), 병꽃나무(H0.7×W0.5), 화살나무(H0.6×W0.3), 명자나무(H0.6×W0.4), 산철쭉(H0.4×W0.5), 조팝나무(H0.4×W0.5), 조릿대(H0.6×8가지), 맥문동(H0.2×5포기)

⑨ B-B' 단면도는 포장재료, 경계선 및 기타 시설물의 기초, 주변의 수목, 중요 시설물, 이용자 등을 단면도상에 반드시 표시합니다.

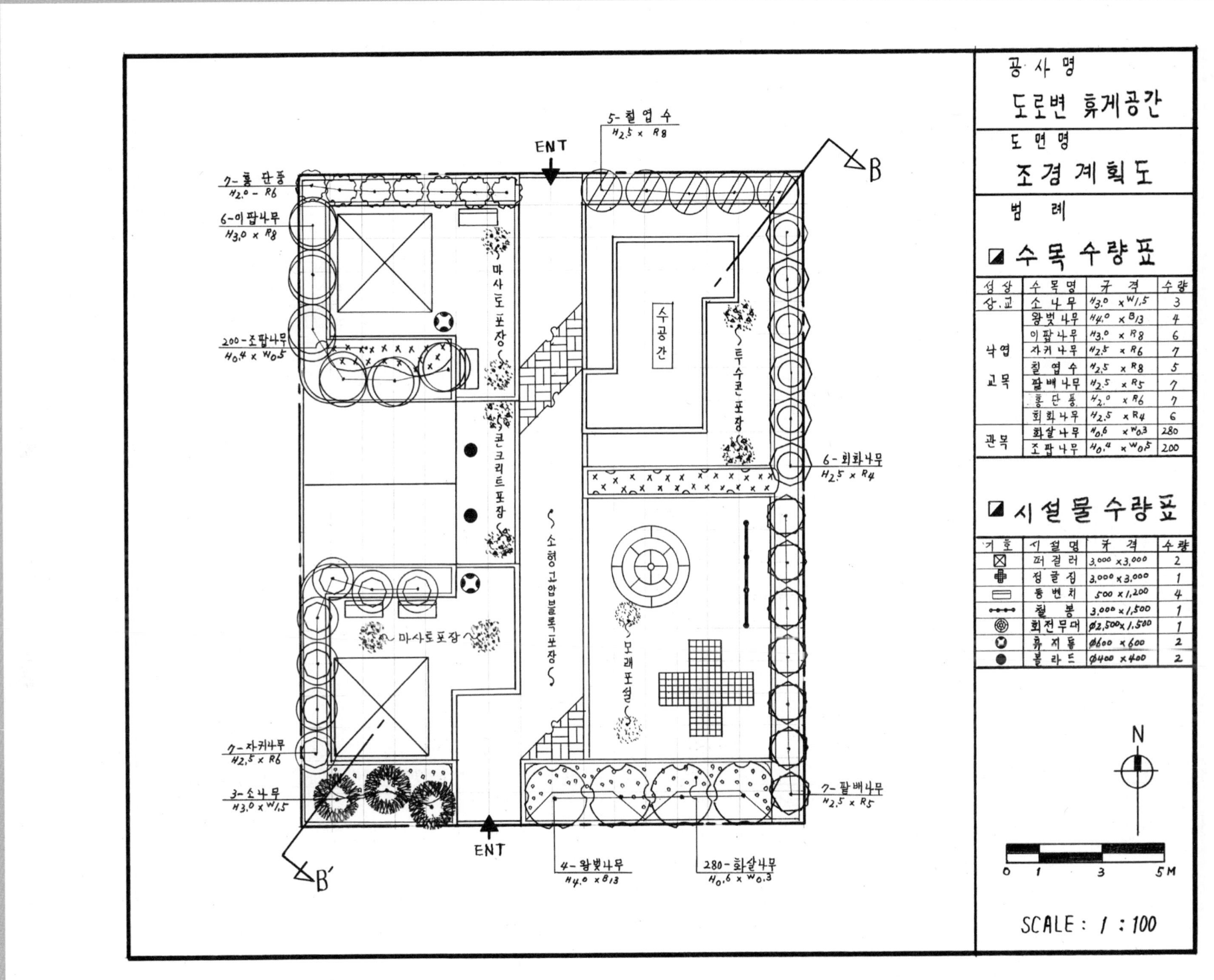

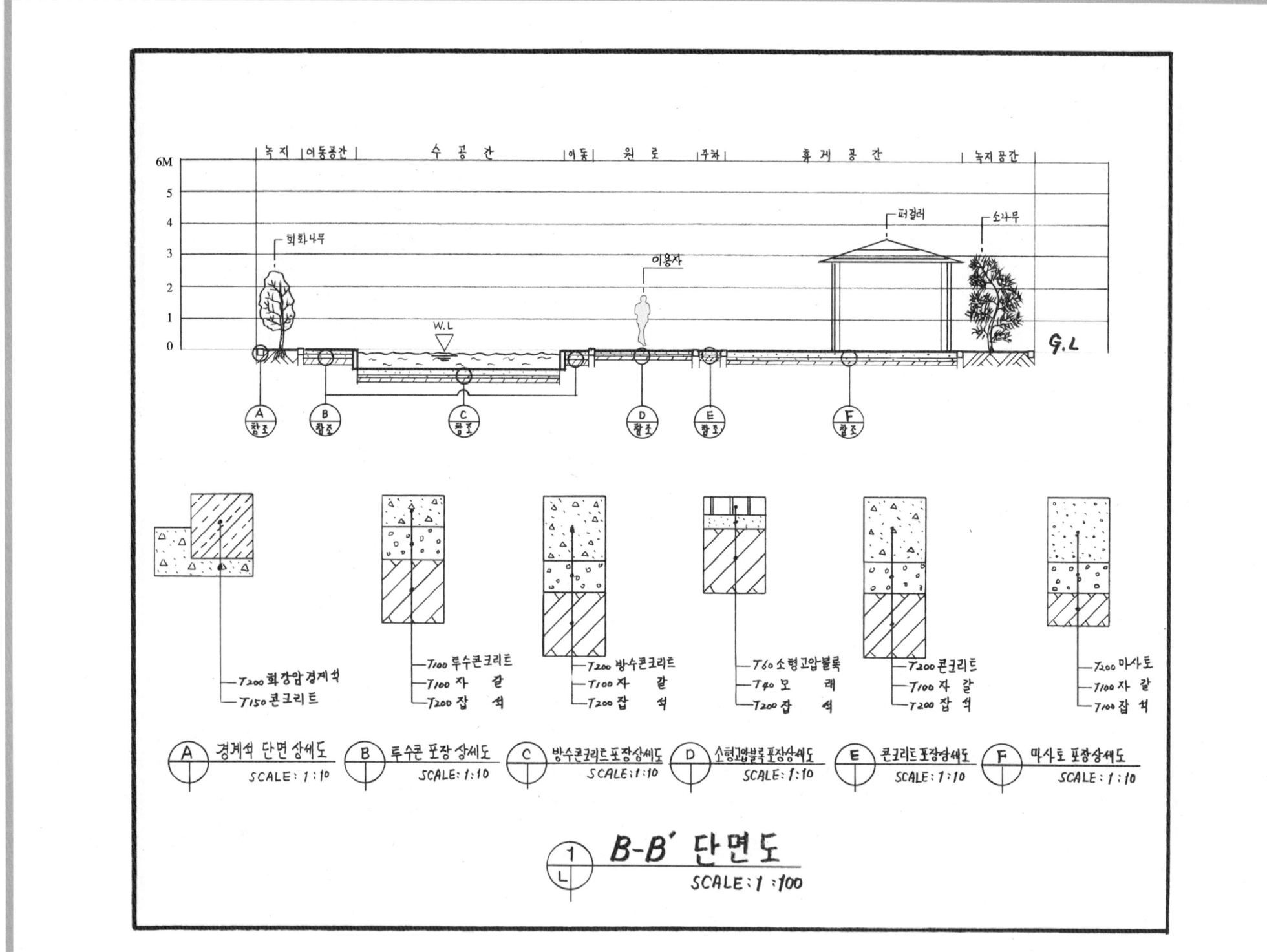

제12절 도심지 휴게공원

설계문제

우리나라 중부지역에 위치한 도로변의 빈 공간에 대한 조경설계를 하고자 합니다. 주어진 현황도 및 아래 사항을 참조하여 설계조건에 따라 조경계획도를 작성합니다(단, 1점 쇄선 안 부분을 조경설계 대상지로 합니다).

(1) 현황도

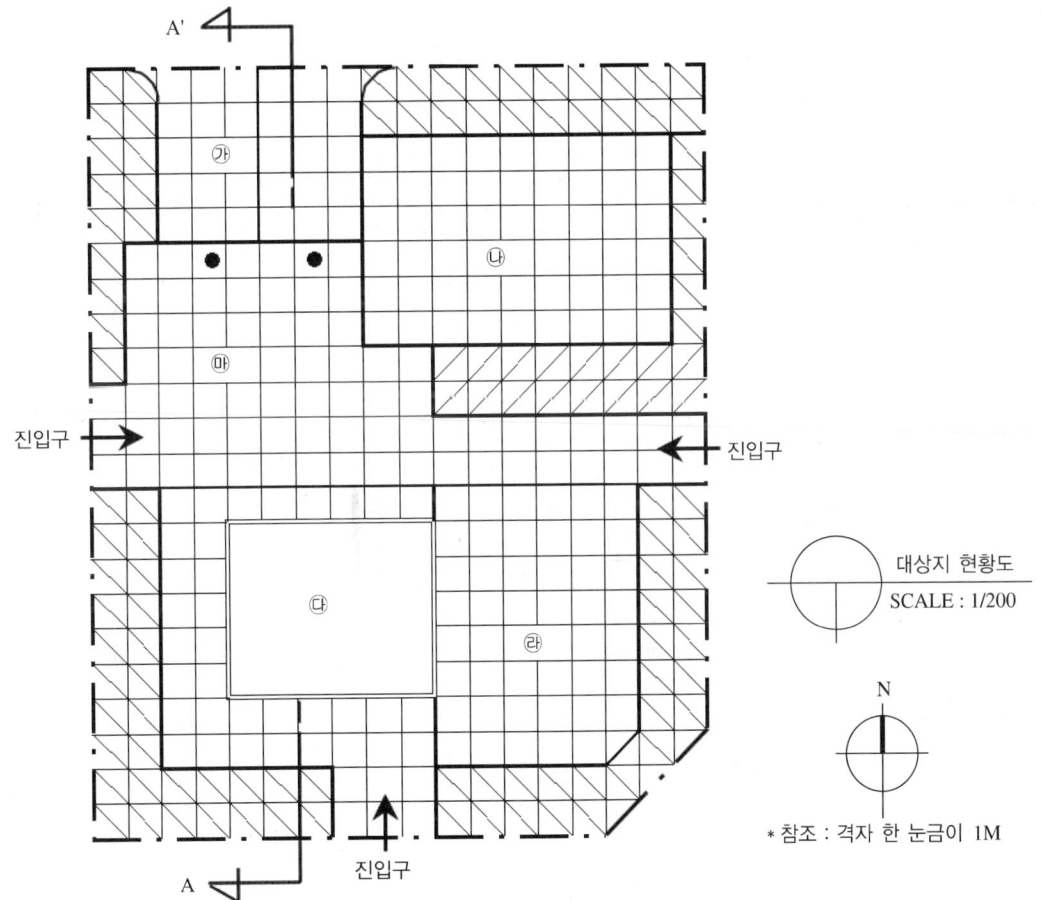

* 참조 : 격자 한 눈금이 1M

(2) 요구사항

① 식재평면도를 위주로 한 조경계획도를 축척 1/100로 작성하시오(용지 1).
② A-A′ 단면도를 축척 1/100로 작성하시오(용지 2).

(3) 설계조건

① 해당 지역은 도심지 휴게공원으로 휴식공간과 어린이들이 즐길 수 있는 특성을 고려하여 조경계획도를 작성합니다. 포장지역을 제외한 곳에는 가능한 식재를 계획합니다(녹지공간은 대각선 친 부분입니다).
② 포장지역은 "소형고압블록, 콘크리트, 모래, 투수콘크리트, 마사토" 등 중에서 적당한 위치에 선택하여 표시하고 포장명을 기입하시오.
③ "가" 지역은 주차공간으로 소형자동차(3,000mm×5,000mm) 2대가 주차할 수 있는 공간으로 계획하고 설계하시오.
④ "나" 지역은 어린이를 위한 놀이공간으로 놀이시설(3종)을 계획하고 설계하시오.
⑤ "다" 지역은 수경공간으로 "라" 지역보다 60cm 낮게 계획하고 설계하시오.
⑥ "라" 지역은 휴게공간으로 퍼걸러(3,500mm×3,500mm) 1개소, 등벤치 2개소, 휴지통 2개소를 계획하고 설치하시오.
⑦ "마" 지역은 이동공간이므로 수목보호대 3개소를 설치하고, 식재공간은 녹음식재, 유도식재, 경관식재(소나무 군식), 녹음식재 패턴을 필요한 곳에 적당히 배식하여 조형을 계획하고 설계하시오.
⑧ 수목은 아래의 수종 중에서 10가지를 골고루 선정하여 안정적이고 아늑한 경관이 될 수 있도록 계획하고 설계하시오.

> 소나무(H4.0×W2.0), 소나무(H3.5×W1.7), 소나무(H2.5×W1.2), 스트로브잣나무(H2.5×W1.2), 스트로브잣나무(H2.0×W1.0), 왕벚나무(H4.5×B15), 버즘나무(H3.5×B8), 느티나무(H3.5×B8), 청단풍(H2.5×R9), 중국단풍(H2.5×R6), 자귀나무(H2.5×R8), 산딸나무(H2.0×R6), 산수유(H2.5×R6), 꽃사과(H2.5×R6), 수수꽃다리(H1.5×W0.6), 병꽃나무(H0.7×W0.5), 쥐똥나무(H1.0×W0.4), 명자나무(H0.6×W0.4), 산철쭉(H0.4×W0.5), 자산홍(H0.4×W0.2), 조릿대(H0.6×8가지), 맥문동(H0.2×5포기)

⑨ A-A′ 단면도는 포장재료, 경계선 및 기타 시설물의 기초, 주변의 수목, 중요 시설물, 이용자 등을 단면도상에 반드시 표시하시오.

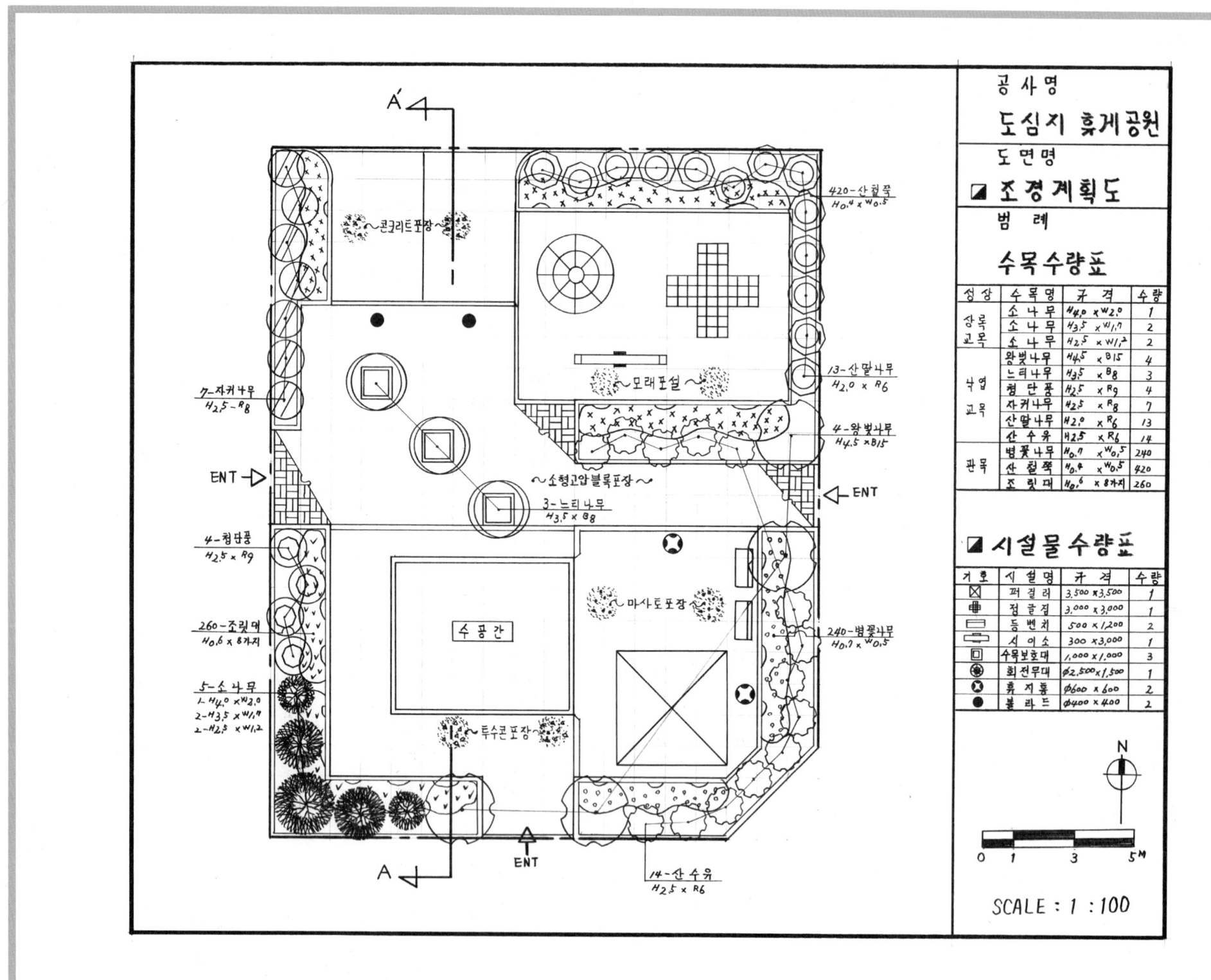

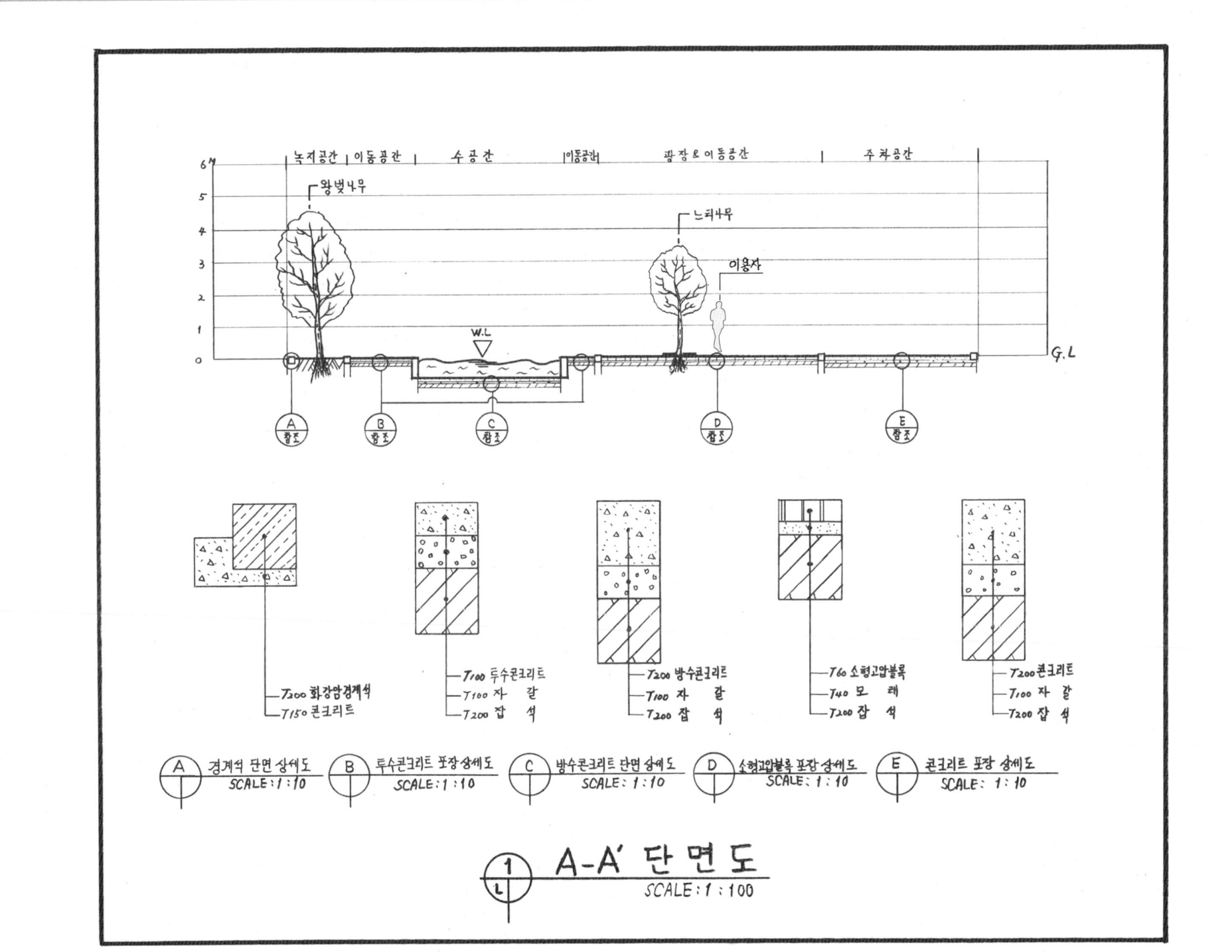

제 13 절 도로변 소공원

설계문제

우리나라 중부지역에 위치한 도로변의 빈 공간에 대한 조경설계를 하고자 합니다. 주어진 현황도 및 아래 사항을 참조하여 설계조건에 따라 조경계획도를 작성합니다(단, 1점 쇄선 안 부분을 조경설계 대상지로 합니다).

(1) 현황도

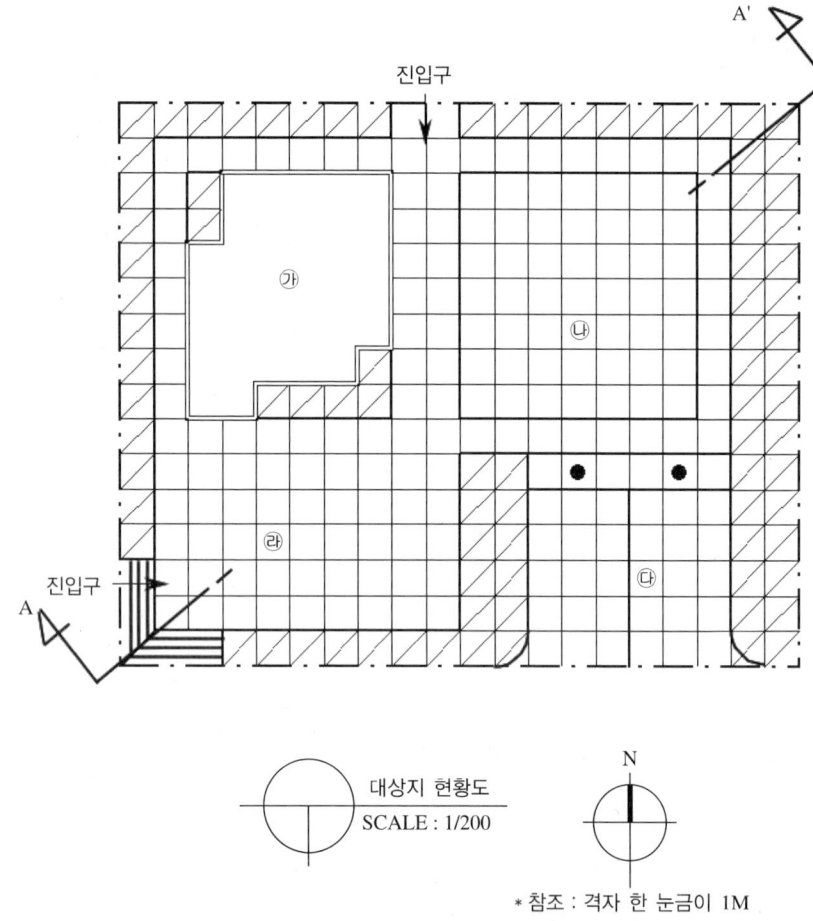

대상지 현황도
SCALE : 1/200

N

*참조 : 격자 한 눈금이 1M

(2) 요구사항

① 식재평면도를 위주로 한 조경계획도를 축척 1/100로 작성하시오(용지 1).
② A-A' 단면도를 축척 1/100로 작성하시오(용지 2).

(3) 설계조건

① 해당 지역은 도로변 소공원으로 휴식공간과 어린이들이 즐길 수 있는 특성을 고려하여 조경계획도를 작성합니다. 포장지역을 제외한 곳에는 가능한 식재를 계획합니다(녹지공간은 대각선 친 부분입니다).
② 포장지역은 "점토블록, 투수콘, 소형고압블록, 콘크리트, 고무칩 포장" 등을 적당한 위치에 선택하여 표시하고 포장명을 기입합니다.
③ "가" 지역은 수경공간으로 계획합니다.
④ "나" 지역은 어린이를 위한 놀이공간으로 놀이시설(3종)을 계획하고 설계하시오.
⑤ "다" 지역은 주차공간으로 소형자동차(3,500mm×5,000mm) 2대가 주차할 수 있도록 계획하고 설계하시오.
⑥ "라" 지역은 휴게공간으로 퍼걸러(3,500mm×3,500mm) 1개소, 등벤치 2개소를 계획하고 설치하시오.
⑦ 필요한 공간에 수목보호대 5개소를 계획하고, 차폐식재, 유도식재, 경관식재(소나무 군식), 녹음식재 패턴을 필요한 곳에 적당히 배식하여 조형를 계획하고 설계하시오.
⑧ 수목은 아래의 수종 중에서 10가지를 골고루 선정하여 안정적이고 아늑한 경관이 될 수 있도록 계획하고 설계하시오.

> 소나무(H4.0×W2.0), 소나무(H3.5×W1.6), 소나무(H3.0×W1.5), 스트로브잣나무(H2.5×W1.2), 스트로브잣나무(H2.0×W1.0), 왕벚나무(H4.5×B15), 버즘나무(H3.5×B8), 느티나무(H3.0×R8), 청단풍(H2.5×R9), 중국단풍(H2.5×R6), 자귀나무(H2.5×R7), 산딸나무(H2.5×R7), 산수유(H2.5×R7), 꽃사과(H2.0×R6), 수수꽃다리(H1.0×W0.5), 병꽃나무(H0.7×W0.5), 쥐똥나무(H1.0×W0.4), 명자나무(H0.6×W0.4), 철쭉(H0.3×W0.4), 자산홍(H0.4×W0.3), 조릿대(H0.6×8가지), 맥문동(H0.2×5포기)

⑨ A-A' 단면도는 포장재료, 경계선 및 기타 시설물의 기초, 주변의 수목, 중요 시설물, 이용자 등을 단면도상에 반드시 표시합니다.

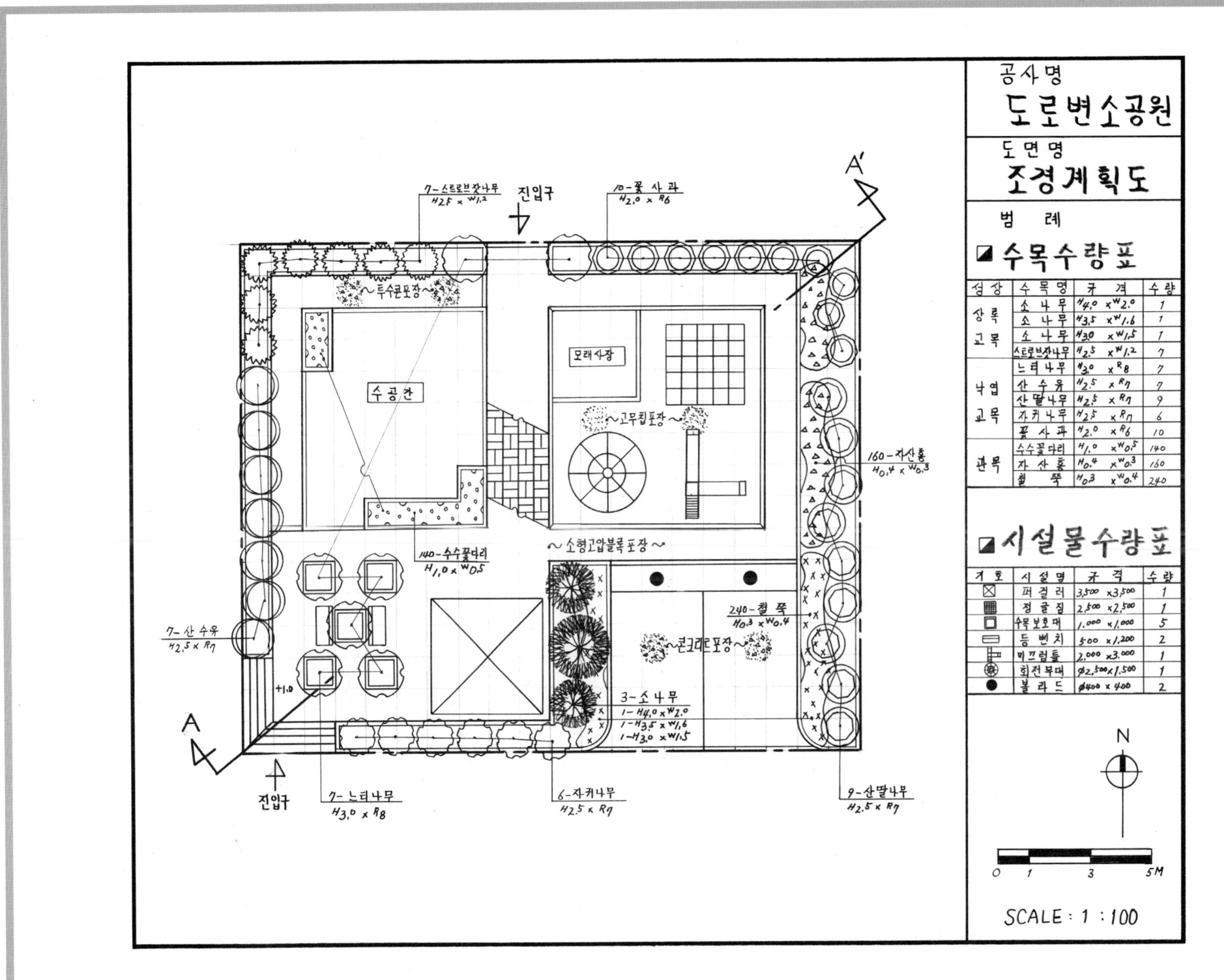

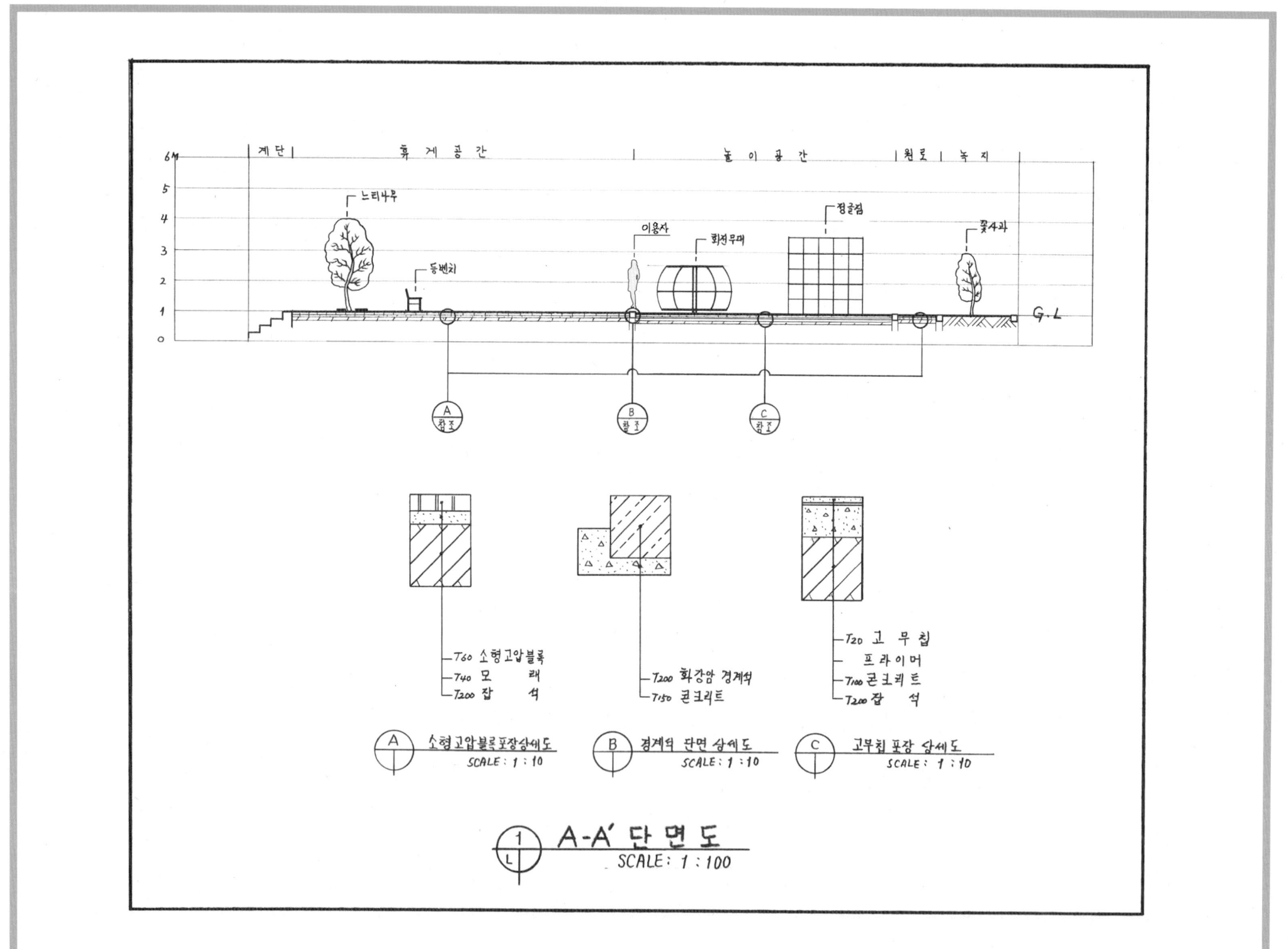

제14절 도로변 소공원

설계문제

우리나라 중부지역에 위치한 도로변의 빈 공간에 대한 조경설계를 하고자 합니다. 주어진 현황도 및 아래 사항을 참조하여 설계조건에 따라 조경계획도를 작성합니다(단, 1점 쇄선 안 부분을 조경설계 대상지로 합니다).

(1) 현황도

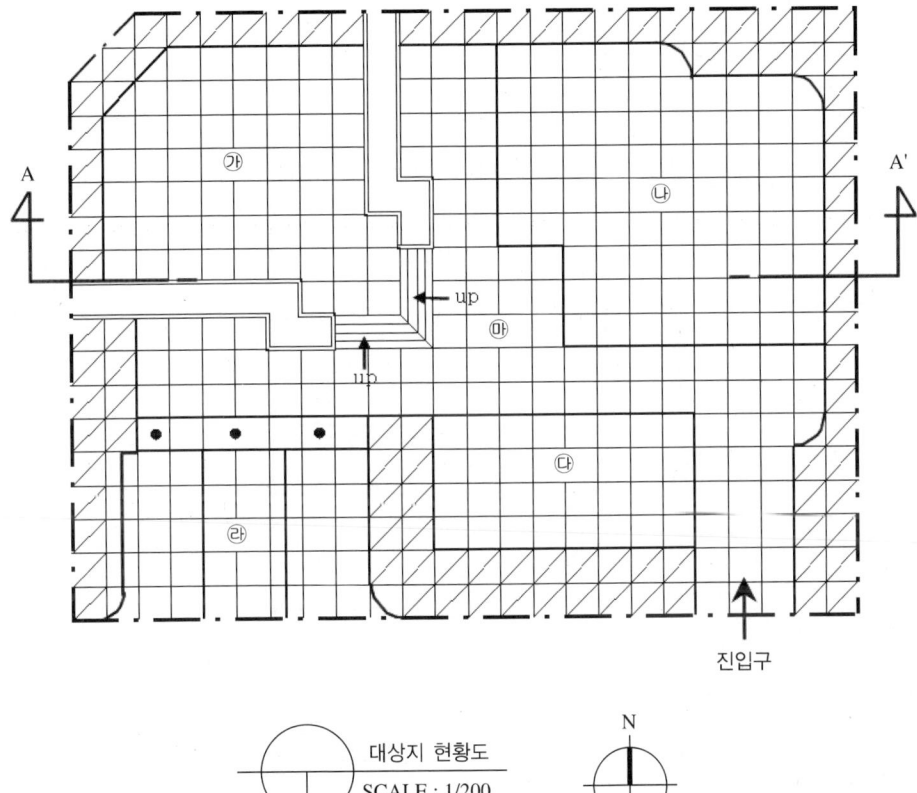

(2) 요구사항

① 식재평면도를 위주로 한 조경계획도를 축척 1/100로 작성하시오(용지 1).
② A-A' 단면도를 축척 1/100로 작성하시오(용지 2).

(3) 설계조건

① 해당 지역은 도로변 소공원으로 휴식공간과 어린이들이 즐길 수 있는 특성을 고려하여 조경계획도를 작성합니다. 포장지역을 제외한 곳에는 가능한 식재를 계획합니다(녹지공간은 대각선 친 부분입니다).
② 포장지역은 "소형고압블록, 콘크리트, 황토, 고무칩, 마사토" 등 중에서 적당한 위치에 선택하여 표시하고 포장명을 기입합니다.
③ "가" 지역은 휴게공간으로 퍼걸러(3,500mm×3,500mm) 1개소, 평벤치 4개소를 계획하고 설치합니다.
④ "나" 지역은 어린이를 위한 놀이공간으로 감시용 퍼걸러(3,000mm×3,000mm) 1개소, 놀이시설 2개소, 벤치 1개소를 계획하고 설치하시오.
⑤ "다" 지역은 다목적 운동공간으로 설계하시오.
⑥ "라" 지역은 주차공간으로 소형자동차(2,500mm×5,000mm) 3대가 주차할 수 있는 공간으로 계획하고 설계합니다.
⑦ "마" 지역은 이동공간으로 적당한 곳에 수목보호대 7개소, 휴지통 2개소를 설치하고 낙엽교목을 식재하시오.
⑧ 필요한 공간에 수목보호대 3개소를 설치하고, 녹음식재, 유도식재, 경관식재(소나무 군식), 녹음식재 패턴을 필요한 곳에 적당히 배식하여 조형을 계획하고 설계하시오.
⑨ 수목은 아래의 수종 중에서 10가지를 골고루 선정하여 안정적이고 아늑한 경관이 될 수 있도록 계획하고 설계하시오.

> 소나무(H4.0×W2.0), 소나무(H3.0×W1.5), 소나무(H2.5×W1.2), 스트로브잣나무(H2.5×W1.2), 스트로브잣나무(H2.0×W1.0), 왕벚나무(H4.5×B15), 버즘나무(H3.5×B8), 느티나무(H3.5×B8), 청단풍(H2.5×R9), 중국단풍(H2.5×R6), 자귀나무(H2.5×R8), 산딸나무(H2.0×R6), 산수유(H2.5×R7), 꽃사과(H2.5×R6), 수수꽃다리(H1.5×W0.6), 병꽃나무(H0.7×W0.5), 쥐똥나무(H1.0×W0.4), 명자나무(H0.6×W0.4), 산철쭉(H0.4×W0.5), 자산홍(H0.4×W0.2), 조릿대(H0.6×8가지), 맥문동(H0.2×5포기)

⑩ A-A' 단면도는 포장재료, 경계선 및 기타 시설물의 기초, 주변의 수목, 중요 시설물, 이용자 등을 단면도상에 반드시 표시합니다.

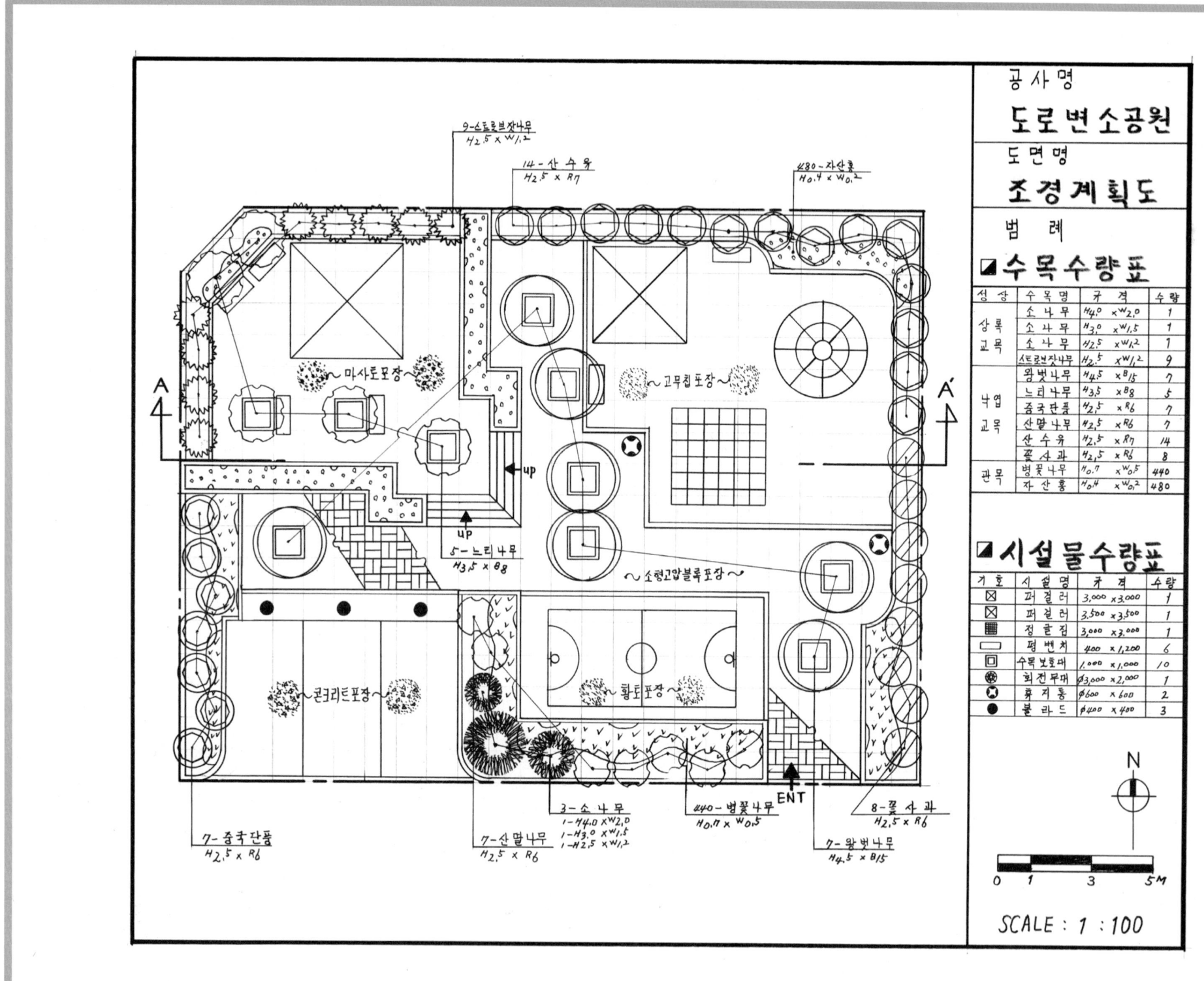

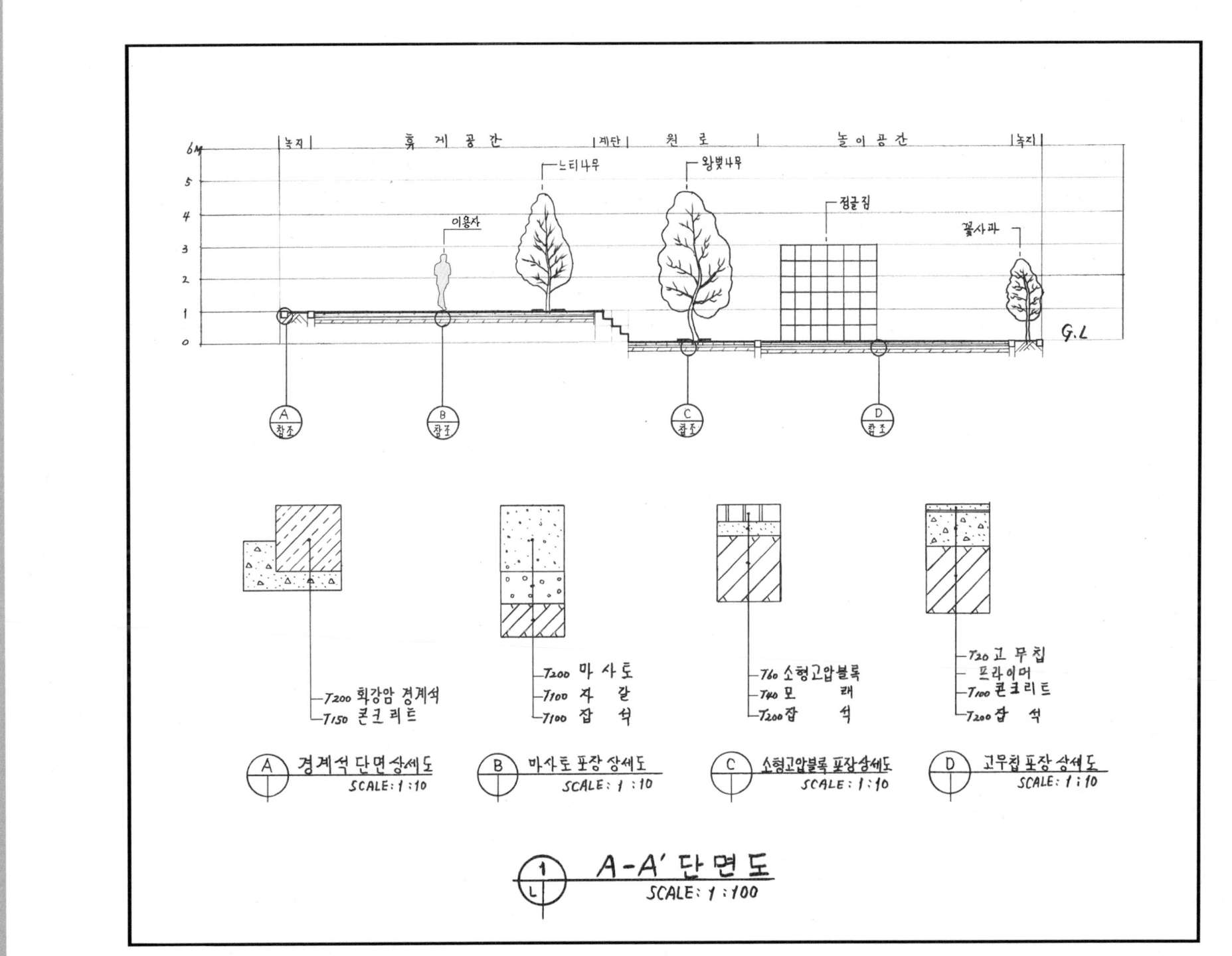

제15절 도로변 소공원

설계문제

우리나라 중부지역에 위치한 도로변의 빈 공간에 대한 조경설계를 하고자 합니다. 주어진 현황도 및 아래 사항을 참조하여 설계조건에 따라 조경계획도를 작성합니다(단, 1점 쇄선 안 부분을 조경설계 대상지로 합니다).

(1) 현황도

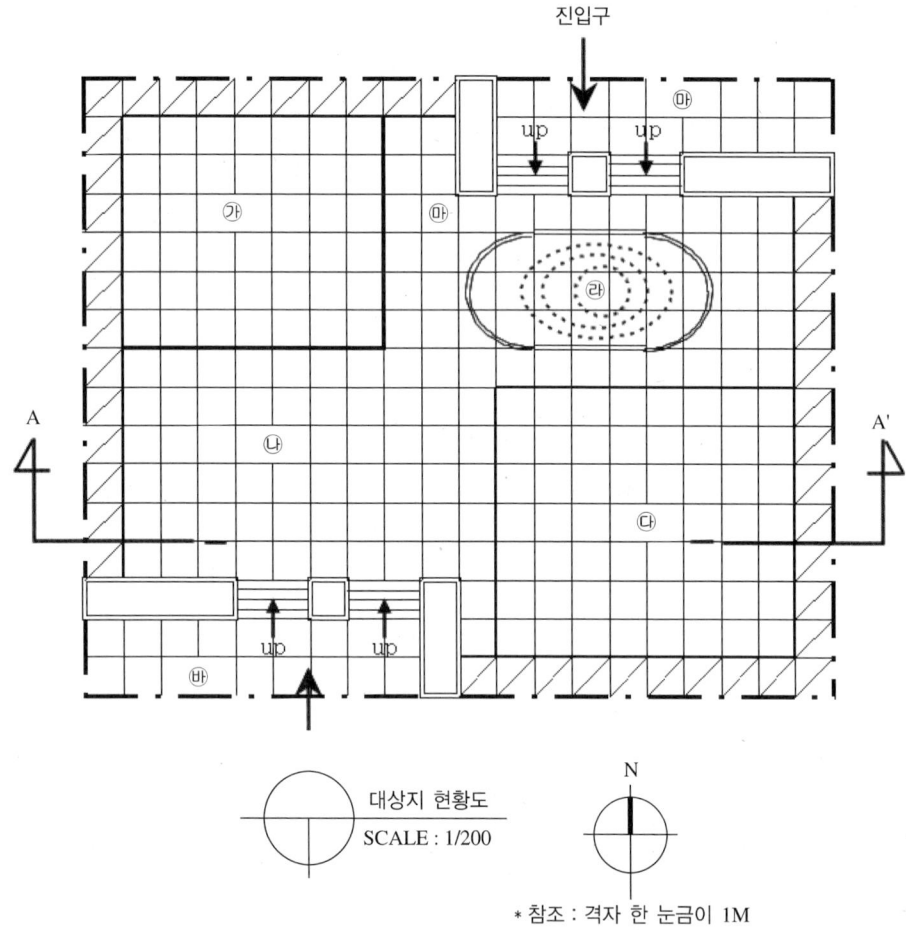

(2) 요구사항

① 식재평면도를 위주로 한 조경계획도를 축척 1/100로 작성하시오(용지 1).
② A-A' 단면도를 축척 1/100로 작성하시오(용지 2).

(3) 설계조건

① 해당 지역은 도로변 소공원으로 휴식공간과 어린이들이 즐길 수 있는 특성을 고려하여 조경계획도를 작성합니다. 포장지역을 제외한 곳에는 가능한 식재를 계획합니다(녹지공간은 빗금 친 부분입니다).
② 포장지역은 "고무칩, 콘크리트, 모래, 투수블록, 점토블록, 황토" 등 중에서 적당한 위치에 선택하여 표시하고 포장명을 기입합니다.
③ "가" 지역은 휴게공간으로 퍼걸러(3,500mm×3,500mm) 1개소, 평벤치 3개소를 계획하고 설치합니다.
④ "나" 지역은 이동 공간으로 수목보호대 6개소를 설치하고 낙엽교목을 식재하시오.
⑤ "다" 지역은 어린이를 위한 놀이공간으로 놀이시설(4종)을 계획하고 설계하시오.
⑥ "라" 지역은 등고선 1개당 30cm가 높으며, 전체적으로 "마" 지역에 비해 60cm가 높은 녹지지역으로 경관식재를 실시하시오. 아울러 반드시 크기가 다른 나무를 3종 식재하고, 계절성을 느낄 수 있게 다른 수목을 조화롭게 배치하시오.
⑦ "바" 지역은 진입공간으로 공간의 조건에 알맞게 계획하고 설계하시오.
⑧ 필요한 공간에 수목보호대 2개소를 설치하고, 녹음식재, 유도식재, 경관식재(소나무 군식), 녹음식재 패턴을 필요한 곳에 적당히 배식하여 조형을 계획하고 설계하시오.
⑨ 수목은 아래의 수종 중에서 10가지를 골고루 선정하여 안정적이고 아늑한 경관이 될 수 있도록 계획하고 설계하시오.

> 소나무(H4.0×W2.0), 소나무(H3.0×W1.5), 소나무(H2.5×W1.2), 스트로브잣나무(H2.5×W1.2), 스트로브잣나무(H2.0×W1.0), 왕벚나무(H4.5×B15), 버즘나무(H3.5×B8), 느티나무(H3.0×R6), 청단풍(H2.5×R9), 중국단풍(H2.5×R5), 자귀나무(H2.5×R8), 산딸나무(H2.0×R5), 산수유(H2.5×R7), 꽃사과(H2.5×R5), 수수꽃다리(H1.5×W0.6), 병꽃나무(H0.7×W0.5), 쥐똥나무(H1.0×W0.4), 명자나무(H0.6×W0.4), 산철쭉(H0.4×W0.5), 자산홍(H0.3×W0.3), 조릿대(H0.6×8가지), 맥문동(H0.2×5포기)

⑩ A-A' 단면도는 포장재료, 경계선 및 기타 시설물의 기초, 주변의 수목, 중요 시설물, 이용자 등을 단면도상에 반드시 표시합니다.

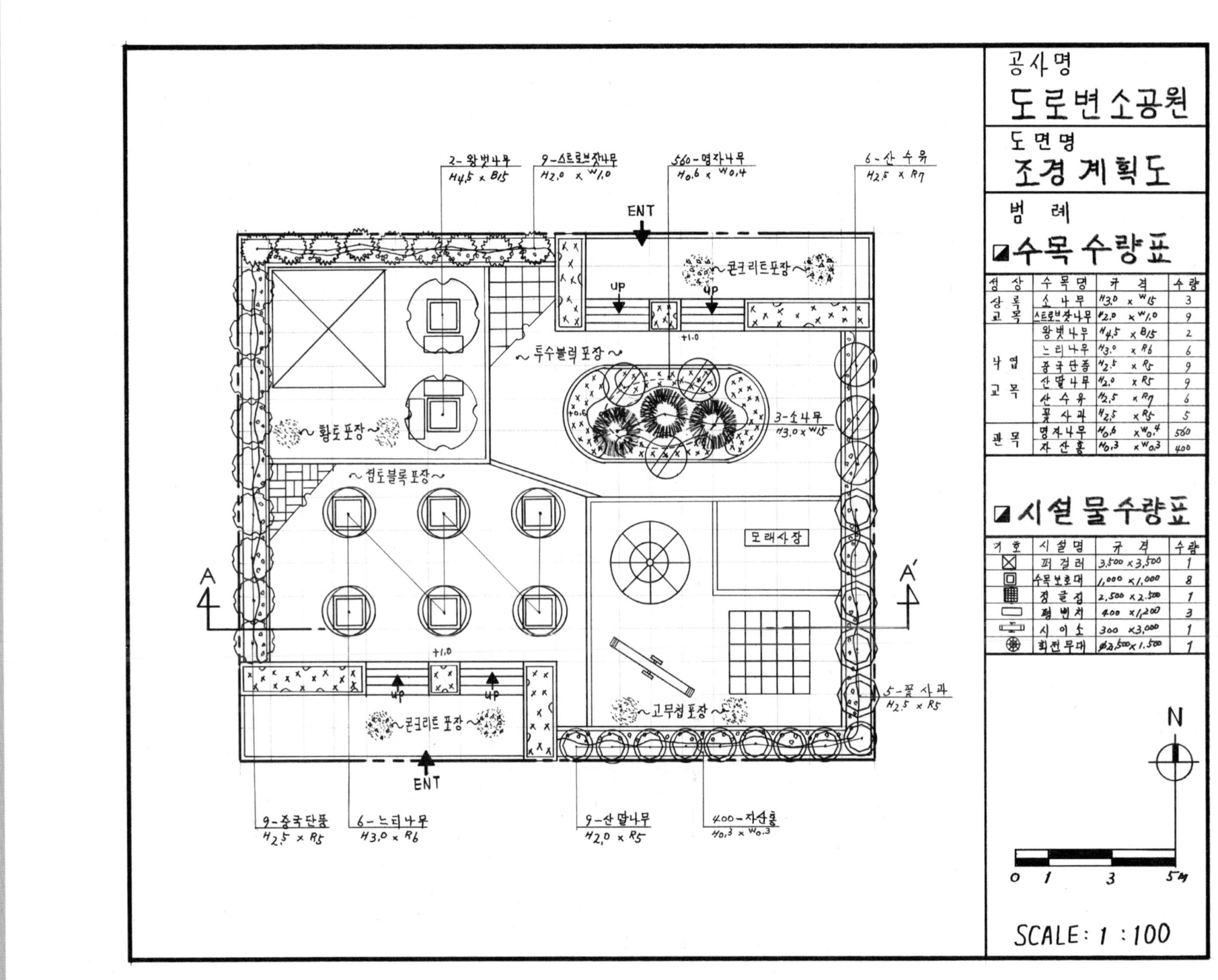

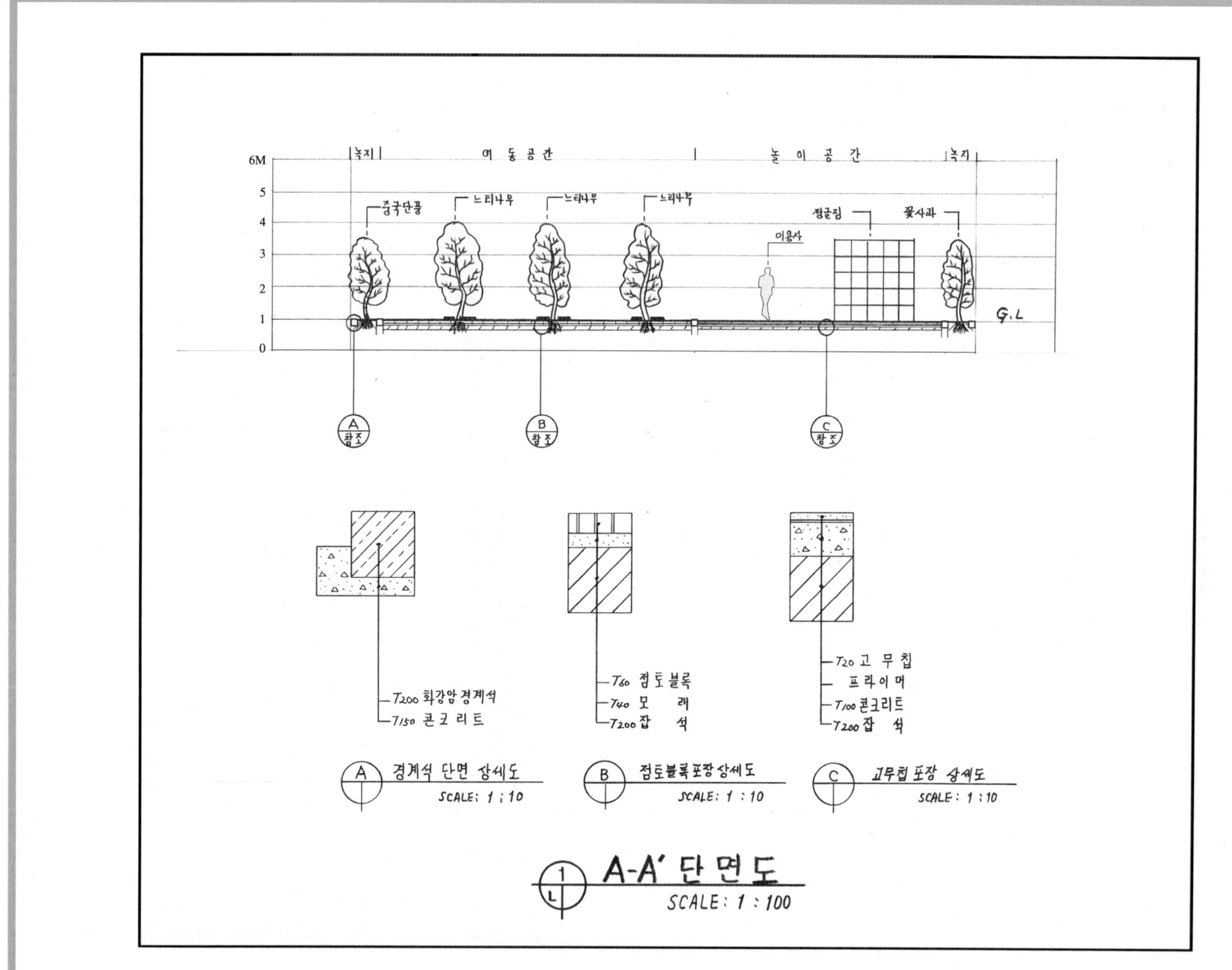

제16절 도심 소공원

설계문제

우리나라 중부지역에 위치한 도심의 빈 공간에 대한 조경설계를 하고자 합니다. 주어진 현황도 및 아래 사항을 참조하여 설계조건에 따라 조경계획도를 작성합니다(단, 1점 쇄선 안 부분을 조경설계 대상지로 합니다).

(1) 현황도

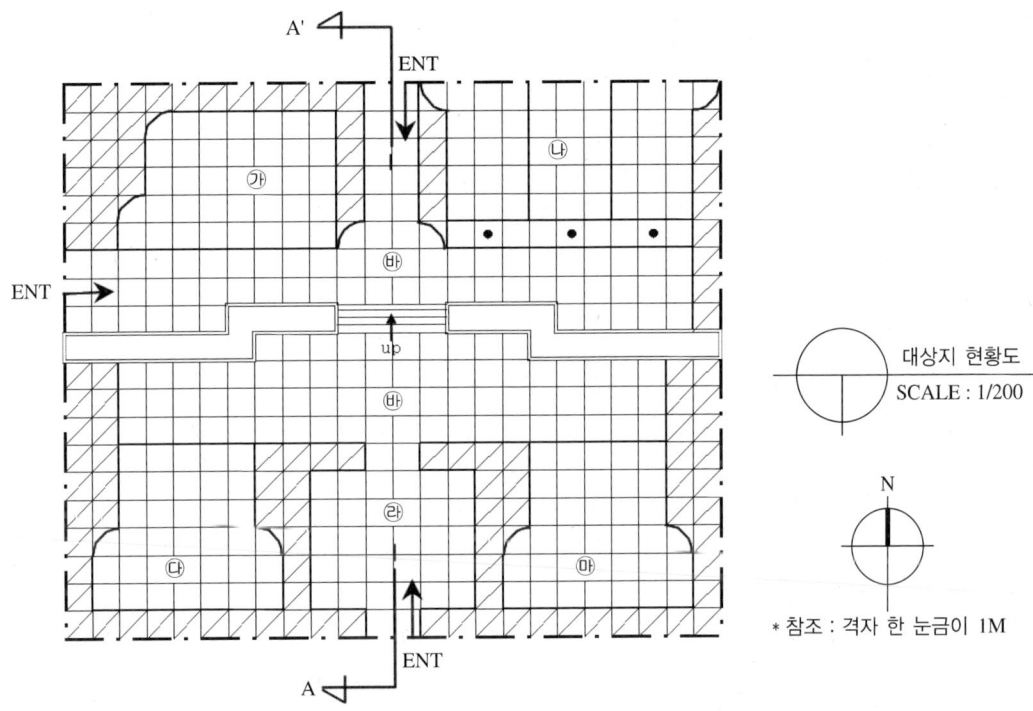

* 참조 : 격자 한 눈금이 1M

(2) 요구사항

① 식재평면도를 위주로 한 조경계획도를 축척 1/100로 작성하시오(용지 1).
② A-A' 단면도를 축척 1/100로 작성하시오(용지 2).

(3) 설계조건

① 해당 지역은 도심 소공원으로 휴식공간과 어린이들이 즐길 수 있는 특성을 고려하여 조경계획도를 작성합니다. 포장지역을 제외한 곳에는 가능한 식재를 계획합니다(녹지공간은 대각선 친 부분입니다).
② 포장지역은 "고무칩, 콘크리트, 모래, 소형고압블록, 점토블록, 마사토" 등 중에서 적당한 위치에 선택하여 표시하고 포장명을 기입합니다.
③ "가" 지역은 휴게공간으로 퍼걸러(3,500mm×3,500mm) 1개소, 테이블 1개소, 휴지통 1개소를 계획하고 설치합니다.
④ "나" 지역은 주차공간으로 소형차(3,000mm×5,000mm) 3대가 주차될 수 있도록 계획하고 설치합니다.
⑤ "다" 지역은 유치부 어린이를 위한 놀이공간으로 모래사장을 계획하고 설계하시오.
⑥ "라" 지역은 진입부 휴게공간으로 퍼걸러(3,000mm×3,000mm) 1개소, 벤치 2개소, 휴지통 1개소를 계획하고 설치합니다.
⑦ "마" 지역은 어린이를 위한 놀이공간으로 놀이시설(3종)을 계획하고 설계하시오.
⑧ "바" 지역은 이동공간으로 중간에 있는 계단을 기준으로 북쪽이 1m 높으며, 적당한 곳에 수목보호대를 설치하고 낙엽교목을 녹음식재하시오.
⑨ 필요한 공간에 수목보호대를 설치하고, 녹음식재, 유도식재, 경관식재, 녹음식재 패턴을 필요한 곳에 적당히 배식하여 조형을 계획하고 설계하시오.
⑩ 수목은 아래의 수종 중에서 10가지를 골고루 선정하여 안정적이고 아늑한 경관이 될 수 있도록 계획하고 설계하시오.

> 스트로브잣나무(H2.5×W1.2), 스트로브잣나무(H2.0×W1.0), 주목(H3.0×W2.0), 왕벚나무(H4.5×B15), 쪽동백(H4.0×R10), 느티나무(H3.0×R6), 청단풍(H2.5×R9), 이팝나무(H4.0×R15), 자귀나무(H2.5×R8), 일본목련(H3.0×R4), 자작나무(H2.5×R4), 산수유(H2.5×R7), 층층나무(H2.5×R4), 회화나무(H2.5×R4), 수수꽃다리(H1.0×W0.2), 병꽃나무(H0.7×W0.5), 쥐똥나무(H1.0×W0.4), 명자나무(H0.6×W0.4), 산철쭉(H0.4×W0.5), 자산홍(H0.5×W0.5), 조릿대(H0.6×8가지), 맥문동(H0.2×5포기)

⑪ A-A' 단면도는 포장재료, 경계선 및 기타 시설물의 기초, 주변의 수목, 중요 시설물, 이용자 등을 단면도상에 반드시 표시합니다.

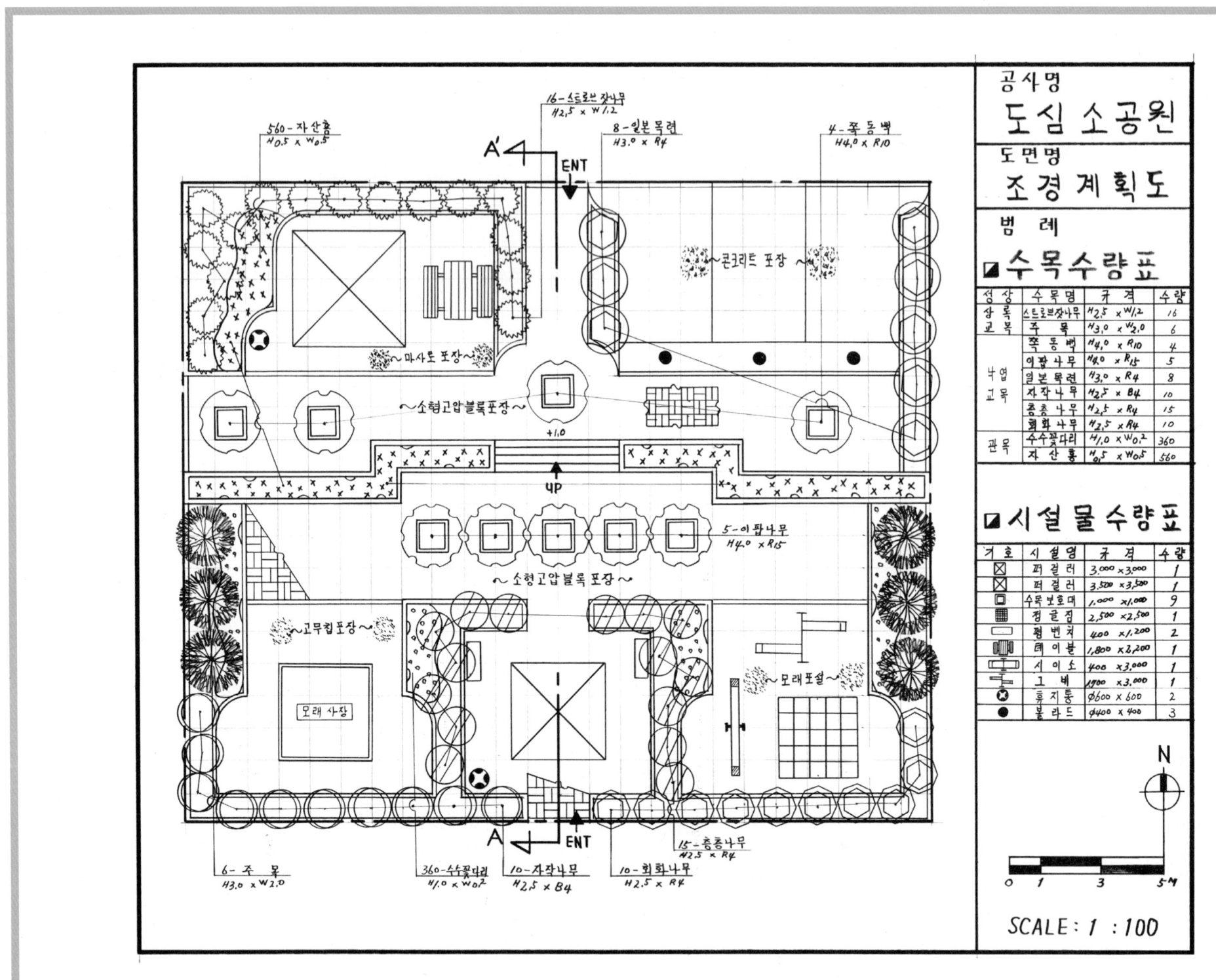

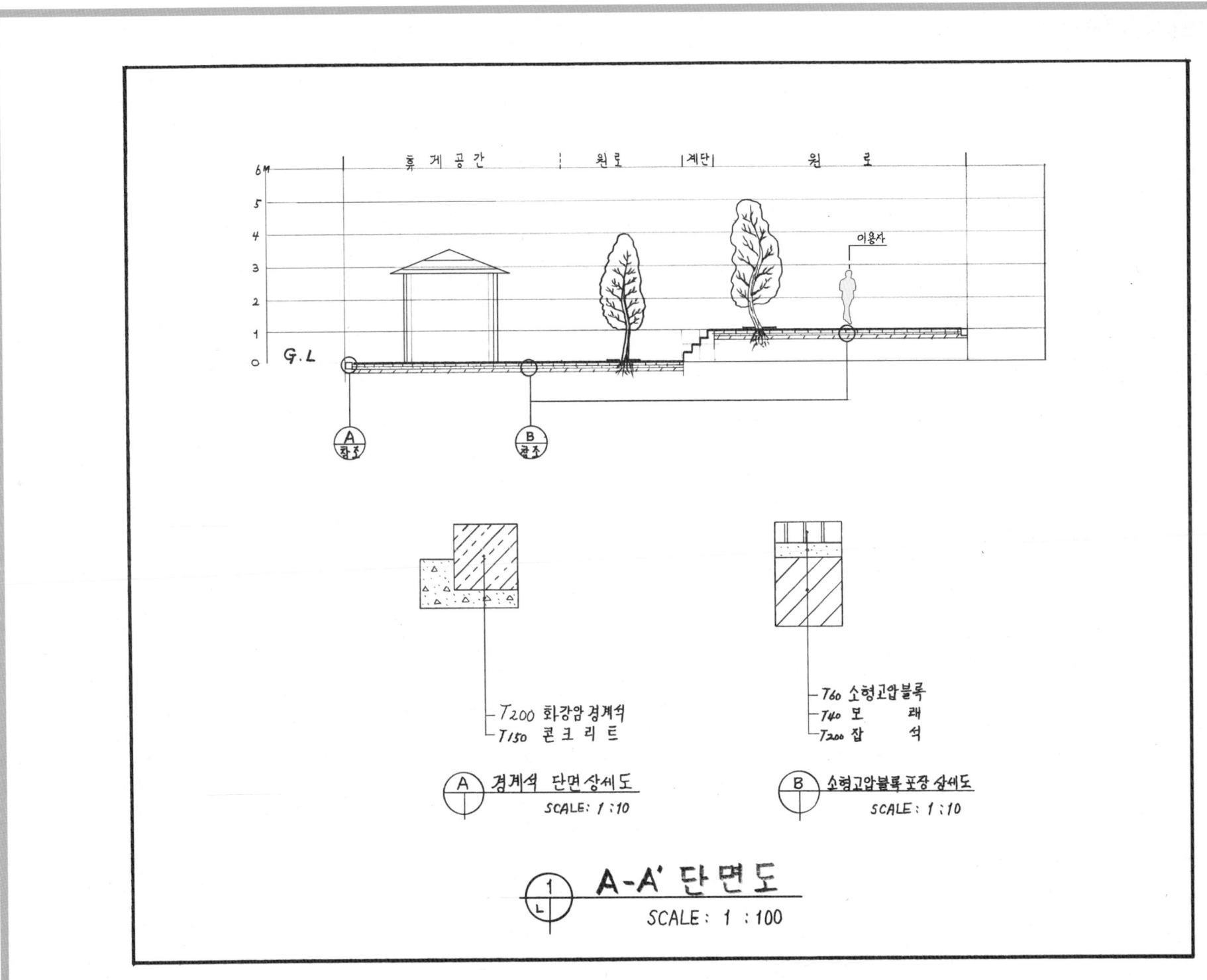

제17절 도로변 소공원

설계문제

우리나라 중부지역에 위치한 도로변의 빈 공간에 대한 조경설계를 하고자 합니다. 주어진 현황도 및 아래 사항을 참조하여 설계조건에 따라 조경계획도를 작성합니다(단, 1점 쇄선 안 부분을 조경설계 대상지로 합니다).

(1) 현황도

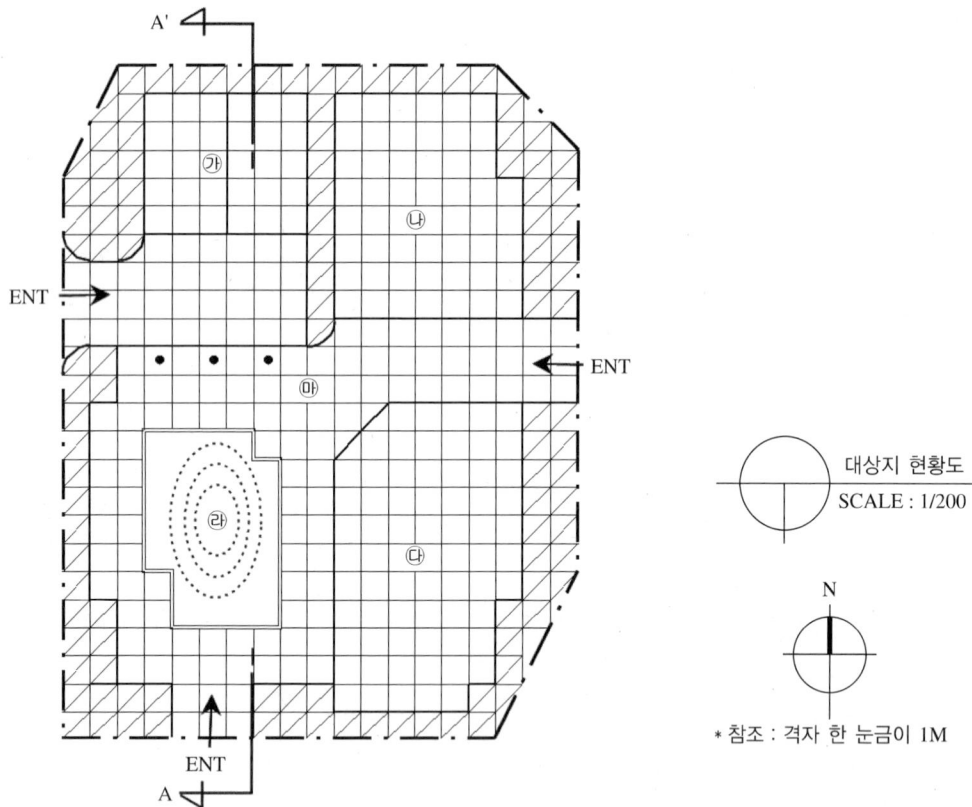

대상지 현황도
SCALE : 1/200

* 참조 : 격자 한 눈금이 1M

(2) 요구사항

① 식재평면도를 위주로 한 조경계획도를 축척 1/100로 작성하시오(용지 1).
② A-A' 단면도를 축척 1/100로 작성하시오(용지 2).

(3) 설계조건

① 해당 지역은 도로변 소공원으로 휴식공간과 어린이들이 즐길 수 있는 특성을 고려하여 조경계획도를 작성합니다. 포장지역을 제외한 곳에는 가능한 식재를 계획합니다(녹지공간은 대각선 친 부분입니다).
② 포장지역은 "고무칩, 콘크리트, 마사토, 투수콘, 황토" 등 중에서 적당한 위치에 선택하여 표시하고 포장명을 기입합니다.
③ "가" 지역은 주차공간으로 소형자동차(3,000mm×5,000mm) 2대가 주차할 수 있는 공간으로 계획하고 설계합니다.
④ "나" 지역은 휴게공간으로 퍼걸러(3,500mm×3,500mm) 1개소, 퍼걸러(3,000mm×3,000mm) 1개소, 휴지통 2개소를 계획하고 설치합니다.
⑤ "다" 지역은 열린 운동공간으로 운동시설 2개소를 설치하고 자연적인 포장을 하시오.
⑥ "라" 지역은 등고선 1개당 30cm가 높으며, 전체적으로 "마" 지역에 비해 60cm가 높은 녹지지역으로 경관식재를 실시하시오. 아울러 반드시 크기가 다른 나무를 3종 식재하고, 계절성을 느낄 수 있게 다른 수목을 조화롭게 배치하시오.
⑦ 필요한 공간에 수목보호대 6개소, 평벤치 3개소, 휴지통 1개소를 설치하고, 녹음식재, 유도식재, 경관식재(소나무 군식), 녹음식재 패턴을 필요한 곳에 적당히 배식하여 조형을 계획하고 설계하시오.
⑧ 수목은 아래의 수종 중에서 10가지를 선정하여 골고루 안정적이고 아늑한 경관이 될 수 있도록 계획하고 설계하시오.

```
소나무(H4.0×W2.0), 소나무(H3.0×W1.5), 소나무(H2.5×W1.2), 스트로브잣나무(H2.5×W1.2), 스
트로브잣나무(H2.0×W1.0), 왕벚나무(H4.5×B15), 버즘나무(H3.5×B8), 느티나무(H4.0×R8), 홍단
풍(H2.5×R6), 중국단풍(H2.5×R7), 자귀나무(H2.5×R7), 산딸나무(H2.0×R5), 산수유(H2.5×R7),
이팝나무(H2.5×R6), 수수꽃다리(H1.5×W0.6), 병꽃나무(H0.7×W0.5), 남천(H1.0×3가지), 쥐똥나
무(H1.0×W0.4), 명자나무(H0.6×W0.4), 산철쭉(H0.6×W0.3), 자산홍(H0.3×W0.3), 조릿대(H0.6
×8가지), 맥문동(H0.2×5포기)
```

⑨ A-A' 단면도는 포장재료, 경계선 및 기타 시설물의 기초, 주변의 수목, 중요 시설물, 이용자 등을 단면도상에 반드시 표시합니다.

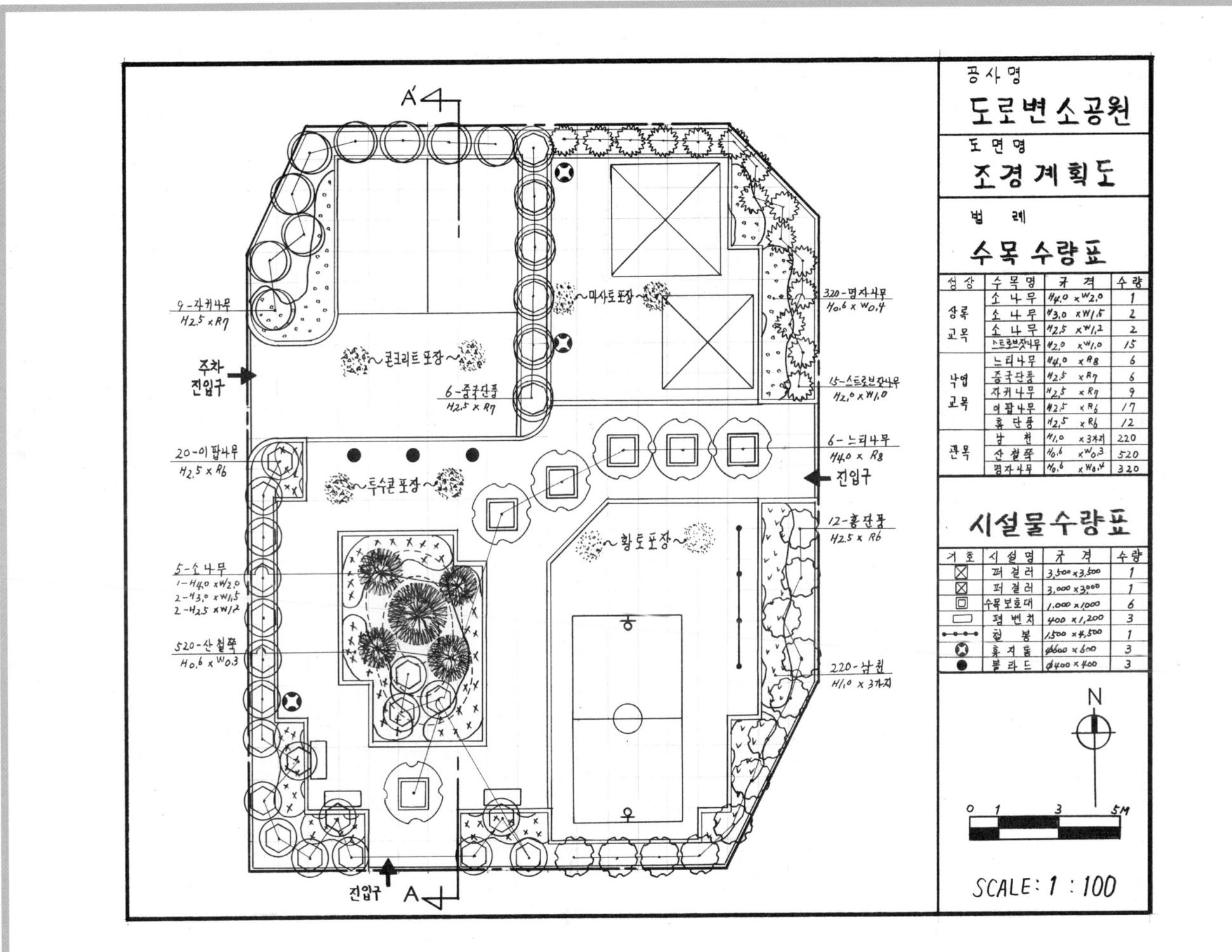

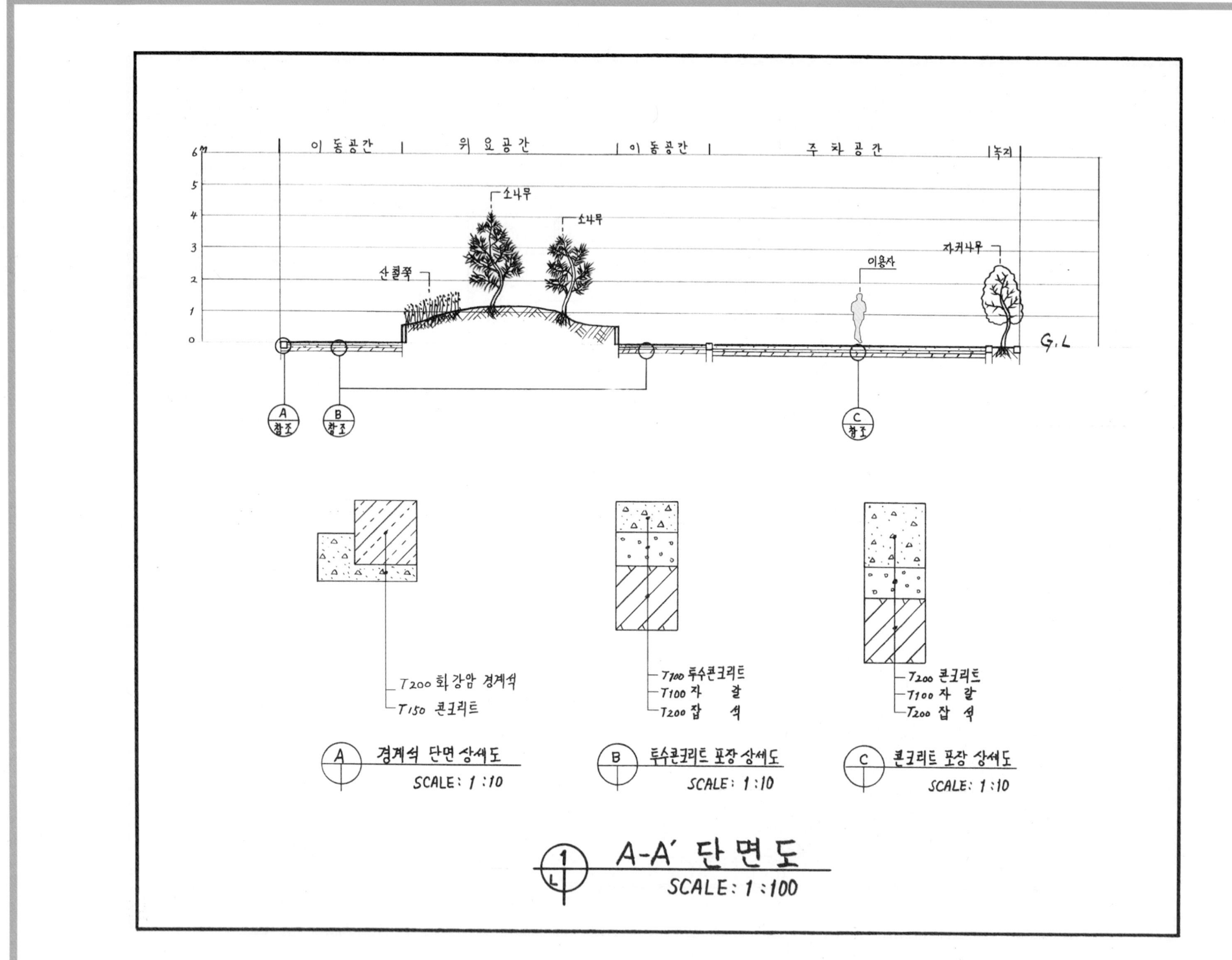

제18절 도로변 소공원

설계문제

우리나라 중부지역에 위치한 도로변의 빈 공간에 대한 조경설계를 하고자 합니다. 주어진 현황도 및 아래 사항을 참조하여 설계조건에 따라 조경계획도를 작성합니다(단, 1점 쇄선 안 부분을 조경설계 대상지로 합니다).

(1) 현황도

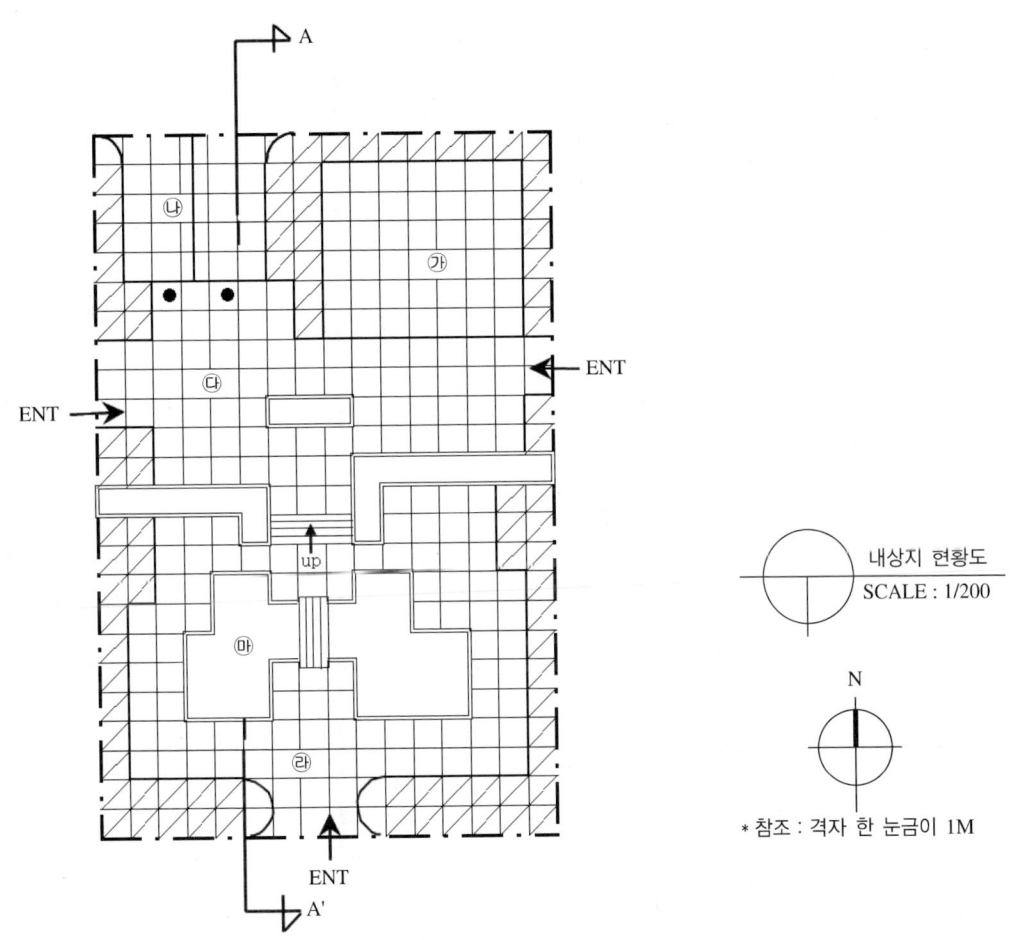

(2) 요구사항

① 식재평면도를 위주로 한 조경계획도를 축척 1/100로 작성하시오.(용지 1).
② A-A′ 단면도를 축척 1/100로 작성하시오.(용지 2).

(3) 설계조건

① 해당 지역은 도로변 소공원으로 아늑하고 평화로운 휴식공간이 될 수 있는 특성을 고려하여 조경계획도를 작성하시오. 조경지역 중 포장지역을 제외한 곳에는 가능한 식재를 계획합니다(녹지공간은 대각선 친 부분입니다).
② 포장지역은 "소형고압블록, 콘크리트, 마사토, 투수콘크리트, 황토" 등 중에서 적당한 위치에 선택하여 표시하고 포장명을 기입합니다.
③ "가" 지역은 휴게공간으로 퍼걸러(3,500mm×3,500mm) 1개소, 테이블 1개소를 계획하고 설치합니다.
④ "나" 지역은 주차공간으로 소형자동차(3,000mm×5,000mm) 2대가 주차할 수 있는 공간으로 계획하고 설계합니다.
⑤ "다" 지역은 이동 및 휴식공간으로 "라" 지역보다 1m 높으며, 수목보호대 5개소, 벤치 1개소, 휴지통 1개소를 조화롭게 설치합니다.
⑥ "라" 지역은 산책과 휴식을 할 수 있도록 평벤치 6개소, 휴지통 2개소를 설치합니다.
⑦ "마" 지역은 수(水)공간으로 중앙부에 다리를 설치하여 이용자 편의를 제공하도록 계획하고 설계하시오.
⑧ 필요한 공간에 수목보호대 2개소를 설치하고, 녹음식재, 유도식재, 경관식재, 녹음식재 패턴을 필요한 곳에 적당히 배식하여 조형을 계획하고 설계하시오.
⑨ 수목은 아래의 수종 중에서 10가지를 골고루 선정하여 안정적이고 아늑한 경관이 될 수 있도록 계획하고 설계하시오.

> 향나무(H2.5×W1.2), 스트로브잣나무(H2.5×W1.2), 스트로브잣나무(H2.0×W1.0), 왕벚나무(H4.5×B15), 단풍나무(H4.0×R20), 느티나무(H3.0×R6), 칠엽수(H3.5×R12), 중국단풍(H2.5×R5), 회화나무(H2.5×R5), 자귀나무(H2.5×R7), 산딸나무(H2.0×R5), 이팝나무(H2.0×R4), 꽃사과(H2.5×R5), 수수꽃다리(H1.5×W0.6), 병꽃나무(H0.7×W0.5), 쥐똥나무(H1.0×W0.4), 화살나무(H0.8×W0.4), 산철쭉(H0.4×W0.5), 산수국(H0.4×W0.6), 조릿대(H0.6×8가지), 맥문동(H0.2×5포기)

⑩ A-A′ 단면도는 포장재료, 경계선 및 기타 시설물의 기초, 주변의 수목, 중요 시설물, 이용자 등을 단면도상에 반드시 표시합니다.

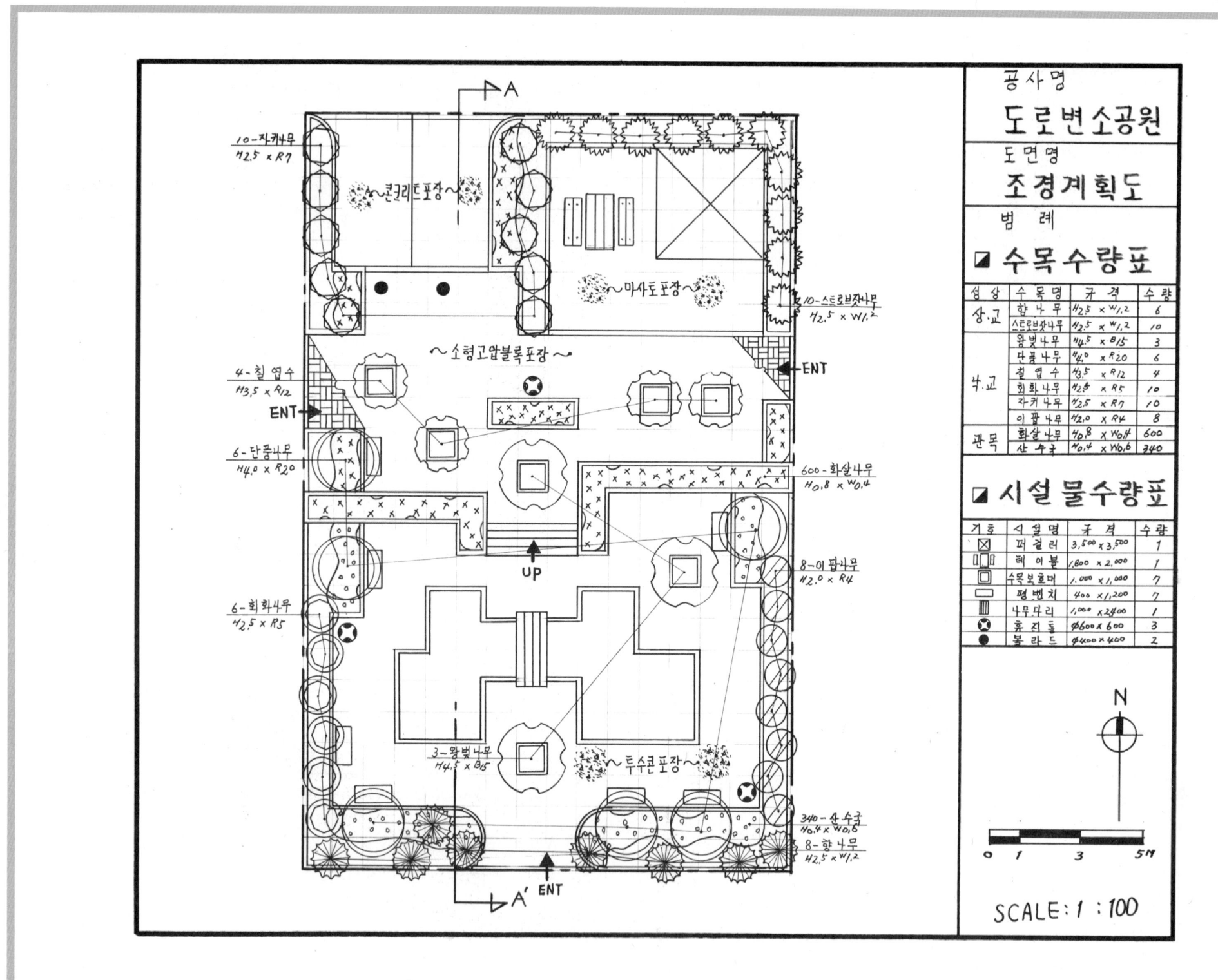

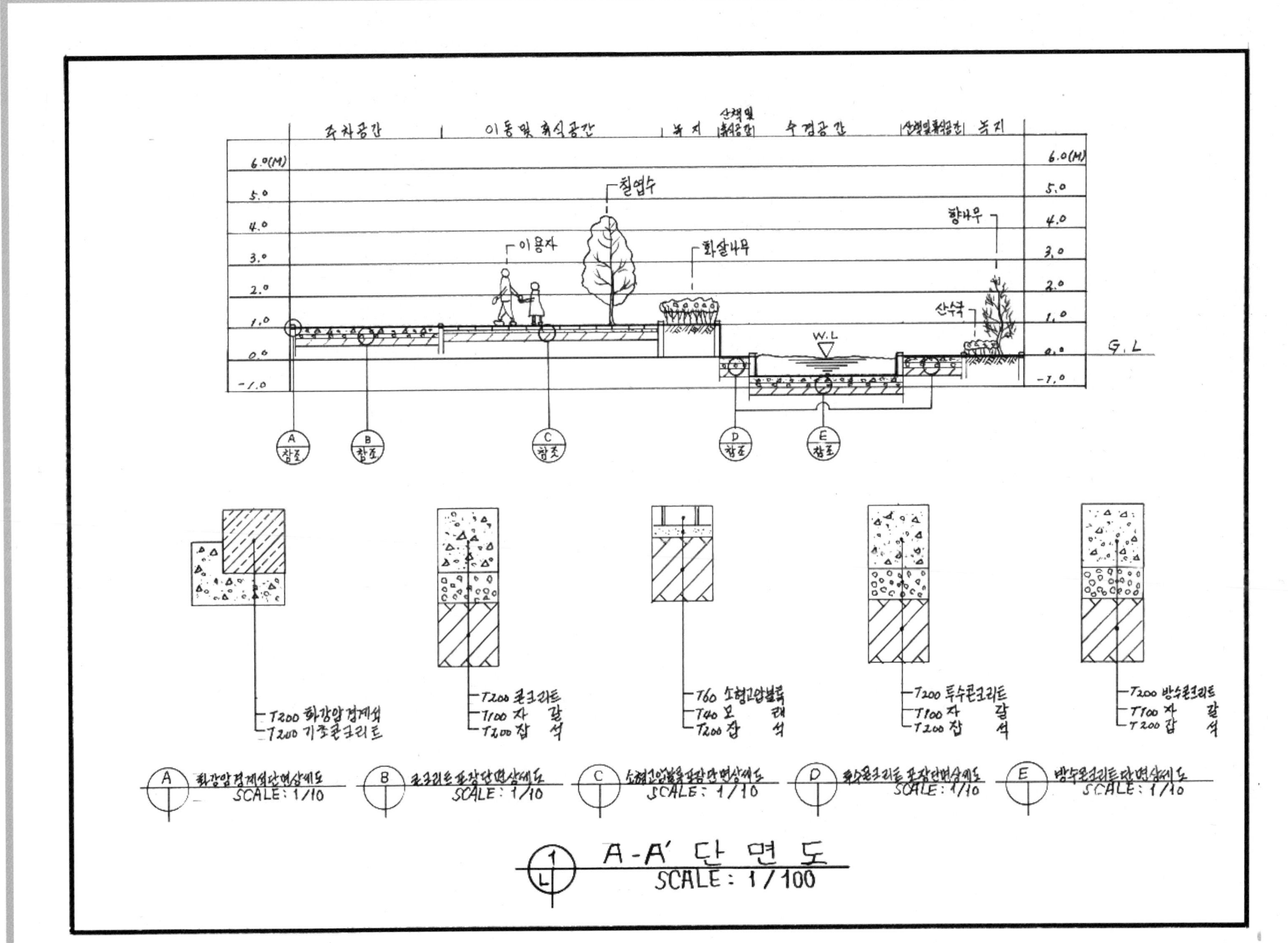

제19절 도로변 소공원

설계문제

우리나라 중부지역에 위치한 도로변의 빈 공간에 대한 조경설계를 하고자 합니다. 주어진 현황도 및 아래 사항을 참조하여 설계조건에 따라 조경계획도를 작성합니다(단, 1점 쇄선 안 부분을 조경설계 대상지로 합니다).

(1) 현황도

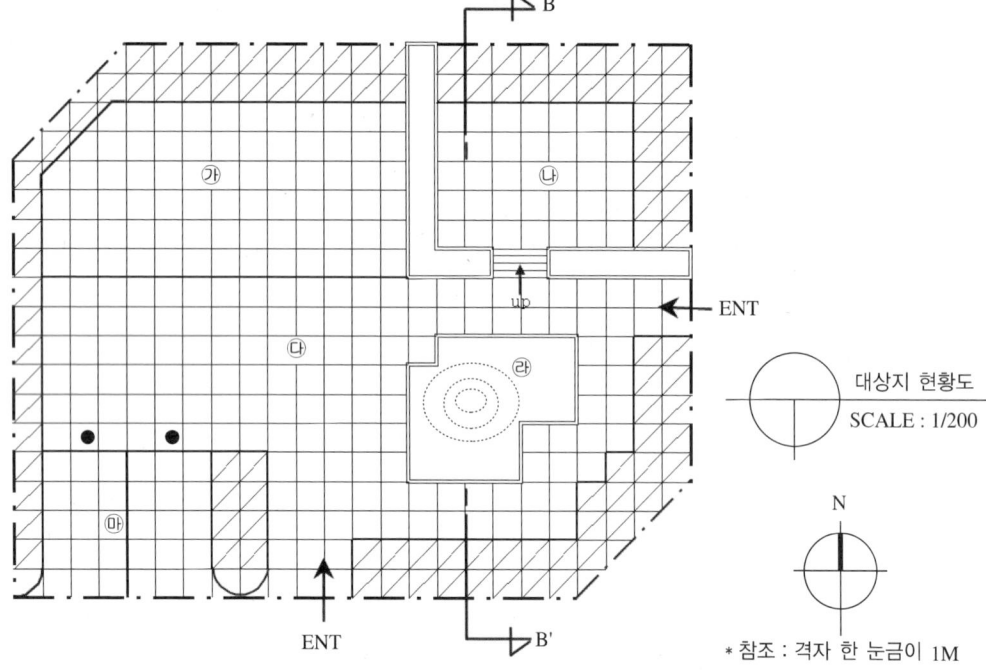

대상지 현황도
SCALE : 1/200

* 참조 : 격자 한 눈금이 1M

(2) 요구사항

① 식재평면도를 위주로 한 조경계획도를 축척 1/100로 작성하시오(용지 1).
② B-B' 단면도를 축척 1/100로 작성하시오(용지 2).

(3) 설계조건

① 해당 지역은 도로변 소공원으로 아늑하고 평화로운 휴식공간이 될 수 있는 특성을 고려하여 조경계획도를 작성하시오. 조경지역 중 포장지역을 제외한 곳에는 가능한 식재를 계획합니다(녹지공간은 대각선 친 부분입니다).
② 포장지역은 "소형고압블록, 콘크리트, 마사토, 투수콘크리트, 고무칩" 등 중에서 적당한 위치에 선택하여 표시하고 포장명을 기입합니다.
③ "가" 지역은 운동공간으로 누구나 즐길 수 있는 운동시설 1개소, 벤치 3개소, 휴지통 1개소를 운동에 지장을 주지 않도록 설치하시오.
④ "나" 지역은 휴게공간으로 퍼걸러(3,500mm×3,500mm) 1개소, 평벤치 2개소, 휴지통 1개소를 계획하고 설치합니다.
⑤ "다" 지역은 이동 및 휴식공간으로 수목보호대 5개소, 벤치 3개소를 이용자의 이동에 방해되지 않도록 설치합니다.
⑥ "라" 지역은 등고선 1개당 30cm가 높으며, 전체적으로 "다" 지역에 비해 60cm가 높은 녹지지역으로 경관식재를 실시하시오. 아울러 반드시 크기가 다른 나무를 3종 식재하고, 계절성을 느낄 수 있게 다른 수목을 조화롭게 배치하시오.
⑦ "마" 지역은 주차공간으로 소형자동차(3,000mm×5,000mm) 2대가 주차할 수 있는 공간으로 계획하고 설계합니다.
⑧ 식재공간에 녹음식재, 유도식재, 경관식재, 녹음식재 패턴을 필요한 곳에 적당히 배식하여 조형을 계획하고 설계하시오.
⑨ 수목은 아래의 수종 중에서 10가지를 골고루 선정하여 안정적이고 아늑한 경관이 될 수 있도록 계획하고 설계하시오.

> 소나무(H4.0×W2.0), 소나무(H3.0×W1.5), 소나무(H2.5×W1.3), 스트로브잣나무(H2.5×W1.2), 스트로브잣나무(H2.0×W1.0), 왕벚나무(H4.0×B14), 버즘나무(H3.5×B8), 느티나무(H3.5×B8), 청단풍(H2.5×R9), 중국단풍(H2.5×R6), 자귀나무(H2.5×R8), 산딸나무(H2.0×R5), 산수유(H2.5×R7), 꽃사과(H2.5×R6), 수수꽃다리(H1.5×W0.6), 병꽃나무(H0.7×W0.5), 쥐똥나무(H1.0×W0.4), 명자나무(H0.6×W0.4), 산철쭉(H0.4×W0.5), 자산홍(H0.3×W0.3), 조릿대(H0.6×8가지), 맥문동(H0.2×5포기)

⑩ B-B' 단면도는 포장재료, 경계선 및 기타 시설물의 기초, 주변의 수목, 중요 시설물, 이용자 등을 단면도상에 반드시 표시합니다.

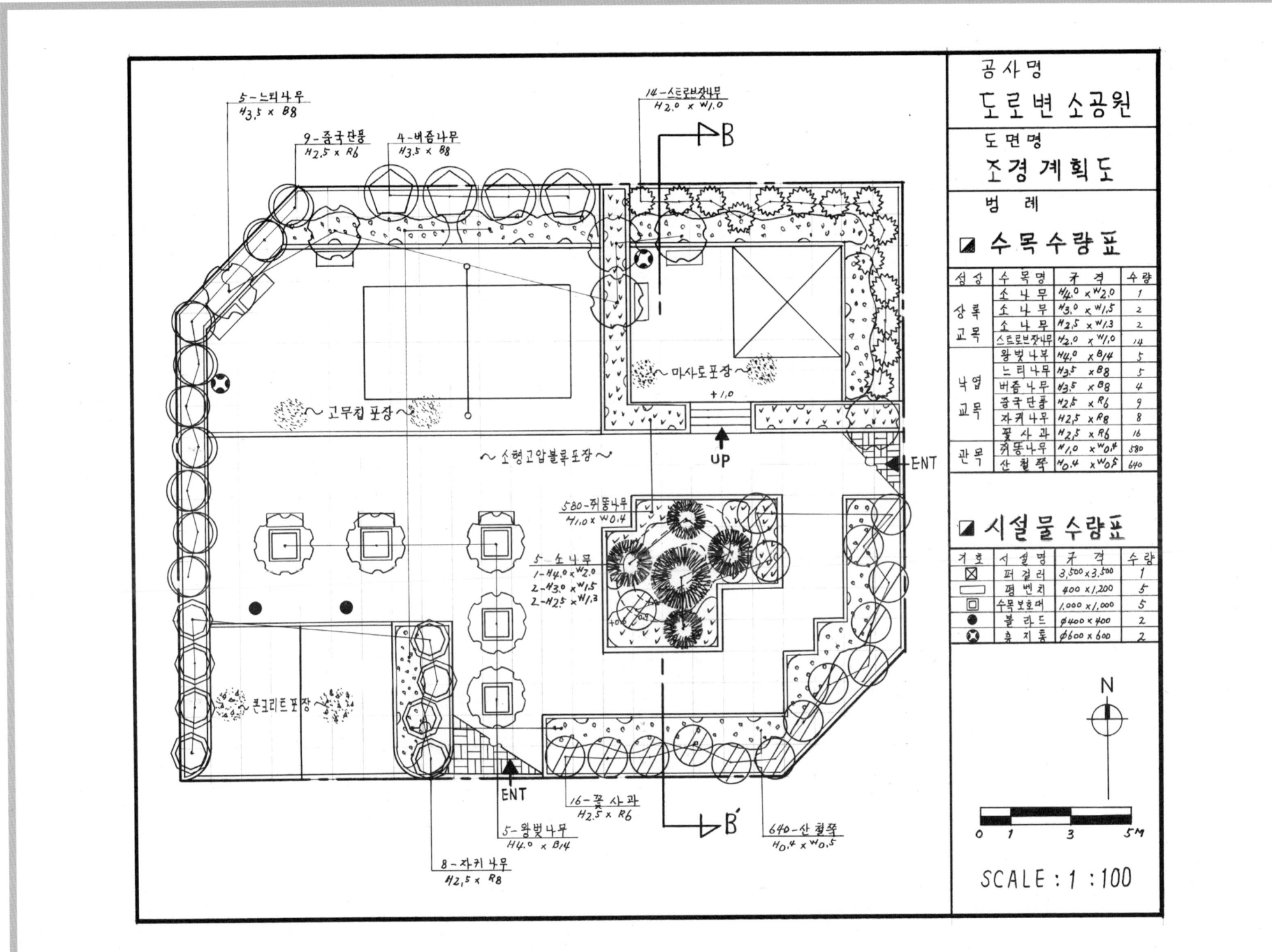

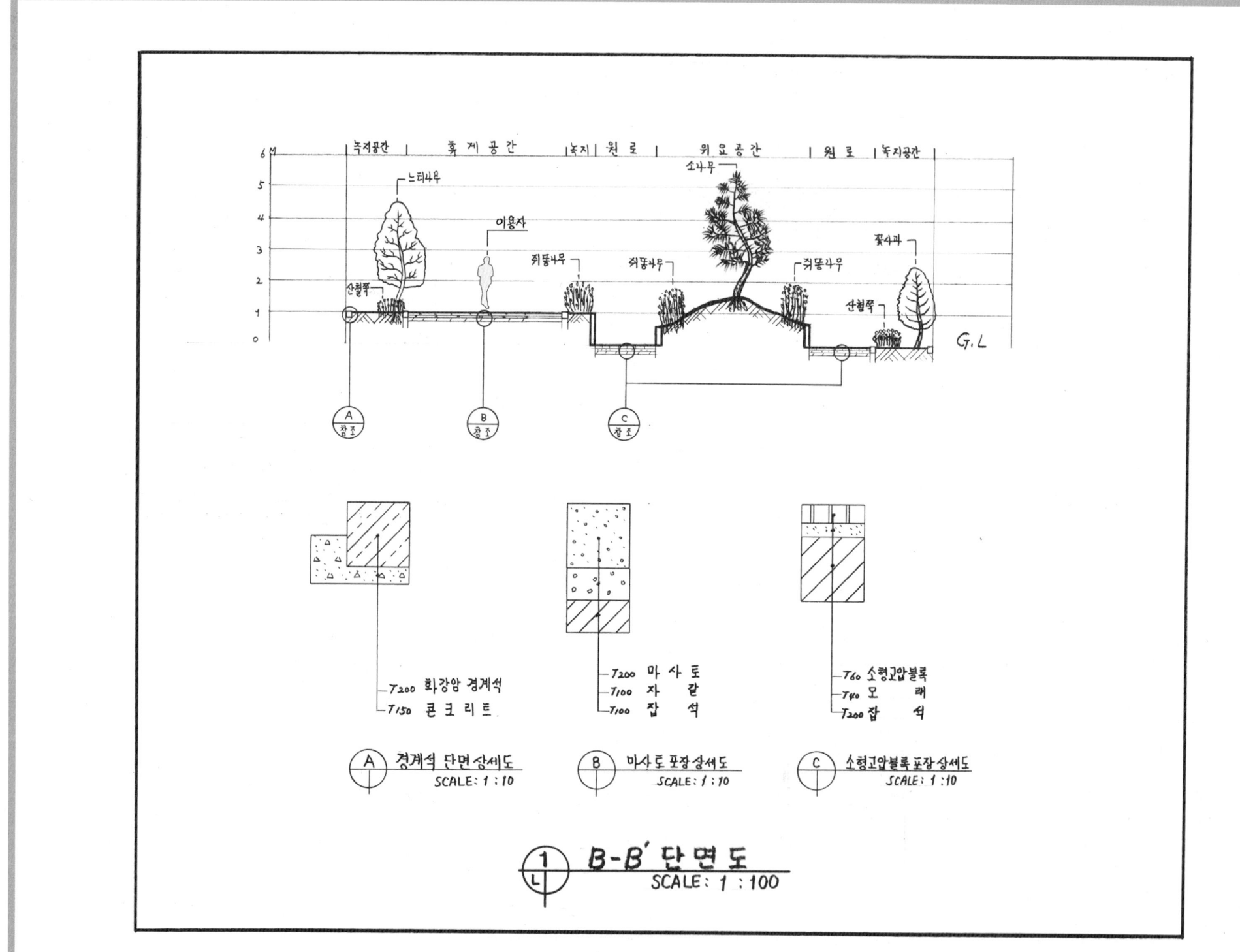

제20절 도심공간 휴게공원

설계문제

우리나라 중부지역에 위치한 도로변의 빈 공간에 대한 조경설계를 하고자 합니다. 주어진 현황도 및 아래 사항을 참조하여 설계조건에 따라 조경계획도를 작성합니다(단, 1점 쇄선 안 부분을 조경설계 대상지로 합니다).

(1) 현황도

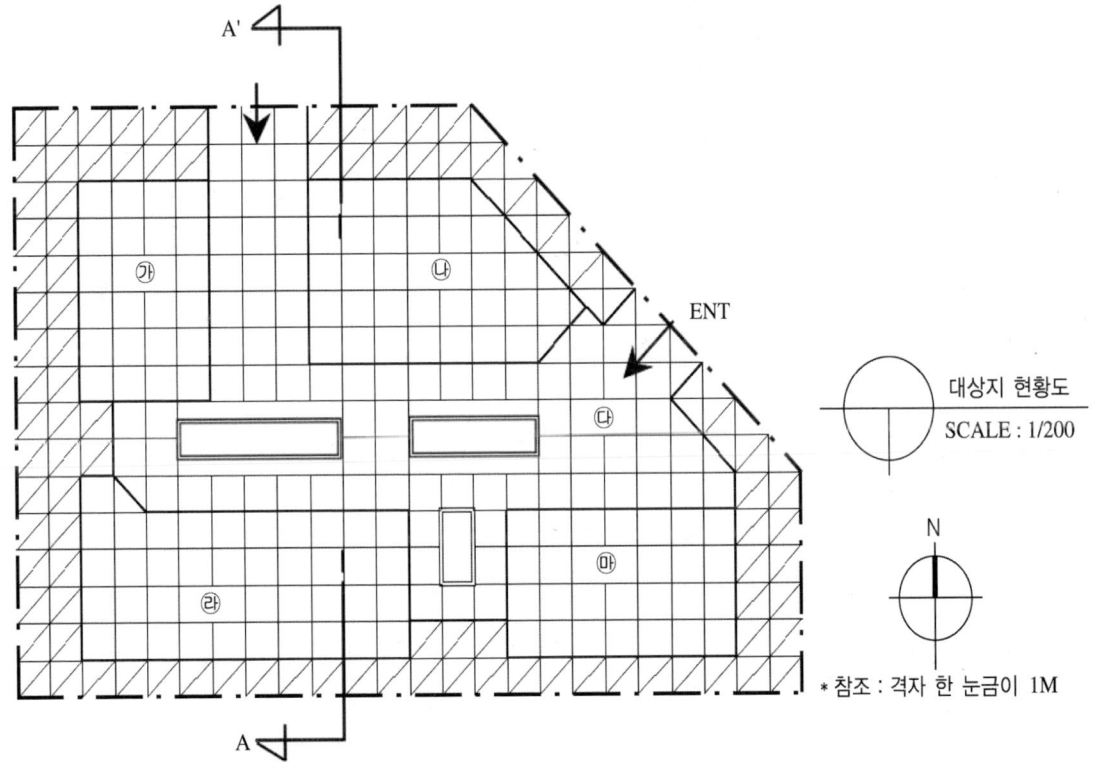

* 참조 : 격자 한 눈금이 1M

(2) 요구사항

① 식재평면도를 위주로 한 조경계획도를 축척 1/100로 작성하시오(용지 1).
② A-A′ 단면도를 축척 1/100로 작성하시오(용지 2).

(3) 설계조건

① 해당 지역은 도심지 휴게공원으로 아늑하고 평화로운 휴식공간이 될 수 있는 특성을 고려하여 조경계획도를 작성하시오. 조경지역 중 포장지역을 제외한 곳에는 가능한 식재를 계획합니다(녹지공간은 대각선 친 부분임).
② 포장지역은 "소형고압블록, 콘크리트, 마사토, 투수콘크리트, 고무칩" 등 중에서 적당한 위치에 선택하여 표시하고 포장명을 기입합니다.
③ "가" 지역은 조용한 휴게공간으로 퍼걸러(3,000mm×4,000mm) 1개소를 설치합니다.
④ "나" 지역은 어른의 휴게공간으로 8각정자(3,000mm×3,000mm) 1개소, 테이블과 벤치를 계획하고 설치합니다.
⑤ "다" 지역은 이동 및 운동공간으로 수목보호대 6개소, 휴지통 3개소를 이용자의 이동에 방해되지 않도록 설치하고 녹음식재합니다.
⑥ "라" 지역은 어린이 놀이공간으로 놀이시설 3개소를 계획하고 설치합니다.
⑦ "마" 지역은 유아 놀이공간으로 모래사장을 계획하고 설계합니다.
⑧ 식재공간에는 녹음식재, 유도식재, 경관식재, 차폐식재 패턴을 필요한 곳에 적당히 배식하여 조형을 계획하고 설계하시오.
⑨ 수목은 아래의 수종 중에서 10가지를 골고루 선정하여 안정적이고 아늑한 경관이 될 수 있도록 계획하고 설계하시오.

> 가이즈까향나무(H3.5×W1.6), 독일가문비(H2.5×W1.2), 메타세쿼이아(H4.5×R10), 왕벚나무(H4.5×B15), 단풍나무(H2.5×R7), 느티나무(H3.5×R10), 칠엽수(H3.5×R12), 꽃사과(H2.5×R6), 회화나무(H2.5×R5), 배롱나무(H2.5×R7), 산딸나무(H2.0×R5), 이팝나무(H2.0×R4), 꽃사과(H2.5×R5), 수수꽃다리(H1.5×W0.6), 명자나무(H0.6×W0.4), 쥐똥나무(H1.0×W0.3), 화살나무(H0.8×W0.4), 산철쭉(H0.4×W0.3), 산수국(H0.4×W0.6), 조릿대(H0.6×8가지), 맥문동(H0.2×5포기)

⑩ A-A′ 단면도는 포장재료, 경계선 및 기타 시설물의 기초, 주변의 수목, 중요 시설물, 이용자 등을 단면도상에 반드시 표시합니다.

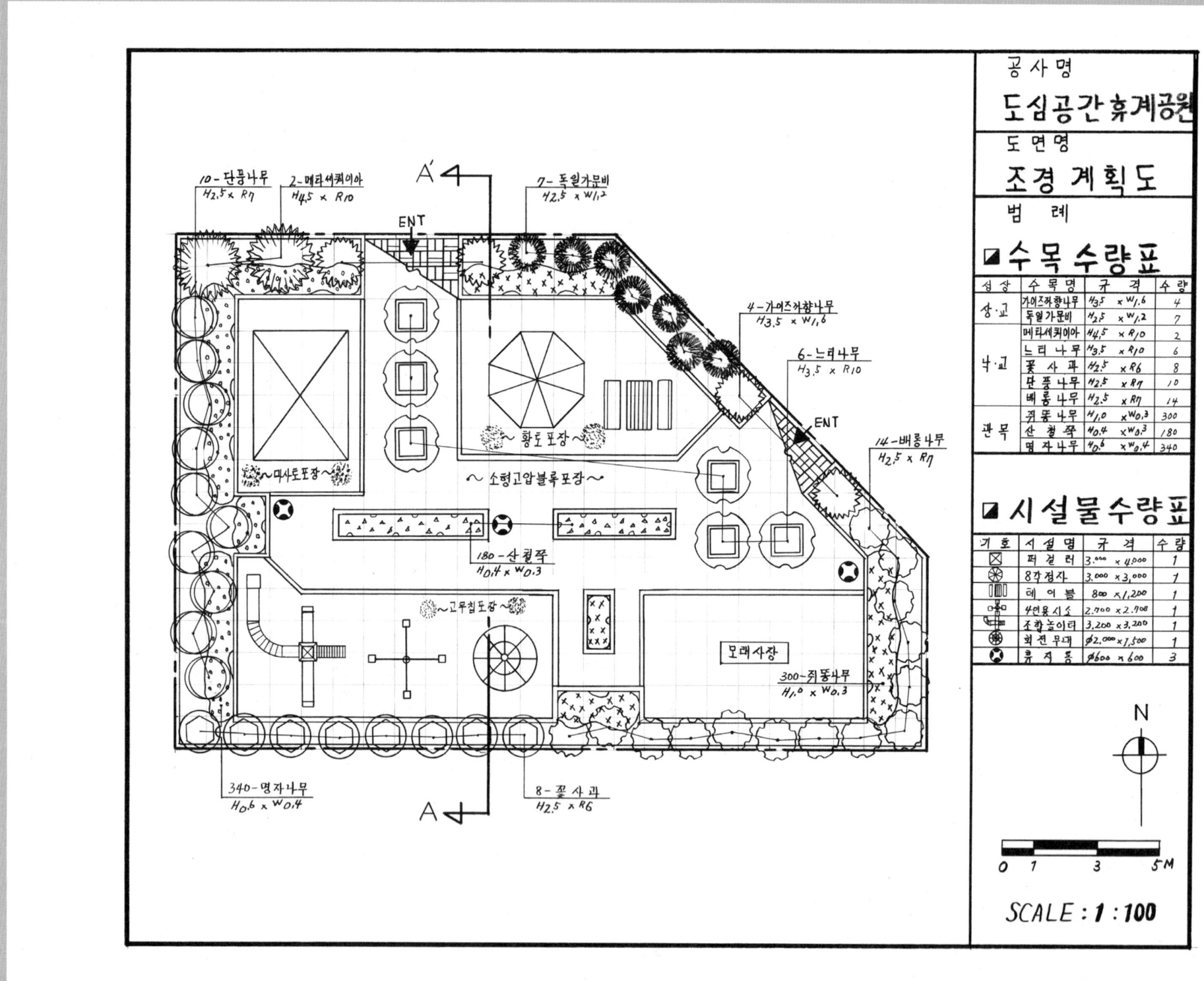

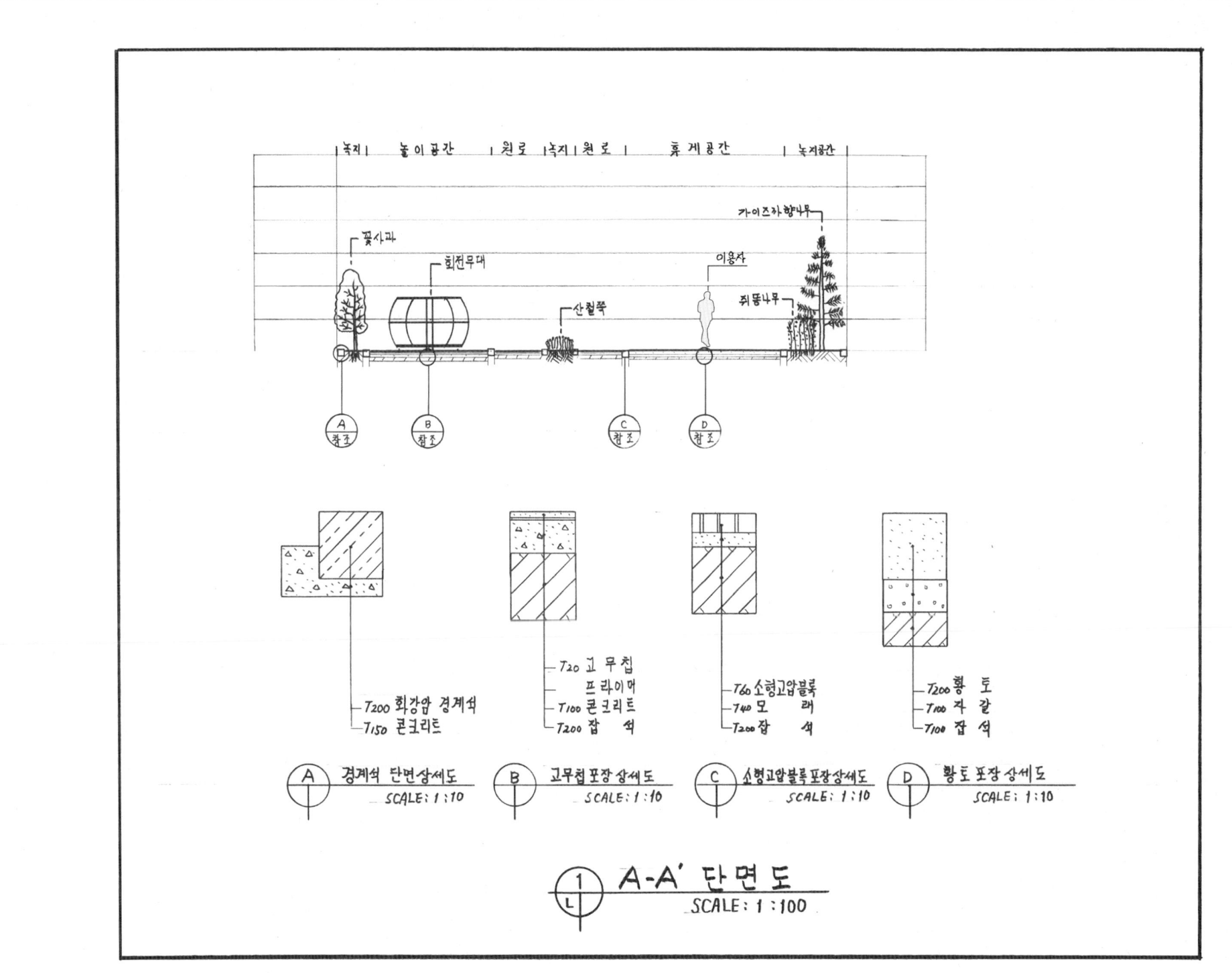

제21절 열린 광장공원

설계문제

우리나라 중부지역에 위치한 공공기관의 열린 광장에 대한 조경설계를 하고자 합니다. 주어진 현황도 및 아래 사항을 참조하여 설계조건에 따라 조경계획도를 설계하시오(단, 1점 쇄선 안 부분을 조경설계 대상지로 합니다).

(1) 현황도

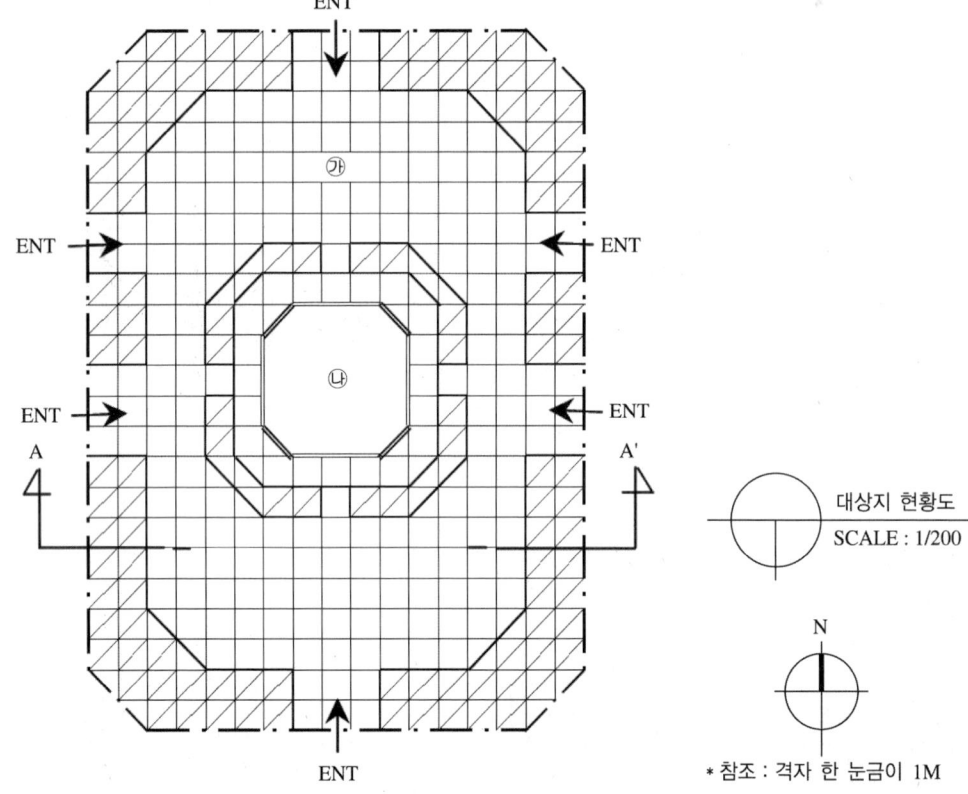

* 참조 : 격자 한 눈금이 1M

(2) 요구사항

① 식재평면도를 위주로 한 조경계획도를 축척 1/100로 작성하시오(용지 1).
② A-A' 단면도를 축척 1/100로 작성하시오(용지 2).

(3) 설계조건

① 해당 지역은 공공기관의 열린 광장지역으로 아늑하고 평화로운 광장공간이 될 수 있는 특성을 고려하여 조경계획도를 작성하시오. 조경지역 중 포장지역을 제외한 곳에는 가능한 식재를 계획합니다(녹지공간은 대각선 친 부분임).
② 포장지역은 "소형고압블록, 마사토, 투수콘크리트, 점토블록" 등 중에서 적당한 위치에 선택하여 표시하고 포장명을 기입합니다.
③ "가" 지역은 업무상 또는 민원인의 이동공간으로 적절한 포장을 시설하고 통행에 지장을 주지 않도록 수목보호대를 설치하고 녹음 식재합니다.
④ "나" 지역은 수(水)공간으로 "가" 지역보다 60cm 낮게 계획하고 설계합니다.
⑤ 식재공간에는 사각모서리에 대칭식재, 진입구는 대칭 및 유도식재, 수공간 주위에는 관목 대칭식재, 광장에는 녹음식재 패턴을 필요한 곳에 적당히 배식하여 조형을 계획하고 설계하시오.
⑥ 수목은 아래의 수종 중에서 12가지를 선정하여 골고루 안정적이고 아늑한 경관이 될 수 있도록 계획하고 설계하시오.

> 소나무(H4.0×R15), 주목(H4.0×W2.0), 반송(H1.5×W2.0), 메타세쿼이아(H4.5×R10), 왕벚나무(H4.5×B15), 단풍나무(H2.5×R7), 느티나무(H4.0×R12), 칠엽수(H3.5×R12), 꽃사과(H2.5×R6), 회화나무(H2.5×R5), 배롱나무(H2.5×R7), 산딸나무(H2.5×R8), 자작나무(H2.5×B5), 산수유(H2.0×W0.9), 이팝나무(H2.0×R4), 홍단풍(H2.5×R8), 수수꽃다리(H1.5×W0.6), 명자나무(H0.6×W0.4), 쥐똥나무(H1.0×W0.3), 화살나무(H0.8×W0.4), 산철쭉(H0.3×W0.4), 회양목(H0.3×W0.3), 영산홍(H0.3×W0.3), 맥문동(H0.2×5포기)

⑦ A-A' 단면도는 포장재료, 경계선 및 기타 시설물의 기초, 주변의 수목, 중요 시설물, 이용자 등을 단면도상에 반드시 표시합니다.

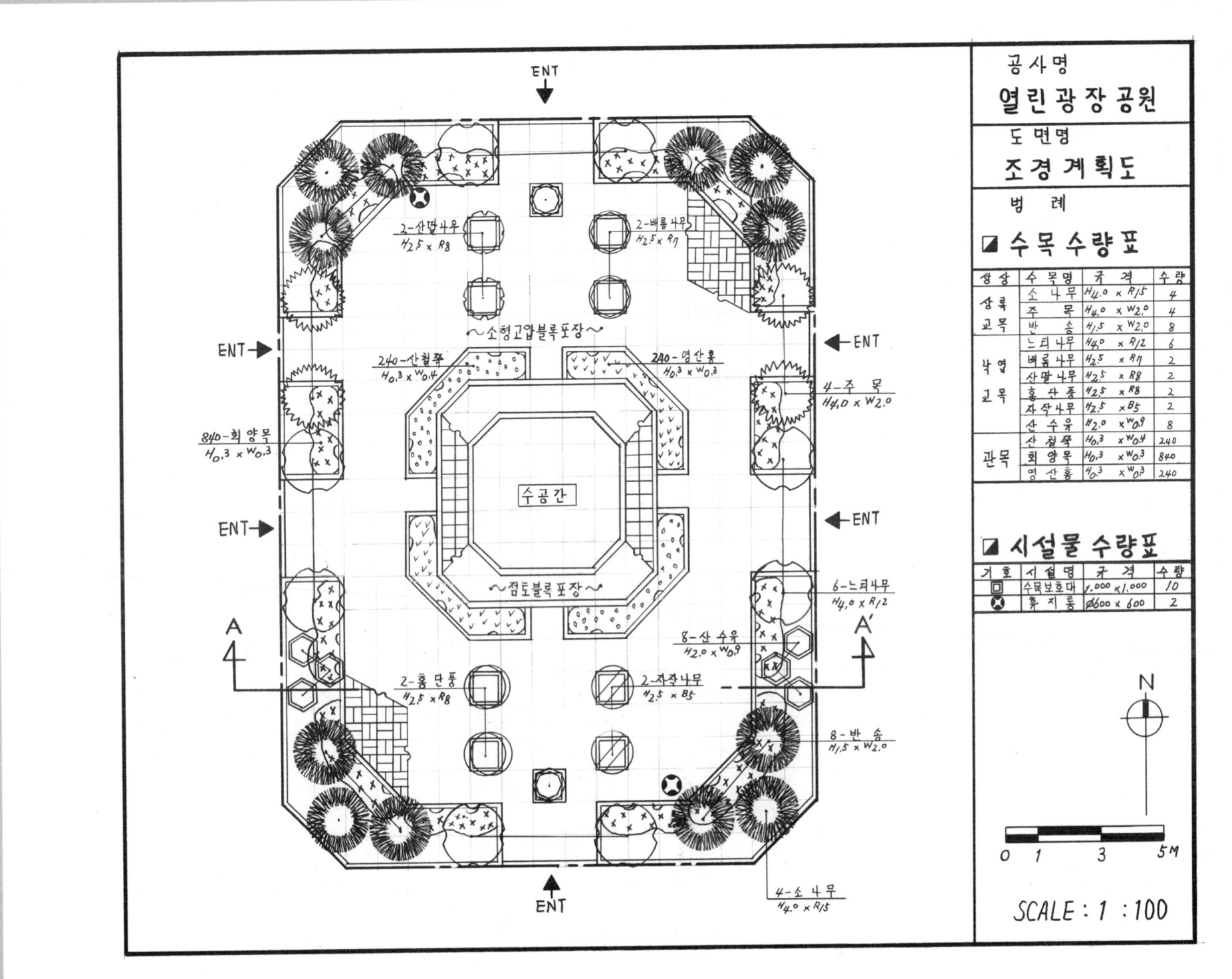

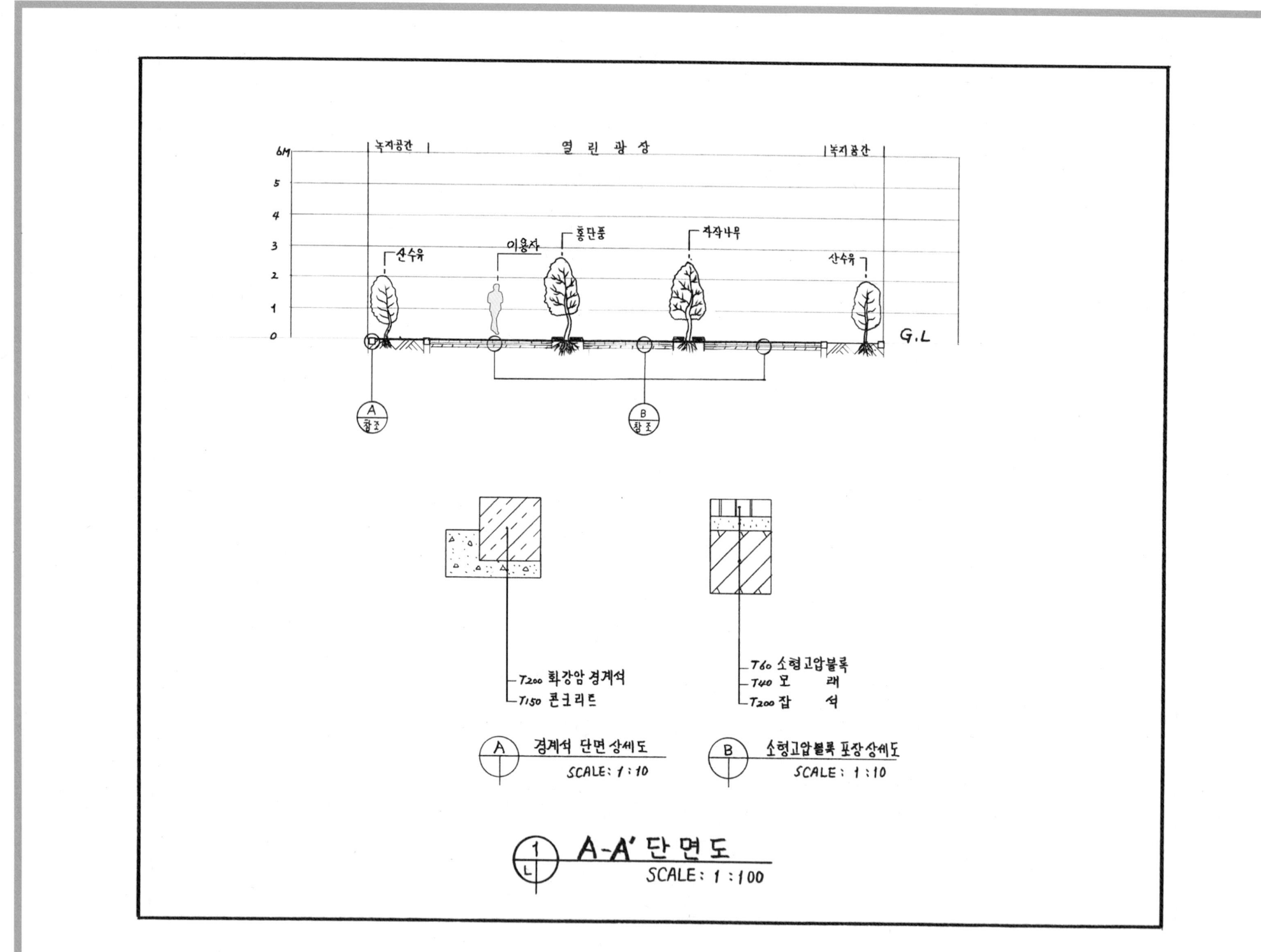

제22절 아파트 단지 휴게공간

설계문제

우리나라 중부지역에 위치한 아파트 단지의 빈 공간에 휴게공간을 설치하고자 합니다. 주어진 현황도 및 아래 사항을 참조하여 설계조건에 따라 조경계획도를 작성합니다(단, 1점 쇄선 안 부분을 조경설계 대상지로 합니다).

(1) 현황도

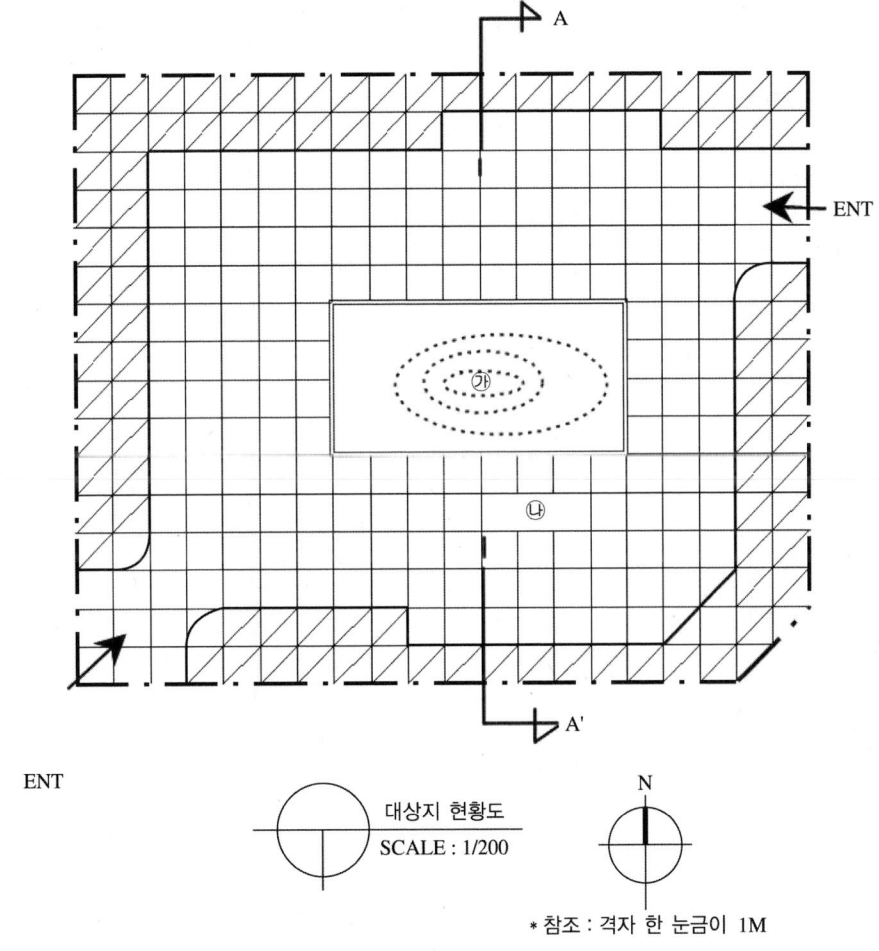

(2) 요구사항

① 식재평면도를 위주로 한 조경계획도를 축척 1/100로 작성하시오(용지 1).
② A-A′ 단면도를 축척 1/100로 작성하시오(용지 2).

(3) 설계조건

① 해당 지역은 아파트 단지의 휴게공간으로 아늑하고 평화로운 휴식공간이 될 수 있는 특성을 고려하여 조경계획도를 작성하시오. 조경지역 중 포장지역을 제외한 곳에는 가능한 식재를 계획합니다(녹지공간은 대각선 친 부분입니다).
② 포장지역은 "소형고압블록, 마사토, 투수콘크리트, 고무칩" 등 중에서 적당한 포장재료를 선택하여 표시하고 포장명을 기입합니다.
③ "가" 지역은 위요공간으로 등고선 1개당 30cm가 높으며, 전체적으로 "나" 지역에 60cm가 높은 녹지지역으로 경관식재를 실시하시오. 아울러 반드시 크기가 다른 나무를 3종 식재하고, 계절성을 느낄 수 있게 다른 수목을 조화롭게 배치하시오.
④ "나" 지역은 입주민의 휴게공간으로 셸터(3,000mm×3,000mm) 1개소, 퍼걸러(3,000mm×3,000mm) 1개소, 등벤치 7개소, 휴지통 3개소를 계획하고 설치합니다.
⑤ 식재공간에는 필요시 수목보호대를 설치하고 녹음식재, 유도식재, 경관식재, 대칭식재 패턴을 필요한 곳에 적당히 배식하여 조형을 계획하고 설계하시오.
⑥ 수목은 아래의 수종 중에서 10가지를 골고루 선정하여 안정적이고 아늑한 경관이 될 수 있도록 계획하고 설계하시오.

> 소나무(H4.0×W2.0), 소나무(H3.0×W1.5), 소나무(H2.0×W1.0), 향나무(H4.0×W1.8), 왕벚나무(H4.5×B15), 버즘나무(H3.5×B8), 느티나무(H4.5×R20), 청단풍(H4.0×R20), 중국단풍(H2.5×R7), 자귀나무(H2.5×R7), 산딸나무(H3.0×R8), 산수유(H2.5×R7), 이팝나무(H2.5×R6), 자작나무(H2.5×B5), 수수꽃다리(H1.5×W0.6), 병꽃나무(H0.7×W0.5), 남천(H1.0×3가지), 조팝나무(H0.6×W0.3), 명자나무(H0.6×W0.4), 자산홍(H0.4×W0.4), 치자나무(H0.4×W0.3), 조릿대(H0.6×8가지), 맥문동(H0.2×5포기)

⑦ A-A′ 단면도는 포장재료, 경계선 및 기타 시설물의 기초, 주변의 수목, 중요 시설물, 이용자 등을 단면도상에 반드시 표시합니다.

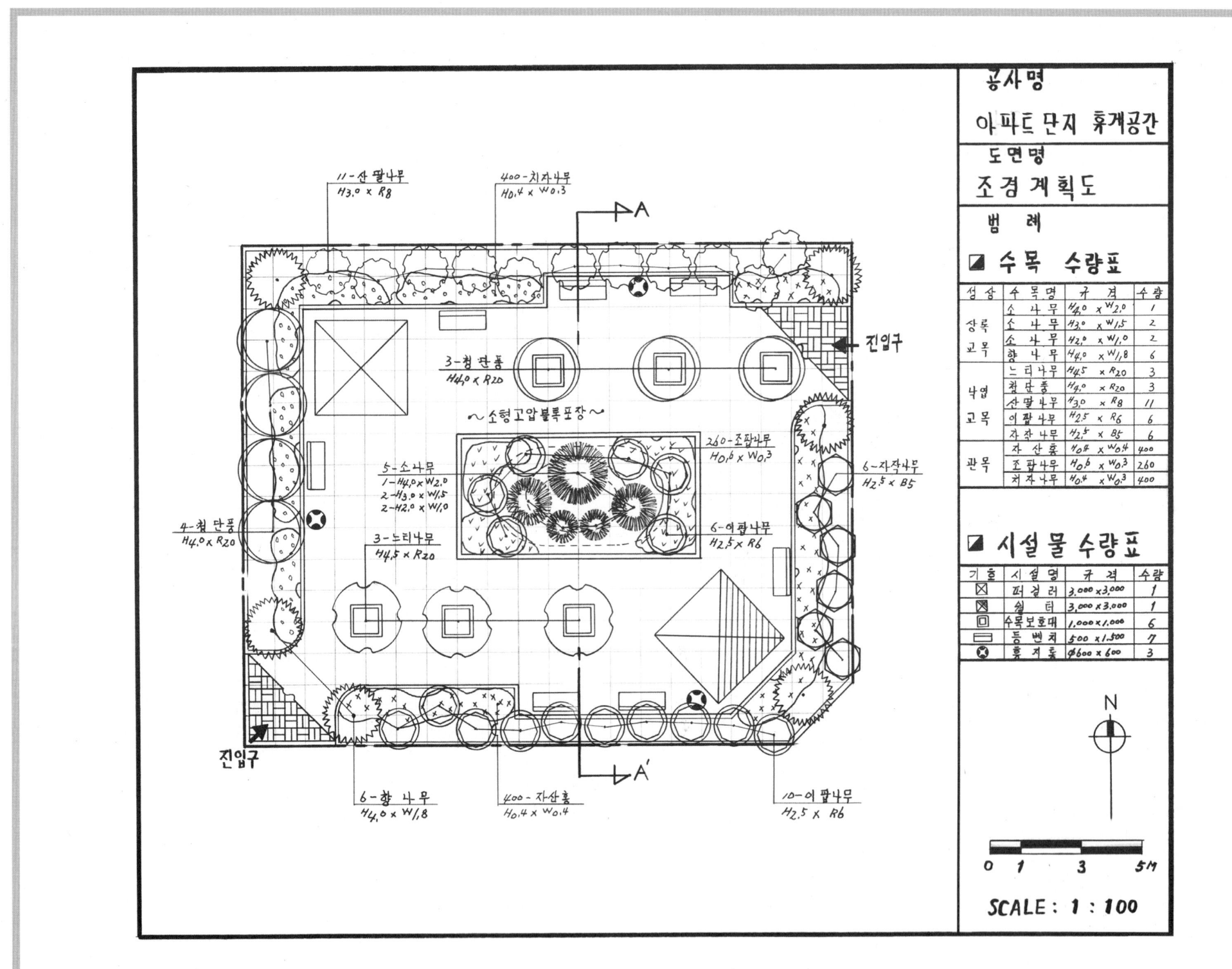

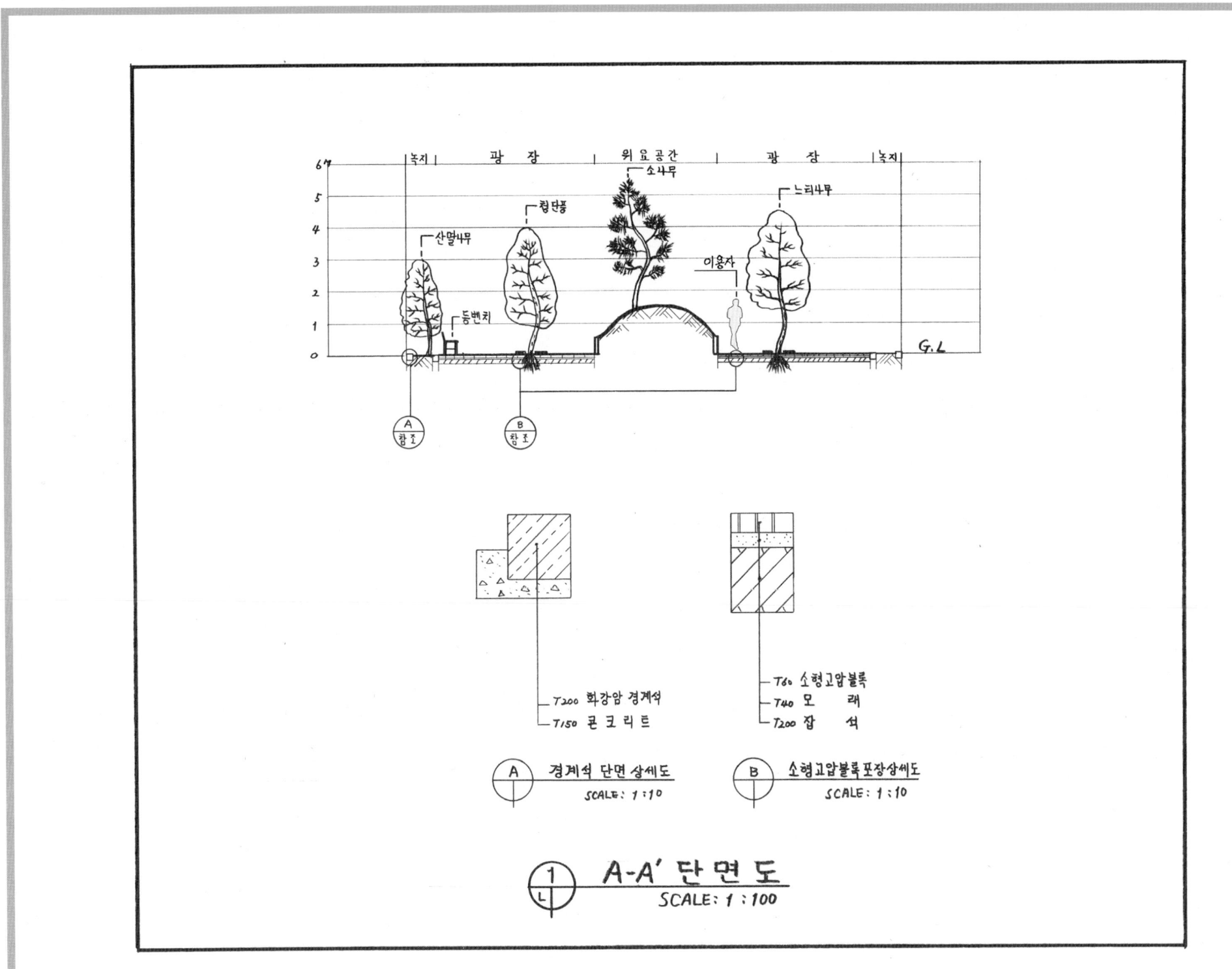

제 23 절 근린 휴게공원

설계문제

우리나라 중부지역 근린생활권에 위치한 빈 공간에 대한 조경설계를 얻고자 합니다. 주어진 현황도 및 아래 사항을 참조하여 설계조건에 따라 조경계획도를 작성합니다(단, 1점 쇄선 안 부분을 조경설계 대상지로 합니다).

(1) 현황도

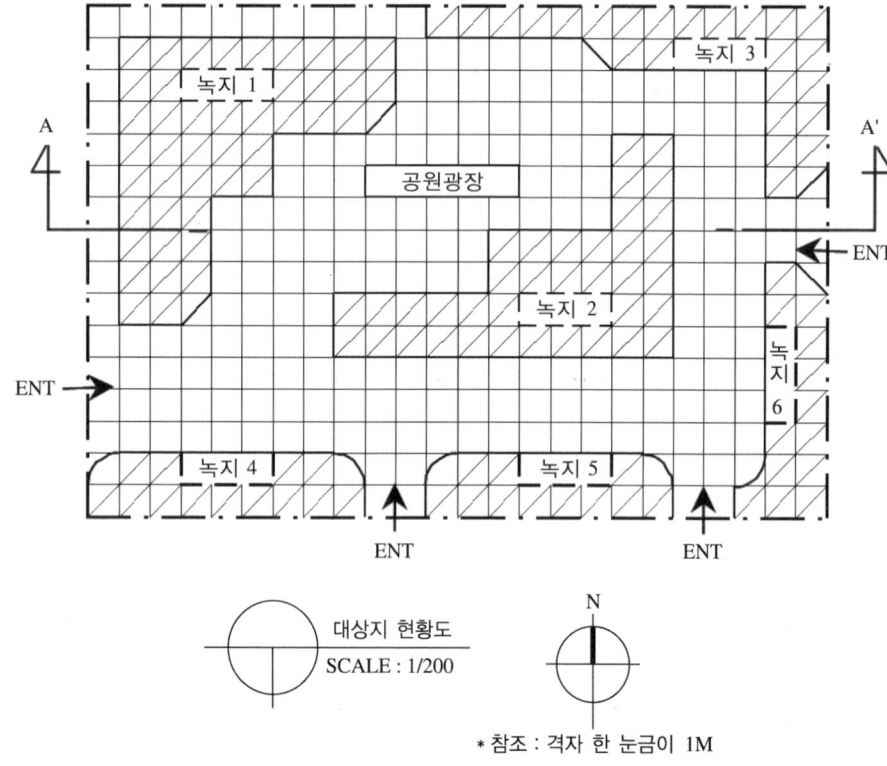

*참조: 격자 한 눈금이 1M

(2) 요구사항

① 식재평면도를 위주로 한 조경계획도를 축척 1/100로 작성하시오(용지 1).
② A-A′ 단면도를 축척 1/100로 작성하시오(용지 2).

(3) 설계조건

① 해당 지역은 근린생활권에 위치한 공원으로 아늑하고 평화로운 휴식공간이 될 수 있는 특성을 고려하여 조경계획도를 작성하시오. 조경지역 중 포장지역을 제외한 곳에는 가능한 식재를 계획합니다(녹지공간은 대각선 친 부분입니다).
② 포장지역은 "소형고압블록, 마사토, 모래, 황토 등" 중에서 적당한 위치에 선택하여 표시하고 포장명을 기입합니다.
③ "공원광장" 지역은 휴게공간으로 셀터(3,000mm×3,000mm) 1개소, 모래사장 1개소, 수목보호대 6개소, 평벤치 6개소, 휴지통 4개소를 계획하고 설치합니다.
④ "녹지 1" 지역은 상록수와 낙엽수, 관목을 혼합식재하여 차폐와 경관을 목적으로 조성하시오.
⑤ "녹지 2" 지역은 3종 이상의 경관식재를 계획하고 설계하시오.
⑥ "녹지 3~6" 지역은 2가지 이상의 수목으로 경관식재, 유도식재하시오.
⑦ 녹지의 앞쪽에는 폭 1m의 관목을 식재하여 스카이라인을 형성하도록 하시오.
⑧ 수목은 아래의 수종 중에서 9가지를 골고루 선정하여 안정적이고 아늑한 경관이 될 수 있도록 계획하고 설계하시오.

> 향나무(H3.0×W1.2), 섬잣나무(H2.0×W1.2), 스트로브잣나무(H2.0×W1.0), 왕벚나무(H4.5×B15), 단풍나무(H4.0×R20), 느티나무(H3.5×R10), 칠엽수(H3.5×R12), 청단풍(H2.0×R5), 회화나무(H2.5×R5), 목련(H2.5×R5), 산딸나무(H2.0×R5), 이팝나무(H2.0×R4), 꽃사과(H1.5×R4), 수수꽃다리(H1.5×W0.6), 병꽃나무(H0.7×W0.5), 쥐똥나무(H1.0×W0.3), 화살나무(H0.8×W0.4), 회양목(H0.3×W0.3), 산수국(H0.4×W0.6), 조릿대(H0.6×8가지), 맥문동(H0.2×5포기)

⑨ A-A′ 단면도는 포장재료, 경계선 및 기타 시설물의 기초, 주변의 수목, 중요 시설물, 이용자 등을 단면도상에 반드시 표시합니다.

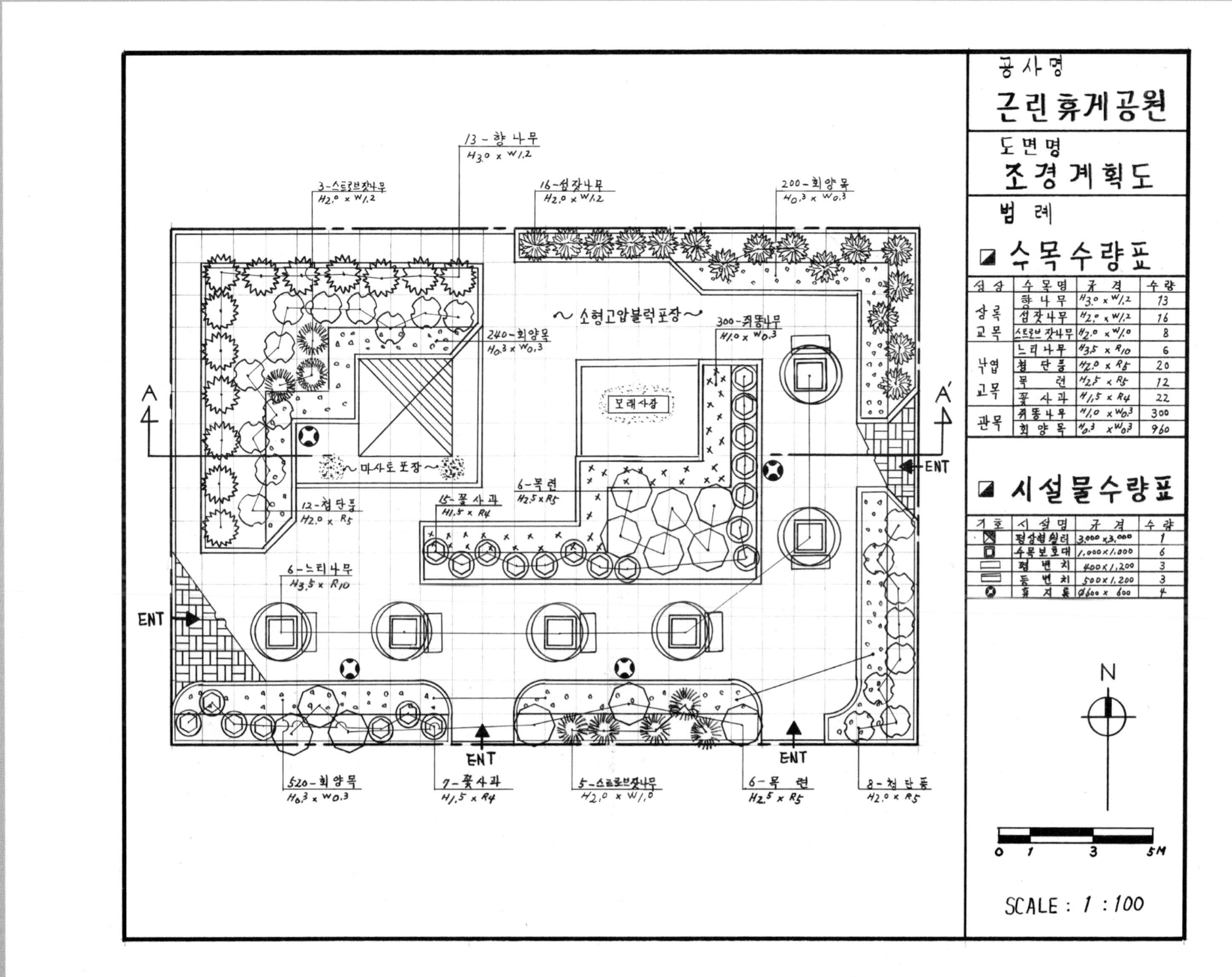

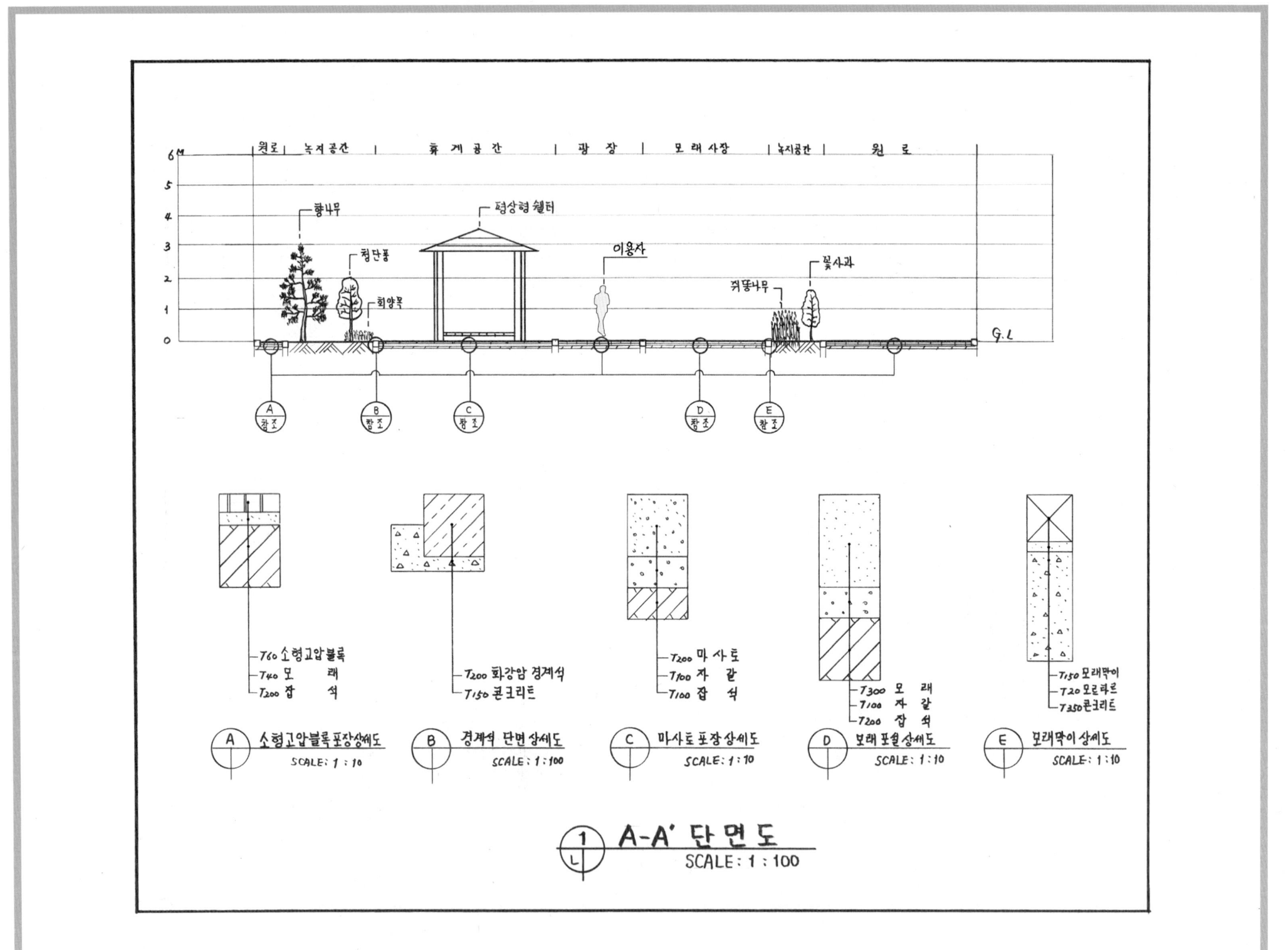

제24절 도로변 휴게공간

설계문제

우리나라 중부지역에 위치한 도로변의 빈 공간에 대한 조경설계를 하고자 합니다. 주어진 현황도 및 아래 사항을 참조하여 설계조건에 따라 조경계획도를 작성합니다(단, 1점 쇄선 안 부분을 조경설계 대상지로 합니다).

(1) 현황도

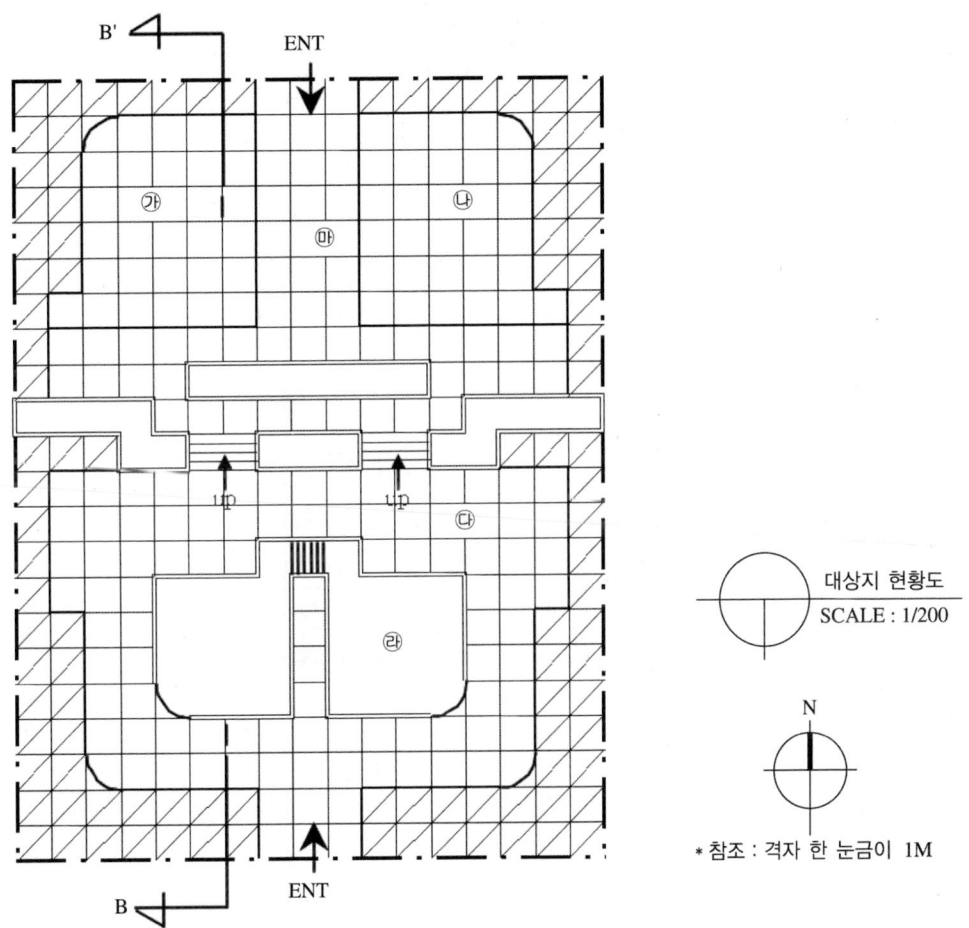

(2) 요구사항

① 식재평면도를 위주로 한 조경계획도를 축척 1/100로 작성하시오(용지 1).
② B-B' 단면도를 축척 1/100로 작성하시오(용지 2).

(3) 설계조건

① 해당 지역은 도로변 휴게공간으로 아늑하고 평화로운 휴식공간이 될 수 있는 특성을 고려하여 조경계획도를 작성하시오. 조경지역 중 포장지역을 제외한 곳에는 가능한 식재를 계획합니다(녹지공간은 대각선 친 부분입니다).
② 포장지역은 "점토벽돌, 투수콘, 마사토, 황토, 고무칩" 등 중에서 적당한 위치에 선택하여 표시하고 포장명을 기입합니다.
③ "가" 지역은 조용한 휴게공간으로 퍼걸러(3,500mm×3,500mm) 1개소, 휴지통 1개소를 설치합니다.
④ "나" 지역은 어른의 휴게공간으로 수목보호대 6개소, 벤치 6개소, 휴지통 1개소를 계획하고 설치합니다.
⑤ "다" 지역은 이동 및 운동공간으로 수목보호대 2개소, 휴지통 2개소, 벤치 4개소를 이용자의 이동에 방해되지 않도록 설치하고 녹음식재합니다.
⑥ "라" 지역은 수(水)공간으로 다리 1개소를 계획하고 설치합니다.
⑦ "마" 지역은 원로공간으로 수목보호대에 녹음식재를 계획하고 설계합니다.
⑧ 식재공간에는 녹음식재, 유도식재, 경관식재(소나무 군식), 차폐식재 패턴을 필요한 곳에 적당히 배식하여 조형을 계획하고 설계하시오.
⑨ 수목은 아래의 수종 중에서 12가지를 골고루 선정하여 안정적이고 아늑한 경관이 될 수 있도록 계획하고 설계하시오.

> 소나무(H4.0×W2.0), 소나무(H3.0×W1.5), 소나무(H2.5×W1.3), 스트로브잣나무(H2.5×W1.2), 스트로브잣나무(H2.0×W1.0), 왕벚나무(H4.5×B15), 버즘나무(H3.5×B8), 느티나무(H3.0×R6), 청단풍(H2.0×R7), 다정큼나무(H1.0×W0.6), 동백나무(H2.5×R8), 중국단풍(H2.5×R5), 굴거리나무(H2.5×W0.6), 자귀나무(H2.0×R7), 태산목(H1.5×W0.5), 먼나무(H2.0×R5), 산딸나무(H2.0×R5), 산수유(H2.5×R7), 꽃사과(H2.5×R5), 수수꽃다리(H1.5×W0.6), 병꽃나무(H1.0×W0.4), 쥐똥나무(H1.0×W0.4), 명자나무(H0.6×W0.4), 산철쭉(H0.3×W0.4), 자산홍(H0.3×W0.3), 영산홍(H0.4×W0.3), 조릿대(H0.6×7가지)

⑩ B-B' 단면도는 포장재료, 경계선 및 기타 시설물의 기초, 주변의 수목, 중요 시설물, 이용자 등을 단면도상에 반드시 표시합니다.

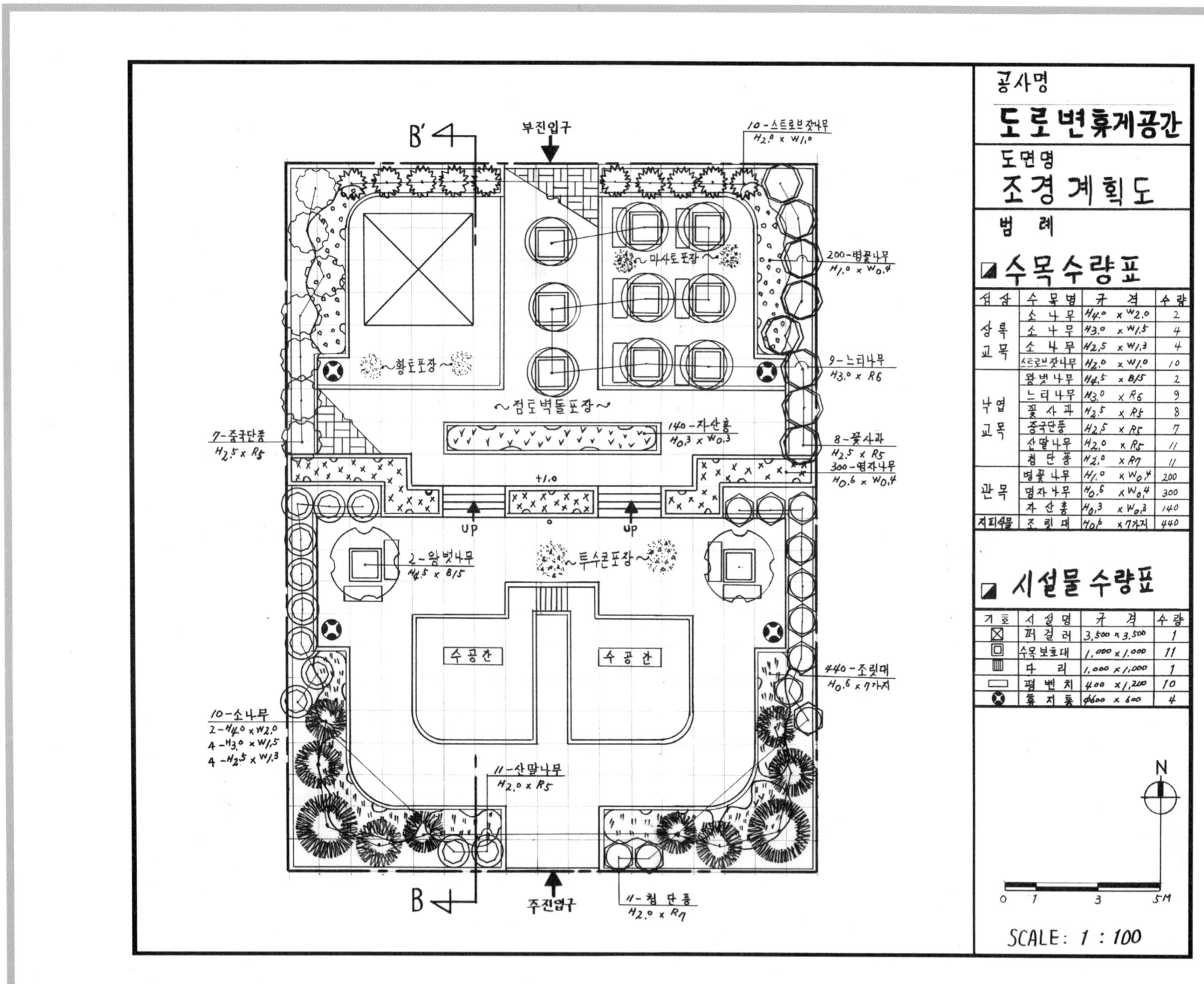

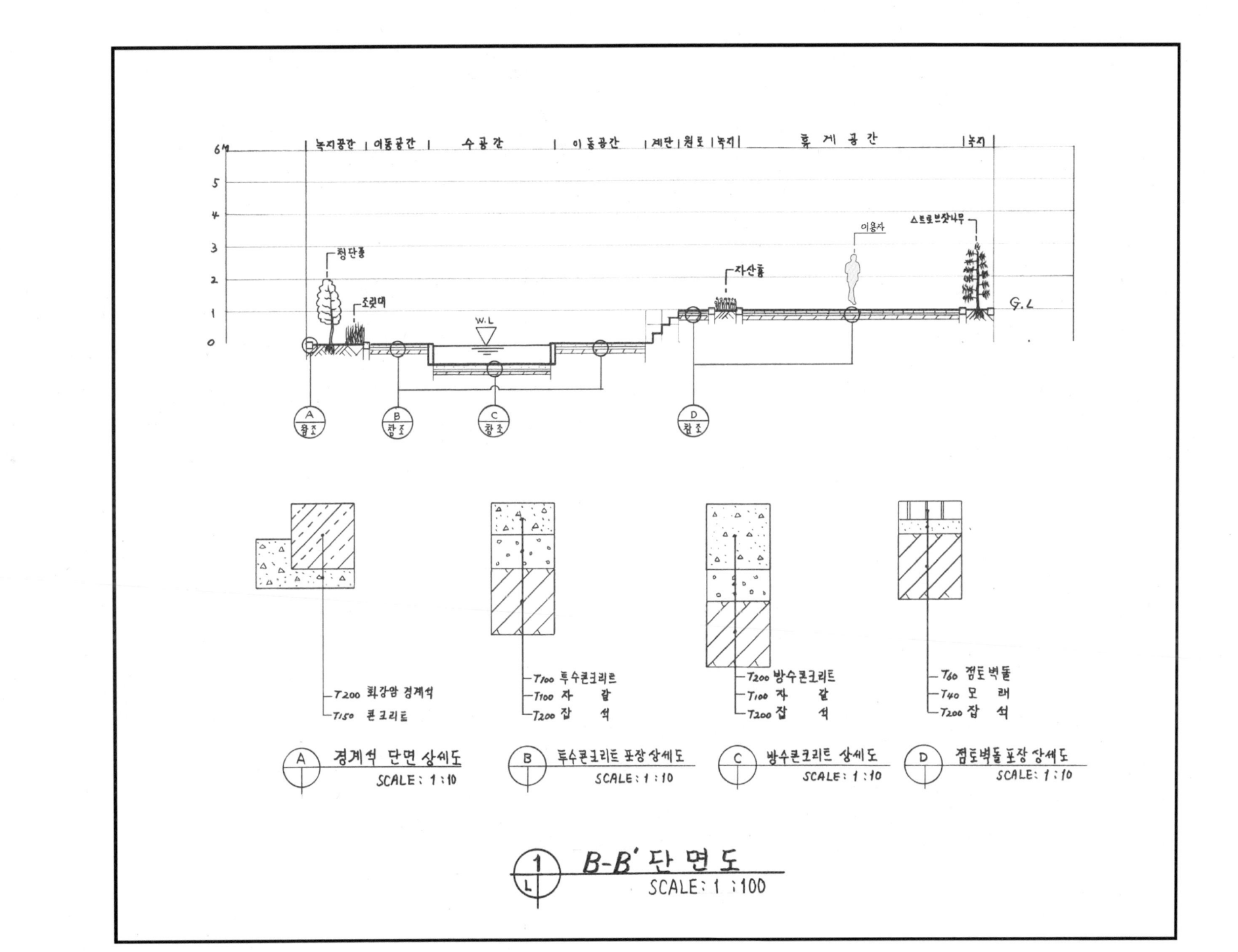

제25절 도로변 소공원

설계문제

우리나라 중부지역에 위치한 도로변의 빈 공간에 대한 조경설계를 하고자 합니다. 주어진 현황도 및 아래 사항을 참조하여 설계조건에 따라 조경계획도를 작성합니다(단, 1점 쇄선 안 부분을 조경설계 대상지로 합니다).

(1) 현황도

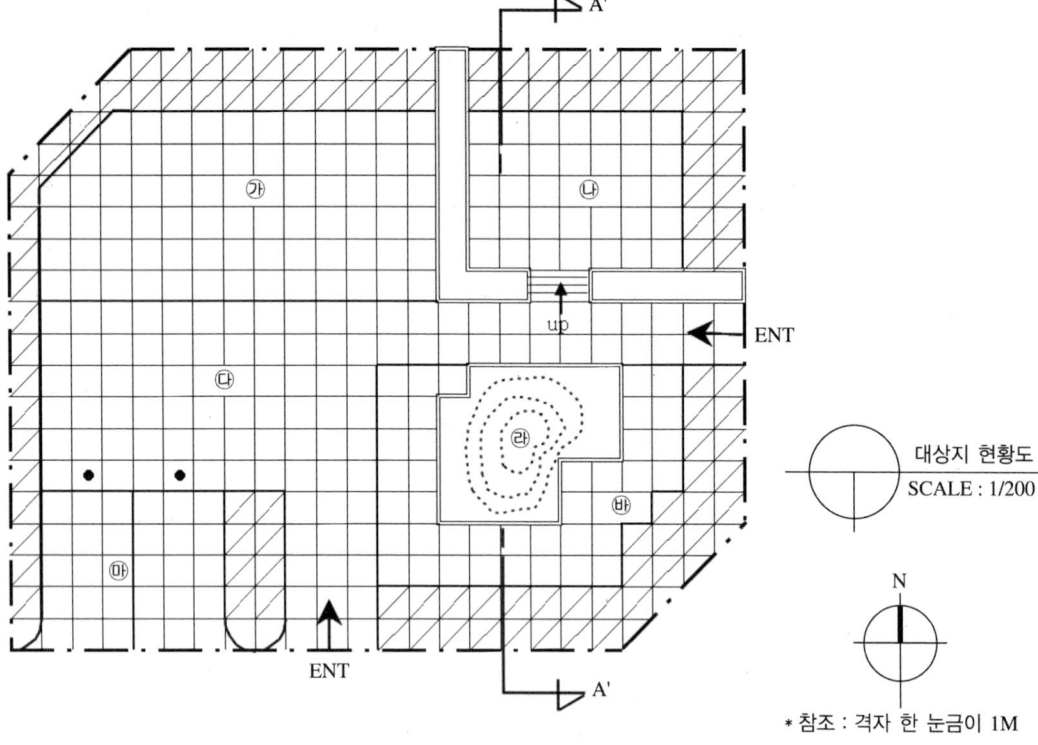

대상지 현황도
SCALE : 1/200

* 참조 : 격자 한 눈금이 1M

(2) 요구사항

① 식재평면도를 위주로 한 조경계획도를 축척 1/100로 작성하시오(용지 1).
② A-A′ 단면도를 축척 1/100로 작성하시오(용지 2).

(3) 설계조건

① 해당 지역은 도로변 휴게공간으로 아늑하고 평화로운 휴식공간이 될 수 있는 특성을 고려하여 조경계획도를 작성하시오. 조경지역 중 포장지역을 제외한 곳에는 가능한 식재를 계획합니다(녹지공간은 대각선 친 부분입니다).
② 포장지역은 "점토블록, 투수벽돌, 콘크리트, 황토, 고무칩" 등 중에서 적당한 위치에 선택하여 표시하고 포장명을 기입합니다.
③ "가" 지역은 어린이 놀이공간으로 놀이시설 3종을 설치합니다.
④ "나" 지역은 어른의 휴게공간으로 퍼걸러(3,500mm×3,500mm), 벤치 2개소, 휴지통 2개소를 계획하고 설치합니다.
⑤ "다" 지역은 이동 및 운동공간으로 수목보호대 6개소를 이용자의 이동에 방해되지 않도록 설치하고 녹음식재합니다.
⑥ "라" 지역은 위요공간으로 "바" 지역에 비해 60cm 높고, 등고선 한 칸의 높이가 30cm로 조성합니다.
⑦ "마" 지역은 주차공간으로 소형자동차(3,000mm×5,000mm) 2대가 주차할 수 있도록 계획하고 설계합니다.
⑧ 식재공간에는 녹음식재, 유도식재, 경관식재(소나무 군식), 차폐식재 패턴을 필요한 곳에 적당히 배식하여 조형을 계획하고 설계하시오.
⑨ 수목은 아래의 수종 중에서 10가지를 골고루 선정하여 안정적이고 아늑한 경관이 될 수 있도록 계획하고 설계하시오.

> 소나무(H4.0×W2.0), 소나무(H3.0×W1.5), 소나무(H2.5×W1.2), 스트로브잣나무(H2.5×W1.2), 스트로브잣나무(H2.0×W1.0), 왕벚나무(H4.5×B15), 버즘나무(H3.5×B8), 느티나무(H3.5×B8), 청단풍(H2.5×R9), 다정큼나무(H1.0×W0.6), 동백나무(H2.5×R8), 중국단풍(H2.5×R5), 굴거리나무(H2.5×W0.6), 자귀나무(H2.5×R8), 태산목(H1.5×W0.5), 먼나무(H2.0×R5), 산딸나무(H2.0×R5), 산수유(H2.5×R7), 꽃사과(H2.5×R5), 수수꽃다리(H1.5×W0.6), 병꽃나무(H0.7×W0.5), 쥐똥나무(H1.0×W0.4), 명자나무(H0.6×W0.4), 산철쭉(H0.3×W0.4), 자산홍(H0.4×W0.2), 영산홍(H0.4×W0.3), 조릿대(H0.6×7가지)

⑩ A-A′ 단면도는 포장재료, 경계선 및 기타 시설물의 기초, 주변의 수목, 중요 시설물, 이용자 등을 단면도상에 반드시 표시합니다.

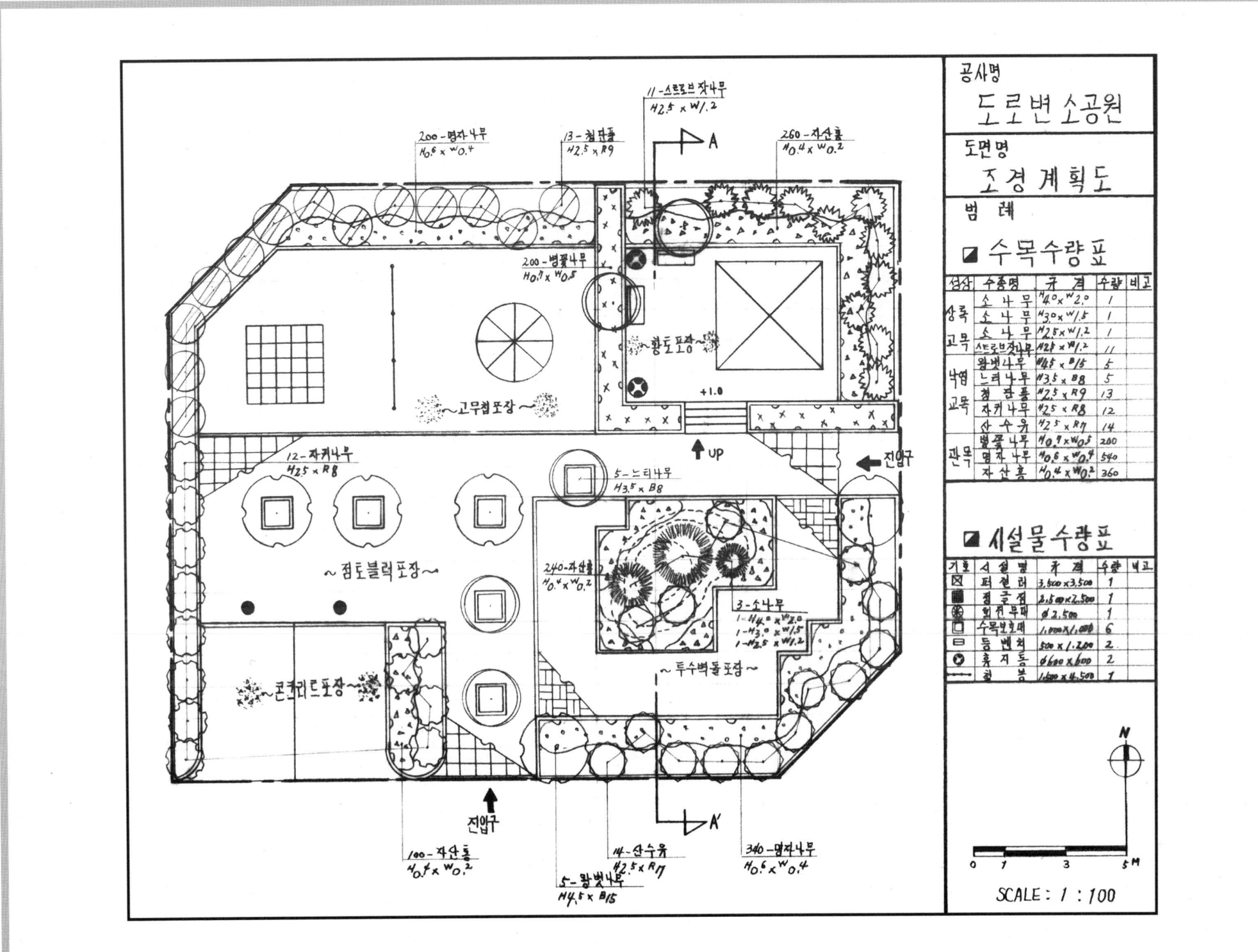

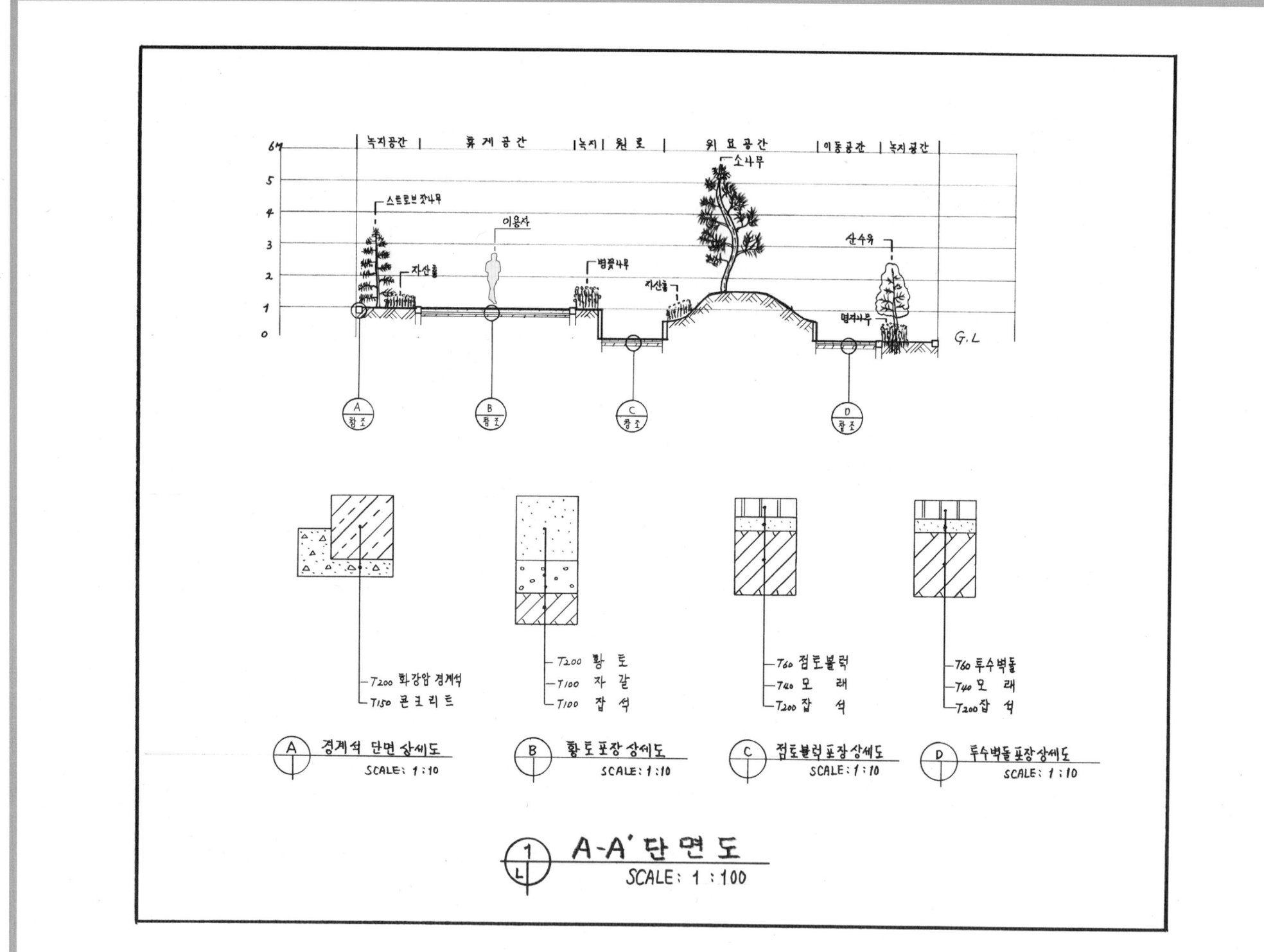

제26절 도로변 소공원

설계문제

우리나라 중부지역에 위치한 도로변의 빈 공간에 대한 조경설계를 하고자 합니다. 주어진 현황도 및 아래 사항을 참조하여 설계조건에 따라 조경계획도를 작성합니다(단, 1점 쇄선 안 부분을 조경설계 대상지로 합니다).

(1) 현황도

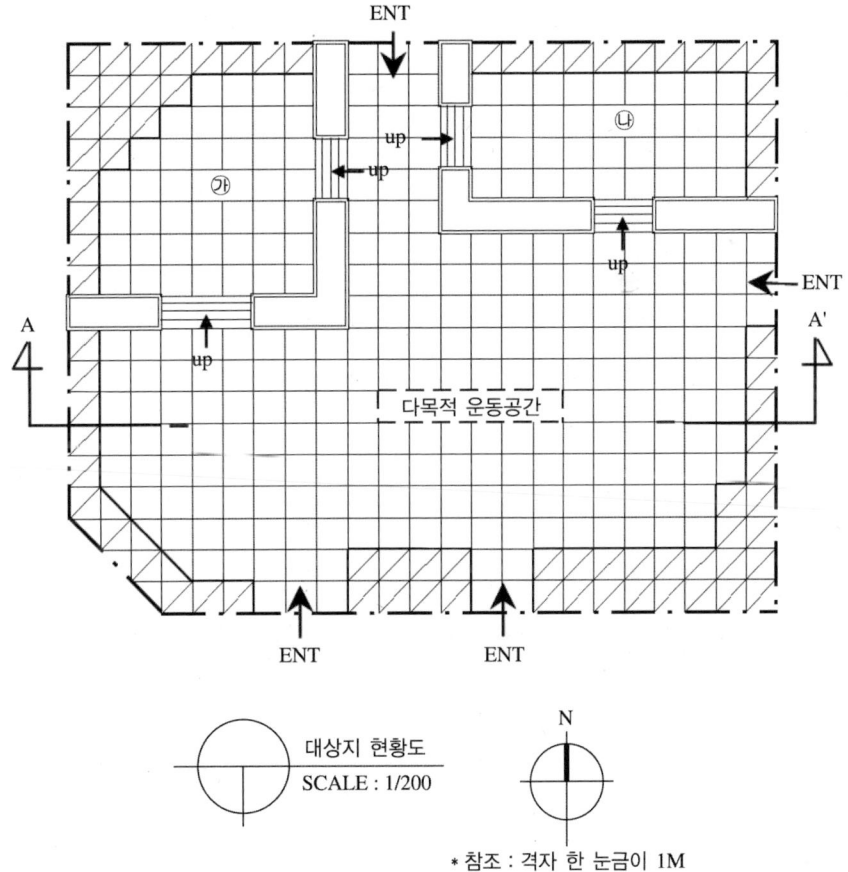

대상지 현황도
SCALE : 1/200

* 참조 : 격자 한 눈금이 1M

(2) 요구사항

① 식재평면도를 위주로 한 조경계획도를 축척 1/100로 작성하시오(용지 1).
② A-A′ 단면도를 축척 1/100로 작성하시오(용지 2).

(3) 설계조건

① 해당 지역은 도로변 휴게공간으로 아늑하고 평화로운 휴식공간이 될 수 있는 특성을 고려하여 조경계획도를 작성하시오. 조경지역 중 포장지역을 제외한 곳에는 가능한 식재를 계획합니다(녹지공간은 대각선 친 부분입니다).
② 포장지역은 "소형고압블록, 투수콘, 모래, 황토, 마사토" 등 중에서 적당한 위치를 선택하여 표시하고 포장명을 기입합니다.
③ "가" 지역은 휴게공간으로 퍼걸러(3,600mm×3,600mm), 벤치 2개소, 휴지통 2개소를 계획하고 설치합니다.
④ "나" 지역은 휴식공간으로 수목보호대 4개소, 평벤치 4개소를 설치하고 녹음식재하시오.
⑤ "다목적 운동공간"에는 "어린이 놀이공간(놀이시설 3종)", "누구나 즐길 수 있는 운동공간(운동시설 1종)"을 계획하고 설치하며 적합한 포장을 하시오.
⑥ 식재공간에는 녹음식재, 유도식재, 경계식재, 경관식재(소나무 군식), 차폐식재 패턴을 이용하여 필요한 곳에 적당히 식재하고, 필요시 수목보호대를 설치하고 녹음식재하여 4계절 이용이 가능하도록 조형을 계획하고 설계하시오.
⑦ 수목은 아래의 수종 중에서 12가지를 골고루 선정하여 안정적이고 아늑한 경관이 될 수 있도록 계획하고 설계하시오.

> 소나무(H4.0×W2.0), 소나무(H3.0×W1.5), 소나무(H2.5×W1.3), 스트로브잣나무(H2.5×W1.3), 스트로브잣나무(H2.0×W1.0), 왕벚나무(H4.5×B15), 버즘나무(H3.5×B8), 느티나무(H4.0×B10), 홍단풍(H2.5×R8), 동백나무(H2.5×R8), 중국단풍(H2.5×R8), 굴거리나무(H2.5×W0.6), 자귀나무(H2.5×R8), 태산목(H1.5×W0.5), 먼나무(H2.0×R5), 산딸나무(H2.5×R8), 산수유(H2.5×R7), 꽃사과(H2.5×R5), 수수꽃다리(H1.5×W0.6), 병꽃나무(H0.7×W0.5), 쥐똥나무(H1.0×W0.4), 명자나무(H0.6×W0.4), 산철쭉(H0.4×W0.5), 자산홍(H0.4×W0.2), 영산홍(H0.4×W0.2), 조릿대(H0.7×7가지)

⑧ A-A′ 단면도는 포장재료, 경계선 및 기타 시설물의 기초, 주변의 수목, 중요 시설물, 이용자 등을 단면도상에 반드시 표시합니다.

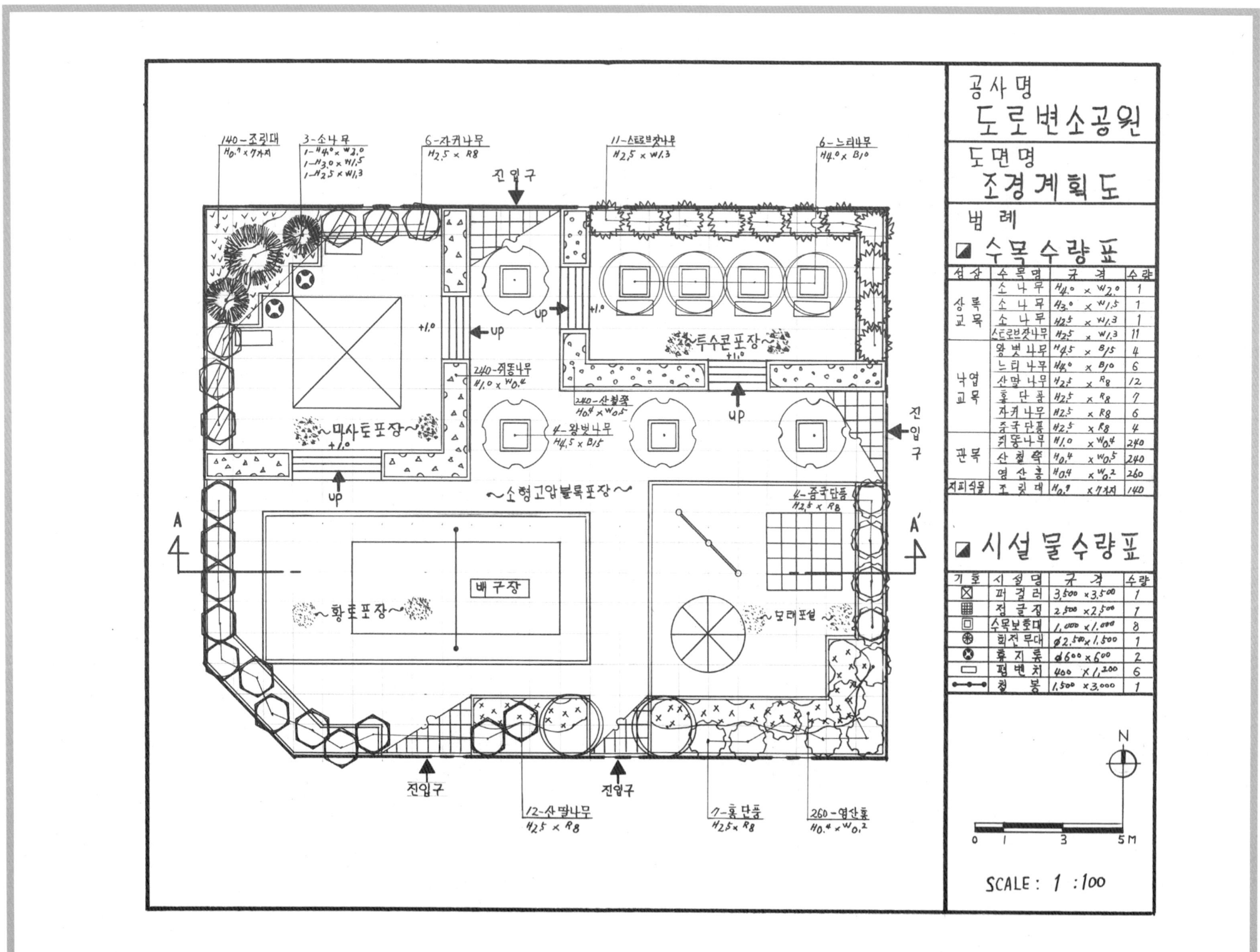

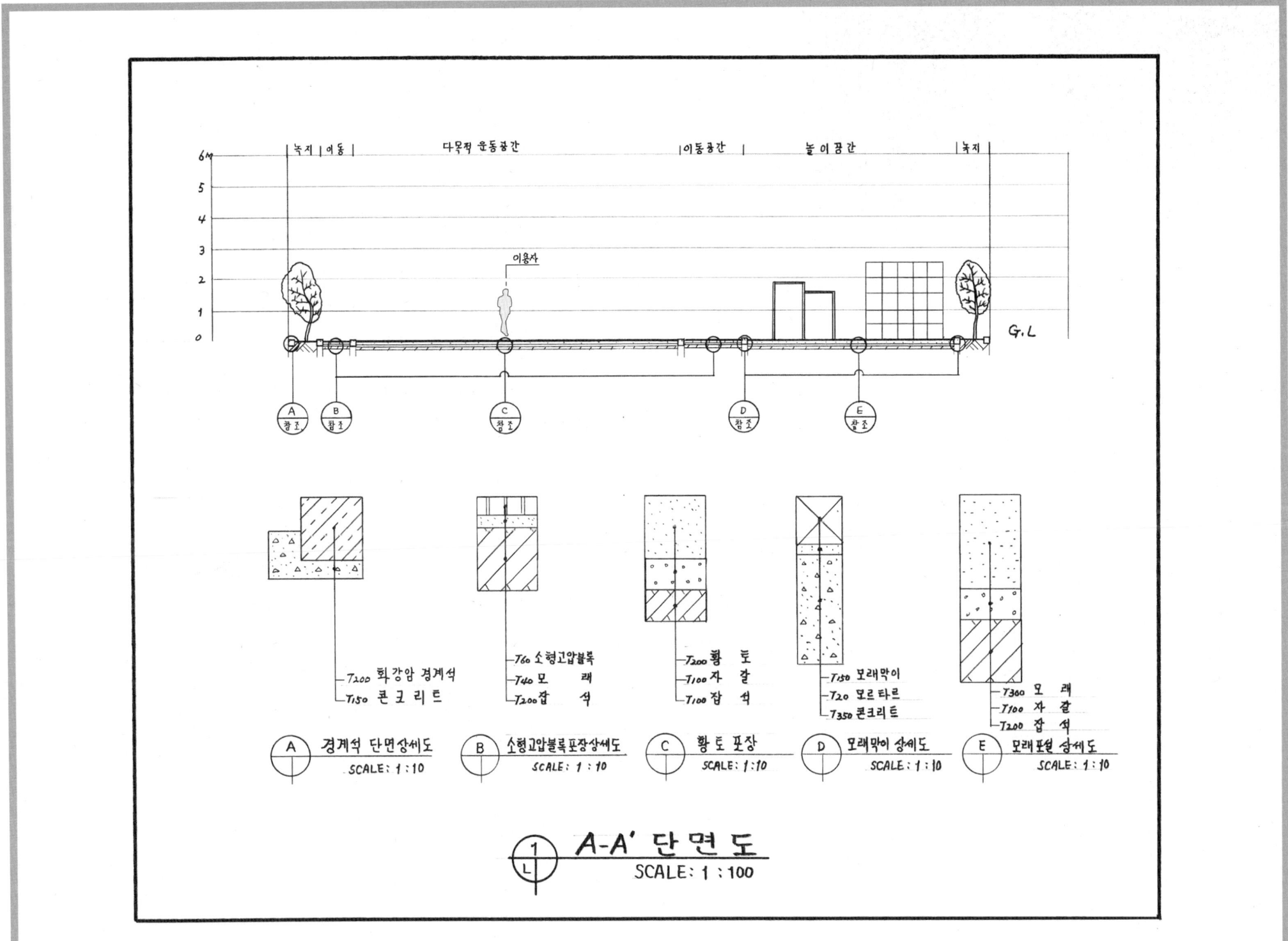

제27절 도심 휴식공간

설계문제

우리나라 중부지역에 위치한 도심지의 빈 공간에 대한 조경설계를 하고자 합니다. 주어진 현황도 및 아래 사항을 참조하여 설계조건에 따라 조경계획도를 작성합니다(단, 1점 쇄선 안 부분을 조경설계 대상지로 합니다).

(1) 현황도

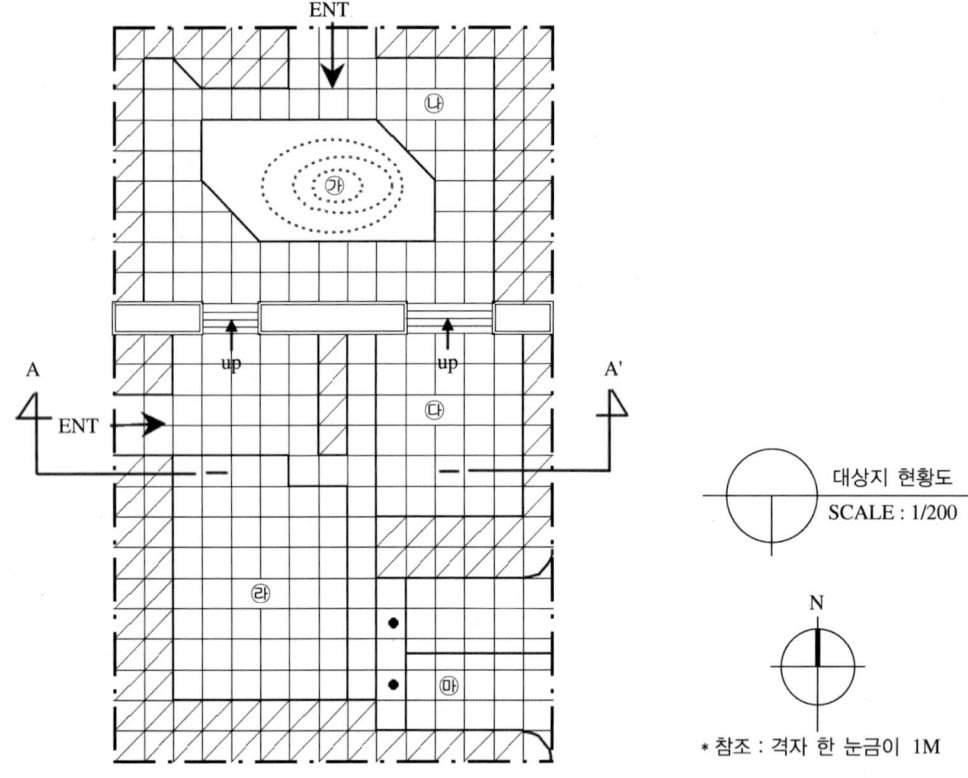

(2) 요구사항

① 식재평면도를 위주로 한 조경계획도를 축척 1/100로 작성하시오(용지 1).
② A-A' 단면도를 축척 1/100로 작성하시오(용지 2).

(3) 설계조건

① 해당 지역은 도심지의 빈 공간으로 아늑하고 평화로운 휴식공간이 될 수 있는 특성을 고려하여 조경계획도를 작성하시오. 조경지역 중 포장지역을 제외한 곳에는 가능한 식재를 계획합니다(녹지공간은 대각선 친 부분입니다).

② 포장지역은 "점토벽돌, 콘크리트, 마사토, 모래, 고무칩" 등 중에서 적당한 위치에 선택하여 표시하고 포장명을 기입합니다.

③ "가" 지역은 등고선 1개당 30cm가 높으며, 전체적으로 "나" 지역에 비해 60cm가 높은 녹지지역으로 경관식재를 실시하시오. 아울러 반드시 크기가 다른 나무를 3종 식재하고, 계절성을 느낄 수 있게 다른 수목을 조화롭게 배치하시오.

④ "나" 지역은 이동 및 휴식공간으로 수목보호대 2개소, 벤치 2개소, 휴지통 2개소를 이용자의 이동에 방해되지 않도록 설치합니다.

⑤ "다" 지역은 휴게공간으로 퍼걸러(3,000mm×3,000mm) 1개소, 평벤치 1개소, 등벤치 1개소, 휴지통 1개소를 계획하고 설치합니다.

⑥ "라" 지역은 어린이 놀이공간으로 누구나 즐길 수 있는 운동시설 3개소를 서로 지장을 주지 않도록 설치하시오.

⑦ "마" 지역은 주차공간으로 소형자동차(2,500mm×5,000mm) 2대가 주차할 수 있는 공간으로 계획하고 설계합니다.

⑧ 식재공간에는 녹음식재, 유도식재, 경관식재, 경계식재 패턴을 필요한 곳에 적당히 배식하여 조형을 계획하고 설계하시오.

⑨ 수목은 아래의 수종 중에서 10가지를 골고루 선정하여 안정적이고 아늑한 경관이 될 수 있도록 계획하고 설계하시오.

> 소나무(H4.0×W2.0), 소나무(H3.0×W1.5), 소나무(H2.5×W1.3), 소나무(H2.0×W1.0), 스트로브잣나무(H2.5×W1.2), 스트로브잣나무(H2.0×W1.0), 왕벚나무(H4.5×B15), 버즘나무(H3.5×B8), 느티나무(H3.0×B8), 홍단풍(H2.0×R7), 산수유(H2.5×R7), 자귀나무(H2.0×R7), 산딸나무(H2.5×R7), 산수유(H2.5×R7), 이팝나무(H2.5×R6), 수수꽃다리(H1.5×W0.6), 병꽃나무(H0.7×W0.5), 남천(H1.0×3가지), 쥐똥나무(H1.0×W0.4), 회양목(H0.4×W0.3), 산철쭉(H0.6×W0.3), 영산홍(H0.4×W0.2), 조릿대(H0.6×8가지)

⑩ A-A' 단면도는 포장재료, 경계선 및 기타 시설물의 기초, 주변의 수목, 중요 시설물, 이용자 등을 단면도상에 반드시 표시합니다.

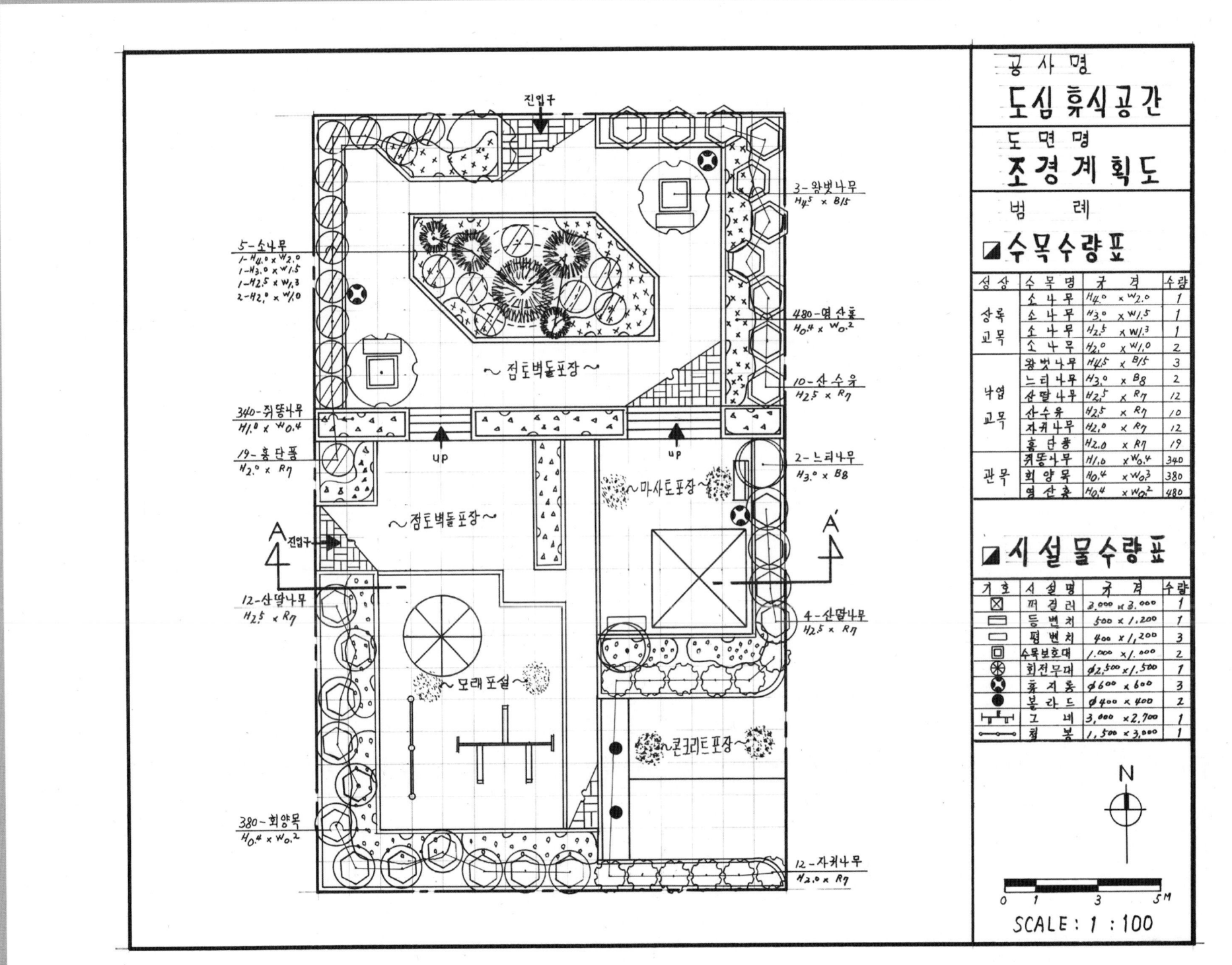

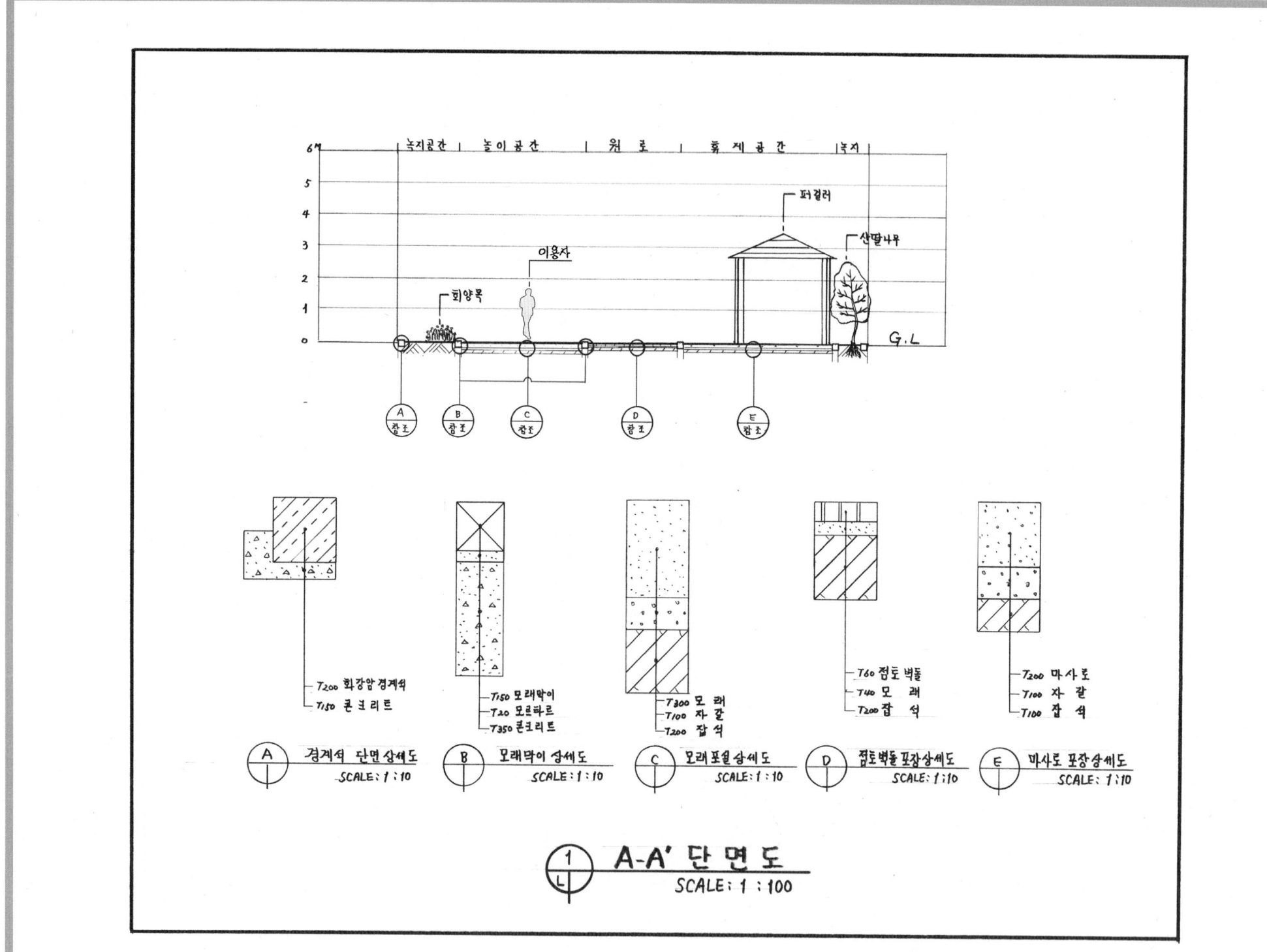

조경기능사 실기 [조경작업]

PART 02 수목의 감별

합격의 공식 시대에듀 | www.sdedu.co.kr

CHAPTER 01 조경식물의 식별작업

CHAPTER 02 조경식물의 식재작업

CHAPTER 03 꼭 알아 두어야 할 나무

합격의 공식 시대에듀 www.sdedu.co.kr

CHAPTER 01 조경식물의 식별작업

제1절 수목의 성상에 의한 식별

가이드
- 수목을 식별할 수 있는 능력을 갖추는 일은 조경을 공부하는 데 필수적인 과정이다.
- 각종 수목은 조경시공에서 핵심이며 경관조성에 중심적 요소임을 알아야 한다.
- 교목-관목-지피식물, 상록수-낙엽수, 침엽수-활엽수를 식별하기 위하여 조경 수목에 대한 식별법을 수목원 또는 공원에 현지 답사하여 배워야 한다.
- 조경기능사 설계문제에서 수목의 성상의 구분은 조경계획 평면도의 수목수량표에서 성상별로 구분하여 수량표를 작성하는 데 필요하기 때문에 수험생들이 이를 구별하지 못하면 수량표를 작성하지 못하게 된다.

1 조경 수목의 크기에 따른 식별

(1) 교목
① 특징 : 수간(줄기)이 곧고, 수간의 생장이 빨라 수간과 가지의 구별이 명확한 수목
② 조경공간 구성의 역할
  ㉠ 시각적으로 우세한 요소로 작용한다.
  ㉡ 녹음을 제공하고 스카이라인을 형성하여 경관을 꾸밀 수 있다.
  ㉢ 수목 중 대부분이 교목이며 배치에 따라 색다른 조경 환경을 만든다.

(2) 관목
① 특징 : 하나의 수간(줄기)에서 여러 개의 가지가 생장하여 수형을 이루며 수간의 생장이 늦고 수간과 가지의 구별이 어려운 수목

② 조경공간 구성의 역할
  ㉠ 수고가 낮아 시선을 차단하지 않는다.
  ㉡ 공간을 나누거나 연결해주고 구분해 준다.
  ㉢ 강전정하여 울타리를 만들면 자연적인 느낌을 줄 수 있다.
  ㉣ 교목의 식재 후 빈 공간에 식재하여 전체적인 디자인에 중요한 역할을 한다.

[교목의 형상(왼쪽), 관목의 형상(오른쪽)]

2 조경 수목의 잎 모양에 따른 식별

(1) 침엽수
① 특징 : 잎이 뾰족한 모양으로 대부분이 상록수이다.
② 조경공간 구성의 기능
  ㉠ 잎과 가지가 치밀하여 차폐, 방풍, 경계식재에 효과적이다.
  ㉡ 일부 수목은 맹아력이 좋아 토피어리(정형수)로 다듬어 주면 중심수가 된다.
  ㉢ 자연풍경식 정원을 조성할 때 군식 또는 독립수로 식재하면 경관이 아름답다.

(2) 활엽수
① 특징 : 잎의 모양이 넓고, 다양한 색채의 수간으로 대부분이 낙엽수이다.
② 조경공간 구성의 기능
  ㉠ 낙엽과 상록활엽수로 나뉘며 각각 색다른 기능으로 식재할 수 있다.
  ㉡ 중부지방은 낙엽활엽수가 많고, 상록활엽수는 남부지방 조경에 쓰인다.
  ㉢ 녹음용, 경관용, 차폐용, 대칭용 등 이용영역이 다양하다.

[침엽수의 형상(왼쪽), 활엽수의 형상(오른쪽)]

3 조경 수목의 생태에 따른 식별

(1) 상록수

① 특징 : 항상 잎이 푸르고 한꺼번에 낙엽이 되어 떨어지지 않는다.

② 조경공간 구성의 기능

 ㉠ 상록침엽수는 잎의 색채가 어두운 색채를 띠며 조경공간에서 중량감을 준다.

 ㉡ 상록활엽수는 잎의 색채가 비교적 밝아 사시사철 밝고 명랑함을 유지한다.

(2) 낙엽수

① 특징 : 가을에 다양한 색채의 단풍이 들고 잎이 모두 떨어지는 수목이다.

② 조경공간 구성의 기능

 ㉠ 계절감을 느낄 수 있는 공간을 조성하는 데 중요하다.

 ㉡ 잎과 가지의 투명성, 형태, 색채, 질감, 등의 요소를 이용해 사계절 색다른 경관을 느낄 수 있다.

4 수목의 규격 표시 방법

조경 수목의 규격의 표시는 설계에서 필수적인 요소이므로 조경 수목 식별과 더불어 조경설계에 시공되는 수목이 어떤 형태이며 규격이 어느 정도여야 하겠는가를 미리 알아두어야 한다.

(1) 수 고

지표면에서 수관의 맨 위 끝부분까지의 수직 높이를 말한다.

① 퍼걸러, 아치 등에 사용되는 덩굴식물은 줄기의 길이만 높이로 표시한다.

② 소철이나 야자수의 잎은 높이에 포함되지 않는다.

(2) 수관폭

수목의 최대 너비를 말한다.

① 녹음수의 경우 수관폭으로 결정이 된다고 보아도 된다.

② 둥근측백, 옥향, 꽝꽝나무, 회양목 등은 둥근 수관폭으로 키워야 한다.

(3) 지하고

맨 아랫가지로부터 지면까지의 수직거리로 가로수 식재시 중요치수이다.

(4) 흉고직경

지면에서 가슴 높이에 있는 나무줄기의 지름으로, 동양은 120cm, 서양은 130cm이다.

(5) 근원직경

지상부와 지하부가 마주치는 줄기의 지름을 말한다.

(6) 줄기의 수

관목의 경우에 해당하는 것으로 줄기의 수를 규격에 포함한다.

제 2 절   수목의 형태에 의한 식별

가이드

- 조경 수목을 형태별로 구분하는 것은 조경실기시험에서 대단히 중요하다.
- 봄, 여름, 가을, 겨울에 각각 수목감별 시험이 이루어지기 때문에 수검자가 항상 어려워하는 부분이다.
- 봄, 여름, 가을, 겨울에 따른 잎의 종류, 모양, 가장자리, 꼭대기, 밑부분, 차례, 잎맥, 크기, 색깔의 구분은 결코 쉬운 것이 아님을 인지해야 한다.
- 조경 수목 식별은 대부분 잎, 꽃, 가지, 줄기, 가시, 열매 등을 기준으로 식별할 수 있는 능력을 요구한다. 특히 가지와 잎을 더욱 세부적으로 계절별로 구분하여 식별할 수 있어야 한다.

1 잎에 의한 조경 수목 식별

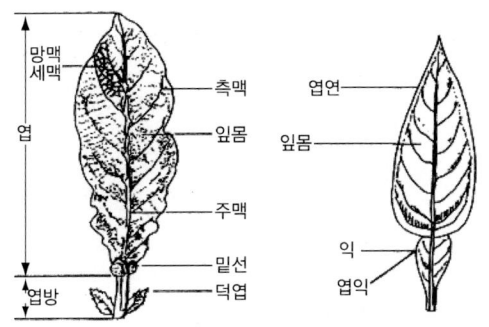

[잎의 명칭]

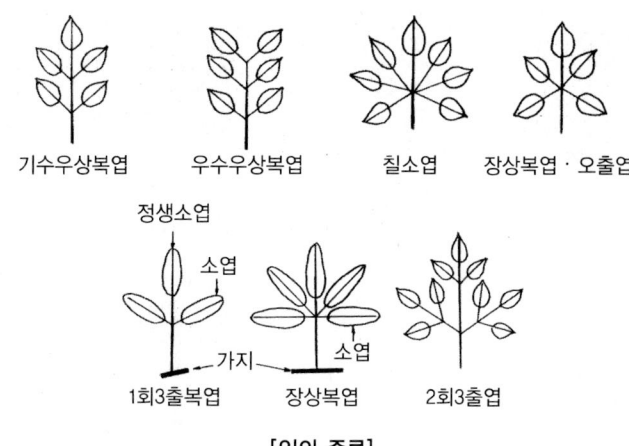

[잎의 종류]

(1) 잎의 종류

① 단엽 : 한 개의 잎몸으로 이루어진 것

② 복엽 : 두 개 이상의 잎몸으로 이루어진 것

　㉠ 우상복엽
　　• 기수우상복엽 : 잎의 끝에 소엽이 있어 홀수로 끝나는 경우
　　　- 기수1쌍 우상복엽 : 칡, 싸리나무
　　　- 기수1회 우상복엽 : 아까시나무, 개옻나무, 쇠물푸레나무
　　　- 기수2회 우상복엽 : 두릅나무
　　　- 기수수회 우상복엽 : 남천(3회3출 우상복엽)
　　• 우수우상복엽 : 잎의 끝에 소엽이 없어 짝수로 끝나는 경우
　　　- 우수1회 우상복엽 : 무환자나무
　　　- 우수2회 우상복엽 : 자귀나무

　㉡ 장상복엽 : 손바닥 모양으로 펼쳐지는 경우
　　• 1회장상복엽
　　　- 3출엽 : 탱자나무, 고추나무, 담쟁이덩굴
　　　- 5출엽 : 섬오갈피나무, 칠엽수 유목, 으름덩굴
　　• 2회장상복엽 : 3출엽 - 위령선
　　• 순상복엽 : 방패모양으로 펼쳐지는 경우 - 밀감나무류

(2) 엽 형

① 침형 : 소나무, 잣나무 등의 침엽수

② 인형 : 침형보다 편평하거나 두툼한 삼각형의 잎 예 향나무, 가이즈까향나무 등

③ 선형 : 양쪽 엽연이 평행하고 길게 생긴 잎 예 주목 등

④ 장방형 : 양쪽의 엽연이 거의 대부분 평행인 것

⑤ 피침형 : 잎자루 쪽이 가장 넓고 끝부분이 좁은 것 예 능수버들

⑥ 도피침형 : 피침형의 잎과 반대 모양인 것 예 서어나무

⑦ 난형 : 달걀 모양의 잎 예 떡갈나무

⑧ 타원형 : 엽신 중앙부분이 넓고 양 끝이 좁아지는 것 예 매자나무

⑨ 원형 : 동그랗게 원을 이루는 모양인 것 예 단풍나무

⑩ 삼각형 : 잎이 삼각모양으로 된 것

⑪ 심장형 : 잎이 심장모양으로 된 것

⑫ 주걱형 : 잎이 주걱처럼 생긴 것

[엽 형]

(3) 엽서, 엽착

① 엽서 : 줄기에 붙어 있는 잎의 차례
  ㉠ 호생 : 한 마디에 한 개의 잎이 마주 달린 것(어긋나기) 예 목련
  ㉡ 대생 : 한 마디에 두 개의 잎이 마주 달린 것(마주나기) 예 회양목
  ㉢ 교호대생 : 대생으로 나 있으나 다음 잎과는 직각으로 달려 마주 보는 것
  ㉣ 윤생 : 한 마디에 여러 개의 잎이 돌려난 것(돌려나기) 예 으름덩굴

㉤ 복와상 : 기왓장처럼 포개진 것 예 향나무
㉥ 총생 : 호생으로 나 여러 개의 잎이 달린 것처럼 보이는 것 예 독일가문비나무

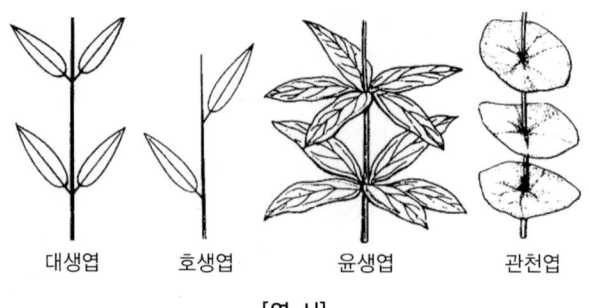

[엽 서]

② 엽착 : 줄기에 잎이 부착된 형태
  ㉠ 유병형 : 잎자루 있는 잎 모양
  ㉡ 무병형 : 잎자루 없는 잎 모양

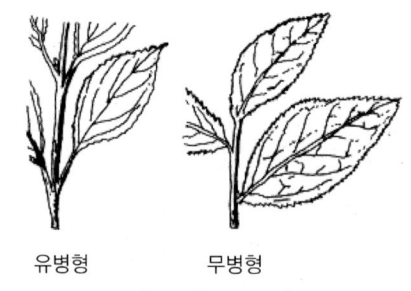

[유병형, 무병형]

  ㉢ 관생형 : 잎의 한 부분을 관통하여 부착된 잎 모양
  ㉣ 고리형 : 잎 한쪽 가장자리에 고리처럼 부착된 잎 모양
  ㉤ 엽초형 : 잎이 칼집처럼 에워싸며 부착된 잎 모양
  ㉥ 포경형 : 잎이 감싸주면서 부착된 잎 모양

(4) 엽연(잎의 가장자리, 위에서 본 모양으로)

① 전연 : 잎 가장자리가 매끈하고 밋밋한 것 예 으름덩굴, 녹나무, 생강나무, 목련 등
② 둔거치 : 둔한 이빨 모양으로 갈라진 것
③ 예거치 : 예리한 톱니 모양으로 갈라진 것
④ 소예거치 : 매우 작고 예리한 톱니 모양으로 갈라진 것
⑤ 중예거치 : 예리한 톱니 모양으로 갈라진 잎이 한 번 더 갈라진 것
⑥ 치아상 : 뾰족한 이빨 모양으로 갈라진 것

⑦ 소치아상 : 뾰족한 작은 이빨 모양으로 갈라진 것
⑧ 우상열편 : 긴 잎의 잎 가장자리가 깊게 갈라진 것
⑨ 장상열편 : 잎 가장자리가 주맥 사이로 손바닥처럼 깊이 갈라진 것

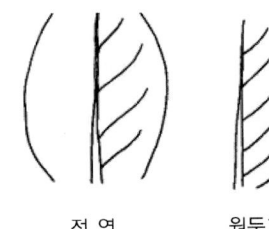  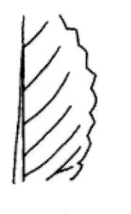   

전 연 원둔거치상 치아상 거치상 중거치상 심파상 파 상

[엽 연]

(5) 엽선(잎의 끝)
① 점첨두 : 왕버들, 능수버들, 느티나무
② 예두 : 독일가문비나무, 해송, 섬잣나무, 낙우송, 스트로브잣나무
③ 급첨두 : 자작나무, 오미자, 녹나무, 옻나무
④ 예철두 : 목련, 함박꽃나무, 전나무
⑤ 둔두 : 소사나무, 떡갈나무, 생강나무, 돈나무, 편백
⑥ 원두 : 해당화
⑦ 평두 : 백합나무
⑧ 요두 : 구상나무, 으름덩굴, 명자나무
⑨ 미상 : 산팽나무, 모람

(6) 엽저(잎의 밑부분)
① 예저 : 짧게 뾰족한 것
② 점첨저 : 엽신이 길게 늘어진 것
③ 둔저 : 예저에 비해 둔한 각도를 이룬 것
④ 원저 : 둥근 모양인 것
⑤ 평저 : 편평한 것
⑥ 심장저 : 심장 모양인 것
⑦ 왜저 : 양쪽의 모양이 각각 다른 것 예 갈참나무
⑧ 이저 : 귀의 밑 모양처럼 처진 것 예 떡갈나무
⑨ 극저 : 작살 모양으로 된 것

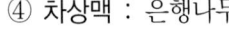

절두형 원두형 둔두형 예두형
점첨두형 급첨두형 예철두형 미두형 예첨두형

[엽 저]

(7) 엽 맥
① 평행맥 : 대나무
② 우상맥 : 느티나무
③ 장상맥 : 단풍나무
④ 차상맥 : 은행나무

   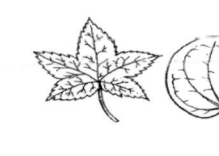 

우상맥 평상맥 호상맥 장상맥 망상맥

[엽 맥]

(8) 수형(나무 전체의 생김새로 수관과 수간에 의해 결정)
① 수관 : 가지와 잎이 뭉쳐서 이루어진 부분, 가지의 생김새에 의해 수관의 모양이 달라짐
  ㉠ 상향형[입지형(立地形)] : 가지와 원줄기가 평행하게 자라고 원주형 예 포플러, 박태기, 무궁화
  ㉡ 사향형(경사형) : 가지와 원줄기가 비스듬한 각도(예각)
  ㉢ 수평형 : 원줄기와 가지가 수평이거나 둔각으로 자람 예 독일가문비나무, 히말라야시다
  ㉣ 능수형(수하형) : 가지가 지면을 향해 늘어져 자라는 것 예 능수버들

② 수간 : 줄기와 뿌리솟음의 2가지로 이루어지며 줄기 생김새나 갈라진 수에 따라 수형이 달라진다.
   ㉠ 직간형(直幹形) : 줄기가 똑바로 자라는 것
      - 단간(單幹) : 주간의 본수가 하나인 직간형 수형
      - 쌍간(雙幹) : 주간의 본수가 두 개로 나란히인 직간형 수형
      - 다간(多幹) : 주간의 본수가 5개 이상인 직간형 수형
   ㉡ 곡간형(曲幹刑) : 줄기가 자연적인 곡선을 나타나는 것
      - 사간(斜幹) : 직간이 유전적 혹은 비, 바람, 지형 등의 환경조건에 의해 비스듬히 기울어져 자라는 것
      - 현애(懸崖) : 줄기가 아래로 늘어지는 형태
   ㉢ 총상형(叢狀刑) : 밑둥치에서 여러 개의 줄기가 생기는 것
      - 총간(叢幹 ; 포기자람) : 밑둥치(지면)에서 5본 이상의 다간이 나올 경우
      - 총립(叢立) : 포기자람과 같으나 그보다 한층 크게 자라는 박태기나무와 같은 관목류

2 꽃에 의한 조경 수목 식별

(1) 꽃의 구조

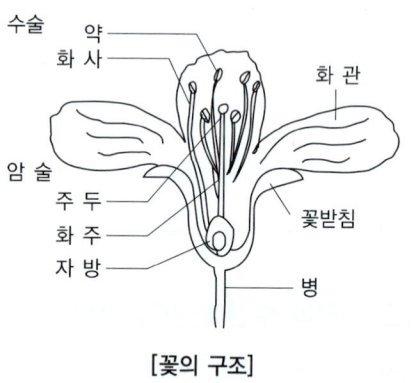

[꽃의 구조]

(2) 화서 : 꽃이 배열된 모양

① 유한화서 : 꽃이 위에서 밑을 향해 피는 순서를 가진 화서
   ㉠ 단정화서 : 꽃자루에 한송이만 피는 것 예 목련, 모란
   ㉡ 취산화서 : 꽃들이 편평하거나 볼록한 덩어리꽃 모양 예 작살나무, 백당나무

② 무한화서 : 꽃이 밑에서 위를 향해 피는 순서를 가진 화서
   ㉠ 총상화서 : 소화경을 가진 꽃 예 등나무, 때죽나무
   ㉡ 산방화서 : 화서의 끝이 평평한 형태 예 벚나무, 조팝나무, 산사나무, 수국
   ㉢ 수상화서 : 소화경이 없는 꽃 예 자작나무, 버드나무, 서어나무, 오리나무
   ㉣ 산형화서 : 뒤집힌 우산처럼 생긴 형태 예 복산형 화서 ; 송악, 참식나무, 생강나무
   ㉤ 원추화서 : 전체가 원추모양을 하고 있는 형태 예 쥐똥나무, 수수꽃다리, 피라칸타
   ㉥ 두상화서 : 소화경이 없는 꽃이 밀생해 있는 형태 예 양버즘나무
   ㉦ 미상화서 : 꽃잎이 없고 포로 싸인 단성화로 된 화서 예 자작나무류의 수꽃

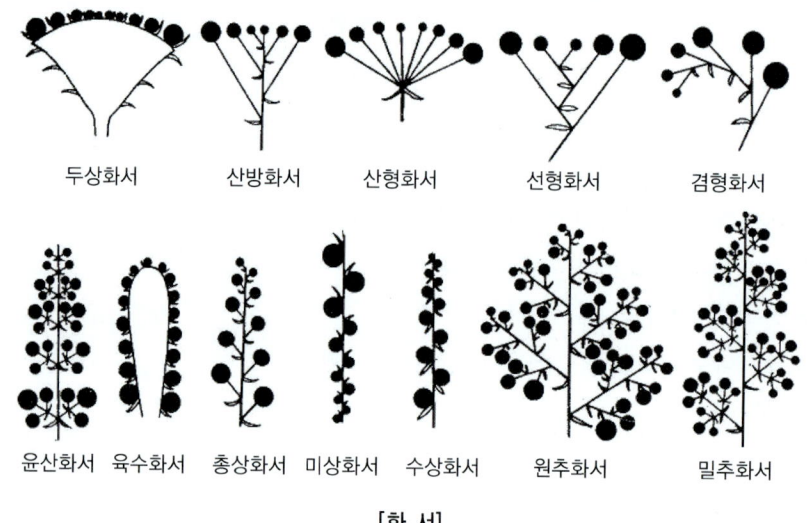

[화서]

(3) 꽃잎(화관)

① 주요 꽃잎의 종류
   ㉠ 방사상칭형 : 장미과
   ㉡ 순형 : 꿀풀과
   ㉢ 슬리퍼형 : 개불알꽃속
   ㉣ 종형 : 초롱꽃속
   ㉤ 왕관형 : 수선화속
   ㉥ 설상 : 민들레속
   ㉦ 너비형 : 콩과

- ⓔ 가면상 : 금어초
- ⓩ 폭상 : 지치과
- ⓒ 복주머니형 : 개불알꽃속
- ⓚ 분상 : 분꽃
- ⓣ 관상 : 국화과
- ⓟ 석죽형 : 패랭이꽃

3 열매에 의한 조경 수목 식별

나자식물의 열매	피자식물의 열매			
건 과	진 과	건 과	건개과	삭과, 골돌과, 협과, 분리과
			건폐과	수과, 시과, 낭과, 견과, 분열과
육질과		육질과		장과, 감과, 핵과, 석류과
	가 과	단화과		이과, 장미과, 영과, 취과
		다화과		구과, 상과, 은화과

(1) 나자식물의 열매
① 거과 : 솔방울같이 그 안에 1개 또는 그 이상의 종자가 들어 있는 것
② 육질과 : 종자가 육질의 종피로 둘러싸인 열매

(2) 피자식물의 열매
① 진과 : 씨방이 발달하여 이루어진 열매
  ㉠ 건개과 : 종자가 익으면 갈라지며 건조되는 열매
  - 삭과 : 붓꽃, 진달래, 질경이, 채송화
  - 골돌과 : 목련과, 작약과
  - 협과 : 콩과
  - 분리과 : 도둑놈의 갈고리
  ㉡ 건폐과 : 종자가 익으면서 단단해지며 건조되는 열매
  - 수과 : 으아리, 국화과
  - 시과 : 느릅나무
  - 낭과 : 명아주과
  - 견과 : 참나무과
  - 분열과 : 단풍나무, 산형과, 꿀풀과
  ㉢ 육질과
  - 장과 : 감나무, 포도, 호박
  - 감과 : 탱자
  - 핵과 : 앵도아과
  - 석류과 : 석류
② 가과 : 씨방 이외의 꽃받침, 암술대 등이 자라서 이루어진 열매
  ㉠ 단화과 : 이과, 장미과, 영과, 취과
  ㉡ 다화과 : 구과, 상과, 은화과

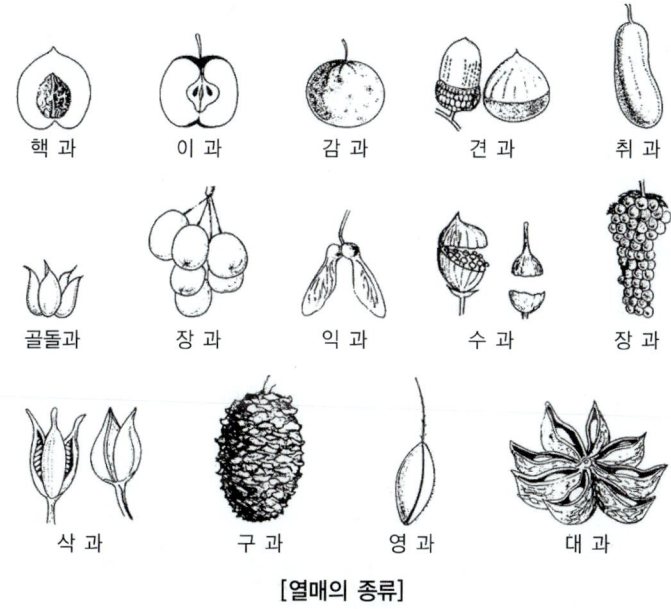

[열매의 종류]

4 눈에 의한 조경 수목 식별
조경 수목의 눈을 관찰하여 정아, 측아, 동아의 모양과 크기를 식별할 수 있어야 한다.

(1) 눈의 종류
① 내용에 따른 분류
  ㉠ 엽아 : 발달된 가지에서 잎을 만드는 잎눈
  ㉡ 화아 : 꽃을 만드는 눈
  ㉢ 잠아 : 건조기나 월동 등으로 발달을 멈추고 있는 눈

② 착생위치에 따른 분류

  ㉠ 정아 : 줄기 끝에 위치한 싹으로 가장 세력이 좋은 눈

  ㉡ 측아 : 가지 곳곳에 달리는 눈

  ㉢ 부정아 : 줄기의 마디 이외에서 형성되는 눈

③ 그 밖의 용어 해설

  ㉠ 동아 : 겨울 눈을 말하며 동절기 조경 수목의 식별은 대부분 동아로서 이루어진다.

  ㉡ 아린 : 눈을 덮어서 보호하는 기관

  ㉢ 액아 : 측아의 일종, 가지나 줄기의 측방으로 분지하여 발생된 눈

  ㉣ 엽액 : 잎이 줄기에 부착하는 부분으로 측아는 여기에서 생김

  ㉤ 엽흔 : 잎이 가지에서 떨어진 흔적

  ㉥ 주아 : 식물체의 일부분에 별개의 개체로 발달하는 부분

  ㉦ 무병아 : 가지나 줄기에 곧바로 붙어 있는 경우의 눈

  ㉧ 유병아 : 가지나 줄기에서 자루와 함께 붙어 있는 경우의 눈

(2) 눈의 모양의 식별

  ① 동아의 모양과 크기로 식별한다.

  ② 정아의 모양과 크기로 식별한다.

  ③ 측아의 모양과 크기로 식별한다.

  ④ 눈의 외형 : 타원형, 난형, 구형, 반구형, 원주형, 방추형, 피침형

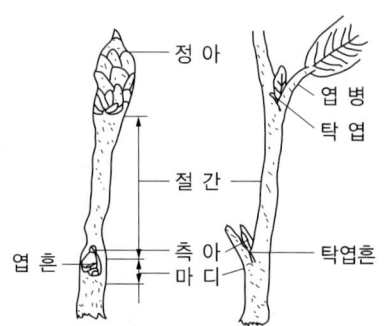

[눈의 모양 식별]

5 줄기, 가시, 뿌리에 의한 조경 수목 식별

- 조경 수목의 줄기와 가시, 뿌리를 보고 수종을 구별해야 한다.
- 이 방법은 기능검정 마지막 회에 응시할 때에 중요하다.

(1) 줄기의 모양과 색채를 조사한다.

  ① 줄기를 세분하면 주간, 주지, 부주지, 측지, 일년생지로 나눌 수 있다.

  ② 측지를 자세히 나타내면 1년생지와 2년생지의 형태로 표현할 수 있다. 겨울나무의 식별에 매우 유용한 방법이다.

  ③ 그리고 나서 조경 수목별로 측지와 줄기의 색깔을 구별하여 식별에 도움이 될 수 있도록 한다.

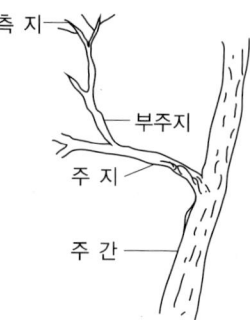

[줄 기]

(2) 조경 수목에는 가시가 나 있는 수목이 있다. 이를 형성 기원에 따라 구별한다.

  ① 경침 : 가지의 끝부분이 침상으로 변한 것(자두나무, 아그배나무, 석류나무, 피라칸타, 갈매나무)

  ② 엽침 : 잎이 가시로 변한 것(매자나무, 선인장)

  ③ 탁엽침 : 탁엽이 가시로 변한 것(아까시나무, 초피나무)

  ④ 극상돌기 : 가지 껍질에 불규칙적으로 가시가 무수히 붙어 있는 것(장미, 음나무, 두릅나무)

  ⑤ 강모침 : 가지에 난 털이 침으로 변한 것으로 보통 불규칙적으로 밀생(나무딸기, 해당화)

(3) 뿌리의 색채와 근계를 조사한다.

  ① 흰색 : 벽오동, 무궁화, 개오동, 꽃개오동

  ② 노란색 : 등나무, 화살나무, 참빗살나무, 수양버들, 뽕나무, 회화나무, 석류나무

  ③ 갈색 : 쥐똥나무, 병아리꽃나무, 벚나무, 매화나무, 단풍나무, 모과나무, 개나리

  ④ 흑색 : 박태기나무, 고욤나무, 꽝꽝나무

제3절 수목의 관상에 의한 식별

1 꽃이 아름다운 조경 수목의 식별

꽃은 조경 수목을 식별하는 데 매우 유용하다. 그러나 실기시험을 준비하는 시기에 따라 다르기 때문에 개화기별, 색상별로 수목의 꽃을 구별할 수 있어야 한다. 특히 지방별로 개화 시기 차이가 있을 수 있다.

(1) 색상으로 본 꽃이 아름다운 조경 수목의 구별

색 상	꽃이 아름다운 조경 수목
흰색 계통	조팝나무, 등나무, 수수꽃다리, 나무수국, 불두화, 팥배나무, 미선나무, 백철쭉, 아그배나무, 백당나무, 백목련, 산딸나무, 일본목련, 회화나무, 무궁화, 서어나무, 귀룽나무, 아까시나무, 쥐똥나무, 배롱나무
노란색 계통	염주나무, 찰피나무, 만리화, 망종화, 생강나무, 백합나무, 산수유, 매자나무, 개나리, 황매화, 화살나무, 죽도화, 괴불나무
붉은색 계통	댕강나무, 모란, 해당화, 올괴불나무, 분꽃나무, 참싸리, 겹벚나무, 모과나무, 배롱나무, 진달래, 박태기나무, 명자나무, 철쭉, 붉은병꽃나무
보라색 계통	자목련, 수수꽃다리, 산철쭉, 산수국, 무궁화, 등나무, 좀작살나무

(2) 개화기로 본 꽃이 아름다운 조경 수목의 구별

개화기	꽃이 아름다운 조경 수목
2월	풍년화, 오리나무
3월	매화나무, 생강나무, 올벚나무, 개나리, 산수유, 동백나무
4월	자목련, 개나리, 겹벚나무, 꽃산딸나무, 목련, 백목련, 산벚나무, 왕벚나무, 이팝나무, 갯버들, 명자나무, 미선나무, 박태기나무, 산수유, 산철쭉, 수수꽃다리, 조팝나무, 진달래, 철쭉, 동백나무, 소귀나무, 호랑가시나무
5월	귀룽나무, 때죽나무, 백합나무, 산딸나무, 오동나무, 일본목련, 쪽동백나무, 채진목, 가막살나무, 모란, 병꽃나무, 장미, 쥐똥나무, 돈나무, 인동덩굴
6월	모감주나무, 층층나무, 개쉬땅나무, 태산목, 클레마티스, 수국, 아왜나무
7월	노각나무, 배롱나무, 자귀나무, 무궁화, 부용, 협죽도, 능소화
8월	배롱나무, 부용, 싸리나무, 자귀나무, 무궁화
9월	배롱나무, 부용, 싸리나무
10월	장미, 호랑가시나무
11월	호랑가시나무, 팔손이

(3) 꽃향기가 나는 조경 수목 : 생강나무, 팥배나무, 분꽃나무, 해당화, 섬피나무

(4) 꽃향기가 특히 짙은 조경 수목 : 수수꽃다리, 아그배나무, 등나무, 일본목련, 쪽동백나무, 이팝나무

2 열매가 아름다운 조경 수목의 식별

열매를 관찰하는 일도 특별한 관심을 가지지 않고는 곤란한 경우가 많다. 조경 수목의 번식을 위하여 열매를 채취하는 경우가 있지만, 관찰을 목적으로 열매를 찾는다는 것 자체가 쉬운 일이 아니며, 교목보다는 관목류의 화목류에서 관찰이 쉬운 것도 그 때문이다.

(1) 색상으로 본 열매가 아름다운 조경 수목의 구별

색 상	열매가 아름다운 조경 수목
노란색 계통	은행나무, 상수리나무, 아그배나무, 살구나무, 회화나무, 명자나무, 매화나무, 탱자나무, 멀구슬나무
검은색 계통	후박나무, 아왜나무, 벚나무, 팽나무, 산초나무, 굴거리나무, 오갈피나무, 왕벚나무, 꽝꽝나무, 생강나무, 쥐똥나무, 팔손이, 음나무
파란색 계통	사철나무, 돈나무, 호랑가시나무, 산수유, 주목, 산딸나무, 감나무, 목련, 매자나무, 화살나무, 보리장나무, 노박덩굴

(2) 결실기로 본 열매가 아름다운 조경 수목의 구별

결실기	열매가 아름다운 조경 수목
봄	식나무, 멀구슬나무, 황칠나무
여 름	오미자, 살구나무, 자두나무
가 을	마가목, 팥배나무, 탱자나무, 모과나무, 분꽃나무
겨 울	쉬나무, 황벽나무

(3) 열매의 향기가 좋은 수목 : 모란, 모과나무, 전나무, 구상나무, 생강나무

3 잎이 아름다운 조경 수목의 식별

조경 수목의 식별은 잎의 구별에 초점이 맞추어져 있다. 조경 수목의 구별에서 봄, 여름, 가을에는 수목의 잎이 색깔과 모양은 조금씩 다르지만 구별요소로서 크게 작용을 한다(잎을 구별할 수 있다면 수목감별은 쉽게 응시할 수 있다).

(1) 단풍이 아름다운 조경 수목

① 붉은색 계통 : 복자기, 붉나무, 단풍나무, 마가목, 화살나무, 산딸나무, 담쟁이덩굴
② 노란색, 갈색 계통 : 은행나무, 고로쇠나무, 칠엽수, 때죽나무, 느티나무, 계수나무, 낙우송, 메타세쿼이아, 백합나무 등

(2) 잎의 형태가 아름다운 조경 수목 : 메타세쿼이아, 피나무, 물푸레나무, 식나무, 주목, 칠엽수, 팔손이, 단풍나무류, 이팝나무, 은행나무

(3) 펼쳐지는 잎이 아름다운 조경 수목 : 버드나무류, 단풍나무류, 위성류, 가시나무

4 줄기가 아름다운 조경 수목의 식별

(1) 흰색 계통의 조경 수목 : 백송, 분비나무, 플라타너스류, 자작나무, 서어나무

(2) 갈색 계통의 조경 수목 : 편백, 배롱나무, 철쭉류

(3) 흑갈색 계통의 조경 수목 : 해송, 독일가문비나무, 히말라야시다 등

(4) 적갈색 계통의 조경 수목 : 소나무, 주목, 삼나무, 모과나무 등

제4절 수목의 규격에 의한 식별

조경계획평면도에 표시되는 조경 수목의 이름, 수량, 규격 등의 표시를 바르게 하기 위해서는 수목의 규격표시법을 바르게 할 수 있어야 한다.

1 수고에 따른 조경 수목의 구분

(1) 대교목
① 조경 수목의 성목의 크기 : 12m 이상
② 소나무, 전나무, 은행나무, 느티나무, 오동나무 등

(2) 중교목
① 조경 수목의 성목의 크기 : 9~12m 정도
② 단풍나무, 감나무, 때죽나무, 층층나무, 모감주나무, 아왜나무, 버드나무 등

(3) 소교목
① 조경 수목의 성목의 크기 : 4.5~6m
② 향나무, 동백나무, 배롱나무, 살구나무, 자귀나무, 매화나무 등

(4) 대관목
① 조경 수목의 성목의 크기 : 3~4.5m
② 돈나무, 광나무, 금목서, 쥐똥나무, 무궁화 등

(5) 중관목
① 조경 수목의 성목의 크기 : 1~2m 정도
② 회양목, 둥근주목, 싸리나무, 영산홍, 명자나무, 조팝나무, 해당화, 개나리
③ 매자나무, 병꽃나무, 고광나무, 박태기나무, 화살나무 등

(6) 소관목

① 조경 수목의 성목의 크기 : 1m 이하
② 수국, 철쭉, 진달래, 모란, 골담초, 꼬리조팝나무, 눈향나무 등

(7) 지피식물

① 조경 식물의 크기 : 30cm 이하의 식물재료
② 붓꽃, 옥잠화, 조릿대, 비비추, 원추리, 맥문동, 잔디 등

2 조경 수목의 각 부분 명칭

(1) 수 관

수관은 주간, 측지, 일년생 가지와 잎의 전체 부분을 말한다.

(2) 수 간

교목의 원줄기를 말하는데 수관을 받치는 구실을 하며, 수간에 있는 수피는 색깔, 형태, 갈라지는 모양들이 달라서 조경 수목을 식별하는 데 매우 유익하다.

(3) 주 지

수간에서 바로 윗가지 부분을 주지라 부른다. 측지보다 생장점의 발육이 더욱 왕성하여 빨리 곧게 자란다. 주지에서 측지가 나오고 측지에서 소지가 나온다. 보통 주지를 제거하면 조경 수목 고유의 수형이 망가지므로 가능하면 자르지 말아야 한다.

(4) 뿌 리

① 곧은 뿌리계 : 교목에서 발달한 것으로 원뿌리와 곁뿌리가 뚜렷하다.
② 수염 뿌리계 : 관목에서 흔히 볼 수 있는데 원뿌리가 뚜렷하지 않고 같은 크기의 뿌리들이 지표 밑으로 자란다.

제5절 수목 식별의 실습과제

1 소나무류

소나무의 바늘잎 종류로는 2엽, 3엽, 5엽이 있다. 소나무, 곰솔, 반송의 잎은 2장씩 모여나고, 리기다소나무, 백송, 대왕송의 잎은 3장씩, 잣나무, 섬잣나무, 스트로브잣나무의 잎은 5장씩 모여 난다.

식물명	잎의 수, 길이	나무껍질	특 징	비고(그림)
소나무	2엽, 6~12cm	적갈색	우리나라에 가장 많이 분포한다.	
곰 솔	2엽, 9~14cm	흑갈색	송진이 많아 땔감으로 사용하고 굵다.	
반 송	2엽, 6~12cm	적갈색	밑동에서 여러 줄기가 나오고 바늘잎이 빽빽하며 가늘다.	
리기다 소나무	3엽, 7~14cm	적갈색	나무 원줄기에서 잎이 나온다.	
백 송	3엽, 7~9cm	삼색(녹색, 회색, 흰색)	나무껍질이 비늘처럼 벗겨진다.	

식물명	잎의 수, 길이	나무껍질	특 징	비고(그림)
대왕송	3엽, 20~45cm	옅은 갈색	소나무류 중에서 잎이 가장 길다.	
잣나무	5엽, 6~12cm	흑갈색	잎에 흰 기공조선이 있고, 씨앗에 날개가 없다.	
섬잣나무	5엽, 4~7cm	짙은 회색	잎에 흰 기공조선이 있고, 씨앗에 날개가 있다.	
스트로브 잣나무	5엽, 6~14cm	적갈색	잎에 흰 기공조선이 있고, 잣나무보다 잎이 가늘다.	

2 측백나무, 편백, 화백

나무의 모습은 비슷하나 잎의 모양이 서로 다르다. 측백나무의 잎은 녹색으로 앞면과 뒷면의 색깔과 모양이 서로 같다. 편백과 화백의 잎은 매우 비슷한데, 잎 끝이 둔하고 뒷면의 흰색 기공조선이 Y자 모양이면 편백, 잎 끝이 뾰족하고 뒷면의 흰색 기공조선이 대체로 X자 모양이면 화백이다.

식물명	잎	나무껍질	열 매
측백나무	W자형, 앞면과 뒷면의 모양이 같고 만지면 부드럽다.	회갈색	날개 없음, 8개, 지름 1.5~2cm 열매조각은 겹쳐져 있다.
편백	Y자형, 뒷면에 Y자 모양의 흰색 선이 있고 만지면 부드럽다.	적갈색	좁은 날개, 8~10개, 지름 1~1.2cm 열매조각은 맞닿아 있다.
화백	X자형, 뒷면은 흰 가루를 뿌린 듯하고 만지면 꺼끌꺼끌하다.	적갈색	넓은 날개, 8~12개, 지름 0.6cm 열매조각은 맞닿아 있다.

3 진달래, 철쭉, 산철쭉

꽃의 모양은 매우 비슷하나 피는 시기가 다르다. 진달래는 꽃이 잎보다 먼저 피고, 꽃잎이 매우 얇으며 먹을 수 있다. 철쭉과 산철쭉은 잎과 꽃이 같이 피고 꽃잎이 매우 두꺼우며 독성이 있어 먹을 수 없다. 진달래와 산철쭉의 잎은 타원꼴이고 철쭉은 달걀꼴이다.

식물명	꽃과 잎	꽃피는 시기	꽃의 색깔	꽃의 모양	열매	잎	독성
진달래	꽃이 먼저 핀다.	3~4월	옅은 홍자색	꽃잎이 얇고 자주색 반점이 희미하거나 없다.	긴 타원꼴, 다섯 조각으로 벌어진다.	타원꼴, 잎맥이 뚜렷하지 않고 털이 있다.	없다.
철쭉	꽃과 잎이 함께 핀다.	5월	연분홍색	자주색 반점이 있다.	타원꼴, 털이 있다.	달걀꼴, 가지 끝에 5장씩 달린다. 꽃이 필 때 뒤로 말린다.	있다.
산철쭉	꽃과 잎이 함께 핀다.	5월	옅은 홍자색	짙은 자주색 반점이 있다.	타원꼴, 억센 털이 있다.	타원꼴, 잎맥이 뚜렷하고 털이 있다.	있다.

4 때죽나무, 쪽동백나무, 백동백

때죽나무의 잎은 작고 가장자리에 이빨 모양의 톱니가 있거나 없고, 쪽동백나무의 잎은 크고 가장자리 윗부분에만 날카롭고 불규칙한 톱니가 있다. 두 나무 모두 총상꽃차례이나 때죽나무는 잎겨드랑이에서 꽃대가 나오면서 일정한 길이로 꽃이 모여 달리지만 쪽동백나무의 꽃은 새가지의 끝에 총상꽃차례를 이루며 달린다. 백동백의 잎은 톱니가 없으며 겨울에도 마른 잎이 가지에 붙어 있고 산형꽃차례이다.

식물명	모습	잎	꽃	열매	나무껍질
때죽나무	잎지는 중간키나무 10m	달걀꼴, 길이 2~8cm로 다양	총상꽃차례, 5~6월, 2~4 송이씩 모여 달린다.	핵과, 9~10월, 초록빛이 도는 옅은 회색	검은색
쪽동백나무	잎지는 중간키나무 10m	타원꼴이나 달걀형 둥근꼴, 뒷면은 희게 보인다.	총상꽃차례, 5~6월, 여러 송이가 모여 핀다.	핵과, 9~10월, 초록빛이 도는 옅은 회색, 껍질에 털이 많다.	회갈색
백동백	잎지는 중간키나무 3~7m	타원꼴, 겨울에도 마른 잎이 붙어 있다.	산형꽃차례, 4월	장과, 9월, 검은색	회백색

5 가시나무, 종가시나무, 붉가시나무, 졸가시나무

가시나무, 종가시나무, 졸가시나무의 잎은 가장자리에 톱니가 있으며, 붉가시나무의 잎은 톱니가 없다. 가시나무류 중에서 붉가시나무의 잎이 가장 크고, 졸가시나무의 잎이 가장 작다. 깍정이에는 5~9개의 둥근 고리가 있으며, 열매는 꽃이 핀 해에 익는다.

식물명	높이	잎	열매	나무껍질
가시나무	15m	타원형 피침꼴, 길이 8~12cm, 가장자리에 잔톱니가 있다.	타원꼴, 길이 1.5~1.7cm	짙은 회색
종가시나무	15m	넓은 타원꼴, 길이 7~12cm, 상반부에 톱니가 있다.	타원꼴, 길이 2cm	녹색이 도는 회색
붉가시나무	20m	긴 타원꼴, 길이 8~20cm, 가장자리에 톱니가 없다.	타원꼴, 길이 2cm	녹색이 도는 회색
졸가시나무	10m	넓은 타원꼴, 길이 3~6cm, 가장자리에 가는 톱니가 있다.	타원꼴 또는 달걀꼴, 길이 1.5~2.2cm	짙은 갈색, 코르크층이 발달

6 목련, 백목련, 함박꽃나무, 태산목

목련과 백목련은 3~4월에 꽃이 잎보다 먼저 피고, 함박꽃나무는 5~6월에 잎이 난 뒤에 꽃이 핀다. 태산목은 우리나라에서 심는 목련류 중 유일한 늘푸른나무로 꽃은 5~6월에 핀다.

식물명	원산지	높이	잎	꽃	열매
목련	우리나라, 일본	10m	길이 5~15cm	3~4월, 꽃잎 6~9장, 꽃받침 3장	9~10월, 원통꼴
백목련	중국	15m	길이 10~15cm	3~4월, 꽃잎 6장, 꽃받침 3장	10월, 원통꼴
함박꽃나무	우리나라	7m	길이 6~15cm	5~6월, 꽃잎 6장	9월, 둥근 타원꼴
태산목	중국	30m	길이 12~23cm	5~6월, 꽃잎 9~12장, 꽃받침 3장	9~10월, 긴 타원꼴

CHAPTER 02 조경식물의 식재작업

제1절 식재 일반

1 식재의 효과

(1) 건축적 이용 효과

① 사생활의 보호 : 수목은 울타리로서 공원에서 사생활을 보호해 준다.
② 차폐 : 가려야 할 곳을 인공적이 아닌 자연적으로 가릴 때 유용하다.
③ 공간분할 : 수목의 수고를 다르게 식재하여 스카이라인을 분할한다.
④ 점진적 이해 : 관찰자에게 설계자가 꾸며 놓은 경관을 단계적으로 보이도록 한다.
⑤ 통행의 조절
　㉠ 사람과 동물의 이동을 효과적으로 통제, 조절한다.
　㉡ 식재 높이를 90cm 이하로 하여 경계선의 역할을 하도록 한다.
　㉢ 90~180cm로 식재할 때 높이가 낮을 경우 경계선이지만 높으면 시선을 제한하게 되어 효과를 높일 수 있다.
　㉣ 식재 후 3~5년 사이에 가지가 서로 얽혀서 효과를 높일 수 있도록 한다.

(2) 공학적 이용 효과

① 토양 침식 조절 효과
② 음향의 조절 효과
　㉠ 식물의 소음조절 효과
　㉡ 식재대의 폭 : 7~8m
　㉢ 소음조절의 효과
③ 섬광조절
　㉠ 섬광의 완충 효과
　㉡ 근접 식재시 차광 효과
　㉢ 식재 주변의 반사광 차단 효과
④ 반사의 조절
⑤ 대기 정화 작용

(3) 기상학적 이용 효과

① 태양 복사열 조절 작용
② 온도 조절 작용
③ 풍속 완화 작용
④ 강수 및 습도 조절 작용

(4) 미적 이용 효과

① 조각물로서의 이용 → 토피어리
② 섬세한 수목의 잎, 가지, 줄기의 외형적인 미
③ 장식적인 수목 벽면 녹화

2 배식 원리

(1) 식재설계의 물리적 요소

① 형태 : 식재 설계시 최우선으로 고려할 요소(일반적 식물형태 : 원형, 구형, 난형, 원추형, 피라미드형, 직립형, 능수형, 수평형, 부정형)
　㉠ 원추형 : 낙우송, 메타세쿼이아, 히말라야시다, 편백, 화백, 칠엽수, 층층나무, 백송, 산딸나무, 자작나무, 쪽동백
　㉡ 우산형 : 왕벚나무, 매화
　㉢ 원정형 : 이팝나무, 플라타너스, 꽝꽝나무, 굴거리나무, 개오동나무, 누리장나무, 목련, 물푸레나무, 벽오동, 뽕나무, 사시나무, 측백, 목서, 가시나무, 식나무, 떡갈나무, 생강나무, 수수꽃다리, 회화나무, 박태기나무, 위성류
　㉣ 평정형 : 백목련, 산수유, 홍단풍, 가중나무, 느티나무, 단풍나무, 무화과나무, 배롱나무, 팽나무
　㉤ 선형 : 반송, 남천, 사철나무, 팔손이, 호랑가시나무, 병꽃나무
　㉥ 피복형 : 싸리나무, 진달래, 철쭉류
　㉦ 포복형 : 눈향나무, 눈잣나무, 눈주목
　㉧ 만경류 : 담쟁이, 등나무, 으름덩굴, 멀꿀나무, 송악, 인동, 줄사철나무
　㉨ 하수형 : 수양버들, 능수버들, 실편백, 딱총나무

② 질감 : 볼 수 있거나 느낄 수 있는 어떤 식물재료의 표면의 질
  ㉠ 거친 느낌 : 벽오동, 소철, 종려나무, 칠엽수, 태산목, 팔손이, 플라타너스
  ㉡ 부드러운 느낌 : 산철쭉, 삼나무, 편백, 화백, 회양목(생울타리용)
  ㉢ 잎 끝이 뾰족한 것 : 노간주나무, 소나무, 전나무
  ㉣ 가시가 있는 것 : 매자나무, 명자나무, 보리수, 산사나무, 찔레, 탱자나무
③ 식재구성에서 색채를 사용할 때 고려사항
  ㉠ 사람들은 빛과 선명한 색에 쏠리는 심리적 성향이 있다.
  ㉡ 잔잔한 빛과 시원한 색은 우울한 감상을 더욱 강하게 만든다.
  ㉢ 밝은 빛과 따뜻한 색은 흥분시키는 경향이 있다.
  ㉣ 색의 변화는 점진적으로 사용한다.
  ㉤ 붉은색, 노란색, 오렌지색 : 보는 사람에게 더욱 가깝게 보여 전진하는 느낌
  ㉥ 푸른색, 자주색, 초록색 : 더욱 멀어져 후퇴하는 느낌
  ㉦ 색이 특이한 수목
    • 잎에 얼룩이 있는 수종 : 금사철, 은사철, 식나무, 유엽도, 팔손이
    • 순백의 수피를 가진 수종 : 자작나무 → 군식처리로 경관구성
    • 줄기와 가지의 색채가 뚜렷한 수종 : 모과, 배롱나무(담갈색), 벽오동(청록색), 소나무(적갈색), 주목(짙은 적갈색), 플라타너스(청록백색)

제2절 식생계획 및 설계

1 식재 환경

(1) 대기오염과의 관계

① SO_2(아황산가스)의 피해
  ㉠ 식물의 공극으로 침입, 알데하이드와 화합 : 옥시술폰산을 형성한다.
  ㉡ 식물에는 여름철 피해가 크고, 습도가 높고 토양 성분이 윤택할 때 피해가 크다.
  ㉢ 토양에 침입하여 지력을 감퇴시키기도 한다.

② 자동차 배기가스의 피해
  CO, NO_x(질소산화물), 탄화수소 : 광산화 반응을 일으켜 O_3(오존) 파괴, 옥시던트(Oxydant)의 피해를 줌(광화학 스모그 현상)

③ 분진의 피해
  엽면에 누적 → 기공을 막아 풍화, 증산호흡 기능을 저해 → 동화물질 감소 → 생장·생육이 안 됨

④ 공기 속 산화물에 의한 피해
  산화작용 → 엽록소 파괴 → 동화작용 억제

⑤ 대기오염에 의한 피해
  잎 : 회백색, 갈색반점의 황화현상 → 옆면이 우둘두툴해짐

⑥ 내공해성
  ㉠ 아황산가스에 강한 수종 : 편백, 화백, 향나무, 가시류, 태산목, 돈나무, 꽝꽝나무, 사철나무, 호랑가시나무, 가중나무, 갈참나무, 떡나무, 벽오동나무, 상수리나무, 아까시나무, 버드나무류, 무궁화, 일본목련, 칠엽수, 플라타너스, 회화나무, 층층나무, 자귀나무, 쥐똥나무, 소철, 유카, 종려나무
  ㉡ 아황산가스에 약한 수종 : 가문비나무, 삼나무, 소나무, 오엽송, 일본잎갈나무, 전나무, 히말라야시다, 반송, 느티나무, 백합나무, 단풍나무, 왕벚나무
  ㉢ 배기가스에 강한 수종 : 비자나무, 편백, 향나무, 태산목, 가시나무류, 식나무, 가중나무, 물푸레나무, 버드나무류, 은행나무, 개나리, 말발도리, 등나무, 송악, 조릿대, 이대, 소철
  ㉣ 배기가스에 약한 수종 : 삼나무, 소나무, 전나무, 히말라야시다, 측백나무, 향나무, 반송, 목련류, 팽나무, 단풍나무, 왕벚나무, 단풍류, 무궁화, 자귀나무, 박태기나무, 화살나무

(2) 광선과의 관계

① 광선요구도
  ㉠ 광포화점 : 광합성을 위한 CO_2의 흡수와 호흡작용에 의한 CO_2의 방출량이 같은 점
  ㉡ 광포화점이 낮은 식물 : 음성식물
  ㉢ 광포화점이 높은 식물 : 양성식물
  ㉣ 적은 광량에서도 동화작용을 할 때 내음성이 있다고 한다.
  ㉤ 동화효율이 높아 약한 광선 밑에서도 생육할 수 있는 나무 : 음수
  ㉥ 동화효율이 낮아 충분한 광량하에서만 생육할 수 있는 나무 : 양수

- ⓧ 음수가 생장할 수 있는 광량 : 전수광량의 50% 내외, 양수는 70% 내외
- ⓞ 고사한계의 최소 수광량 : 음수 5%, 양수 6.5%
  - 내음성수종 : 독일가문비나무, 서양측백, 주목, 녹나무, 후박나무, 사철나무, 호랑가시나무, 회양목, 철쭉, 송악, 국수나무
  - 호양성수종 : 메타세쿼이아, 삼나무, 소나무, 일본잎갈, 측백나무, 반송, 향나무, 가시나무, 가중나무, 떡갈나무, 멀구슬나무, 백합나무, 아까시나무, 오동나무, 왕버들, 자작나무, 양버즘나무, 단풍나무, 층층나무, 배롱나무, 칡나무, 목련, 수수꽃다리, 쥐똥나무, 박태기나무, 병꽃나무, 싸리나무, 소철나무 등
  - 중용수 : 오엽송, 편백, 화백, 돈나무, 칠엽수, 회화나무, 산딸나무, 화살나무, 종려나무, 조릿대나무

2 조경수 식재 방법

(1) 정형식 식재

① 정형식 정원의 개념
  - ㉠ 선이 가장 중요하다.
  - ㉡ 수목의 배치가 중요하다.
  - ㉢ 땅 가름이 엄격하고 치밀하다.
  - ㉣ 수목의 제한이 많다.

② 정형식 식재수법
  - ㉠ 축선의 설정과 대칭식재
  - ㉡ 풍경을 구성하는 수림
  - ㉢ 직선식재 : 시선집중의 효과(열식)
  - ㉣ 무늬식재 : 키 작은 수목으로 장식 무늬의 도형을 구성
  - ㉤ 토피어리 : 무늬 화단의 악센트용
  - ㉥ 식물의 자연성보다 인공적 조형에 주안점을 둔다.

③ 정형식재의 기본패턴(식재양식)
  - 단식 : 중요한 포인트가 될 자리에 단독으로 식재(토피어리)
  - 대식 : 축의 좌우에 동형·동수종의 나무를 쌍으로 식재하는 방법
  - 열식 : 동형·동수종의 나무를 일정한 간격으로 직선상으로 식재하는 방법
  - 교호식재 : 열식의 변형으로 같은 간격으로 서로 어긋나게 식재하는 방법
  - 집단식재 : 덩어리로서의 양감을 표출(군식)

(2) 자연풍경식 식재

① 자연풍경식 정원의 개념
  - ㉠ 자연의 풍경을 뜰 안에 모방
  - ㉡ 자료의 배치나 수종의 선택이 자유로움
  - ㉢ 입체면에 중점
  - ㉣ 땅 가름은 지형에 따름

② 자연풍경식 식재 수법
  - ㉠ 비대칭적인 균형식재
  - ㉡ 사실적 식재 : 풍경식 자연경관을 그대로 모방한 식재방법
  - ㉢ 자연풍경식재의 기본패턴(식재양식)
    - 부등변 삼각형 식재 : 크기를 달리한 세 그루의 수목을 서로 간격을 달리하고 동시에 일직선 위에 서지 않도록 하는 수법(동양화의 기본수법)
    - 임의식재 : 부등변 삼각형 식재를 순차적으로 확대해 가는 방법
    - 모아심기 : 홀수의 식재단위로 단위 수목경관을 만들어 내는 식재방법
    - 군식 : 모아심기보다는 좀 더 다수의 수목을 단위 경관 내에 식재하는 방법
    - 배경식재 : 주경관의 배경을 구성하기 위한 식재, 식재방법은 임의식재 수법
    - 주목 : 경관의 중심적 존재가 되어 경관을 지배하는 경관목, 즉 독립수

(3) 자유식재

① 자유형 정원의 개념
  - ㉠ 인공적이면서도 선이나 형태가 자유롭고 대칭적인 수법
  - ㉡ 의미 없는 장식이 배제되고 직선적인 형태
  - ㉢ 기하학적 디자인이나 축선의 의식적 부정

② 자유형 식재의 수법
  ㉠ 기능을 중시하여 식재
  ㉡ 단순한 배식원리에 의한 식재
  ㉢ 수목의 종류가 적고 우량목으로 강조
③ 자유형 식재의 양식
  ㉠ 정형식이나 자연풍경식을 자유로이 이용하여 식재
  ㉡ 설계자가 새로운 식재형식을 창조
④ 군락식재
  조경식재에 생태적인 사고방식을 도입한 것으로 면적이 넓은 생태공원이나 삼림공원에 어울린다.
  ㉠ 식물군락
    • 식생 : 식물의 집단
    • 식물군락 : 식생의 한 구성단위
    • 식물군락을 성립시키는 환경요인
      - 기후요인 : 기온, 광선, 수분, 바람
      - 토양요인 : 토질, 토양수분, 토양 동물, 토양 미생물
    • 변천 : 일정한 땅에 있어서 식물군락의 시간적 변이과정
      나지 → 1년생 초본식물 → 다년생 초본식물 → 양수 관목림 → 양수 교목림 → 음수 교목림
  ㉡ 식생조사
    • 조사구역 : 교목림 - 150~500㎡, 관목림 - 50~200㎡
    • 계층구분 : 수고의 측정
    • 식물의 종

(4) 녹음식재
① 녹음용 조경 수목 : 정자나무를 생각하면 이해가 된다.
② 녹음식재 관련지식
  ㉠ 녹음효과 : 잎에 의해 햇빛을 차단하는 효과
  ㉡ 잎을 투과하는 햇빛량 : 전광선량의 10~30% 정도
③ 녹음용 조경 수목의 조건
  ㉠ 수관폭이 넓어서 녹음이 필요한 계절에 적당한 그늘을 유지해야 한다.
  ㉡ 겨울에는 햇빛을 가리지 않도록 낙엽수목이어야 한다.
  ㉢ 이용자의 통행에 지장을 주지 않도록 지하고가 높아야 한다.
  ㉣ 잎이 넓고 밀생한 활엽교목이어야 한다.
  ㉤ 병충해에 강한 조경 수목이어야 한다.
  ㉥ 답압에 견디는 힘이 강해야 한다.
  ㉦ 향기가 강하거나 악취가 없어야 한다.
④ 녹음수로 이용되는 수목 : 느티나무, 왕벚나무, 가중나무, 고로쇠나무, 물푸레나무, 벽오동, 피나무, 백합나무, 이팝나무, 칠엽수, 오동나무, 회화나무, 쪽동백, 녹나무, 층층나무, 팽나무 등

(5) 산울타리식재와 차폐식재
① 산울타리식재
  ㉠ 산울타리식재의 정의
    • 수목을 열식해서 조성한다.
    • 경관의 배경적 구실을 한다.
    • 정원 내의 공간별 경계 기능
    • 수목을 30cm 간격으로 교호식재한다.
    • 강전정으로 생장을 억제하여 아랫가지의 생장을 촉진한다.
  ㉡ 산울타리용 조경 수목의 조건
    • 맹아력이 강해야 한다.
    • 아랫가지가 말라죽지 않아야 한다.
    • 잎이 아름다워야 한다.
    • 상록수가 바람직하다.
  ㉢ 산울타리용 수목의 선택
    • 양지 바른 곳에 적합한 수종 : 향나무, 가이즈까향나무, 가시나무류, 탱자나무, 화백, 편백, 삼나무, 측백나무, 꽝꽝나무, 덩굴장미, 명자나무
    • 일조 부족이 예상되는 곳에 적합한 수종 : 주목, 눈주목, 식나무, 붉가시나무, 회양목 등

② 차폐식재
  ㉠ 차폐식재 : 외관상 보기 흉한 곳이나 구조물 또는 공작물 따위를 은폐하거나 외부로부터 내부를 엿볼 수 없도록 시선이나 시계를 차단하는 식재를 말한다.
  ㉡ 차폐용 조경 수목의 조건
    • 대상물이 눈에 띄지 않도록 하여야 한다.
    • 주위 사물과 형태, 색채, 질감에 있어서 비슷한 수목을 식재한다.
  ㉢ 차폐용 수목의 선택
    • 침엽수류 : 주목, 측백, 편백, 노간주나무, 전나무 등
    • 상록활엽교목류 : 가시나무, 감탕나무, 광나무, 구실잣밤나무, 금목서 등
    • 상록활엽관목류 : 돈나무, 동백나무, 사철나무, 식나무, 팔손이 등
    • 낙엽활엽교목류 : 느티나무, 단풍나무, 미루나무, 산딸나무, 홍단풍 등
    • 덩굴식물류 : 담쟁이덩굴, 멀꿀(상록), 인동덩굴(상록), 칡 등
  ㉣ 차폐용 조경 수목의 특징
    • 분할된 공간이 아늑하고 보기 좋은 분위기로 조성되어야 한다.
    • 맹아력이 강해서 줄기와 잎이 잘 자라야 한다.
    • 건조와 공해에 대한 저항력이 있어야 한다.
    • 보호와 관리가 쉬워야 한다.

(6) 방풍식재
  ① 방풍용 수목의 요건
    ㉠ 해당 지역의 자생수종
    ㉡ 실생으로 자란 심근성 교목
    ㉢ 강한 풍압에 견딜 수 있어야 한다.
    ㉣ 지엽이 치밀하여야 한다.
    ㉤ 잘 부러지지 않는 성질을 가진 수종이어야 한다.
  ② 수목의 방풍효과 : 수림대를 기준으로 풍향에 따라 효과 차이가 나게 된다.
    ㉠ 수림대 위쪽의 범위 : 수고의 6~10배의 거리
    ㉡ 수림대 아래쪽의 범위 : 수고의 25~30배의 거리
    ㉢ 방풍효과 최대 범위 : 수림대 아래쪽 수고 3~5배의 지역 - 65% 정도 감소

③ 방풍림의 구조
  ㉠ 수목의 간격 : 1.5~2.0m
  ㉡ 식재방법 : 정삼각형 식재
  ㉢ 너비와 열 : 10~20m, 5~7열
  ㉣ 수림대의 길이 : 수고의 12배 이상
④ 방풍수목
  ㉠ 침엽수 : 소나무, 곰솔, 향나무, 편백, 화백
  ㉡ 활엽수 : 팽나무, 삼나무, 후박나무, 동백나무, 가시나무류, 녹나무, 참나무 등

(7) 방화식재
  ① 방화용 조경 수목의 조건
    ㉠ 잎이 두꺼워야 한다.
    ㉡ 수분의 함유량이 많은 수종이어야 한다.
    ㉢ 넓은 잎을 가진 치밀한 수관부위를 가져야 한다.
    ㉣ 상록수이어야 한다.
    ㉤ 수관의 중심이 추녀보다 낮은 위치에 있어야 한다.
  ② 방화용 수목 : 녹나무, 동백나무, 아왜나무, 후박나무, 식나무, 사철나무, 굴거리나무, 후피향나무, 광나무, 금송 등
  ③ 아열대지방이나 열대지방에서는 선인장류 또는 다육식물로 방화용 식물대를 이루어 방화효과를 높이고 있다.

(8) 대기오염 예방식재
  ① 대기오염이 조경 수목에 미치는 영향
    ㉠ SO_2(아황산가스)의 영향
      • 조경 식물의 공극으로 침입하여 알데하이드와 결합하여 옥시술폰산을 형성한다.
      • 조경 식물에는 여름철에 피해가 크다. 이때 일사에 의해 기공이 많이 열리기 때문이다. 또한 습도가 높고 토양성분이 윤택할 때 피해가 더 커진다.
      • 토양에 침입하여 지력을 감퇴시키기도 한다.
    ㉡ 자동차 배기가스의 영향 : 광산화 현상을 일으켜 오존층 파괴
    ㉢ 분진의 영향 : 기공을 막고, 풍화와 증산호흡 기능을 저해시킨다.
    ㉣ 공기 속 산화물에 의한 영향 : 식물의 엽록소가 파괴되고 동화작용이 억제된다.

ⓜ 대기오염의 영향
- 회백색, 갈색반점의 황화현상이 일어난다.
- 잎이 일찍 떨어진다.
- 수세가 약해진다.
- 성장이 저하된다.
- 끝부분부터 말라 죽는다.

② 대기오염 예방용 수목의 종류
㉠ 아황산가스에 강한 수종 : 편백, 화백, 향나무, 태산목, 돈나무, 꽝꽝나무, 사철나무, 떡갈나무, 벽오동, 상수리나무, 호랑가시나무, 갈참나무, 무궁화, 칠엽수, 플라타너스, 회화나무, 층층나무, 자귀나무, 쥐똥나무
㉡ 아황산가스에 약한 수종 : 가문비나무, 삼나무, 소나무, 오엽송, 일본잎갈나무, 전나무, 히말라야시다, 반송, 느티나무, 백합나무, 단풍나무, 왕벚나무
㉢ 배기가스에 강한 수종 : 비자나무, 태산목, 가시나무류, 편백, 향나무, 식나무, 가중나무, 물푸레나무, 은행나무, 개나리, 말발도리, 등나무, 송악, 조릿대
㉣ 배기가스에 약한 수종 : 삼나무, 소나무, 목련, 백합나무, 팽나무, 감나무, 전나무, 금목서, 은목서, 단풍나무, 고로쇠나무, 벚나무, 매화나무, 수수꽃다리

(9) 지피식물식재
① 지피식재의 기능과 효과
㉠ 바람에 날리기 쉬운 흙먼지의 양을 감소시킨다.
㉡ 비로 인한 진땅 방지
㉢ 침식 방지
㉣ 동상 방지
ⓜ 미기후의 완화
ⓗ 운동, 휴식효과
ⓢ 미적 효과

② 지피식물로서 갖추어야 할 조건
㉠ 식물체의 키가 낮을 것(30cm 이하)
㉡ 다년생 식물로서 가급적이면 상록일 것
㉢ 비교적 속성하는 한편 번식력이 왕성할 것
㉣ 지표를 치밀하게 피복하여 나지를 남기지 않을 것
ⓜ 깎기 작업, 잡초 뽑기, 병충해 방지 등 관리에 되도록 손이 덜 들 것
ⓗ 답압에 견딜 것
ⓢ 잎과 꽃이 아름답고 악취나 가시가 없고 동시에 가급적 즙이 적은 것

3 토양과의 관계

(1) 토양의 성질
① 토양의 물리적 성질
㉠ 성질에 적당한 흙 : 광물질 : 45%, 유기질 : 5%, 공기 : 20%, 수분 : 30%
㉡ 사토 : 공극은 크나 보수·보비력이 낮다.
㉢ 식토 : 공극이 작으나 보수·보비력은 높다. 통기성이 좋지 않아 뿌리 호흡이 어렵다.
㉣ 식물 생육에 알맞은 입자의 크기 : 1.5mm 뿌리털은 0.001mm 이하 공극 침투 불가

② 토양 수분
㉠ 흙입자와 물과의 결합력을 토양수분장력이라 하고 pF의 단위를 사용한다.
㉡ 식물에 이용되는 모관수는 pF 2.7~4.2의 범위에 있으며 이것을 유효수라고 칭한다.
㉢ 건조에 견디는 수종 : 독일가문비나무, 리기다소나무, 소나무, 전나무, 노간주나무, 향나무, (내건성)사철나무, 호랑가시나무, 가중나무, 굴참나무, 아까시나무, 능수버들
㉣ 호흡성 수종 : 낙우송, 삼나무, 동백나무, 식나무, 오리나무, 버드나무류, 병꽃나무, 수국, 홍철쭉, 황철쭉
ⓜ 내습성 수종 : 리기다소나무, 메타세쿼이아, 사철나무, 팔손이, 멀구슬나무, 목련, 칠엽수, 홍단풍나무, 자귀나무, 보리수나무, 아그배나무, 등나무
ⓗ 습지나 건조지 양쪽에서도 견디는 수종 : 자귀나무, 플라타너스

③ 토양 양분 : C, H, O, N, P, Ca, Mg - 7대 원소
㉠ 척박지에 견디는 수종 : 소나무, 곰솔, 노간주나무, 향나무, 아까시나무, 오리나무, 자작나무, 참나무류, 자귀나무, 등나무, 싸리류
㉡ 비옥지를 좋아하는 수종 : 삼나무, 주목, 측백나무, 가시나무류, 느티나무, 오동나무, 칠엽수, 회화나무, 단풍나무, 왕벚나무, 홍단풍, 아그배나무
㉢ 질소고정을 위해 심는 나무(비료목) : 아까시나무, 자귀나무, 주엽나무, 박태기나무, 싸리나무, 칡나무, 오리나무, 보리수나무, 보리장나무, 소귀나무

④ 산도와 토양반응
　㉠ 강산성에 견디는 수종 : 가문비나무, 리기다소나무, 밤나무, 사방오리나무, 소나무, 아까시나무, 잣나무, 전나무, 편백
　㉡ 약산성-중성 : 가시나무, 느티나무, 떡갈나무, 잎갈나무, 삼나무
　㉢ 염기성에 견디는 수종 : 낙우송, 단풍나무, 생강나무, 서어나무, 회양목

⑤ 토 성
　양토나 사질양토에서 생육 완성, 토심 60cm 이상이 양호, 약산성이나 중성토
　㉠ 사토 : 소나무, 곰솔, 비자나무, 굴나무, 왕버들
　㉡ 양토 : 멀구슬나무, 삼나무, 은행나무, 느티나무, 오동나무
　㉢ 식토 : 소나무, 참나무, 서어나무, 벚나무, 편백
　㉣ 심근성 : 참나무류, 밤나무, 느티나무, 후박나무, 가시나무
　㉤ 천근성 : 버드나무, 서어나무, 오리나무, 사철나무, 아까시나무, 느릅나무
　㉥ 내건성 : 소나무, 곰솔, 오리나무, 참나무, 녹나무, 향나무, 팽나무
　㉦ 내습성 : 비자나무, 서어나무, 가시나무, 너도밤나무, 개비자나무, 왕버들
　㉧ 비옥토 : 가시나무, 느티나무, 녹나무, 참죽나무, 붉나무, 오동나무, 느릅나무
　㉨ 척박토 : 소나무, 곰솔, 느릅나무, 자귀나무, 버드나무, 등나무, 졸참나무
　㉩ 산성토 : 소나무, 곰솔, 느티나무, 측백, 상수리나무, 싸리나무, 버드나무
　㉪ 염기성토 : 너도밤나무, 느릅나무, 서어나무, 단풍나무, 회양목, 물푸레나무
　㉫ 견밀토양 : 소나무, 참나무, 서어나무, 리기다소나무, 전나무, 낙엽송, 느티나무
　㉬ 비견밀토양 : 밤나무, 느릅나무, 아까시, 버드나무, 오리나무, 삼나무, 편백

⑥ 표층토의 심도
　㉠ Humus(부식토)가 5~20% 정도 함유한 토양이 수목 생장에 좋다.
　㉡ 심근성 수종 : 소나무, 전나무, 주목, 가시나무류, 태산목, 느티나무, 목련류, 목백합, 벽오동나무, 상수리나무, 은행나무, 칠엽수, 회화나무, 단풍류, 마가목, 싸리류, 말발도리
　㉢ 천근성 수종 : 가문비, 일본잎갈, 편백, 아까시나무, 자작나무, 사시나무(식물 생육에 필요한 토양의 최소 심도)
　㉣ 생육 토심 : 잔디 초본류 – 30cm, 소관목 – 45cm, 대관목 – 60cm, 천근성 교목 – 90cm, 심근성 교목 – 120cm

4 기온과의 관계

(1) 난대림과 한대림
　① 난대림 : 후피향나무, 녹나무, 동백나무, 비쭈기나무, 돈나무 등
　② 한대림 : 가문비나무, 분비나무, 낙엽송, 종비나무, 잣나무, 전나무 등

(2) 수목과 온도
　① 최적온도 : 24~34℃, 최고온도 : 36~46℃, 최저온도 : 0~16℃
　② 내한성 수목 : 가시나무, 굴거리나무, 녹나무, 동백나무, 자귀나무 등

(3) 수목과 광조건
　① 강음수 : 주목, 굴거리나무, 금송, 식나무, 호랑가시나무 등
　② 음수 : 가문비나무, 전나무, 너도밤나무, 녹나무, 감탕나무 등
　③ 중용수 : 느릅나무, 오리나무, 잣나무, 피나무, 화백, 금목서, 돈나무 등
　④ 양수 : 낙엽송, 자작나무, 은행나무, 대왕송, 삼나무, 소나무, 향나무 등

5 설계에 적합한 수종의 선정

(1) 잎의 색채
　① 적색으로 단풍이 드는 낙엽활엽수 : 단풍나무, 산벚나무, 화살나무, 붉나무, 검양옻나무, 마가목, 참빗살나무, 산딸나무, 낙상홍, 매자나무, 윤노리나무, 담쟁이, 남천나무, 감나무
　② 황색 또는 갈색으로 단풍이 드는 낙엽활엽수 : 은행나무, 중국단풍나무, 포플러, 백합나무, 배롱나무, 때죽나무, 피나무, 벽오동, 다릅나무, 석류나무, 버드나무, 고로쇠나무, 오리나무, 양버즘나무, 칠엽수, 느티나무, 떡갈나무

(2) 줄기의 색채
　① 백색계통의 수피를 가진 수종 : 백송, 분비나무, 자작나무, 양버즘나무, 서어나무, 동백 등
　② 청녹색계통의 수피를 가진 수종 : 식나무, 벽오동, 협죽도, 황매, 대나무류
　③ 갈색계통으로 물드는 낙엽활엽수 : 편백, 산다화, 배롱나무, 철쭉류 등

(3) 꽃과 열매의 색채

① 봄
　㉠ 빨간색 : 진달래, 박태기나무, 산철쭉, 겹철쭉, 철쭉, 홍철쭉, 동백나무, 명자나무, 모란, 월계화, 꽃복숭아나무, 명자나무 등
　㉡ 흰색 : 목련, 백목련, 흰철쭉, 조팝나무, 산사나무, 매화나무(백매), 딱총나무, 고광나무
　㉢ 노란색 : 개나리, 산수유, 황매화, 풍년화, 황철쭉 등
　㉣ 보라색 : 자목련, 등나무, 라일락, 모란 등

② 여름
　㉠ 빨간색 : 배롱나무, 협죽도, 자귀나무, 석류나무, 사즈키 철쭉, 능소화, 장미 등
　㉡ 흰색 : 백정화, 장미, 치자나무, 산딸기, 불두화, 마가목, 모란, 이팝나무, 산딸나무, 병아리꽃나무, 인동덩굴, 층층나무 등
　㉢ 노란색 : 장미, 골담초, 황철쭉 등
　㉣ 보라색 : 수국, 무궁화, 멀구슬나무, 정향나무, 모란 등

③ 가을
　㉠ 빨간색 : 무궁화, 협죽도, 싸리, 낙상홍(열매), 늦동백, 부용, 석류(열매), 일본목련(열매), 목련(열매), 노박덩굴(열매), 아왜나무(열매), 사철나무(열매), 참빗살나무(열매), 말오줌나무(열매) 등
　㉡ 흰색 : 은목서, 백정화, 호랑가시나무, 차나무 등
　㉢ 노란색 : 금목서, 피라칸타(열매), 노박덩굴(열매)
　㉣ 보라색 : 싸리나무, 부용, 작살나무(열매), 노린재나무(열매), 개머루(열매) 등

④ 겨울
　㉠ 빨간색 : 남천(열매), 식나무(열매), 자금우(열매), 피라칸타(열매), 백량금(열매)
　㉡ 흰색 : 팔손이나무, 매화나무
　㉢ 노란색 : 비파나무, 식나무(열매) 등

참고자료 꼭 외워놓아야 합니다!!

1. 자주 출제되는 수목·식물 분류

(1) 공해에 강하여 가로수로 가장 많이 쓰이는 나무 : 은행나무
(2) 봄에 노란 꽃이 피며 붉은 열매는 약용으로 쓰이는 나무 : 산수유
(3) 여름에 연보라색 꽃이 피며, 뿌리는 약용으로 쓰이고 그늘진 나무 밑에서도 잘 자라는 지피식물 : 맥문동
(4) 공해·맹아력이 약하며 건조지, 척박지에서도 잘 자라나 이식하기 어려운 나무 : 소나무
(5) 모래터 위의 녹음식재에 적합한 나무 : 버즘나무(플라타너스), 백합나무
(6) 겨울화단용 꽃 : 꽃양배추
(7) 흰색 계통의 줄기를 갖는 나무 : 자작나무, 백송, 버즘나무(플라타너스)
　　초록색 계통의 줄기 : 벽오동
　　흑갈색 줄기 : 해송
　　백색 신록 : 보리수나무
(8) 꽃에 향기가 없는 나무 : 자귀나무
(9) 그늘에서 잘 자라며 맹아력이 강하여 형상수로 적합하고 가을에 열매가 붉게 되는 나무 : 주목
(10) 어릴 땐 심근성, 늙어서는 천근성인 나무 : 오리나무
(11) 빗자루병에 잘 걸리는 나무 : 대추나무, 벚나무, 오동나무
(12) 봄뿌림(가을화단용) 초화류 : 맨드라미, 마리골드
(13) 가을뿌림(봄화단용) 초화류 : 팬지, 스위트피, 피튜니아, 금잔화
(14) 봄심기(가을화단용) 알뿌리화초 : 달리아, 칸나
(15) 가을심기(봄화단용) 알뿌리화초 : 튤립, 수선화
(16) 잎에 오배자(벌레혹)가 생기는 나무 : 붉나무
(17) 나이가 들면서 지서각이 90° 이상으로 벌어지는 나무 : 독일가문비나무
(18) 잔디 중 포기번식을 하는 잔디 : 버뮤다그래스(난지형)
(19) 골프장 그린의 잔디 : 벤트그래스
　　한국 잔디 중 섬세하고 남해안에 자생하는 잔디 : 빌로드 잔디
　　가장 많이 쓰이는 잔디 : 들잔디(발아촉진제 : 수산화칼륨)
(20) 내염성이 약한 나무 : 독일가문비나무, 소나무, 일본목련, 왕벚나무
(21) 내염성이 강한 나무 : 해송, 비자나무, 눈향나무, 동백나무, 사철나무
(22) 굵은 가지를 다듬으면 상처가 썩어 들어가며 흰가루병과 빗자루병에 잘 걸리는 나무 : 벚나무
(23) 흰색 꽃이 피는 나무 : 이팝나무, 조팝나무, 산딸나무
(24) 이식이 어려운 나무 : 소나무, 자귀나무, 목련, 칠엽수
　　이식이 쉬운 나무 : 플라타너스

(25) 공해에 강한 나무 : 사철나무, 벽오동, 은행나무, 플라타너스(이산화황), 가시나무, 후박나무
(26) 공해에 약한 나무 : 소나무, 전나무, 자작나무, 느티나무, 독일가문비나무(이산화황)
(27) 옥상조경에 좋은 나무 : 라일락(수수꽃다리) - 정아에서 꽃이 생기는 나무
(28) 곁움이 잘 생기는 나무 : 느티나무, 라일락
(29) 가지치기를 안 해도 수형이 잘 잡히는 나무 : 느티나무
(30) 침엽수 중에 낙엽이 지는 나무 : 은행나무, 메타세쿼이아, 낙엽송, 낙우송
(31) 정아에서 꽃이 피는 수종 : 수국(꽃이 가지선단부에 달리는 형(관상형)-수수꽃다리)
(32) 심근성 나무 : 소나무, 전나무, 느티나무, 은행나무, 모과나무, 백합나무, 목련, 상수리나무
(33) 천근성 나무 : 독일가문비나무, 편백, 미루나무, 자작나무, 버드나무, 현사나무, 매화나무
(34) 생울타리용 나무 : 쥐똥나무, 사철나무, 개나리, 철쭉, 회양목, 매자나무, 명자나무, 화살나무, 가시나무, 측백나무
(35) 지피식물 : 맥문동, 잔디, 조릿대, 옥잠화(비비추), 수호초, 꽃창포
(36) 척박지에 잘 견디는 나무 : 소나무, 오리나무, 자작나무, 등나무, 아까시나무, 자귀나무, 향나무
(37) 비옥지를 좋아하는 나무 : 주목, 장미, 측백, 회양목, 철쭉, 벽오동, 벚나무, 불두화
(38) 잎의 모양은 침엽수이나 활엽수에 속하는 나무 : 위성류
(39) 잎의 모양은 활엽수이나 침엽수에 속하는 나무 : 은행나무
(40) 전정할 때 반드시 가위를 45°로 눕혀서 해야 하는 나무 : 가이즈까향나무
(41) 임해공업단지에 가장 적합한 나무 : 사철나무, 해송, 비자나무, 향나무
(42) 월동기를 대비하여 반드시 수피감기를 해주어야 하는 나무 : 단풍나무, 배롱나무
(43) 생육속도가 느린 나무 : 비자나무
(44) 맹아력이 가장 강한 나무 : 가시나무, 느티나무, 미루나무, 히말라야시다
(45) 맹아력이 가장 약한 나무 : 능수벚나무, 소나무, 향나무, 해송, 단풍나무
(46) 우리나라 남부지방에서만 월동이 가능한 수종(상록활엽수) : 동백나무, 아왜나무, 치자나무, 호랑가시나무, 태산목, 꽝꽝나무, 후박나무, 식나무
(47) 일회 신장형 나무 : 소나무
(48) 모란의 이식시기 : 7~8월
(49) 들잔디 뗏밥 넣는 시기 : 6~8월
(50) 초화류 화단 중에 지면 1m 정도 낮게 만든 화단 : 침상화단
(51) 우리나라 고유수종 : 왕벚나무
(52) 개화기가 90일 이상 : 무궁화, 배롱나무, 능소화
(53) 수목의 생장 시작온도 : 5℃ / 적정 생장온도 : 10℃
(54) 조경 수목 하자 판단기준 : 수관부 가지의 2/3 이상 고사
(55) 열매관상용 수목 : 낙상홍, 작살나무, 노박덩굴, 감탕나무
(56) 단풍관상용 수목 : 복자기, 마가목(홍색), 은행(노란색)
(57) 방음수 : 구실잣밤나무
(58) 상향형 : 미루나무 / 수평형 : 독일가문비나무, 히말라야시다 / 총립 : 박태기나무
(59) 난대림 : 가시나무 / 한대림 : 잎갈나무
(60) 약알칼리 토양에 적합한 수종 : 물푸레나무
(61) 뿌리솟음(나이가 많아짐에 따라 줄기의 기부가 굵어지면서 뿌리가 지상으로 솟아오름 / 한층 웅장해 보임) : 소나무, 느티나무, 낙우송
(62) 습지수종 : 주엽나무, 메타세쿼이아, 낙엽송, 낙우송 / 건조·습지수종 : 꽝꽝나무 / 건조지 수종 : 산오리나무

2. 꽃의 분류

(1) 개화기 및 색깔에 따른 분류
  ① 3월 : 동백나무(적색), 풍년화(황색), 생강나무(황색), 산수유(황색), 개나리(황색), 매화나무(담홍색, 백색)
  ② 4월 : 살구나무(담홍색), 벚나무(담홍색, 백색), 명자나무(담홍색), 박태기나무(담홍색), 목련(백색, 자주색), 산철쭉(홍자색), 조팝나무(백색), 황매화(황색), 히어리(황색)
  ③ 5월 : 등나무(연자색), 모과나무(담홍색), 백합나무(녹황색), 산딸나무(백색), 쥐똥나무(백색), 칠엽수(홍백색), 영산홍(담홍자색), 이팝나무(백색), 매자나무(황색)
  ④ 6월 : 인동(백색, 황색), 해당화(자홍색), 수국(자주색), 치자나무(백색), 피라칸타(백색), 개쉬땅나무(백색)
  ⑤ 7월 : 자귀나무(담홍색), 불두화(백색), 무궁화(백색, 담자색), 회화나무(황색), 배롱나무(홍색), 능소화(주황색)

(2) 열매로 분류
  ① 6월 : 앵두나무(적색)
  ② 7월 : 살구나무(황적색), 자두나무(자색), 매실나무(황녹색)
  ③ 9월 : 주목(적색), 감탕나무(흑자색), 동백나무(흑자색), 아왜나무(흑자색), 칠엽수(갈색), 산딸나무(적색), 매자나무(적색), 화살나무(적색)
  ④ 10월 : 모과나무(황색), 꽃사과(황색), 목련(적색), 은행나무(황색), 피라칸타(적색), 아그배나무(적색), 마가목(적색), 사철나무(적색), 산수유(적색), 남천(적색), 낙상홍(적색), 쥐똥나무(흑색)

(3) 단풍색으로 분류
  ① 빨간 단풍 : 단풍나무류, 감나무, 담쟁이, 옻나무, 붉나무, 마가목, 산딸나무, 화살나무, 복자기나무 등
  ② 노란 단풍 : 고로쇠 단풍, 은행나무, 느티나무, 계수나무, 참나무류, 배롱나무, 플라타너스, 자작나무 등 대부분의 조경수

(4) 양음수로 분류

① 양수 : 무궁화나무, 가중나무, 모과나무, 매화나무, 향나무, 석류나무, 산수유나무, 미루나무, 소나무, 플라타너스

② 음수 : 독일가문비나무, 사철나무, 서향, 아왜나무, 주목, 팔손이나무, 회양목, 송악, 가라목

3. 주요수목

(1) 상록침엽교목

① 소나무 : 양수, 척박지, 산성에 강하며 이식, 공해, 맹아력, 습한 땅에 약하다.

② 3엽송 : 리기다, 백송, 리기테다소나무 / 2엽송 : 소나무(적송), 방크스, 곰솔

③ 주목 : 강음수, 맹아력이 강하여 형상수(토피어리용)이며, 비옥지에서 잘 자란다.

④ 독일가문비나무 : 음수, 천근성, 아황산가스에 약하고, 성장하면서 지서각이 90° 이상 된다.

⑤ 향나무 : 양수, 내염성(임해단지 식재) 공해, 이식, 맹아력, 건조지에 강하다.

⑥ 측백 : 기공조선이 없다. 가지가 수직이고, 열매에 날개가 없다.

⑦ 편백 : Y자형 기공조선, 수피 적갈색

⑧ 화백 : W자형 기공조선

(2) 낙엽침엽교목

① 낙우송, 낙엽송, 메타세쿼이아 : 습지를 좋아한다.

② 은행나무 : 노란 단풍, 공해에 강하여 가로수로 가장 많이 식재한다.

(3) 상록활엽교목

가시나무 : 심근성, 방풍수, 이산화황, 맹아력이 강함

(4) 낙엽활엽교목

① 굴참나무 : 수피가 코르크 생산에 이용되며, 잎 뒤에 흰 털이 많다.

② 상수리나무 : 흑색 참나무

③ 왕벚나무 : 우리나라 고유수종으로 공해에 강하나 맹아력, 전정에 약하다.

④ 수양버들 : 양수, 공해에 강하고 열식 또는 강변가로수로 식재

⑤ 칠엽수 : 거친 질감, 이식이 어렵고, 맹아력이 약하다.

⑥ 자작나무 : 흰 수피, 천근성, 양수

⑦ 느티나무 : 심근성, 낙엽진 후 가지모양이 관상가치가 높다. 맹아력이 강하다.

제3절 경관조성식재

1 도시공원

(1) 공원의 식재기준

① 어린이공원(15세 이하의 어린이가 이용, 배치간격은 도보로 2~3분간, 거리 250m)

㉠ 식재식물 선정기준

- 건강하고 잘 자라며, 속성수목 및 초화류
- 대기오염에 강하고 불리한 도시환경에 잘 견디는 식물
- 병충해에 강한 식물(벌레가 많이 생기지 않는 식물)
- 유지관리가 용이하고, 어린이의 장난이나 과도한 밟음 등에 견디는 식물
- 값이 싸면서도 수형, 꽃, 과실이 아름다운 식물
- 교육적 가치가 있는 식물
- 가시나 유독성이 없는 식물
- 심한 냄새나 즙액이 나는 식물, 꽃가루가 심하게 날리는 식물은 피해야 한다.
- 공원면적에 대한 식재지 면적은 약 40%
- 식재지 m당 수목의 본수는 교목류 0.1주, 관목류 0.2주
- 수종의 수는 약 20~30종
- 근린공원 : 50~100종, 운동공원 : 30~40종, 종합공원 : 50~100종

㉡ 식재방법

- 산울타리의 경우 표준치수 : 높이는 120cm, 150cm, 180cm, 210cm, 폭은 30~90cm
- 테두리 식재 : 높이는 90~300cm 내외, 폭은 30~90cm

② 근린공원(걸어서 7~8분, 소요거리 면적은 2ha)

㉠ 유지관리비용을 최소화한다.

㉡ 대규모의 잔디밭과 지피식물의 구성지역은 될 수 있는 대로 시각적으로 개방되게 하여 오픈스페이스의 공간적인 감각을 살리도록 조성한다.

㉢ 정구장과 같은 정형적인 형태를 가진 운동시설 주변은 정형식 식재기법을, 비정형적인 유희시설 주변의 식재는 자유식 식재기법을 적용한다.

③ 지구공원(유치거리는 1~1.5km, 걸어서 15분 정도, 면적은 5ha)
  ㉠ 식재 시 고려사항
    • 이용에 견딜 수 있는 수종을 선택
    • 유지관리의 용이성
    • 기후 및 토양조건에 적합한 수종 선택
    • 건기 녹화
    • 지구 중심성 및 지구공원 특성의 상징
    • 식재 위치가 갖는 기능에 적합한 수종 선택
  ㉡ 식재 기준
    • 주변의 자연식생과 점진적 변이가 이루어지도록 조성한다.
    • 시야의 개방 및 은폐의 정도를 달리한 다양한 경관을 조성한다.
    • 무단횡단으로 인한 피해를 줄이기 위해 가시 있는 관목류를 밀식한다.
    • 야외수영장 주변은 낙엽수나 충해가 예상되는 수종은 피한다.
    • 차량교통이 빈번한 도로나 주차장 주변에는 내공해성 수종을 식재한다.
    • 계절감을 느낄 수 있는 수종을 식재한다.
    • 정적 휴게 및 자유놀이를 할 수 있는 초지를 반드시 조성한다.

④ 종합공원(전 도시민이 이용하는 중심적인 대공원)
  ㉠ 정적 후생을 위한 지역 : 상록수와 낙엽수를 식재함에 있어 은은한 분위기를 위해 낙엽활엽수를 우월하게 식재한다.
  ㉡ 동적 후생을 위한 지역 : 상록수와 낙엽수를 5 : 5비율로 식재하여 활동 후 휴식을 취하기 적합하게 조성한다.
  ㉢ 기능을 연결하는 지역이므로 자연적인 경관조성이 필요하다.

⑤ 운동공원(면적은 8ha, 운동시설이 차지하는 총 면적은 공원 전체 면적의 1/2)
  ㉠ 자연임상을 파악하여 식재군을 조성한다.
  ㉡ 조속히 녹화시켜 외부와 차단하고 충분한 녹음을 제공한다.
  ㉢ 외부식재는 최소 3열 이상 심어 방풍, 차폐, 녹음을 제공한다.
  ㉣ 운동경기 시설 중에서 서로 격리시킬 필요가 있는 곳에는 중간을 0.5~1.0m 정도 성토 후 식재한다.
  ㉤ 정구, 농구, 배구장의 코트 남쪽 면에 가까운 곳에 상록교목을 식재하는 것은 피한다(겨울철에 그늘로 인한 빙결피해 방지).

⑥ 완충 녹지
  ㉠ 녹지의 효용 : 안정성, 위락성, 능률성, 쾌적성
  ㉡ 공업단지 및 공업지역간 주변 식재기준
    • 식재법 : 상록수를 주종으로 한다.
    • 식재밀도 : 10m²당 교목 1주, 관목 3주 정도
  ㉢ 상록과 낙엽수는 8 : 2 정도의 비율로 심는다.
  ㉣ 유목사용시 10m²당 수고 1.5~2m의 관목이면 2주 정도
    • 공장주변녹지대 : 수종, 수고, 수관폭이 다른 여러 상록수 혼식
  ㉤ 토지이용이 서로 다른 지역 및 화재발생지역
    • 차폐녹지 : 지엽의 밀도가 높고 성장이 빠른 낙엽수
    • 적합수종 : 남부지방(가시나무류, 메밀잣밤나무, 후피향나무, 목서, 감탕나무, 사철나무, 아왜나무, 녹나무)
  ㉥ 낙엽교목 : 은행나무, 느티나무, 포플러, 양버즘, 팽(전국)
  ㉦ 상록관목 : 팔손이, 식나무, 협죽도, 다정큼나무
    • 방풍녹지용 : 남부지방(가시나무류, 메밀잣밤, 녹나무, 후박나무, 동백나무)
  ㉧ 중부지방 : 삼나무, 대나무
  ㉨ 전국 : 곰솔, 느티나무
    • 임해공업지역 : 남부지방(식나무, 털가시나무, 협죽도, 아왜나무, 다정큼나무, 태산목, 후박나무, 돈나무, 굴거리나무, 비파나무, 무화과나무, 유카)
  ㉩ 중부지방 : 향나무, 석류
  ㉪ 전국 : 사철나무, 팽나무, 벚나무, 위성류, 자귀나무, 능수벚나무
    • 방화녹지 : 수림대는 수고 10m 이상의 교목을 교호로 배식밀도 4m²에 1주 정도로 식재

⑦ 풍치공원
  ㉠ 수림의 미적 조화가 중요하므로 경관 요소를 고려하여 선정한다.
  ㉡ 토양의 깊이는 0.3m 이하(천근성), 0.3~0.6m(중간성), 0.6m 이상(심근성)의 식물을 적합하게 결정한다.

⑧ 동·식물원
- ㉠ 병충해에 강한 수종, 유지관리 용이, 가시 및 독성이 없는 것
- ㉡ 교육적 가치가 있는 것, 계절의 변화를 느낄 수 있는 식물
- ㉢ 열매가 동물의 먹이가 될 수 있는 것

⑨ 사적공원
- ㉠ 보존구역 : 향토수종을 이용한 자연미 넘치는 식재
- ㉡ 향토수종 : 자생하는 고유식물, 외래수종이 도입된지 오래되어 그 지방에 잘 적응되고 조화되는 수종

2 공장조경

(1) 공장식재의 목적
지역사회와 융화, 직장환경의 개선, 기업 이미지 향상 및 홍보, 재해로부터 시설 보호

(2) 배 경
① 산업공원 조성방안을 마련하여 공원 조성 장려(1976년)
② 단위공장 : 공장부지의 15%
③ 공업단지 : 단지 총 면적의 3%
④ 녹지대 조성 : 주거지역과 접하고 있는 공업단지는 폭 30m 이상의 녹지대 조성(산업집적활성화 및 공장설립에 관한 법률)에 녹지대 등 환경시설 설치 규정에 따른 상공부 고시에 3,000~10,000m^2 미만 공장에서는 대지면적의 15% 이상 녹지면적, 10% 이상을 환경시설면적, 10,000m^2 이상의 공장에서는 20% 이상 녹지면적, 5% 이상의 환경시설 면적을 조성하도록 규정한다.

(3) 식재지반조성
① 성토법 : 타 지역에서 반입하여 성토
   성토최소두께 : 잔디(15cm), 관목(30cm), 교목(60~100cm) 이상 요구
② 객토법 : 지반을 파내고 외부에서 반입한 토양으로 교체하는 공법
   - ㉠ 객토법에는 전면객토, 대상객토가 있고 수목 1그루마다 객토하는 단목 객토법으로 분류
   - ㉡ 객토량 : 관목의 경우(주당 0.05m^3), 3m 이상 교목의 경우(주당 0.2~0.3m^3)

③ 사주법과 사구법
- ㉠ 사주법 : 오니층에 샌드파일 공법에 의해 길이 6~7m, 직경 40cm 정도의 철 파이프를 오니층 아래에 자리잡은 원래 지표층까지 넣어 흙을 파낸 후 파이프 속에 모래가 섞인 산흙 따위로 채운 다음 철 파이프를 빼내는 방법
- ㉡ 사구법 : 오니층이 가라앉은 가장 낮은 중심부에서 주변부를 통해 배수구를 파놓은 다음, 이 배수구 속에 모래흙을 혼합하여 넣고 이곳에 수목을 식재하는 방법(배수 및 염분 제거에 효과가 있다)

(4) 공장주변부
① 주택지와 접하는 곳은 30m 이상 수림대 확보가 필요하다.
② 공해방지, 완충기능을 요구시 50~100m 수림대의 폭이 필요하다.

(5) 조기녹화
① 기간목(조기녹화 시 장래 공장식재의 중심이 될 수 있는 수목) : 녹나무, 후박나무, 구실잣밤나무, 소귀나무, 종가시나무, 참가시나무, 먼나무, 동백나무, 아왜나무, 감탕나무, 곰솔, 히말라야시다, 느티나무, 굴피나무, 메타세쿼이아, 독일가문비나무, 칠엽수, 일본목련, 자작나무, 느릅나무, 단풍나무, 마가목, 사철나무, 식나무, 돈나무, 다정큼나무, 협죽도, 우묵사스레피, 해당화 등
② 보조목(기간목이 성장하기까지 이를 도와주는 대용수목) : 아까시나무, 자귀나무, 산오리나무, 사방오리, 포플러, 개물푸레나무, 광나무, 족제비싸리 등 주로 콩과 식물

3 학교조경

(1) 식물재료 선정
① 교과서에서 취급된 식물 우선 선정
② 학생들의 기호를 고려하여 선정

③ 향토식물 선정 : 문화재보호법에 의해 지정된 천연기념물과 산림법 및 동 시행규칙에 의해 지정된 보호수
　㉠ 국가문화재 천연기념수 : 은행나무, 백송, 향나무, 이팝나무, 소나무, 측백나무, 왕버들, 비자나무, 동백나무, 느티나무, 미선나무, 참식나무, 옴나무, 상록수림 등
　㉡ 지방문화재 천연기념수 : 회양목, 옴나무, 뽕나무, 느티나무, 팽나무, 곰솔, 담팔수, 개벚나무 등
④ 관상가치가 있는 식물
⑤ 학교를 상징하고 수심양성의 지표가 될 교목과 교화 선정
⑥ 관리가 용이한 수종
⑦ 야생동물의 먹이가 풍부한 식물
⑧ 주변 환경에 내성이 강한 식물 선정
⑨ 생장속도가 빠른 수목

4 옥상 및 인공지반 조경

(1) 옥상조경면적 법적 인정

① 건축시 대지 165m²(50평) 이상인 경우 건축법에서 일정면적을 '조경면적규정'

구 분	1,000m² (300평) 미만	1,000m² 이상 2,000m² 미만	2,000m² (600평) 이상	비 고
1. 일반지역	대지면적의 5% 이상	대지면적의 10% 이상	대지면적의 15% 이상	1, 2항에서 동일대지 안에 2동 이상의 건축물이 있는 경우에는 이들 면적의 합계로 한다. 2항에서 학교, 공장시설, 교정시설, 군사시설은 제외한다.
2. 자연녹지지역 및 보전녹지지역	대지면적의 40% 이상			

② 조경대상 면적에 대한 법적 인정면적

조경대상지	인정하는 조경면적(조경면적산정)
• 공지(지표면)의 조경면적 • 지표면으로부터 높이 2m 미만의 옥외부분의 조경면적	조경한 전면적 인정
• 지표면으로부터 높이 2m 이상의 옥외부분의 조경면적 • 온실로 전용되는 부분의 조경면적 • 필로티 등의 구조로 통행에 전용되는 부분의 조경면적	• 중심상업지역, 일반상업지역 및 근린상업지역 : 대지조경면적 기준의 1/3 산정 • 기타지역 : 대지조경면적 기준의 1/4 산정

(2) 수종 선택 시 고려사항
① 구조물의 하중과 식물의 하중
② 토양층의 깊이나 식물의 크기
③ 식재위치와 수관상태
④ 바람과의 관계
⑤ 토양건조와의 관계
⑥ 토양비옥도와의 관계
⑦ 토양동결과 내한성의 관계
⑧ 식물 생육관리와의 관계

(3) 옥상조경을 위한 구조적 조건
① 하 중
　㉠ 하중에 가장 많이 영향을 미치는 요소 : 식재층의 중량, 수목의 중량, 시설물의 중량
　㉡ 식재층의 중량 : 식재층의 경량화가 중요
　　경량재료는 버미큘라이트, 펄라이트, 피트, 화산회토, 화산자갈, 발포성 합성수지 등

경량토	용 도	특 성
버미큘라이트	식재토양층에 혼용	• 흑운모, 변성암을 고온으로 소성한 것 • 다공질로 보수성, 통기성, 투수성이 좋음 • 보비력이 큼
펄라이트	식재토양층에 혼용	• 진주암을 고온으로 소성한 것 • 다공질로 보수성, 통기성, 투수성이 좋음 • 보비성이 없음
화산자갈	배수층	화산 분출암 속의 수분과 휘발성 성분이 방출된 것
화산모래	배수층·식재토양층	다공질로 통기성, 투수성이 좋음
석탄재	배수층·식재토양층	• 석탄 연소시 타지 않고 남은 덩어리 • 다공질로 통기성, 투수성이 좋음
피 트	식재·토양층에 혼용	한랭한 습지의 갈대나 이끼가 흙 속에서 탄소화

　㉢ 수목의 중량
　　• 수목 전체의 중량 : $W = W_1 + W_2$(kg)
　　　　　　　　　　W_1 = 수목의 지상부 중량
　　　　　　　　　　W_2 = 수목의 지하부 중량

- 수목의 지상부 중량

  $W_1 = F\pi(D/2)^2$

  D : 흉고직경(m)

  H : 수고

  F : 수간의 형상계수(수종, 수령에 따라 차이) 계산의 경우 0.5

  W_0 : 수간의 단위 체적당 생체 중량

  P : 지엽의 다소에 따른 할증률=1.0(고립목), 0.3(임목)

  ㉣ 수목지하부 중량

  - 접시분 : $V = \pi r^3$
  - 보통분 : $V = \pi r^3 + 1/6\pi r^3$
  - 조개분 : $V = \pi r^3 + 1/3\pi r^3 = 4/3\pi r^3$
  - 보통 뿌리를 포함한 분토의 중량은 $1.3t/m^2$으로 산출하여 지하부의 중량을 얻을 수 있다.
  - $W_3 = V \times K$
  - W_3 : 뿌리분의 중량(kg)
  - V : 뿌리분의 체적(m^3)
  - K : 뿌리분의 단위당 중량(kg/m^3)=$1.3t/m^3$

② 방 수

아스팔트 방수가 좋으나 구조적으로 하중을 많이 주고 시공이 번거로우며 공사비가 많이 드는 결점이 있다.

종 별	바탕재와의 관계	신뢰성	보호층	결함 보수	시공성	온도에 의한 변화
아스팔트 방수	영향이 적음	높 음	반드시 필요	발견 곤란, 보수비가 많음	번거롭고 까다로움	큼
시멘트액체 방수	영향이 큼	낮 음	간략하게 할 수 있음	발견 용이, 보수비 적음	용 이	적 음

③ 배 수

㉠ 식재층의 바닥면은 2% 이상 구배

㉡ 배수층의 두께는 10~25cm 정도

④ 관 수

㉠ pF 2.7~3.0 이상에서는 수분의 모세관 이동이 정지되어 물부족 현상이 나타나며 이때 관수하여야 한다.

㉡ 식물의 초기 위조(pF 3.0 이상) 때는 관수함으로써 회복되나 pF 4.2가 되는 영구위 조점이 되면 관수하여도 고사한다.

5 실내조경

(1) 실내공간 특성에 따른 식물 도입 기법

① 섬 기법

사람의 시선이 제일 먼저 가는 부위에 조그만 정원을 만듦으로 하나의 섬을 형성한다.

② 겹치기 기법

대형 빌딩 입구의 탁 트인 공간에 입체적인 식재를 하여 장소이동에 따라 겹치게 변화하기 때문에 시각적 흥미를 준다.

③ 캐스케이드 기법

실내 벽이 높고 천장이 높아서 위화감을 줄 때 벽면에 기복과 파동을 주어 벽면에 단을 만들어 식재 또는 폭포로 구성한다.

(2) 식물의 환경조건

① 광선 : 12~18시간 정도 빛을 공급받아야 한다.

② 최적온도

㉠ 열대 원산지 식물 : 25~30℃

㉡ 아열대 원산지 식물 : 20~25℃

㉢ 온대 원산지 식물 : 15~20℃

③ 수분 : 식물체의 약 85%는 수분으로 되어 있다.

④ 습도 : 식물의 최적습도는 70~90%

6 화단조경

(1) 계절에 의한 화단

① 봄화단
  ㉠ 일년생 : 팬지, 데이지, 프리뮬러, 금잔화, 알리섬, 양귀비
  ㉡ 다년생 : 꽃잔디, 은방울꽃, 붓꽃
  ㉢ 알뿌리화초 : 튤립, 크로커스, 수선화, 무스카리, 히아신스

② 여름화단
  ㉠ 일년생 : 피튜니아, 색비름, 천일홍, 맨드라미, 채송화, 칸나, 봉선화, 접시꽃, 마리골드, 누홍초
  ㉡ 다년생 : 붓꽃, 옥잠화, 작약
  ㉢ 알뿌리화초 : 글라디올러스, 칸나, 달리아, 백합

③ 가을화단
  ㉠ 일년생 : 마리골드, 맨드라미, 피튜니아, 토레니아, 코스모스, 아게라텀, 과꽃
  ㉡ 다년생 : 국화, 루드베키아, 숙근플록스
  ㉢ 알뿌리화초 : 달리아

④ 겨울화단 : 중부지방 이남 - 꽃양배추

(2) 양식에 의한 화단

① 경재화단 : 건물, 담장, 울타리를 배경으로 한 그 앞쪽에 장방형으로 길게 만든 화단(알리섬, 꽃잔디)
  - 한 쪽 방향에서만 볼 수 있다.

② 기식화단 : 작은 면석의 잔디밭 가운데나 광장 가운데 또는 원로 주위에 있는 공간에 만들어진 화단
  - 사방에서 볼 수 있다.

③ 카펫화단 : 광장이나 녹지의 잔디밭 가운데 만드는데 마치 카펫을 깔아놓은 문양과 같이 주로 키가 작은 화초를 심어서 꾸며진 화단으로 한두 해살이 화초와 봄에 피는 알뿌리화초가 흔히 쓰인다.

④ 리본화단 : 너비가 좁고 긴 화단, 공원, 학교, 병원, 공장, 광장, 유원지 등의 넓은 부지의 원로, 보행로 등 키가 작은 화초로 마리골드, 샐비어, 팬지, 튤립 등을 식재한다.

⑤ 암석화단 : 바위 덩어리를 쌓아올리고 식물을 심을 수 있는 상을 만들고 이곳에 여러해살이 화초, 알뿌리화초 등을 식재한다.

⑥ 침상화단 : 보도에서 1m 정도 낮은 곳에 기하학적 화단을 조성한다.

⑦ 용기화단 : 화분, 윈도박스, 식물재배용기 등에 화초를 심어 꾸민 화단이다.

⑧ 수재화단 : 물을 이용하여 수생식물이나 수중식물을 식재한다(연, 시프러스, 물옥잠, 수련 등을 식재한다).

(3) 식물재료에 의한 화단

① 장미원 : HT계통 장미는 90cm×90cm 간격, Floribund 계통은 60cm×60cm 간격
② 꽃창포원 : 습지를 좋아함

7 도로식재

(1) 도로식재의 역할

① 차량 위주가 아닌 인간적(운전자) 배려로서 경관 조성
② 식물이라는 자연물이 주는 시각적 효과

(2) 기능에 따르는 고속도로식재의 분류

① 시선유도식재
  ㉠ 주행 중의 운전자가 도로의 선형변화(노선의 굴곡, 고저의 변화)를 미리 판단할 수 있도록 시선을 유도해 주는 식재이다.
  ㉡ 도로의 곡률반경이 700cm 이하가 되는 작은 곡선부에서는 반드시 조성한다.
  ㉢ 수열이 연속적으로 보이도록 식재한다.
  ㉣ 주행자가 그 거리에서 눈에 잘 띄는 크기의 나무를 식재한다.
  ㉤ 시선유도식재의 예
    • 도로가 성토부를 통과하는 지점 : 가드레일 바깥쪽에 식수
    • 잘 보이도록 하고 곡선부임을 판단할 수 있게 조성
    • 터널 출구에 곡선부가 있을 때
    • 노면, 랜드마크를 판단하기 어려울 때 중앙분리대에 식재

② 지표식재 : 랜드마크를 형성하여 주행자에게 그 위치를 알리고자 하는 식재
  ㉠ 재수법 : 다른 구간과 구별되도록 식재
    예 고속도로 인터체인지 앞뒤 일정구간의 중앙분리대, 서비스지역, 주차지역 등

③ 차광식재 : 대항해서 주행해 오는 차량의 헤드라이트나 측도로부터의 광선의 눈부심을 차단하기 위한 식재
　㉠ 수고 : 승용차 기준(150cm 정도)
　㉡ 수목의 차광성 : 지엽이 밀생한 것일수록 높다.
④ 명암순응식재 : 터널을 빠져 나올 때 눈의 순응시간에 맞추어 주위의 명암을 순차적으로 바꾸기 위한 식재
　㉠ 명암 : 터널 진입, 점차적으로 수고가 높아지도록 어둡게 하여 명암단계를 주어 순응시간을 단축한다.
　㉡ 암명 : 터널 출입구 부분을 밝게 한다.
⑤ 쿠션식재(완충식재) : 차선 밖으로 튀어나간 차량의 충격 완화와 사고 감소를 위한 식재방법이다. 탄력성이 강한 가지를 지닌 관목을 넓게 밀식함으로써(큰 나무는 큰 충격을 받게 된다) 차량의 운동에너지를 흡수하고, 서서히 감속하여 정차하게 한다.
⑥ 임록보호식재(망토식재) : 절개에 의해 헐벗은 임록이 생길 때 그 부분을 보호하고 경관을 개선하기 위하여 관목류와 소교목을 섞어 식재한다.
⑦ 기타의 식재
　㉠ 진입방지식재 : 위험 방지를 위해 금지된 곳으로 진입하거나 횡단하는 행위를 막을 수 있도록 하는 식재이다.
　㉡ 법면보호식재 : 절개 또는 성토에 의해 생겨나는 경사면의 침식을 막기 위해 하는 식재이다.
　㉢ 방음식재 : 주택지나 병원, 학교 등에 영향을 미치게 될 주행 잡음을 막기 위한 식재이다.
　㉣ 방풍식재 : 바람이 강한 지방에서는 측면으로부터 불어오는 바람으로 인해 차체의 한쪽이 떠올라 주행에 지장을 주기 쉬우며 이것을 막기 위해 필요하다.
　㉤ 방설식재 : 눈이 많이 오는 지방에서 노면의 제설작업을 경감시키기 위한 식재이다.
　㉥ 비사방지식재 : 해안 지방에서의 비사로 인한 차량의 슬립현상을 막기 위해 실시되는 식재로 원리는 방풍식재와 동일하다.
　㉦ 수경식재 : 고속도로를 주변경관과 조화시켜 하나의 새로운 경관을 조성하기 위해 실시되는 식재수법으로 일반 수경식재수법을 응용한다.
　㉧ 녹음식재 : 서비스 지역이나 주차 지역에 휴식을 위한 공간을 조성해 주기 위해 실시한다.
　㉨ 차폐식재 : 쓰레기 하치장이나 묘지, 콘크리트 구조물 등 눈에 거슬리는 물체나 낭떠러지와 같이 불안감이 생겨나는 곳, 시력이 분산되어 운전에 방해가 되는 곳을 가려주기 위한 식재이다.

(3) 고속도로에 대한 식재

고속 주행으로 경관이 순간적으로 변화하므로 집단식재 형식이 효과적이다.

① 중앙분리대에 대한 식재
　㉠ 분리대의 기능 : 상·하행선의 분리, 대형차량과의 충돌 및 심리적 위협감 제거
　㉡ 분리대의 폭 : 12m가 이상적(우리 나라에서는 120km/hr의 경우 3m가 기준치) 2m 이하에서는 방현망과 비교 선택
② 중앙분리대의 식재방법
　㉠ 정형식
　㉡ 열 식
　㉢ 랜덤식
　㉣ 루버식
　㉤ 무늬식
　㉥ 군 식
　㉦ 평 식
③ 중앙분리대에 어울리는 수종
　㉠ 조건 : 배기가스, 건조에 강한 수종, 지엽이 밀생하고 전정에 강한 상록수 해안일 경우 바람에 강한 수종, 적설지의 경우 융설제와 염화칼슘에 강한 수종
　㉡ 수 종
　　• 교목 : 가이즈까향나무, 종가시나무, 향나무, 아왜나무, 사철나무, 굴거리나무
　　• 관목 : 꽝꽝나무, 다정큼나무, 돈나무, 둥근향나무, 섬쥐똥나무
　　• 화목 : 유엽도, 철쭉류, 큰꽃댕강나무
④ 인터체인지의 식재 : 출입 교통량이나 지형과의 관계를 고려하여 식재방법 선택
　㉠ 각각 특색 있게 주목을 선정 배식, 랜드마크적 구실(지표식재)
　㉡ 유출부는 감속의 필요성 알림 : 시계를 좁힌다.
⑤ 노방식재
　㉠ 차폐식재, 수경식재, 시선유도식재
　㉡ 고려할 사항 : 차선에 너무 접근하지 않도록 하고, 수관이 큰 나무의 지하고는 건축한계 밖에 있도록 조성한다.

(4) 가로식재

① 여름철 그늘의 제공, 가로경관의 조성, 미기후의 조절, 섬광 및 교통소음의 완화, 방풍, 방설, 방사, 방조, 방화대, 도시민의 사생활 보호

② 가로수의 식재형식
  ㉠ 주로 정형식 식재가 이용된다.
  ㉡ 기준간격 : 보도는 8m, 그린벨트는 10m로 한다.
  ㉢ 식재기준 : 차도로부터 0.65m 이상, 건물로부터 5~7m 이상 떨어져 심는 것이 바람직하며 수간거리는 6~7m, 열간거리는 수간거리에 준하여 통상 6m 이상으로 한다. 식재시기는 3월 상순~5월 상순을 원칙으로 하되 부득이한 경우 10월 상순~11월 하순도 할 수 있다.
  ㉣ 가로에 접한 광장, 부분적 확장부에는 군식형으로 식재(액센트 역할)한다.

③ 수 종
  ㉠ 조건 : 여름에는 그늘, 겨울에는 햇빛이 많이 노면에 닿도록 한다.
  ㉡ 온대는 낙엽활엽수, 난대는 상록활엽수를 식재한다.
  ㉢ 주로 쓰이는 수종 : 플라타너스, 은행나무, 가중나무, 능수버들, 미루나무

④ 서울시에서 선정된 수종 : 공해에 강하고 한국적인 것(계수나무, 네군도단풍, 단풍나무, 목련, 쉬나무, 은단풍나무, 은백양나무, 자작나무, 칠엽수, 팥배나무, 회화나무)

(5) 녹 도

① 요건 : 인간 우선이고 일상 생활과 직접 연결된 도로에 대한 요구 충족, 안정성과 쾌적성 충족

② 녹도의 구성
  ㉠ 자연 그대로의 수형과 크기를 가진 나무
  ㉡ 친근감, 인간 척도 조성
  ㉢ 방법에 관한 문제 : 야간 조명이 고루 닿도록, 멀리 바라 볼 수 있도록 배식한다.

8 법면식재

(1) 법면 보호

① 법면 : 절·성토에 의한 인위적인 사면

② 식물에 의한 법면 보호
  ㉠ 경관상 유리
  ㉡ 식물체에 의해 지표면으로 흘러내리지 않고 증발하는 양만큼 강우량 감소
  ㉢ 쿠션 작용으로 빗방울에 의한 침식 방지
  ㉣ 줄기와 잎이 흘러내리는 물의 속도 제어
  ㉤ 지표온도를 완화하고, 근계 토양층의 간극에 있는 유기질에 의한 모관수의 이동을 방해해 동상을 방지한다(깊은 층을 경계로 일어나는 사태는 방지하지 못한다).

(2) 식생공법

잔디 따위로 법면을 보호하는 작업, 법면에는 자연식생이 침입하지 않기 때문에 강제적으로 1차 식생을 도입하여 피복을 완성하고자 하는 수법

① 식생공 가능 여부를 토양경도 측정으로 판단
  ㉠ 23mm 이하 : 뿌리 침입 수월(실시용이)
  ㉡ 23mm 이상 : 뿌리 침입 곤란
  ㉢ 27mm 이상 : 뿌리 침입 불가능

② 토양경도 27mm 이하인 성토, 절토 법면
  ㉠ 인력시공 : 장지공과 식생매트공 실시
  ㉡ 기계시공 : 뿜어붙이기공 실시
  ㉢ 토양경도 27mm 이상 성·절토 법면 : 일정간격으로 구멍을 만들어 객토성질의 식생공이나 식생현공 실시. 격자공사는 흙의 안정을 위해 1 : 1.2의 구배 유지

(3) 법면 피복용 초류

① 조 건
  ㉠ 건조에 강하고 척박지에 강한 수종
  ㉡ 생장이 왕성하여 단시일 내에 지표를 피복(초본식물)
  ㉢ 뿌리가 흙입자를 얽어매어 표층토사의 이동을 방지할 수 있는 것
  ㉣ 다년초가 유리
  ㉤ 향토종이 유리하나 대량입수가 곤란
  ㉥ 종자의 대량입수가 용이하고 가격이 저렴한 수종(자생종은 파종이 조직화되지 않아 이용이 어려움)
② 주요 법면 초류는 잔디류
③ 파종시기
  ㉠ 봄 : 평균기온 10~20℃
  ㉡ 가을 : 평균기온 15~25℃, 15℃ 이하, 25℃ 이상에서는 싹트기 어렵다.
④ 시 비
  ㉠ 법면은 식생공 시행 전에 m당 100g 시비
  ㉡ 4~5월에 생장기에 추비요구
  ㉢ 3~5년 후 완전 피복 후는 시비 필요 없음
⑤ 법면식생의 천이
  ㉠ 식생공에 의해 혼파가 이루어진 경우의 천이
  ㉡ 포아풀과 식물 : 콩과 식물 : 포아풀과 식물(콩과 식물의 공중질소의 고정작용)
  ㉢ 1차 식생 쇠퇴 후 토양수분, 토양구조, 토양양분, 지표 미기후 개선
  ㉣ 2차 식생 침입(참억새, 칡, 싸리나무류, 소나무류)

(4) 법면에 대한 식수

① 식재에 의존(초본식물과 혼파하여 식생조성이 어려움)
② 식생의 구배
  ㉠ 1 : 2, 1 : 3 이상의 경우 : 경사 위쪽으로 후퇴하여 식재(쓰러짐 방지)
  ㉡ 구배가 완만한 경우 : 경관적으로 우수(키가 큰 묘목식재)

9 단지식재

대규모 단지 조성에 있어서 환경 정비, 개선의 제1단계로 녹화산업이 요구된다. 따라서 대상 지역의 식생 조사를 통해서 실시한다.

(1) 기존수림의 보호

• 부지의 계획지반고를 원래의 지반고와 일치하도록 설계하는 것이 이상적
• 큰 성·절토가 요구되는 부지에서는 수목은 가급적 6개월~1년 전에 뿌리돌림 실시

① 절·성토가 뿌리의 기능에 미치는 영향
  ㉠ 절토시 : 근계가 자리 잡고 있는 범위까지 절토할 때 – 지하수면을 낮추고 모근의 절단 시 수분 공급 불량, 지지근 절단 시 바람에 의해 쓰러질 수 있다.
  ㉡ 성토시 : 근경부가 깊이 묻힐 때 통기불량에 의한 산소부족으로 유기산의 분해가 이루어지 않으므로 알데하이드형의 독소가 발생한다. 점토질의 토양을 두껍게 성토할 때에는 배수에 지장을 주어 뿌리가 썩는다.
② 수목근계의 확장 범위
  ㉠ 교목의 뿌리는 확장 길이의 1/2 정도에 해당하는 범위 안에 분포하며 곧은 뿌리는 깊숙이 지하로 신장한다.
  ㉡ 곧은 뿌리는 중력방향에 따라 신장하며 곁뿌리는 수고를 반경으로 하는 범위에 퍼져 있다.
  ㉢ 모근은 양분과 수분을 흡수하여 지표면과 평행하는 방향으로 자라고 지면 30~60cm의 깊이에 묻혀 있다.
③ 토지와 근계와의 관계
  ㉠ 사질토양 : 수분을 찾아 넓고 깊게 신장
  ㉡ 점토질 토양 : 근계의 범위가 좁고 얕음
  ㉢ 심토질 토양 : 근계의 발달이 좋아짐
④ 근계와 수분과의 관계
  ㉠ 건조지역 : 근계가 거칠며 깊고 넓게 퍼짐
  ㉡ 습한지역 : 호흡을 위해 지표면에 가까운 표층을 따라 신장

⑤ 근경부 가까이까지 절·성토를 해야 하는 경우에 대한 조치
  ㉠ 시간적 여유가 있으면 미리 뿌리돌림을 실시하여 분토 속에 모근을 발생시킨 다음 그 바깥쪽에 절토하도록 조치한다.
  ㉡ 시간적 여유가 없을 때에는 근경부 직경의 6~10배에 해당하는 직경 또는 수관 직경의 1/2~3/4에 해당되는 범위를 벗어난 곳에서 절토를 시작하도록 조치한다.
  ㉢ 교목의 경우에 근경부가 15cm 정도로 묻히는 성토는 무방하다.
  ㉣ 두껍게 성토하면 깊게 심어놓은 것과 같은 상태가 되어 기존의 뿌리를 가지고 호흡작용을 할 수 없으므로 발근력이 강한 나무는 성토에 의해 묻힌 부분에 새로운 뿌리를 형성하여 2중근의 형태를 갖춘다. 2중근을 형성한다는 것은 나무의 입장에서 볼 때 바람직하지 않은 에너지의 소모가 되므로 생육상태가 쇠약해지기 마련이다. 따라서 이 경우에 성토는 근경부 직경의 6~10배 또는 수관 직경의 1/2~3/4에 해당하는 공간을 남겨두고 행하도록 한다.
⑥ 근경부 가까이에 지하 매설물을 묻는 경우 : 직경 2.5cm 이상 되는 굵은 뿌리는 가급적 자르지 않도록 유의한다.

(2) 토양의 경량화와 깊이

인공지반에서는 토양의 경량화와 토양의 깊이가 문제가 된다.
① 경량토
  ㉠ 보수성이 높고 투수성과 통기성을 향상시키는 수단으로서, 사질 양토와 다공질 경량재를 혼합
  ㉡ 다공질 재료 : 버미큘라이트, 펄라이트, 화산모래, 탄재찌꺼기, 피트 등
② 토층의 깊이 : 30cm 이상의 토층이면 항상 관수해야 할 필요는 없음
③ 배수와 관수
  ㉠ 인공지반일 경우 배수층 조성이 필요, 슬래브의 방수층 위에 굵은 화살모래, 탄재찌꺼기 등을 10~20cm 두께로 깐 다음 왕모래를 깔고 그 위에 경량토를 섞은 흙을 쌓아올려 식재
  ㉡ 배수층의 면적이 클 때 인공지반을 받들고 있는 보마다 배수관 매설
④ 표토의 보호·보존
  ㉠ 표토 : 지표로부터 30cm 내외에 있으며 부식질을 함유한 검은 흙의 퇴적에 의해 형성되며 식물 생장에 필요하고, 삼림 토양보다 밭흙이 식재상 더 유용(논흙은 바람직하지 못하다)
  ㉡ 유용한 표토 : 유기질 함유율이 5% 이상인 것

(3) 단지에 대한 식재

① 단지에 대한 경관식재 설계
  단지에 경관을 조성하기 위해서는 단지의 건축군이나 도로망을 따라 몇 개의 지구로 갈라 지구마다 경관적인 특색이 부여되도록 수종을 선택
② 주거동 사이의 식재
  ㉠ 프라이버시 유지를 위해 시각차단식재 요망, 개구부의 차광, 통풍에 지장이 있을 때 수관폭의 2배 정도 간격을 두어서 식재
  ㉡ 통행차단식재, 랜드마크식재, 녹음식재, 지피식재, 차폐식재
③ 완충녹지대
  ㉠ 화재, 공해요인 차단을 위한 완충지대 : 주택, 공업단지에 필요
  ㉡ 효과적인 완충 넓이 : 100~500m^2
  ㉢ 교목과 소교목을 혼합해서 식재
  ㉣ 수종은 상록수가 바람직하나 높은 수고 확보를 위해 생장이 빠른 낙엽수를 중앙에 혼식

10 인공지반에 대한 식재

인공지반은 도시 토지를 복층화하고 도시공간의 고밀화를 유도한다.

(1) 인공지반의 식재환경

① 토양과의 연속성이 없고 지하 모관수의 상승현상이 없으며, 유효 토양수분도 적다.
② 토양층의 두께가 얇아 토양온도의 변동폭이 크다. 따라서 토양 미생물의 활동이 활발치 못하여 형성하는 속도가 느리다.

(2) 구조상의 제약점

인공지반의 구성은 흙과 수목의 무게이며, 이 하중이 지나치면 구조 부재의 단면이 커지고 비용이 늘어나게 되므로 인공지반 조성시 완전한 방수설비가 요구된다.

11 특수지역 식재

(1) 임해매립지에 대한 식재

① 임해매립지의 환경 조건
모래 또는 산 흙을 제외한 기타의 매립재료는 통기성이 불량하며 부패로 인한 가스나 열이 발생하여 지반의 침하현상이 발생한다.

② 매립지의 토양 구성
   ㉠ 해저토사 : 모래의 경우 문제시되지 않으나 해감이 많이 섞여 있으면 압밀침하가 심하기 때문에 중량이 무거운 구조물의 축조가 불가능하며 통기성·투수성이 불량(녹지조성에 곤란)
   ㉡ 해저 준설토양+굴삭 잔토+마사토 : 점토질이 섞인 굴삭 잔토는 녹지조성에 큰 문제가 없으며 청흙색의 점토는 토질개선이 필요하다. 이 경우에는 압밀 침하가 발생한다.
   ㉢ 쓰레기층+복토 : 위생상의 문제점을 해결하기 위해 교호를 토양층으로 구성한다.
   ㉣ 쓰레기층+굴삭 전토 : 위생상의 문제점이 없다.

(2) 매립지의 염분 제거

① 바닷물의 염분 3.5%(염분 중 염화나트륨이 85%)
② 염분의 용탈속도는 투수성이 큰 모래가 빠르다.
③ 식물 생육에 영향을 미치는 염분의 한계농도
   ㉠ 수림 : 0.05%
   ㉡ 채소류 : 0.04%
   ㉢ 잔디 : 0.1%
④ 임해매립지 식재시 염분농도가 이 이하로 떨어질 때까지 기다리거나 염분제거 후 식재한다.
⑤ **해감토양의 염분제거** : 간격 2m, 길이 50cm 이상, 너비 1m 이상의 도랑을 파고 그 속에 모래를 채워 사구를 만든 다음 토양 개량제, 모래를 섞어 투수성을 향상시킨다. 그 후 스프링클러로 살수, 용탈을 촉진시킨다.
⑥ 해감층 위에 충분한 깊이의 산흙 객토가 이루어졌을 때 식재
   ㉠ 매립지에 대한 비사 방지책 : 매립지이므로 건조시 비사현상이 일어난다. 매립지 전면에 걸쳐 산흙 10cm 정도 피복, 방풍림을 조성한다.
   ㉡ 쓰레기 매립지에 대한 대책 : 가스 발생시 파이프를 박아 가스를 방출한다.
   ㉢ 임해매립지의 식생

12 해안수림 식재

(1) 해안수림 조성요령

① 바닷물이 직접 닿는 곳 : 거의 모든 수목이 생장 불가능하므로 파도의 너비만큼 수림식재 지역을 후퇴시켜 그 자리에 버뮤다그래스나 잔디 등으로 조성한다.
② 해안수림의 수관 : 대부분 바람 아래쪽을 향해 포물선형으로 편향하는 현상을 보인다.
③ 해안에 면하는 최전선의 나무 수고는 50cm 정도의 관목으로 하고 내륙부로 옮겨감에 따라 차례로 키가 큰 나무를 심어 수관선이 포물선이 되게 한다.
④ 식재 후 1년 동안 식재의 앞쪽에 바람막이 펜스를 설치한다.
⑤ 단목의 식재를 지양하고 수관이 닿을 정도의 군식이 바람직하다.
⑥ 매립지는 토양수분이 결핍되어 있는 경우가 많으므로 금작아초, 볼레나무, 싸리나무, 보리수나무, 소귀나무, 아까시나무, 자귀나무, 족제비싸리 같은 시비목을 30~40% 혼식하는 것이 바람직하다.

CHAPTER 03 꼭 알아 두어야 할 나무

1 나무식별방법

나무전체/부분	줄기/잎	꽃/열매
동백나무 : 상록, 활엽, 교목 – 3월(적색)		
풍년화 : 낙엽, 활엽, 관목 – 3월(황색)		
생강나무 : 낙엽, 활엽, 관목 – 3월(황록색)		

산수유나무 : 낙엽, 활엽, 교목 – 3월(황색)

개나리 : 낙엽, 활엽, 관목 – 3월(노란색)

매화(매실)나무 : 낙엽, 활엽, 소교목 – 3월(담홍색, 백색)

살구나무 : 낙엽, 활엽, 교목 – 4월(담홍색)

벚나무 : 낙엽, 활엽, 교목 – 4월(분홍색, 백색)

명자나무 : 낙엽, 활엽, 관목 - 4월(담홍색)

박태기나무 : 낙엽, 활엽, 관목 - 4월(담홍색)

목련 : 낙엽, 활엽, 교목 - 4월(백색, 자주색)

철쭉 : 낙엽, 활엽, 관목 - 4월(홍자색)

조팝나무 : 낙엽, 활엽, 관목 - 4월(백색)

히어리 : 낙엽, 활엽, 관목 - 4월(황색)

측백나무 : 상록, 침엽, 교목

전나무 : 상록, 침엽, 교목

독일가문비나무 : 상록, 침엽, 교목

구상나무 : 상록, 침엽, 교목

가이즈까향나무 : 상록, 침엽, 교목		

주목 : 상록, 침엽, 교목		

스트로브잣나무 : 상록, 침엽, 교목		

2 침엽수 중에 낙엽이 지는 나무

은행나무	메타세쿼이아	낙엽송	낙우송

3 공해에 약한 나무

소나무	전나무	느티나무
자작나무	독일가문비나무	

4 공해에 강한 나무

사철나무	벽오동	은행나무(가로수)
플라타너스(버즘나무)	가시나무	후박나무

5 양지에서 잘 자라는 나무

6 음지에서 잘 자라는 나무

7 심근성 나무 : 이식하기 어렵다.

8 천근성 나무 : 이식하기 쉽다.

9 흰꽃이 피는 나무

10 열매가 아름다운 나무(빨간색)

11 수피가 아름다운 나무(흰색)

12 생울타리용 나무

13 지피식물 : 땅을 낮게 덮는 식물, 맨땅의 녹화나 정원의 바닥 풀로 심는다.

14 야생화 : 산과 들에서 자생하고 있는 우리 꽃

15 알뿌리 화초

16 덩굴식물 : 스스로 서지를 못함

조경기능사 수목감별 표준수종 목록

순서	수목명	순서	수목명	순서	수목명	순서	수목명	순서	수목명
1	가막살나무	26	단풍나무	51	백송	76	신나무	101	칠엽수
2	가시나무	27	담쟁이덩굴	52	버드나무	77	아까시나무	102	태산목
3	갈참나무	28	당매자나무	53	벽오동	78	앵도나무	103	탱자나무
4	감나무	29	대추나무	54	병꽃나무	79	오동나무	104	백합나무
5	감탕나무	30	독일가문비	55	보리수나무	80	왕벚나무	105	팔손이
6	개나리	31	돈나무	56	복사나무	81	은행나무	106	팥배나무
7	개비자나무	32	동백나무	57	복자기	82	이팝나무	107	팽나무
8	개오동	33	등	58	붉가시나무	83	인동덩굴	108	풍년화
9	계수나무	34	때죽나무	59	사철나무	84	일본목련	109	피나무
10	골담초	35	떡갈나무	60	산딸나무	85	자귀나무	110	피라칸다
11	곰솔	36	마가목	61	산벚나무	86	자작나무	111	해당화
12	광나무	37	말채나무	62	산사나무	87	작살나무	112	향나무
13	구상나무	38	매화(실)나무	63	산수유	88	잣나무	113	호두나무
14	금목서	39	먼나무	64	산철쭉	89	전나무	114	호랑가시나무
15	금송	40	메타세쿼이아	65	살구나무	90	조릿대	115	화살나무
16	금식나무	41	모감주나무	66	상수리나무	91	졸참나무	116	회양목
17	꽝꽝나무	42	모과나무	67	생강나무	92	주목	117	회화나무
18	낙상홍	43	무궁화	68	서어나무	93	중국단풍	118	후박나무
19	남천	44	물푸레나무	69	석류나무	94	쥐똥나무	119	흰말채나무
20	노각나무	45	미선나무	70	소나무	95	진달래	120	히어리
21	노랑말채나무	46	박태기나무	71	수국	96	쪽동백나무		
22	녹나무	47	반송	72	수수꽃다리	97	참느릅나무		
23	눈향나무	48	배롱나무	73	쉬땅나무	98	철쭉		
24	느티나무	49	백당나무	74	스트로브잣나무	99	측백나무		
25	능소화	50	백목련	75	신갈나무	100	층층나무		

※ 매화(실)나무는 매화나무 또는 매실나무 2가지 모두 정답 인정

※ 해당 표준목록 범위와 명칭 기준을 준수, 해당 120수종 범위에서 출제, 수험자 답안 작성시 해당 수목명으로 작성하여야 정답으로 인정

조경기능사 실기 [조경작업]

PART 03 조경시공작업

합격의 공식 시대에듀 | www.sdedu.co.kr

CHAPTER 01   조경시공작업하기

CHAPTER 02   조경작업형 실기

합격의 공식 시대에듀 www.sdedu.co.kr

CHAPTER 01 조경시공작업하기

제1절 잔디시공작업

1 잔디밭 관리

(1) 잔디의 종류

① 한국 잔디

여름용 잔디로 키는 15cm 이하로 완전 포복형, 병충해 공해에 강하고 음지 생육 불가

㉠ 들잔디 : 한국에서 가장 많이 식재되는 잔디로, 잎이 넓고 거칠다. 또한 생활력과 토양 응집력이 강하고 공원, 운동장 및 비탈면에 적합하다.

㉡ 금잔디 : 대전 이남 지역에서 자생하며, 잎이 곱고 부드럽다. 정원용이며, 내한성이 약하다.

㉢ 빌로드 잔디 : 남해안에서 자생, 매우 부드럽고 길이가 3cm 이하인 고운 잔디이다. 남부의 정원용으로 쓰인다.

② 서양 잔디

㉠ 켄터키 블루 그래스 : 미국 유럽의 정원과 공원 잔디로 가장 많이 쓰이고, 3~12월간 푸른 상태를 유지하며, 겨울형 잔디이다.

㉡ 벤트 그래스
- 가장 품질이 좋은 잔디로, 골프장의 그린용으로 쓰인다.
- 겨울형 잔디로 3~12월간 푸르다.
- 그늘 건조에는 약하고 자주 깎아 주어야 하며, 병해충에 약하다.

㉢ 페스큐 그래스
- 겨울형 잔디로 내한성은 가장 강하다.
- 분얼로 포기가 늘어나고, 건조에 약하다.

㉣ 라이 그래스 : 겨울형 잔디로 분얼형, 건조에 강하다.

㉤ 버뮤다 그래스
- 여름형 잔디로 5~9월간 푸르다.
- 대전 이남에서만 월동 가능하다.
- 불완전 포복형이다.

㉥ 위핑 러브 그래스
- 여름형 잔디로 길이가 60~150cm로 도로변 비탈면에 심는다.
- 분얼형으로 깎지 않아도 된다(스프레이 파종).

(2) 잔디 깎기

토양이 젖어 있을 때를 피하고 생육 초기와 말기의 잔디는 다소 높게 깎아준다.

① 잔디 깎기의 효과
㉠ 잡초 발생을 줄인다.
㉡ 잔디의 밀도를 높인다(분얼이 촉진됨).
㉢ 평탄한 잔디밭을 만든다.
㉣ 병해를 방지한다.

② 깎은 후의 잔디길이
㉠ 가정, 공원, 공장의 잔디 : 2~3cm
㉡ 들잔디 : 3~5cm
㉢ 골프장 잔디
- 그린 : 0.5~0.7cm
- 페어웨이 : 2.0~2.5cm
- 티 : 1.0~1.2cm
- 에이프런 : 1.5~1.8cm

(3) 잔디 깎는 횟수

① 여름형 잔디
㉠ 여름철 고온기에 잘 자라므로 이때 자주 깎아 준다.
㉡ 한국 잔디는 연 3회 이상(5월 1회, 6~9월 2회, 10월 1회)이 이상적이다.

② 겨울형 잔디
㉠ 봄, 가을 서늘할 때 잘 자라므로 이때 자주 깎아 준다.
㉡ 서양 잔디 : 연 6회 이상

③ 가정용 정원 : 적어도 5, 6, 7, 9월은 월 1회, 8월은 월 2회 총 6회 깎아 준다.
④ 공원용 정원 : 5월 1회, 6월 2회, 7월 2~3회, 8월 3~4회, 9월 2회, 10월 1회로 총 11~13회
⑤ 벤트 그래스 : 연 35~36회
⑥ 경기장 잔디 : 연 18~24회

(4) 예취기의 종류

① 핸드 모어 : 150m 미만의 잔디밭 관리용
② 그린 모어 : 골프장의 그린, 테니스 코트장 관리용으로 0.5mm 단위로 깎는 높이 조절이 가능하다.
③ 로터리 모어 : 150m 이상 면적의 학교, 공원용으로 깎인 면이 거칠다.
④ 갱 모어 : 15,000m 이상의 골프장, 운동장, 경기장용, 트랙터에 달아 사용한다.

(5) 잔디의 생육 온도 및 함수량

① 남방형 잔디 : 생육 적온(25~35℃), 생육 정지 온도(10℃ 이하)
② 북방형 잔디 : 생육 적온(13~20℃), 생육 정지 온도(1~7℃ 이하)
③ 잔디밭의 적정 함수량 : 25%
④ 잔디밭 잡초 방제
  ㉠ 잔디밭에 많이 발생하는 잡초 : 바랭이, 매듭풀, 강아지풀, 클로버
  ㉡ 잔디밭 관리에 가장 문제가 되는 잡초 : 클로버
⑤ 클로버 방제법
  ㉠ 약제 : 이행성 제초제[2~4D(선택성), 근사미(비선택성), 비선택성(접촉성 제초제 - 그라목손)]
  ㉡ 손 제초 : 클로버의 손 제초를 잘못하면 포복경이 끊어져 오히려 번식을 조장한다.
  ㉢ 부분 교체 : 클로버가 많이 발생한 곳은 뿌리째 걷어내고 다른 잔디로 교체한다.

(6) 잔디밭의 갱신과 보수

① 통기작업
  ㉠ 목적 : 뿌리 호흡 촉진, 검불의 분해 촉진, 비료, 수분의 침투 용이
  ㉡ 통기작업 기구 : 그린 시어, 스파이커, 브러시, 레이크, 레노베이터, 로운에어
    • 표층통기 : 레이킹과 브러싱
    • 토층통기
      - 코링 : 이른 봄 단단해진 토양 0.5~2mm를 폭 4~10cm 깊이로 작업한다.
      - 슬라이싱 : 칼로 토양 절단(코링보다 약한 개념)하여 잔디의 밀도를 높임, 상처가 작아 피해도 적다.
      - 스파이킹 : 회복에 걸리는 시간이 짧고 스트레스 기간 중에 이용되기도 한다.
    • 잔디연소 : 이른 봄(3월)에 주로 하며, 신초생장을 촉진하고, 잡초 종자의 병 포자와 해충의 알을 제거하며 시각적인 문제가 남는다.
② 갱신작업
  ㉠ 방법 : 망가진 잔디밭을 부분 또는 전면 갱신
  ㉡ 시 기
    • 겨울형 잔디 : 3월 또는 9월
    • 여름형 잔디 : 6월

(7) 뗏밥넣기

① 목적 : 땅속줄기가 땅 위로 노출되는 것을 막아 표면이 고른 잔디밭 관리를 위해서이다.
② 효 과
  ㉠ 노출된 땅속줄기를 보호하고, 뿌리 신장을 촉진한다(건조와 동해를 막아준다).
  ㉡ 잔디밭 표면을 평편하게 한다.
  ㉢ 토양 개량제 혼합시 토양 개량 효과를 얻는다.
  ㉣ 퇴적된 검불 잔디나 잔디 방석의 분해를 촉진한다.
③ 뗏밥의 종류
  ㉠ 점토 : 밭흙 : 유기물=1 : 1 : 1 또는 2 : 1 : 1
  ㉡ 가는 모래 : 밭흙 : 유기물=2 : 1 : 1(밭흙 : 5mm의 체를 통과하는 아주 가는 흙 사용)
④ 뗏밥 넣는 시기(생육 왕성한 시기)
  ㉠ 남방형 잔디 : 6~8월에 각 1회씩 총 3회 또는 6~7월에 각 1회(휴면기에는 실시하지 않는다)
  ㉡ 북방형 잔디 : 생육이 왕성한 9월에 실시
  ㉢ 골프장, 경기장 : 연 3~5회
  ㉣ 잔디 깎은 후, 갱신작업 후 뗏밥을 넣고 물을 준다(비료를 섞으면 물을 안 준다).
⑤ 뗏밥의 두께
  ㉠ 가정 : 0.5~1.0cm
  ㉡ 골프장 : 0.3~0.7cm(깊게 넣어 주면 해를 입고 양호한 잔디밭에는 실시하지 않는다)

(8) 잔디의 병충해

① 병 해

병 명	발병시기	특성 및 병징	방제약
녹 병	5·6월, 9·10월	• 한국 잔디의 대표적인 병 • 엽초에 오렌지색 반점이 생긴다. • 배수불량, 많이 밟을 때 발생한다.	만코지, 황수화제, 훼나리
브라운 패치	6·7월, 9월에 고온 다습 시 발생	• 서양 잔디에만 발생, 토양전염 • 전파력이 매우 빠르다. • 산성땅, 질소비료 과용시 • 잔디깎기 불량시 많이 발생한다.	토양 소독, 훼나리, 티람제
달러 스팟	6·7월	• 서양 잔디에만 발생한다. • 병 반점은 동전 모양으로 2~10cm	티람제, 훼나리
푸사리움 패치	이른 봄, 전년도에 질소거름을 늦게까지 주었을 때	• 30~50cm의 병반이 발생한다. • 눈이 안 나오고 죽는다. • 한국형 잔디에 많이 발생한다.	구리제, 캡탄제, 만코지
황화 현상	이른 봄 새싹이 나올 때	• 금잔디에 많이 발생한다. • 10~30cm의 원형반점이 생긴다. • 토양 관리가 나쁠 때 발생한다.	땅 굳음 방지, 유지 관리

② 충 해

병 명	발병시기	특성 및 병징	방제약
황금충류	4·9월	• 한국 잔디에 심하다. • 풍뎅이와 비슷하다. • 애벌레가 잔디 뿌리를 가해한다.	메프 유제, 아시트 분제
도둑나방	5·6월, 10·11월	애벌레가 밤에만 나와 식물체를 가해한다.	메프 유제, 아시트 분제

(9) 관 수

① 내건성이 강함 : 한국 잔디, 페스큐 그래스, 버뮤다 그래스

② 내건성이 약함 : 벤트 그래스, 켄터키 블루 그래스

③ 관수시기

　㉠ 여름 : 저녁이나 야간에 실시

　㉡ 겨울 : 오전 중에 실시

④ 최소량으로 관수한다.

⑤ 가뭄 시 이용을 제한한다.

⑥ 관수 후 10시간 이내에 마르게 관수한다.

⑦ 1일 8mm 정도 소모되고 소모량의 80% 정도를 관수한다.

제2절 원로포장작업

1 원로포장

(1) 보행의 편리성, 안전성, 미적 감각, 주변 환경과의 조화를 이루도록 설치한다.

(2) 통행의 원활, 원로의 기능 유지, 신속한 유지보수를 할 수 있도록 한다.

(3) 공간의 포장은 색채, 형태, 질감을 고려한다.

(4) 투수성, 견고성, 자연성, 활동성 등을 고려한다.

(5) 실기시험에서는 공간별로 포장재료를 1가지씩 사용하는 것이 좋다.

(6) 포장재료별 두께와 포장재료 순서를 억지로 외우려 하지 않아도 된다(설계도를 그려 보면 저절로 암기가 되고 기억된다).

2 포장의 종류

(1) 소형고압블록-보도블록포장

① 기능 : 원로, 광장, 주차장 등 용도가 광범위하며 실기시험에서 예로 가장 많이 주어진다. 특히 원로포장에 적합한 포장으로 쓰인다.

② 포장 상세도

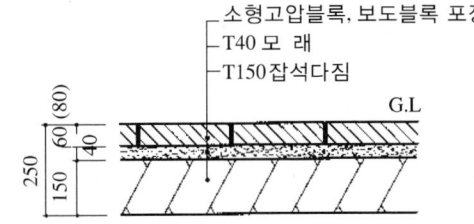

(2) 벽돌포장 : 점토벽돌, 투수벽돌, 황토벽돌 등

① 기능 : 원로, 휴게공간, 작은 광장 등에 사용되며 색채와 형태가 다양하다. 벽돌포장은 실기작업에 가장 많이 출제되는 과제이기도 하다.

② 포장 상세도

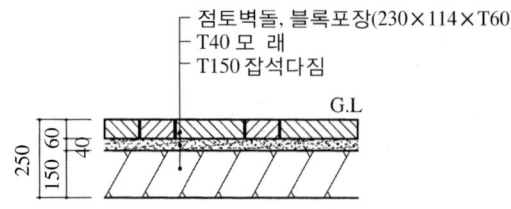 

- 점토벽돌, 블록포장(230×114×T60)
- T40 모 래
- T150 잡석다짐

(3) 자연석 판석포장

① 기능 : 산책로, 수(水)공간 주변의 원로, 휴게공간 등 다양하지만 실기시험에서의 출제 빈도는 조금 약하다.

② 포장 상세도

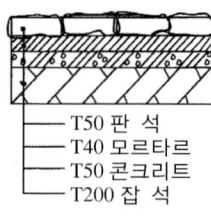 

- T50 판 석
- T40 모르타르
- T50 콘크리트
- T200 잡 석

(4) 마사토포장

① 기능 : 휴게공간, 운동공간, 원로 등에 이용되며, 자연스러워서 자주 이용된다.

② 포장 상세도

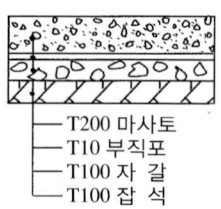

- T200 마사토
- T10 부직포
- T100 자 갈
- T100 잡 석

※ 마사토와 잡석 사이에 자갈을 깔면 배수성이 좋아진다.

(5) 모래포설

① 기능 : 어린이 놀이공간, 유아 놀이터 등에 자주 이용된다.

② 포설 상세도

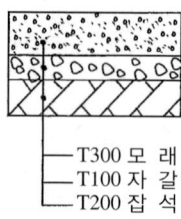

- T300 모 래
- T100 자 갈
- T200 잡 석

※ 모래와 잡석(원지반) 사이에 자갈을 깔면 배수성이 좋아진다.

(6) 콘크리트포장

① 기능 : 주차장에 주로 사용되며, 견고하고 저렴하나 미적 감각은 부족하다.

② 포장 상세도

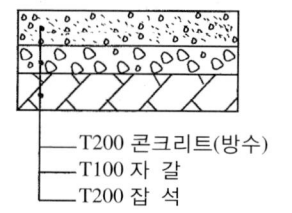

- T200 콘크리트(방수)
- T100 자 갈
- T200 잡 석

(7) 투수콘크리트(투수콘)포장

① 기능 : 투수성이 양호한 콘크리트포장이며 수공간 주변, 보행로, 자전거 도로 등에 이용된다.

② 포장 상세도

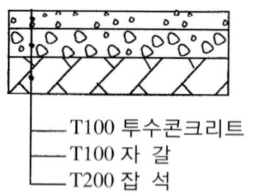

- T100 투수콘크리트
- T100 자 갈
- T200 잡 석

(8) 고무블록(매트)

① 기능 : 충격완충작용이 좋아 보행로, 자전거 도로, 휴게공간, 유아놀이공간 등에 이용된다.

② 포장 상세도

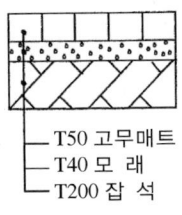

(9) 화강석 잔디포장

① 기능 : 투수작용이 좋아 보행로, 주차장, 광장 등에 이용되며 녹지공간을 조성한다.

② 포장 상세도

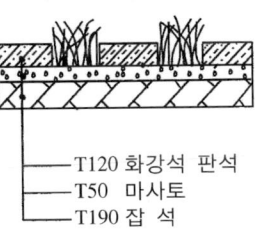

(10) 고무칩포장

① 기능 : 충격완충작용이 좋아 보행로, 어린이 놀이공간, 자전거 도로, 휴게공간 등에 이용되며 안전성이 좋다.

② 포장 상세도

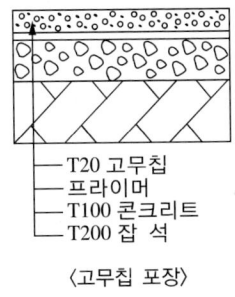

〈고무칩 포장〉

3 경계석 설치

(1) 경계석의 종류

① 화강암 경계석
② 콘크리트 경계석
③ 목재(각목)
④ 통나무
⑤ 벽돌

(2) 경계석의 크기(가로×세로×폭)

① 100×100×1,000
② 150×150×1,000
③ 200×200×1,000
④ 250×250×1,000

(3) 경계석의 설치

① 보도 경계석

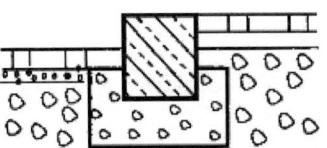

② 재료 분리석

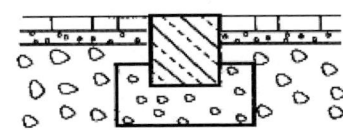

③ 녹지 경계석

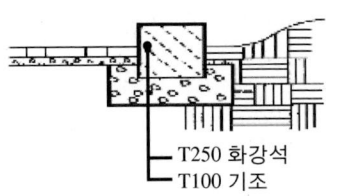

제3절 수목식재작업

1 수목의 규격(교목)

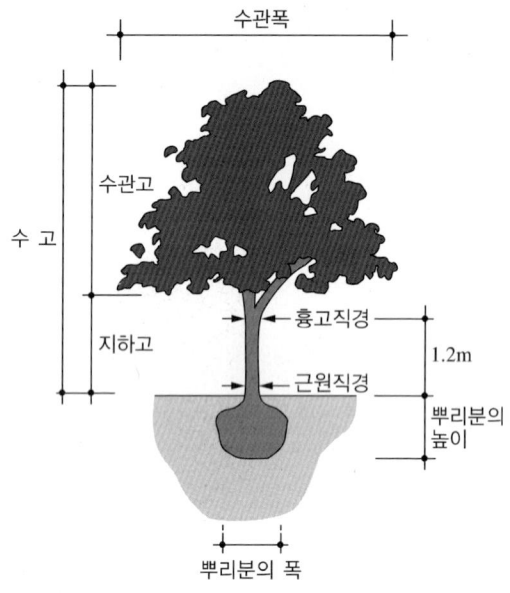

(1) H×B : 수간부의 지름이 비교적 일정하게 성장하는 수목에 쓰인다(가중나무, 메타세쿼이아, 버즘나무, 은행나무, 벚나무, 자작나무, 녹나무, 벽오동).

(2) H×W : 수간이 지엽들에 의해 식별이 어려운 침엽수나 상록활엽수의 대부분에 쓰인다(잣나무, 주목, 구상나무, 독일가문비나무, 편백, 향나무, 곰솔, 전나무, 함박꽃나무, 개잎갈나무, 굴거리나무, 동백나무, 아왜나무, 태산목, 황칠나무, 후피향나무).

(3) H×R : 수간부의 지름이 뿌리 근처와 흉고 부분의 차이가 많이 나는 경우로 활엽수 등 거의 대부분의 교목에 쓰인다.

(4) H×W×R : 소나무, 산수유, 동백나무 등에 쓰인다.

2 수목의 규격(관목)

(1) H×R : 무궁화, 생강나무, 보리수

(2) H×W : 거의 모든 관목의 규격을 표시할 때 쓰인다.

(3) H×가지 수 : 개나리, 남천, 모란 등과 같이 한 줄기에 가지가 많은 관목에 쓰인다.

※ 조경계획도 설계 시 수목의 수관 폭(W)이 주어진 경우에는 평면도 상에서의 수목표현이 비교적 쉽다. 그렇지만 근원직경(R), 흉고직경(B)으로 규격이 표시되어 있는 수목의 수관 폭을 알 수 없어 어려워한다. 방법은 수고(H)는 모두 주어져 있기 때문에 수고(H)를 기준으로 수관 폭을 정하는 것이 바람직하다[W(수관폭) = H(수고) / 2로 계산하여 반올림하면 된다].

3 수목의 식재

(1) 정형식 식재

① 단 식

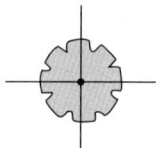

② 대 식

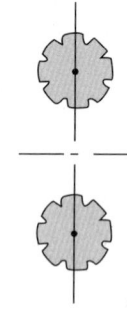

③ 열 식

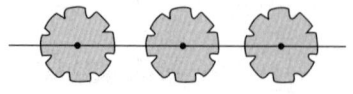

④ 교호식재

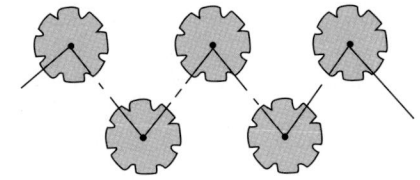

⑤ 집단식재

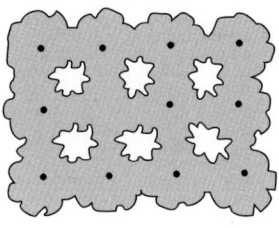

(2) 자연풍경식 식재

① 부등변 삼각형 식재(3점 식재)

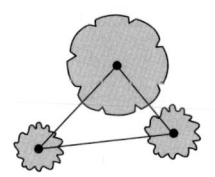

② 임의 식재

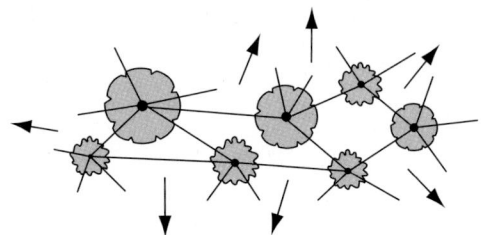

③ 모아심기

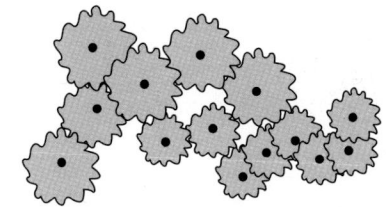

(3) 수목의 수량산출

① 독립식재 수목 : 식재평면도에 독립적으로 식재한 수목은 기호의 개수를 표기한다.
② 군식식재 수목 : 식재밀도를 식재면적에 곱하여 수를 산출한다.
  ※ 1m² 관목의 식재밀도 : 20~30주를 식재한다.

(4) 식재방법

① 잔디, 초본류 : 생존최소 깊이 15cm~생육최소 깊이 30cm
② 소관목 : 생존최소 깊이 30cm~생육최소 깊이 45cm
③ 대관목 : 생존최소 깊이 45cm~생육최소 깊이 60cm
④ 천근성 교목 : 생존최소 깊이 60cm~생육최소 깊이 90cm
⑤ 심근성 교목 : 생존최소 깊이 90cm~생육최소 깊이 150cm

(5) 지주목 설치

① 이각지주
② 삼발이 지주
③ 사각지주
④ 연결형 지주

CHAPTER 02 조경작업형 실기

제1절 조경작업형 실기시험 과제

가이드

- 준비물 : 전정가위, 일반망치, 줄자, 고무망치, 삼각자, 고르기용 판재, 목장갑, 작업복, 작업화(운동화, 등산화 등)
- 공부요령 : 조경작업은 조경구술 예상문제의 내용과 같이 공부해야 한다.
- 시험방법 : 조경작업은 2가지 과제가 주어지며, 작업 중에 채점관이 1 : 1로 질문을 한다.

1 교목식재

(1) 표토(겉흙) 걷기

땅 표면에 있는 흙은 유기물이 풍부하다. 이러한 흙을 미리 삽으로 긁어서 한쪽에 모아둔다.

(2) 구덩이 파기

구덩이의 크기는 뿌리분 크기의 1.5~3배 정도가 되게 둥그렇게 땅을 판다. 속흙과 표토(겉흙)를 분리해서 파고 돌멩이나 나무뿌리 등의 이물질은 제거한다.

(3) 표토(겉흙) 넣기

우선 구덩이에 밑거름을 넣고 그 위에 표토를 5~6cm 정도 넣은 후 나무를 곧게 세운다. 뿌리분과 밑거름이 직접 닿지 않도록 한다.

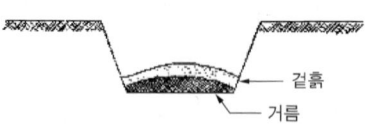

(4) 물죽쑤기

전체 구덩이의 70% 정도까지 속흙을 넣으면서 물을 같이 주입하며, 뿌리분이 속흙과 밀착되도록 막대기로 쑤셔준다. 구덩이 속에 앉힌 뿌리분과 그 주위에 채워진 새로운 흙이 서로 잘 밀착되게 한다. 뿌리분과 흙 사이 공간이 생기면 새 뿌리발육이 억제되며, 기존 뿌리도 말라 발육에 지장을 초래한다. 물이 빠진 후 다음 작업을 한다. 물죽쑤기를 하는 이유는 충분한 수분 공급과 뿌리분과 흙 사이에 공극이 없도록 하기 위해서이다.

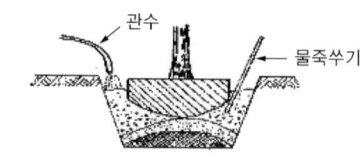

(5) 물집 만들기 및 멀칭

나머지 흙을 채운 후 나무를 위로 잡아당기듯 하여 잘 밟아주고 물집을 만들어 물을 충분히 준 다음 수분증발을 막기 위하여 멀칭(짚, 나뭇잎)을 한다.

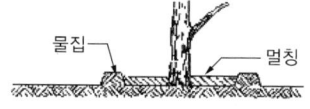

(6) 전정 실시

이식된 나무는 뿌리의 힘이 약하므로 이식되기 전의 가지와 잎의 양을 감당할 수 없다. 즉, 뿌리에서 빨아올리는 수분과 양분의 양이 가지와 잎을 통해 증산되는 수분의 양보다 훨씬 적다. 그러므로 생리조절을 위해 가지와 잎을 감량해 주어야 한다.

(7) 수목 보호 및 지주목 설치

새끼줄, 부직포로 수목 보호조치 후 흔들리거나 쓰러지지 않도록 지주목을 단단히 설치한다.

2 지주목 세우기

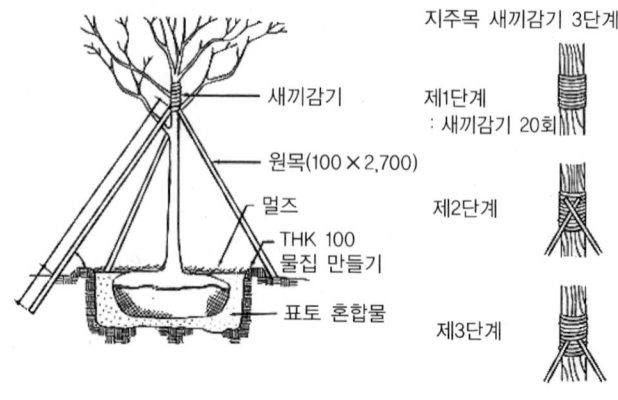

[지주목 세우기]

(1) 주로 삼발이 지주를 가장 많이 실시한다. 나무줄기를 중심으로 지주목을 묻을 곳을 세 군데 삽으로 판다.

(2) 하나의 지주목에 검정고무줄을 묶는다.

(3) 세 개의 지주목을 서로 엇갈리게 하여 고무줄로 돌리며 묶는다.

(4) 지주목이 흔들리지 않도록 지주목을 단단히 땅 속에 묻는다.

[지주목 세우기 예시]

3 수피감기

출제위원들이 수피감기의 목적을 많이 물어 본다.

(1) 수피감기의 목적

  ① 소나무 이식 후 소나무좀 예방
  ② 수목 이식 후 수분증산 방지
  ③ 동해(凍害)나 병충해 방지
  ④ 여름 햇빛에 줄기가 타는 것을 막아 줌(피소 방지)

(2) 수피감기의 방법

수간 아래에서부터 위로 새끼줄이나 녹화마대를 감아 올라간다. 수피를 감은 후 그 위에 진흙(점토와 잘게 썬 짚을 물로 이김)을 바르기도 한다.

[수피감기 예시]

4 벽돌 포장

벽돌 포장 패턴은 도면을 통해 아래와 같이 주어진다.

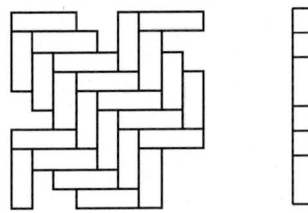

[벽돌 포장 패턴]

(1) 가로세로 1m, 깊이 10cm 정도의 땅을 판다.

  ※ 시공줄을 먼저 설치하고 땅을 파면 시공줄의 모서리 부분의 작업이 어려워진다.

(2) 주어진 실로 정사각형 모양으로 시공줄을 띄운다.

시공줄은 지면에 밀착되게 설치한다(벽돌포장, 판석포장, 잔디포장에는 모두 아래와 같이 시공줄을 설치).

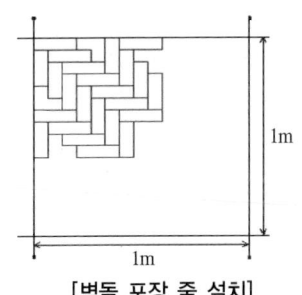

[벽돌 포장 줄 설치]

(3) 4cm 정도 모래를 채운다. 실제로는 모래를 주지 않는다. 흙으로 대신한다.

(4) 주어진 문제지의 패턴대로 한쪽 구석부터 벽돌을 깔아나간다. 줄눈은 1cm로 한다.

(5) 줄눈 사이에 모래를 넣어서 채워주는데, 실제로는 모래를 주지 않으니 그냥 흙으로 한다.

(6) 표면의 흙을 치우고 고무망치로 두드려 벽돌의 높이를 고르게 맞춰 준다.

(7) 벽돌이 깔리지 않은 자리는 평탄하게 정지하며, 벽돌이 밀리지 않도록 주변을 흙으로 다져준다.

(8) 포장된 표면은 높이가 일정해야 한다.

보도블록 → 모래(40mm) → 잡석(150mm) → 지반

[벽돌 포장 예시]

5 판석 포장

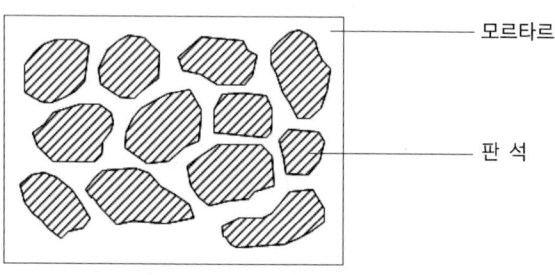
[판석 포장]

(1) 판석 포장할 곳을 가로×세로 1m, 깊이 30cm 정도 판다. 실제로는 이렇게 깊게 파지 않으며, 바로 주어진 판석을 포장한다.

(2) 판석은 모르타르 위에 포장하는 것이 원칙이나 모르타르는 주지 않으며, 모르타르가 있다고 가정하여 작업한다.
① 판석 → 모르타르(40mm) → 콘크리트(100mm) → 잡석(150mm) → 지반
② 석재타일로 시공할 때에도 판석과 같은 방법으로 시공한다.

(3) 판석은 Y자 줄눈이 되도록 시공하며 줄눈 간격은 1~2cm 정도로 하고 줄눈의 깊이는 1cm 이내로 하며, 판석보다 높아서는 안 된다.

(4) 표면의 흙을 치우고 고무망치로 두드려 판석의 높이를 고르게 맞춰 준다.

6 잔디식재

(1) 표토를 흙으로 걷어 놓는다.

(2) 유기질비료를 주고, 식재할 곳을 20cm 정도 깊이로 갈아엎는다.

(3) 콘크리트 조각이나 못 등 이물질을 제거하고, 레이크로 정지작업을 한다.

(5) 주어진 기준에 맞춰 잔디를 놓는다.

(6) 잔디 줄눈 사이에 걷어 놓은 표토를 뗏밥 대용으로 사용하여 뿌려 준다. 이때 잔디 위에도 뗏밥을 뿌린다.

(7) 잔디 위를 삽으로 두들겨 준다(원래는 롤러로 다져야 하나 시험에서는 삽으로 두들긴다).

(8) 6L의 물을 준다(시험에서는 물을 안 주고 대답으로 대체한다).

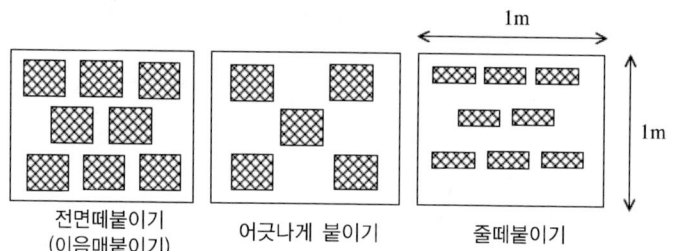
[잔디식재]

[잔디식재 예시]

7 관목군식

가운데 가장 큰 나무를 심고 주변에 작은 나무들을 심어 나간다. 식재간격은 30cm 정도로 한다.

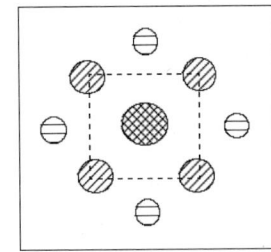

[관목 군식]

8 교호식재(산울타리식재)

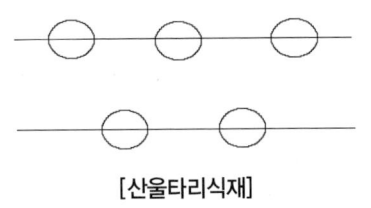

[산울타리식재]

(1) 먼저 식재할 곳을 두 줄로 고랑을 파듯이 판다.

(2) 두 줄로 관목을 줄맞추어 심는다. 지그재그로 심는 것이 중요하다.

(3) 식재간격은 20~30cm 정도로 한다.

※ 시험에서는 교호식재 및 군식의 전정 요령을 많이 물어본다.

(4) 교호식재 또는 군식 후 전정 요령

① 초점식재에 맞게 전정한다.
② 위는 강하게 아래는 약하게 한다.
③ 위를 강하게 전정하여 가지런하게 하며, 위를 강하게 전정하면 아래 가지가 치밀해지는 효과를 얻는다.

9 뿌리돌림

(1) 목 적

① 이식력이 약한 나무의 뿌리에 잔뿌리를 발달시켜 이식력을 높이고자 한다.
② 노목이나 쇠약목의 세력 갱신을 위해서이다.

(2) 시 기

이식기로부터 6개월~3년 전에 실시하며, 가을이 효과적이다.

(3) 방 법

① 근원지름의 3~5배 지점을 파내려가면서 뿌리를 잘라준다. 단, 4방향으로 뻗은 뿌리와 수직으로 뻗은 직근은 나무를 지지하기 위해서 자르지 않고 환상박피를 한다.
  ※ 환상박피 : 뿌리의 껍질을 10cm 정도 벗겨낸다. 탄수화물의 하향이동이 방해되어 박피부분에 잔뿌리가 발생한다. 후에 이식할 때는 환상박피부분을 잘라낸다.
② 부엽토를 약간 섞어서 흙을 되메우며, 잘 밟아준다.

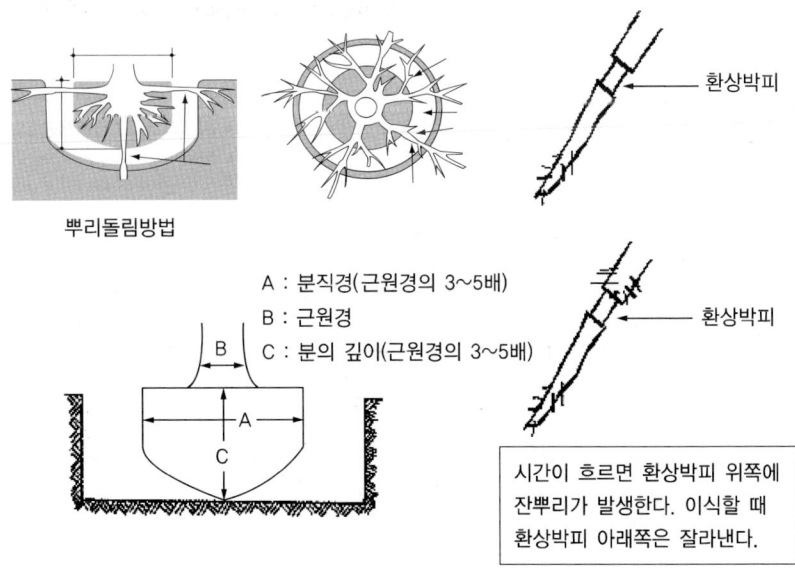

A : 분직경(근원경의 3~5배)
B : 근원경
C : 분의 깊이(근원경의 3~5배)

시간이 흐르면 환상박피 위쪽에 잔뿌리가 발생한다. 이식할 때 환상박피 아래쪽은 잘라낸다.

[뿌리돌림]

※ 시험에서는 실제로 뿌리돌림을 하지 않고 말로만 물어본다.

10 수간주사

시기는 4~9월 증산작용이 왕성한 맑은 날이 좋다.

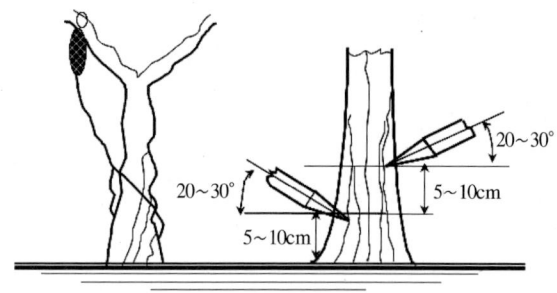

[수간주사]

(1) 나무 밑에서부터 높이 5~10cm되는 부위에 드릴로 지름 5mm, 깊이 3~4cm가 되게 구멍을 20~30° 각도로 비스듬히 뚫고, 주입 구멍 안의 톱밥 부스러기를 깨끗이 제거한다. 같은 방법으로 먼저 뚫은 구멍의 반대쪽에 먼저 뚫어 놓은 구멍보다 5~10cm 위에 주입 구멍 1개를 더 뚫는다.

(2) 수간 주입기를 사람의 키 높이 되는 곳에 끈으로 매단 다음, 미리 준비한 소정량의 약액을 부어 넣는다.

(3) 주입기의 한 쪽 호스로 약액이 흘러나오도록 해서, 나무에 뚫어 놓은 주입 구멍 안에 약액을 가득 채워 주입 구멍 안의 공기 및 톱밥을 완전히 빼낸 다음, 곧바로 호스관에 있는 주입관을 주입 구멍에 꼭 끼워 약액이 밖으로 흘러나오지 않게 고정한다.

(4) 같은 방법으로 나머지 호스를 반대쪽의 주입 구멍에 연결시키고 수간 주입통의 마개를 닫는다. 마개는 공기가 드나들 정도로 지름 2~3mm의 구멍을 뚫어 놓는다.

(5) 약통 속의 약액이 다 없어지면 나무에서 수간 주입기를 걷어 내고, 주입 구멍을 방부, 방수, 매트처리를 한 후 인공 나무껍질을 한다.

※ 최근 시험에서는 수간주사를 실제주사액으로 직접 실시하는 경우도 있다.

11 잔디종자파종

(1) 땅을 20~30cm 깊이로 갈아엎으며, 이물질을 제거한다.

(2) 비료 20g을 주고 레이크로 잘 긁어준다.

(3) 씨앗을 동서방향으로 한 번 파종하고, 남북방향으로 다시 한 번 파종한다.

(4) 레이크로 긁어서 씨앗이 살짝 묻히도록 한다.

(5) 롤러로 다져준다.

(6) 물을 충분히 주고, 멀칭을 한다.

※ 최근 시험에서는 종자파종을 실제로 시행하는 경우도 있다.
※ 과거에 말로만 물어보고 실제로 하지는 않았다고 소홀히 하지 않도록 한다.
※ 종자파종 시 빨간 색소를 넣는 이유는 뿌린 자리를 확인하기 위해서이다.

제2절 조경 실기시험 채점기준, 과년도 출제문제 목록

출제 포인트

- 채점관의 질문에 정확한 구술답과 실기작업을 실시하여야 한다.
- 숙련도 등 작업상태가 우수하여야 한다.
- 작업복장 상태 및 정리정돈, 농기구 사용에 의한 안전사고시 총점에서 5점을 감점한다.
- 감독관의 지시사항 및 전달사항을 정확히 이행하지 않을 경우에도 5점이 감점된다.
- 모든 시공은 작업현장으로 간주하여 작업을 실시한다.
- 각각의 시공방법은 교육과학기술부발행 교과서 및 표준시방서에 따른다.
- 각각의 시공에 요구되는 필요 도구는 각자 개인이 지참해서 시공 및 작업에 임하여야 한다(미지참 시 감점 처리한다).

▎지참하여야 할 최소 도구

작업복장 및 장갑, 전지가위, 톱, 고무망치, 장도리, 줄자(3m 이상), 컴퍼스

▎시공 시 현장에서 하여야 할 준비사항

- 터 고르기 : 레이크로 현장 정리
- 터 가르기 : 기준선 잡기(구획정리)
- 터 파기 : 직각으로 팔 것, 규격 안에 정확하게 실시(모래는 예외)
- 터 다지기
- 규격 내에 무너지지 않게 시공한다(바닥, 벽 다짐).
- 특히, 모든 시공에 필수사항인 지반다짐이 중요하다.
- 현장에서 각목(크기 : 30cm, 50cm) 지급 시 바닥다짐용으로 사용되며, 바닥을 평행하게 할 때 사용된다.

▎벽돌포장(고무망치 준비) ▎

(격자형 깔기와 갈매기 깔기 – 평깔기, 모깔기는 20여 장의 벽돌이 주어진다)

1. 줄을 띄워 정확하게 마름질한다.
2. 방향과 구획이 정확하고 양호하여야 한다.
3. 땅 깊이를 20cm 이상 판다(실제 평깔기 10~20cm, 모깔기 13~15cm).
4. 원지반이 바르게 정지되어야 하고 다짐이 잘 되어야 한다.
5. 기층 위에 모래를 3~5cm 정도 고르게 깐다(돌을 고르고 세사모래 사용).
6. 모래를 깐 상태가 수평을 이뤄야 한다.
7. 주어진 벽돌을 모두 사용하고 주어진 과제대로 정확히 위치되어야 한다.
8. 줄눈의 간격은 10mm 이하이어야 한다(실제 시공시 2~3mm로 시공).
9. 표면에 요철이 생겨서는 안 된다.
10. 블록이 가운데는 약간 높고 가장자리는 직선으로 일정하게 되어야 한다.
11. 시공이 끝나면 벽돌 위에 모래를 깔고 흔들어 재료 사이로 들어가게 한다(빗자루나 손장갑을 이용한다).
12. 재료 위의 모래를 잘 제거하고 깨끗이 한다.
13. 벽돌이 움직이지 않도록 주변과 시공 가장자리를 잘 눌러 다짐한다.
14. 벽돌을 견고히 하기 위하여 고무망치를 이용하여 다진다.
15. 해체를 바르게 하고, 자재의 파손이 없어야 한다.
16. 정리정돈 및 뒤처리를 깨끗이 실시한다.

▌판석포장(고무망치 준비)▌

1. 줄을 긋거나 줄을 띄워 정확히 마름질한다.
2. 방향과 구획을 바르게 조절한다.
3. 포장할 부분을 20~30cm 깊이로 흙을 판다(실제는 10cm 시공). 실제는 "잡석-콘크리트-모르타르-판석"시공으로 최대 50cm까지 시공된다.
4. 흙을 파낸 밑면을 고르게 정지한다(터다지기).
5. 정지한 지면에 큰 돌을 고르게 깔아 기층을 만들고, 위에 자갈을 10~12cm 높이로 고르게 (배수용) 깐다.
6. 잡석을 간 상태가 수평을 이뤄야 한다.
7. 사전에 판석이 충분히 물을 먹을 수 있도록 축여 놓는다(밀착성을 위함).
8. 판석은 큰 것부터 마름질선에 일직선이 되도록 놓고 사이사이 작은 것을 놓는다(大 5, 小 5개가 주어진다).
9. 줄눈(돌과 돌 사이)의 너비는 1~2cm 정도 되도록 한다.
10. 줄눈의 깊이는 판석면과 같거나 1cm 이내로 한다.
11. 판석은 지시된 모양(Y 줄눈)이 나오도록 한다(-자나 +자는 안 된다).
12. 판석이 견고하도록 고무망치를 사용하여 움직이지 않도록 견고하게 한다.
13. 해체를 바르게 하고,(해체는 작업의 역순) 자재의 파손이 없어야 한다.
14. 정리정돈 및 뒤처리를 깨끗이 실시한다.

※ 잡석 200, 콘크리트 50, 모르타르 40이 이론상 치수이다.
※ 모래를 뿌리면 안 된다(모르타르 바탕이다).
※ 판석과 판석 사이의 간격은 1cm이다.
※ 줄눈의 깊이는 판석과 같거나 1cm 이내이다.

▌잔디파종▌

1. 줄을 긋거나 줄을 띄워 정확히 마름질한다.
2. 방향과 구획을 바르게 조절한다.
3. 시공지역을 20cm 이상의 깊이로 갈거나 파서 엎는다.
4. 흙을 잘게 부수고 잔돌, 이물질 등을 제거한다.
5. 표면배수가 잘 되도록 약간 경사지게 물매를 준다(구술시험).
6. 레이크로 긁어서 곱게 부수고 고른다.
7. 파종할 면적을 측정한다.
8. 소요 종자의 양을 구분한다.
9. 종자를 반으로 나누어 모래와 골고루 섞어 가로방향으로 고르게 파종한다.
10. 나머지 반은 역시 모래와 섞어 세로방향으로 고르게 파종한다.
11. 파종 후 복토는 절대 하지 않는다.
12. 롤러로 굴려서 잔디종자가 흙과 밀착되도록 한다.
13. 파종포지가 충분히 젖도록 관수한다(물 필요량 : m^2당 20L). 종료 후 "완료하였습니다"를 복창한다.
14. 해체를 바르게 하고(해체는 작업의 역순), 자재의 파손이 없어야 한다.
15. 정리정돈 및 뒤처리를 깨끗이 실시한다.

잔디시공(10장 정도의 잔디 또는 인조잔디 지급)

1. 기준실을 사용하여 터가르기를 한다(고르기-가르기-터파기-다지기).
2. 20cm 이상 깊이로 갈거나 파 엎는다(실제 시공한다).
3. 흙을 잘게 부수고 잔디, 이물질을 제거한다.
4. 표면배수가 되도록 약간 경사지게 물매를 잡는다(질문사항).
5. 복합비료(m^2당 20g)를 골고루 뿌리고 레이크로 긁어서 흙 속 5cm 깊이로 묻히도록 한다.
6. 뗏장의 배열은 지시사항에 따라 배열한다(일반적으로 어긋나게 배열한다).
7. 1/2 또는 1/3매가 소요되는 곳은 해당 양만큼 정확하게 재단하여 배치한다(시험시 실제로는 시공하기 어렵다).
8. 준비된 표토를 잔디뗏장 위에 덮었다가 잔디 잎이 보일 정도로 털어준다.
9. 롤러를 사용하거나 삽으로 다짐하고 압박하여 준다(수평유지).
10. 충분히 살수(m^2당 6L)한다.
11. 해체를 바르게 하고(해체는 작업의 역순), 자재의 파손이 없어야 한다.
12. 정리정돈 및 뒤처리를 깨끗이 실시한다.

※ 잔디 시공순서와 요구한 잔디놓기가 정확하고, 완성된 잔디면이 평면을 이루면 양호하다(구술 답변으로 성실하게 진행한다).

※ **식재유형**
- 전면식재
- 줄식재
- 점식재(붙이기 점식재)

수간주사(수간주입)

1. 수간주사 주입공의 위치는 나무 밑에서 5~10cm 부위를 잡는다.
2. 드릴로 주입공 20~30° 각도로 경사지게 뚫는다.
3. 지름 5mm, 깊이 3~5cm 주입공을 뚫는다(심재까지는 파지 말 것).
4. 같은 방법으로 정 반대쪽에 10~15cm 높이로 주입공 하나를 더 뚫는다.
5. 주입공 안의 톱밥 부스러기를 깨끗이 제거한다.
6. 수간약통(병)을 머리높이 이상되는 위치에 끈으로 매단다(손이 닿는 곳).
7. 주입통에 미리 준비된 소량의 약을 붓는다.
8. 주입공 한쪽에 호스로 약액이 흐르도록 하여 뚫어 놓은 주입공 안이 약액으로 가득 채워져 구멍 안의 공기가 모두 빠지도록 한다.
9. 호스 끝의 플라스틱 주입관을 주입공에 꼭 끼워 약액이 흘러나오지 않도록 고정시킨다.
10. 같은 방법으로 나머지 호스를 반대쪽 주입공에 연결시킨다.
11. 호스 연결이 끝나면 공기가 들어갈 정도로 주입공의 마개를 닫는다(마개에는 공기가 드나들 정도의 지름 2~3mm 구멍을 뚫어 놓는다).
12. 주입 구멍에 도포제(코르틴, 수지) 처리를 한다.
13. 코르크 마개로 수피와 같은 높이로 구멍을 막아준다.
14. 약액의 희석농도를 조절한다(수목·병종마다 약액과 농도가 다르다).
15. 해체를 바르게 하고, 자재의 파손이 없어야 한다.
16. 정리정돈 및 뒤처리를 깨끗이 실시한다.

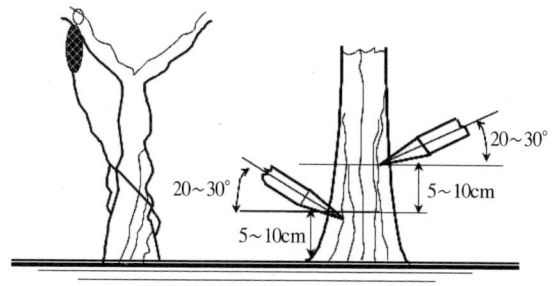

▌수목식재(전정가위 필요)▐

1. 뿌리분 크기보다 1.5배 이상 더 큰 구덩이를 판다.
2. 겉흙과 속흙을 분리하여 구덩이를 파고 거름을 넣는다.
3. 구덩이 가운데가 약간 볼록하게 한다.
4. 수목을 수직상태가 되도록 하여 세워 둔다.
5. 겉흙을 먼저 넣고 다음에 속흙을 넣는다.
6. 뿌리분이 깨지지 않도록 조심하여 구덩이 속에 앉힌다.
7. 나무의 방향을 생육지의 방향 또는 시선방향에 따라 정면으로 되도록 조심스럽게 돌리고 고정시킨다.
8. 흙을 70~80% 넣은 다음 물을 구덩이에 넣는다.
9. 계속 물을 넣으면서 말뚝으로 분 주위를 쑤셔 죽 쑤기를 한다.
10. 물이 더 이상 들어가지 않으면 물주기를 정지한다.
11. 물이 완전히 스며든 후 나머지 흙을 채운 다음 꼭꼭 밟아준다.
12. 수형에 지장이 없는 가지를 쳐주어 T/R률을 조정하여 주고 가지치기가 양호하면 우수한 판정을 받는다(T/R률 50% 미만으로 조정).
    ※ 죽고 병든 가지, 부러지고 마른 가지, 교차지, 쌍지, 혼합지, 부정형지, 역지, 하향지는 잘라 준다.
13. 수관 밑에 관수하기 좋도록 물집을 만들어 준다(속흙을 이용한다).
14. 해체를 바르게 하고(해체는 작업의 역순), 자재의 파손이 없어야 한다.
15. 정리정돈 및 뒤처리를 깨끗이 실시한다.

▌수목보호▐

1. 새끼를 줄기에 감기 좋도록 풀어 묶어놓는다.
2. 줄기에 잔가지, 절단면, 상처부위들을 정리한다.
3. 줄기의 밑부터 감되 새끼의 사이가 엉성하지 않도록 단단히 묶는다.
4. 촘촘히 감아올리되, 감은 부위는 굵은 줄기나 가지부위 모두 감는다. 정확한 위치는 지상부터 10~15cm 위쪽에 너비(폭) 20~30cm이다.
5. 진흙을 점도가 좋도록 물과 진흙을 조절하여 이긴다.
6. 새끼를 감은 위치에 흙을 덧칠(새끼 감은 곳이 보이지 않도록 두께 조절)한다.
    ※ 진흙(물+흙)+볏짚을 썰어서 잘 섞은 상태
7. 해체를 바르게 하고(해체는 작업의 역순), 자재의 파손에 유의한다.
8. 정리정돈을 깨끗이 한다.

▌지주목 설치▐

※ 견고하게 하기 위해 장도리, 톱, 줄자, 펜치, 삼각자가 필요하다.
※ 종류 : 삼각지주, 사각지주 또는 일각, 이각지주

1. 지주목 결속위치를 구분할 수 있어야 한다(흉고직경 120cm 위치).
2. 높이 선정 후 지주목 설치를 위하여 지주가 고정될 수 있도록 구덩이 크기 조정 덧대를 만든다(땅에 정사각형 표기).
3. 수목 결속위치(120cm)에 수목보호용 새끼 혹은 녹화마대를 설치한다(15~20cm).
4. 지주목이 땅에 박히는 부분을 자로 재서 표시하고 잘라서 박는다(예리하게 깎는다).
5. 땅 속에 묻히는 부분은 방부처리를 한다(태워서 탄화처리 혹은 페인트).
6. 3개 지주목의 각도는 정확하게 하여 30cm 이상 땅속에 박는다. 4개 지주목은 나무줄기에 평행하게 하여 30cm 이상 땅속에 박는다. 지주목의 상단부에 서로 연결되는 가로목을 정확히 박는다(못, 철사, 볼트). 덧댄 가로목에 줄기를 단단히 묶는다(철사+펜치).
7. 삼발이지주는 지주목이 수관과 엇갈리게 배치하여 묶는다.
8. 지주목의 목재가 수관과 직접 닿지 않도록 하여야 한다.
9. 흔들어 보아 견고성이 양호해야 한다.
10. 해체를 바르게 하고(해체는 작업의 역순), 자재의 파손에 유의한다.
11. 정리정돈을 깨끗이 한다.

※ 주요 사항
- 지면과 지주목의 경사 각도는 60°이다.
- 지주목의 배치 간격은 120°이다.
- 지주목과 수목의 각도는 30°이다.
- 지주목 규격 : 육송은 (45cm×45cm×240cm) 또는 (ϕ45cm×240cm), 길이는 220~240cm

열식과 군식(식재위치와 전정)

1. 식재위치 선정은 기준실로 위치를 표시하여야 한다(미실시시 영점처리).
2. 식재간격이 넓으면 뿌리분보다 약간 큰 구덩이를 파고, 좁으면 도랑을 판다.
3. 주어진 수목의 뿌리 상태를 보며, 구덩이의 깊이를 조절한다.
4. 구덩이의 안의 잔돌, 이물질 등 불순물을 제거한다(특히 표면상).
5. 파낸 흙의 정리 상태가 발라야 한다(다시 묻을 때 사용한다).
6. 직선상의 말뚝을 박고 실줄을 띄운다.
7. 기준실에 맞추어 수목을 식재한다.
8. 2줄 이상으로 식재할 경우 교호식으로 식재함을 원칙으로 한다(간격과 위치는 식재면의 크기와 비례하여 일정하여야 한다).
9. 맨 뿌리로 식재할 경우 뿌리가 많거나 긴 것은 적당히 솎아주고 절단하여 서로 엉키지 않도록 하여야 한다.
10. 뿌리숱이 많을 경우 흙을 덮고 난 후 꼬챙이로 골고루 쑤셔서 뿌리 안에 충분히 채워지도록 하여야 한다.
11. 비뚤어진 나무는 열을 맞추어 간격을 조절하고 바로잡아 주면서 관수하여야 한다.
12. 관수의 양은 물이 물집을 채우고 더 이상 들어가지 않을 때까지 기다리며 서서히 반복하여 관수한다.
13. 물이 충분히 스며들었을 경우 흙을 덮는다.
14. 전정부위와 전정목적에 대한 설명을 올바르게 해야 한다.
    ※ 절단면의 전정 및 각 종면 등의 통일성, 위치, 일정, 식재 목적에 따른 충분한 이해가 필요하다.
15. 해체를 바르게 하고(해체는 작업의 역순), 자재의 파손에 유의한다.
16. 정리정돈을 깨끗이 한다.

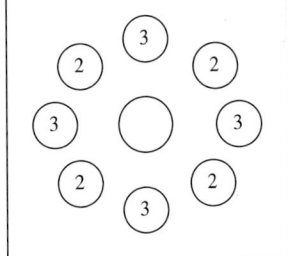 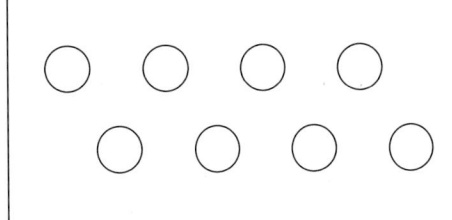

제3절 조경실습 구술 예상문제

01 전정의 목적을 이야기 하시오.

정답 ▶ 생장조장을 위해, 생리조절을 위해, 성장억제를 위해, 개화결실을 위해, 갱신을 위해

02 전정해야 할 가지를 이야기 하시오.

정답 ▶ 죽은 가지, 병든 가지, 안으로 향한 가지, 뿌리 및 줄기에서 움튼 가지, 처진 가지, 바퀴살가지 등

03 전정방법을 이야기 하시오.

정답 ▶ 위에서 아래로, 바깥에서 안쪽으로, 위는 강하게 아래는 약하게

04 수종별 전정

정답 ▶
① 낙엽수(낙엽침엽수 포함) : 11~3월
② 침엽수 : 10~11월, 이른 봄
③ 꽃나무 : 꽃이 진 직후
④ 산울타리 : 5~6월, 9월

05 소나무 순지르기

정답 ▶
① 목적 : 성장억제, 즉 좋은 수형을 유지하기 위하여, 바퀴살가지 방지
② 시기 : 5~6월
③ 방법 : 가운데 가장 긴 순을 완전 제거하고 주위의 순도 1/2~1/3만 남기고 제거한다. 반드시 맨손으로 실시한다. 가위로 할 경우 잘린 단면이 적색으로 변하면서 마른다.

06 잣나무 잎 솎기

정답 ▶
① 목적 : 채광 및 통풍을 위해
② 방법 : 목장갑을 끼고 가지를 훑어주면 약한 잎은 뽑힌다.
③ 대상 가지 : 2~3년생 가지에 실시한다.
④ 시기 : 8월

07 소나무류 묵은 잎 제거는 언제 하는가?

정답 3월

08 잔디에 관한 사항

정답
① 뗏밥 주는 시기 : 6~7월(여름)
② 잔디 위에도 뗏밥을 주는가? 그렇다
③ 잔디 식재 후 잔디 $1m^2$당 어느 정도의 물을 주는가? 6L
④ 잔디 식재시 퇴비 혹은 유기질 비료를 주는가? 적당량을 준다.
⑤ 잔디 식재시 화학비료를 주는가? 그 양은 얼마인가? $1m^2$당 20g의 비료를 준다.
⑥ 잔디 파종시기는? 난지형(들잔디) 5~6월, 한지형(켄터키 블루 그래스) 8월 말~9월
⑦ 잔디 생육 적지는? 햇빛이 하루 5시간 이상 드는 사질양토
⑧ 잔디 파종 시에 빨간 착색제를 씨앗과 섞는 이유는? 뿌린 자리를 확인하기 위해

09 소나무 수피감기

정답
① 목적 : 이식 후 수분 증발 방지 및 소나무좀 피해 방지, 한여름에 피소(줄기가 타는 것) 방지
② 방법 : 아래에서 위로 새끼줄을 감아 올라간다. 감아올린 새끼줄 사이사이에 진흙을 물에 개서 바른다.

10 산울타리 식재 또는 군식 후 전정 요령을 설명하시오.

정답 초점식재에 맞게 전정한다. 위는 강하게 아래는 약하게 한다. 위를 강하게 전정하여 가지런하게 하며, 위를 강하게 전정하면 아래 가지가 치밀해지는 효과를 얻는다.

11 증산과 증발에 대하여 설명하시오.

정답 증산이란 나뭇잎의 기공을 통하여 수분이 빠져나가는 것을 말한다. 증발이란 물이 수증기로 되어 공기 중으로 날아가는 현상을 말한다.

12 수종별 이식 적기

정답
① 낙엽수(낙엽침엽수 포함) : 10~11월, 해토(解土) 직후부터 4월 상순까지
② 상록활엽수 : 3월 하순~4월 중순, 6~7월의 장마철
③ 침엽수류 : 해토(解土) 직후부터 4월 상순까지, 9월 하순~10월 하순

13 뿌리분의 크기는 얼마인가?

정답 근원지름의 4~6배

14 식재시 구덩이의 크기는 얼마인가?

정답 뿌리분의 1.5~3배

15 보도블록 포장에서 블록 밑에 무엇이 있는가?

정답 보도블록 → 모래(40mm) → 잡석(150mm) → 지반

16 판석 포장에서 판석 밑에 무엇이 있는가?

정답 판석 → 모르타르(40mm) → 콘크리트(100mm) → 잡석(150mm) → 지반

17 판석 포장시 줄눈의 모양은?

정답 Y자

18 빗자루병에 걸린 대추나무의 치료법을 설명하시오.

정답 옥시테트라사이클린 1g을 1,000cc의 물에 녹여 수간주사한다.

19 농약을 뿌리는 요령을 설명하시오.

정답 바람이 적은 맑은 날 오전에 바람을 등지고 실시한다. 농약병에 희석배율과 살포 횟수 및 대상수종, 구제대상 해충 등이 설명되어 있다.

20 수간주사 시기는?

정답 4~9월 증산작용이 활발한 맑은 날 유합이 잘 될 때

21 관수(灌水)시기 및 가뭄시 물주는 방법을 설명하시오.

정답 아침, 저녁에 실시하며, 가뭄에는 충분한 양을 자주 준다.

제4절 단면상세도 참고자료

포장단면상세도(단면&평면)

일반조경공간

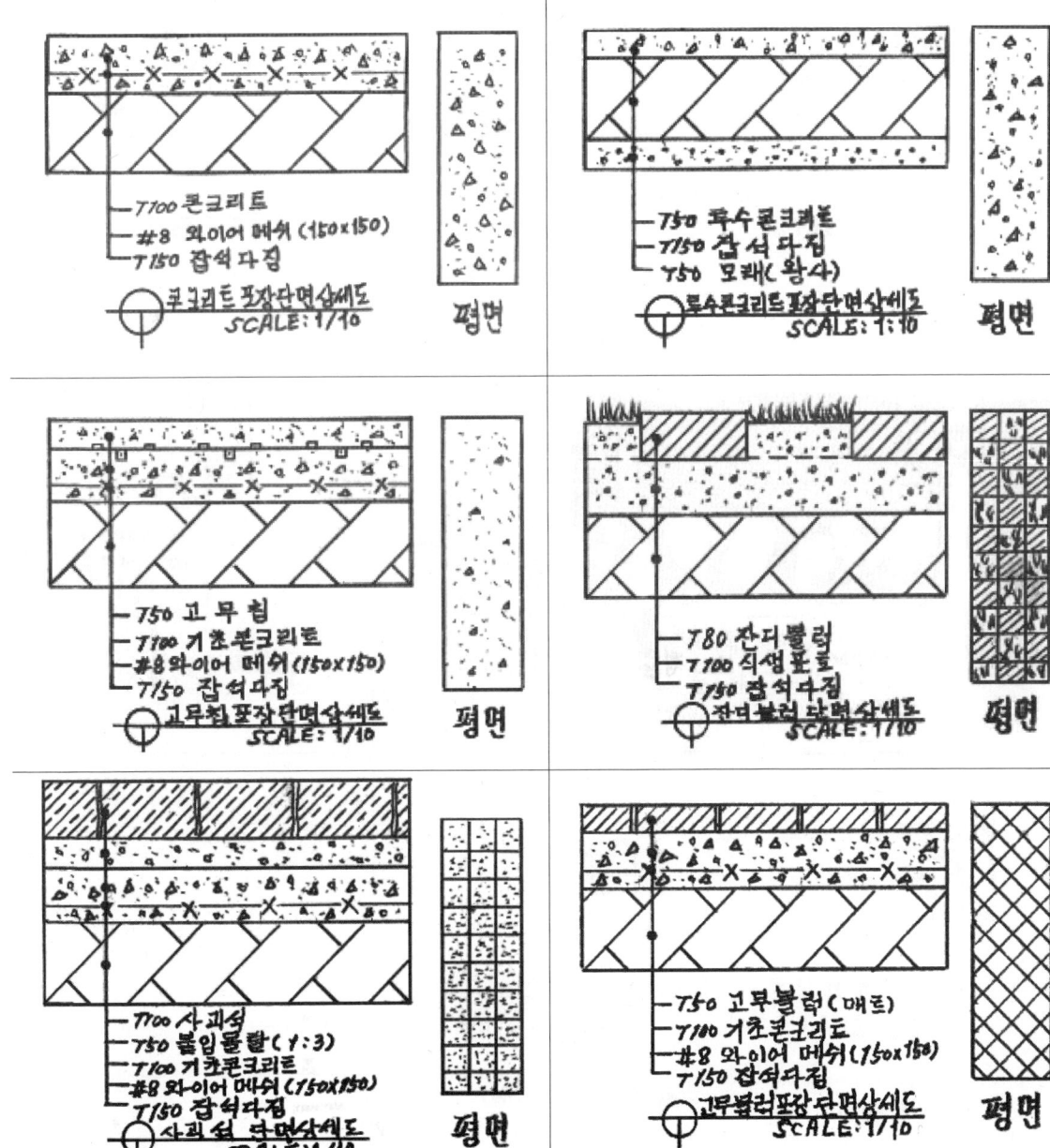
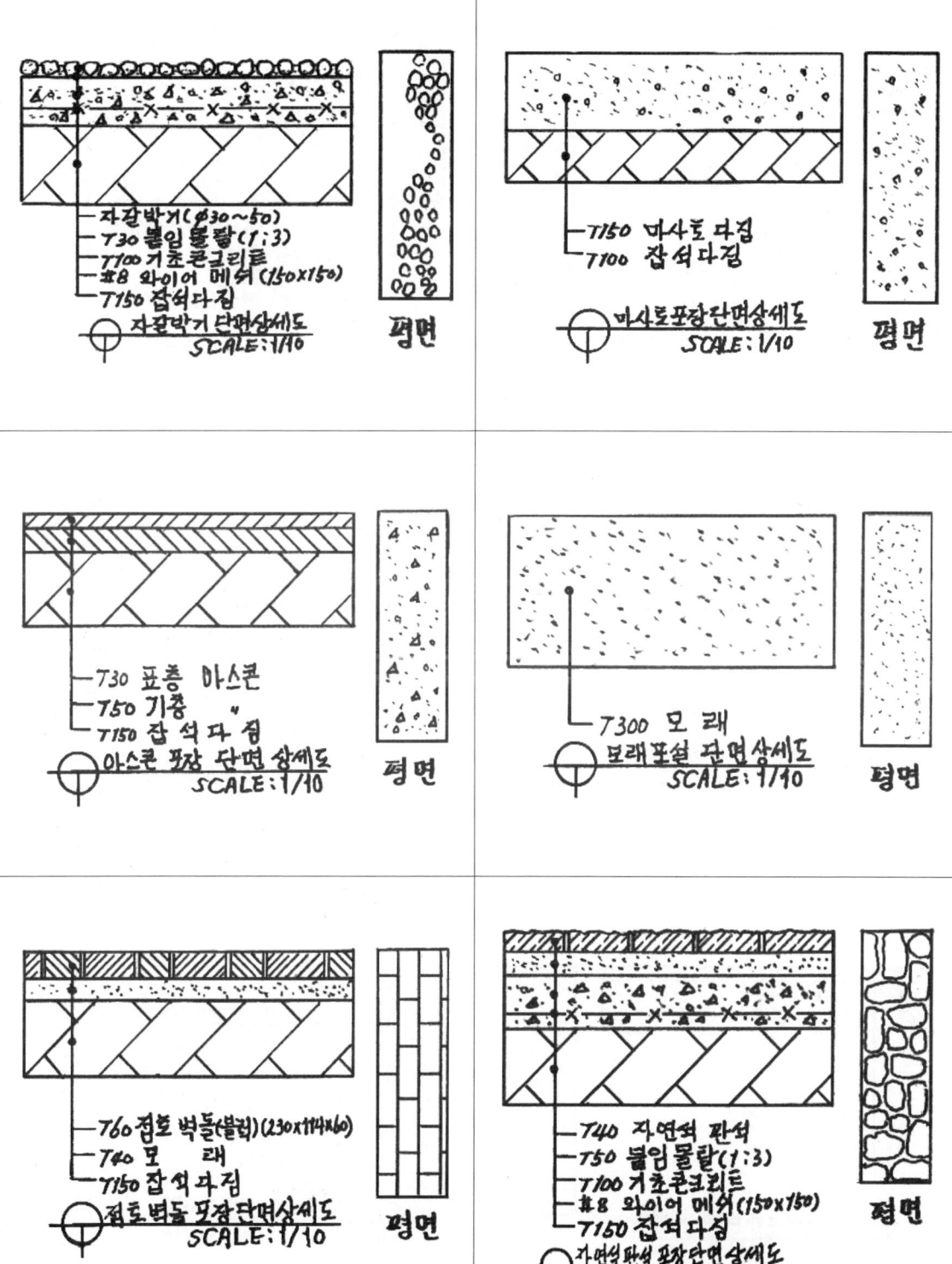

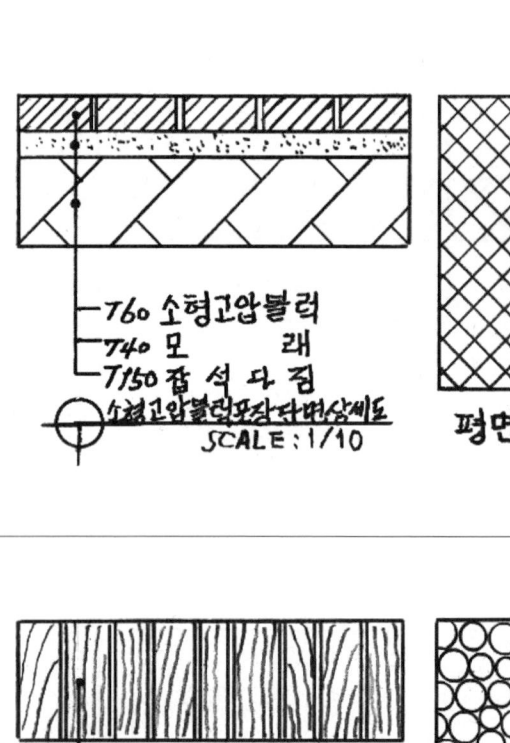
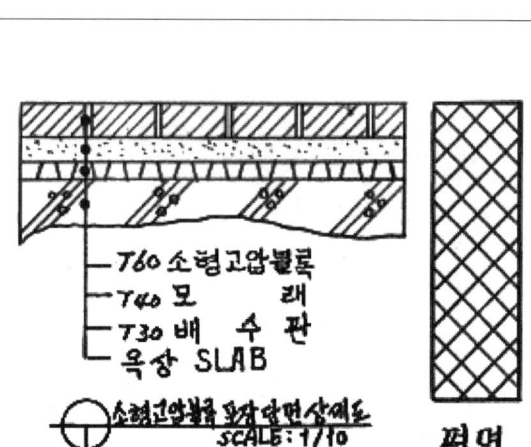
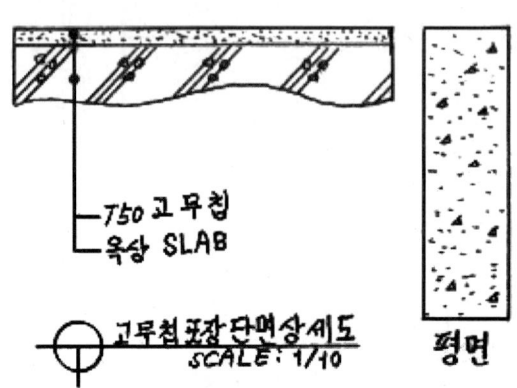
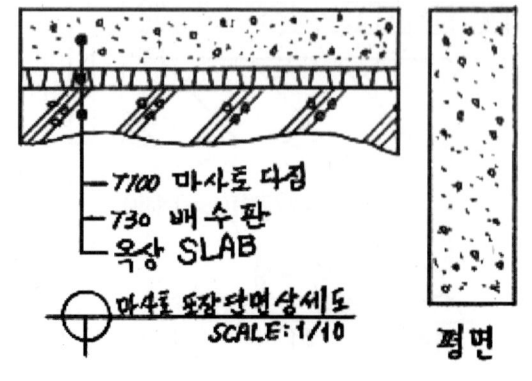

포장단면상세도(옥상)

옥상조경공간 포장단면

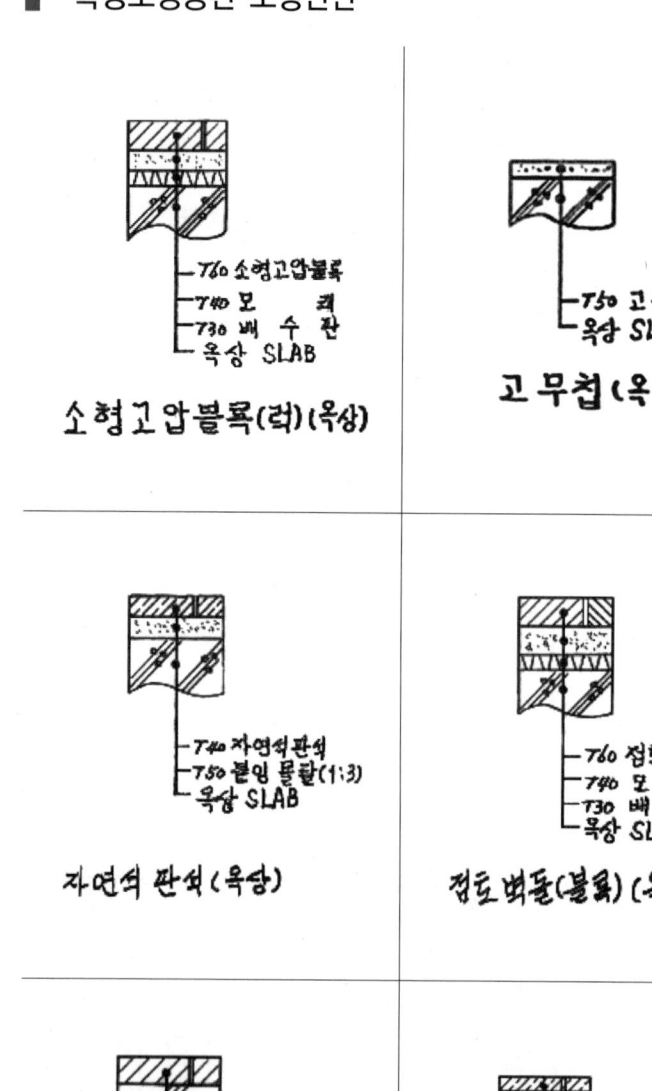
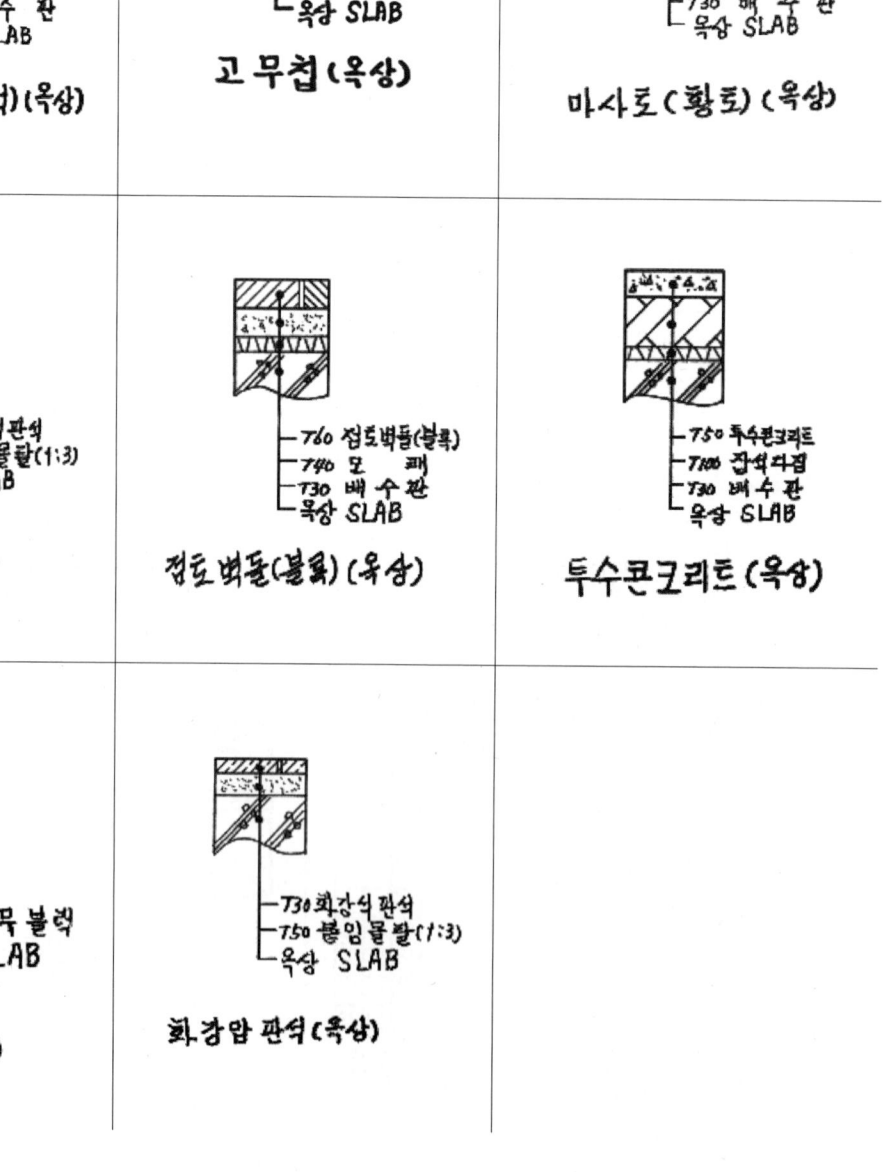

옥상포장 경계석

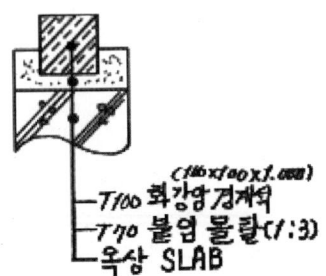

옥상녹지 경계석

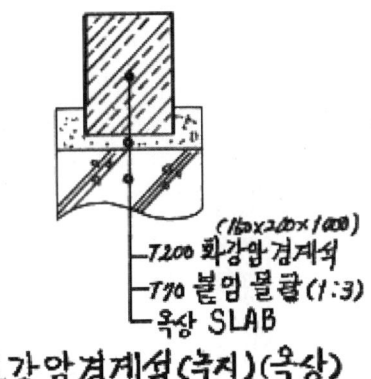

옥상식재토심

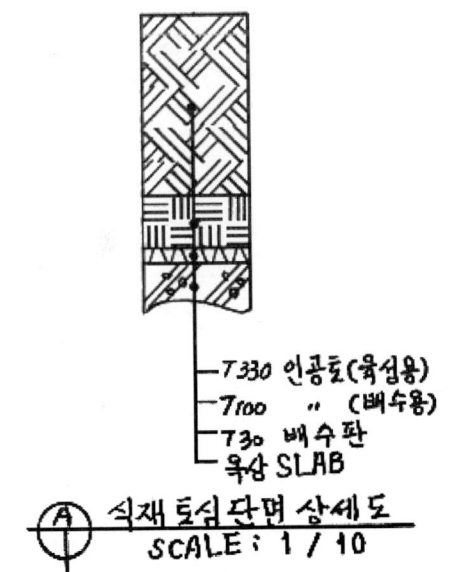

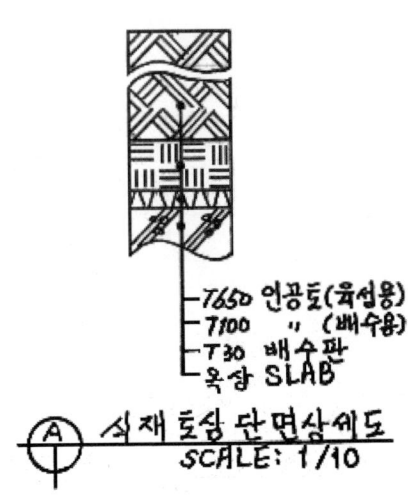

경계석단면상세도

일반녹지공간 경계석 단면상세도

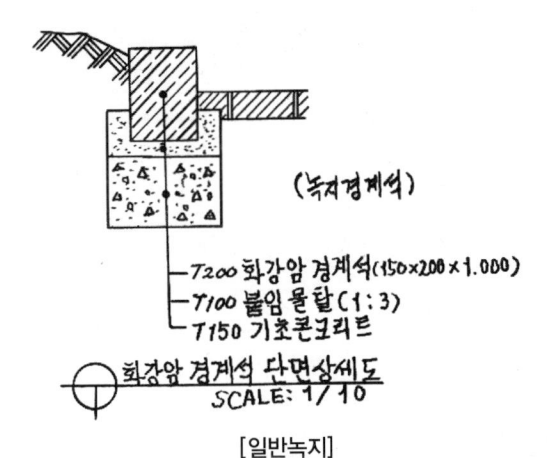

[일반녹지]

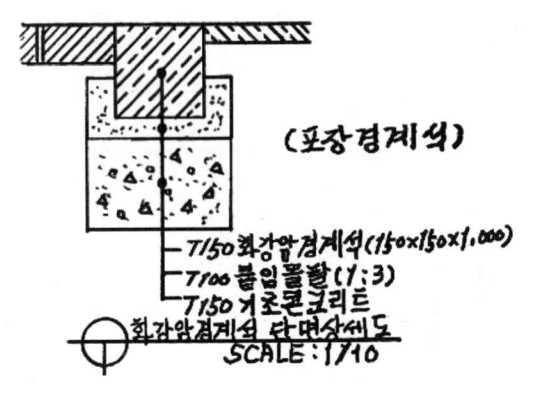

[일반 이동공간]

옥상녹지공간 경계석 단면상세도

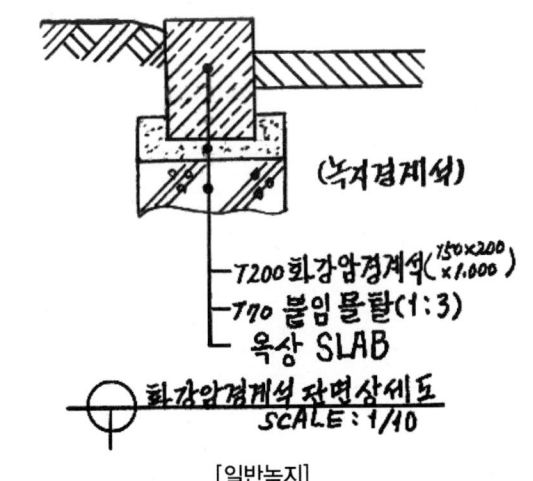

[일반녹지]

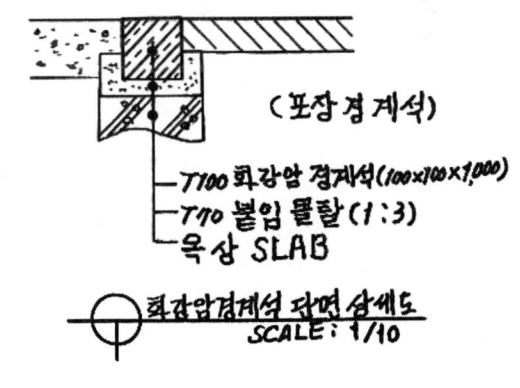

[일반 이동공간]

옥상녹화단면상세도

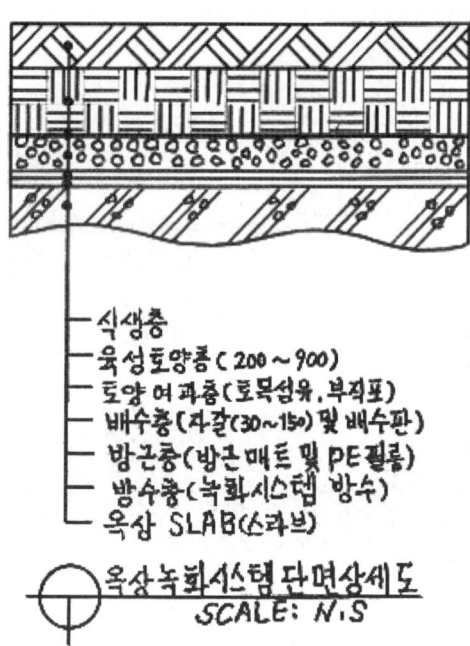
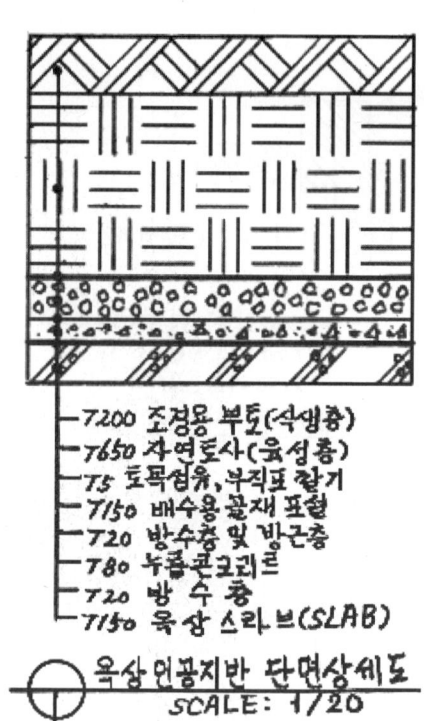

미로담장&위요공간 단면상세도

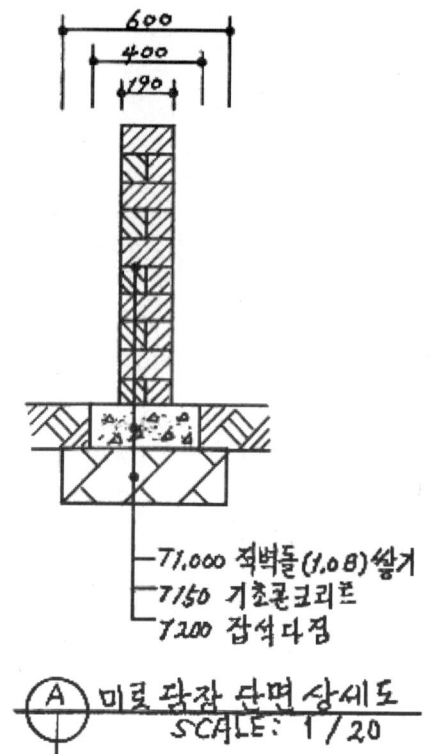
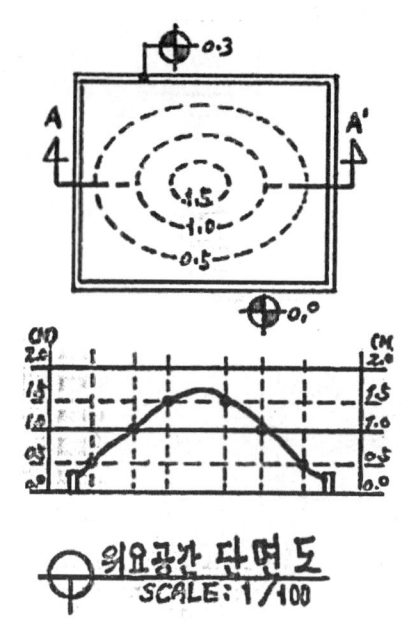

조경기능사 실기 [조경작업]

부록 기출복원문제와 해답도면

합격의 공식 시대에듀 | www.sdedu.co.kr

제1절~제45절 기출복원문제와 해답도면

합격의 공식 시대에듀 www.sdedu.co.kr

부록 기출복원문제와 해답도면

제1절 기출복원문제(도로변 소공원)

설계문제

우리나라 중부지역에 위치한 도로변의 빈 공간에 대한 조경설계를 하고자 합니다. 주어진 현황도 및 아래 사항을 참조하여 설계조건에 따라 조경계획도를 작성합니다(단, 2점 쇄선 안 부분을 조경설계 대상지로 합니다).

(1) 현황도

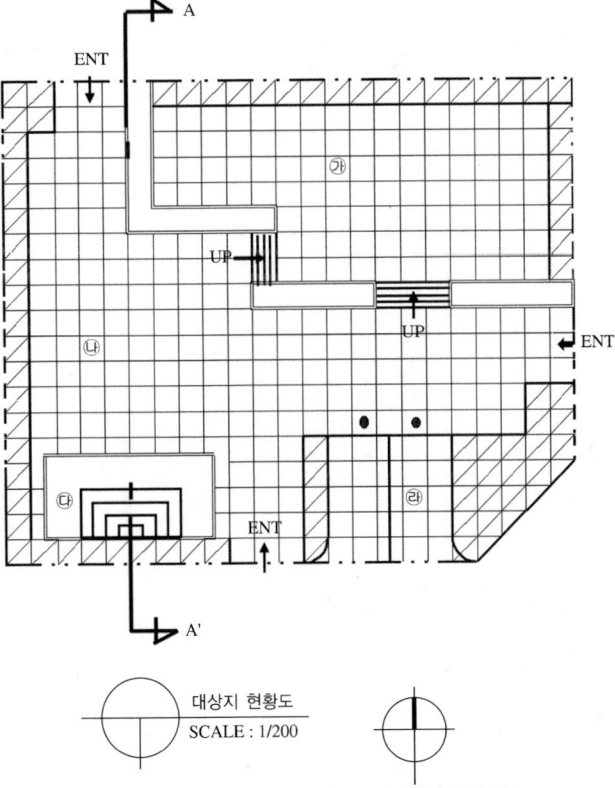

대상지 현황도
SCALE : 1/200

*참조 : 격자 한 눈금이 1M

(2) 요구사항

① 식재평면도를 위주로 한 조경계획도를 축척 1/100로 작성하시오(용지 1).
② A-A' 단면도를 축척 1/100로 작성하시오(용지 2).

(3) 설계조건

① 해당 지역은 도로변 소공원으로 휴식공간과 어린이들이 즐길 수 있는 특성을 고려하여 조경계획도를 작성합니다. 포장지역을 제외한 곳에는 가능한 식재를 계획합니다(녹지공간은 대각선 친 부분임).
② 포장지역은 "소형고압블록, 투수콘크리트, 콘크리트, 고무칩, 마사토" 등을 적당한 위치에 선택하여 표시하고 포장명을 기입합니다.
③ "나" 지역은 '중앙광장'으로 휴식을 취할 수 있는 퍼걸러(3,500mm×3,500mm) 1개소, 등벤치 5개소를 계획하고 설치하시오.
④ "가" 지역은 "나" 지역에 비해 1m 높은 어린이를 위한 놀이공간으로 놀이시설 3종(시소, 그네, 미끄럼틀)을 계획하고 설계하시오.
⑤ "다" 지역은 수경공간으로 계단식 벽천(4계단)이 단높이(0.3m), 단너비(0.5m), 전체높이(1.2m)로 설치되어 있으며 벽천 앞의 수경공간(3.5m×7.0m)은 깊이 60cm로 설계하시오.
⑥ "라" 지역은 주차공간으로 소형자동차(2,500mm×5,000mm) 2대가 주차할 수 있는 공간으로 계획하고 설계하시오.
⑦ 대상시 경계에 위치한 외곽 녹지대의 식재는 유도식재, 녹음식재, 경관식재(소나무 군식) 등의 식재패턴을 필요한 곳에 배식합니다.
⑧ 수목은 아래의 수종 중에서 10가지를 선정하여 골고루 안정적이고 아늑한 경관이 될 수 있도록 계획하고 설계하시오.

> 소나무(H4.0×W2.0), 소나무(H3.0×W1.5), 소나무(H2.5×W1.2), 스트로브잣나무(H2.5×W1.2), 스트로브잣나무(H2.0×W1.0), 왕벚나무(H4.5×B15), 버즘나무(H3.5×B8), 느티나무(H3.0×R6), 청단풍(H2.5×R8), 다정큼나무(H1.0×W0.6), 동백나무(H2.5×R8), 중국단풍(H2.5×R5), 굴거리나무(H2.5×W0.6), 자귀나무(H2.5×R6), 태산목(H1.5×W0.5), 먼나무(H2.0×R5), 산딸나무(H2.0×R5), 산수유(H2.5×R7), 꽃사과(H2.5×R5), 수수꽃다리(H1.5×W0.6), 병꽃나무(H1.0×W0.4), 쥐똥나무(H1.0×W0.3), 명자나무(H0.6×W0.4), 산철쭉(H0.3×W0.4), 자산홍(H0.3×W0.3), 영산홍(H0.4×W0.3), 조릿대(H0.6×7가지)

⑨ A-A' 단면도는 포장재료, 경계선 및 기타 시설물의 기초, 주변의 수목, 중요 시설물, 이용자 등을 단면도상에 반드시 표시합니다.

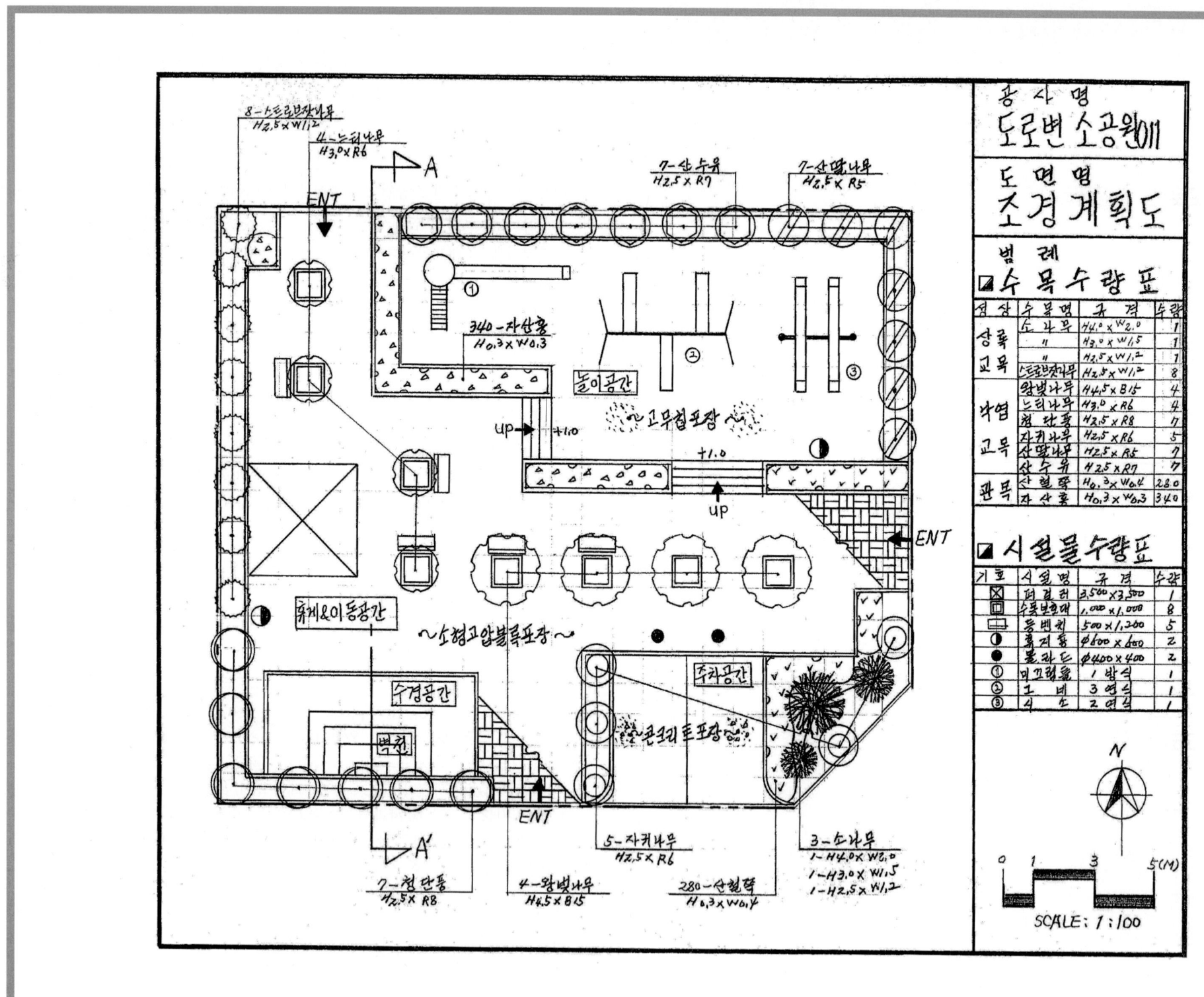

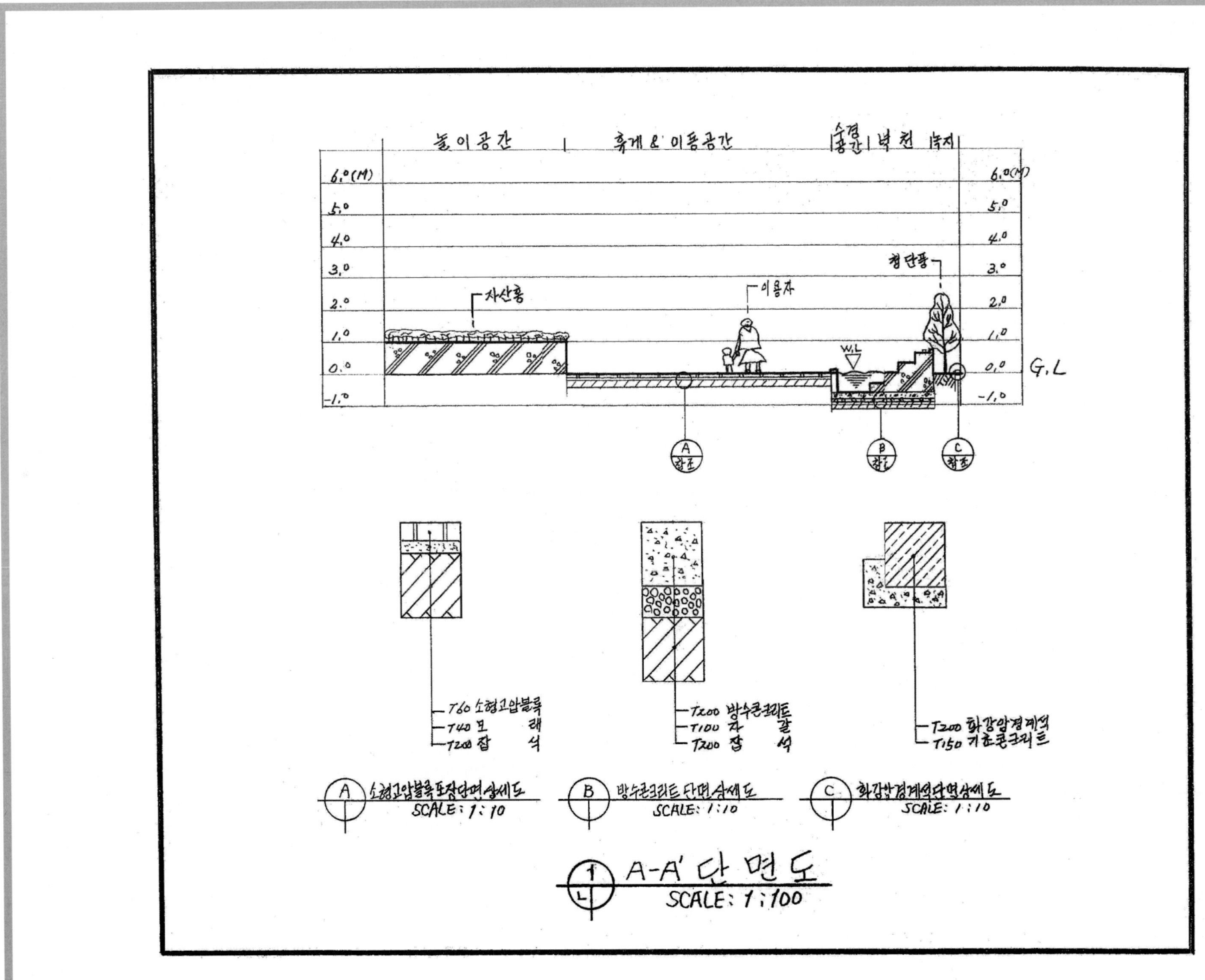

제2절 기출복원문제(도로변 소공원)

설계문제

우리나라 중부지역에 위치한 도로변의 빈 공간에 대한 조경설계를 하고자 합니다. 주어진 현황도 및 아래 사항을 참조하여 설계조건에 따라 조경계획도를 작성합니다(단, 2점 쇄선 안 부분을 조경설계 대상지로 합니다).

(1) 현황도

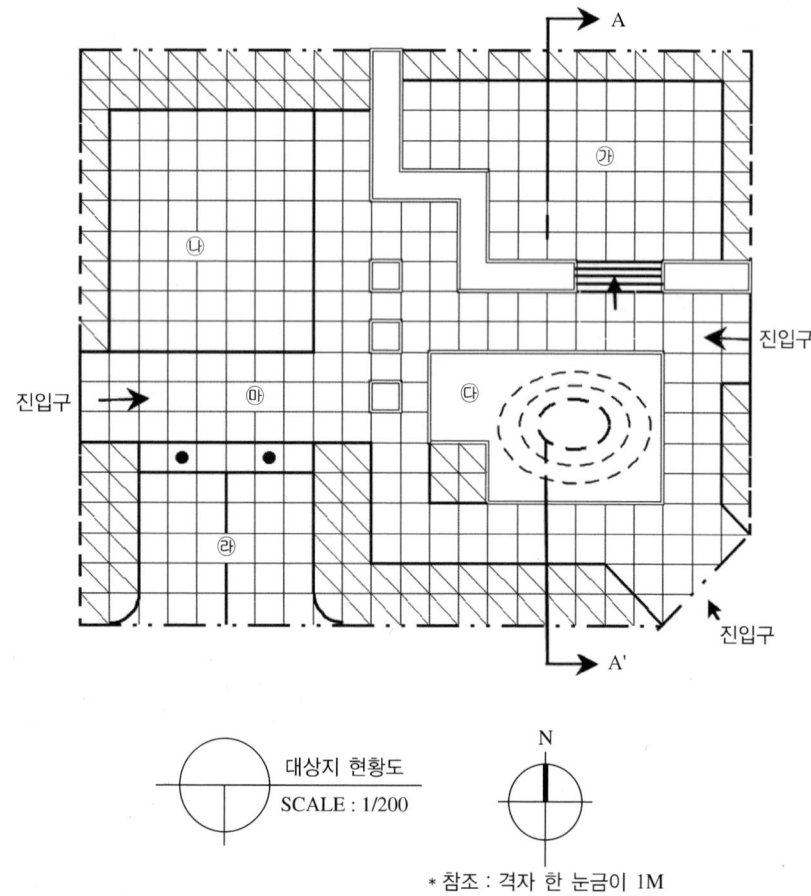

대상지 현황도
SCALE : 1/200

N

* 참조 : 격자 한 눈금이 1M

(2) 요구사항

① 식재평면도를 위주로 한 조경계획도를 축척 1/100로 작성하시오(용지 1).
② A-A' 단면도를 축척 1/100로 작성하시오(용지 2).

(3) 설계조건

① 해당 지역은 도로변 소공원으로 휴식공간과 어린이들이 즐길 수 있는 특성을 고려하여 조경계획도를 작성합니다. 포장지역을 제외한 곳에는 가능한 식재를 계획합니다(녹지공간은 대각선 친 부분임).
② 포장지역은 "소형고압블록, 황토, 콘크리트, 고무칩, 마사토" 등을 적당한 위치에 선택하여 표시하고 포장명을 기입합니다.
③ "가" 지역은 "마" 지역보다 1m 높은 휴게공간으로 퍼걸러(3,500mm×3,500mm) 1개소, 등벤치 1개소를 계획하고 설치하시오.
④ "나" 지역은 어린이를 위한 놀이공간으로 놀이시설(3종)을 계획하고 설계하시오.
⑤ "다" 지역은 등고선 1개당 30cm가 높으며, 전체적으로 "마" 지역에 비해 60cm가 높은 녹지지역으로 경관식재를 실시하시오. 아울러 반드시 크기가 다른 소나무를 3종 식재하고, 계절성을 느낄 수 있게 다른 수목을 조화롭게 배치하시오.
⑥ "라" 지역은 주차공간으로 소형자동차(3,000mm×5,000mm) 2대가 주차할 수 있는 공간으로 계획하고 설계하시오.
⑦ "마" 지역은 이동공간으로 수목보호대 3개소, 휴지통 2개소를 설치하고 낙엽교목을 식재하시오.
⑧ 필요한 공간에 수목보호대를 설치하고, 녹음식재, 유도식재, 경관식재(소나무 군식), 녹음식재 패턴을 필요한 곳에 적당히 배식하여 조형을 계획하고 설계하시오.
⑨ 수목은 아래의 수종 중에서 10가지를 선정하여 골고루 안정적이고 아늑한 경관이 될 수 있도록 계획하고 설계하시오.

> 소나무(H4.0×W2.0), 소나무(H3.0×W1.5), 소나무(H2.5×W1.2), 스트로브잣나무(H2.5×W1.2), 스트로브잣나무(H2.0×W1.0), 왕벚나무(H4.5×B15), 버즘나무(H3.5×B8), 느티나무(H3.5×B8), 청단풍(H2.5×R9), 중국단풍(H2.5×R6), 자귀나무(H2.5×R8), 산딸나무(H2.0×R6), 산수유(H2.5×R7), 꽃사과(H2.5×R6), 수수꽃다리(H1.5×W0.6), 병꽃나무(H0.7×W0.5), 쥐똥나무(H1.0×W0.4), 명자나무(H0.6×W0.4), 산철쭉(H0.4×W0.5), 자산홍(H0.4×W0.2), 조릿대(H0.6×8가지), 맥문동(H0.2×5포기)

⑩ A-A' 단면도는 포장재료, 경계선 및 기타 시설물의 기초, 주변의 수목, 중요 시설물, 이용자 등을 단면도상에 반드시 표시합니다.

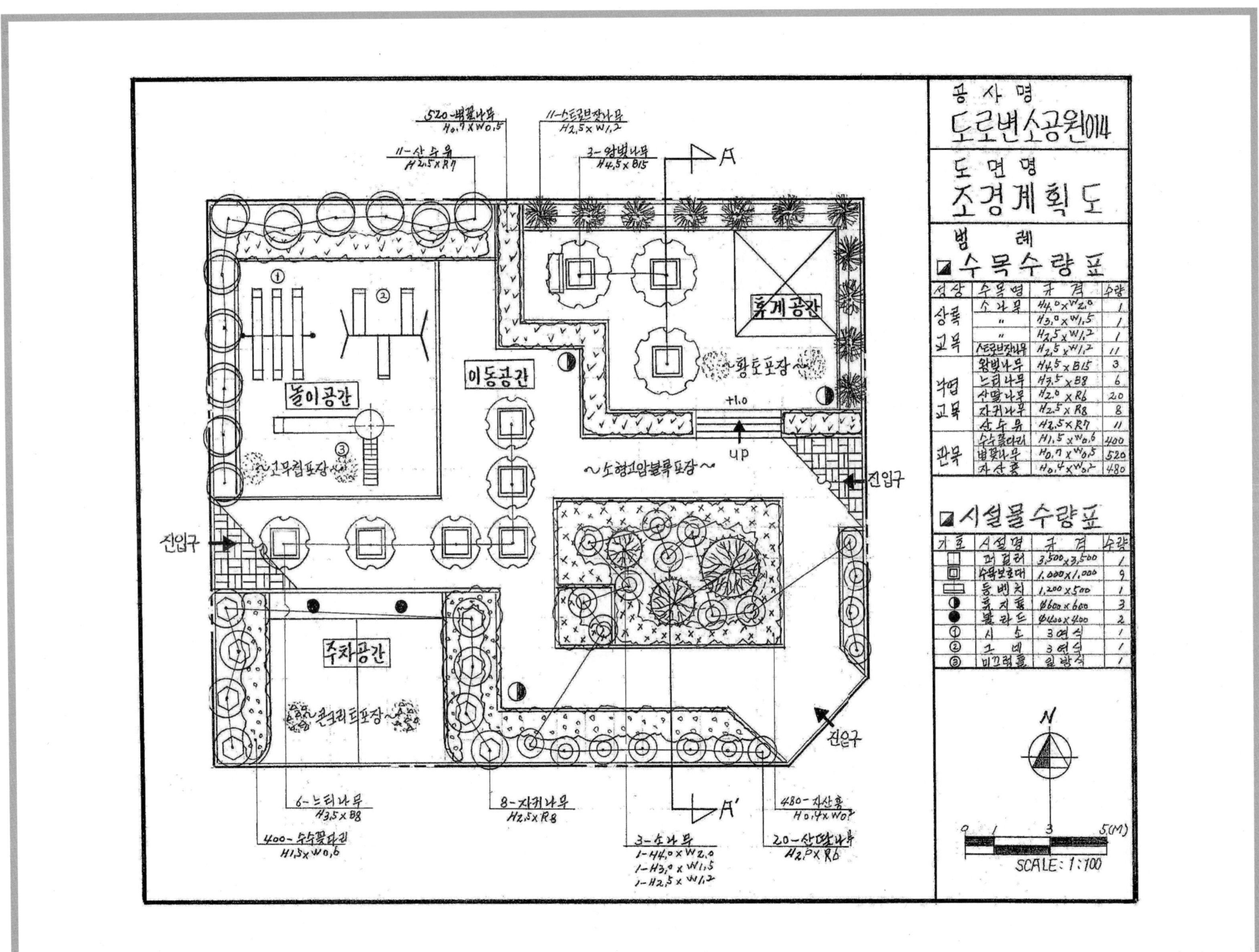

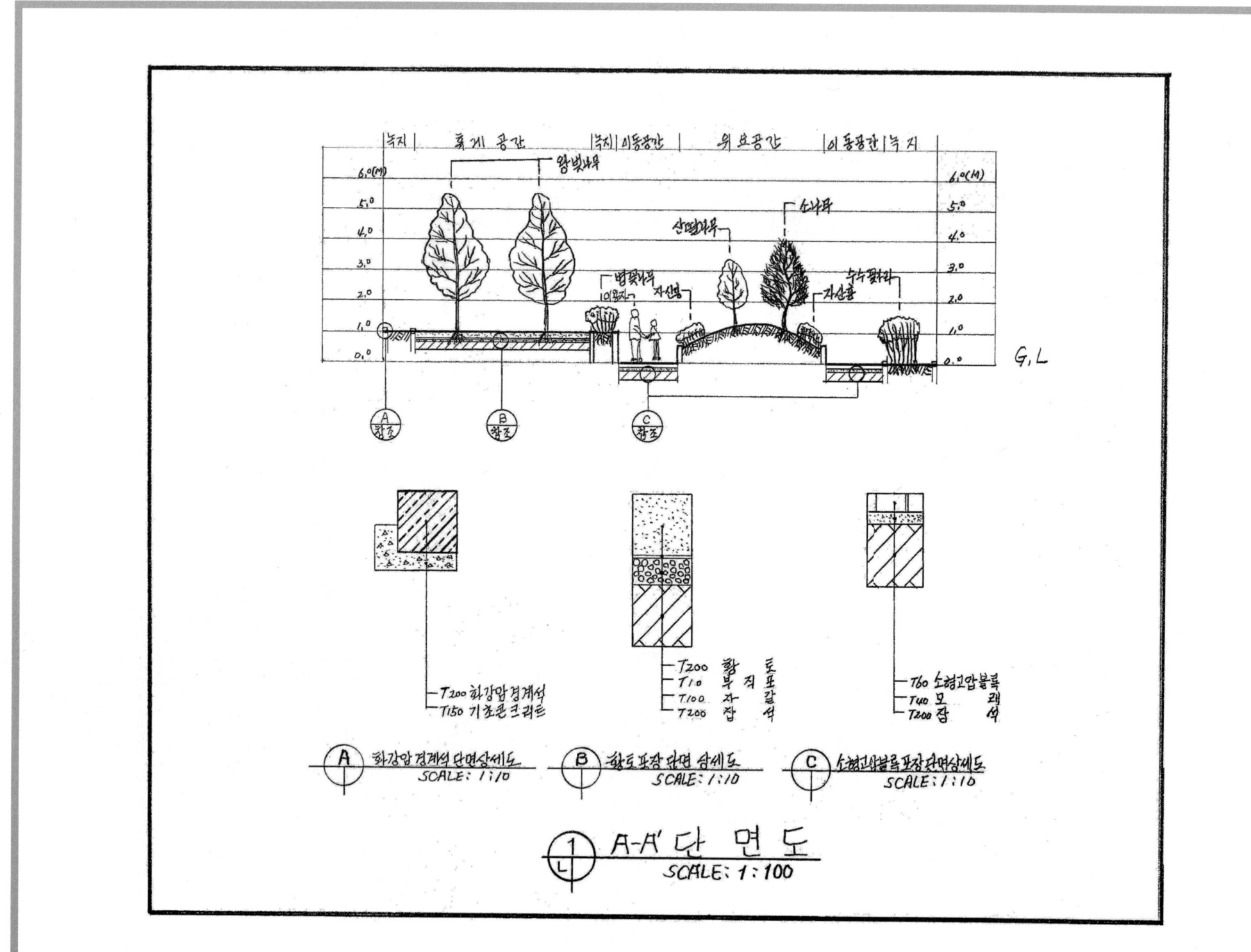

제3절 기출복원문제(도로변 소공원)

설계문제

우리나라 중부지역에 위치한 도로변의 빈 공간에 대한 조경설계를 하고자 합니다. 주어진 현황도 및 아래 사항을 참조하여 설계조건에 따라 조경계획도를 작성합니다(단, 2점 쇄선 안 부분을 조경설계 대상지로 합니다).

(1) 현황도

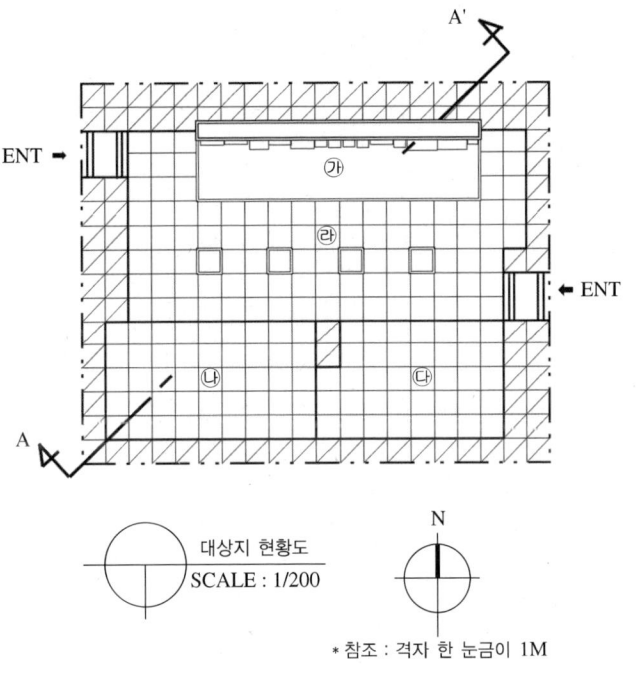

(2) 요구사항

① 식재평면도를 위주로 한 조경계획도를 축척 1/100로 작성하시오(용지 1).
② 도면 오른쪽 위에 작업명칭을 작성하시오.
③ 도면 오른쪽에는 "중요 시설물 수량표"와 "수목(식재) 수량표"를 작성하고, 수량표 아래쪽 "방위표시"와 "막대축척"을 반드시 그려 넣으시오(단, 전체 대상지의 길이를 고려하여 범례표의 폭을 조정할 수 있습니다).
④ 도면의 전체적인 안정감을 위하여 "테두리선"을 작성하시오.
⑤ A-A' 단면도를 축척 1/100로 작성하시오(용지 2).

(3) 설계조건

① 해당 지역은 도로변의 자투리공간을 이용하여 휴식 및 어린이들이 즐길 수 있는 도로변 소공원으로, 공원의 특징을 고려하여 조경계획도를 작성합니다.
② 포장지역을 제외한 곳에는 모두 식재를 계획합니다(단, 녹지공간은 빗금 친 부분이며, 분위기를 고려하여 식재를 계획합니다).
③ 포장지역은 "소형고압블록, 콘크리트, 고무칩, 마사토, 투수콘크리트" 등 적당한 재료를 선택하여 적합한 장소에 기호로 표현하고, 포장명칭을 반드시 기입합니다.
④ "가" 지역은 수경공간으로 최대 높이 1m의 벽천이 위치하고, 벽천 앞의 수(水)공간은 깊이 60cm로 설계하시오.
⑤ "나" 지역은 놀이공간으로 계획하고, 그 안에 어린이 놀이시설물을 3종류 배치하시오.
⑥ "다" 지역은 휴식공간으로 이용자들의 편안한 휴식을 위해 퍼걸러(3,500mm×3,500mm) 1개와 앉아서 휴식을 즐길 수 있도록 등벤치 1개 이상을 계획 설계하시오.
⑦ "라" 지역은 중심광장으로 각 공간과의 연결과 녹음을 부여하기 위해 수목보호대 4개에 적합한 수종을 식재합니다.
⑧ 대상지역은 진입구에 계단이 위치해 있으며, 대상지 외곽부지보다 높이 차이가 1m 낮은 것으로 보고 설계합니다.
⑨ 대상지 경계에 위치한 외곽 녹지대는 식수대(Plant Box)형태의 높이 1m의 적벽돌 구조를 가지며, 대상지 내에 식재는 유도식재, 녹음식재, 경관식재(소나무 군식) 등의 식재 패턴을 필요한 곳에 배식합니다.
⑩ 수목은 아래에 주어진 수종 중에서 종류가 다른 10가지를 반드시 선정하여 골고루 안정적인 배식이 될 수 있도록 계획하며, 인출선을 이용하여 수량, 수종명칭, 규격을 반드시 표기하시오.

> 소나무(H4.0×W2.0), 소나무(H3.0×W1.5), 소나무(H2.5×W1.2), 스트로브잣나무(H2.5×W1.2), 스트로브잣나무(H2.0×W1.0), 왕벚나무(H4.5×B15), 버즘나무(H3.5×B8), 느티나무(H3.0×R6), 청단풍(H2.5×R8), 다정큼나무(H1.0×W0.6), 동백나무(H2.5×R8), 중국단풍(H2.5×R5), 굴거리나무(H2.5×W0.6), 자귀나무(H2.5×R6), 태산목(H1.5×W0.5), 먼나무(H2.0×R5), 산딸나무(H2.0×R5), 산수유(H2.5×R7), 꽃사과(H2.5×R5), 수수꽃다리(H1.5×W0.6), 병꽃나무(H1.0×W0.4), 쥐똥나무(H1.0×W0.3), 명자나무(H0.6×W0.4), 산철쭉(H0.3×W0.4), 자산홍(H0.3×W0.3), 영산홍(H0.4×W0.3), 조릿대(H0.6×7가지)

⑪ A-A' 단면도는 경사, 포장재료, 경계선 및 기타 시설물의 기초, 주변의 수목, 중요 시설물, 이용자 등을 단면도상에 반드시 표시하고 높이 차를 한눈에 볼 수 있도록 설계하시오.

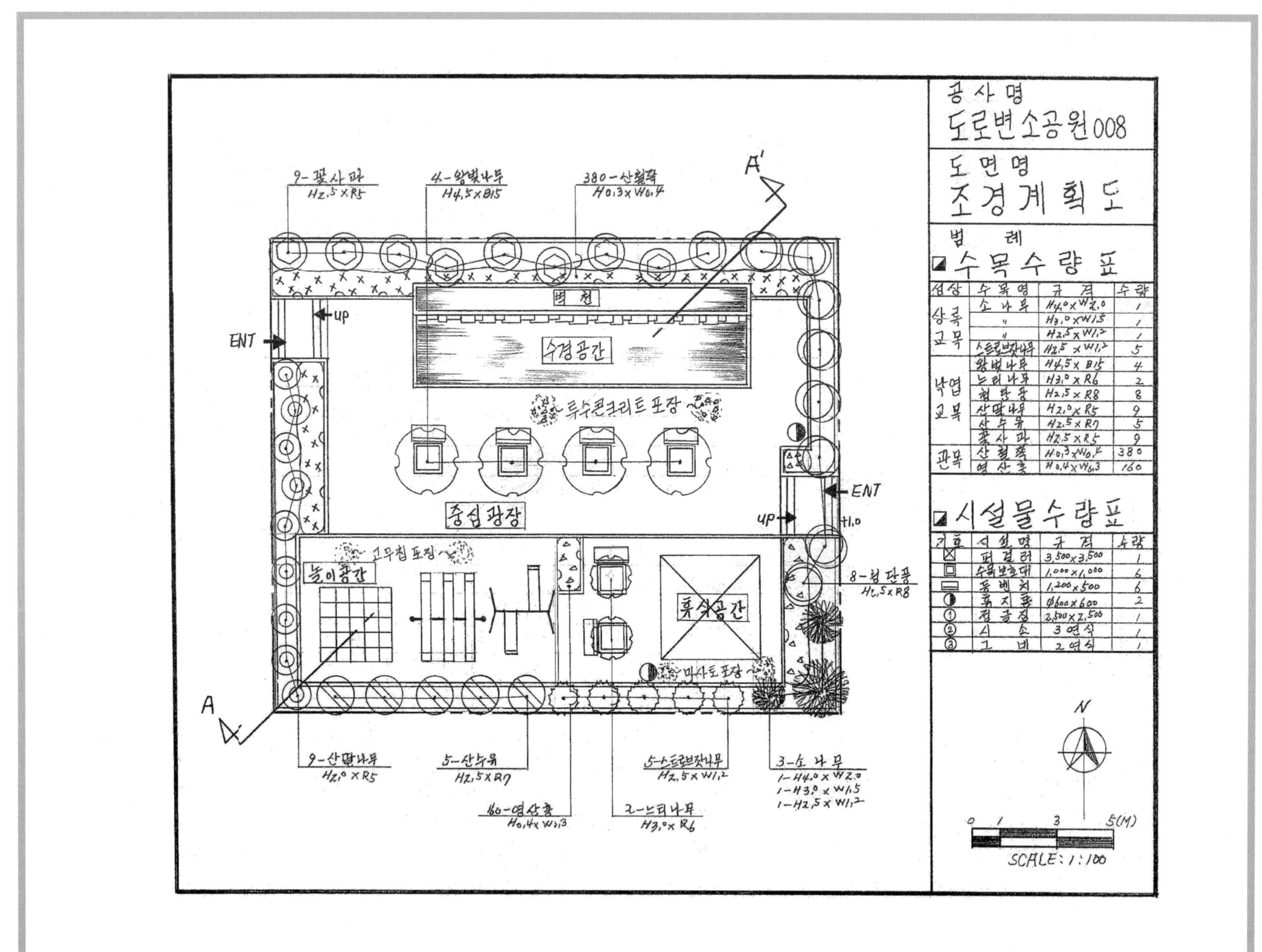

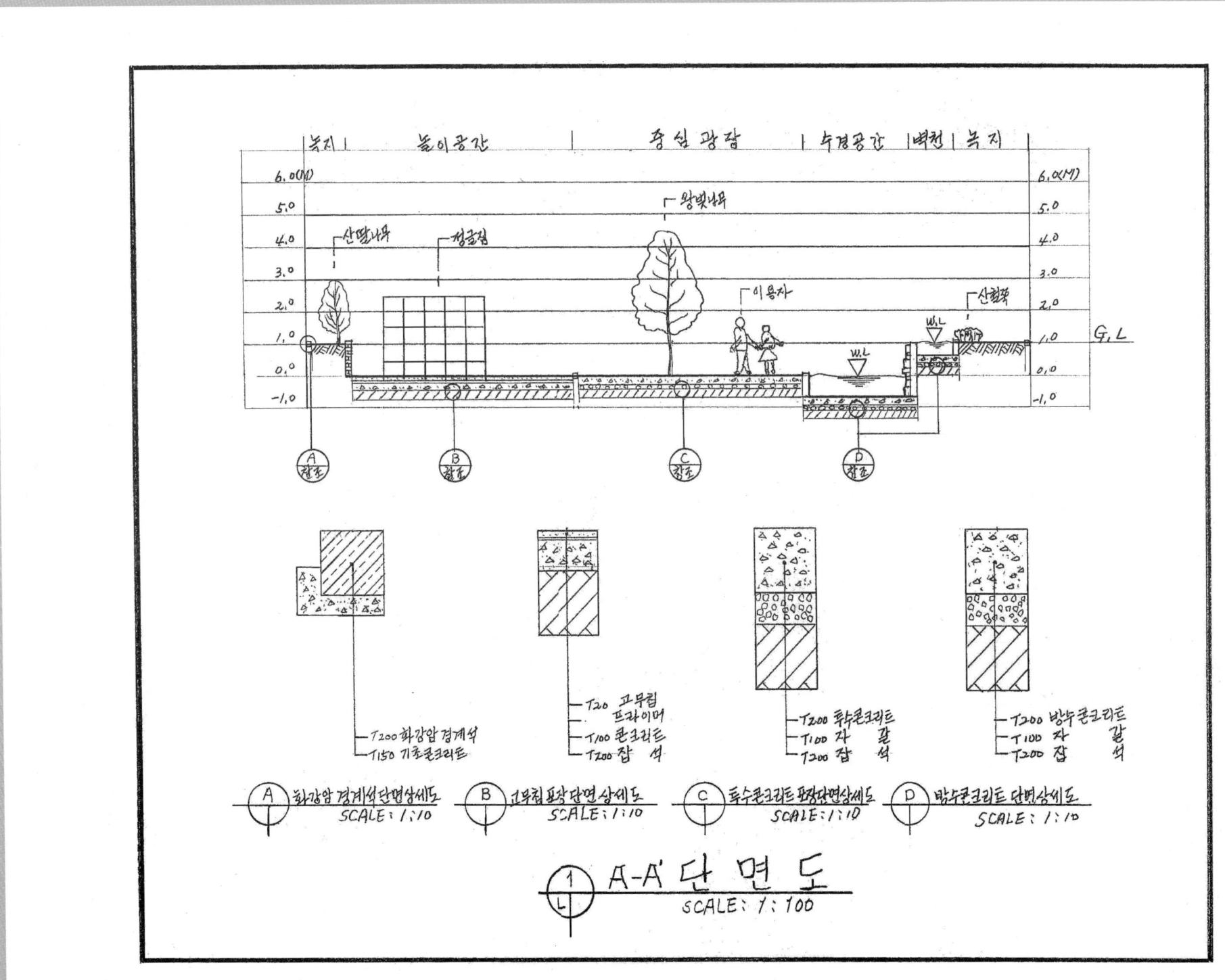

제4절 기출복원문제(도로변 소공원)

설계문제

우리나라 중부지역에 위치한 도로변의 빈 공간에 대한 조경설계를 하고자 합니다. 주어진 현황도 및 아래 사항을 참조하여 설계조건에 따라 조경계획도를 작성합니다(단, 2점 쇄선 안 부분을 조경설계 대상지로 합니다).

(1) 현황도

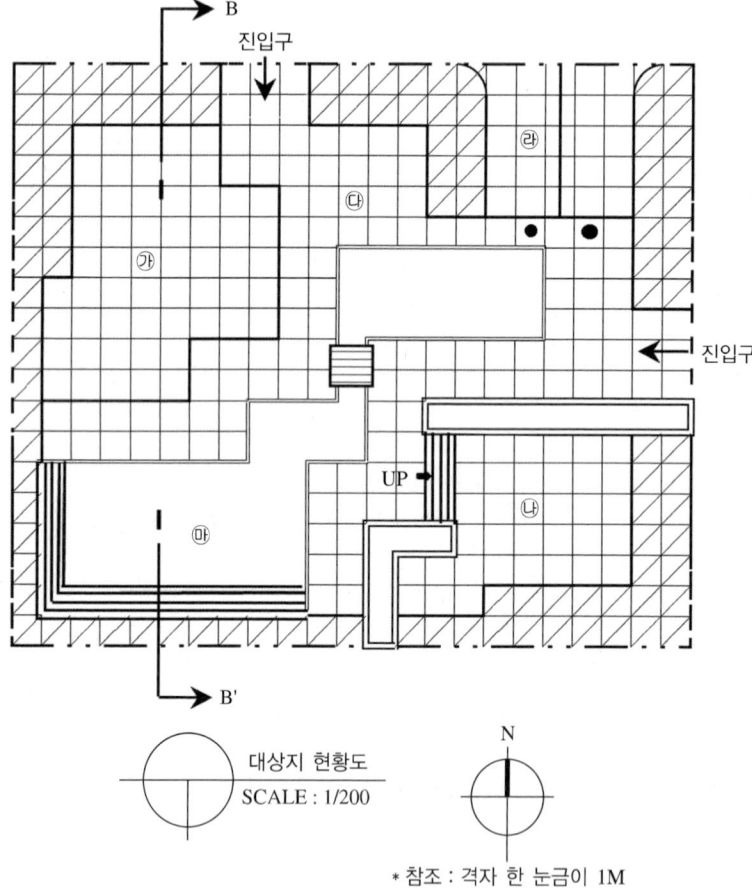

대상지 현황도
SCALE : 1/200

N

* 참조 : 격자 한 눈금이 1M

(2) 요구사항

① 식재평면도를 위주로 한 조경계획도를 축척 1/100로 작성하시오(용지 1).
② B-B' 단면도를 축척 1/100로 작성하시오(용지 2).

(3) 설계조건

① 해당 지역은 도로변 소공원으로 휴식공간과 어린이들이 즐길 수 있는 특성을 고려하여 조경계획도를 작성합니다. 포장지역을 제외한 곳에는 가능한 식재를 계획합니다(녹지공간은 대각선 친 부분임).
② 포장지역은 "소형고압블록, 투수콘크리트, 콘크리트, 고무칩, 마사토 등"을 적당한 위치에 선택하여 표시하고 포장명을 기입합니다.
③ "나" 지역은 "다" 지역보다 1m 높은 휴게공간으로 퍼걸러(3,500mm×3,500mm) 1개소, 등벤치 2개소를 계획하고 설치하시오.
④ "가" 지역은 어린이를 위한 놀이공간으로 놀이시설 3종(시소, 그네, 정글짐)을 계획하고 설계하시오.
⑤ "다" 지역은 이동공간으로 필요한 공간에 평벤치 2개소를 계획하고 설계하시오.
⑥ "라" 지역은 주차공간으로 소형자동차(2,500mm×5,000mm) 2대가 주차할 수 있는 공간으로 계획하고 설계하시오.
⑦ "마" 지역은 수경공간으로 중앙에 이용자의 편의를 위하여 다리가 있으며, 계단식 벽천(4계단)이 30cm 간격(전체 높이 : 1.2m)으로 설치되어 있으며, 벽천 앞의 수경공간은 깊이 60cm로 설계하시오.
⑧ 필요한 공간에 수목보호대를 설치하고, 녹음식재, 유도식재, 경관식재(소나무 군식), 녹음식재 패턴을 필요한 곳에 적당히 배식하여 조형을 계획하고 설계하시오.
⑨ 수목은 아래의 수종 중에서 10가지를 선정하여 골고루 안정적이고 아늑한 경관이 될 수 있도록 계획하고 설계하시오.

> 소나무(H4.0×W2.0), 소나무(H3.0×W1.5), 소나무(H2.5×W1.2), 스트로브잣나무(H2.5×W1.2), 스트로브잣나무(H2.0×W1.0), 왕벚나무(H4.5×B15), 버즘나무(H3.5×B8), 느티나무(H3.5×B8), 청단풍(H2.5×R9), 중국단풍(H2.5×R6), 자귀나무(H2.5×R8), 산딸나무(H2.0×R6), 산수유(H2.5×R7), 꽃사과(H2.5×R6), 수수꽃다리(H1.5×W0.6), 병꽃나무(H0.7×W0.5), 쥐똥나무(H1.0×W0.4), 명자나무(H0.6×W0.4), 산철쭉(H0.4×W0.5), 자산홍(H0.4×W0.2), 조릿대(H0.6×8가지), 맥문동(H0.2×5포기)

⑩ B-B' 단면도는 포장재료, 경계선 및 기타 시설물의 기초, 주변의 수목, 중요 시설물, 이용자 등을 단면도상에 반드시 표시합니다.

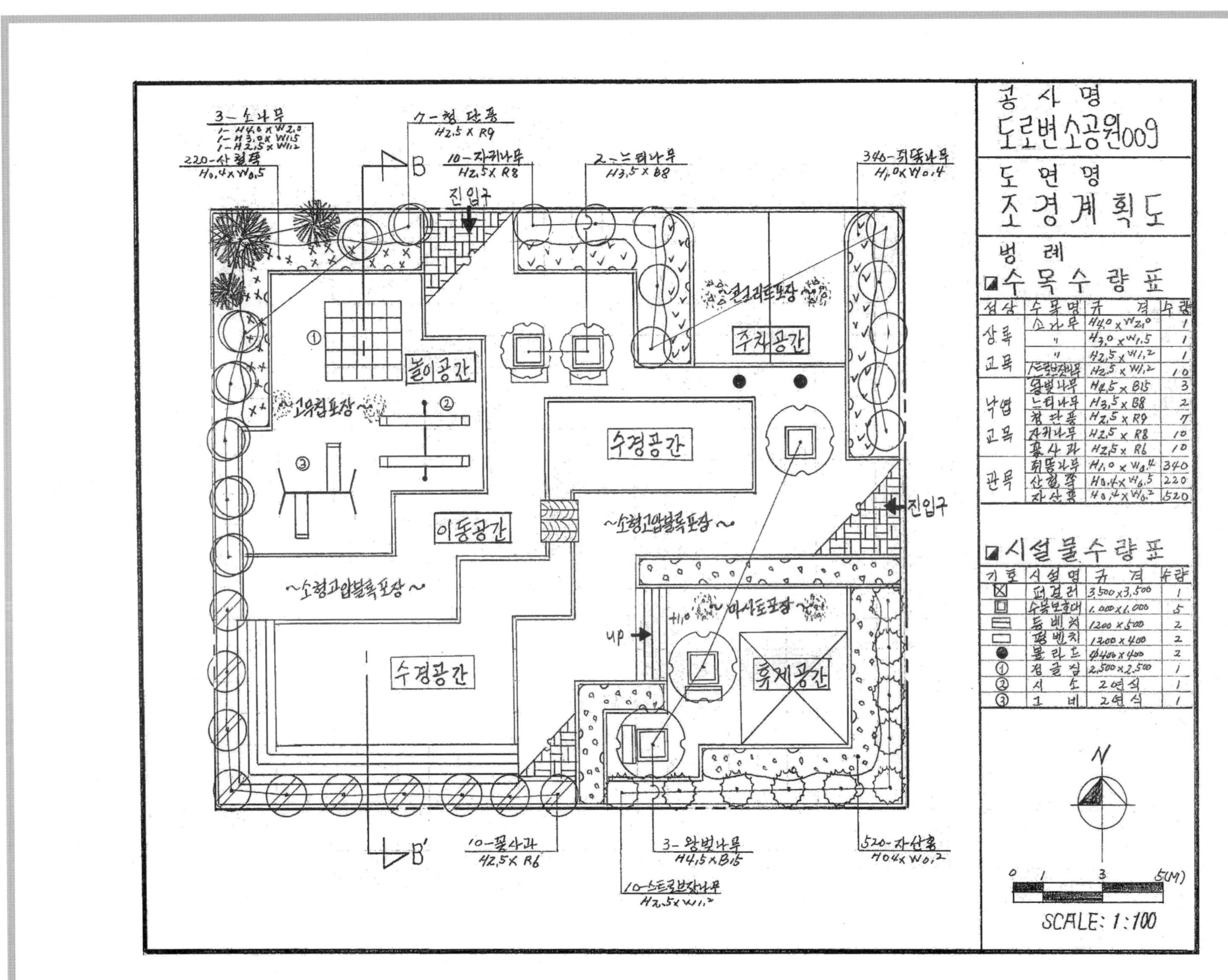

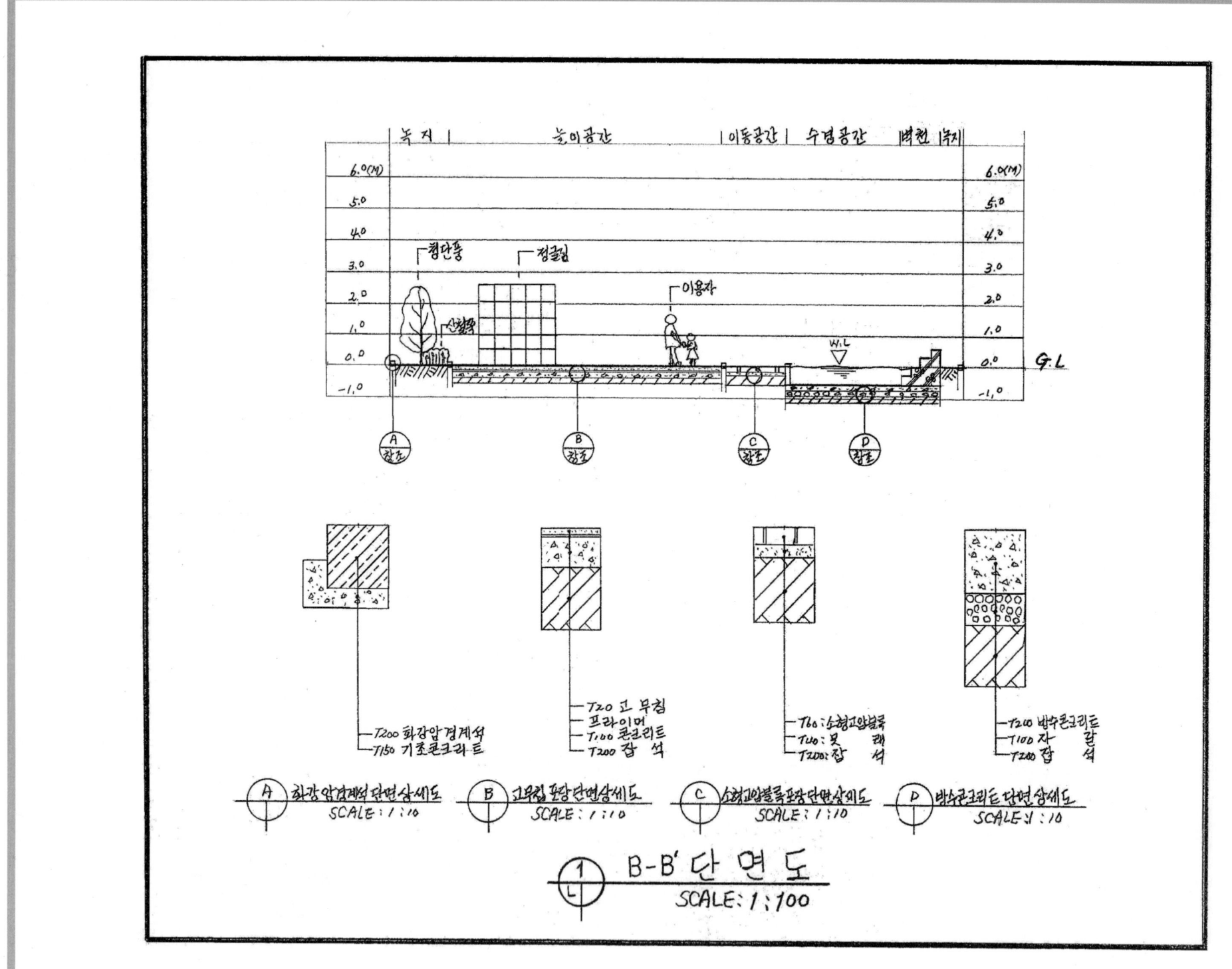

제 5 절 기출복원문제(도로변 소공원)

설계문제

우리나라 중부지역에 위치한 도로변의 빈 공간에 대한 조경설계를 하고자 합니다. 주어진 현황도 및 아래 사항을 참조하여 설계조건에 따라 조경계획도를 작성합니다(단, 2점 쇄선 안 부분을 조경설계 대상지로 합니다).

(1) 현황도

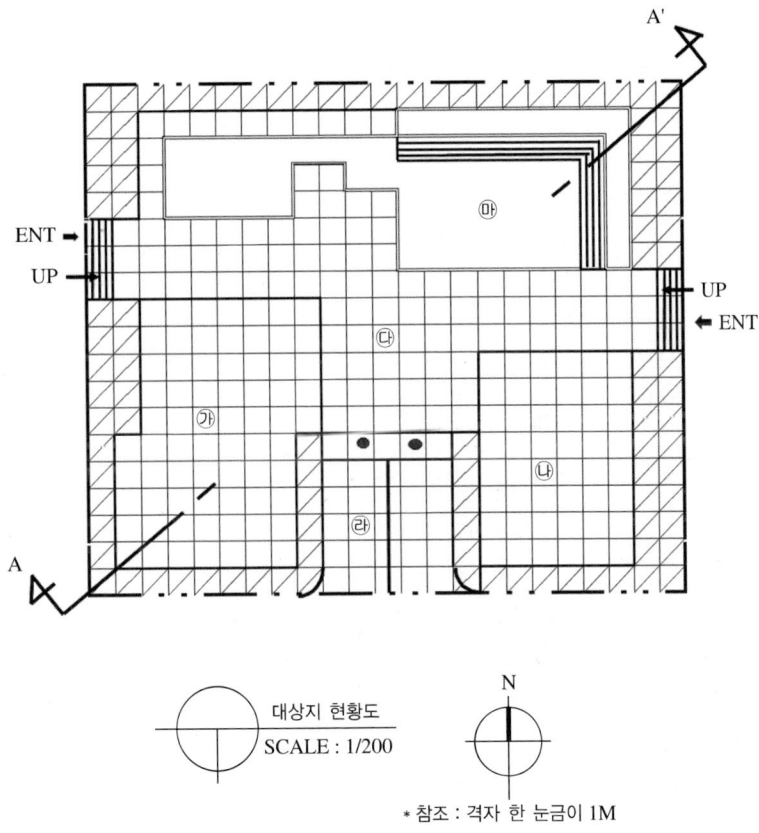

(2) 요구사항

① 식재평면도를 위주로 한 조경계획도를 축척 1/100로 작성하시오(용지 1).
② A-A' 단면도를 축척 1/100로 작성하시오(용지 2).

(3) 설계조건

① 해당 지역은 도로변 소공원으로 휴식공간과 어린이들이 즐길 수 있는 특성을 고려하여 조경계획도를 작성합니다. 포장지역을 제외한 곳에는 가능한 식재를 계획합니다(녹지공간은 대각선 친 부분임).
② 포장지역은 "소형고압블록, 투수콘크리트, 콘크리트, 고무칩, 마사토" 등을 적당한 위치에 선택하여 표시하고 포장명을 기입합니다.
③ "나" 지역은 휴게공간으로 퍼걸러(3,500mm×3,500mm) 1개소, 등벤치 2개소를 계획하고 설치하시오.
④ "가" 지역은 어린이를 위한 놀이공간으로 놀이시설 3종(시소, 그네, 정글짐)을 계획하고 설계하시오.
⑤ "다" 지역은 이동공간으로 필요한 공간에 수목보호대 4개소를 계획하여 낙엽활엽수를 식재하고, 평벤치 4개소를 계획하고 설계하시오.
⑥ "라" 지역은 주차공간으로 소형자동차(2,500mm×5,000mm) 2대가 주차할 수 있는 공간으로 계획하고 설계하시오.
⑦ "마" 지역은 수경공간으로 계단식 벽천(4계단)이 30cm 간격(전체높이 : 1.2m)으로 설치되어 있으며 벽천 앞의 수경공간은 깊이 60cm로 설계하시오.
⑧ 대상지역은 진입구에 계단이 위치해 있으며, 대상지 외곽부지보다 높이가 1m 높은 것으로 보고 설계합니다.
⑨ 대상지 경계에 위치한 외곽 녹지대의 식재는 유도식재, 녹음식재, 경관식재(소나무 군식) 등의 식재패턴을 필요한 곳에 배식합니다.
⑩ 수목은 아래의 수종 중에서 10가지를 선정하여 골고루 안정적이고 아늑한 경관이 될 수 있도록 계획하고 설계하시오.

> 소나무(H4.0×W2.0), 소나무(H3.0×W1.5), 소나무(H2.5×W1.2), 스트로브잣나무(H2.5×W1.2), 스트로브잣나무(H2.0×W1.0), 왕벚나무(H4.5×B15), 버즘나무(H3.5×B8), 느티나무(H3.0×R6), 청단풍(H2.5×R8), 다정큼나무(H1.0×W0.6), 동백나무(H2.5×R8), 중국단풍(H2.5×R5), 굴거리나무(H2.5×W0.6), 자귀나무(H2.5×R6), 태산목(H1.5×W0.5), 먼나무(H2.0×R5), 산딸나무(H2.0×R5), 산수유(H2.5×R7), 꽃사과(H2.5×R5), 수수꽃다리(H1.5×W0.6), 병꽃나무(H1.0×W0.4), 쥐똥나무(H1.0×W0.3), 명자나무(H0.6×W0.4), 산철쭉(H0.3×W0.4), 자산홍(H0.3×W0.3), 영산홍(H0.4×W0.3), 조릿대(H0.6×7가지)

⑪ A-A' 단면도는 포장재료, 경계선 및 기타 시설물의 기초, 주변의 수목, 중요 시설물, 이용자 등을 단면도상에 반드시 표시합니다.

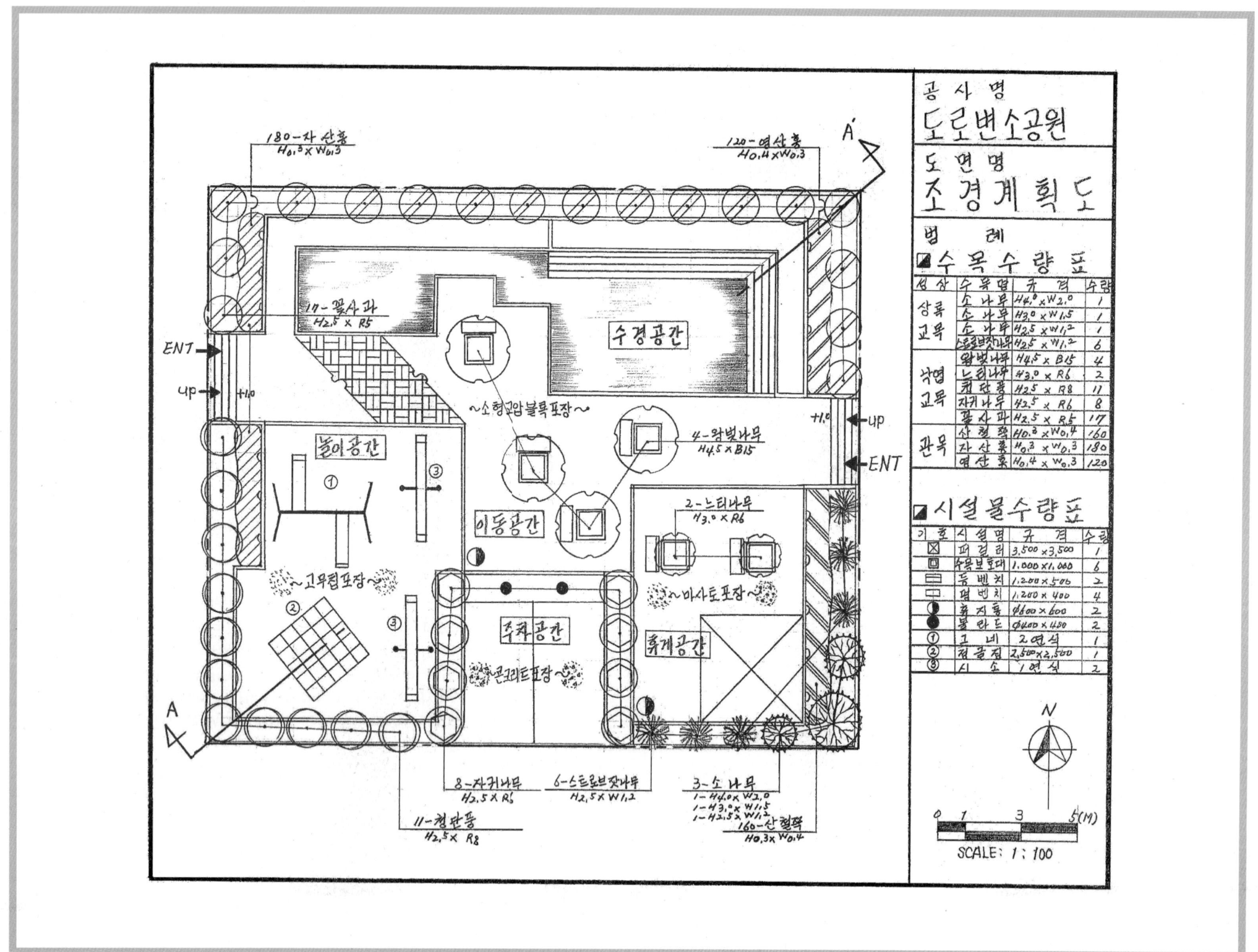

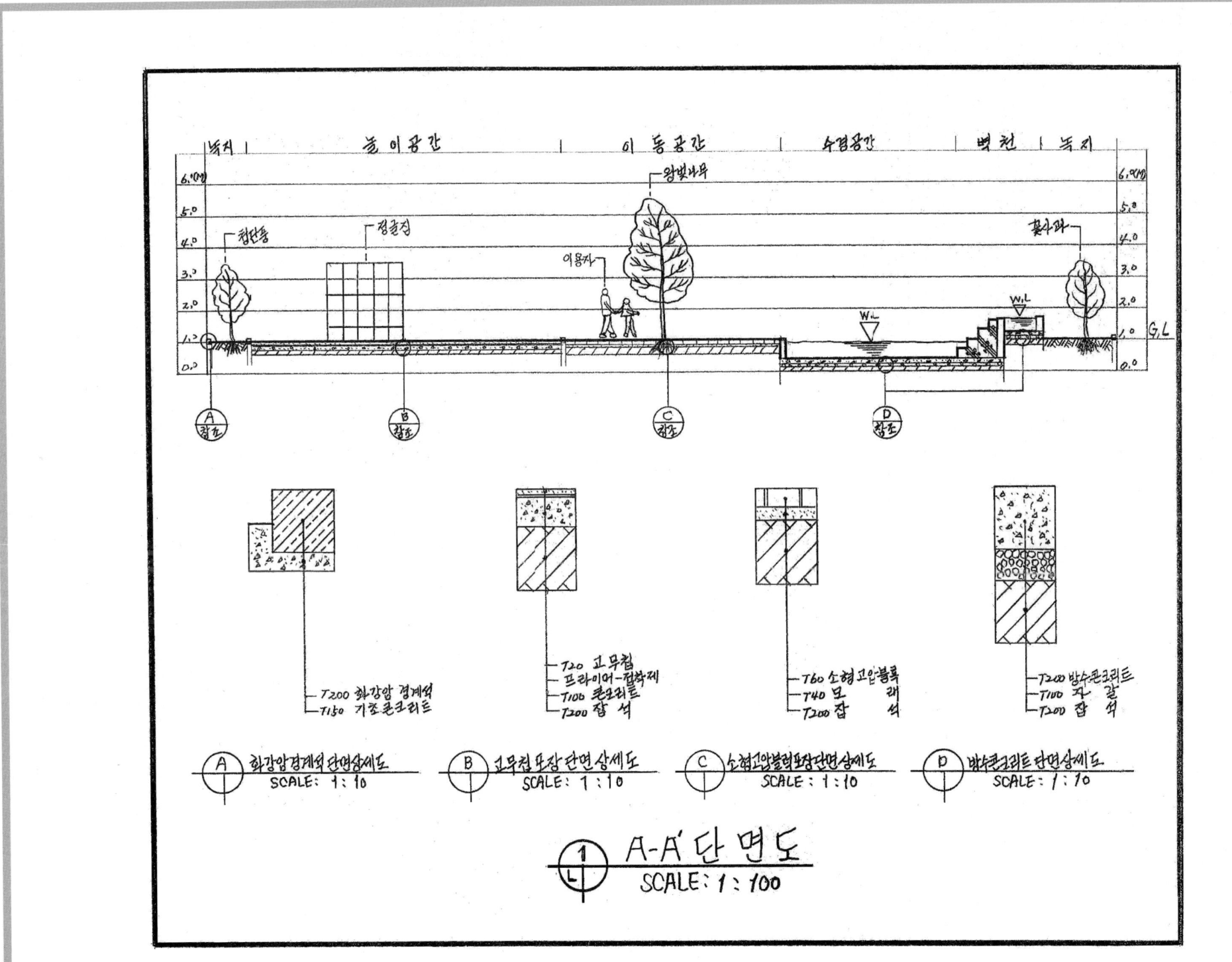

제 6 절 기출복원문제(도로변 소공원)

설계문제

우리나라 중부지역에 위치한 도로변의 빈 공간에 대한 조경설계를 하고자 합니다. 주어진 현황도 및 아래 사항을 참조하여 설계조건에 따라 조경계획도를 작성합니다(단, 2점 쇄선 안 부분을 조경설계 대상지로 합니다).

(1) 현황도

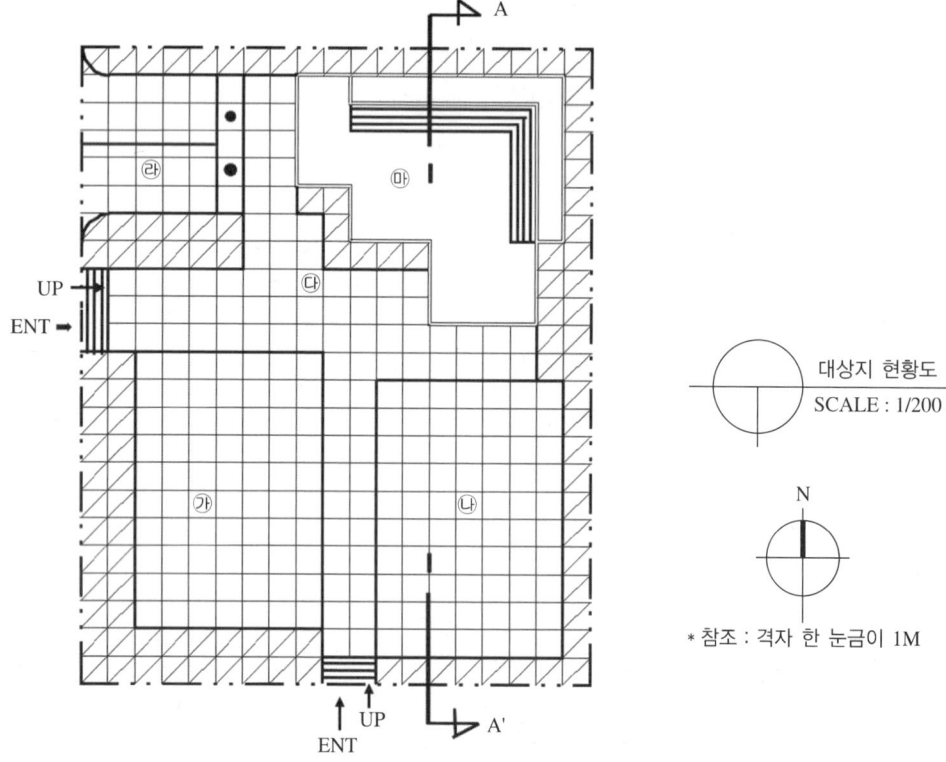

(2) 요구사항

① 식재평면도를 위주로 한 조경계획도를 축척 1/100로 작성하시오(용지 1).
② A-A' 단면도를 축척 1/100로 작성하시오(용지 2).

(3) 설계조건

① 해당 지역은 도로변 소공원으로 휴식공간과 어린이들이 즐길 수 있는 특성을 고려하여 조경계획도를 작성합니다. 포장지역을 제외한 곳에는 가능한 식재를 계획합니다(녹지공간은 대각선 친 부분임).
② 포장지역은 "소형고압블록, 투수콘크리트, 콘크리트, 고무칩, 마사토" 등을 적당한 위치에 선택하여 표시하고 포장명을 기입합니다.
③ "나" 지역은 휴게공간으로 퍼걸러(3,500mm×3,500mm) 1개소, 등벤치 2개소를 계획하고 설치하시오.
④ "가" 지역은 어린이를 위한 놀이공간으로 놀이시설 3종(시소, 그네, 정글짐)을 계획하고 설계하시오.
⑤ "다" 지역은 이동공간으로 필요한 공간에 수목보호대 4개소를 계획하여 낙엽활엽수를 식재하고, 평벤치 4개소를 계획하고 설계하시오.
⑥ "라" 지역은 주차공간으로 소형자동차(2,500mm×5,000mm) 2대가 주차할 수 있는 공간으로 계획하고 설계하시오.
⑦ "마" 지역은 수경공간으로 계단식 벽천(4계단)이 30cm 간격(전체높이 : 1.2m)으로 설치되어 있으며 벽천 앞의 수경공간은 깊이 60cm로 설계하시오.
⑧ 대상지역은 진입구에 계단이 위치해 있으며, 대상지 외곽부지보다 높이가 1m 높은 것으로 보고 설계합니다.
⑨ 대상지 경계에 위치한 외곽 녹지대의 식재는 유도식재, 녹음식재, 경관식재(소나무 군식) 등의 식재패턴을 필요한 곳에 배식합니다.
⑩ 수목은 아래의 수종 중에서 10가지를 선정하여 골고루 안정적이고 아늑한 경관이 될 수 있도록 계획하고 설계하시오.

> 소나무(H4.0×W2.0), 소나무(H3.0×W1.5), 소나무(H2.5×W1.2), 스트로브잣나무(H2.5×W1.2), 스트로브잣나무(H2.0×W1.0), 왕벚나무(H4.5×B15), 버즘나무(H3.5×B8), 느티나무(H3.0×R6), 청단풍(H2.5×R8), 다정큼나무(H1.0×W0.6), 동백나무(H2.5×R8), 중국단풍(H2.5×R5), 굴거리나무(H2.5×W0.6), 자귀나무(H2.5×R6), 태산목(H1.5×W0.5), 먼나무(H2.0×R5), 산딸나무(H2.0×R5), 산수유(H2.5×R7), 꽃사과(H2.5×R5), 수수꽃다리(H1.5×W0.6), 병꽃나무(H1.0×W0.4), 쥐똥나무(H1.0×W0.3), 명자나무(H0.6×W0.4), 산철쭉(H0.3×W0.4), 자산홍(H0.3×W0.3), 영산홍(H0.4×W0.3), 조릿대(H0.6×7가지)

⑪ A-A' 단면도는 포장재료, 경계선 및 기타 시설물의 기초, 주변의 수목, 중요 시설물, 이용자 등을 단면도상에 반드시 표시합니다.

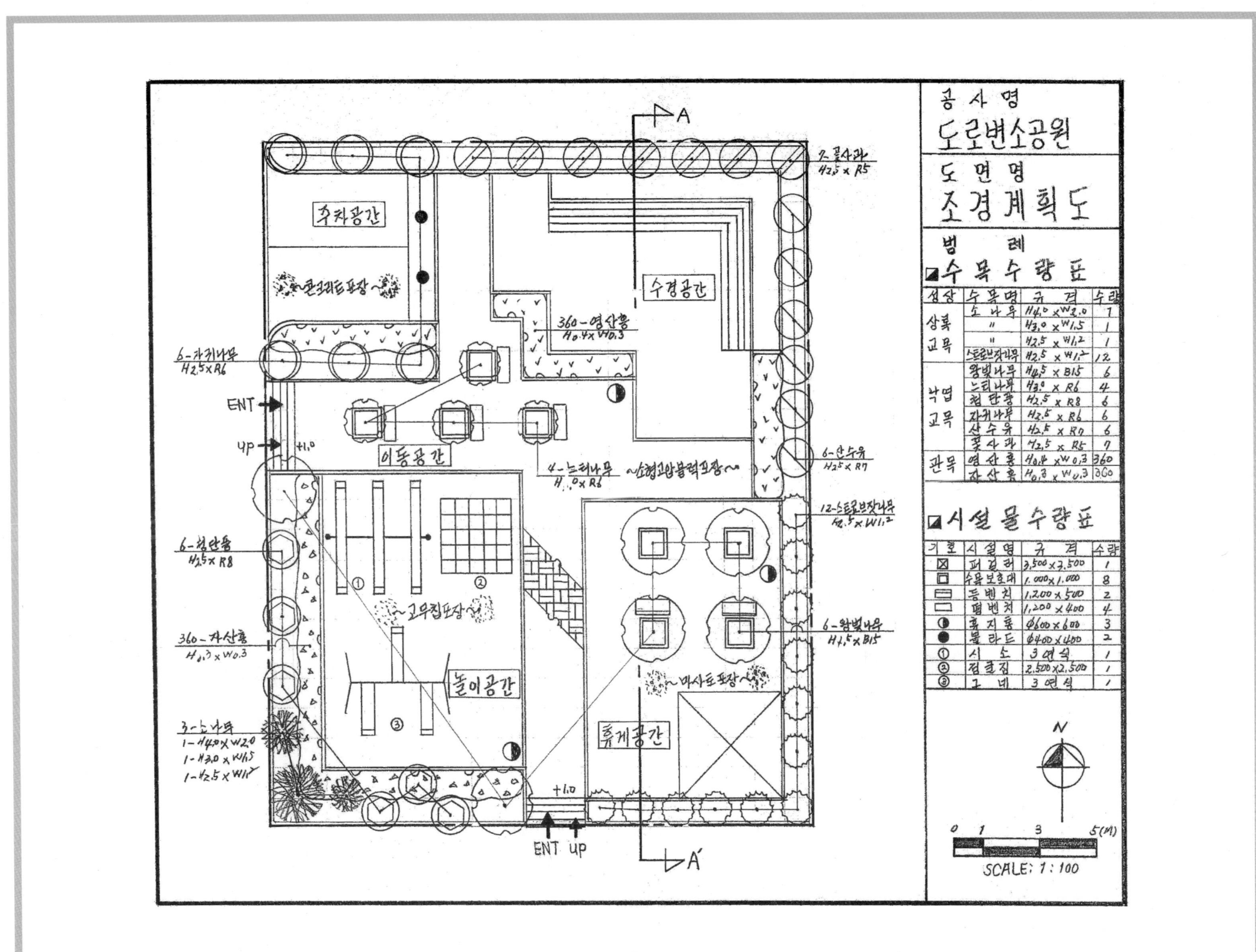

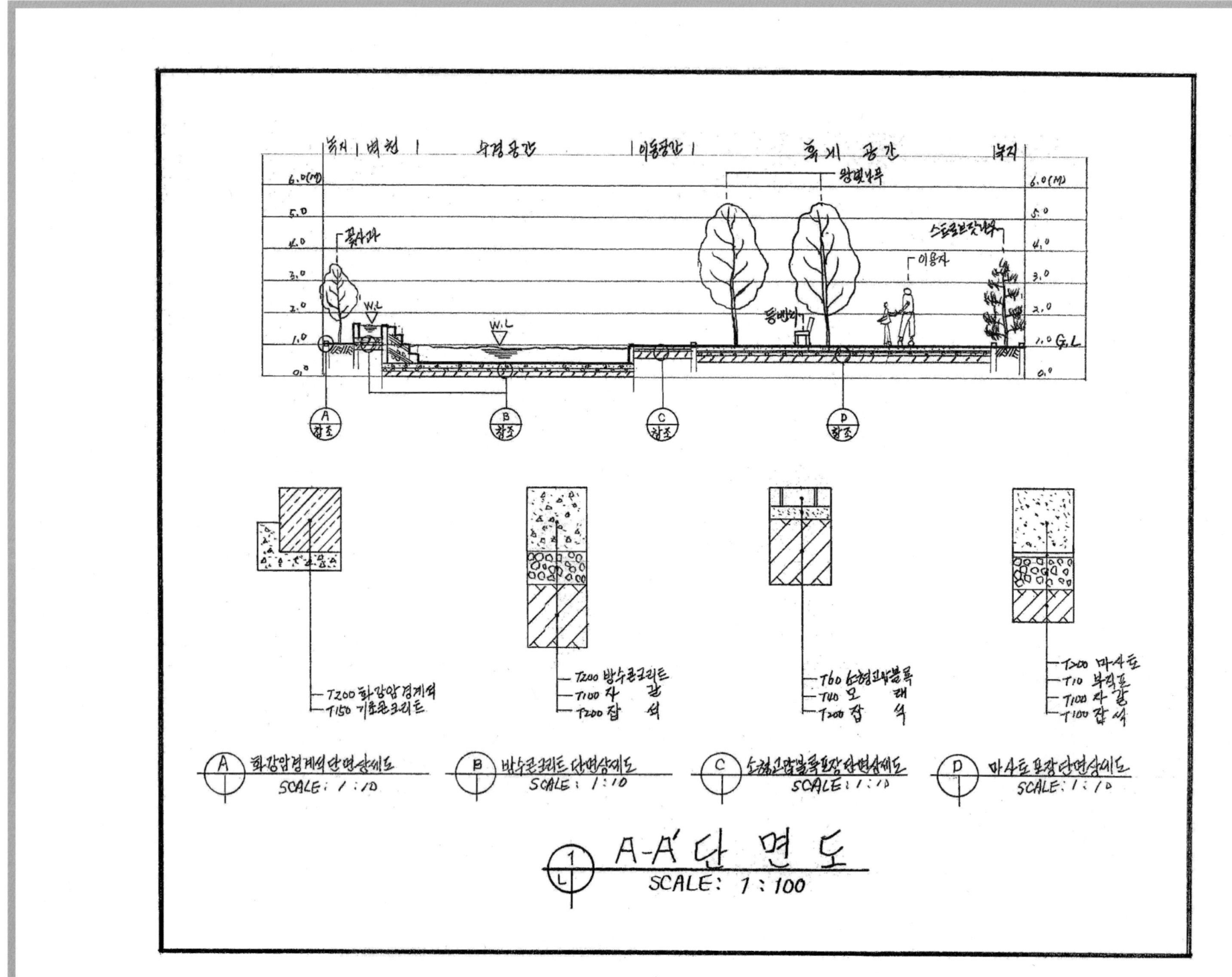

제 7 절 기출복원문제(도로변 소공원)

설계문제

우리나라 중부지역에 위치한 도로변의 빈 공간에 대한 조경설계를 하고자 합니다. 주어진 현황도 및 아래 사항을 참조하여 설계조건에 따라 조경계획도를 작성합니다(단, 2점 쇄선 안 부분을 조경설계 대상지로 합니다).

(1) 현황도

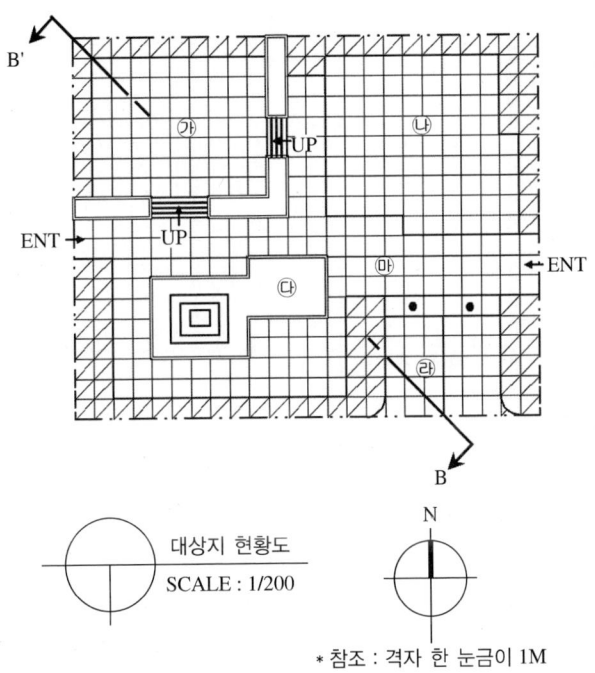

대상지 현황도
SCALE : 1/200

*참조 : 격자 한 눈금이 1M

(2) 요구사항

① 식재 평면도를 위주로 한 조경계획도를 축척 1/100로 작성하시오(용지 1).
② 도면 오른쪽 위에 작업명칭을 작성하시오.
③ 도면 오른쪽에는 "중요 시설물 수량표와 수목(식재) 수량표"를 작성하고, 수량표 아래쪽에 "방위표시와 막대축척"을 반드시 그려 넣으시오(단, 전체 대상지의 길이를 고려하여 범례표의 폭을 조정할 수 있습니다).
④ 도면의 전체적인 안정감을 위하여 "테두리선"을 작성하시오.
⑤ B-B′ 단면도를 축척 1/100로 작성하시오(용지 2).

(3) 설계조건

① 해당 지역은 도로변의 자투리 공간을 이용하여 휴식 및 어린이들이 즐길 수 있는 도로변 소공원으로, 공원의 특징을 고려하여 조경계획도를 작성합니다.
② 포장지역을 제외한 곳에는 모두 식재를 계획합니다(단, 녹지공간은 빗금 친 부분이며, 경사의 차이가 발생하는 곳은 식수대(Plant Box)로 처리되어 있으며 분위기를 고려하여 식재를 실시합니다).
③ 포장지역은 "소형고압블록, 마사토, 고무칩, 황토벽돌, 콘크리트" 등 적당한 재료를 선택하여 재료의 사용이 적합한 장소에 기호로 표현하고, 포장명을 반드시 기입하시오.
④ "다" 지역은 "마" 지역보다 0.6m 낮은 수경공간이며, 중앙에 네방향 계단식 벽천이 1단높이 : 0.8m, 2단높이 : 0.6m, 3단 높이 : 0.4m이고, 가로 단너비 : 0.5m, 세로 단너비 : 0.4m로 수경공간 바닥에 수직으로 위치하도록 계획하고 설계하시오.
⑤ "가" 지역은 "마" 지역에 비해 1m 높은 휴식공간으로 이용자들의 편안한 휴식을 위해 퍼걸러(3,500mm×3,500mm) 1개와 앉아서 휴식을 즐길 수 있도록 등벤치 2개소를 계획하고 설계하시오.
⑥ "나" 지역은 놀이공간으로 계획하고, 그 안에 어린이 놀이시설 3종(그네, 미끄럼대, 시소)을 방향을 고려하여 계획하고 설계하시오.
⑦ "라" 지역은 주차공간으로 소형승용차(5,000mm×3,000mm) 2대가 주차할 수 있는 공간으로 계획하고 설계하시오.
⑧ "마" 지역은 이동공간으로 이용자의 편의를 위해 평벤치 3개소, 휴지통 2개소를 적절하게 계획하고 설계하시오.
⑨ 대상지 내에는 유도식재, 녹음식재, 경관식재, 소나무 군식 등의 식재 패턴 중 적절한 곳에 따라 배식하고, 필요에 따라 수목보호대를 추가로 설치히여 포장 내에 식재를 할 수 있습니다.
⑩ 수목은 아래에 주어진 수종 중에서 종류가 다른 10가지를 반드시 선정하여 골고루 안정적인 배식이 될 수 있도록 계획하여, 인출선을 이용하여 수량, 수종명칭, 규격을 반드시 표기하시오.

> 소나무(H4.0×W2.0), 소나무(H3.0×W1.5), 소나무(H2.5×W1.2), 스트로브잣나무(H2.5×W1.2), 스트로브잣나무(H2.0×W1.0), 왕벚나무(H4.5×B15), 버즘나무(H3.5×B8), 느티나무(H3.5×R7), 섬단풍나무(H2.5×R8), 다정큼나무(H1.0×W0.6), 동백나무(H2.5×R8), 중국단풍(H2.5×R5), 청단풍(H2.5×R6), 굴거리나무(H2.5×W0.6), 자귀나무(H2.5×R6), 태산목(H1.5×W0.5), 먼나무(H2.0×R5), 산딸나무(H2.5×R6), 산수유(H2.0×R6), 꽃사과(H2.5×R5), 수수꽃다리(H1.5×W0.6), 병꽃나무(H1.0×W0.4), 쥐똥나무(H1.0×W0.3), 명자나무(H0.6×W0.4), 산철쭉(H0.6×W0.5), 자산홍(H0.4×W0.3), 영산홍(H0.4×W0.3), 조릿대(H0.6×7가지)

⑪ B-B′ 단면도는 경사, 포장재료, 경계선 및 기타 시설물의 기초, 주변의 수목, 중요 시설물, 이용자 등을 단면도상에 반드시 표기합니다.

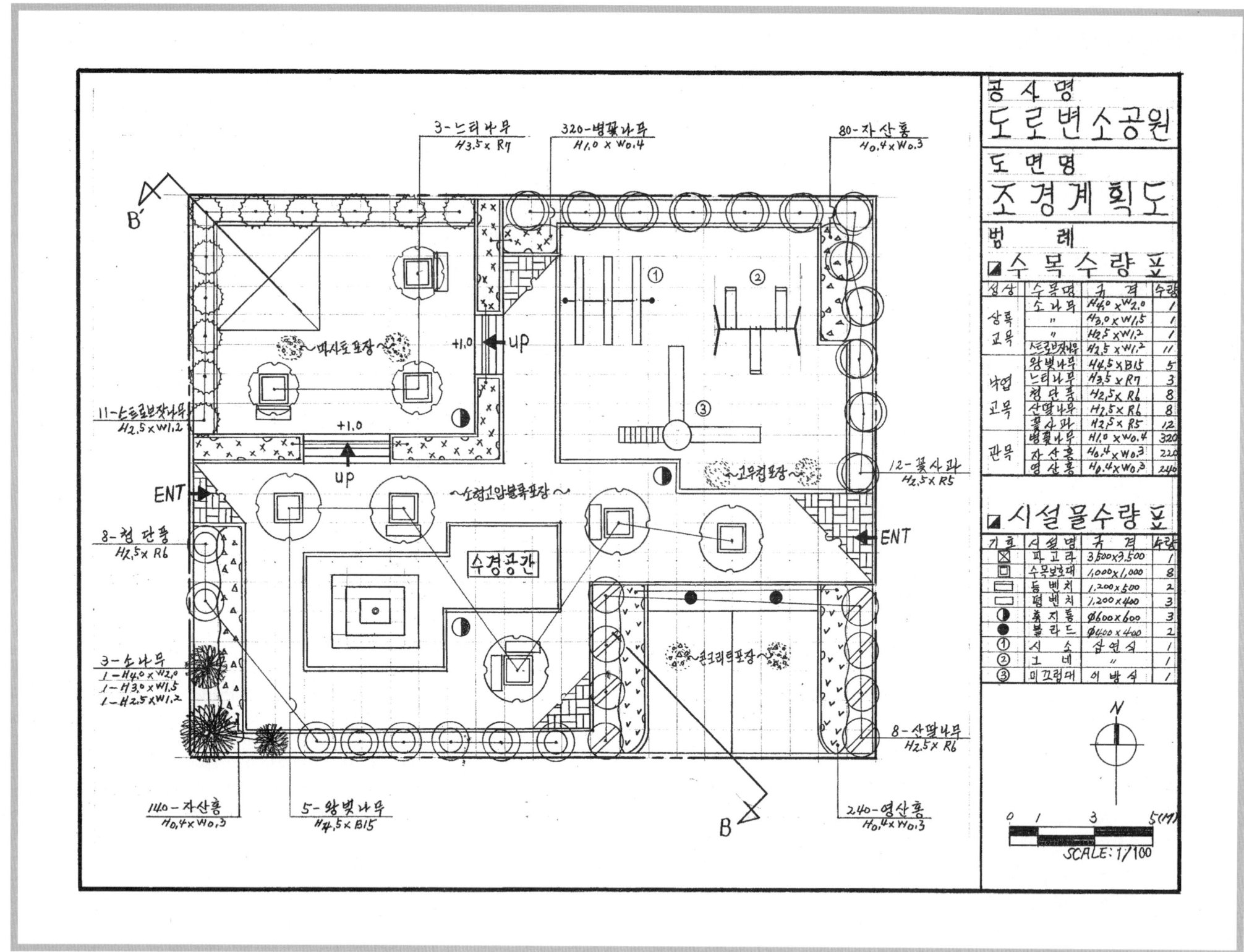

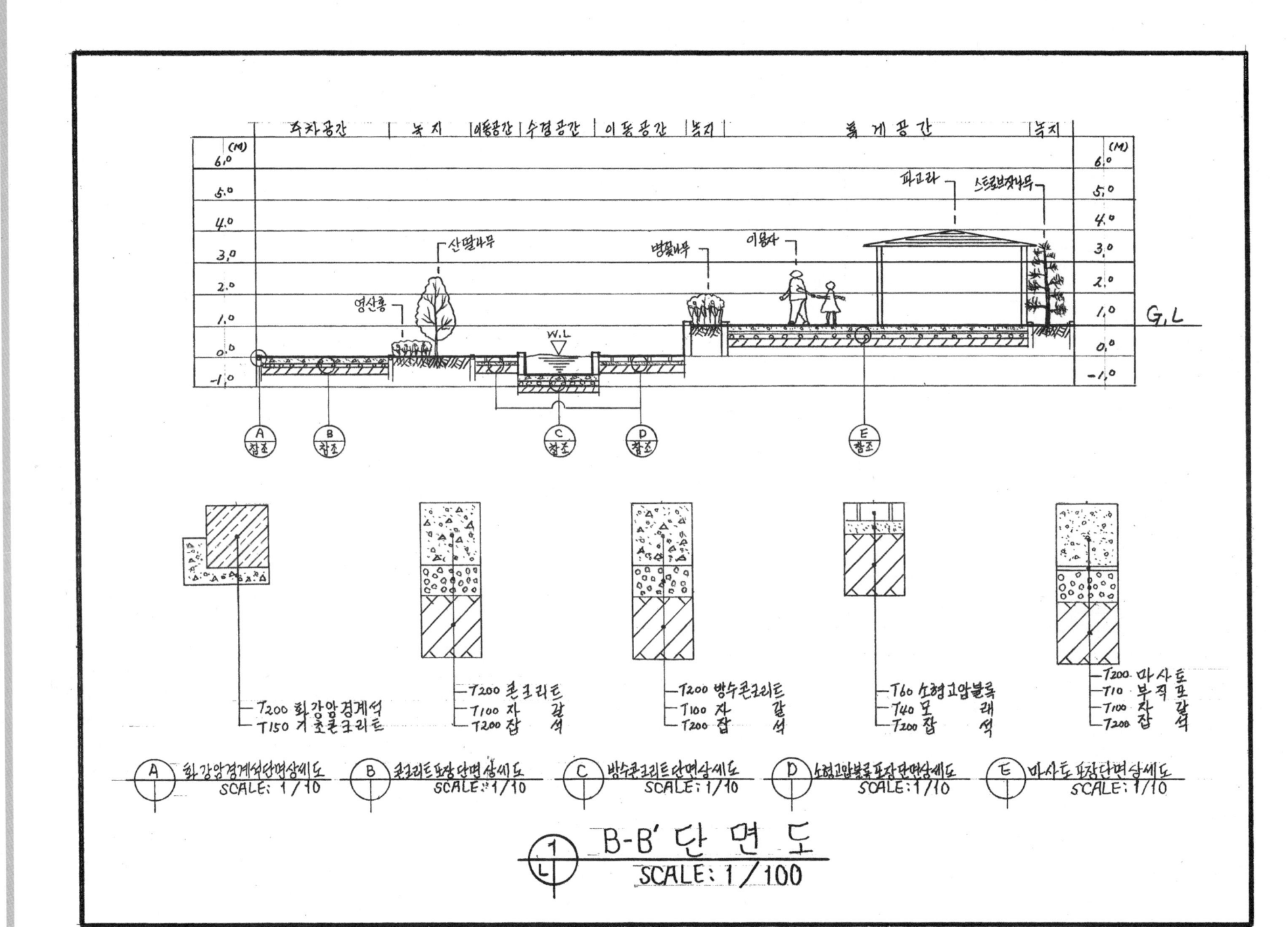

제 8 절 기출복원문제(도로변 소공원)

설계문제

우리나라 중부지역에 위치한 도로변의 빈 공간에 대한 조경설계를 하고자 합니다. 주어진 현황도 및 아래 사항을 참조하여 설계조건에 따라 조경계획을 작성합니다(단, 2점 쇄선 안 부분을 조경설계 대상지로 합니다).

(1) 현황도

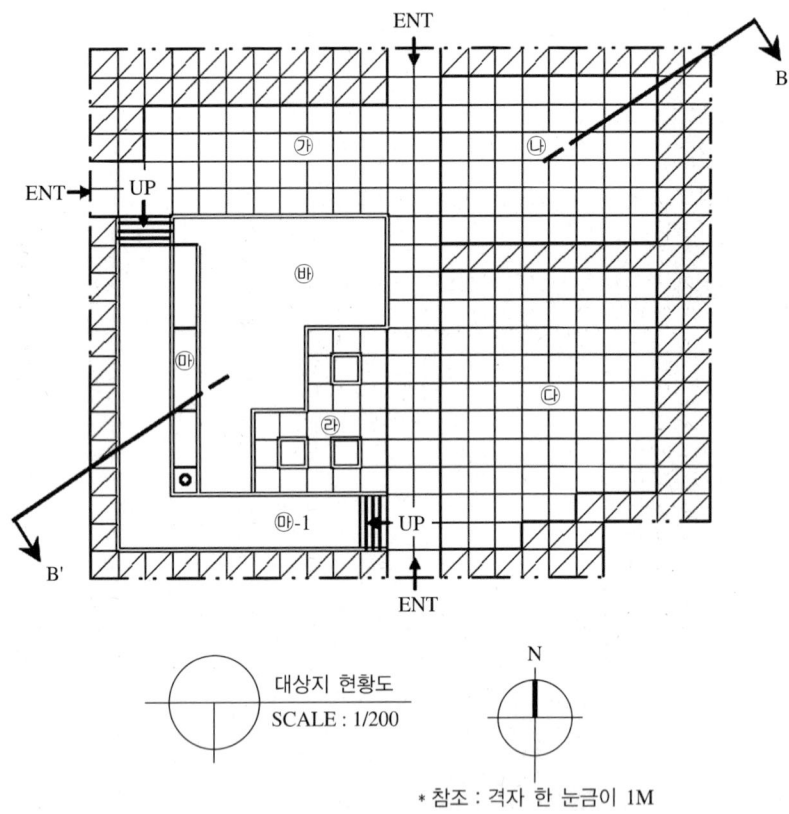

대상지 현황도
SCALE : 1/200

* 참조 : 격자 한 눈금이 1M

(2) 요구사항

① 식재평면도를 위주로 한 조경계획도를 축척 1/100로 작성하시오(용지 1).
② B-B' 단면도를 축척 1/100로 작성하시오(용지 2).

(3) 설계조건

① 해당 지역은 도로변 소공원으로 휴식공간과 어린이들이 즐길 수 있는 특성을 고려하여 조경계획도를 작성합니다. 포장지역을 제외한 곳에는 가능한 식재를 계획합니다(녹지공간은 대각선 친 부분임).
② 포장지역은 "소형고압블록, 황토, 투수콘크리트, 고무칩, 마사토" 등 중에서 적당한 위치에 선택하여 표시하고 포장명을 기입합니다.
③ "가" 지역은 이동공간으로 적당한 곳에 녹음수를 식재하시오.
④ "나" 지역은 휴게공간으로 퍼걸러(6,000mm×3,500mm) 1개소, 등벤치 2개소를 계획하고 설치하시오.
⑤ "다" 지역은 어린이를 위한 놀이공간으로 놀이시설 3종[단방식 미끄럼대(L4,000×W1,000), 철봉 4단(L4,000×H2,200), 회전무대(φ2,300)]을 계획하고 설계하시오.
⑥ "라" 지역은 중앙광장으로 등벤치 3개소를 계획하고 설계하시오.
⑦ "마" 지역은 캐스케이드로 전체 높이 1m(분출구 포함), 1단(0.9m), 2단(0.7m), 3단(0.5m)으로 계획하여 설계하고, "마-1" 지역은 높이 1m인 이동공간으로 수경을 즐기고, 휴식을 취할 수 있도록 등벤치 3개소를 계획하고 설계하시오.
⑧ "바" 지역은 수경공간으로 깊이 0.6m로 계획하고 설계하시오.
⑨ 필요한 공간에 수목보호대를 설치하고, 녹음식재, 유도식재, 경관식재(소나무 군식) 등의 식재 패턴을 필요한 곳에 적당히 배식하여 조형을 계획하고 설계하시오.
⑩ 수목은 아래의 수종 중에서 10가지를 선정하여 골고루 안정적이고 아늑한 경관이 될 수 있도록 계획하고 설계하시오.

> 소나무(H4.0×W2.0), 소나무(H3.0×W1.5), 소나무(H2.5×W1.2), 스트로브잣나무(H2.5×W1.2), 스트로브잣나무(H2.0×W1.0), 왕벚나무(H4.5×B15), 버즘나무(H3.5×B8), 느티나무(H3.0×R6), 청단풍(H2.5×R8), 다정큼나무(H1.0×W0.6), 동백나무(H2.5×R8), 중국단풍(H2.5×R5), 굴거리나무(H2.5×W0.6), 자귀나무(H2.5×R6), 태산목(H1.5×W0.5), 먼나무(H2.0×R5), 산딸나무(H2.0×R5), 산수유(H2.5×R7), 꽃사과(H2.5×R5), 수수꽃다리(H1.5×W0.6), 병꽃나무(H1.0×W0.4), 쥐똥나무(H1.0×W0.3), 명자나무(H0.6×W0.4), 산철쭉(H0.3×W0.4), 자산홍(H0.3×W0.3), 영산홍(H0.4×W0.3), 조릿대(H0.6×7가지)

⑪ B-B' 단면도는 포장재료, 경계선 및 기타 시설물의 기초, 주변의 수목, 중요 시설물, 이용자 등을 단면도상에 반드시 표시합니다.

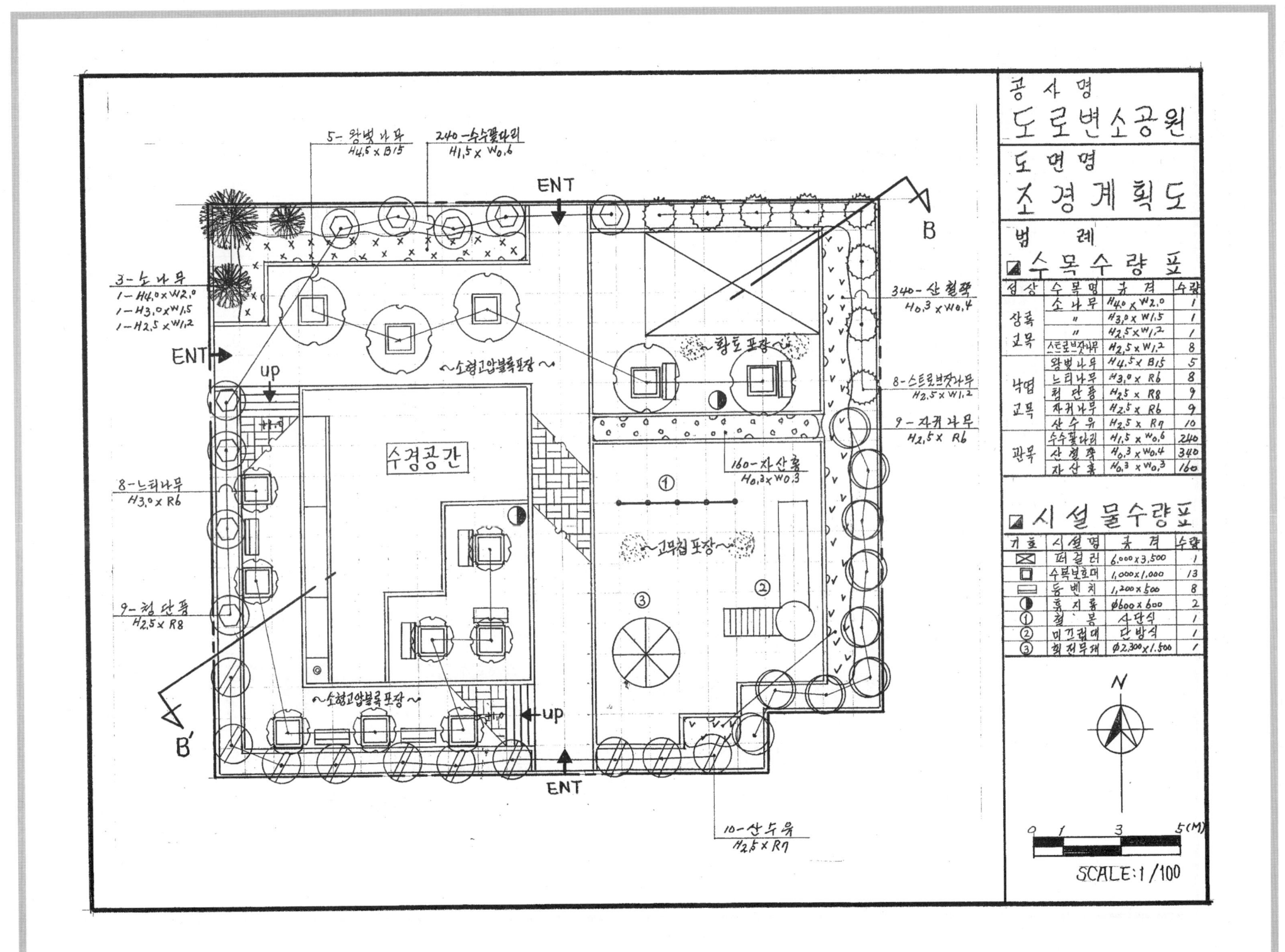

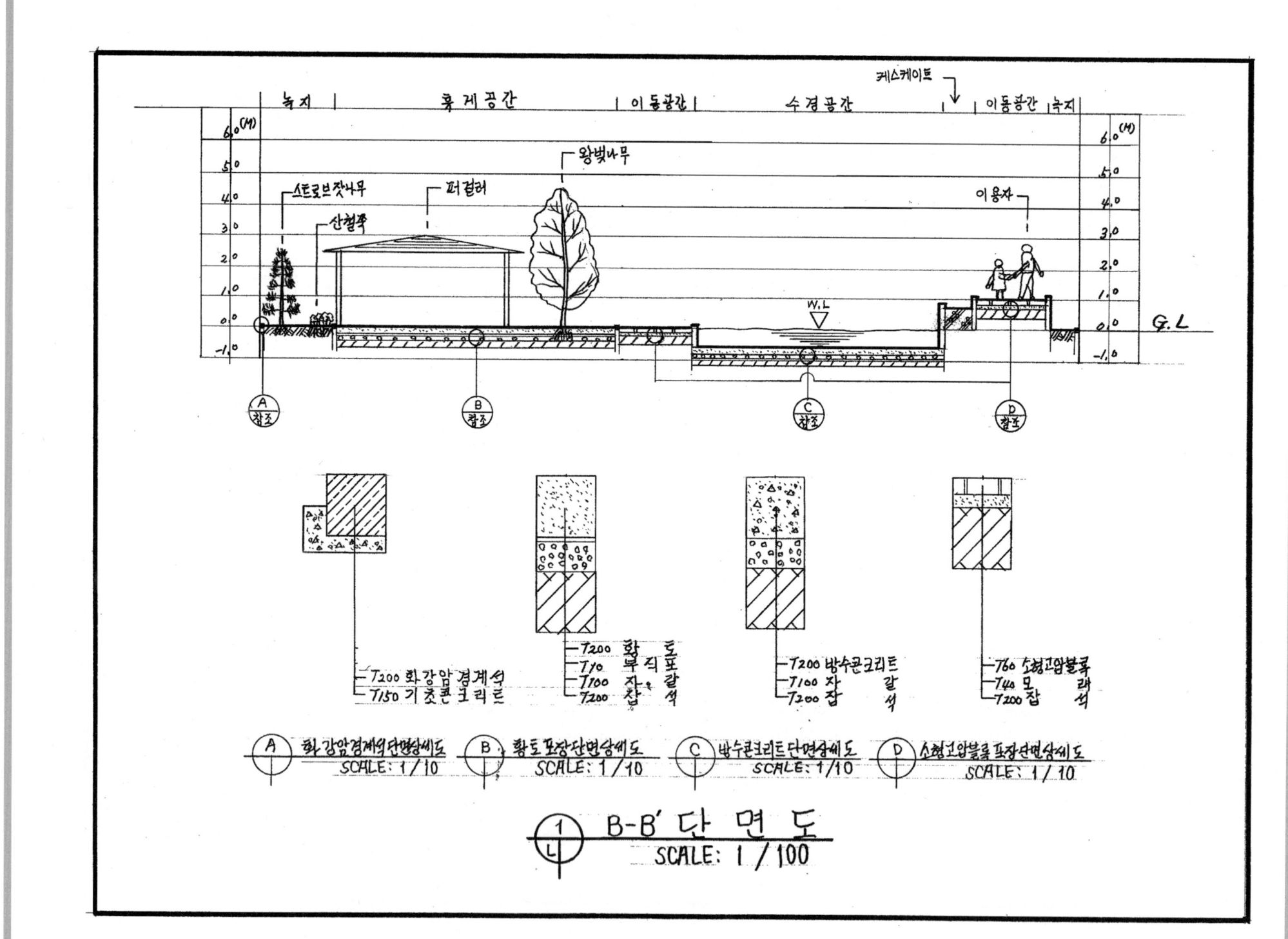

제 9 절 기출복원문제(도로변 소공원)

설계문제

우리나라 중부지역에 위치한 도로변의 빈 공간에 대한 조경설계를 하고자 합니다. 주어진 현황도 및 아래 사항을 참조하여 설계조건에 따라 조경계획도를 작성합니다(단, 2점 쇄선 안 부분을 조경설계 대상지로 합니다).

(1) 현황도

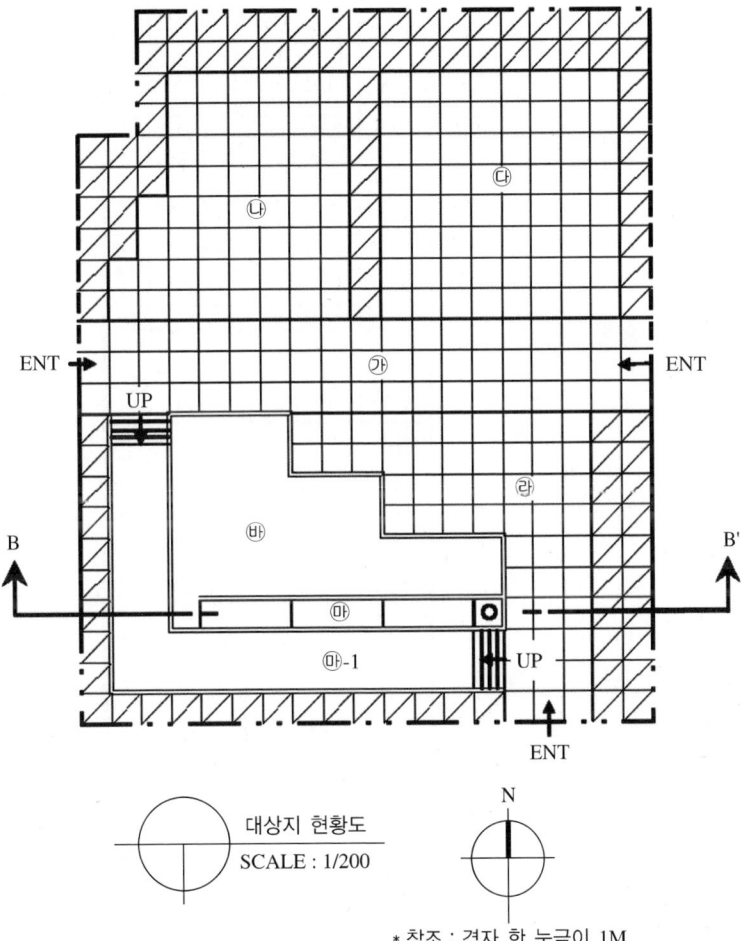

(2) 요구사항

① 식재평면도를 위주로 한 조경계획도를 축척 1/100로 작성하시오(용지 1).
② B-B' 단면도를 축척 1/100로 작성하시오(용지 2).

(3) 설계조건

① 해당 지역은 도로변 소공원으로 휴식공간과 어린이들이 즐길 수 있는 특성을 고려하여 조경계획도를 작성합니다. 포장지역을 제외한 곳에는 가능한 식재를 계획합니다(녹지공간은 대각선 친 부분임).
② 포장지역은 "소형고압블록, 황토, 투수콘크리트, 고무칩, 마사토" 등 중에서 적당한 위치에 선택하여 표시하고 포장명을 기입합니다.
③ "가" 지역은 이동공간으로 적당한 곳에 녹음수를 식재하시오.
④ "나" 지역은 휴게공간으로 퍼걸러(6,000mm×3,500mm) 1개소, 등벤치 2개소를 계획하고 설치하시오.
⑤ "다" 지역은 어린이를 위한 놀이공간으로 놀이시설 3종[단방식 미끄럼대(L4,000×W1,000), 철봉 4단(L4,000×H2,200), 회전무대(φ2,300)]을 계획하고 설계하시오.
⑥ "라" 지역은 중앙광장으로 등벤치 3개소를 계획하고 설계하시오.
⑦ "마" 지역은 캐스케이드로 전체 높이 1m(분출구 포함), 1단(0.9m), 2단(0.7m), 3단(0.5m)으로 계획하고 설계하고, "마-1" 지역은 높이 1m인 이동공간으로 수경을 즐기고, 휴식을 취할 수 있도록 등벤치 3개소를 계획하고 설계하시오.
⑧ "바" 지역은 수경공간으로 깊이 0.6m로 계획하고 설계하시오.
⑨ 필요한 공간에 수목보호대를 설치하고, 녹음식재, 유도식재, 경관식재(소나무 군식) 등의 식재 패턴을 필요한 곳에 적당히 배식하여 조형을 계획하고 설계하시오.
⑩ 수목은 아래의 수종 중에서 10가지를 선정하여 골고루 안정적이고 아늑한 경관이 될 수 있도록 계획하고 설계하시오.

> 소나무(H4.0×W2.0), 소나무(H3.0×W1.5), 소나무(H2.5×W1.2), 스트로브잣나무(H2.5×W1.2), 스트로브잣나무(H2.0×W1.0), 왕벚나무(H4.5×B15), 버즘나무(H3.5×B8), 느티나무(H3.0×R6), 청단풍(H2.5×R8), 다정큼나무(H1.0×W0.6), 동백나무(H2.5×R8), 중국단풍(H2.5×R5), 굴거리나무(H2.5×W0.6), 자귀나무(H2.5×R6), 태산목(H1.5×W0.5), 먼나무(H2.0×R5), 산딸나무(H2.0×R5), 산수유(H2.5×R7), 꽃사과(H2.5×R5), 수수꽃다리(H1.5×W0.6), 병꽃나무(H1.0×W0.4), 쥐똥나무(H1.0×W0.3), 명자나무(H0.6×W0.4), 산철쭉(H0.3×W0.4), 자산홍(H0.3×W0.3), 영산홍(H0.4×W0.3), 조릿대(H0.6×7가지)

⑪ B-B' 단면도는 포장재료, 경계선 및 기타 시설물의 기초, 주변의 수목, 중요 시설물, 이용자 등을 단면도상에 반드시 표시합니다.

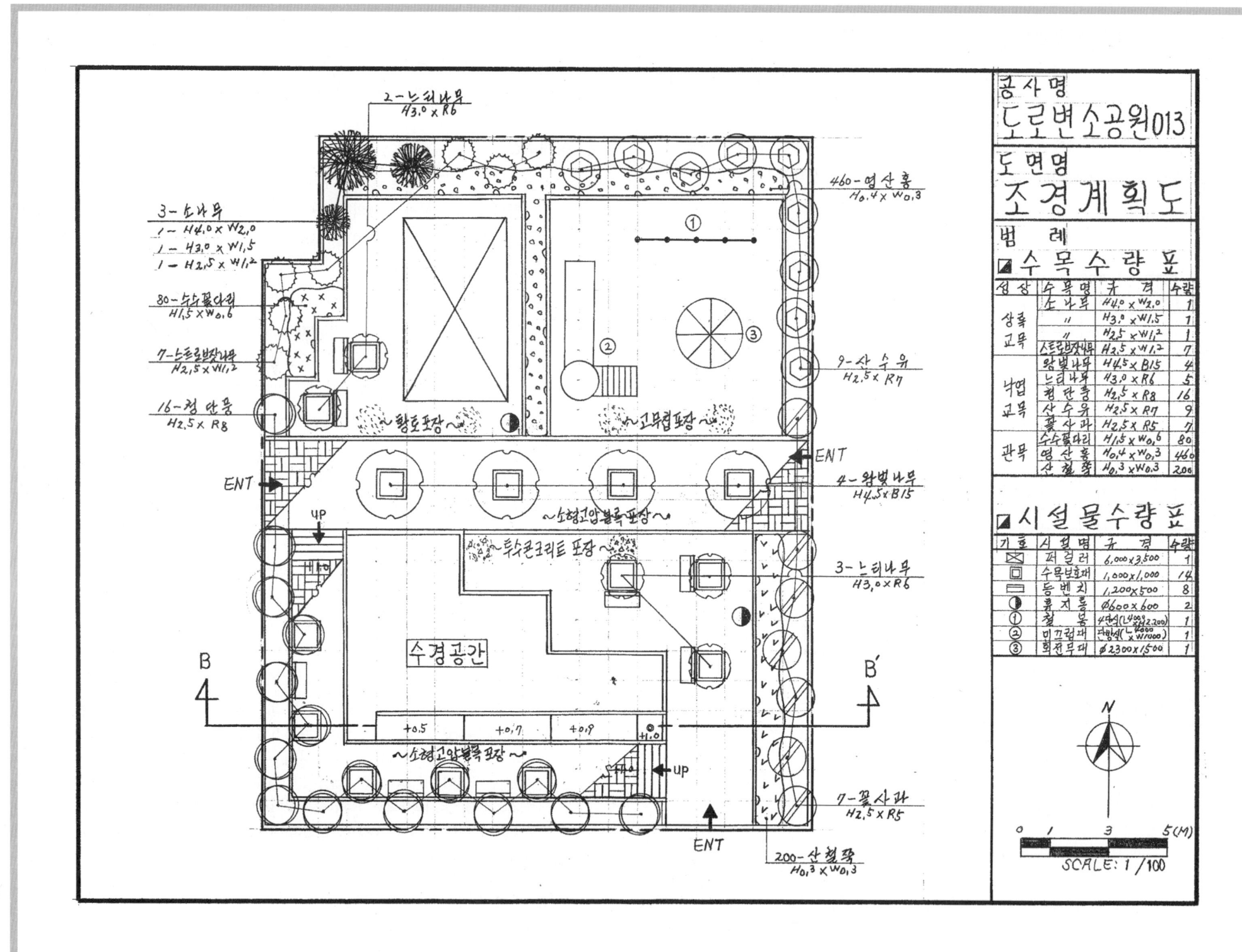

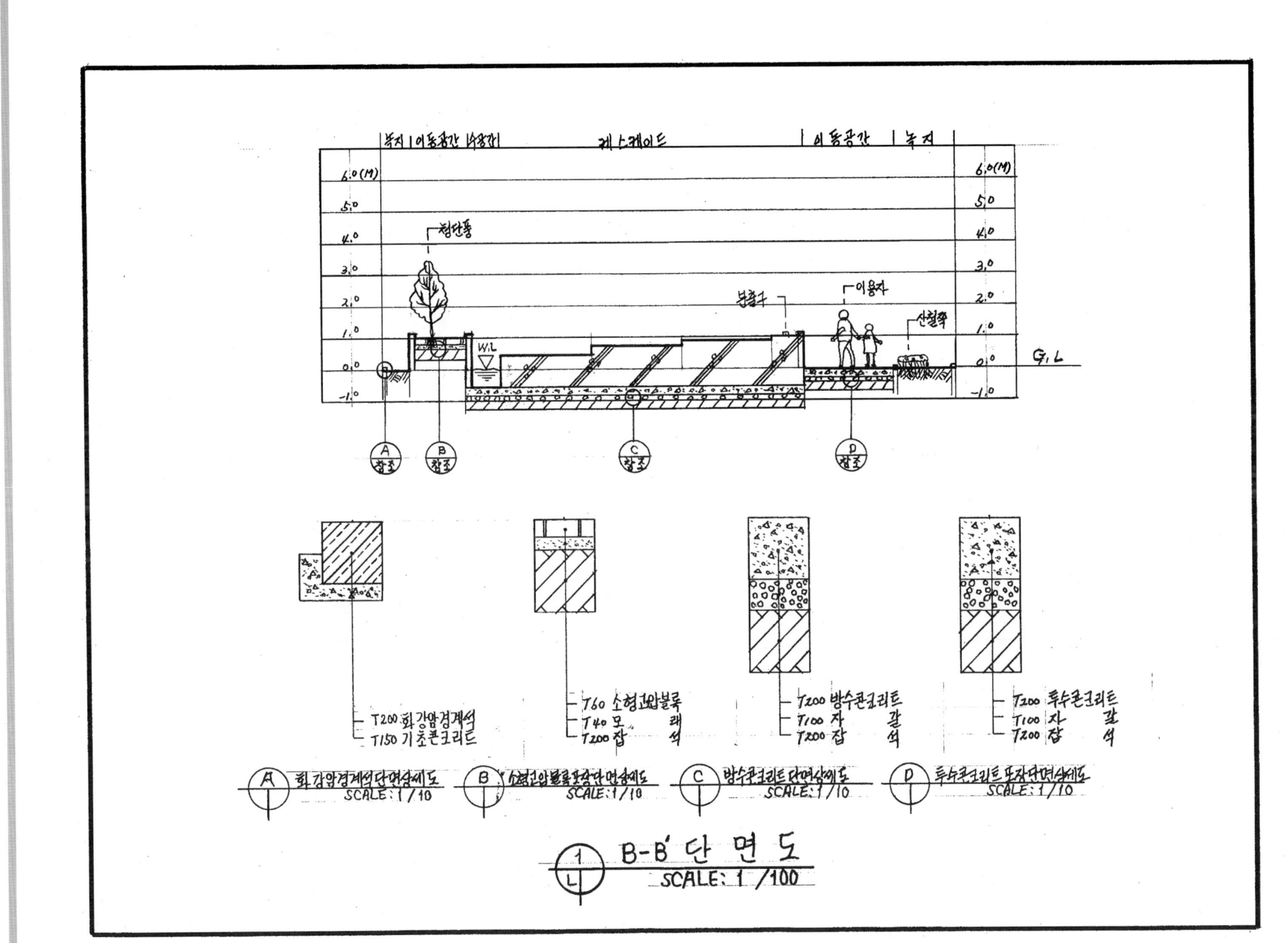

제10절 기출복원문제(도로변 소공원)

설계문제

우리나라 중부지역에 위치한 도로변의 빈 공간에 대한 조경설계를 하고자 합니다. 주어진 현황도 및 아래 사항을 참조하여 설계조건에 따라 조경계획도를 작성합니다(단, 2점 쇄선 안 부분을 조경설계 대상지로 합니다).

(1) 현황도

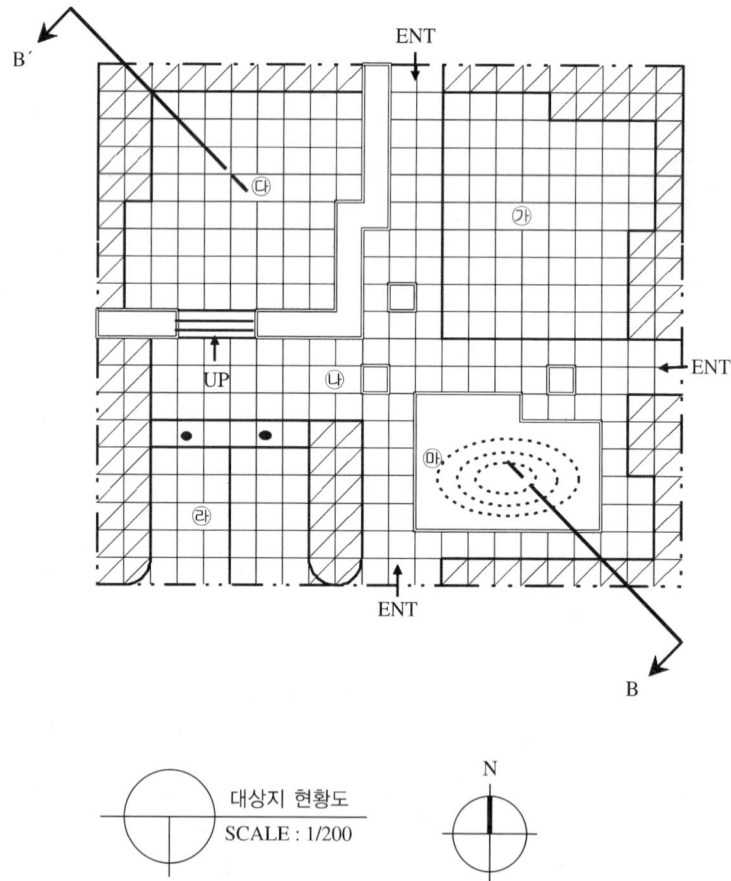

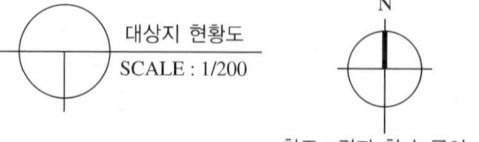

* 참조 : 격자 한 눈금이 1M

(2) 요구사항

① 식재평면도를 위주로 한 조경계획도를 축척 1/100로 작성하시오(용지 1).
② B-B' 단면도를 축척 1/100로 작성하시오(용지 2).

(3) 설계조건

① 해당 지역은 도로변 소공원으로 휴식공간과 어린이들이 즐길 수 있는 특성을 고려하여 조경계획도를 작성합니다. 포장지역을 제외한 곳에는 가능한 식재를 계획합니다(녹지공간은 대각선 친 부분임).
② 포장지역은 "점토블록, 황토포장, 투수벽돌, 콘크리트, 고무칩포장" 등을 적당한 위치에 선택하여 표시하고 포장명을 기입합니다.
③ "가" 지역은 어린이를 위한 놀이공간으로 놀이시설(3종)을 계획하고 설계하시오.
④ "다" 지역은 "나" 지역에 비해 0.6m 높은 휴게공간으로 퍼걸러(3,500mm×3,500mm) 1개소, 등벤치 2개소, 휴지통 2개소를 계획하고 설치하시오.
⑤ "나" 지역은 이동공간으로 이용자의 편의를 위하여 주어진 수목보호대에 녹음식재하고 평벤치 2개소를 계획하고 설계하시오.
⑥ "마" 지역은 위요공간으로 등고선의 높이차는 20cm로 하고 "나" 지역에 비해 60cm가 높은 지역으로 경관 식재하시오.
⑦ "라" 지역은 주차공간으로 소형자동차(3,000mm×5,000mm) 2대가 주차할 수 있는 공간으로 계획하고 설계하시오.
⑧ 필요한 공간에 수목보호대 3개소를 계획하고, 녹음식재, 유도식재, 경관식재(소나무 군식) 패턴을 필요한 곳에 적당히 배식하여 조형을 계획하고 설계하시오.
⑨ 수목은 아래의 수종 중에서 10가지를 선정하여 골고루 안정적이고 아늑한 경관이 될 수 있도록 계획하고 설계하시오.

> 소나무(H4.0×W2.0), 소나무(H3.0×W1.5), 소나무(H2.5×W1.2), 스트로브잣나무(H2.5×W1.2), 스트로브잣나무(H2.0×W1.0), 왕벚나무(H4.5×B15), 버즘나무(H3.5×B8), 느티나무(H3.0×R6), 청단풍(H2.5×R8), 다정큼나무(H1.0×W0.6), 동백나무(H2.5×R8), 중국단풍(H2.5×R5), 굴거리나무(H2.5×W0.6), 자귀나무(H2.5×R6), 태산목(H1.5×W0.5), 먼나무(H2.0×R5), 산딸나무(H2.0×R5), 산수유(H2.5×R7), 꽃사과(H2.5×R5), 수수꽃다리(H1.5×W0.6), 병꽃나무(H1.0×W0.4), 쥐똥나무(H1.0×W0.3), 명자나무(H0.6×W0.4), 산철쭉(H0.3×W0.4), 자산홍(H0.3×W0.3), 영산홍(H0.4×W0.3), 조릿대(H0.6×7가지)

⑩ B-B' 단면도는 포장재료, 경계선 및 기타 시설물의 기초, 주변의 수목, 중요 시설물, 이용자 등을 단면도상에 반드시 표시합니다.

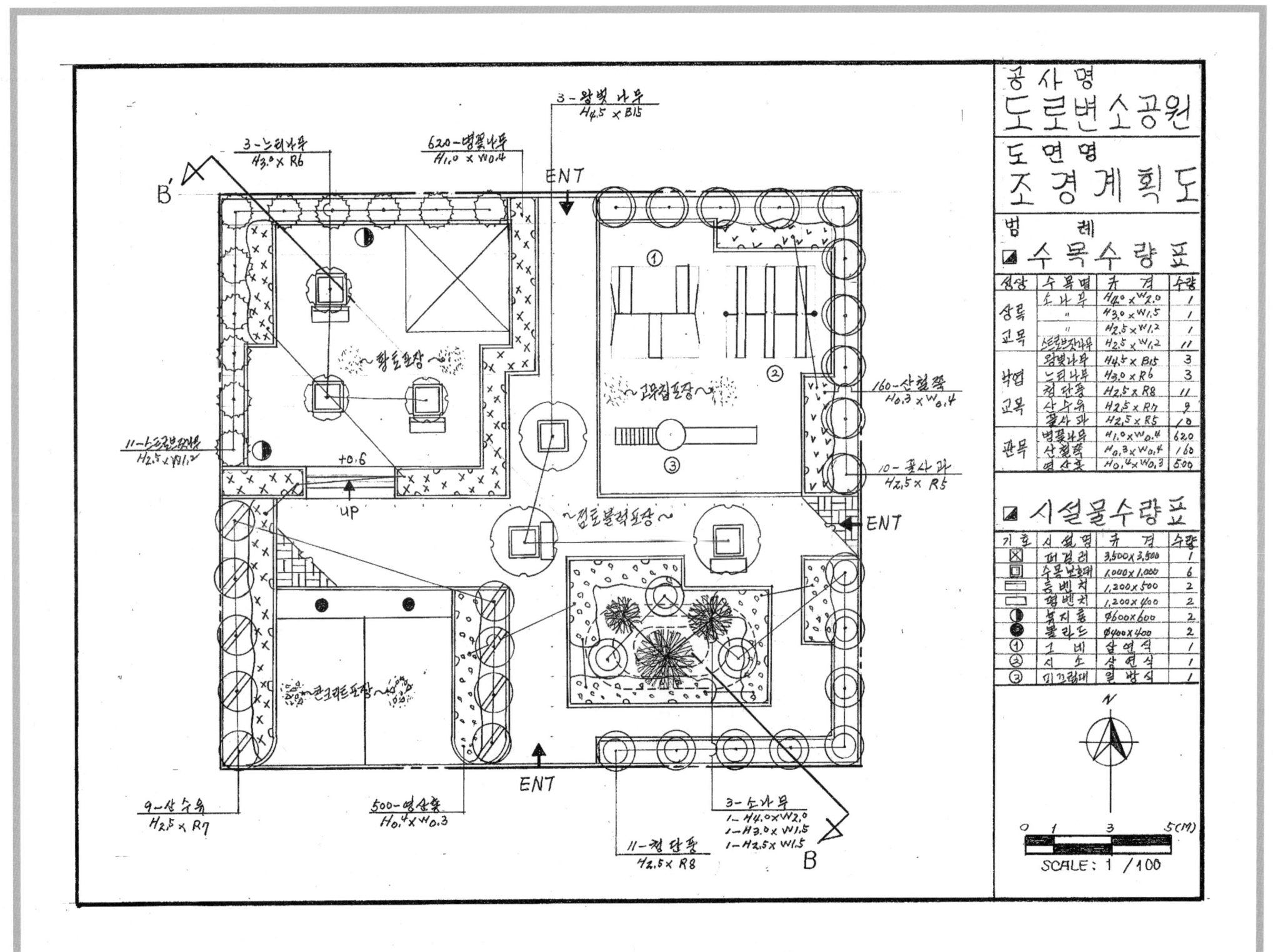

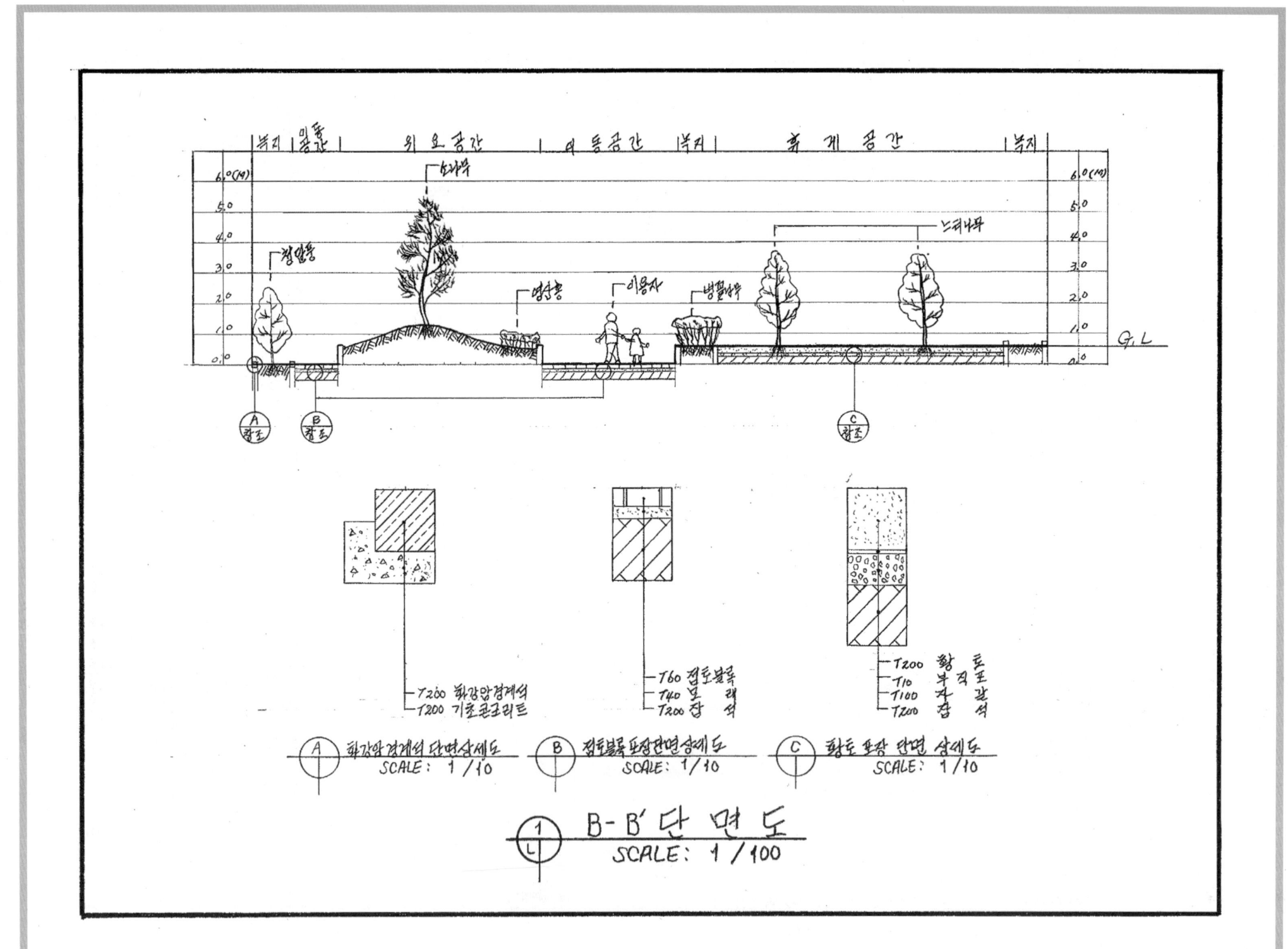

제11절 기출복원문제(도로변 소공원)

설계문제

우리나라 중부지역에 위치한 도로변의 빈 공간에 대한 조경설계를 하고자 합니다. 주어진 현황도 및 아래 사항을 참조하여 설계조건에 따라 조경계획도를 작성합니다(단, 2점 쇄선 안 부분을 조경설계 대상지로 합니다).

(1) 현황도

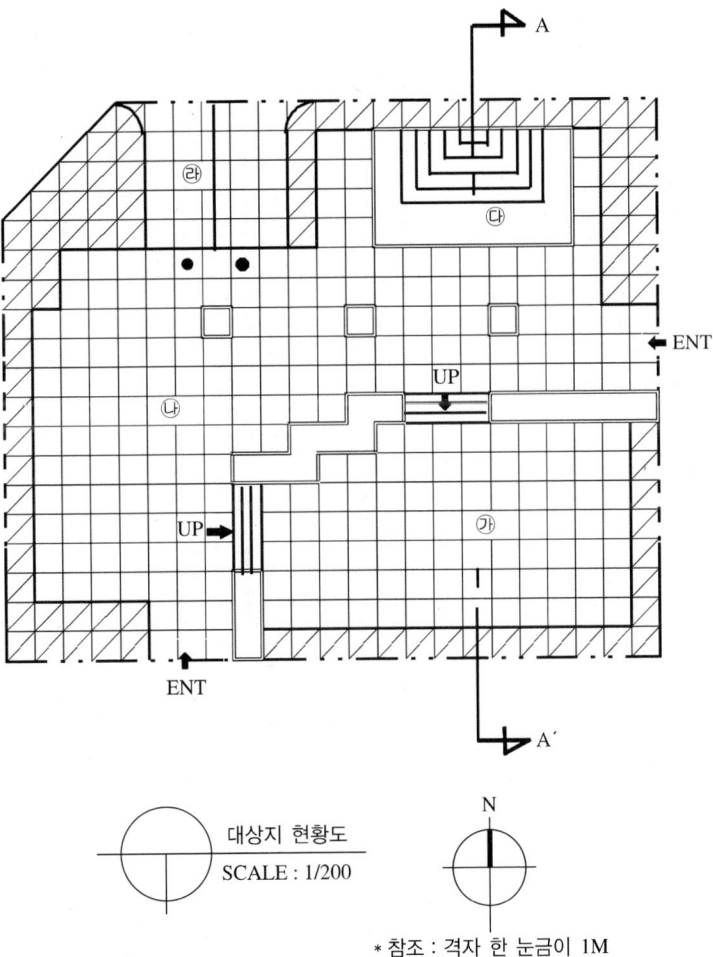

* 참조 : 격자 한 눈금이 1M

(2) 요구사항

① 식재평면도를 위주로 한 조경계획도를 축척 1/100로 작성하시오(용지 1).
② A-A' 단면도를 축척 1/100로 작성하시오(용지 2).

(3) 설계조건

① 해당 지역은 도로변 소공원으로 휴식공간과 어린이들이 즐길 수 있는 특성을 고려하여 조경계획도를 작성합니다. 포장지역을 제외한 곳에는 가능한 식재를 계획합니다(녹지공간은 대각선 친 부분임).
② 포장지역은 "소형고압블록, 투수콘크리트, 콘크리트, 고무칩, 마사토" 등 적당한 재료를 선택하여 재료의 사용이 적합한 장소에 기호로 표현하고, 포장명을 반드시 기입하시오.
③ "가" 지역은 어린이를 위한 놀이공간으로 계획하고, 대상지는 주변보다 0.6m 높은 지역으로 놀이시설 3종(시소, 그네, 정글짐)을 배치하시오.
④ "나" 지역은 휴식공간으로 이용자들의 편안한 휴식을 위해 퍼걸러(3,500mm×3,500mm) 1개소, 등벤치 2개소를 설치하고, 수목보호대(3개)에 동일한 낙엽교목을 식재하시오.
⑤ "다" 지역은 소형 벽천·연못으로 계류형 단(실선) 1개당 높이는 30cm이며, 담수용 바닥은 "나" 지역과 동일한 높이이며, 담수 가이드라인은 전체적으로 60cm 높게 설치합니다.
⑥ "라" 지역은 주차공간으로 소형자동차(2,500mm×5,000mm) 2대가 주차할 수 있는 공간으로 계획하고 설계합니다.
⑦ 대상지 경계에 위치한 외곽 녹지대의 식재는 차폐식재, 유도식재, 녹음식재, 경관식재, 소나무 군식 등의 식재패턴을 필요한 곳에 배식합니다.
⑧ 수목은 아래의 수종 중에서 10가지를 선정하여 골고루 안정적이고 아늑한 경관이 될 수 있도록 계획하고 설계하시오.

> 소나무(H4.0×W2.0), 소나무(H3.0×W1.5), 소나무(H2.5×W1.2), 스트로브잣나무(H2.5×W1.2), 스트로브잣나무(H2.0×W1.0), 왕벚나무(H4.5×B15), 버즘나무(H3.5×B8), 느티나무(H3.0×R6), 청단풍(H2.5×R8), 다정큼나무(H1.0×W0.6), 동백나무(H2.5×R8), 중국단풍(H2.5×R5), 굴거리나무(H2.5×W0.6), 자귀나무(H2.5×R6), 태산목(H1.5×W0.5), 먼나무(H2.0×R5), 산딸나무(H2.0×R5), 산수유(H2.5×R7), 꽃사과(H2.5×R5), 수수꽃다리(H1.5×W0.6), 병꽃나무(H1.0×W0.4), 쥐똥나무(H1.0×W0.3), 명자나무(H0.6×W0.4), 산철쭉(H0.3×W0.4), 자산홍(H0.3×W0.3), 영산홍(H0.4×W0.3), 조릿대(H0.6×7가지)

⑨ A-A' 단면도는 포장재료, 경계선 및 기타 시설물의 기초, 주변의 수목, 중요 시설물, 이용자 등을 단면도상에 반드시 표시합니다.

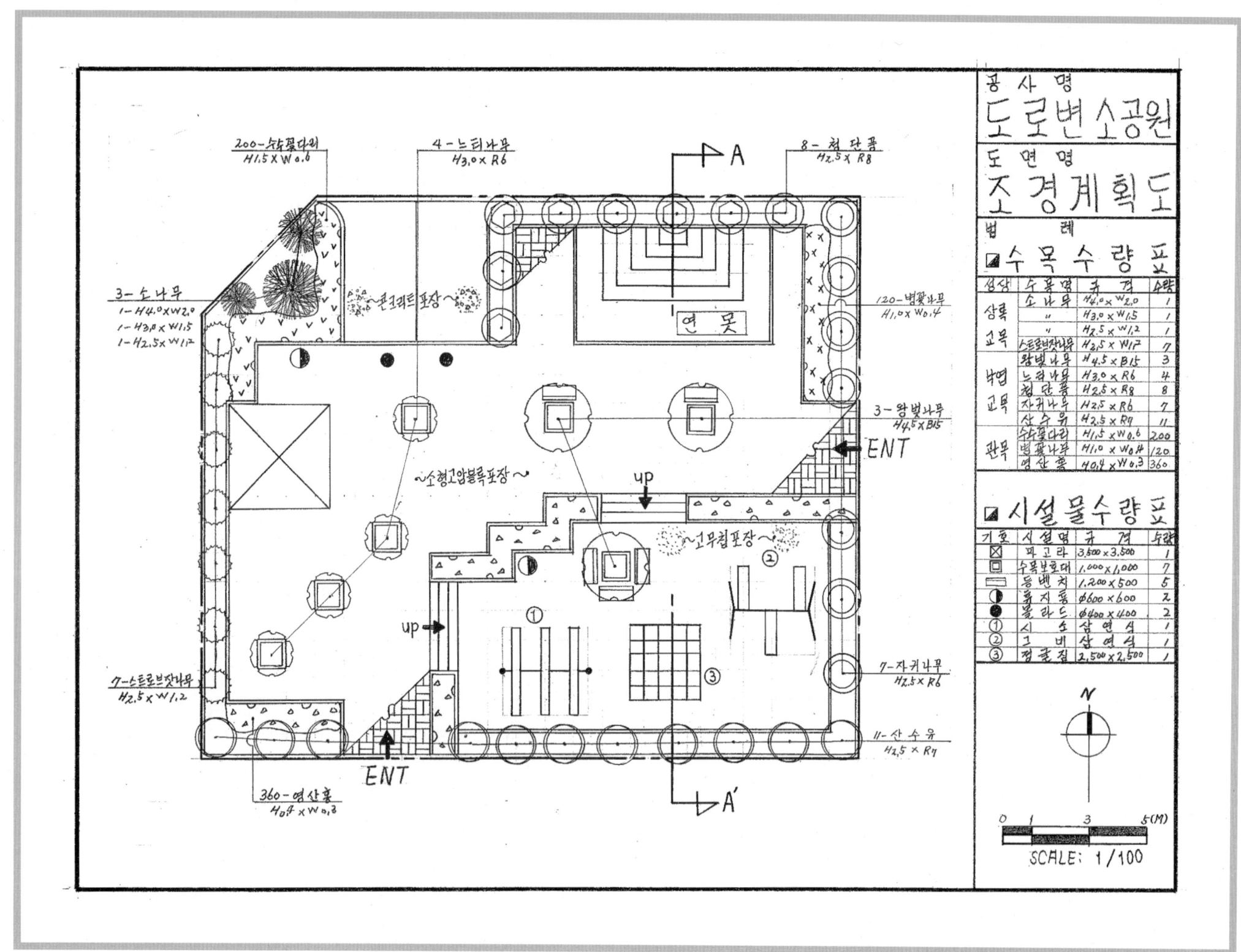

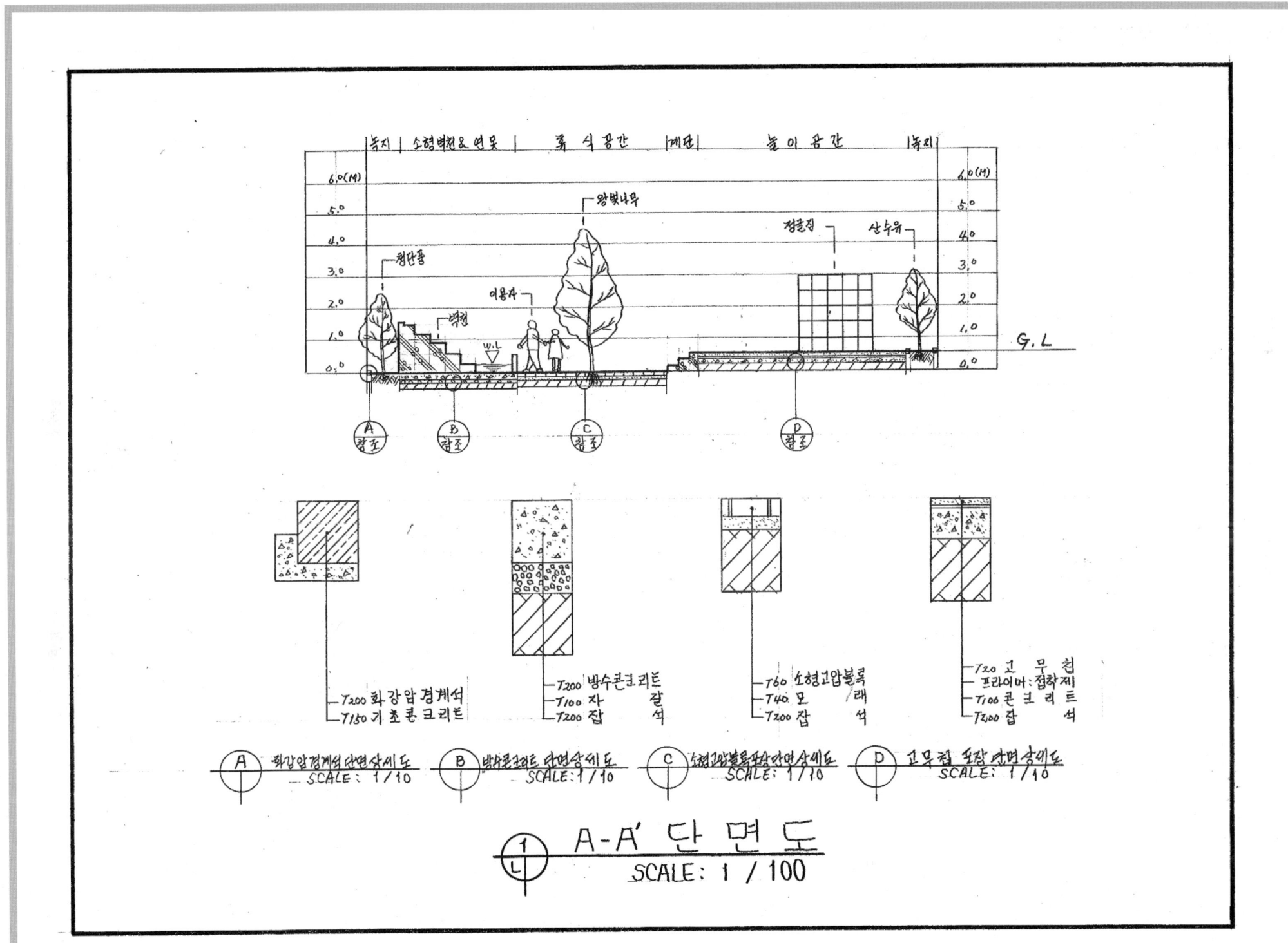

제12절 기출복원문제(도로변 소공원)

설계문제

우리나라 중부지역에 위치한 도로변의 빈 공간에 대한 조경설계를 하고자 합니다. 주어진 현황도 및 아래 사항을 참조하여 설계조건에 따라 조경계획도를 작성합니다(단, 2점 쇄선 안 부분을 조경설계 대상지로 합니다).

(1) 현황도

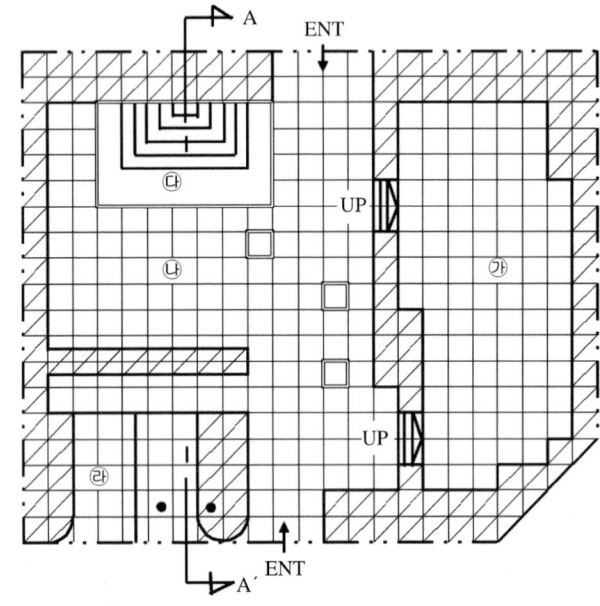

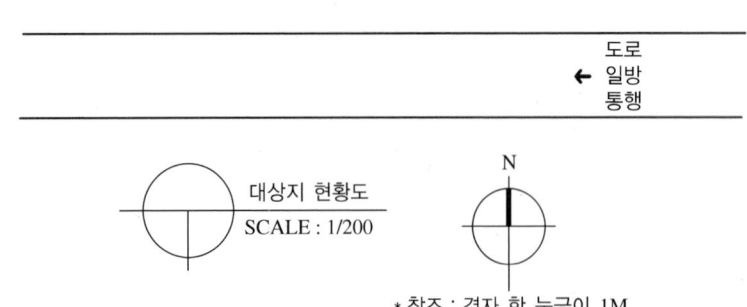

(2) 요구사항

① 식재평면도를 위주로 한 조경계획도를 축척 1/100로 작성하시오(용지 1).
② A-A' 단면도를 축척 1/100로 작성하시오(용지 2).

(3) 설계조건

① 해당 지역은 도로변 소공원으로 휴식공간과 어린이들이 즐길 수 있는 특성을 고려하여 조경계획도를 작성합니다. 포장지역을 제외한 곳에는 가능한 식재를 계획합니다(녹지공간은 대각선 친 부분임).
② 포장지역은 "소형고압블록, 투수콘크리트, 콘크리트, 고무칩, 마사토" 등 적당한 재료를 선택하여 재료의 사용이 적합한 장소에 기호로 표현하고, 포장명을 반드시 기입하시오.
③ "가" 지역은 어린이를 위한 놀이공간으로 계획하고, 대상지는 주변보다 1m 높은 지역으로 놀이시설 3종(시소, 그네, 정글짐)을 배치하시오.
④ "나" 지역은 휴식공간으로 이용자들의 편안한 휴식을 위해 퍼걸러(3,500mm×3,500mm) 1개소, 등벤치 2개소를 설치하고, 수목보호대(3개)에 동일한 낙엽교목을 식재하시오.
⑤ "다" 지역은 소형 벽천, 연못으로 계류형 단(실선) 1개당 높이가 30cm이며, 담수용 바닥은 "나" 지역과 동일한 높이이며, 담수 가이드라인은 전체적으로 60cm 높게 설치합니다.
⑥ "라" 지역은 주차공간으로 소형자동차(2,500mm×5,000mm) 2대가 주차할 수 있는 공간으로 계획하고 설계합니다.
⑦ 대상지 경계에 위치한 외곽 녹지대의 식재는 차폐식재, 유도식재, 녹음식재, 경관식재, 소나무 군식 등의 식재패턴을 필요한 곳에 배식합니다.
⑧ 수목은 아래의 수종 중에서 10가지를 선정하여 골고루 안정적이고 아늑한 경관이 될 수 있도록 계획하고 설계하시오.

> 소나무(H4.0×W2.0), 소나무(H3.0×W1.5), 소나무(H2.5×W1.2), 스트로브잣나무(H2.5×W1.2), 스트로브잣나무(H2.0×W1.0), 왕벚나무(H4.5×B15), 버즘나무(H3.5×B8), 느티나무(H3.0×R6), 청단풍(H2.5×R8), 다정큼나무(H1.0×W0.6), 동백나무(H2.5×R8), 중국단풍(H2.5×R5), 굴거리나무(H2.5×W0.6), 자귀나무(H2.5×R6), 태산목(H1.5×W0.5), 먼나무(H2.0×R5), 산딸나무(H2.0×R5), 산수유(H2.5×R7), 꽃사과(H2.5×R5), 수수꽃다리(H1.5×W0.6), 병꽃나무(H1.0×W0.4), 쥐똥나무(H1.0×W0.3), 명자나무(H0.6×W0.4), 산철쭉(H0.3×W0.4), 자산홍(H0.3×W0.3), 영산홍(H0.4×W0.3), 조릿대(H0.6×7가지)

⑨ A-A' 단면도는 포장재료, 경계선 및 기타 시설물의 기초, 주변의 수목, 중요 시설물, 이용자 등을 단면도상에 반드시 표시합니다.

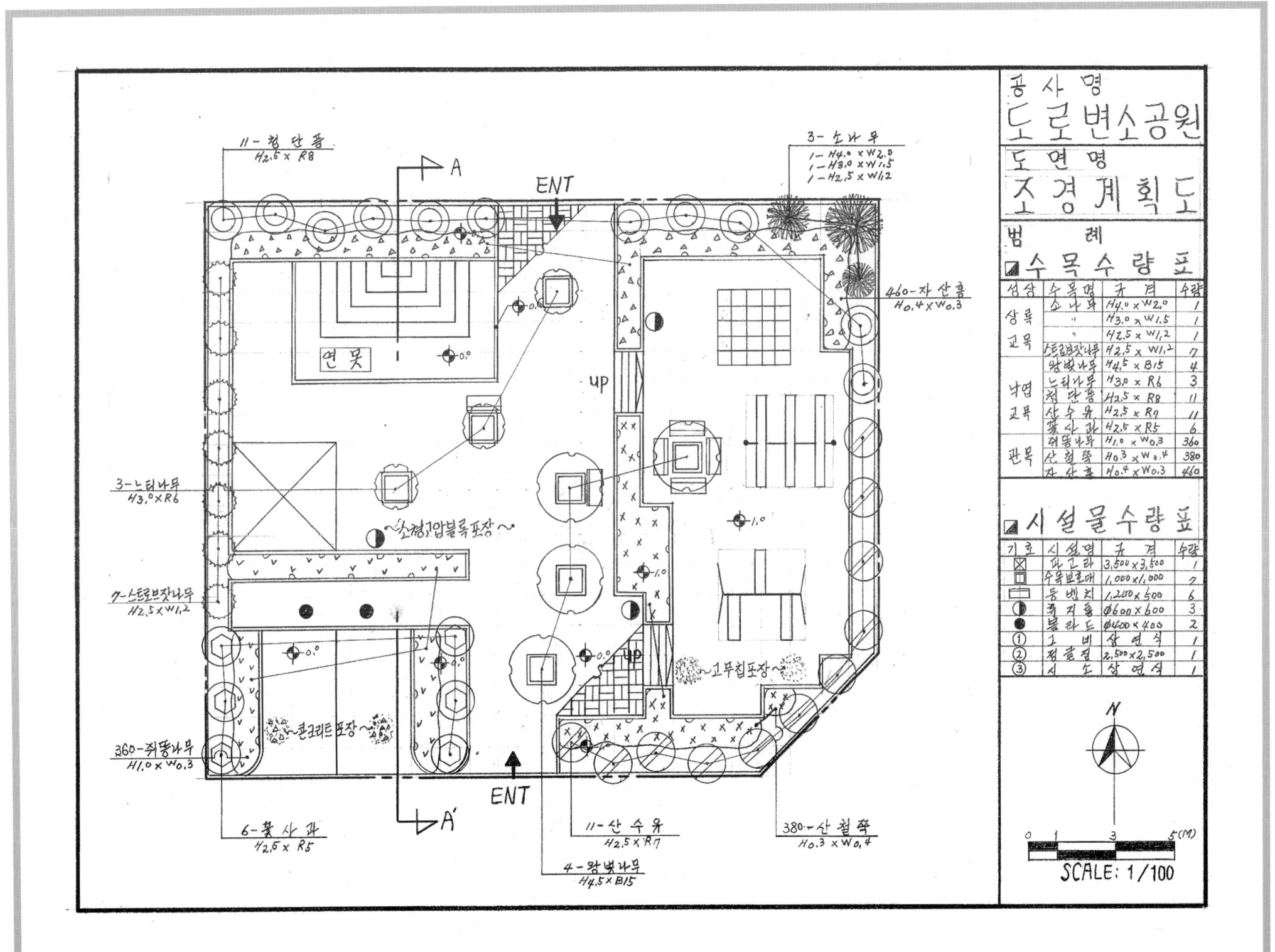

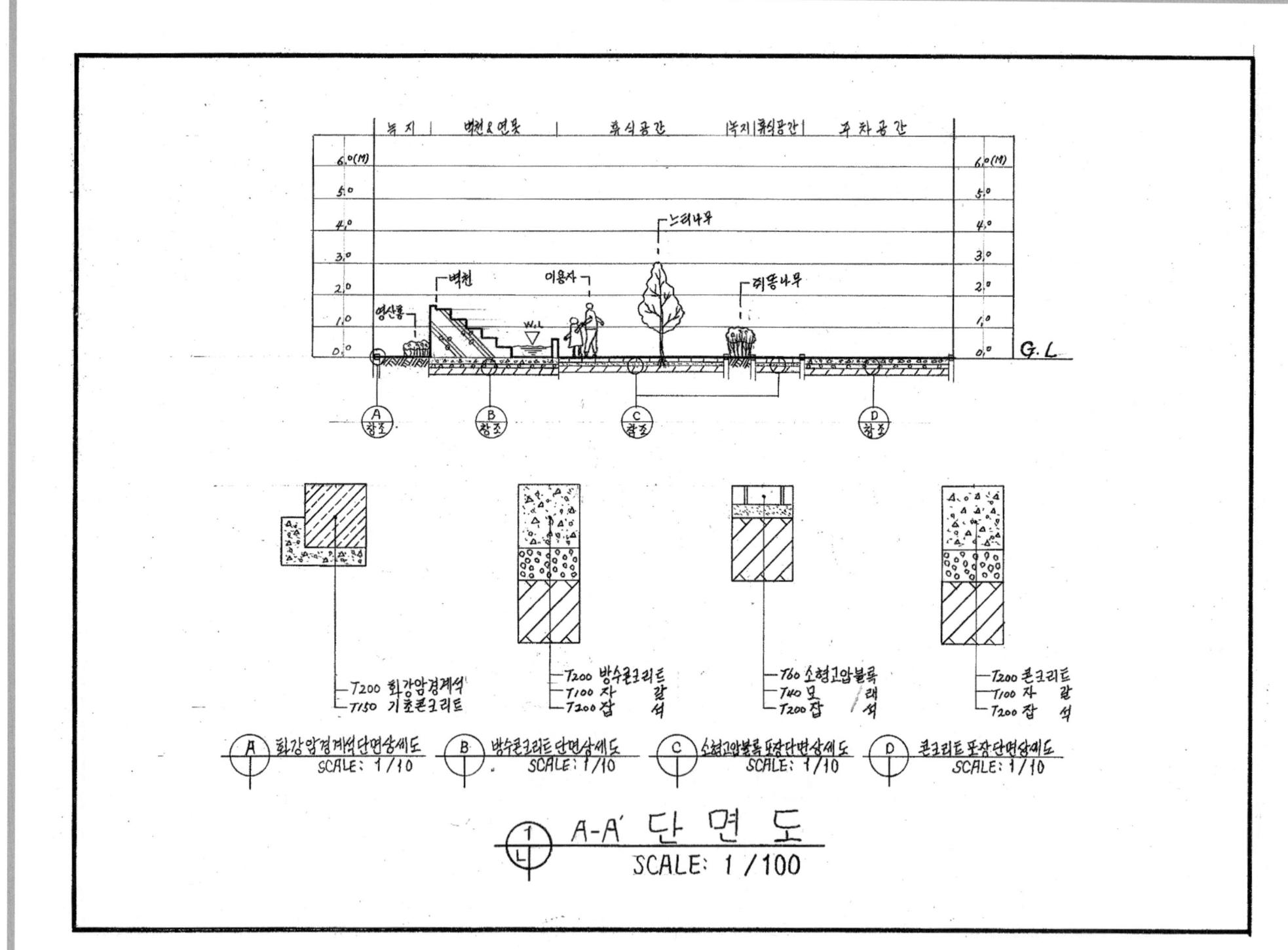

제13절 기출복원문제(도로변 소공원)

설계문제

우리나라 중부지방에 위치한 도로변의 빈 공간에 대한 조경설계를 하고자 합니다. 주어진 현황도 및 아래 사항을 참조하여 설계조건에 따라 조경계획도를 작성합니다(단, 2점 쇄선 안 부분을 조경설계 대상지로 합니다).

(1) 현황도

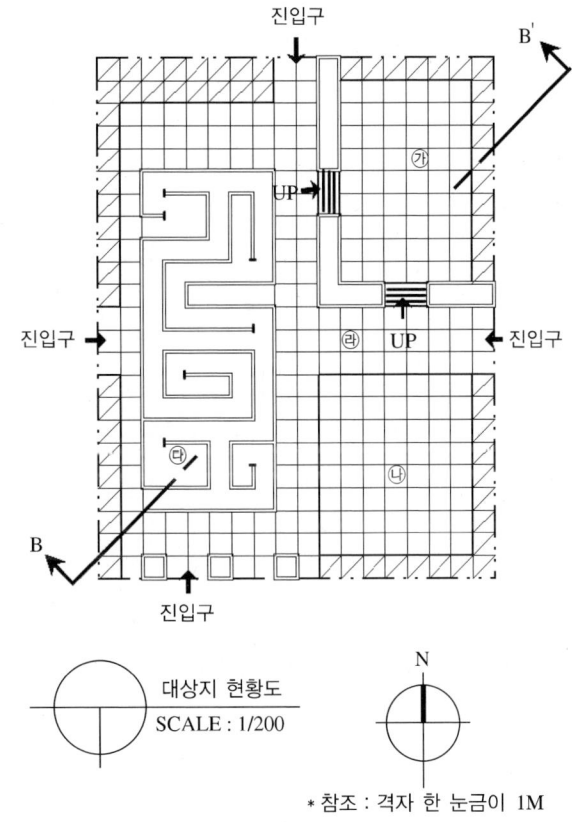

(2) 요구사항

① 식재평면도를 위주로 한 조경계획도를 축척 1/100로 작성하시오(용지 1).
② B-B' 단면도를 축척 1/100로 작성하고, 미로담장 기초 상세도를 1/20로 작성하시오(용지 2).

(3) 설계조건

① 해당 지역은 도로변 소공원으로 휴식공간과 어린이들이 미로 찾기를 즐길 수 있는 특성을 고려하여 조경계획도를 작성합니다. 포장지역을 제외한 곳에는 가능한 식재를 계획합니다(녹지공간은 대각선 친 부분임).
② 포장지역은 "소형고압블록, 황토포장, 투수벽돌, 콘크리트, 고무칩포장" 등을 적당한 위치에 선택하여 표시하고 포장명을 기입합니다.
③ "가" 지역은 "라" 지역에 비해 1m 높은 휴게공간으로 퍼걸러(3,500mm×3,500mm) 1개소, 등벤치 2개소, 휴지통 2개소를 계획하고 설치합니다.
④ "나" 지역은 어린이를 위한 놀이공간으로 정글짐, 회전무대, 철봉, 시소 중에서 3종을 계획하고 설계하시오.
⑤ "다" 지역은 미로공간으로 높이 1m, 동일한 재료로 칸막이를 설계하여 미로의 의미를 부여하고, 바닥 포장을 계획하고 작성하시오.
⑥ "라" 지역은 이동공간으로 계획하고, 이용자의 편의를 위하여 적당한 곳에 등벤치 4개소를 계획하고 주어진 수목보호대에 녹음식재하시오.
⑦ 필요한 공간에 수목보호대를 계획하고 녹음식재, 유도식재, 경관식재(소나무 군식), 녹음식재 패턴을 필요한 곳에 적당히 배식하여 조형을 계획하고 설계하시오.
⑧ 수목은 아래의 수종 중에서 10가지를 선정하여 골고루 안정적이고 아늑한 경관이 될 수 있도록 계획하고 설계하시오.

> 소나무(H4.0×W2.0), 소나무(H3.0×W1.5), 소나무(H2.5×W1.2), 스트로브잣나무(H2.5×W1.2), 스트로브잣나무(H2.0×W1.0), 왕벚나무(H4.5×B15), 버즘나무(H3.5×B8), 느티나무(H3.0×R6), 청단풍(H2.5×R8), 다정큼나무(H1.0×W0.6), 동백나무(H2.5×R8), 중국단풍(H2.5×R5), 굴거리나무(H2.5×W0.6), 자귀나무(H2.5×R6), 태산목(H1.5×W0.5), 먼나무(H2.0×R5), 산딸나무(H2.0×R5), 산수유(H2.5×R7), 꽃사과(H2.5×R5), 수수꽃다리(H1.5×W0.6), 병꽃나무(H1.0×W0.4), 쥐똥나무(H1.0×W0.3), 명자나무(H0.6×W0.4), 산철쭉(H0.3×W0.4), 자산홍(H0.3×W0.3), 영산홍(H0.4×W0.3), 조릿대(H0.6×7가지)

⑨ B-B' 단면도는 포장재료, 경계선 및 기타 시설물의 기초, 주변의 수목, 중요 시설물, 이용자 등을 단면도상에 반드시 표시하고, 미로 기초 상세도를 1/20로 작도하시오.

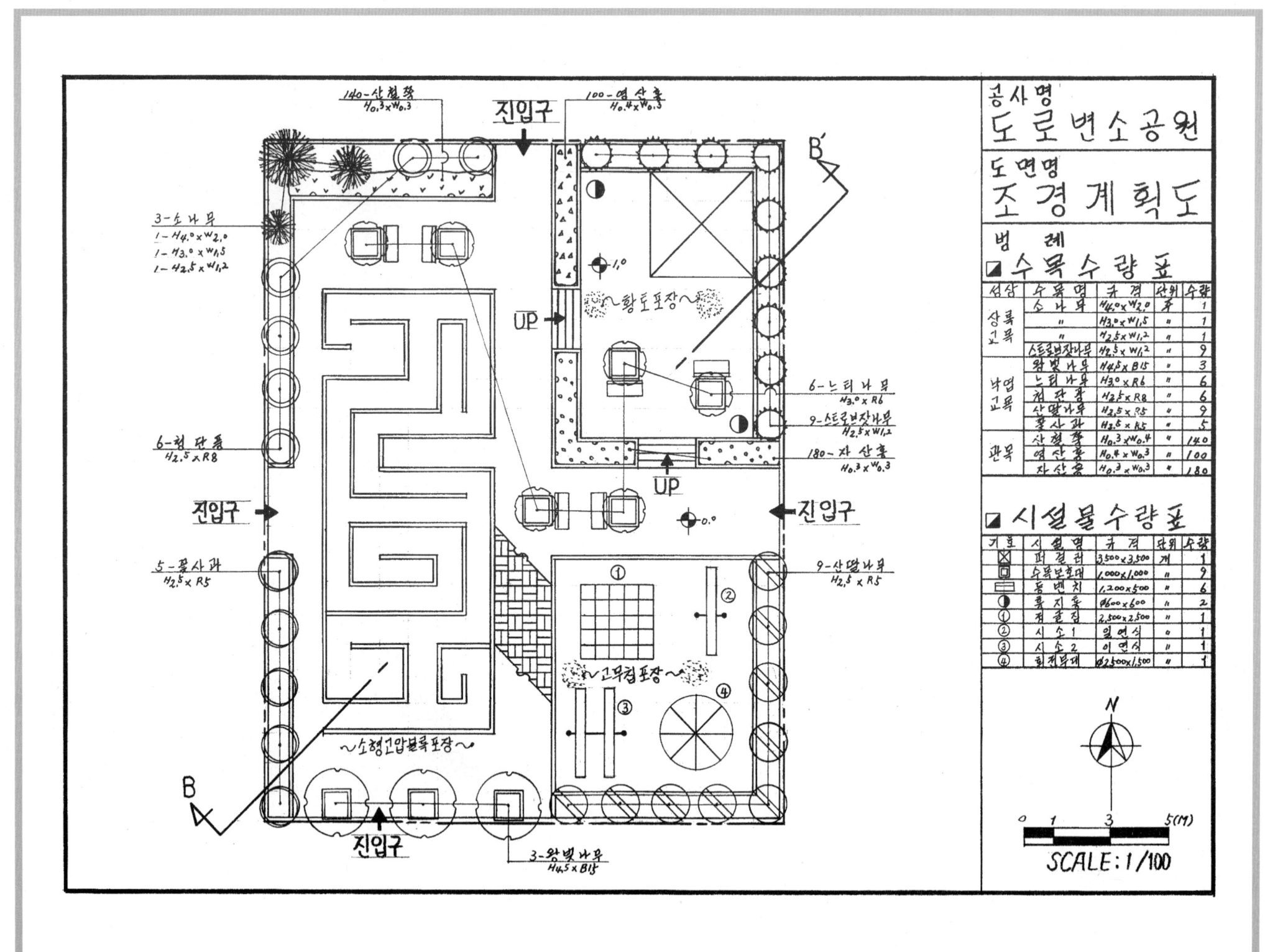

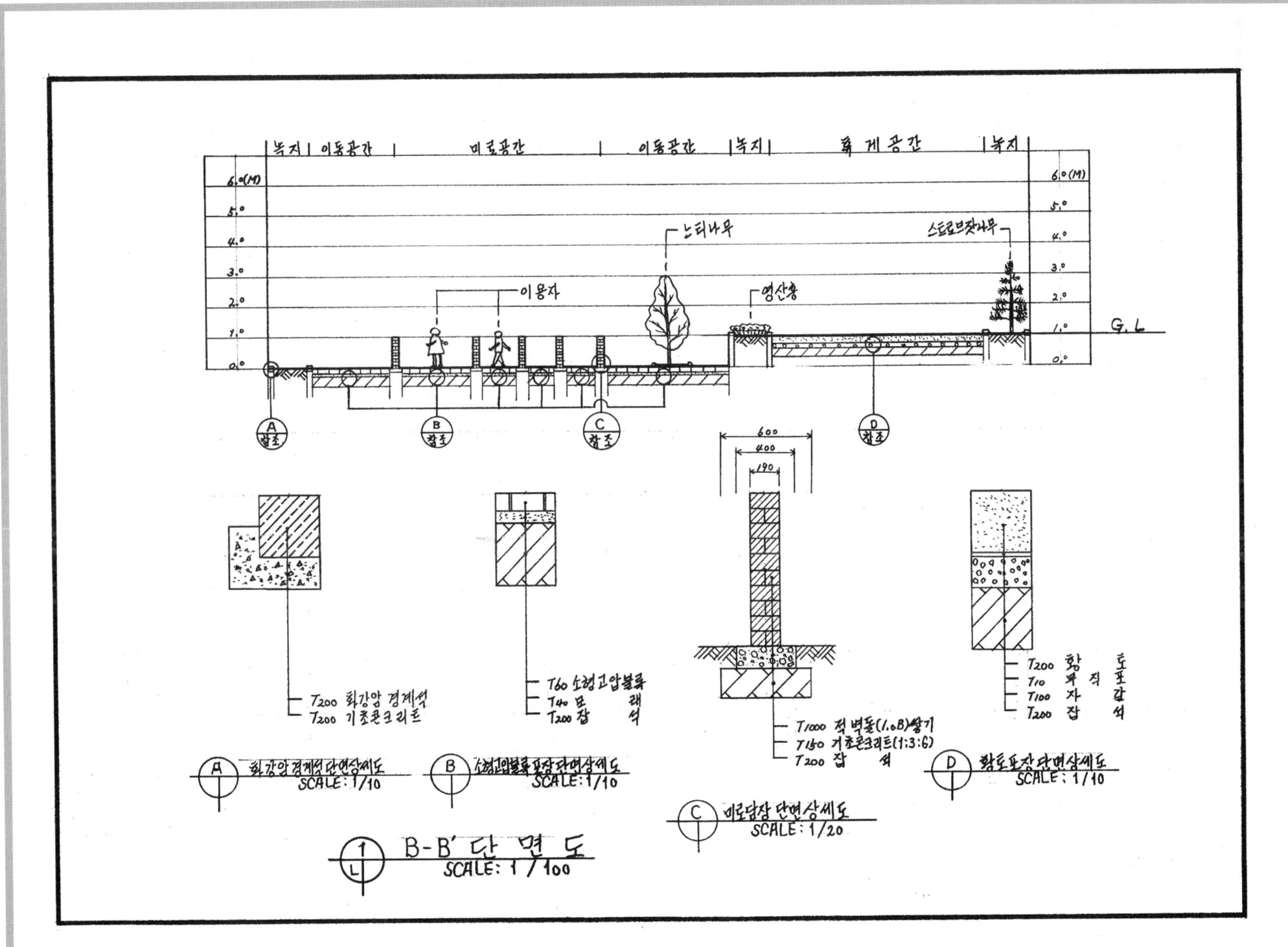

제14절 기출복원문제(도로변 소공원)

설계문제

우리나라 중부지방에 위치한 도로변의 빈 공간에 대한 조경설계를 하고자 한다. 주어진 현황도 및 아래 사항을 참조하여 설계조건에 따라 조경계획도를 작성합니다(단, 2점 쇄선 안 부분을 조경설계 대상지로 합니다).

(1) 현황도

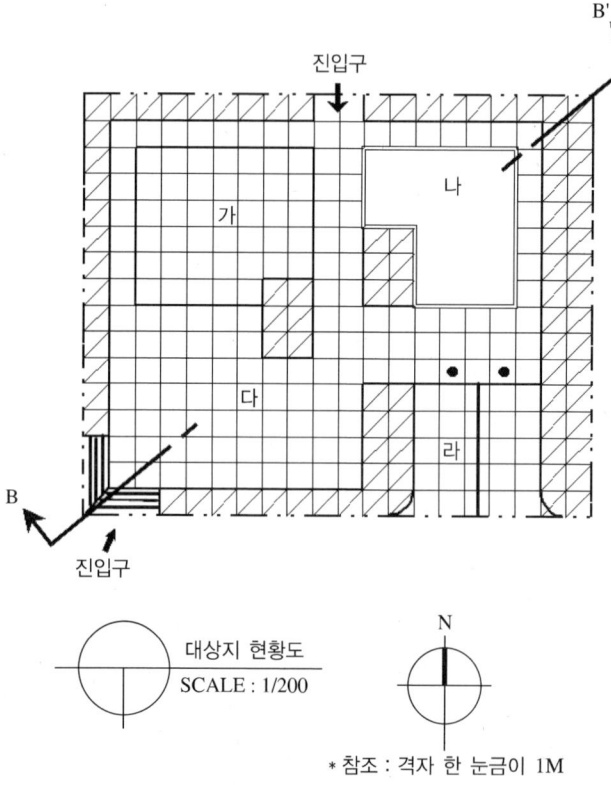

(2) 요구사항

① 식재평면도를 위주로 한 조경계획도를 축척 1/100로 작성하시오(용지 1).
② B-B' 단면도를 축척 1/100로 작성하시오(용지 2).

(3) 설계조건

① 해당 지역은 도로변 소공원으로 휴식공간과 어린이들이 즐길 수 있는 특성을 고려하여 조경계획도를 작성합니다. 포장지역을 제외한 곳에는 가능한 식재를 계획합니다(녹지공간은 대각선 친 부분임).
② 포장지역은 "소형고압블록, 황토, 투수콘크리트, 고무칩, 마사토" 등을 적당한 위치에 선택하여 표시하고 포장명을 기입합니다.
③ "가" 지역은 어린이를 위한 놀이공간으로 놀이시설(3종)을 계획하고 설계하시오.
④ "나" 지역은 수경공간으로 깊이 0.6m로 계획하고 설계하시오.
⑤ "다" 지역은 휴게 및 이동공간으로 퍼걸러(3,500mm×3,500mm) 1개소, 등벤치 4개소를 계획하고, 퍼걸러 안에 등벤치 4개소를 설치하시오.
⑥ "라" 지역은 주차공간으로 소형자동차(5,000mm×2,500mm) 2대를 계획하고 설계하시오.
⑦ 대상지는 주변보다 1m 높은 지역으로 진입구에 계단을 설치하여 처리하는 것으로 계획하고 설계하시오.
⑧ 필요한 공간에 수목보호대를 설치하고 녹음식재, 유도식재, 경관식재(소나무 군식), 녹음식재 패턴을 필요한 곳에 적당히 배식하여 조형을 계획하고 설계하시오.
⑨ 수목은 아래의 수종 중에서 10가지를 선정하여 골고루 안정적이고 아늑한 경관이 될 수 있도록 계획하고 설계하시오.

> 소나무(H4.0×W2.0), 소나무(H3.0×W1.5), 소나무(H2.5×W1.2), 스트로브잣나무(H2.5×W1.2), 스트로브잣나무(H2.0×W1.0), 왕벚나무(H4.5×B15), 버즘나무(H3.5×B8), 느티나무(H3.0×R6), 청단풍(H2.5×R8), 다정큼나무(H1.0×W0.6), 동백나무(H2.5×R8), 중국단풍(H2.5×R5), 굴거리나무(H2.5×W0.6), 자귀나무(H2.5×R6), 태산목(H1.5×W0.5), 먼나무(H2.0×R5), 산딸나무(H2.0×R5), 산수유(H2.5×R7), 꽃사과(H2.5×R5), 수수꽃다리(H1.5×W0.6), 병꽃나무(H1.0×W0.4), 쥐똥나무(H1.0×W0.3), 명자나무(H0.6×W0.4), 산철쭉(H0.3×W0.4), 자산홍(H0.3×W0.3), 영산홍(H0.4×W0.3), 조릿대(H0.6×7가지)

⑩ B-B' 단면도는 포장재료, 경계선 및 기타 시설물의 기초, 주변의 수목, 중요 시설물, 이용자 등을 단면도상에 반드시 표시하시오.

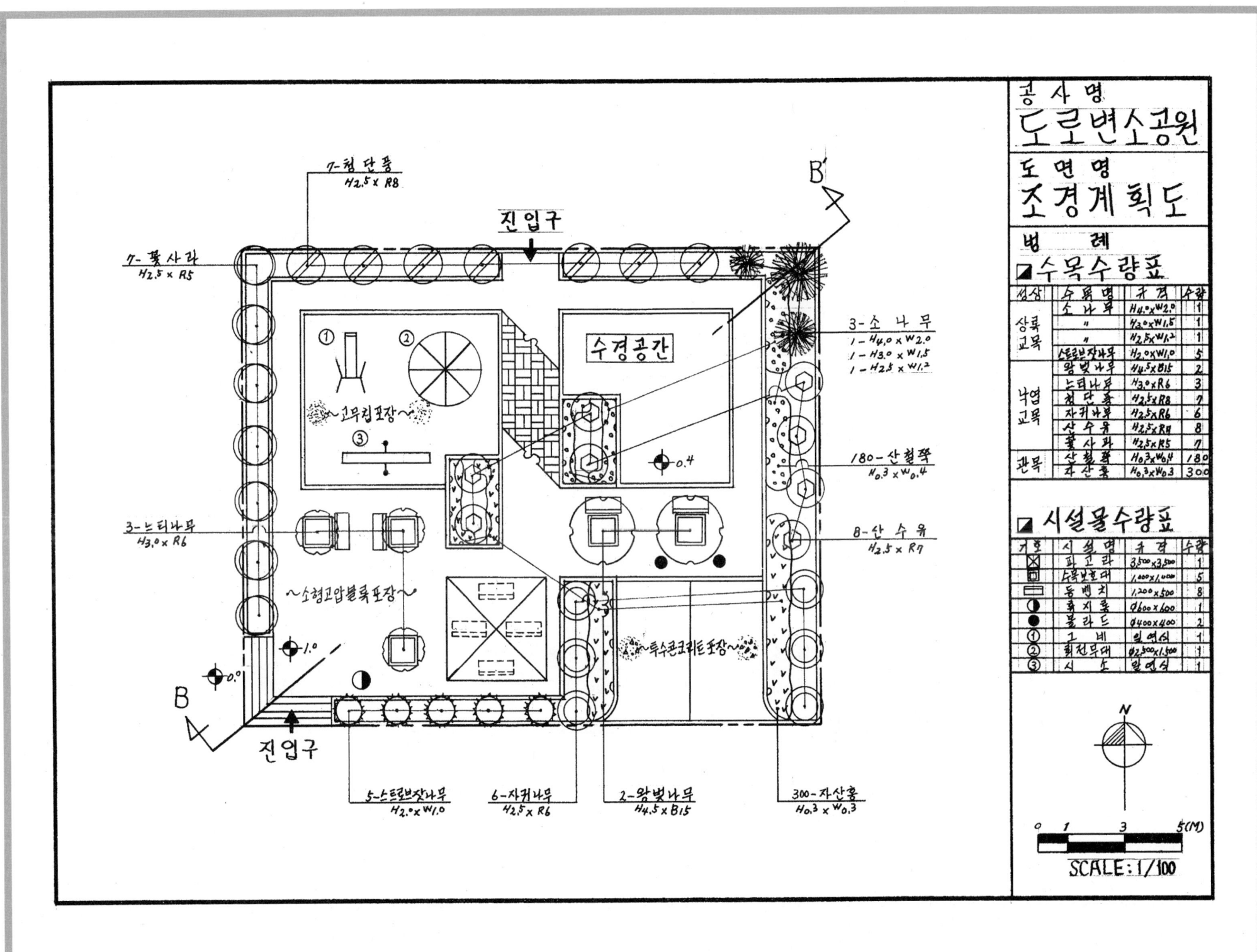

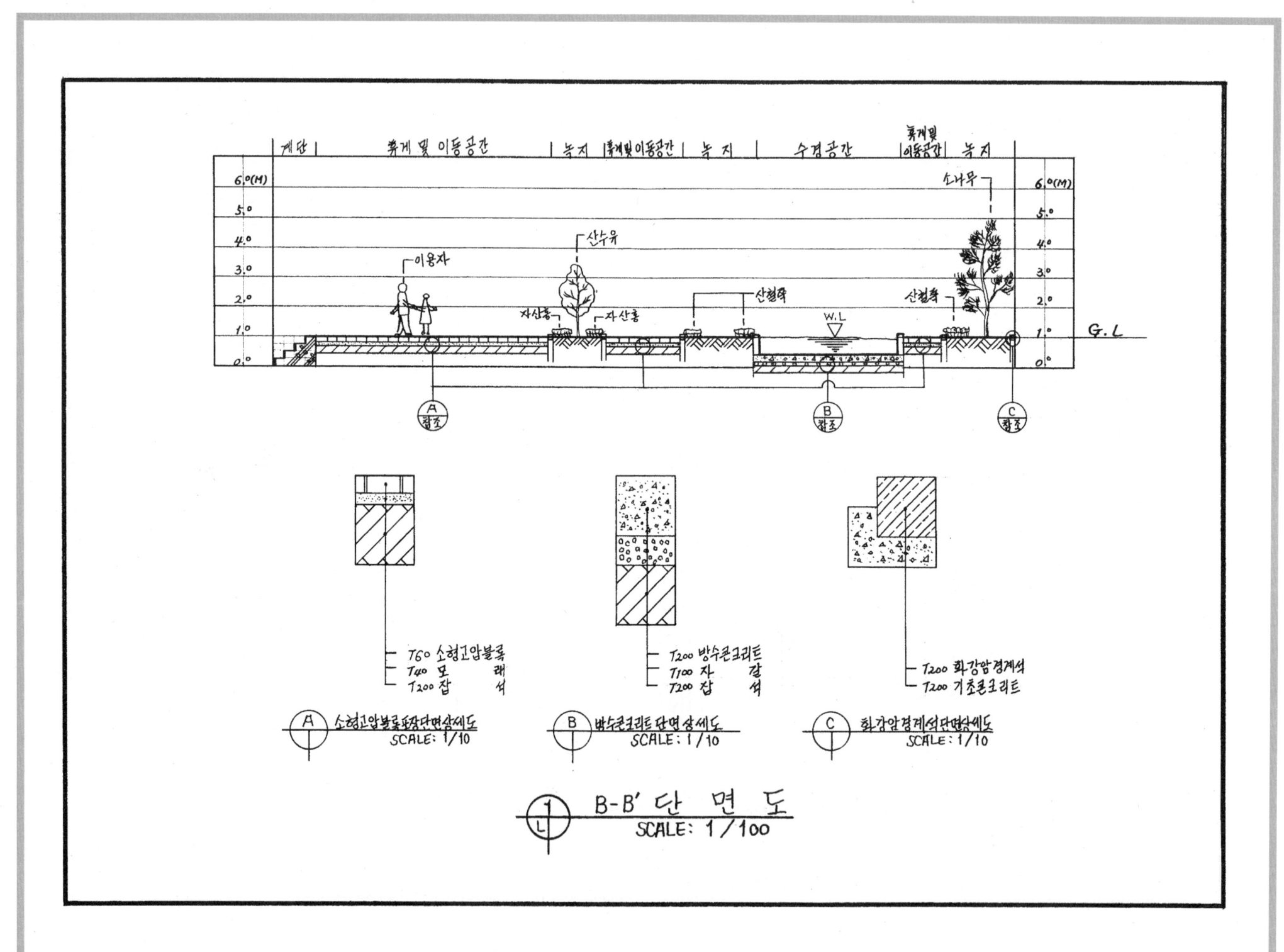

제15절 기출복원문제(어린이 미로공원)

설계문제

우리나라 중부지방에 위치한 도로변의 빈 공간에 대한 조경설계를 하고자 한다. 주어진 현황도 및 아래 사항을 참조하여 설계조건에 따라 조경계획도를 작성하시오(단, 2점 쇄선 안 부분을 조경설계 대상지로 합니다).

(1) 현황도

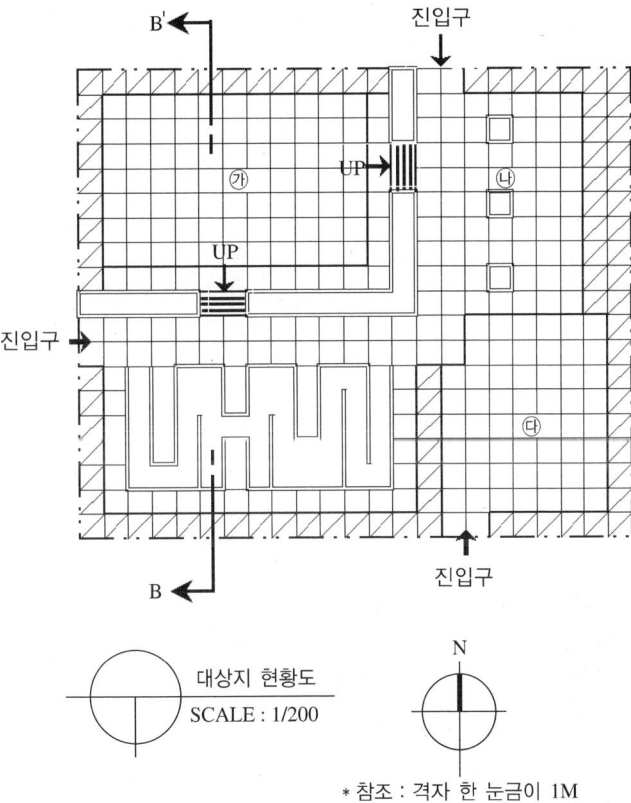

대상지 현황도
SCALE : 1/200

* 참조 : 격자 한 눈금이 1M

(2) 요구사항

① 식재평면도를 위주로 한 조경계획도를 축척 1/100로 작성하시오(용지 1).
② B-B' 단면도를 축척 1/100로 작성하고 미로담장 기초 상세도를 1/20로 한편에 작성하시오(용지 2).

(3) 설계조건

① 해당 지역은 도로변 소공원으로 휴식공간과 어린이들이 미로 찾기를 즐길 수 있는 특성을 고려하여 조경계획도를 작성하시오. 포장지역을 제외한 곳에는 가능한 식재를 계획하시오(녹지공간은 대각선 친 부분임).
② 포장지역은 "점토블록, 황토포장, 투수벽돌, 콘크리트, 고무칩포장" 등을 적당한 위치에 선택하여 표시하고 포장명을 기입하시오.
③ "가" 지역은 "나" 지역에 비해 1m 낮은 어린이를 위한 놀이공간으로 정글짐, 회전무대, 철봉, 시소 중에서 3종을 계획하고 설계하시오.
④ "나" 지역은 미로 및 휴식공간으로 동일한 재료로 칸막이(높이 1m)를 설계하여 미로의 의미를 부여하고, 등벤치 2개소와 휴지통 2개소를 계획하고 수목보호대에 녹음식재하고, 바닥포장을 계획하고 작성하시오.
⑤ "다" 휴게공간으로 휴식과 대화를 위한 퍼걸러(3,000mm×5,000mm) 1개소, 평벤치 3개소, 휴지통 1개소를 계획하고 설계하시오.
⑥ 필요한 공간에 녹음식재, 유도식재, 경관식재(소나무 군식), 녹음식재 패턴을 필요한 곳에 적당히 배식하여 조형을 계획하고 설계하시오.
⑦ 수목은 아래의 수종 중에서 10가지를 선정하여 골고루 안정적이고 아늑한 경관이 될 수 있도록 계획하고 설계하시오.

> 소나무(H4.0×W2.0), 소나무(H3.0×W1.5), 소나무(H2.5×W1.2), 스트로브잣나무(H2.5×W1.2), 스트로브잣나무(H2.0×W1.0), 왕벚나무(H4.5×B15), 버즘나무(H3.5×B8), 느티나무(H3.0×R6), 청단풍(H2.5×R8), 다정큼나무(H1.0×W0.6), 동백나무(H2.5×R8), 중국단풍(H2.5×R5), 굴거리나무(H2.5×W0.6), 자귀나무(H2.5×R6), 태산목(H1.5×W0.5), 먼나무(H2.0×R5), 산딸나무(H2.0×R5), 산수유(H2.5×R7), 꽃사과(H2.5×R5), 수수꽃다리(H1.5×W0.6), 병꽃나무(H1.0×W0.4), 쥐똥나무(H1.0×W0.3), 명자나무(H0.6×W0.4), 산철쭉(H0.3×W0.4), 자산홍(H0.3×W0.3), 영산홍(H0.4×W0.3), 조릿대(H0.6×7가지)

⑧ B-B' 단면도는 포장재료, 경계선 및 기타 시설물의 기초, 주변의 수목, 중요 시설물, 이용자 등을 단면도상에 반드시 표시하고, 미로 기초 상세도를 1/20로 옆에 작도하시오.

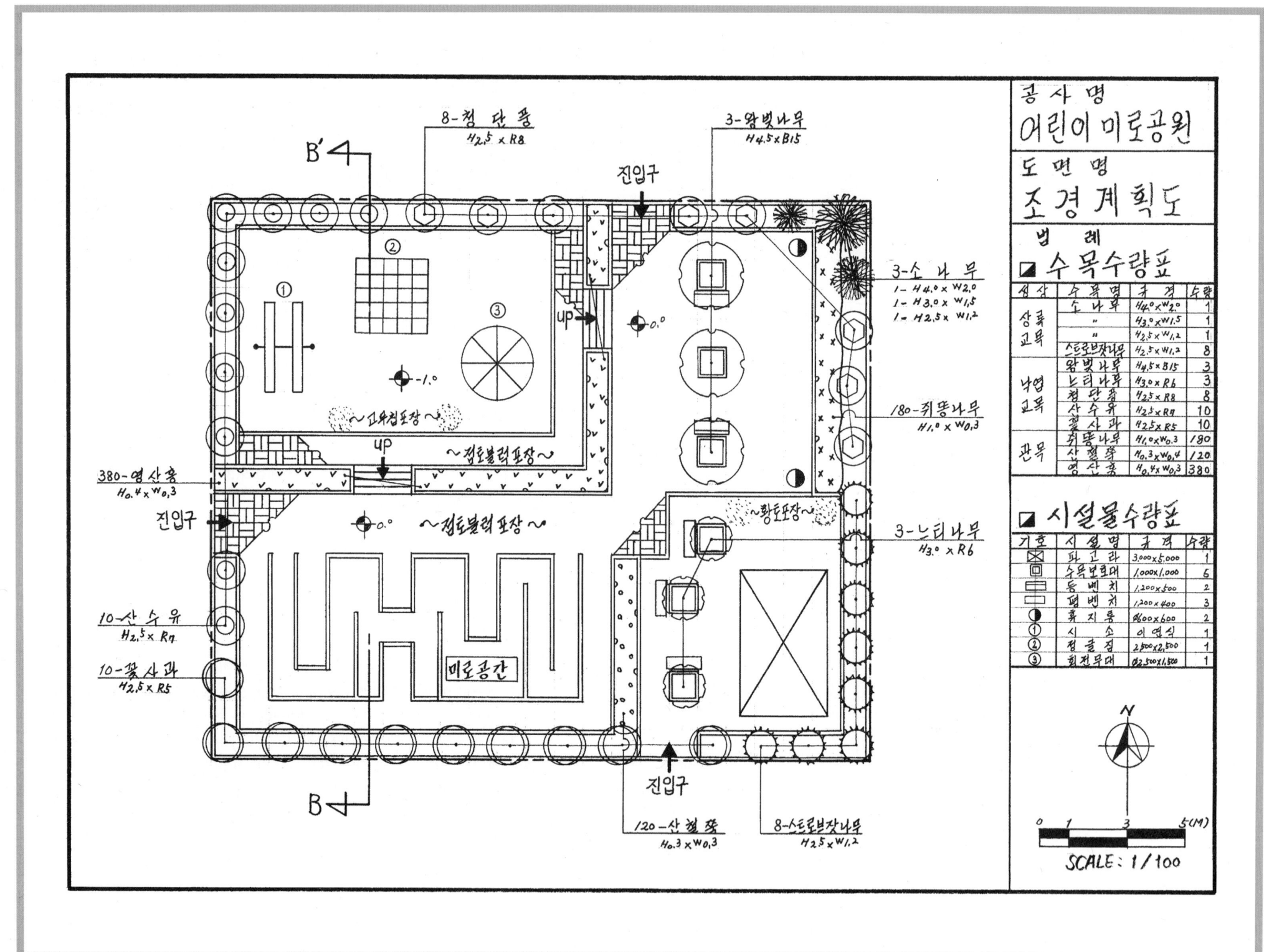

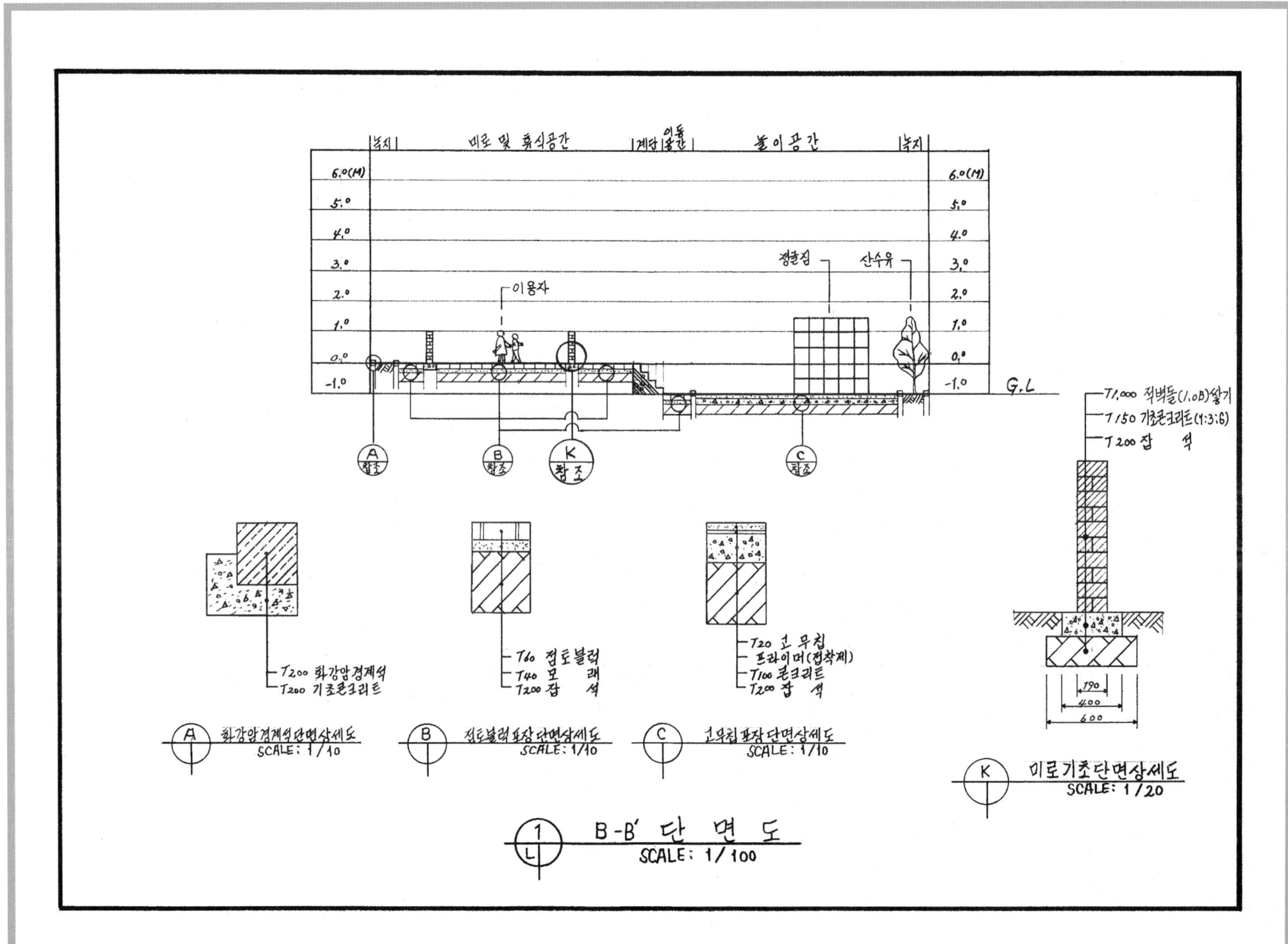

제16절 기출복원문제(도로변 소공원)

설계문제

우리나라 중부지역에 위치한 도로변의 빈 공간에 대한 조경설계를 하고자 합니다. 주어진 현황도 및 아래 사항을 참조하여 설계조건에 따라 조경계획을 작성합니다(단, 2점 쇄선 안 부분을 조경설계 대상지로 합니다).

(1) 현황도

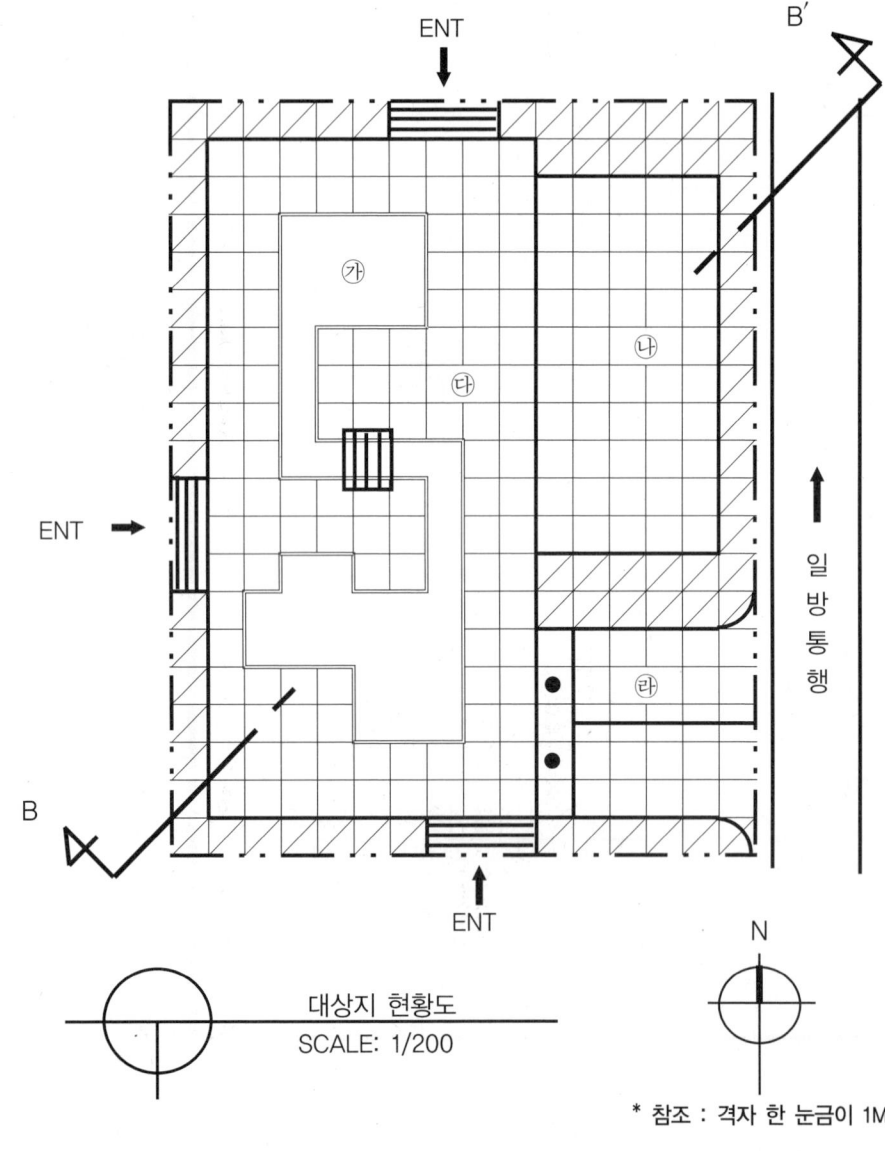

대상지 현황도
SCALE: 1/200

* 참조 : 격자 한 눈금이 1M

(2) 요구사항

① 식재평면도를 위주로 한 조경계획도를 축척 1/100로 작성하십시오(용지 1).
② 도면 오른쪽 위에 작업명칭을 작성하십시오.
③ 도면 오른쪽에는 "중요 시설물 수량표와 수목(식재) 수량표"를 작성하고, 반드시 단위를 수량표에 넣고, 수량표 아래쪽 "방위표시와 막대축척"을 반드시 그려 넣으십시오(단, 전체 대상지의 길이를 고려하여 범례표의 폭을 조정할 수 있습니다).
④ 도면의 전체적인 안정감을 위하여 "테두리선"을 작성하십시오.
⑤ B-B' 단면도를 축척 1/100로 작성하십시오(용지 2).

(3) 설계조건

① 해당 지역은 도로변의 자투리 공간을 이용하여 휴식 및 어린이들이 즐길 수 있는 도로변 소공원으로, 공원의 특징을 고려하여 조경계획도를 작성합니다.
② 포장지역을 제외한 곳에는 모두 식재를 계획합니다(단, 녹지공간은 빗금친 부분이며, 분위기를 고려하여 식재를 실시합니다).
③ 포장지역은 "소형고압블록, 콘크리트, 고무칩, 마사토, 투수콘크리트, 모래" 등 적당한 재료를 선택하여 재료의 사용이 적합한 장소에 기호로 표현하고, 포장명을 반드시 기입하시오.
④ "가" 지역은 수경공간으로 수심이 60cm 깊이로 하고, 이용자의 편의를 위하여 다리를 설계하시오.
⑤ "나" 지역은 어린이를 위한 놀이공간으로 놀이시설(3종)을 계획 설계하시오.
⑥ "다" 지역은 휴식공간으로 이용자의 편의를 위해 적당한 곳에 퍼걸러(3,500mm×3,500mm) 1개소와 등벤치 3개소, 휴지통 2개소를 적절하게 계획하고 설계하시오.
⑦ "라" 지역은 주차공간으로 소형자동차(2,500mm×5,000mm) 2대가 주차할 수 있도록 계획하고 설계하시오.
⑧ 대상 지역은 진입구에 계단이 설치되어 있으며, 주변보다 1m 높은 지역으로 계획하고 설계하시오.
⑨ 대상지 내에는 유도식재, 녹음식재, 경관식재, 소나무 군식 등의 식재 패턴 중 적절한 곳에 따라 배식하고, 필요에 따라 수목보호대를 추가로 설치하여 포장 내에 식재를 할 수 있습니다.
⑩ 수목은 다음에 주어진 수종 중에서 종류가 다른 10가지를 반드시 선정하여 골고루 안정적인 배식이 될 수 있도록 계획하여 인출선을 이용하여 수량, 수종명칭, 규격을 반드시 표기하시오.

소나무(H4.0×W2.0), 소나무(H3.0×W1.5), 소나무(H2.5×W1.2), 스트로브잣나무(H2.5×W1.2), 스트로브잣나무(H2.0×W1.0), 왕벚나무(H4.5×B15), 버즘나무(H3.5×B8), 느티나무(H3.0×R6), 섬단풍나무(H2.5×R8), 다정큼나무(H1.0×W0.6), 동백나무(H2.5×R8), 중국단풍(H2.5×R5), 굴거리나무(H2.5×W0.6), 자귀나무(H2.5×R6), 태산목(H1.5×W0.5), 먼나무(H2.0×R5), 산딸나무(H2.0×R5), 산수유(H2.5×R7), 꽃사과(H2.5×R5), 수수꽃다리(H1.5×W0.6), 병꽃나무(H1.0×W0.4), 쥐똥나무(H1.0×W0.3), 명자나무(H0.6×W0.4), 산철쭉(H0.3×W0.4), 자산홍(H0.3×W0.3), 영산홍(H0.4×W0.3), 조릿대(H0.6×7가지)

⑪ B-B′ 단면도는 경사, 포장재료, 경계선 및 기타 시설물의 기초, 주변의 수목, 중요 시설물, 이용자 등을 단면도상에 반드시 표기합니다.

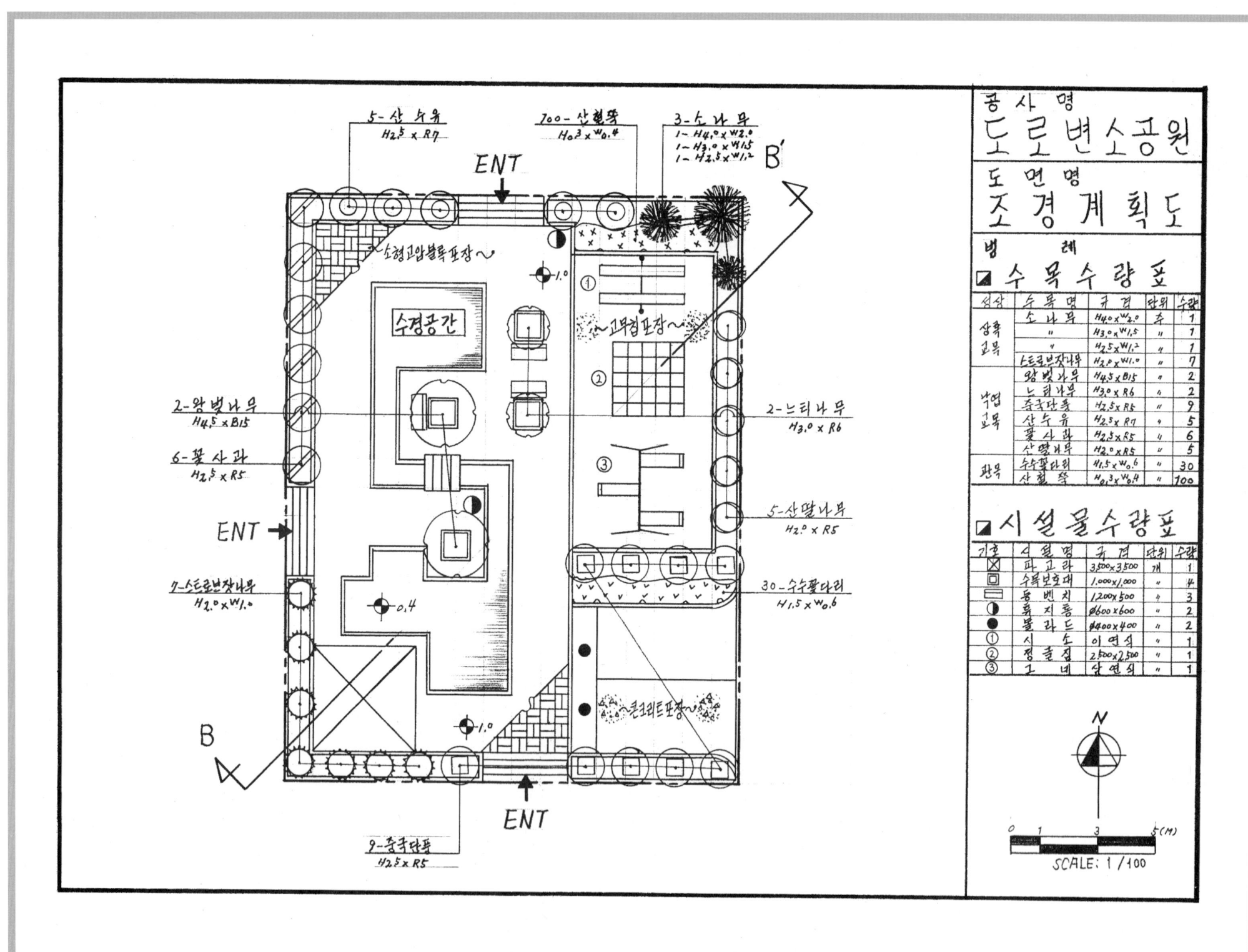

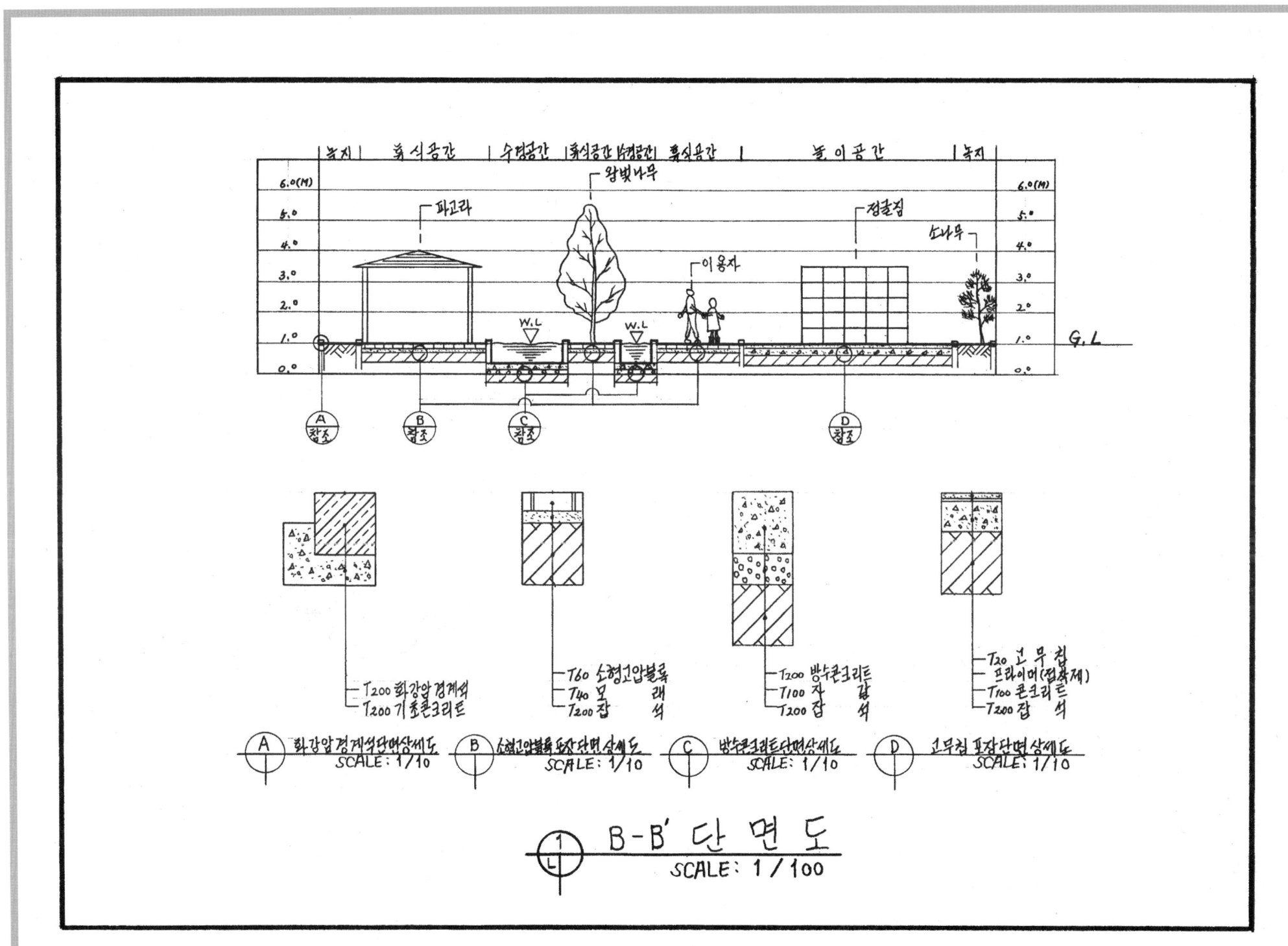

제 17 절 기출복원문제(도로변 소공원)

설계문제

우리나라 중부지역에 위치한 도심의 빈 공간에 대한 조경설계를 하고자 한다. 주어진 현황도 및 아래 사항을 참조하여 설계조건에 따라 조경계획도를 작성합니다(단, 2점 쇄선 안 부분을 조경설계 대상지로 합니다).

(1) 현황도

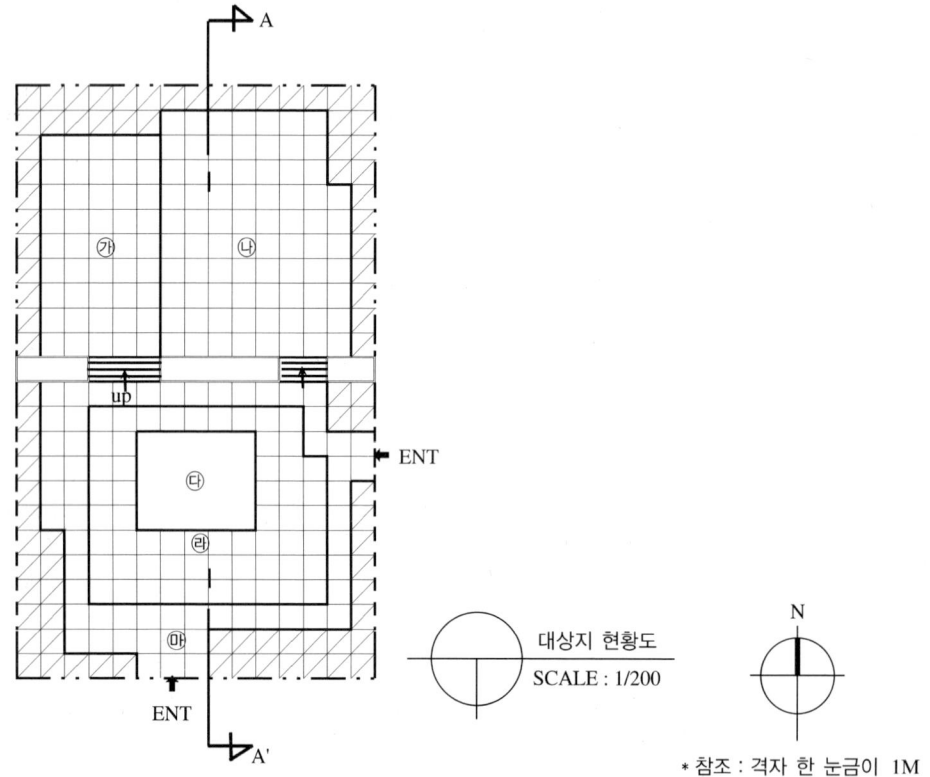

*참조 : 격자 한 눈금이 1M

(2) 요구사항

① 식재평면도를 위주로 한 조경계획도를 축척 1/100로 작성하시오(용지 1).
② A-A′ 단면도를 축척 1/100로 작성하시오(용지 2).

(3) 설계조건

① 해당 지역은 도로변 소공원으로 휴식공간과 어린이들이 즐길 수 있는 특성을 고려하여 조경계획도를 작성합니다.
② 포장지역을 제외한 곳에는 가능한 식재를 계획합니다(녹지공간은 대각선 친 부분임).
③ 포장지역은 "소형고압블록, 투수콘크리트, 콘크리트, 고무칩, 마사토" 등의 적당한 재료를 선택하여 재료의 사용이 적합한 장소에 기호로 표현하고, 포장명을 반드시 기입합니다.
④ "가" 지역은 휴식공간으로 이용자들의 편안한 휴식을 위해 퍼걸러(3,500mm×3,500mm) 1개소와 등벤치 2개소를 설치하고 "마" 지역보다 1m 높은 지역으로 휴식을 위하여 낙엽교목을 식재하시오.
⑤ "나" 지역은 어린이를 위한 놀이공간으로 계획하고, 대상지는 "마" 지역보다 1m 높은 지역으로 놀이시설 3종(2연식 시소, 3단식 철봉, 회전무대)을 배치하시오.
⑥ "다" 지역은 어린이들을 위한 간이무대로 높이 60cm이고, 둘레는 계단으로 계획하고 설계하시오.
⑦ "라" 지역은 관람공간으로 잔디밭을 계획하고 설계하시오.
⑧ "마" 지역은 이동공간으로 계획하고 설계하시오.
⑨ 대상지 경계에 위치한 외곽 녹지대의 식재는 차폐식재, 유도식재, 녹음식재, 경관식재, 소나무 군식 등의 식재패턴으로 필요한 곳에 배식하시오.
⑩ 수목은 아래의 수종 중에서 10가지를 선정하여 골고루 안정적이고 아늑한 경관이 될 수 있도록 계획하고 설계하시오.

> 소나무(H4.0×W2.0), 소나무(H3.0×W1.5), 소나무(H2.5×W1.2), 스트로브잣나무(H2.5×W1.2), 스트로브잣나무(H2.0×W1.0), 왕벚나무(H4.5×B15), 버즘나무(H3.5×B8), 느티나무(H3.0×R6), 청단풍(H2.5×R8), 다정큼나무(H1.0×W0.6), 동백나무(H2.5×R8), 중국단풍(H2.5×R5), 굴거리나무(H2.5×W0.6), 자귀나무(H2.5×R6), 태산목(H1.5×W0.5), 먼나무(H2.0×R5), 산딸나무(H2.0×R5), 산수유(H2.5×R7), 꽃사과(H2.5×R5), 수수꽃다리(H1.5×W0.6), 병꽃나무(H1.0×W0.4), 쥐똥나무(H1.0×W0.3), 명자나무(H0.6×W0.4), 산철쭉(H0.3×W0.4), 자산홍(H0.3×W0.3), 영산홍(H0.4×W0.3), 조릿대(H0.6×7가지)

⑪ A-A′ 단면도는 포장재료, 경계선 및 기타 시설물의 기초, 주변의 수목, 중요 시설물, 이용자 등을 단면도상에 반드시 표시하시오.

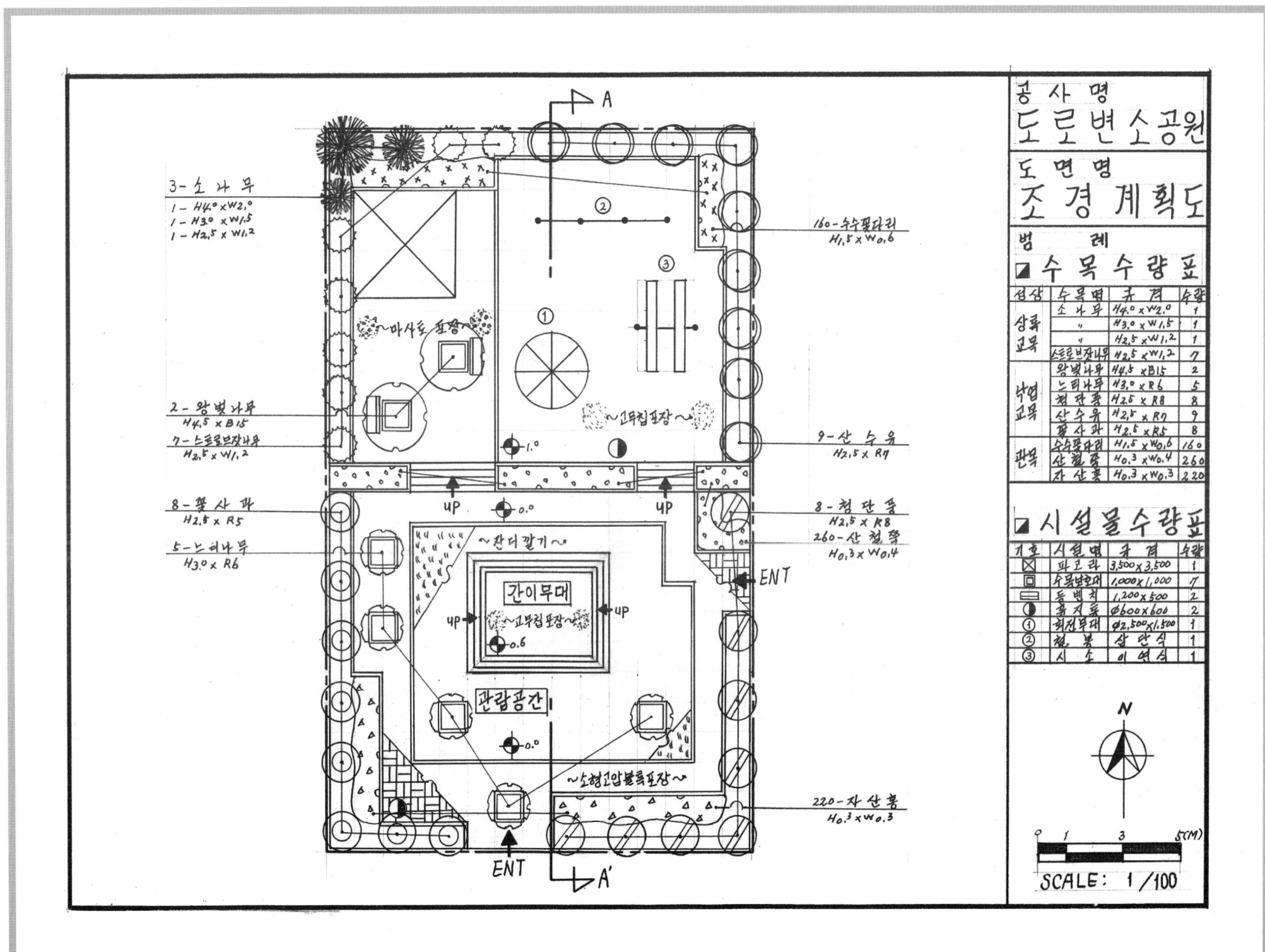

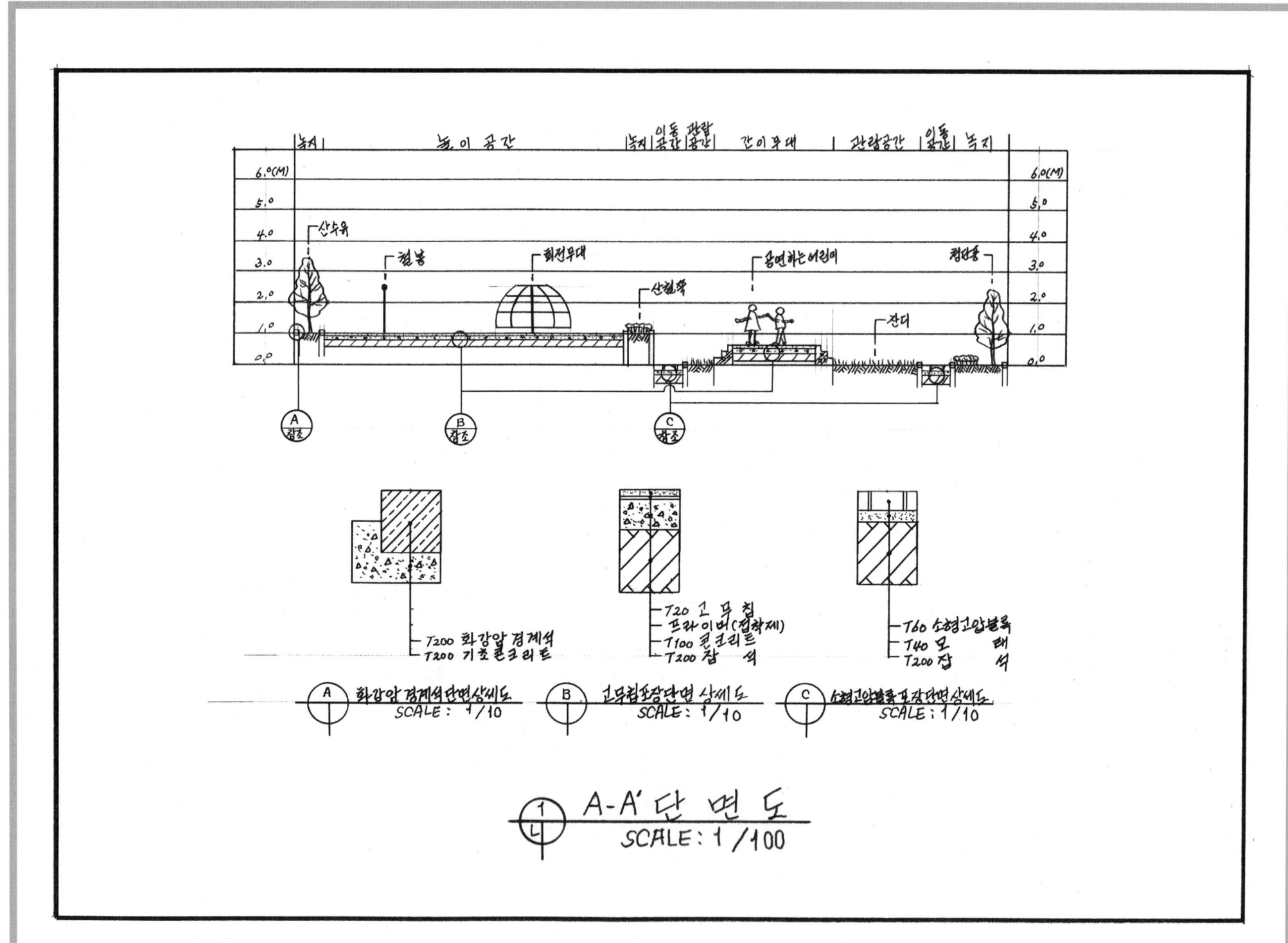

제 18 절 기출복원문제(도심 소공원)

설계문제

우리나라 중부지역에 위치한 도심의 빈 공간에 대한 조경설계를 하고자 한다. 주어진 현황도 및 아래 사항을 참조하여 설계조건에 따라 조경계획도를 작성합니다(단, 2점 쇄선 안 부분을 조경설계 대상지로 합니다).

(1) 현황도

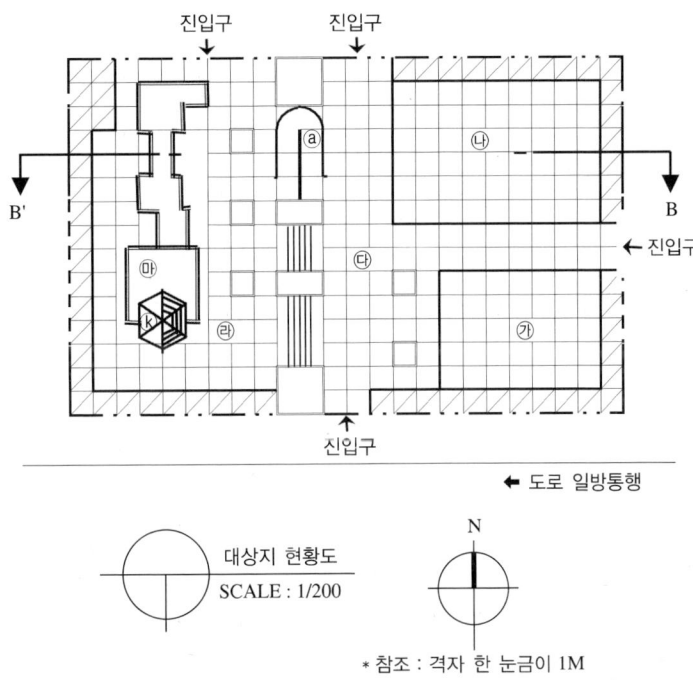

* 참조: 격자 한 눈금이 1M

(2) 요구사항
① 식재평면도를 위주로 한 조경계획도를 축척 1/100로 작성하시오(용지 1).
② B-B′ 단면도를 축척 1/100로 작성하시오(용지 2).

(3) 설계조건
① 해당 지역은 도심의 소공원으로 휴식공간과 어린이들이 즐길 수 있는 특성을 고려하여 조경계획도를 작성합니다.
② 포장지역을 제외한 곳에는 가능한 식재를 계획합니다(녹지공간은 대각선 친 부분임).

③ 포장지역은 "소형고압블록, 자연형 판석, 투수콘크리트, 고무칩, 마사토" 등 적당한 재료를 선택하여 재료의 사용이 적합한 장소에 기호로 표현하고, 포장명을 반드시 기입합니다.
④ "㉮" 지역은 휴게공간으로 이용자들의 편안한 휴식을 위해 퍼걸러(3,500mm×3,500mm) 1개소, 등벤치 4개소를 설치하고 "㉯" 지역보다 1m 높은 지역으로, 휴식을 위하여 낙엽교목을 식재하시오.
⑤ "㉯" 지역은 어린이를 위한 놀이공간으로 계획하고, 대상지는 "㉰" 지역보다 1m 높은 지역으로 놀이시설 3종(시소, 그네, 정글짐)을 배치하시오.
⑥ "㉰" 지역은 "㉱" 지역보다 1m 높은 진입공간으로 각 공간을 원활하게 연결시킬 수 있도록 하며, 보행의 편의성을 고려하여 주어진 수목보호대에 낙엽교목을 식재하시오.
⑦ "㉱" 지역은 정적인 휴식공간으로 연못, 정자(ⓚ) 및 어린이용 도섭지를 설치하여 운영하며, 주어진 3개의 수목보호대에 동일한 수목을 식재하시오. 또한 "㉰" 지역보다 높이 차가 1m 낮으며, 공간별 높이 차이는 식수대(Plant Box)로 처리하시오.
⑧ "㉲" 지역은 "㉱" 지역의 표고보다 수심이 1m 정도의 연못이 위치하며, 연못과 연결되는 어린이 물놀이를 위한 도섭지의 깊이는 어린이 안전을 위하여 깊이 30cm로 계획하고 설계하시오.
⑨ "ⓐ"는 1m 높이차를 장애인용 휠체어가 원활하게 다닐 수 있도록 한 경사로(RAMP)를 계획하여 설계하도록 하시오(단 현황도에 명시되지 않은 내용은 수험자의 판단으로 작성할 것).
⑩ 적당한 장소에 평상형 벤치(평벤치)와 휴지통을 추가로 계획하여 이용자의 휴식과 편의를 제공하도록 하시오.
⑪ 대상지 경계에 위치한 외곽 녹지대의 식재는 차폐식재, 유도식재, 녹음식재, 경관식재, 소나무 군식 등의 식재패턴을 필요한 곳에 배식하시오.
⑫ 수목은 아래의 수종 중에서 종류가 다른 10가지를 반드시 골고루 선정하여 안정적이고 아늑한 경관이 될 수 있도록 계획하며, 인출선을 이용하여 수량, 수종명, 규격을 반드시 표기하시오.

> 소나무(H4.0×W2.0), 소나무(H3.0×W1.5), 소나무(H2.5×W1.2), 스트로브잣나무(H2.5×W1.2), 스트로브잣나무(H2.0×W1.0), 왕벚나무(H4.5×B15), 버즘나무(H3.5×B8), 느티나무(H4.5×R20), 은행나무(H3.5×B8), 대왕참나무(H4.5×R18), 청단풍(H2.5×R8), 다정큼나무(H1.0×W0.6), 동백나무(H2.5×R8), 중국단풍(H2.5×R5), 굴거리나무(H2.5×W0.6), 살구나무(H2.5×R6), 태산목(H1.5×W0.5), 먼나무(H2.0×R5), 산딸나무(H2.0×R5), 산수유(H2.5×R7), 꽃사과(H2.5×R5), 매화나무(H2.0×R4), 다정큼나무(H1.0×W0.6), 수수꽃다리(H1.5×W0.6), 병꽃나무(H1.0×W0.4), 쥐똥나무(H1.0×W0.3), 명자나무(H0.6×W0.4), 산철쭉(H0.3×W0.4), 자산홍(H0.3×W0.3), 영산홍(H0.4×W0.3), 조릿대(H0.6×7가지), 잔디(0.3×0.3×0.03)

⑬ B-B′ 단면도는 경사, 포장재료, 경계선 및 기타 시설물의 기초, 주변의 수목, 주요 시설물, 이용자 등을 단면도상에 반드시 표기하고, 높이차를 한눈에 알아볼 수 있도록 설계하시오.

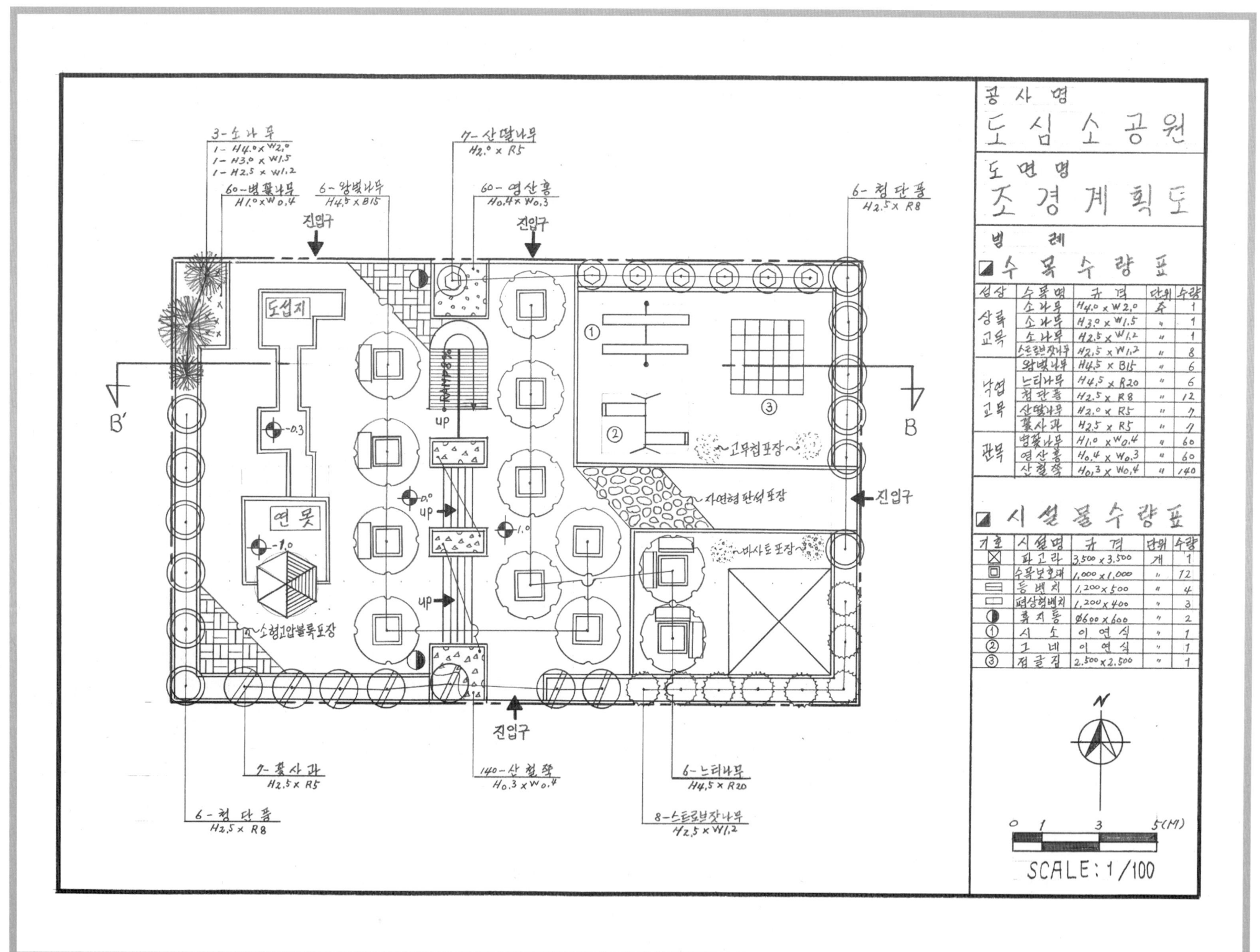

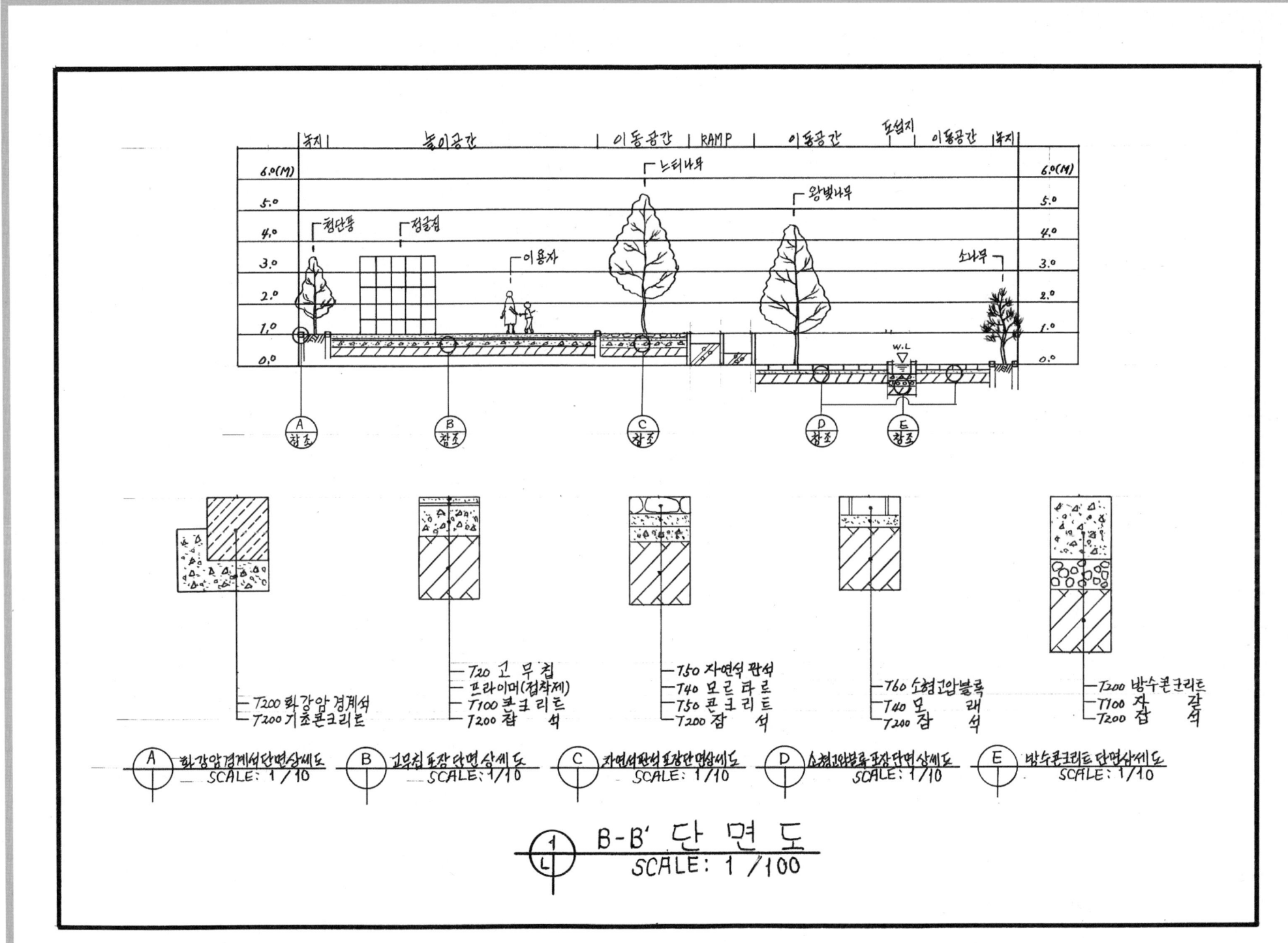

제19절 기출복원문제(도로변 소공원)

설계문제

우리나라 중부지역에 위치한 도로변의 빈 공간에 대한 조경설계를 하고자 합니다. 주어진 현황도 및 다음 사항을 참조하여 설계조건에 따라 조경계획도를 작성합니다(단, 2점 쇄선 안 부분을 조경설계 대상지로 합니다).

(1) 현황도

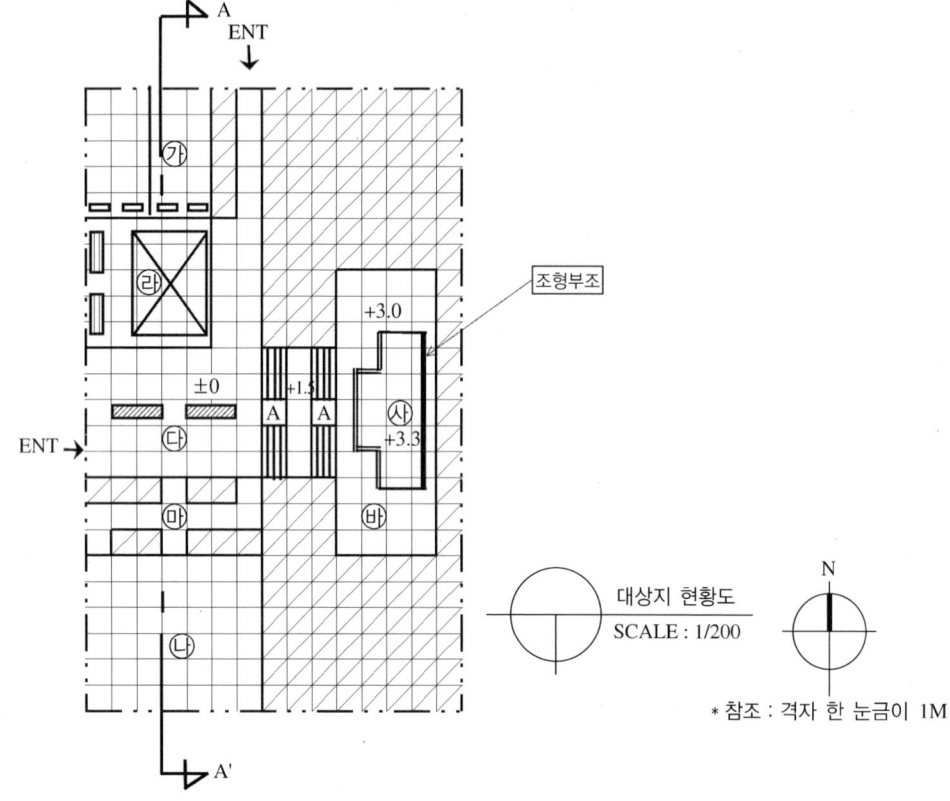

대상지 현황도
SCALE : 1/200

* 참조 : 격자 한 눈금이 1M

(2) 요구사항

① 식재평면도를 위주로 한 조경계획도를 축척 1/100로 작성하시오(용지 1).
② A-A' 단면도를 축척 1/100로 작성하시오(용지 2).
③ 반드시 식재평면도는 성상, 수목명, 규격, 단위, 수량을 명기하여 작성하시오.

(3) 설계조건

① 해당 지역은 휴식과 관람을 할 수 있는 기념공원의 특성을 고려하여 작성하고, 포장지역을 제외한 곳에는 가능한 식재를 계획합니다(녹지공간은 대각선 친 부분임).
② 포장지역은 "점토벽돌, 투수콘크리트, 콘크리트, 화강석블록, 마사토, 고무칩" 등 적당한 재료를 선택하여 재료의 사용이 적합한 장소에 기호로 표현하고, 포장명을 반드시 기입하시오.
③ "㉮" 지역은 주차공간으로 계획하고, 소형자동차(2,500mm×5,000mm) 2대가 주차할 수 있는 공간으로, 4개의 고무카스토퍼를 설계하시오.
④ "㉯" 지역은 어린이를 위한 놀이공간으로 계획하고, 그 안에 놀이시설 3종류(2연식 시소, 3단식 철봉, 정글짐, 회전무대 등)를 배치하시오.
⑤ "㉰" 지역은 진입공간으로 진입 및 각 공간을 원활하게 연결시킬 수 있도록 계획하며, 보행흐름에 지장이 없도록 설계하시오(공간 내 녹지는 띠녹지의 형태로 구성한다).
⑥ "㉱" 지역은 정적인 휴식공간으로 4,000mm×3,000mm의 퍼걸러 1개와 1,500mm×500mm의 등벤치 2개를 설치하시오.
⑦ "㉲" 지역은 보행공간으로 녹지에는 초화원(식물은 설계자가 임의로 지정한다)을 계획하시오.
⑧ "㉳" 지역은 관람 및 휴식공간으로 "㉰" 지역에 비하여 3m 높은 곳에 위치하며, 포장은 화강석블록포장으로 하고 등벤치 4개를 계획하고 설치하시오.
⑨ "㉴" 지역은 "㉳" 지역에 비해 30cm 높은 조형공간이며, 이곳에는 1m의 조형부조와 정사각형 조형물(적당한 위치에 1,000mm×1,000mm, 높이 0.8m)을 계획하고 설계하시오.
⑩ "㉰"와 "㉳" 지역은 3m의 높이 차이가 발생하며, 계단을 설치하여 보행동선을 연계하고, 계단의 중간 "A" 지역은 교목을 활용한 Plant Box로 설계하시오.
⑪ "㉳" 지역을 둘러싼 주변의 녹지에는 공원 성격에 부합되는 경사처리 및 식재패턴(유도식재, 녹음식재, 경관식재, 군식 등)을 필요한 곳에 배식하고, 전체부지 내 녹지에도 식재를 하시오.
⑫ 수목은 아래의 수종 중에서 10가지를 선정하여 설계하시오.

> 소나무(H4.0×W2.0), 소나무(H3.0×W1.5), 소나무(H2.5×W1.2), 스트로브잣나무(H2.5×W1.2), 스트로브잣나무(H2.0×W1.0), 왕벚나무(H4.5×B15), 버즘나무(H3.5×B8), 느티나무(H3.0×R6), 은행나무(H3.5×B8), 대왕참나무(H4.5×R18), 청단풍(H2.5×R8), 다정큼나무(H1.0×W0.6), 동백나무(H2.5×R8), 중국단풍(H2.5×R5), 굴거리나무(H2.5×W0.6), 자귀나무(H2.5×R6), 태산목(H1.5×W0.5), 먼나무(H2.0×R5), 산딸나무(H2.0×R5), 산수유(H2.5×R7), 산철쭉(H0.3×W0.4), 자산홍(H0.3×W0.3), 영산홍(H0.4×W0.3), 조릿대(H0.6×7가지), 잔디(0.3×0.3×0.03)

⑬ A-A' 단면도는 포장재료, 경계선 및 기타 시설물의 기초, 주변의 수목, 중요 시설물, 이용자 등을 단면도상에 반드시 표시하시오.

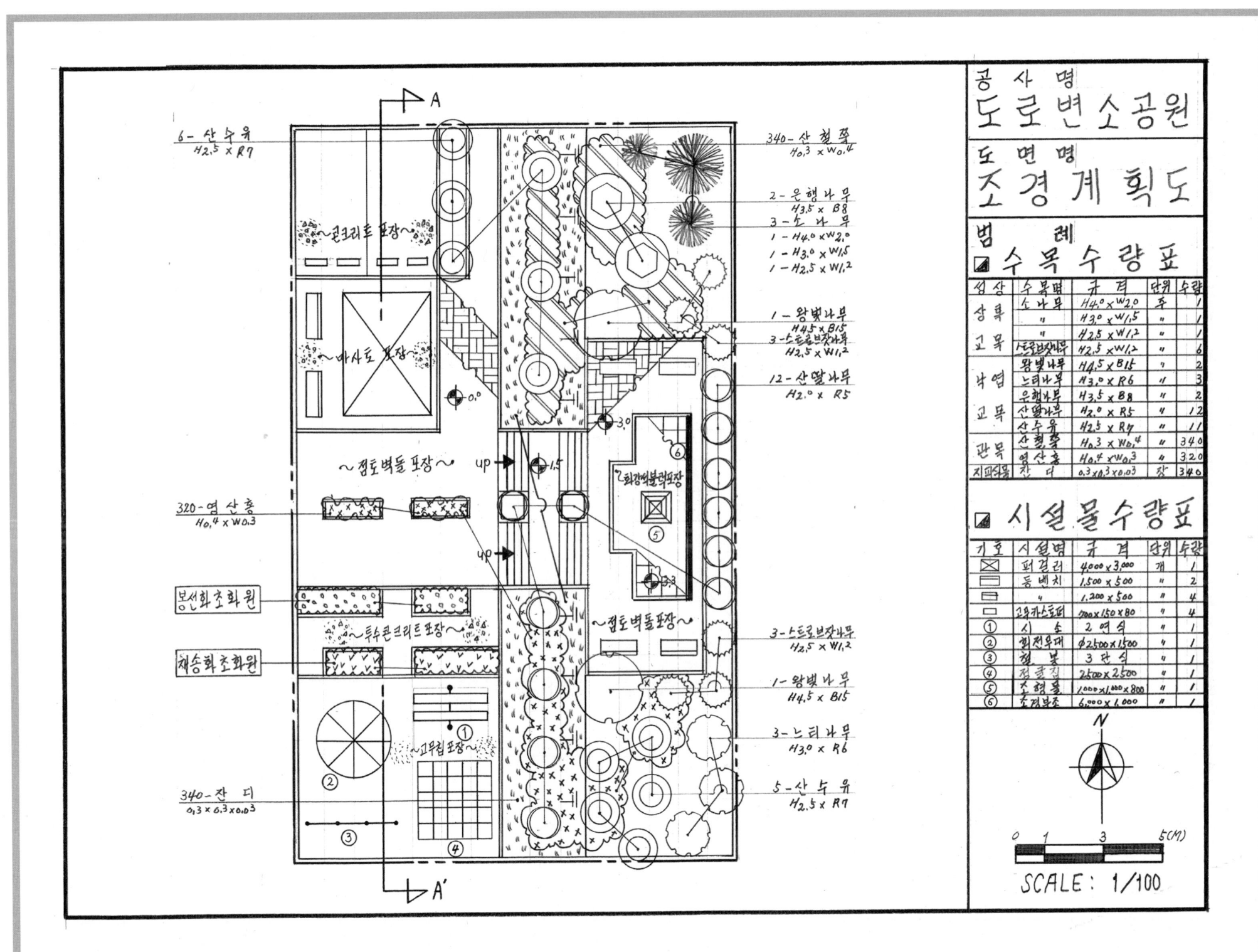

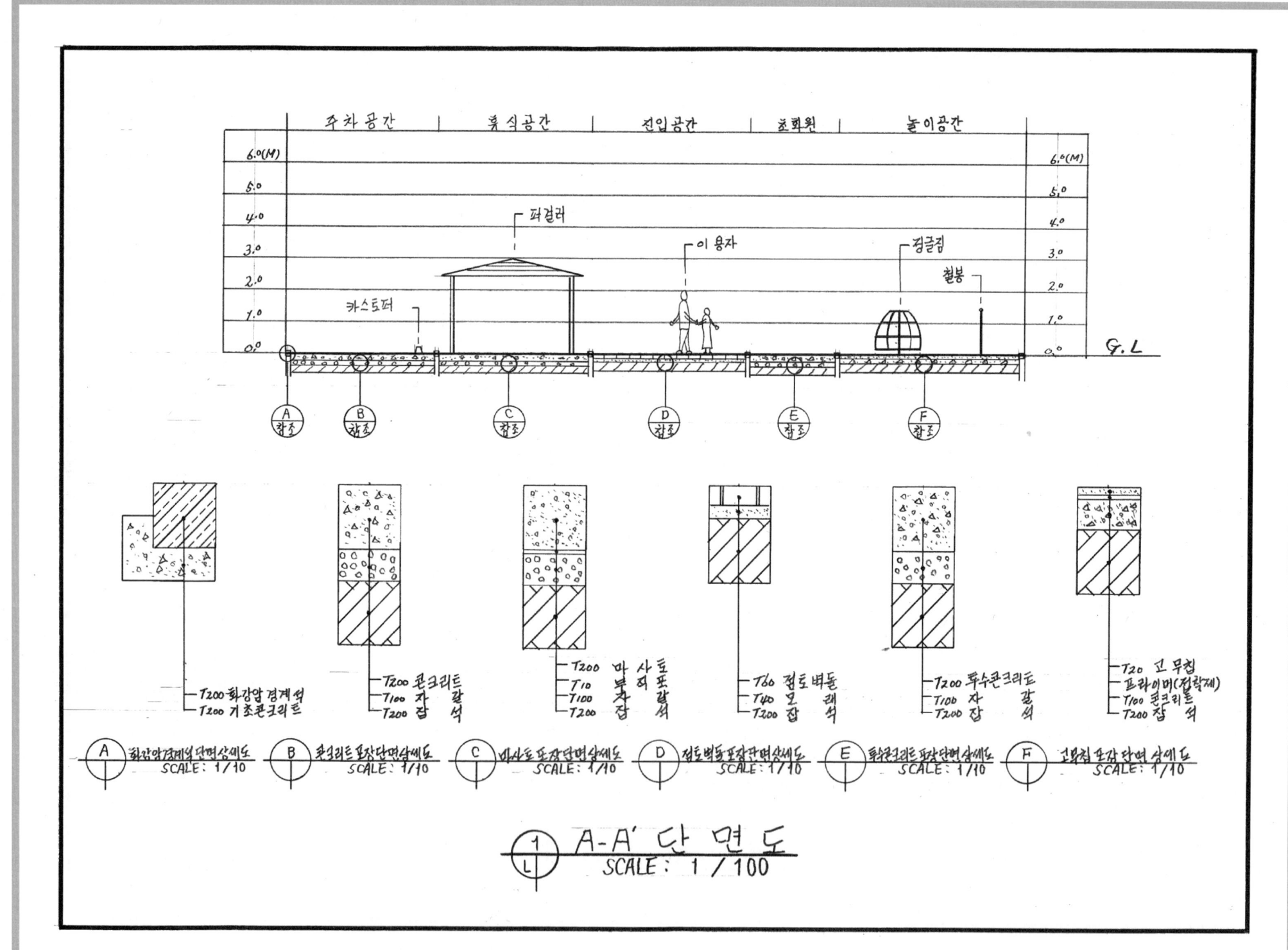

제20절 기출복원문제(도로변 소공원)

설계문제

우리나라 중부지역에 위치한 도로변의 빈 공간에 대한 조경설계를 하고자 합니다. 주어진 현황도 및 다음 사항을 참조하여 설계조건에 따라 조경계획도를 작성합니다(단, 2점 쇄선 안 부분을 조경설계 대상지로 합니다).

(1) 현황도

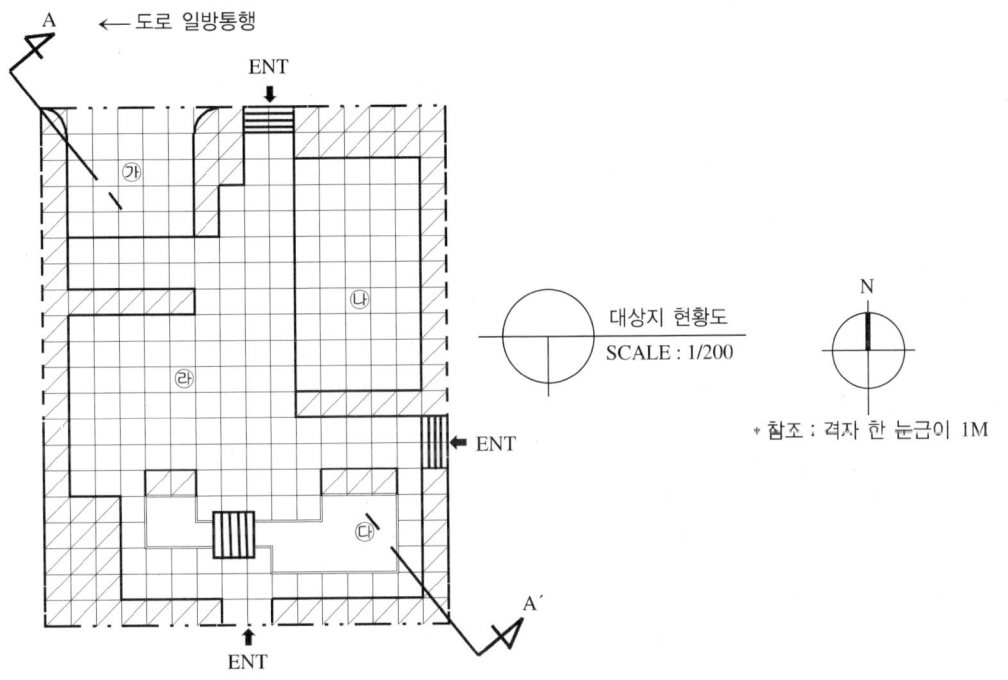

(2) 요구사항

① 식재평면도를 위주로 한 조경계획도를 축척 1/100로 작성하시오(용지 1).
② 도면의 오른쪽 위에 작업명칭을 작성하십시오.
③ 도면의 오른쪽에는 "주요 시설물 수량표와 수목(식재) 수량표"를 함께 작성하고, 수량표 아래쪽 여백을 이용하여 "방위 표시와 막대축척(바-스케일)"을 반드시 그려 넣으시오(단, 전체 대상지의 길이를 고려하여 범례표의 폭을 조정할 수 있다).
④ 도면의 전체적인 안정감을 위하여 "테두리선"을 작성하십시오.
⑤ A-A' 단면도를 축척 1/100로 작성하시오(용지 2).

(3) 설계조건

① 해당 지역은 도로변 소공원으로 휴식공간과 어린이들이 즐길 수 있는 특성을 고려하여 조경계획도를 작성합니다. 포장지역을 제외한 곳에는 모두 식재를 실시하시오(녹지공간은 대각선 친 부분이며, 분위기를 고려하여 식재를 실시하시오).
② 포장지역은 "소형고압블록, 투수콘크리트, 콘크리트, 고무칩, 마사토, 화강석블록포장" 등 적당한 재료를 선택하여 재료의 사용이 적합한 장소에 기호로 표현하고, 포장명을 반드시 기입하시오.
③ "㉮"지역은 주차공간으로 소형자동차(2,500mm×5,000mm) 2대가 주차할 수 있는 공간으로 계획하고 설계하시오.
④ "㉯"지역은 어린이를 위한 놀이공간으로 계획하고, 그 안에 놀이시설 3종을 배치하시오.
⑤ "㉰"지역은 수(水)공간으로 이용자의 편의를 위하여 다리가 있으며, 수심은 60cm 깊이로 계획하고 설계하시오.
⑥ "㉱"지역은 휴식공간으로 이용자들의 편안한 휴식을 위해 퍼걸러(3,500mm×3,500mm) 1개소, 앉아서 휴식을 즐길 수 있도록 퍼걸러 하부에 평벤치 4개, 외부공간에 등벤치 4개를 설치하시오.
⑦ 대상지역은 진입구에 계단이 위치해 있으며 높이 차이가 1m 높은 것으로 보고 설계하시오.
⑧ 대상지 경계에 위치한 외곽 녹지대의 식재는 유도식재, 녹음식재, 경관식재, 소나무 군식 등의 식재패턴을 필요한 곳에 배식하고, 필요한 곳에 수목보호대를 추가로 설치하여 포장지역 내에 식재를 하시오.
⑨ 수목은 다음의 수종 중에서 10가지를 선정하여 골고루 안정적이고 아늑한 경관이 될 수 있도록 계획하며, 인출선을 이용하여 수량, 수종명칭, 규격을 반드시 표기하시오.

> 소나무(H4.0×W2.0), 소나무(H3.0×W1.5), 소나무(H2.5×W1.2), 스트로브잣나무(H2.5×W1.2), 스트로브잣나무(H2.0×W1.0), 왕벚나무(H4.5×B15), 버즘나무(H3.5×B8), 느티나무(H4.5×R20), 청단풍(H2.5×R8), 다정큼나무(H1.0×W0.6), 동백나무(H2.5×R8), 중국단풍(H2.5×R5), 굴거리나무(H2.5×W0.6), 자귀나무(H2.5×R6), 태산목(H1.5×W0.5), 먼나무(H2.0×R5), 산딸나무(H2.0×R5), 산수유(H2.5×R7), 꽃사과(H2.5×R5), 수수꽃다리(H1.5×W0.6), 병꽃나무(H1.0×W0.4), 쥐똥나무(H1.0×W0.3), 명자나무(H0.6×W0.4), 산철쭉(H0.3×W0.4), 자산홍(H0.3×W0.3), 영산홍(H0.4×W0.3), 조릿대(H0.6×7가지)

⑩ A-A' 단면도는 경사, 포장재료, 경계선 및 기타 시설물의 기초, 주변의 수목, 주요 시설물, 이용자 등을 단면도상에 반드시 표기하고 높이차를 한눈에 볼 수 있도록 설계하시오.

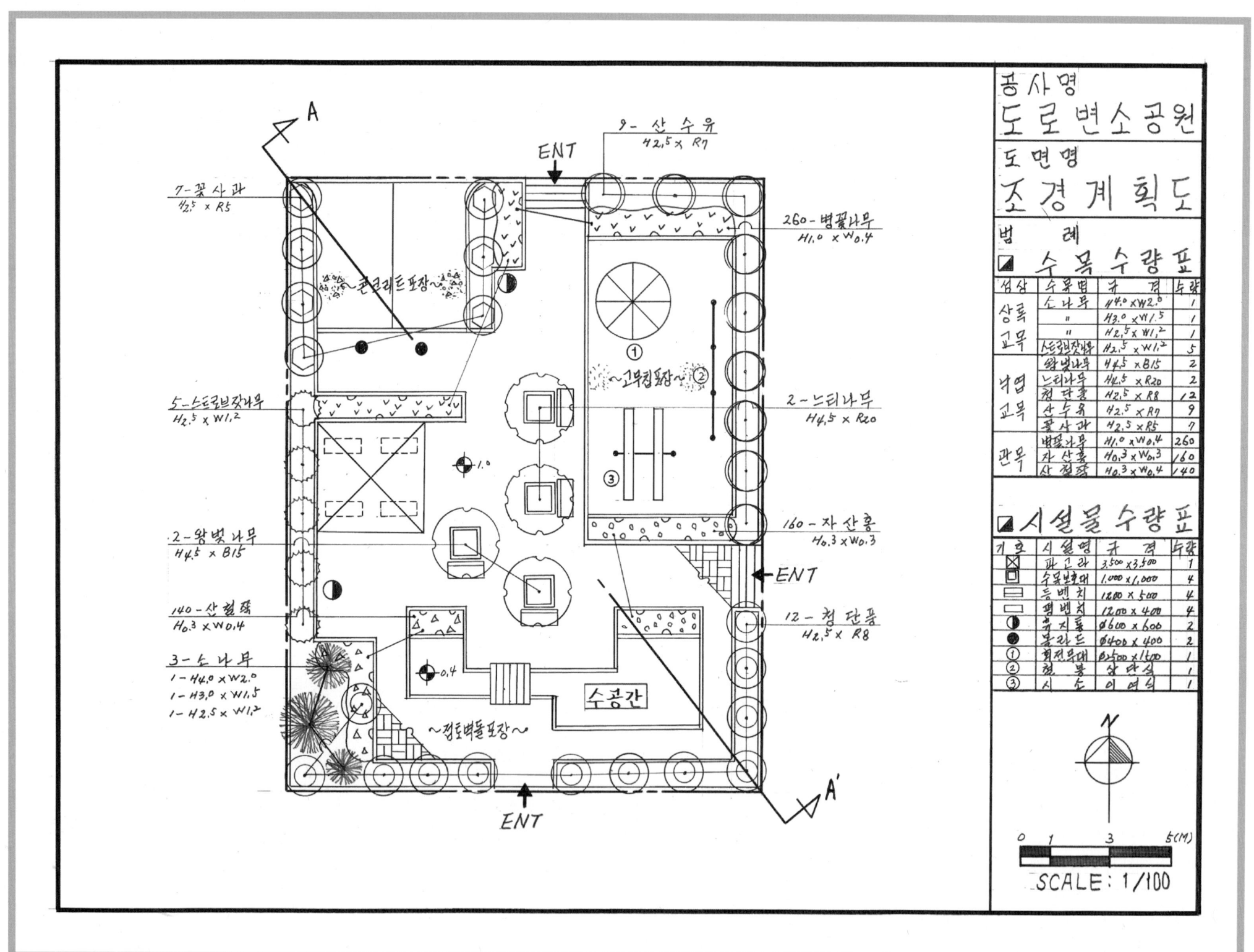

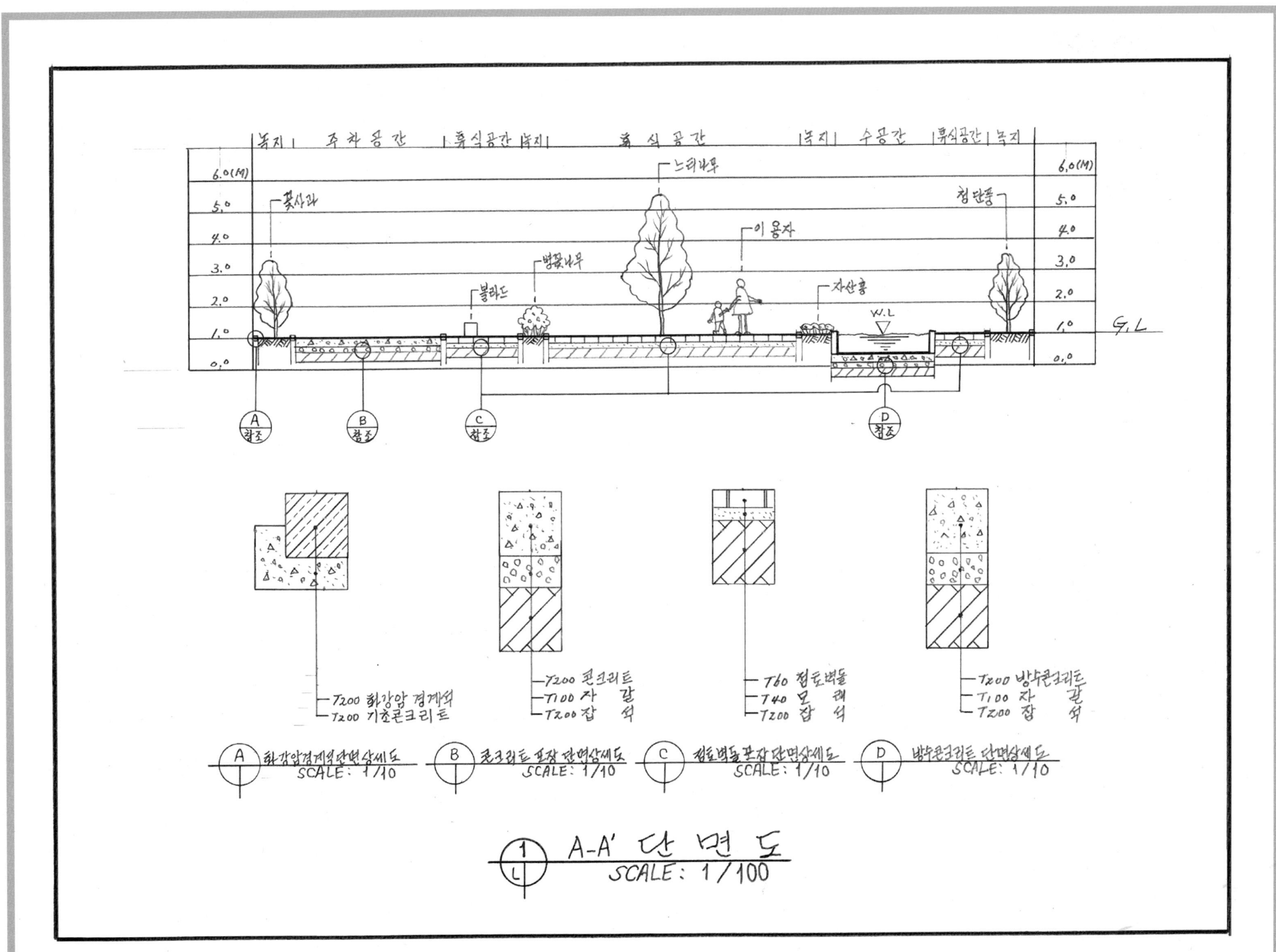

제21절 기출복원문제(도로변 소공원)

설계문제

우리나라 중부지역에 위치한 도로변의 빈 공간에 대한 조경설계를 하고자 한다. 주어진 현황도 및 다음 사항을 참조하여 설계조건에 따라 조경계획도를 작성합니다(단, 2점 쇄선 안 부분을 조경설계 대상지로 합니다).

(1) 현황도

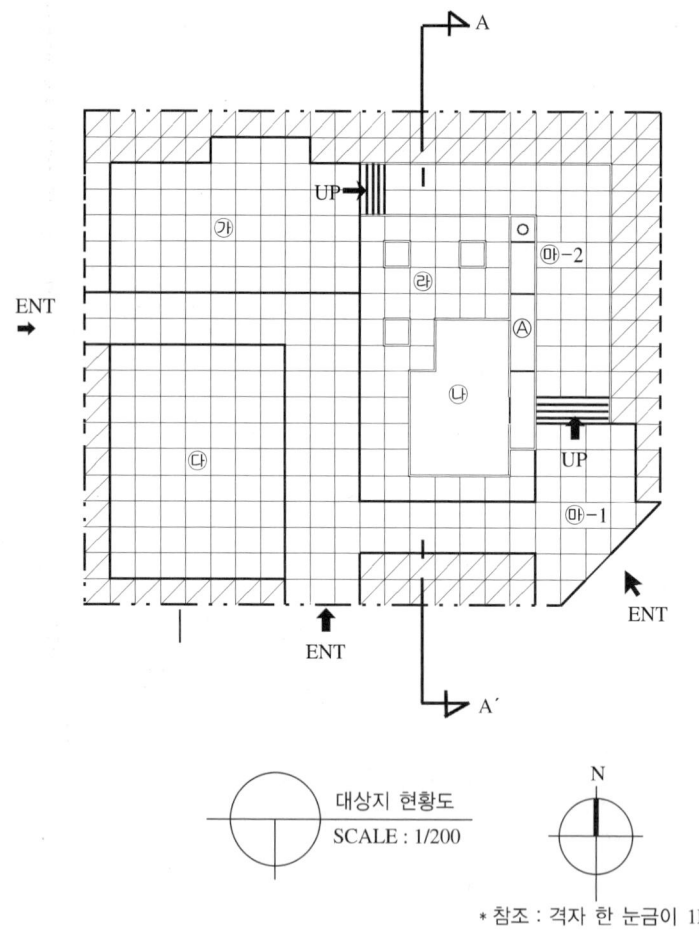

(2) 요구사항

① 식재평면도를 위주로 한 조경계획도를 축척 1/100로 작성하시오(용지 1).
② 도면의 오른쪽 위에 작업명칭을 작성하십시오.
③ 도면의 오른쪽에는 "주요 시설물 수량표와 수목(식재) 수량표"를 함께 작성하고, 수량표 아래쪽 여백을 이용하여 "방위 표시와 막대축척(바-스케일)"을 반드시 그려 넣으시오(단, 전체 대상지의 길이를 고려하여 범례표의 폭을 조정할 수 있다).
⑤ 도면의 전체적인 안정감을 위하여 "테두리선"을 작성하십시오.
⑥ A-A' 단면도를 축척 1/100로 작성하시오(용지 2).

(3) 설계조건

① 해당 지역은 도로변 소공원으로 휴식공간과 어린이들이 즐길 수 있는 특성을 고려하여 조경계획도를 작성합니다. 포장지역을 제외한 곳에는 모두 식재를 실시하시오(녹지공간은 대각선 친 부분이며, 경사의 차이가 발생하는 곳은 분위기를 고려하여 식재를 실시하시오).
② 포장지역은 "소형고압블록, 투수콘크리트, 콘크리트, 고무칩, 마사토" 등 적당한 재료를 선택하여 재료의 사용이 적합한 장소에 기호로 표현하고, 포장명을 반드시 기입하시오.
③ "㉮" 지역은 정적인 휴식공간으로 이용자들의 편안한 휴식을 위해 장퍼걸러(6,000mm×3,500mm) 1개소, 앉아서 휴식을 즐길 수 있도록 등벤치 1개를 계획하고 설계하시오.
④ "㉯" 지역은 수(水)공간(연못)으로 물이 차 있으며 "㉱"와 "㉲-1" 지역보다 60cm 정도 낮은 위치로 계획하고 설계하시오.
⑤ "㉰" 지역은 어린이를 위한 놀이공간으로 그 안에 회전무대(H1,100×W2,300), 4연식 철봉(H2,200×L4,400), 단주식 미끄럼대(H2,700×L4,200×W1,000) 3종을 배치하시오.
⑥ "㉱" 지역은 "㉯" 수(水)공간(연못)의 인접 지역으로 수목보호대 3개에 동일한 낙엽교목을 식재하고, 평벤치 2개를 설치하시오.
⑦ "㉲-1" 지역은 공간과 공간을 연결하는 연계동선으로 대상지의 설계 성격에 맞게 적절한 포장을 선택하여 포장하시오.
⑧ "㉲-2" 지역은 "㉲-1"과 "㉱" 지역보다 1m 높은 지역으로 산책로 주변에 등벤치 3개를 설치하고, 벤치 주변에 휴지통 1개소를 함께 설치하시오.
⑨ "Ⓐ" 시설은 폭 1m의 장방형 정형식 캐스케이드(계류)로 3번의 단차를 지나 약 9m 정도 흘러가 연못과 자연스럽게 합류하며, 높이는 "㉲-2" 지역과 거의 동일한 높이를 유지하고 있으므로, "㉱" 지역과는 옹벽을 설치하여 단 차이를 자연스럽게 해소하시오.

⑩ 대상지 경계에 위치한 외곽 녹지대의 식재는 유도식재, 녹음식재, 경관식재, 소나무 군식 등의 식재 패턴을 필요한 곳에 배식하고, 필요한 곳에 수목보호대를 추가로 설치하여 포장지역 내에 식재를 하시오.

⑪ 수목은 아래의 수종 중에서 10가지를 선정하여 골고루 안정적이고 아늑한 경관이 될 수 있도록 계획하며, 인출선을 이용하여 수량, 수종명칭, 규격을 반드시 표기하시오.

> 소나무(H4.0×W2.0), 소나무(H3.0×W1.5), 소나무(H2.5×W1.2), 스트로브잣나무(H2.5×W1.2), 스트로브잣나무(H2.0×W1.0), 왕벚나무(H4.5×B15), 버즘나무(H3.5×B8), 느티나무(H3.5×R10), 청단풍(H2.5×R8), 다정큼나무(H1.0×W0.6), 동백나무(H2.5×R8), 중국단풍(H2.5×R5), 굴거리나무(H2.5×W0.6), 자귀나무(H2.5×R6), 태산목(H1.5×W0.5), 먼나무(H2.0×R5), 산딸나무(H2.0×R5), 산수유(H2.5×R7), 꽃사과(H2.5×R5), 수수꽃다리(H1.5×W0.6), 병꽃나무(H1.0×W0.4), 쥐똥나무(H1.0×W0.3), 명자나무(H0.6×W0.4), 산철쭉(H0.3×W0.4), 자산홍(H0.3×W0.3), 영산홍(H0.4×W0.3), 조릿대(H0.6×7가지)

⑫ A-A′ 단면도는 경사, 포장재료, 경계선 및 기타 시설물의 기초, 주변의 수목, 주요 시설물, 이용자 등을 단면도상에 반드시 표기하고 높이차를 한눈에 볼 수 있도록 설계하시오.

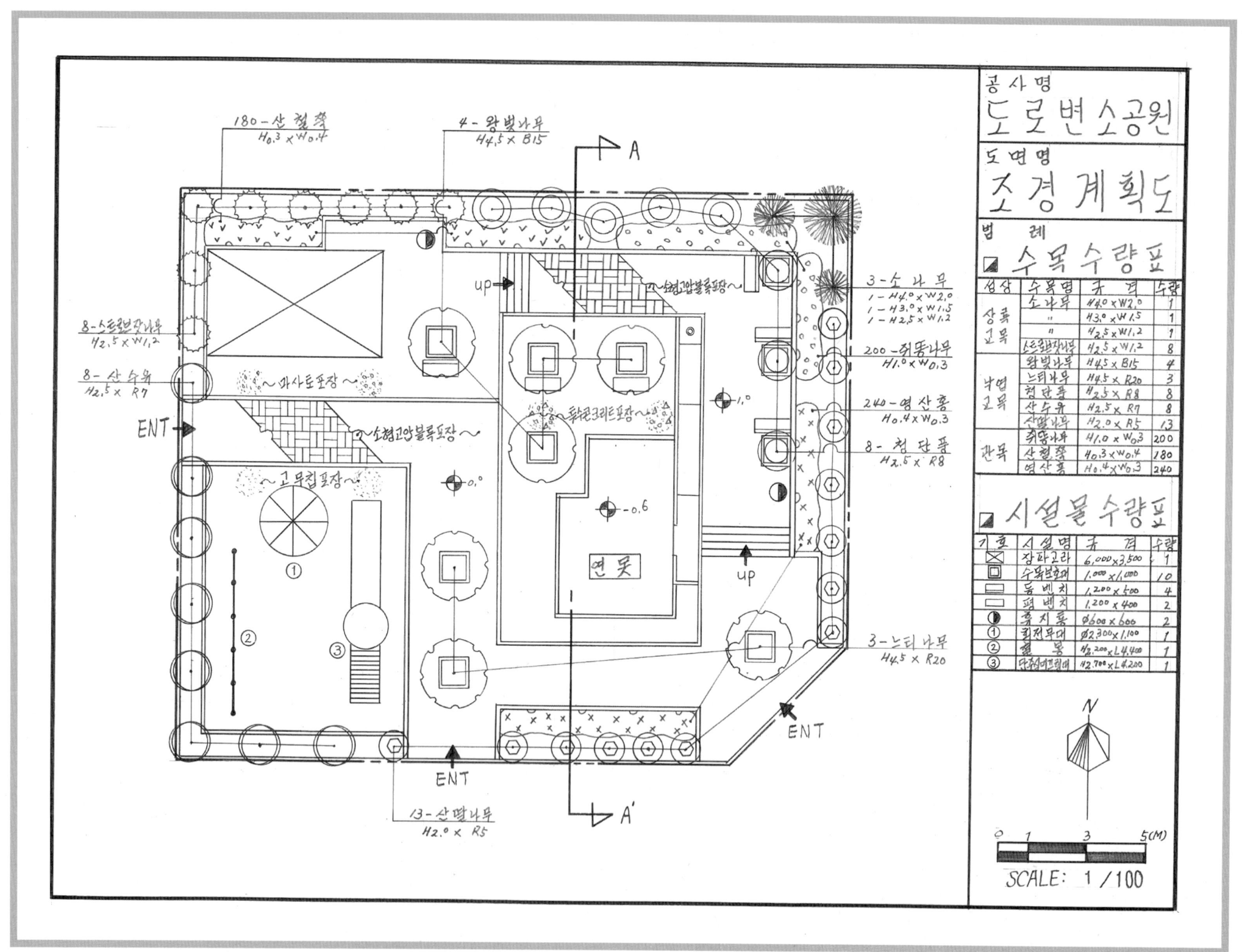

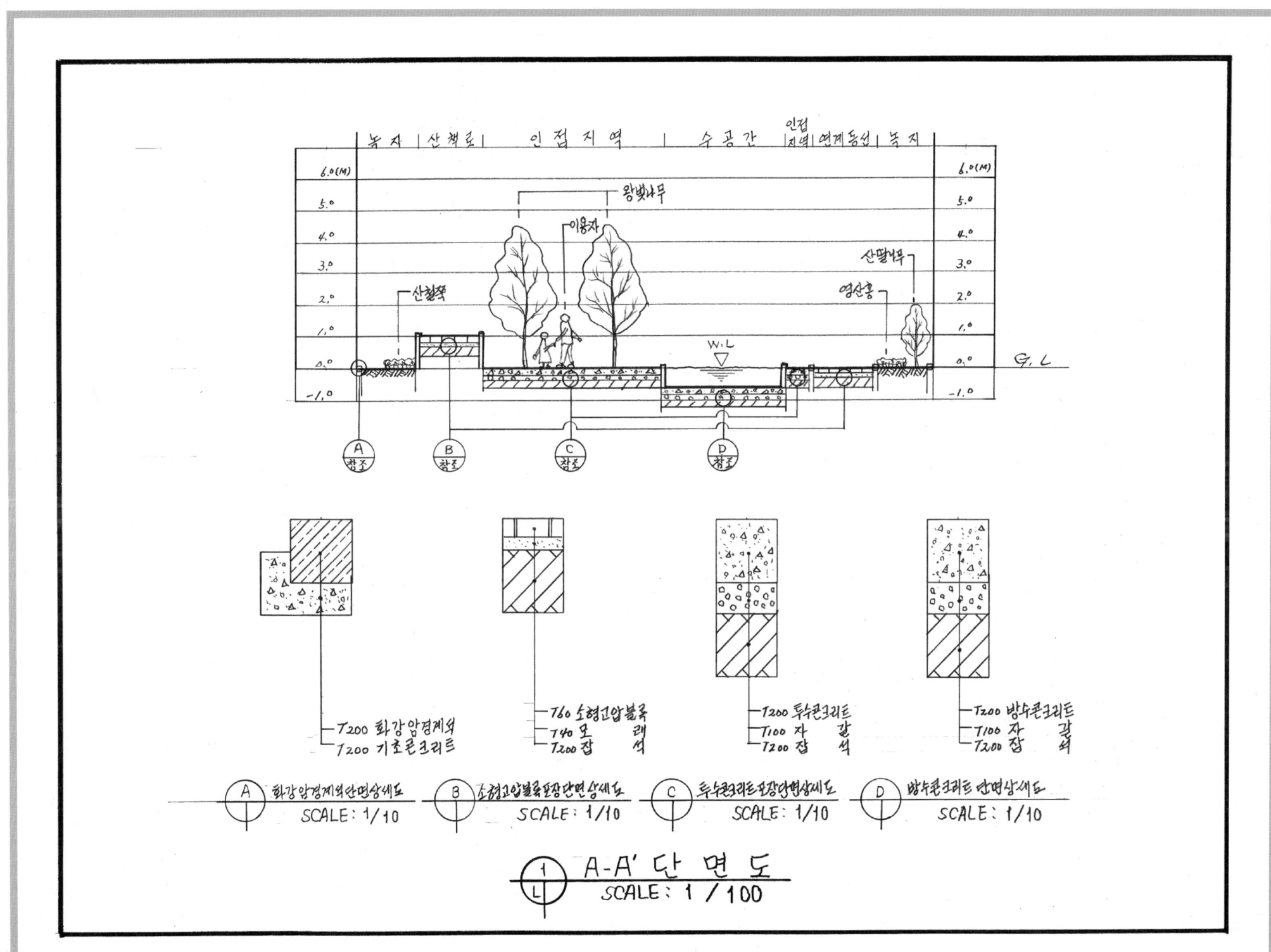

제22절 기출복원문제(도심 소공원)

설계문제

우리나라 중부지역에 위치한 도심의 빈 공간에 대한 조경설계를 하고자 합니다. 주어진 현황도 및 아래 사항을 참조하여 설계조건에 따라 조경계획도를 작성합니다(단, 2점 쇄선 안 부분을 조경설계 대상지로 합니다).

(1) 현황도

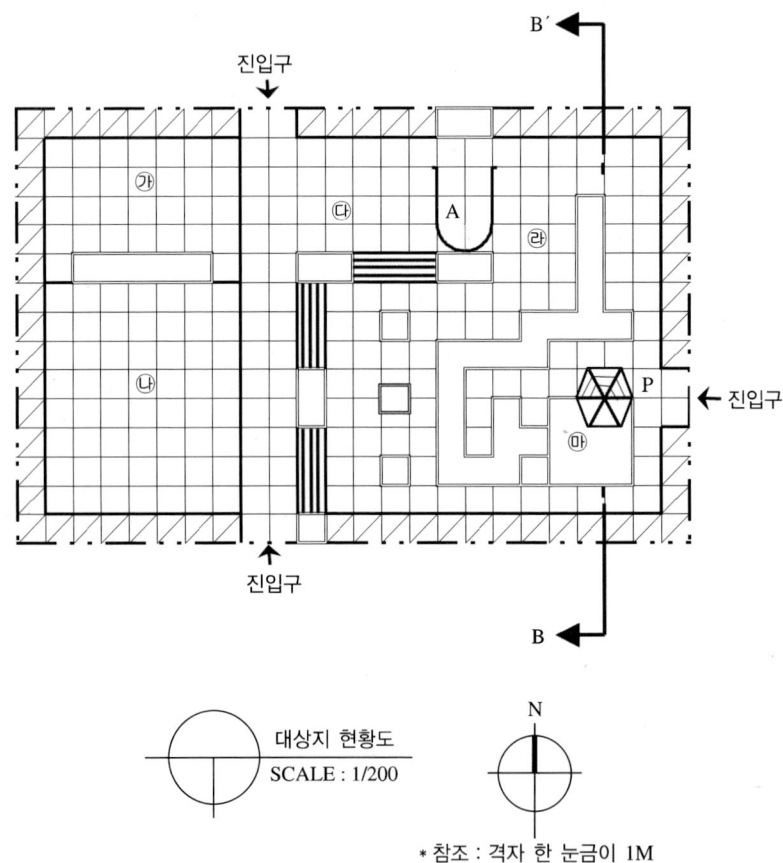

(2) 요구사항

① 식재평면도를 위주로 한 조경계획도를 축척 1/100로 작성하시오(용지 1).
② B-B′ 단면도를 축척 1/100로 작성하시오(용지 2).

(3) 설계조건

① 해당 지역은 도심의 소공원으로 휴식공간과 어린이들이 즐길 수 있는 특성을 고려하여 조경계획도를 작성하며, 포장지역을 제외한 곳에는 가능한 식재를 계획하시오(녹지공간은 대각선 친 부분).
② 포장지역은 "점토벽돌, 화강석블록포장, 콘크리트, 투수콘크리트, 고무칩, 마사토" 등 적당한 재료를 선택하여 재료의 사용이 적합한 장소에 기호로 표현하고, 포장명을 반드시 기입하시오.
③ "㉮" 지역은 정적인 휴식공간으로 이용자들의 편안한 휴식을 위해 퍼걸러(3,000mm×3,000mm) 1개소를 설치하시오.
④ "㉯" 지역은 놀이공간으로 계획하고, 그 안에 놀이시설 3종(회전무대, 3연식 철봉, 정글짐, 2연식 시소 등)을 배치하시오.
⑤ "㉰" 지역은 진입 및 각 공간을 원활하게 연결시킬 수 있도록 하며, 보행의 편의성을 고려하여 설계하시오.
⑥ "㉱" 지역은 정적인 휴식공간으로 연못, 정자(P) 및 어린이용 도섭지를 설치하여 운영하며, 주어진 3개의 수목보호대에 동일한 수목을 식재하시오. 또한 "㉰"지역보다 높이 차가 1m 낮으며, 공간별 높이 차이는 식수대(Plant Box)로 처리하시오.
⑦ "㉲" 지역은 "㉱" 지역의 표고보다 수심이 1m 정도 낮은 연못이 위치하며, 연못과 연결되는 어린이 물놀이를 위한 도섭지의 깊이는 어린이 안전을 위하여 깊이 30cm로 계획하고 설계하시오.
⑧ "A"는 1m 높이차를 장애인용 휠체어가 원활하게 다닐 수 있도록 한 경사로(RAMP)를 계획하여 설계하도록 하시오(단, 현황도에 명시되지 않은 내용은 수험자의 판단으로 작성할 것).
⑨ 적당한 장소에 평상형 벤치(평벤치)와 휴지통을 추가로 계획하여 이용자의 휴식과 편의를 제공하도록 하시오.
⑩ 대상지 경계에 위치한 외곽 녹지대의 식재는 차폐식재, 유도식재, 녹음식재, 경관식재, 소나무 군식 등의 식재패턴을 필요한 곳에 배식하시오.
⑪ 수목은 아래의 수종 중에서 종류가 다른 10가지를 반드시 선정하여 골고루 안정적이고 아늑한 경관이 될 수 있도록 계획하며, 인출선을 이용하여 수량, 수종명, 규격을 반드시 표기하시오.

> 소나무(H4.0×W2.0), 소나무(H3.0×W1.5), 소나무(H2.5×W1.2), 스트로브잣나무(H2.5×W1.2), 스트로브잣나무(H2.0×W1.0), 왕벚나무(H4.5×B15), 버즘나무(H3.5×B8), 느티나무(H4.5×R20), 은행나무(H3.5×B8), 대왕참나무(H4.5×R18), 청단풍(H2.5×R8), 다정큼나무(H1.0×W0.6), 동백나무(H2.5×R8), 중국단풍(H2.5×R5), 굴거리나무(H2.5×W0.6), 살구나무(H2.5×R6), 태산목(H1.5×W0.5), 먼나무(H2.0×R5), 산딸나무(H2.0×R5), 산수유(H2.5×R7), 꽃사과(H2.5×R5), 매화나무(H2.0×R4), 수수꽃다리(H1.5×W0.6), 병꽃나무(H1.0×W0.4), 쥐똥나무(H1.0×W0.3), 명자나무(H0.6×W0.4), 산철쭉(H0.3×W0.4), 자산홍(H0.3×W0.3), 영산홍(H0.4×W0.3), 조릿대(H0.6×7가지), 잔디(0.3×0.3×0.03)

⑫ B-B′ 단면도는 경사, 포장재료, 경계선 및 기타 시설물의 기초, 주변의 수목, 주요 시설물, 이용자 등을 단면도상에 반드시 표기하고, 높이차를 한눈에 알아볼 수 있도록 설계하시오.

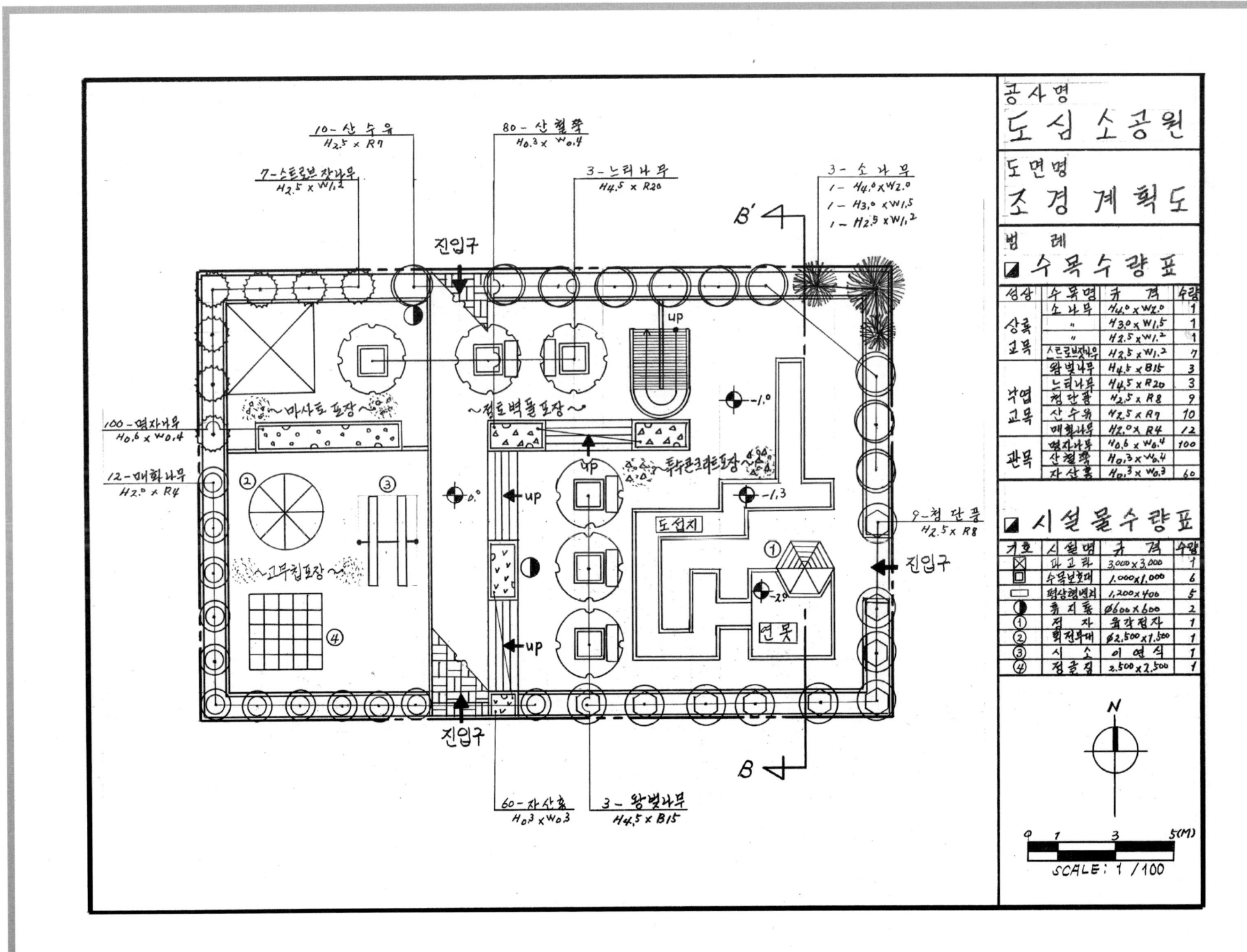

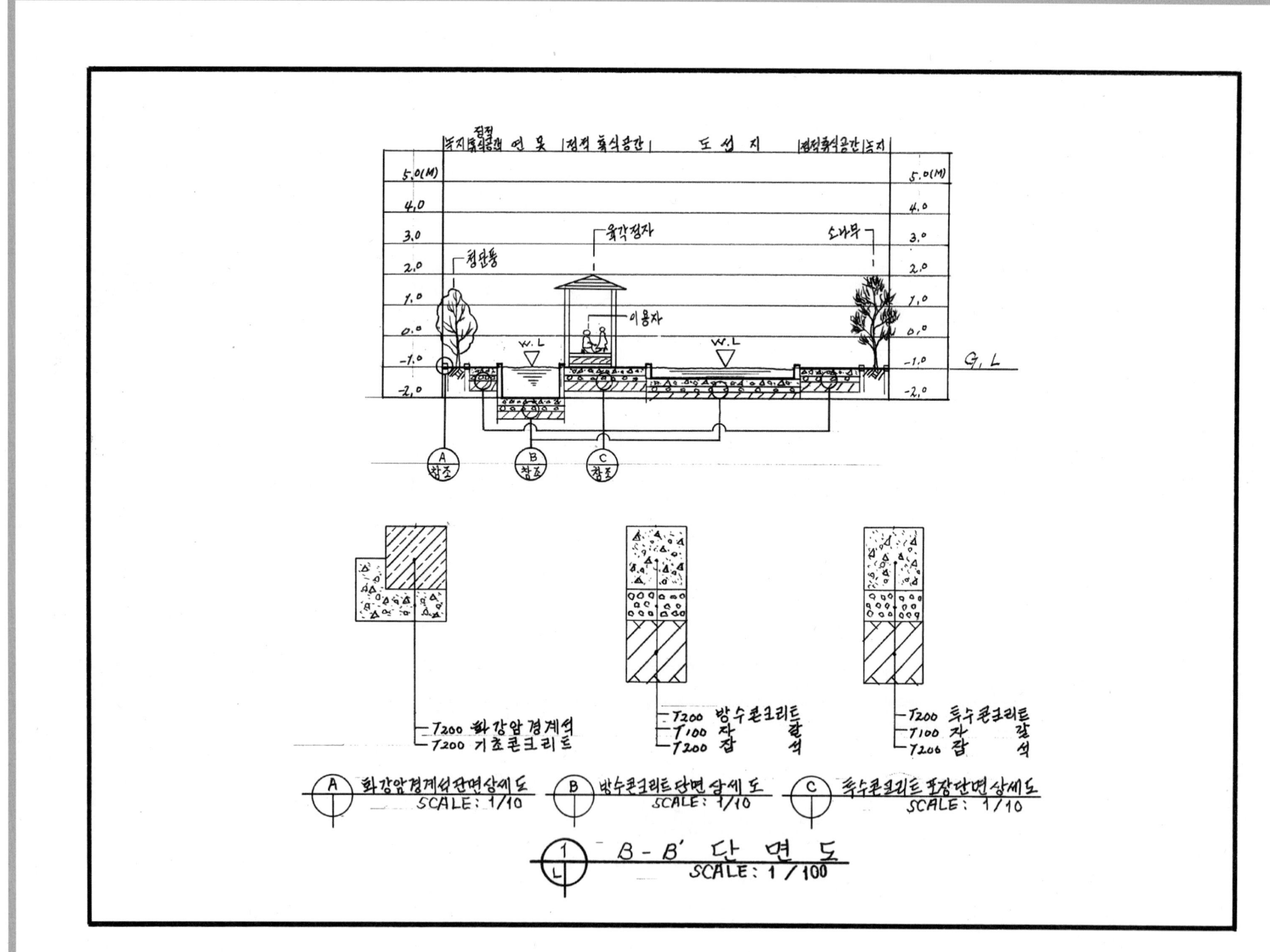

제23절 기출복원문제(도로변 소공원)

설계문제

우리나라 중부지역에 위치한 도로변의 빈 공간에 대한 조경설계를 하고자 합니다. 주어진 현황도 및 아래 사항을 참조하여 설계조건에 따라 조경계획도를 작성합니다(단, 2점 쇄선 안 부분을 조경설계 대상지로 합니다).

(1) 현황도

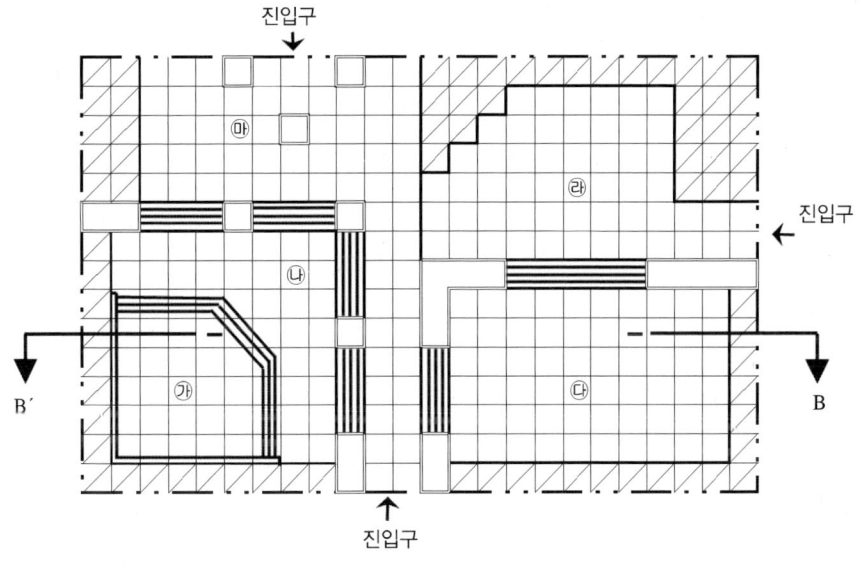

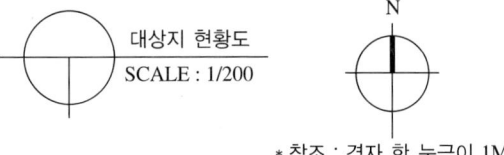

*참조 : 격자 한 눈금이 1M

(2) 요구사항

① 식재평면도를 위주로 한 조경계획도를 축척 1/100로 작성하시오(용지 1).
② B-B' 단면도를 축척 1/100로 작성하시오(용지 2).

(3) 설계조건

① 해당 지역은 도로변의 자투리 공간을 이용하여 공연 및 어린이들이 즐길 수 있는 소공원으로, 공원의 특징을 고려하여 조경계획도를 작성하시오.
② 포장지역을 제외한 곳에는 모두 식재를 계획하시오(단, 녹지공간은 빗금 친 부분이며, 공간의 성격 및 분위기를 고려하여 적절한 식재를 실시하시오).
③ 포장지역은 "점토벽돌, 화강석블록포장, 콘크리트, 투수콘크리트, 고무칩, 마사토" 등 적당한 재료를 선택하여 재료의 사용이 적합한 장소에 기호로 표현하고, 포장명을 반드시 기입하시오.
④ "㉮" 지역은 야외무대 공간으로 "㉯" 지역보다는 60cm 높고, 바닥 포장재료는 공연시 미끄러짐이 없는 것을 선택하시오(단, 녹지대쪽에 가림벽(2.5m)이 설치된 경우 그 높이를 고려하여 계획함).
⑤ "㉯" 지역은 공연장과 관람석과의 완충공간으로 공연이 없을 경우 동적인 휴식공간으로 활용하고자 하며, "㉮" 지역보다 1.0m 낮게 배치하시오.
⑥ "㉰" 지역은 놀이공간으로 "㉮", "㉱" 지역보다 1.0m 낮게 계획하고, 그 안에 어린이 놀이시설물을 3종류(회전무대, 3단식 철봉, 정글짐, 2연식 시소 등)를 배치하시오.
⑦ "㉱" 지역은 정적인 휴식공간으로 퍼걸러(3,500mm×3,500mm) 1개와 등받이형 벤치(1,200mm×500mm) 2개, 휴지통 1개를 설치하시오.
⑧ "㉲" 지역은 보행공간으로 각각의 공간을 연계할 수 있으며, 공간별 높이 차이는 식수대(Plant Box)로 처리하였으며, 주진입구에는 동일한 수종을 3주 식재하며, 적당한 장소를 선택하여 평상형 벤치와 휴지통을 추가로 설치하시오.
⑨ 대상지 내에는 유도식재, 녹음식재, 경관식재, 소나무 군식 등의 식재패턴을 필요한 곳에 배식하고, 3개의 수목보호대에는 녹음식재를 실시하고, 필요에 따라 수목보호대를 추가로 설치하여 포장 내에 식재하시오.

⑩ 수목은 아래의 수종 중에서 종류가 다른 10가지를 반드시 선정하여 골고루 안정적이고 아늑한 경관이 될 수 있도록 계획하며, 인출선을 이용하여 수량, 수종명, 규격을 반드시 표기하시오.

> 소나무(H4.0×W2.0), 소나무(H3.0×W1.5), 소나무(H2.5×W1.2), 스트로브잣나무(H2.5×W1.2), 스트로브잣나무(H2.0×W1.0), 왕벚나무(H4.5×B15), 버즘나무(H3.5×B8), 느티나무(H4.5×R20), 은행나무(H3.5×B8), 대왕참나무(H4.5×R18), 청단풍(H2.5×R8), 다정큼나무(H1.0×W0.6), 동백나무(H2.5×R8), 중국단풍(H2.5×R5), 굴거리나무(H2.5×W0.6), 살구나무(H2.5×R6), 태산목(H1.5×W0.5), 먼나무(H2.0×R5), 산딸나무(H2.0×R5), 산수유(H2.5×R7), 꽃사과(H2.5×R5), 매화나무(H2.0×R4), 다정큼나무(H1.0×W0.6), 수수꽃다리(H1.5×W0.6), 병꽃나무(H1.0×W0.4), 쥐똥나무(H1.0×W0.3), 명자나무(H0.6×W0.4), 산철쭉(H0.3×W0.4), 자산홍(H0.3×W0.3), 영산홍(H0.4×W0.3), 조릿대(H0.6×7가지), 잔디(0.3×0.3×0.03)

⑪ B-B' 단면도는 경사, 포장재료, 경계선 및 기타 시설물의 기초, 주변의 수목, 주요 시설물, 이용자 등을 단면도상에 반드시 표기하고, 높이차를 한눈에 알아볼 수 있도록 설계하시오.

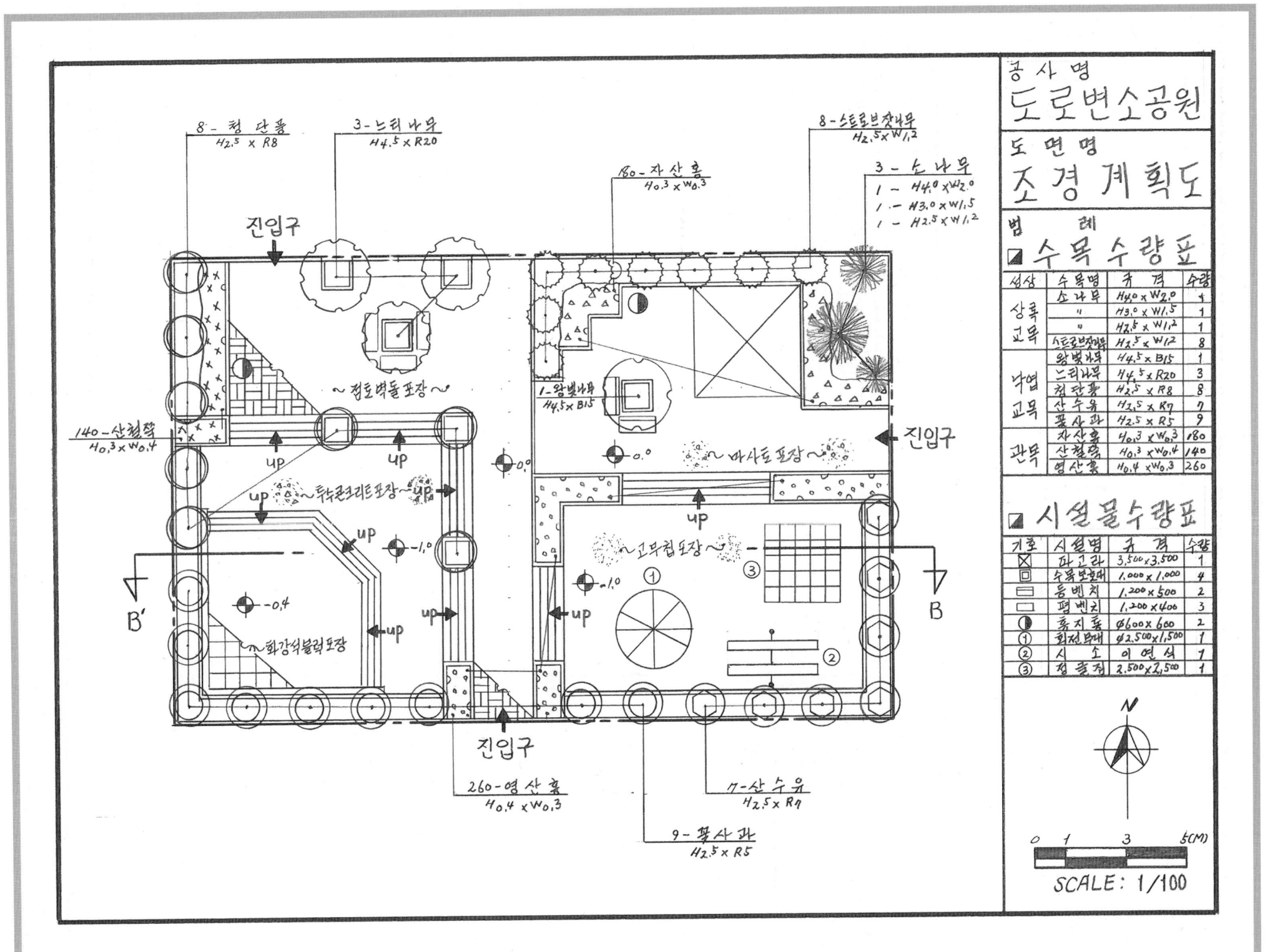

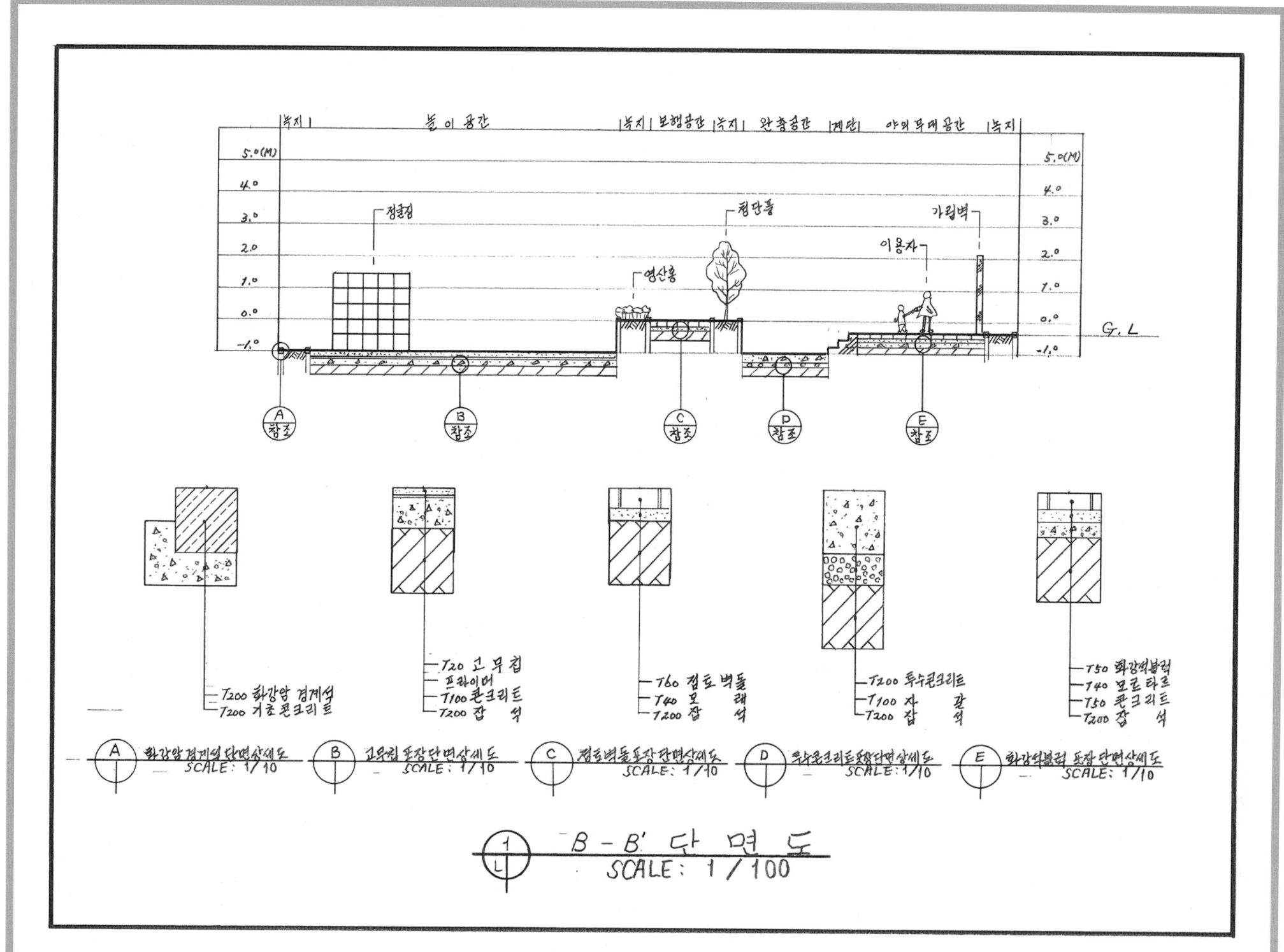

제 24 절 기출복원문제(옥상정원)

설계문제

우리나라 대전광역시에 위치한 옥상정원에 대한 조경설계를 하고자 한다. 주어진 현황도 및 아래 사항을 참조하여 설계조건에 따라 조경계획도를 작성합니다(단, 2점 쇄선 안 부분을 조경설계 대상지로 합니다).

(1) 현황도

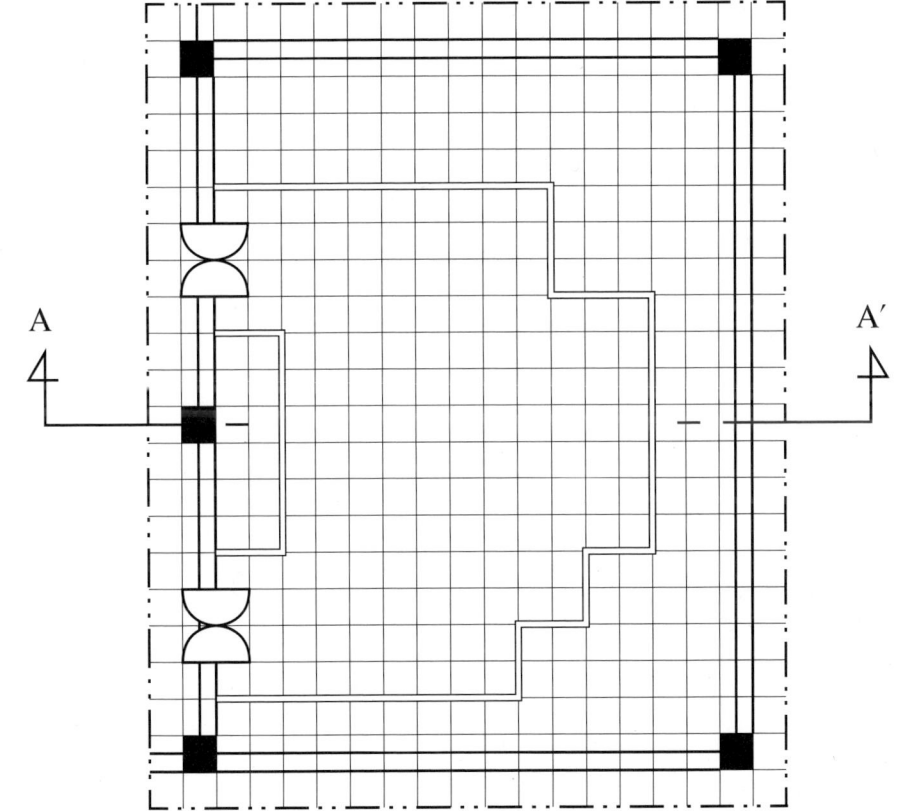

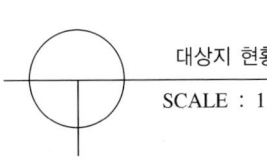
대상지 현황도
SCALE : 1/200

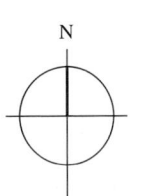
N

*참조 : 격자 한 눈금이 1M

(2) 요구사항

① 식재평면도를 위주로 한 조경계획도를 축척 1/100로 작성하십시오(지급용지-1).
② 도면 오른쪽 위에 작업명칭을 "옥상정원 조경설계"로 작성하십시오.
③ 도면 오른쪽에는 "주요 시설물 수량표와 수목(식재) 수량표"를 함께 작성하고, 수량표 아래쪽 여백을 이용하여 "방위표시와 막대축척"을 반드시 그려 넣으시오(단, 전체 대상지의 길이를 고려하여 범례표의 폭을 조정할 수 있다).
④ 도면의 전체적인 안정감을 위하여 "테두리선"을 작성하십시오.
⑤ 옥상정원 부지내의 A-A′ 단면도를 축척 1/100로 작성하십시오(지급용지-2)
⑥ 반드시 식재평면도는 성상, 수목명, 규격, 단위, 수량을 명기하여 작성하시오.
⑦ 도면 내에 특이사항이나 특정한 표현이 필요시에는 인출선을 이용하여 나타낸다.

(3) 설계조건

① 주어진 현황도면의 위를 북향으로 한다.
② 옥상정원의 포장공간에는 휴식을 위한 등의자(1.6m×0.6m) 2개소, 셸터(3m×3m) 1개소와 셸터 하부에 평의자(1.6m×0.4m) 3개소를 설치한다.
③ 시설물은 동선의 흐름 및 방향을 방해하지 않도록 설치한다.
④ 플랜터는 높이가 다른 2개의 단으로 구성하되, 서쪽 플랜터는 관목만 식재한다. 각 플랜터의 높이를 조경계획평면도에 표시하고, A-A′ 단면도 작성 시 인공식재기반은 다음의 조건을 기준으로 한다.

- 배수판 : THK30
- 인공토(배수용) : THK100
- 멀칭 : 적용하지 않음
- 인공토(육성용) : 도입수목 성상에 따른 생존토심을 적용하고, 플랜터보다 4~5cm 낮게 계획함

⑤ 도면 내에 특이사항이나 특정한 표현이 필요시에는 인출선을 이용하여 나타낸다.
⑥ 바닥포장은 2종 이상으로 하고 "소형고압블록, 콘크리트, 고무칩, 마사토, 투수콘크리트" 등 적당한 재료를 선택하여 적합한 장소에 기호로 표현하고, 포장명을 반드시 기입하시오.
⑦ 북측 녹지대에는 차폐식재를 하고, 전체적으로 볼거리가 있도록 화목류 위주로 식재한다.
⑧ 수목은 규격이 크지 않은 수목을 선정하고 낮은 플랜터에는 관목을 식재한다.
⑨ 요구조건에 제시되어 있는 수목 중 남부지방 수목과 R15(B12) 규격의 수목은 식재하지 않고 제외한다.
⑩ 관목의 식재기준은 m²당 9주 식재를 적용하고, 10주 단위로 군식하는 것을 원칙으로 한다.

⑪ 아래의 제시 수목 중 10종을 선정하여 식재설계를 하고, 인출선을 사용하여 식물명, 수량, 규격을 도면상에 표기한다.

> 금목서(H2.0×W1.0), 남천(H1.0×3가지), 매화나무(H2.5×R6), 매화나무(H4.0×R15), 먼나무(H2.5×R6), 배롱나무(H2.5×R6), 배롱나무(H3.5×R15), 백철쭉(H0.4×W0.4), 산수유(H2.5×R8), 산수유(H3.5×R15), 산철쭉(H0.4×W0.4), 수수꽃다리(H1.2×W0.4), 스트로브잣나무(H2.0×W1.0), 아왜나무(H2.0×W1.0), 왕벚나무(H4.0×B10), 주목 (H2.0×W1.0), 청단풍(H3.5×R15), 회양목(H0.3×W0.3), 후박나무(H2.5×R6)

⑫ 범례란에 수목수량표를 성상별로 상록교목, 낙엽교목, 관목으로 분류하여 작성하고, 시설물 수량표, 방위표, 바 스케일을 작성한다.

⑬ A-A′ 단면도는 경사, 포장재료, 경계선 및 기타 시설물의 기초, 주변의 수목, 주요 시설물, 이용자 등을 단면도상에 반드시 표기하고, 높이차를 한눈에 볼 수 있도록 설계하시오.

> ㉠ 단면도 답안지 중앙에 평면도의 단면도선이 지나는 시설물이나 수목 등을 규격에 맞추어 정확하게 설계한다.
> ㉡ 낮은 플랜터 높이는 0.5m 이하로 하고 식재토심은 0.43m 이상을 확보하고, 높은 플랜터 높이는 0.8~1.0m로 하고, 식재토심은 0.73m 이상을 확보한다.
>   ※ 낮은 플랜터 : 배수판 THK30, 인공토(배수용) THK100, 인공토(육성용) THK300 이상
>   ※ 높은 플랜터 : 배수판 THK30, 인공토(배수용) THK100, 인공토(육성용) THK600 이상
> ㉢ 단면도는 도면명과 스케일을 적어주고, 수목, 시설물의 이름을 인출선을 이용하여 표기한다.

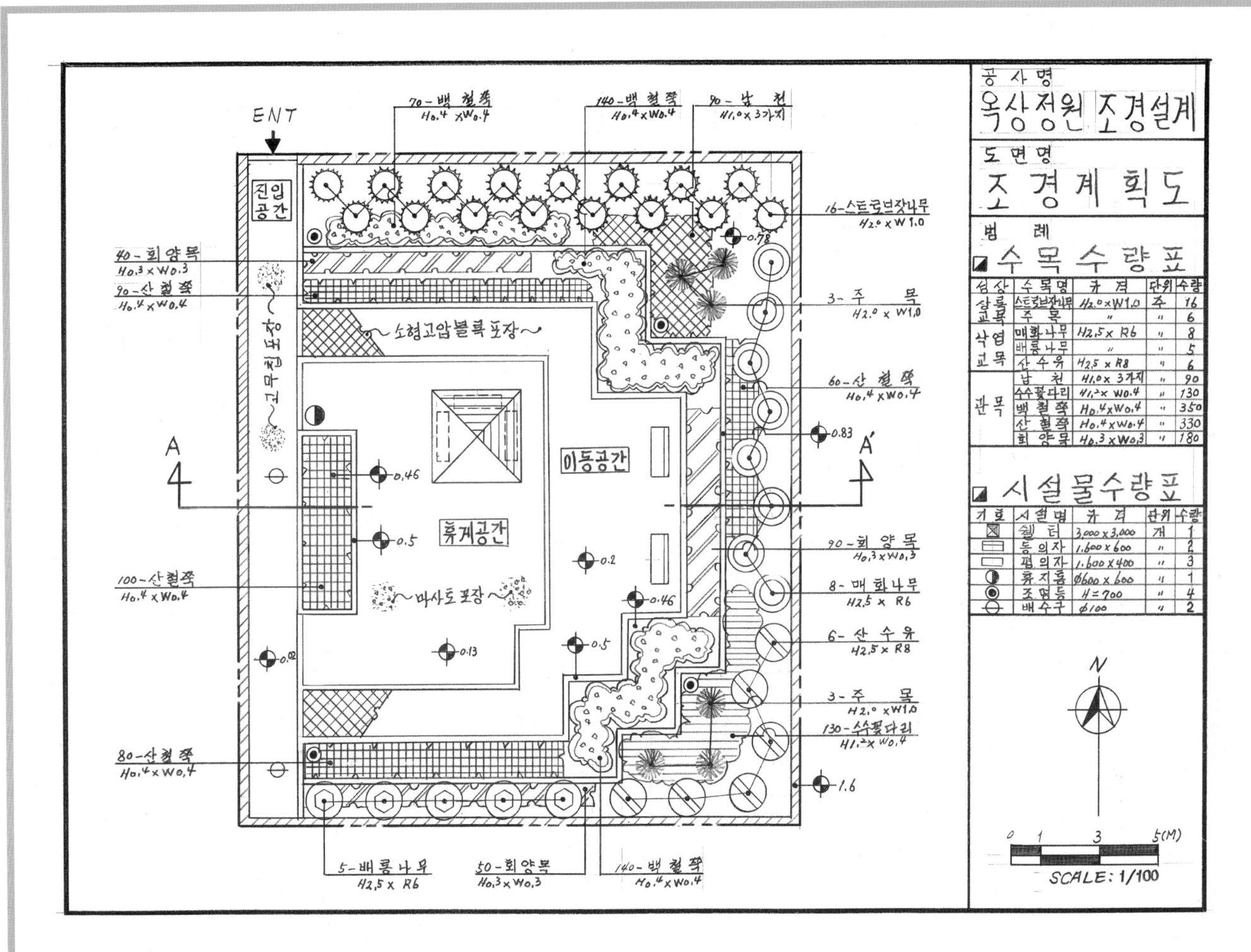

[단면도 제1답안]

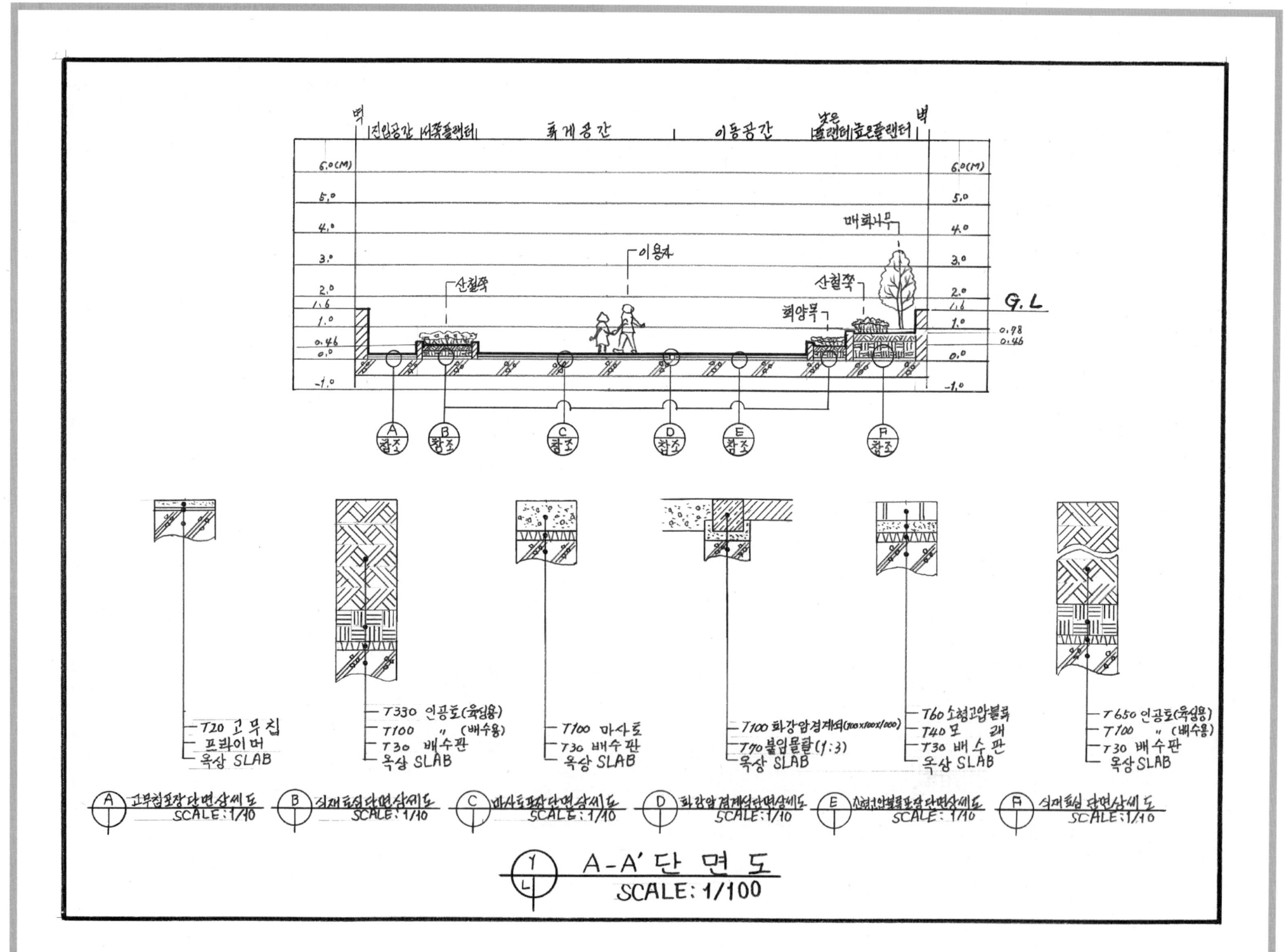

[평면도 제2답안]

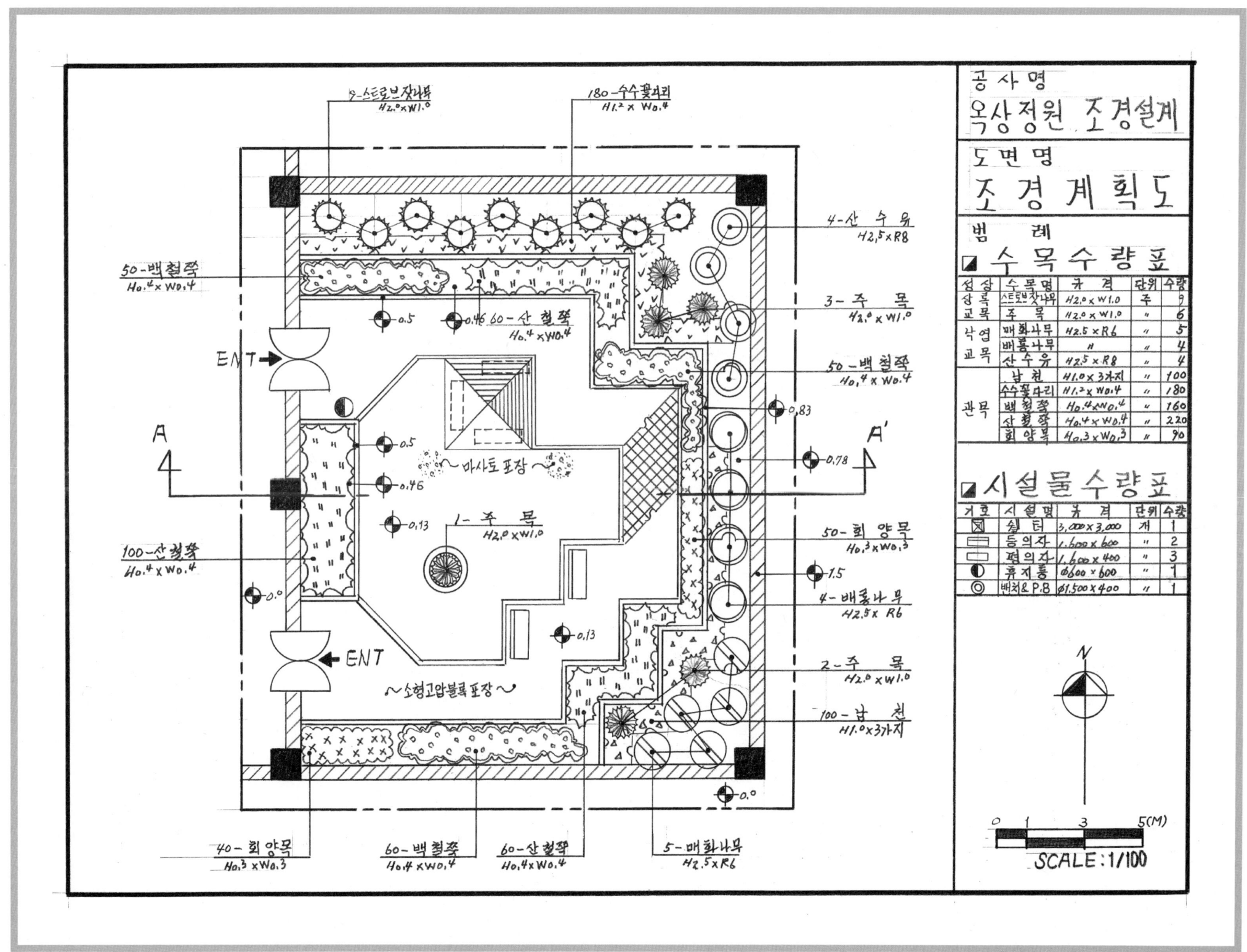

[단면도 제2답안]

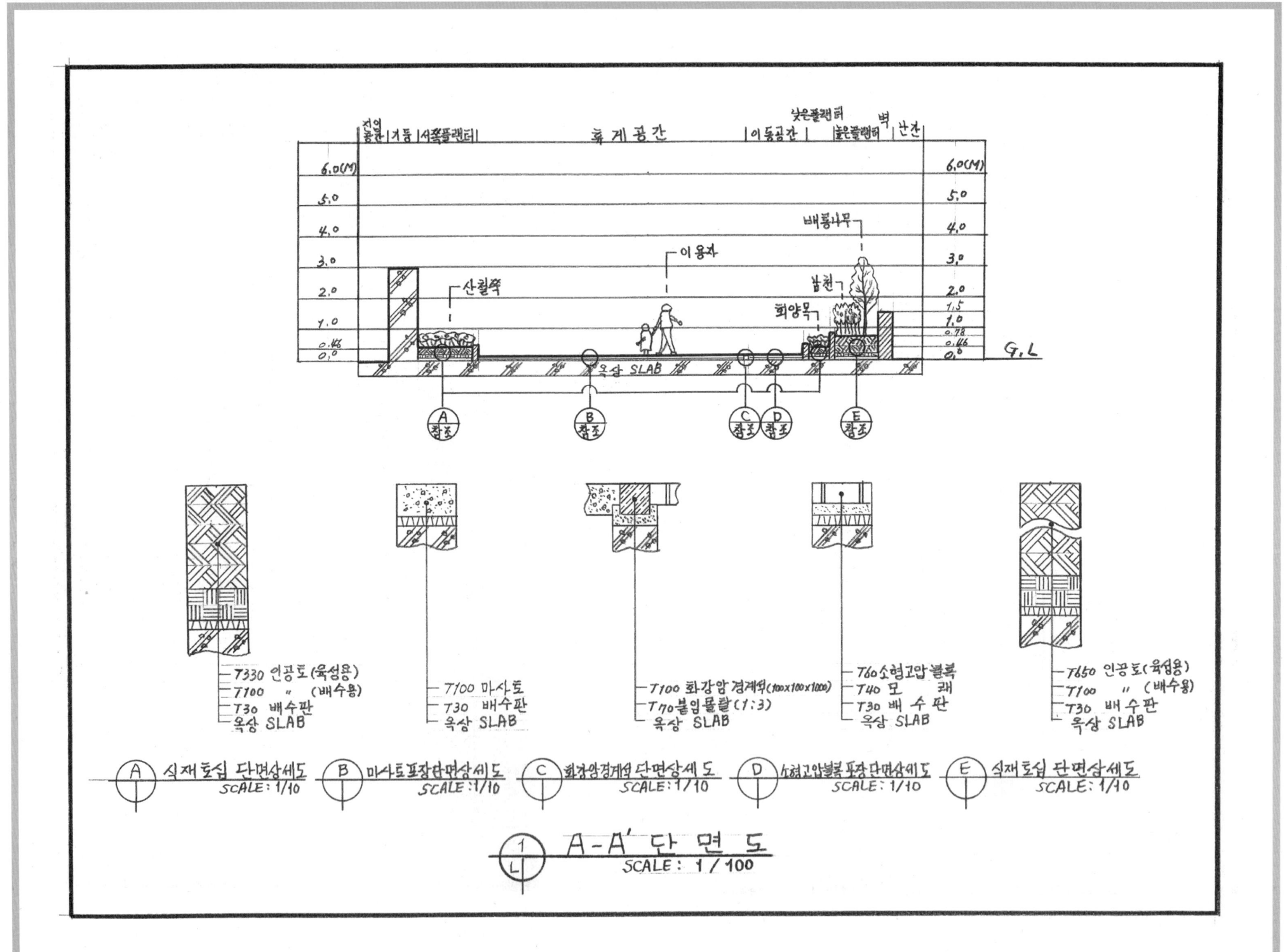

제25절 기출복원문제(소공원)

설계문제

우리나라 중부지역에 위치한 도로변의 빈 공간에 대한 조경설계를 하고자 한다. 주어진 현황도 및 아래 사항을 참조하여 설계조건에 따라 조경계획도를 작성합니다(단, 2점 쇄선 안 부분이 조경설계 대상지로 합니다).

(1) 현황도

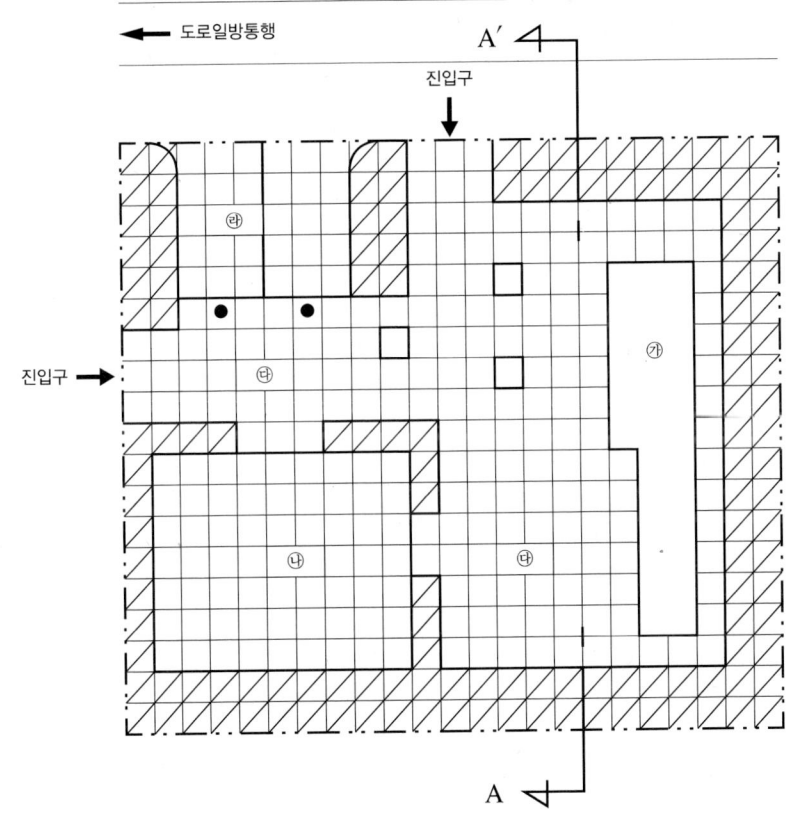

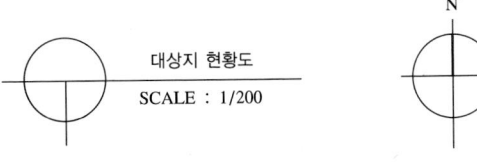

(2) 요구사항

① 식재평면도를 위주로 한 조경계획도를 축척 1/100로 작성하시오(용지 1).
② 도면의 오른쪽 위에 작업명칭을 작성하시오.
③ 도면의 오른쪽에는 "주요시설물 수량표와 수목(식재) 수량표"를 함께 작성하고, 수량표 아래쪽 여백을 이용하여 "방위표시와 막대축척"을 반드시 그려 넣으시오(단 전체 대상지의 길이를 고려하여 범례표의 폭을 조정할 수 있다).
④ 도면의 전체적인 안정감을 위하여 "테두리선"을 작성하시오.
⑤ A-A'단면도를 축척 1/100로 작성하시오(용지 2).
⑥ 반드시 식재 평면도는 성상, 수목명, 규격, 단위, 수량을 명기하여 작성하시오.

(3) 설계조건

① 해당 지역은 도로변 자투리 공간을 이용하여 휴식 및 어린이들의 놀이 및 운동, 수(水)면의 반영(反影)을 감상할 수 있는 소공원으로, 공원의 특징을 고려하여 조경계획도를 작성하시오.
② 포장지역을 제외한 곳에는 가능한 식재를 계획하시오(녹지공간은 빗금 친 부분이며, 경사의 차이가 발생하는 곳은 분위기를 고려하여 식재를 적절하게 실시하시오).
③ 포장지역은 "점토벽돌, 콘크리트, 자연석 판석, 고무칩, 투수콘크리트" 등 적당한 재료를 선택하여 재료의 사용이 적합한 장소에 기호로 표현하고, 포장명을 반드시 기입하시오.
④ "㉮" 지역은 깊이 50cm의 수반(水盤)으로, 주변 녹지의 수형이 우수한 수목이 사계절 변화 없이 수변에 비치는 경치를 연출할 수 있도록 열식하고, 수반에 접하는 폭 1m의 목재데크를 외부에 설치하여 산책동선을 설계하시오.
⑤ "㉯" 지역은 놀이 및 운동공간으로 계획하고, 놀이시설 2종, 운동시설 1종을 설치하시오.
⑥ "㉰" 지역은 원로 및 광장으로 통행에 지장을 주지 않는 곳에 바닥분수(2.5m×2.5m) 1개소, 평상형 셸터(2.5m×2.5m) 1개소, 그늘을 제공하기 위해 수목보호대(1m×1m) 3개소 설치 및 녹음식재, 평벤치(1.2m×0.5m) 4개소를 설치하시오.
⑦ "㉱" 지역은 주차공간으로 소형자동차 2대가 주차할 수 있는 공간으로 계획하고 설계하며, 대상지 내로 차량이 진입하지 못하도록 적절한 조치를 하시오.
⑧ 대상지 내에 위치한 외곽 녹지대에는 차폐식재("㉯" 지역 서쪽), 유도식재, 녹음식재, 경관식재, 경계식재("㉯"와 "㉰" 지역 사이 1m이하), 소나무 군식 등의 식재패턴을 필요한 곳에 배식하고, 필요에 따라 수목보호대를 추가로 설치하여 포장 내에 식재하시오.

⑨ 수목은 아래의 수종 중에서 종류가 다른 10가지 이상을 반드시 선정하여 골고루 안정적이고 아늑한 배식이 될 수 있도록 계획하며, 인출선을 이용하여 수량, 수종명, 규격을 반드시 표기하시오.

> 소나무(H4.0×W2.0), 소나무(H3.0×W1.5), 소나무(H2.5×W1.2), 스트로브 잣나무(H2.5×W1.2), 스트로브 잣나무(H2.0×W1.0), 전나무(H3.0×W2.0), 왕벚나무(H4.5×B10), 버즘나무(H3.5×B8), 느티나무(H4.5×R20), 느티나무(H3.0×R6), 청단풍(H2.5×R8), 다정큼나무(H1.0×W0.6), 동백나무(H2.5×R8), 중국단풍(H2.5×R5), 금목서(H2.0×R6), 돈나무(H1.5×W1.0), 굴거리나무(H2.5×W1.0), 자귀나무(H2.5×R6), 태산목(H1.5×W0.5), 먼나무(H2.0×R5), 산딸나무(H2.0×R5), 산수유(H2.5×R7), 꽃사과(H2.5×R5), 수수꽃다리(H1.5×W0.6), 병꽃나무(H1.0×W0.4), 쥐똥나무(H1.0×W0.3), 명자나무(H0.6×W0.4), 산철쭉(H0.3×W0.4), 자산홍(H0.3×W0.3), 영산홍(H0.4×W0.3), 조릿대(H0.6×7가지), 회양목(H0.3×W0.3)

⑩ A-A' 단면도는 경사, 포장재료, 경계선, 및 기타 시설물의 기초, 주변의 수목, 주요 시설물, 이용자 등을 단면도상에 반드시 표시하고, 높이 차를 한눈에 볼 수 있도록 설계하시오.

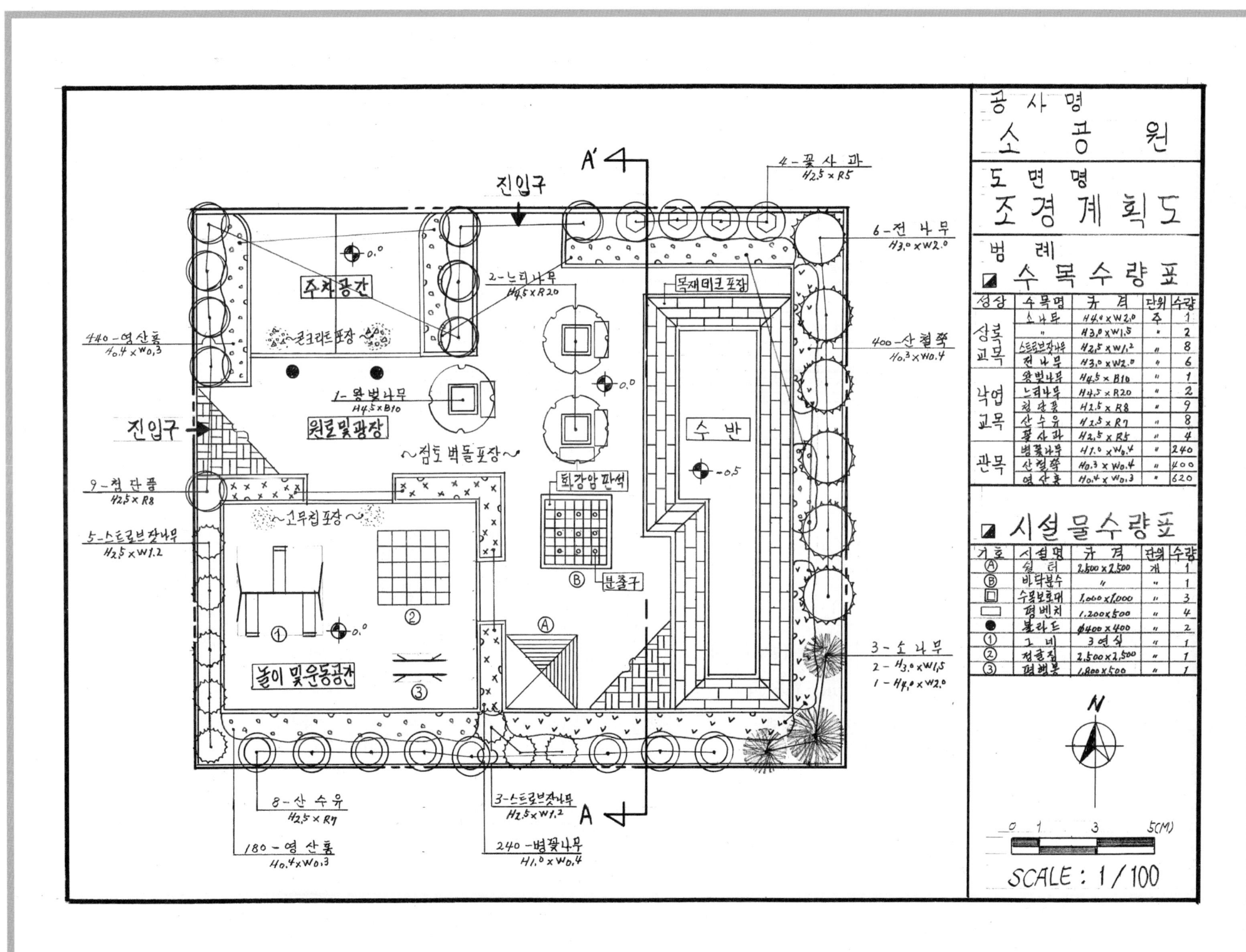

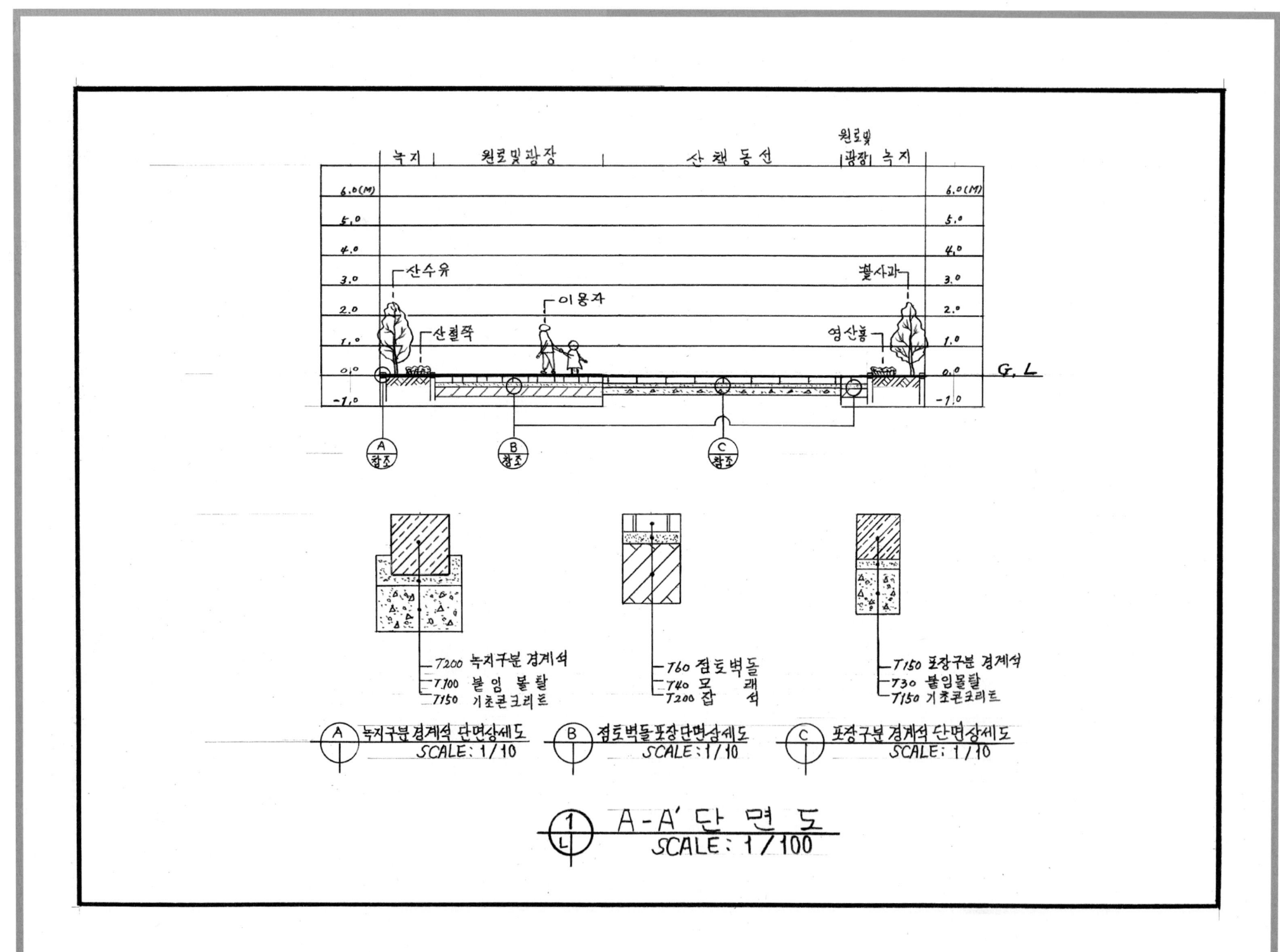

제 26 절 기출복원문제(도로변 소공원)

설계문제

우리나라 중부지역에 위치한 도심의 빈 공간에 대한 조경설계를 하고자 합니다. 주어진 현황도 및 아래 사항을 참조하여 설계조건에 따라 조경계획도를 작성합니다(단, 2점 쇄선 안 부분을 조경설계 대상지로 합니다).

(1) 현황도

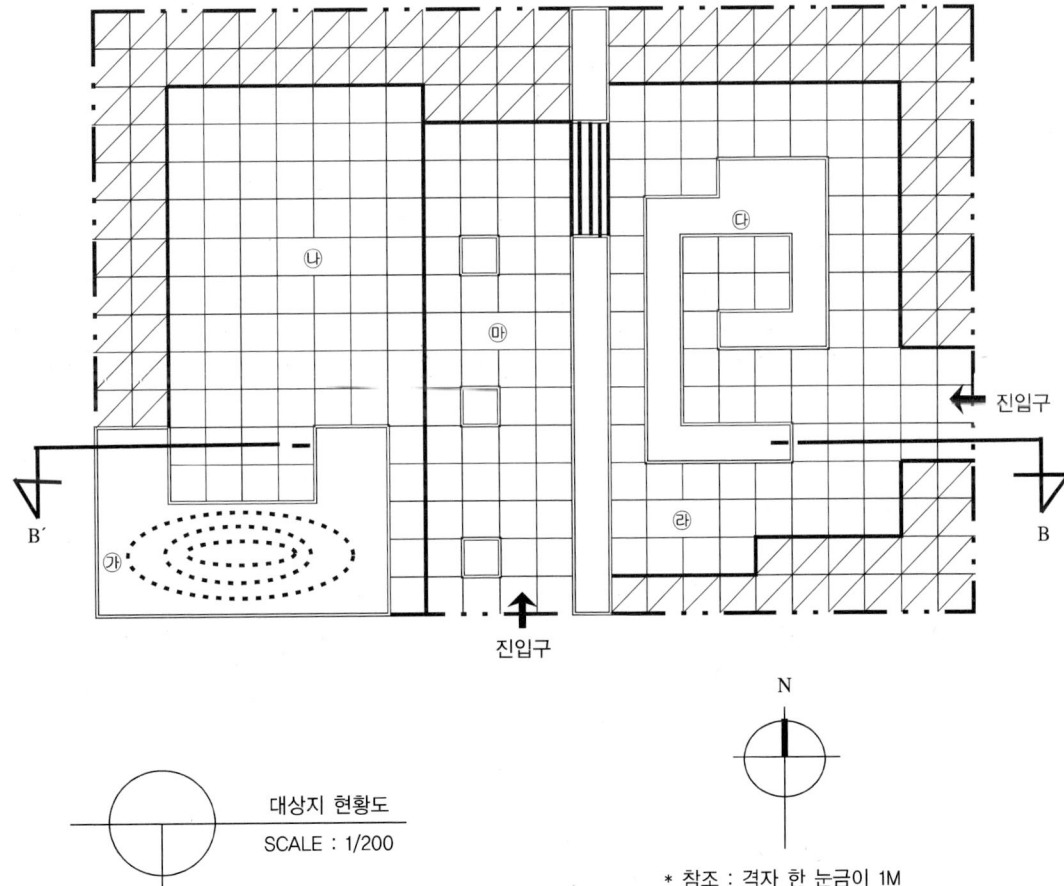

(2) 요구사항

① 식재평면도를 위주로 한 조경계획도를 축척 1/100로 작성하시오(지급용지-1).
② 도면의 오른쪽 위에 작업명칭을 작성하시오.
③ 도면의 오른쪽에는 "주요 시설물 수량표와 수목(식재) 수량표"를 작성하고, 수량표 아래쪽에 "방위표시와 막대축척"을 반드시 그려 넣으시오(단, 전체 대상지의 길이를 고려하여 범례표의 폭을 조정할 수 있습니다).
④ 도면의 전체적인 안정감을 위하여 "테두리선"을 작성하시오.
⑤ B-B' 단면도를 축척 1/100로 작성하시오(지급용지-2).

(3) 설계조건

① 해당 지역은 도로변 소공원으로 휴식공간과 어린이들이 즐길 수 있는 특성을 고려하여 조경계획도를 작성하시오. 포장지역을 제외한 곳에는 모두 식재를 계획하시오(단, 녹지공간은 대각선 친 부분이며, 분위기를 고려하여 배식하시오).
② 포장지역은 "소형고압블록, 콘크리트, 투수콘크리트, 고무칩, 마사토, 화강석 블록" 등 적당한 재료를 선택하여 재료의 사용이 적합한 장소에 기호로 표현하고, 포장명을 반드시 기입하시오.
③ "㉮" 지역은 진입공간으로 등고선 1개당 30cm가 높으며, 전체적으로 "㉯" 지역에 비해 60cm가 높은 녹지지역으로 경관식재를 하시오.
④ 대상지 내에 보행자 통행에 지장을 주지 않는 곳에 2인용 평상형 벤치(1,200mm×500mm) 4개(단, 퍼걸러 안에 설치된 벤치는 제외)와 휴지통 2개소를 설치하시오.
⑤ "㉰" 지역은 수경공간으로 깊이 60cm로 계획하여 설계하고, "㉱" 지역은 진입공간으로 이용자의 휴식을 위한 시설을 필요시 수험자 임의로 설계하시오.
⑥ "㉯" 지역은 "㉱" 지역보다 높이 차이가 1m 높고, 그 높이 차이를 식수대(Plant Box)로 처리하였으므로 적합한 조치를 계획하시오.
⑦ "㉲" 지역은 휴식 및 놀이공간으로 이용자들의 편안한 휴식을 위해 퍼걸러(3,000mm×4,000mm) 1개와 앉아서 휴식을 즐길 수 있도록 등벤치 2개를 설치하고, 어린이 놀이시설 3개소를 계획하여 설계하시오.
⑧ "㉳" 지역은 이동공간으로 수목보호대에 동일한 낙엽교목을 식재하시오.
⑨ 대상지 경계에 위치한 외곽 녹지대의 식재는 차폐식재, 유도식재, 녹음식재, 경관식재, 소나무 군식 등의 식재패턴을 필요한 곳에 배식하시오.

⑩ 수목은 아래의 수종 중에서 종류가 다른 10가지를 반드시 선정하여 골고루 안정적이고 아늑한 경관이 될 수 있도록 계획하며, 인출선을 이용하여 수량, 수종명, 규격을 반드시 표기하시오.

> 소나무(H4.0×W2.0), 소나무(H3.0×W1.5), 소나무(H2.5×W1.2), 스트로브 잣나무(H2.5×W1.2), 스트로브 잣나무(H2.0×W1.0), 왕벚나무(H4.5×B15), 버즘나무(H3.5×B8), 느티나무(H4.5×R20), 은행나무(H3.5×B8), 대왕참나무(H4.5×R18), 청단풍(H2.5×R8), 다정큼나무(H1.0×W0.6), 동백나무(H2.5×R8), 중국단풍(H2.5×R5), 굴거리나무(H2.5×W0.6), 살구나무(H2.5×R6), 태산목(H1.5×W0.5), 먼나무(H2.0×R5), 산딸나무(H2.0×R5), (산수유(H2.5×R7), 꽃사과(H2.5×R5), 매화나무(H2.0×R4), 다정큼나무(H1.0×W0.6), 수수꽃다리(H1.5×W0.6), 병꽃나무(H1.0×W0.4), 쥐똥나무(H1.0×W0.3), 명자나무(H0.6×W0.4), 산철쭉(H0.3×W0.4), 자산홍(H0.3×W0.3), 영산홍(H0.4×W0.3), 조릿대(H0.6×7가지), 잔디(0.3×0.3×0.03)

⑪ B-B′ 단면도는 경사, 포장재료, 경계선, 및 기타 시설물의 기초, 주변의 수목, 주요 시설물, 이용자 등을 단면도상에 반드시 표기하고, 높이차를 한눈에 알아볼 수 있도록 설계하시오.

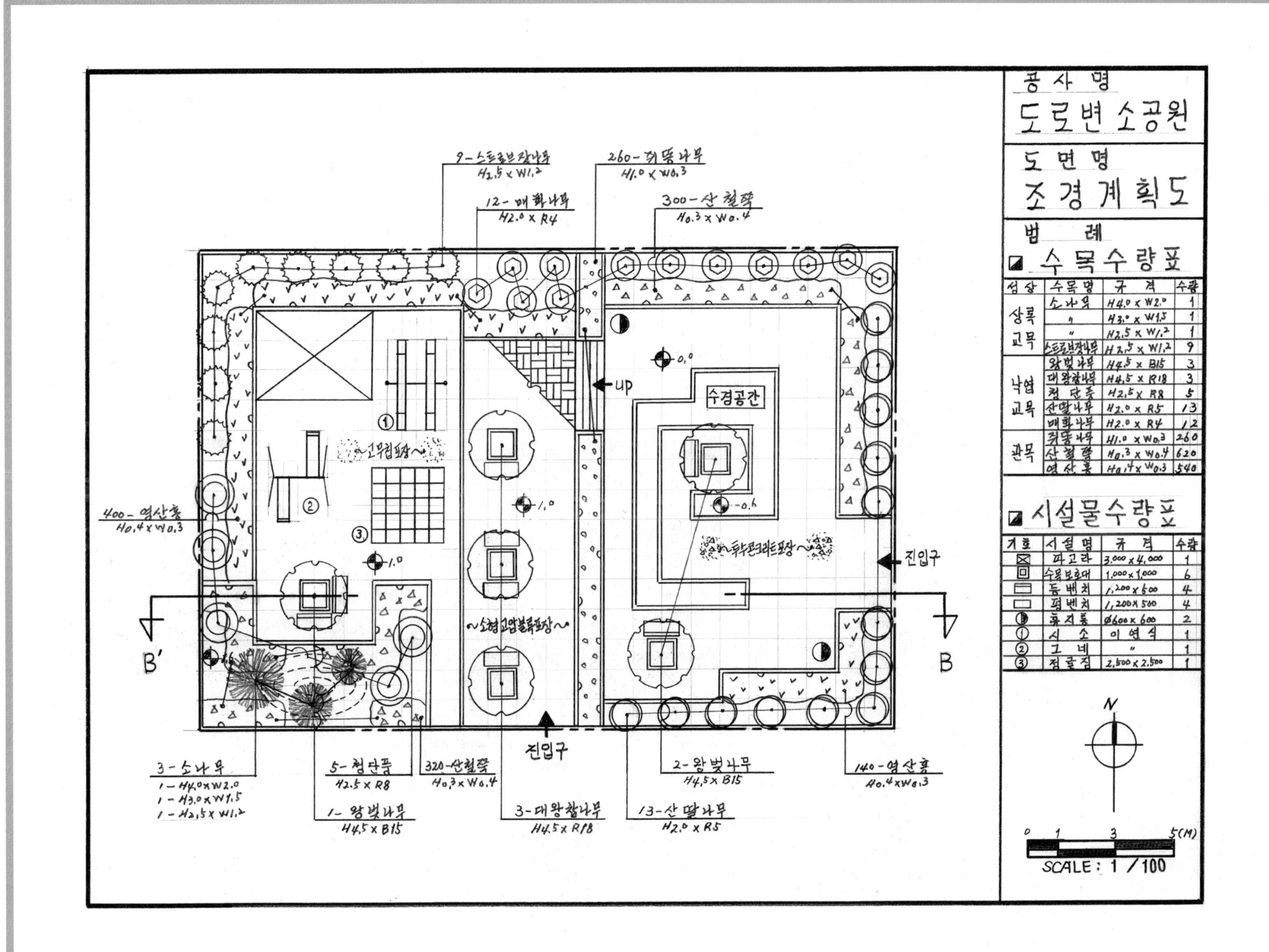

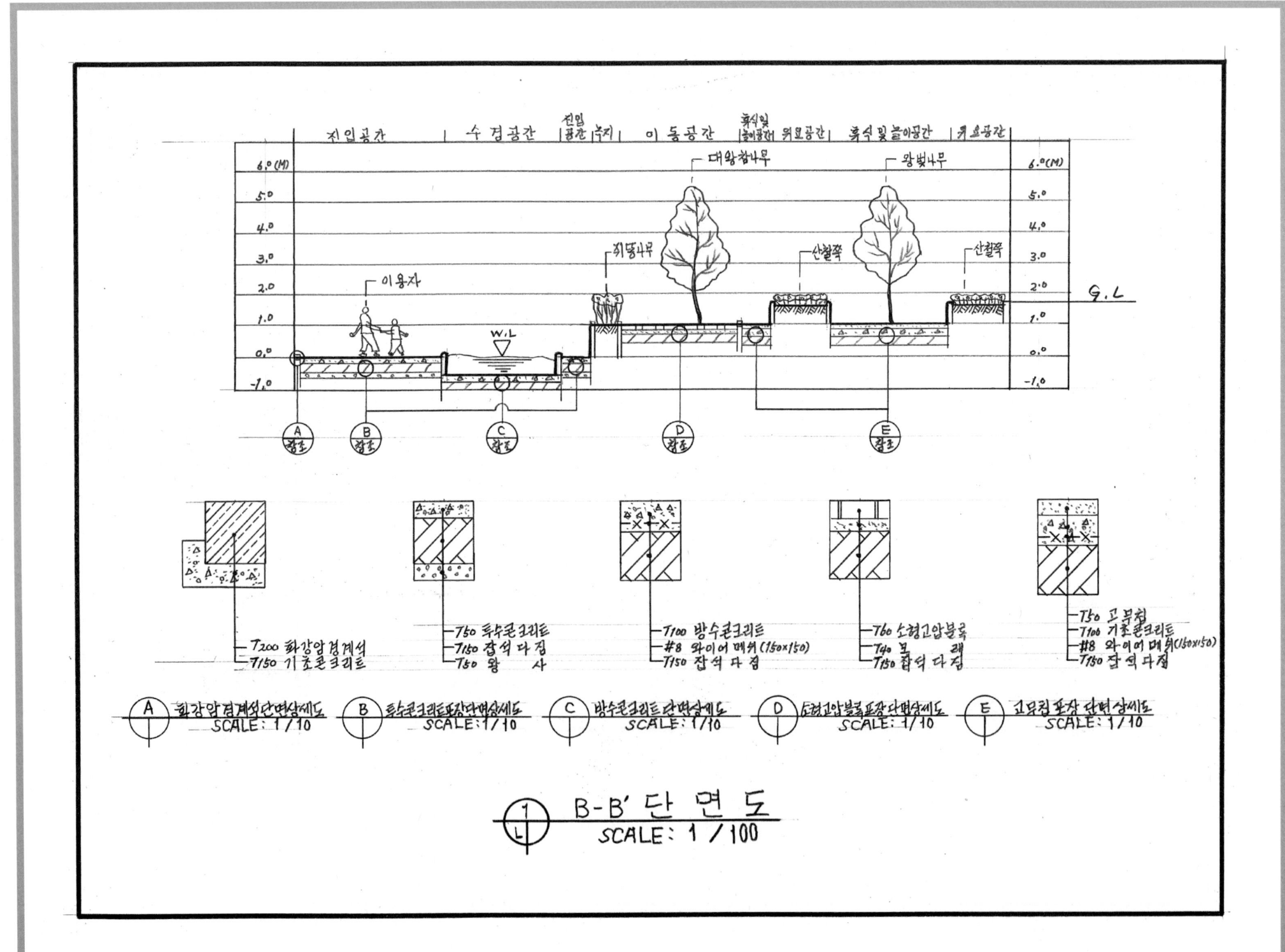

제27절 기출복원문제(도로변 소공원)

설계문제

우리나라 중부지역에 위치한 도심의 빈 공간에 대한 조경설계를 하고자 합니다. 주어진 현황도 및 아래 사항을 참조하여 설계조건에 따라 조경계획도를 작성합니다(단, 2점 쇄선 안 부분을 조경설계 대상지로 합니다).

(1) 현황도

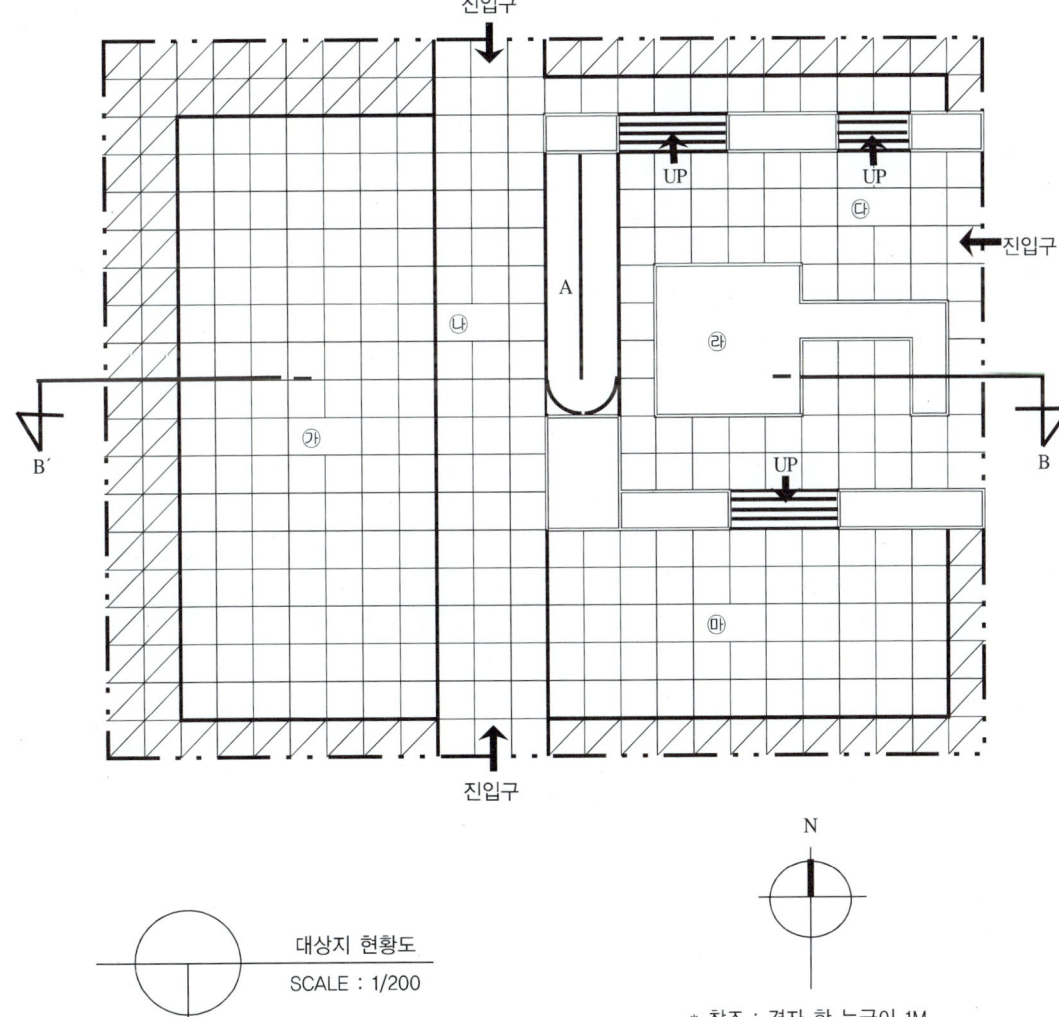

(2) 요구사항

① 식재평면도를 위주로 한 조경계획도를 축척 1/100로 작성하시오(지급용지-1).
② 도면의 오른쪽 위에 작업명칭을 작성하시오.
③ 도면의 오른쪽에는 "주요 시설물 수량표와 수목(식재) 수량표"를 작성하고, 수량표 아래쪽에 "방위표시와 막대축척"을 반드시 그려 넣으시오(단, 전체 대상지의 길이를 고려하여 범례표의 폭을 조정할 수 있습니다).
④ 도면의 전체적인 안정감을 위하여 "테두리선"을 작성하시오.
⑤ B-B′ 단면도를 축척 1/100로 작성하시오(지급용지-2).

(3) 설계조건

① 해당 지역은 도로변 소공원으로 휴식공간과 어린이들이 즐길 수 있는 특성을 고려하여 조경계획도를 작성하시오. 포장지역을 제외한 곳에는 모두 식재를 계획하시오(단, 녹지공간은 대각선 친 부분이며, 분위기를 고려하여 배식하시오).
② 포장지역은 "소형고압블록, 콘크리트, 투수콘크리트, 고무칩, 마사토, 화강석 블록" 등 적당한 재료를 선택하여 재료의 사용이 적합한 장소에 기호로 표현하고, 포장명을 반드시 기입하시오.
③ "㉮" 지역은 놀이공간으로 그 안에 어린이 놀이시설물 3종류(회전무대, 3단식 철봉, 정글짐, 2연식 시소 등)를 배치하시오.
④ "㉯" 지역은 이동공간으로 "㉰" 지역에 비하여 1m 높게 계획하고, 대상지 내에 보행자 통행에 지장을 주지 않는 곳에 2인용 평상형 벤치(1,200mm×500mm) 2개와 휴지통 2개소를 설치하시오.
⑤ "㉰" 지역은 진입공간으로 등벤치 2개소를 계획하여 설계하시오.
⑥ "㉱" 지역은 수경공간으로 깊이 60cm로 계획하여 설계하시오.
⑦ "㉲" 지역은 휴식공간으로 이용자들의 편안한 휴식을 위해 퍼걸러(3,000mm×5,000mm) 1개와 앉아서 휴식을 즐길 수 있도록 등벤치 2개를 설치하시오.
⑧ "A" 지역은 장애인의 출입이 원활하도록 계획하여 설계하시오.
⑨ 대상지 경계에 위치한 외곽 녹지대의 식재는 차폐식재, 유도식재, 녹음식재, 경관식재, 소나무 군식 등의 식재패턴을 필요한 곳에 배식하시오.

⑩ 수목은 아래의 수종 중에서 종류가 다른 10가지를 반드시 선정하여 골고루 안정적이고 아늑한 경관이 될 수 있도록 계획하며, 인출선을 이용하여 수량, 수종명, 규격을 반드시 표기하시오.

> 소나무(H4.0×W2.0), 소나무(H3.0×W1.5), 소나무(H2.5×W1.2), 스트로브 잣나무(H2.5×W1.2), 스트로브 잣나무(H2.0×W1.0), 왕벚나무(H4.5×B15), 버즘나무(H3.5×B8), 느티나무(H4.5×R20), 은행나무(H3.5×B8), 대왕참나무(H4.5×R18), 청단풍(H2.5×R8), 다정큼나무(H1.0×W0.6), 동백나무(H2.5×R8), 중국단풍(H2.5×R5), 굴거리나무(H2.5×W0.6), 살구나무(H2.5×R6), 태산목(H1.5×W0.5), 먼나무(H2.0×R5), 산딸나무(H2.0×R5), (산수유(H2.5×R7), 꽃사과(H2.5×R5), 매화나무(H2.0×R4), 다정큼나무(H1.0×W0.6), 수수꽃다리(H1.5×W0.6), 병꽃나무(H1.0×W0.4), 쥐똥나무(H1.0×W0.3), 명자나무(H0.6×W0.4), 산철쭉(H0.3×W0.4), 자산홍(H0.3×W0.3), 영산홍(H0.4×W0.3), 조릿대(H0.6×7가지), 잔디(0.3×0.3×0.03)

⑪ B-B' 단면도는 경사, 포장재료, 경계선, 및 기타 시설물의 기초, 주변의 수목, 주요 시설물, 이용자 등을 단면도상에 반드시 표기하고, 높이차를 한눈에 알아볼 수 있도록 설계하시오.

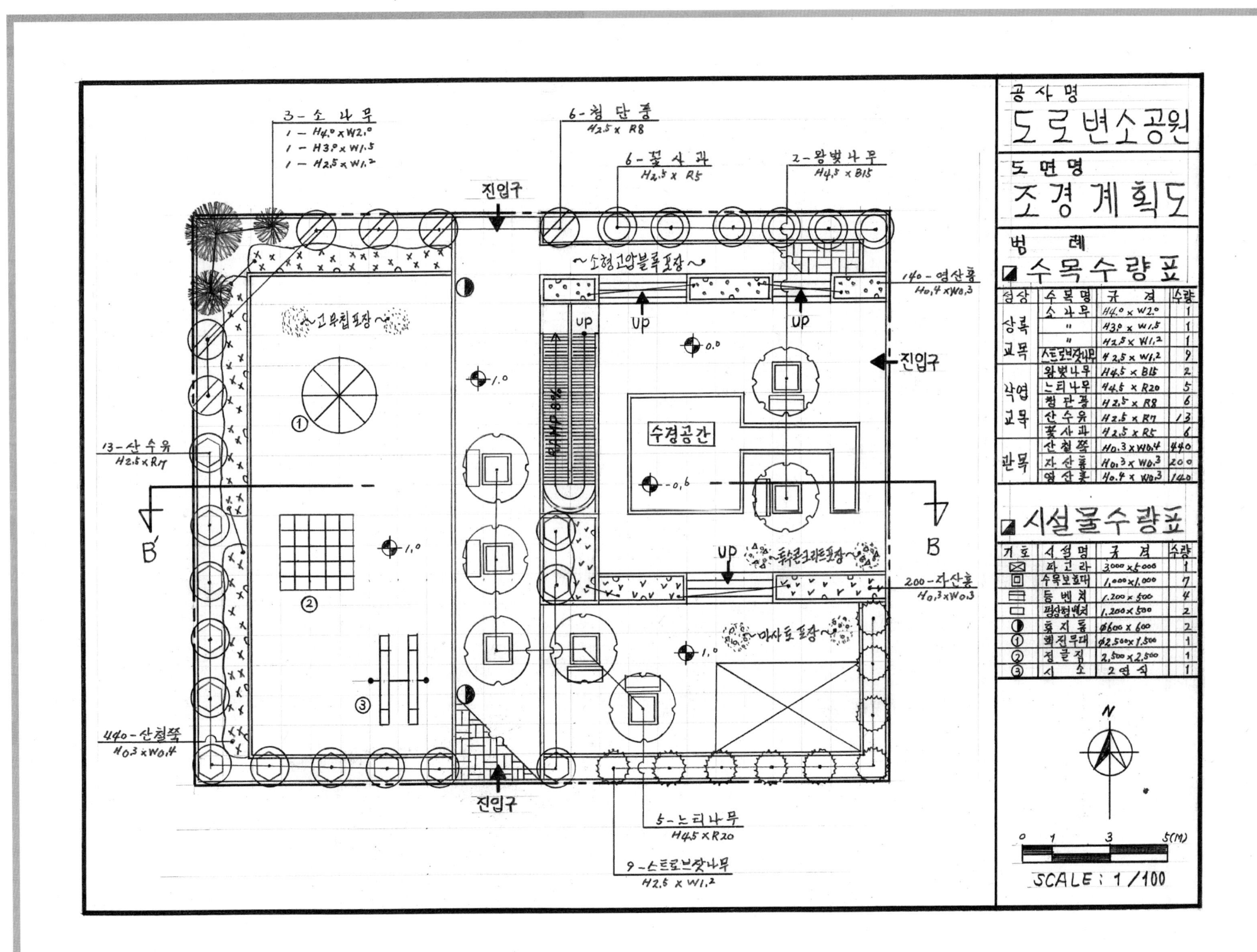

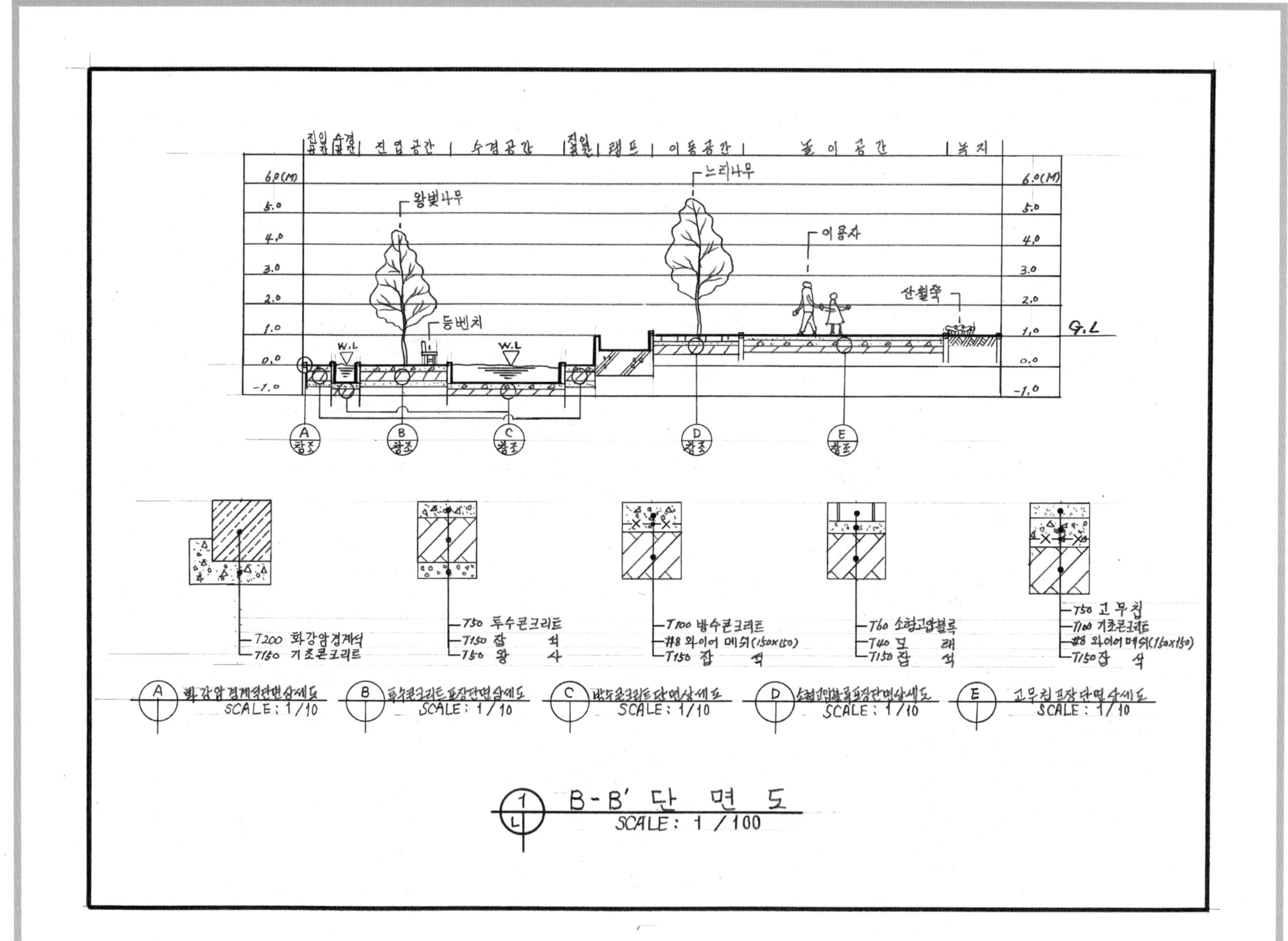

제 28 절 기출복원문제(생태 소공원)

설계문제

우리나라 중부지역에 위치한 도심의 빈 공간에 대한 조경설계를 하고자 합니다. 주어진 현황도 및 아래 사항을 참조하여 설계조건에 따라 조경계획도를 작성합니다(단, 2점 쇄선 안 부분을 조경설계 대상지로 합니다).

(1) 현황도

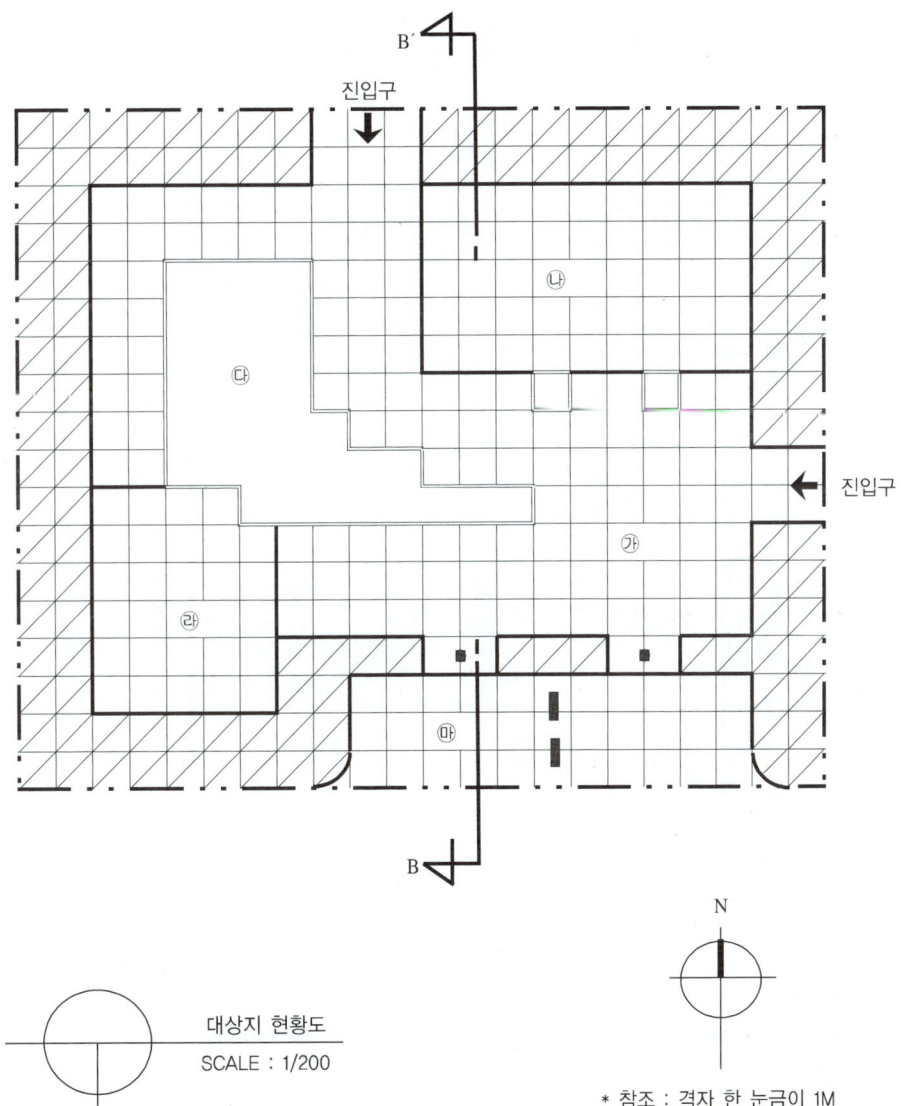

대상지 현황도
SCALE : 1/200

* 참조 : 격자 한 눈금이 1M

(2) 요구사항

① 식재평면도를 위주로 한 조경계획도를 축척 1/100로 작성하시오(용지 1).
② B-B' 단면도를 축척 1/100로 작성하시오(용지 2).

(3) 설계조건

① 해당 지역은 도심의 생태 소공원으로 휴식공간과 어린이들이 즐길 수 있는 특성을 고려하여 조경계획도를 작성하시오. 포장지역을 제외한 곳에는 가능한 식재를 계획하시오(녹지공간은 대각선 친 부분임).
② 포장지역은 "소형고압블록, 콘크리트, 투수콘크리트, 고무칩, 마사토" 등 적당한 재료를 선택하여 재료의 사용이 적합한 장소에 기호로 표현하고, 포장명을 반드시 기입하시오.
③ "㉮" 지역은 원로 및 광장으로 통행에 지장을 주지 않는 위치에 수목보호대(1m×1m) 2개소, 평벤치(1.2m×0.5m) 2개소를 설치하고, 그늘을 제공할 수 있도록 수목을 식재하시오.
④ "㉯" 지역은 놀이 및 운동공간으로 놀이시설 2종, 운동시설 1종을 설치하시오.
⑤ "㉰" 지역은 깊이 90cm의 생태연못으로 어린이들이 연못 주변을 관찰할 수 있도록 순환형 목재데크(Deck)(폭 1m, 난간높이 1m)을 설치하고, 출입구 3곳을 선정하여 표시하시오.
⑥ "㉱" 지역은 휴게공간으로 연못의 경치를 감상할 수 있도록 평상형 셸터(3.5m×3.5m)를 설치하시오.
⑦ "㉲" 지역은 주차장으로 소형자동차 2대가 1열 주차할 수 있는 공간으로 설계하며, 대상지 내로 차량이 진입하지 않도록 설계하시오.
⑧ 대상지 경계에 위치한 외곽 녹지대의 식재는 차폐식재, 유도식재, 녹음식재, 경관식재, 소나무 군식 등의 식재패턴을 필요한 곳에 배식하시오.
⑨ 수목은 아래의 수종 중에서 종류가 다른 10가지를 반드시 선정하여 골고루 안정적이고 아늑한 경관이 될 수 있도록 계획하며, 인출선을 이용하여 수량, 수종명, 규격을 반드시 표기하시오.

> 소나무(H4.0×W2.0), 소나무(H3.0×W1.5), 소나무(H2.5×W1.2), 스트로브 잣나무(H2.5×W1.2), 스트로브 잣나무(H2.0×W1.0), 왕벚나무(H4.5×B15), 버즘나무(H3.5×B8), 느티나무(H4.5×R20), 은행나무(H3.5×B8), 대왕참나무(H4.5×R18), 청단풍(H2.5×R8), 다정큼나무(H1.0×W0.6), 동백나무(H2.5×R8), 중국단풍(H2.5×R5), 굴거리나무(H2.5×W0.6), 살구나무(H2.5×R6), 태산목(H1.5×W0.5), 먼나무(H2.0×R5), 산딸나무(H2.0×R5), (산수유(H2.5×R7), 꽃사과(H2.5×R5), 매화나무(H2.0×R4), 다정큼나무(H1.0×W0.6), 수수꽃다리(H1.5×W0.6), 병꽃나무(H1.0×W0.4), 쥐똥나무(H1.0×W0.3), 명자나무(H0.6×W0.4), 산철쭉(H0.3×W0.4), 자산홍(H0.3×W0.3), 영산홍(H0.4× W0.3), 조릿대(H0.6×7가지), 잔디(0.3×0.3×0.03)

⑩ B-B' 단면도는 경사, 포장재료, 경계선, 및 기타 시설물의 기초, 주변의 수목, 주요 시설물, 이용자 등을 단면도상에 반드시 표기하고, 높이차를 한눈에 알아볼 수 있도록 설계하시오.

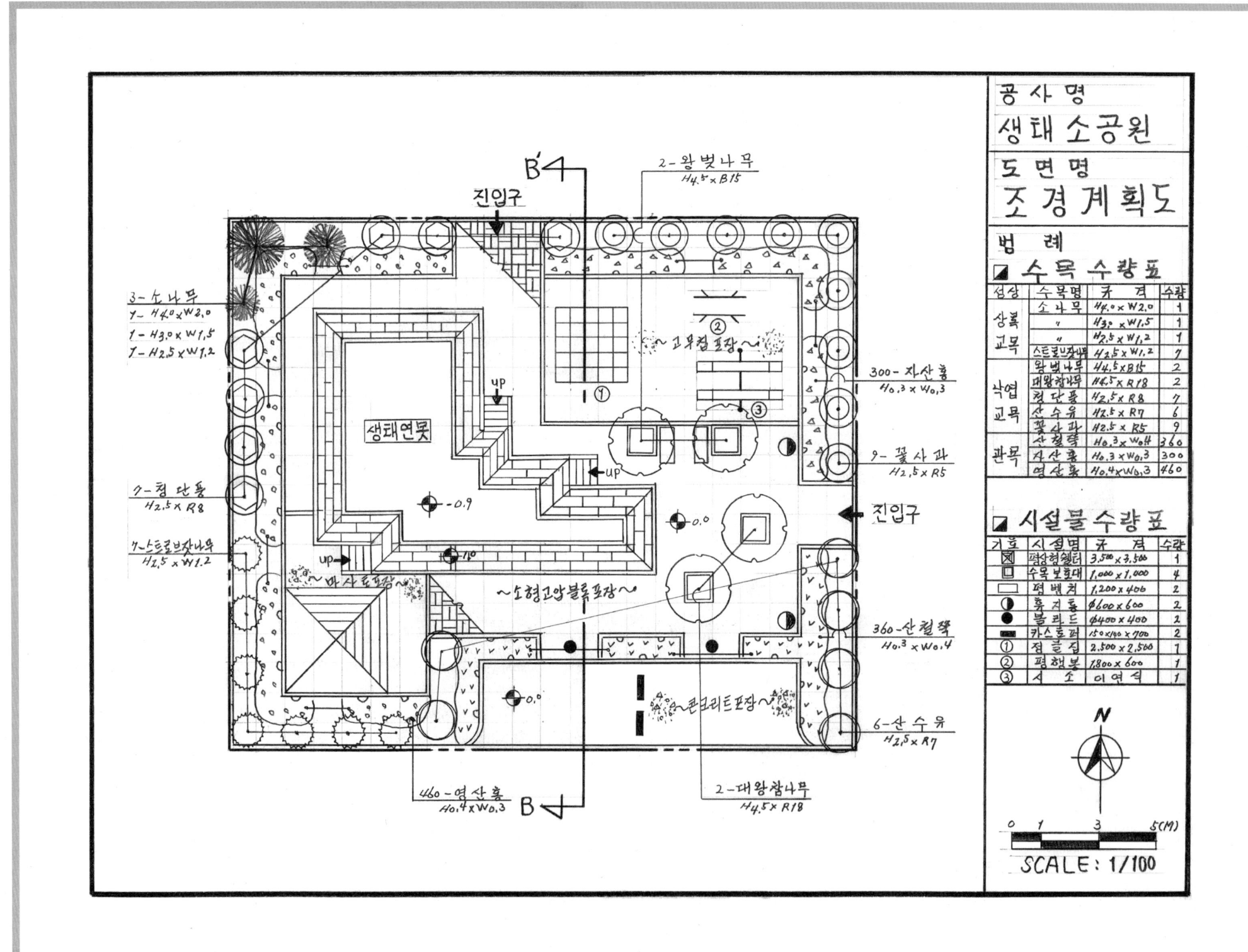

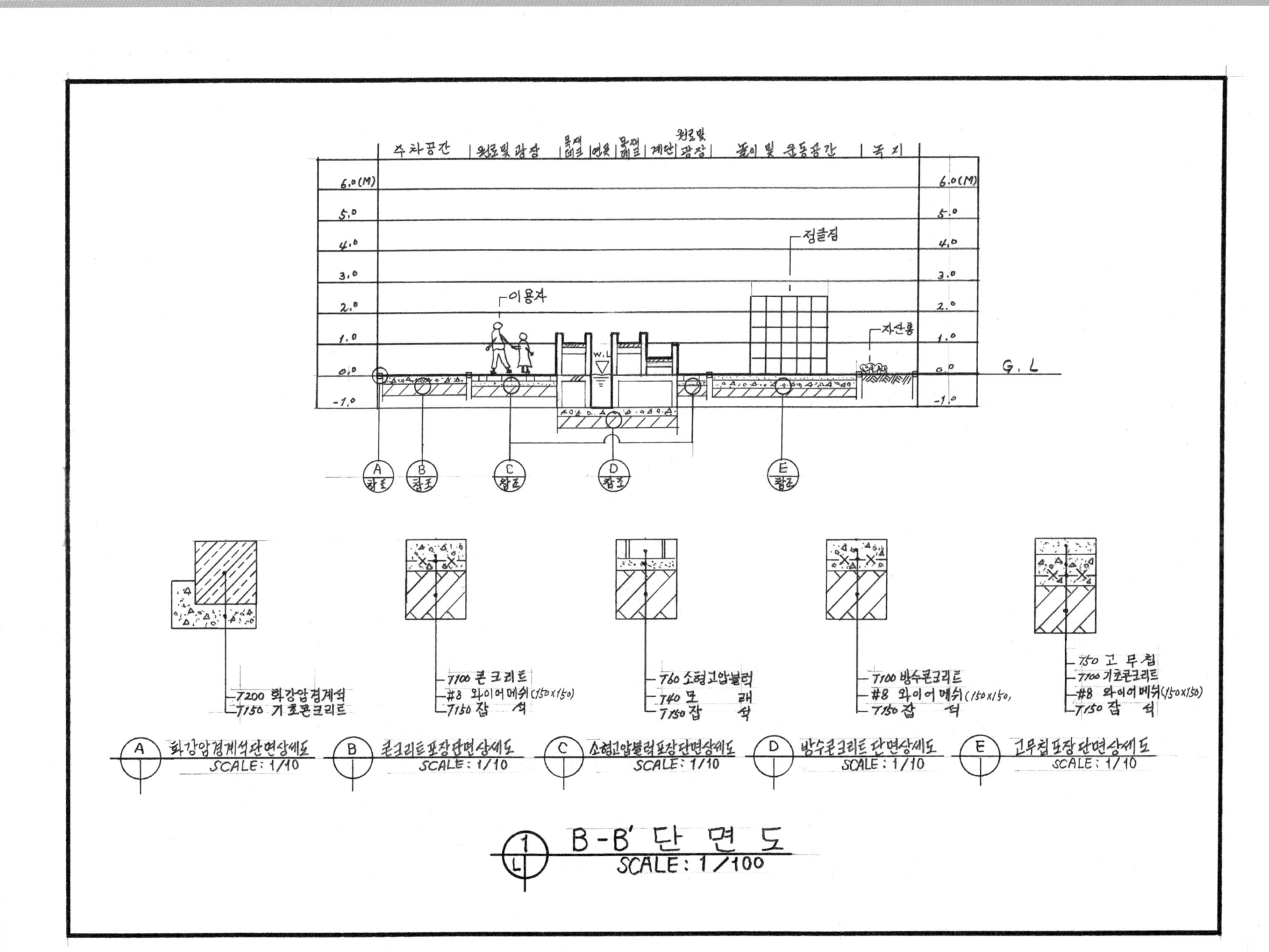

제29절 기출복원문제(도로변 소공원)

설계문제

우리나라 중부지역에 위치한 도로변 빈 공간에 대한 조경설계를 하고자 합니다. 주어진 현황도 및 아래 사항을 참조하여 설계조건에 따라 조경계획도를 작성합니다(단, 2점 쇄선 안 부분이 조경설계 대상지로 합니다).

(1) 현황도

(2) 요구사항

① 식재평면도를 위주로 한 조경계획도를 축척 1/100로 작성하시오(지급용지-1).
② 도면의 오른쪽 위에 작업명칭을 작성하시오.
③ 도면의 오른쪽에는 "주요 시설물 수량표와 수목(식재) 수량표"를 작성하고, 수량표 아래쪽에 "방위표시와 막대 축척"을 반드시 그려 넣으시오(단, 전체 대상지의 길이를 고려하여 범례표의 폭을 조정할 수 있습니다).
④ 도면의 전체적인 안정감을 위하여 "테두리선"을 작성하시오.
⑤ B-B′ 단면도를 축척 1/100로 작성하시오(지급용지-2).
⑥ 반드시 식재 수량표는 성상, 수목명, 규격, 단위, 수량을 명기하여 작성하시오.

(3) 설계조건

① 해당 지역은 도로변 자투리 공간을 이용하여 휴게 및 어린이 놀이를 주목적으로 하는 소공원으로, 주어진 설계조건을 고려하여 조경계획도를 작성하시오.
② 포장지역과 데크를 제외한 곳에는 모두 식재를 계획하시오(단, 녹지공간은 대각선 친 부분이며, 수목보호대(1×1m) 지점에도 공간 특성을 고려하여 배식하시오).
③ 포장지역은 "점토벽돌, 데크, 화강석 블록, 고무블럭, 고무칩" 등 적당한 재료를 선택하여 재료의 사용이 적합한 장소에 기호로 표현하고, 포장명을 반드시 기입하시오.
④ "㉮" 지역은 놀이공간으로 계획하고, 그 안에 어린이 놀이시설물 3종류(회전무대, 3연식 철봉, 정글짐, 2연식 시소 등)를 배치하시오.
⑤ "㉯" 지역은 정적인 휴식공간으로 퍼걸러(3,000mm×5,000mm) 1개소를 계획하고 설치하시오.
⑥ "㉰" 지역은 어린이의 미로공간으로 담장(A)의 소재와 두께는 자유롭게 선정하며, 가급적 높이는 1m 정도로 설계하시오.
⑦ "㉱" 지역은 진입 및 각 공간을 원활하게 연결시킬 수 있도록 계획하며, 보행흐름에 지장이 없도록 설계하시오.
⑧ "㉮" 지역은 "㉯", "㉰", "㉱" 지역보다 높이차가 1m 높으며, 그 높이 차이를 식수대(Plant Box)로 처리하였으므로 적합한 조치를 하시오.
⑨ 대상지 내 보행자 통행에 지장을 주지 않는 곳에 2인용 평상형 벤치(1,200mm×500mm) 3개(단, 퍼걸러 안에 설치된 벤치는 제외)와 휴지통 3개소를 설치하시오.
⑩ 대상지 내에는 유도식재, 녹음식재, 경관식재, 소나무 군식 등의 식재패턴을 필요한 곳에 배식하고, 수목보호대에는 녹음식재를 실시하고, 필요에 따라 추가로 설치하여 포장 내에 식재를 하시오.
⑪ 수목은 아래에 주어진 수종에서 종류가 다른 12가지를 선정하여 공간에 부합되는 식재를 계획하며, 인출선을 이용하여 수량, 수종명, 규격을 반드시 표기하시오.

개나리(H1.2×5가지)	계수나무(H2.5×R6)	구상나무(H1.5×W0.6)	굴거리나무(H2.5×W1.0)
금목서(H2.0×R6)	꽃사과(H2.5×R5)	꽝꽝나무(H0.3×W0.4)	낙상홍(H1.0×W0.4)
낙우송(H4.0×B12)	느티나무(H3.0×R6)	느티나무(H4.5×R20)	다정큼나무(H1.0×W0.6)
대왕참나무(H4.5×R20)	덜꿩나무(H1.0×W0.4)	돈나무(H1.5×W1.0)	동백나무(H2.5×B8)
마가목(H3.0×R12)	매화나무(H2.0×R4)	먼나무(H2.0×R5)	메타세쿼이아(H4.0×B8)
명자나무(H0.6×W0.4)	모과나무(H3.0×R8)	목련(H3.0×R10)	무궁화(H1.0×W0.2)
박태기나무(H1.0×W0.4)	배롱나무(H2.5×R6)	백철쭉(H0.3×W0.3)	백합나무(H4.0×R10)
버즘나무(H3.5×B8)	병꽃나무(H1.0×W0.6)	사철나무(H1.0×W0.3)	산딸나무(H2.5×R6)
산수국(H0.3×W0.4)	산수유(H2.5×R8)	산철쭉(H0.3×W0.3)	서양측백(H1.2×W0.4)
소나무(H3.0×W1.5×R10)	소나무(H4.0×W2.0×R15)	소나무(H5.0×W2.5×R20)	소나무(둥근형)(H1.2×W1.5)
수수꽃다리(H2.0×W0.8)	스트로브잣나무(H2.0×W1.0)	아왜나무(H1.5×W0.8)	영산홍(H0.3×W0.3)
왕벚나무(H4.5×B10)	은행나무(H4.0×B10)	이팝나무(H3.5×R12)	자귀나무(H3.5×R12)
자산홍(H0.3×W0.3)	자작나무(H2.5×B5)	조릿대(H0.6×W0.3)	좀작살나무(H1.2×W0.4)
주목(둥근형)(H0.3×W0.3)	주목(선형)(H2.0×W1.0)	중국단풍(H2.5×B6)	쥐똥나무(H1.0×W0.3)
청단풍(H2.5×R8)	층층나무(H3.5×R8)	칠엽수(H3.5×R12)	태산목(H1.5×W0.5)
홍단풍(H3.0×R10)	화살나무(H0.6×W0.3)	회양목(H0.3×W0.3)	갈대(8cm)
감국(8cm)	구절초(8cm)	금계국(10cm)	노랑꽃창포(8cm)
둥굴레(10cm)	맥문동(8cm)	벌개미취(8cm)	부들(8cm)
부처꽃(8cm)	붓꽃(10cm)	비비추(2~3분얼)	수호초(10cm)
애기나리(10cm)	옥잠화(2~3분얼)	원추리(2~3분얼)	잔디(0.3×0.3×0.03)
제비꽃(8cm)	털부처꽃(8cm)	패랭이꽃(8cm)	해국(8cm)

※ 규격이 다른 소나무 수종은 종류가 다른 수종으로 판단하지 않으며, 12가지에 포함 기재 시 1개 종으로 간주함

⑫ B-B′ 단면도는 경사, 포장재료, 경계선, 주변의 수목, 주요 시설물, 이용자 등을 단면도상에 반드시 표기하고 높이 차를 한눈에 볼 수 있도록 설계하시오.

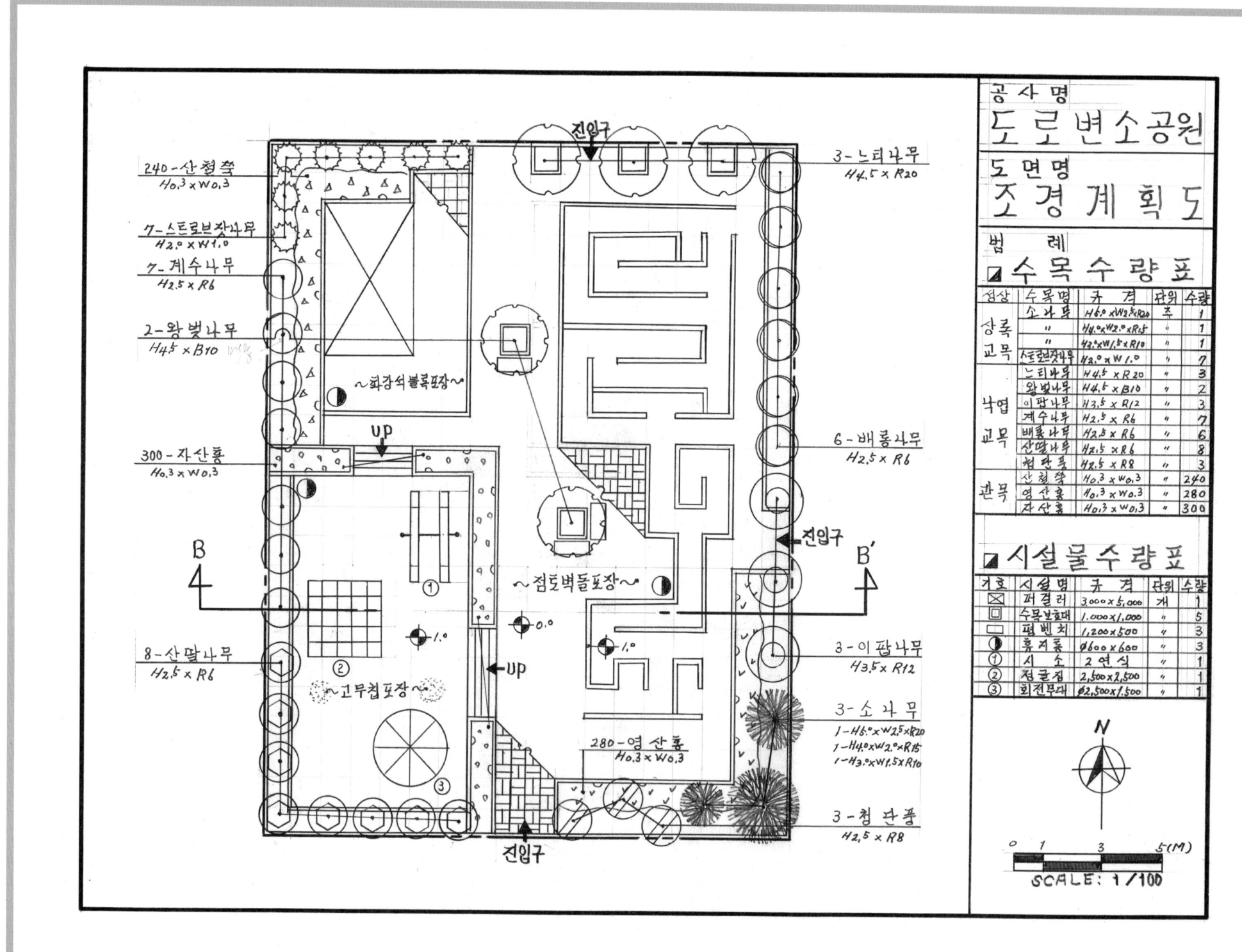

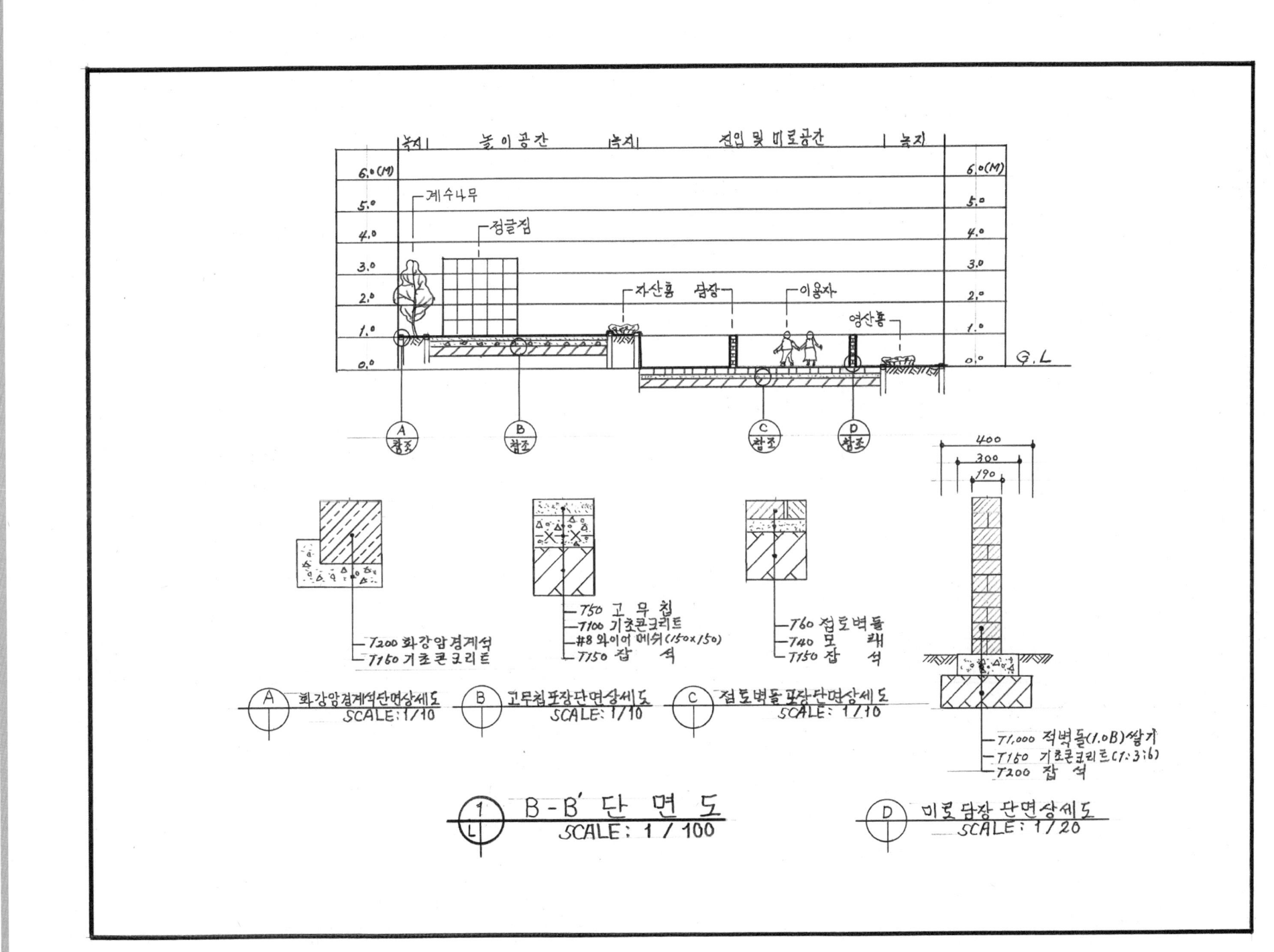

제30절 기출복원문제(도로변 소공원)

설계문제

우리나라 중부지역에 위치한 도로변 빈 공간에 대한 조경설계를 하고자 합니다. 주어진 현황도 및 아래 사항을 참조하여 설계조건에 따라 조경계획도를 작성합니다(단, 2점 쇄선 안 부분이 조경설계 대상지로 합니다).

(1) 현황도

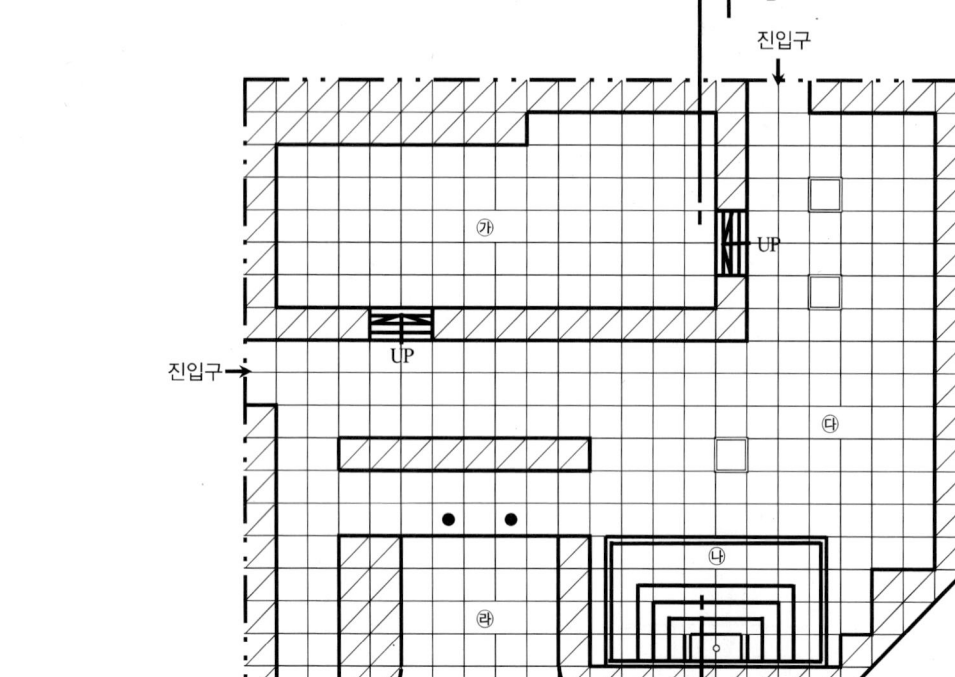

대상지 현황도
SCALE : 1/200

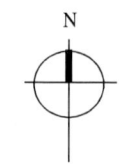
* 참조 : 격자 한 눈금이 1M

(2) 요구사항

① 식재평면도를 위주로 한 조경계획도를 축척 1/100로 작성하시오(지급용지-1).
② 도면의 오른쪽 위에 작업명칭을 작성하시오.
③ 도면의 오른쪽에는 "주요 시설물 수량표와 수목(식재) 수량표"를 작성하고, 수량표 아래쪽에 "방위표시와 막대 축척"을 반드시 그려 넣으시오(단, 전체 대상지의 길이를 고려하여 범례표의 폭을 조정할 수 있습니다).
④ 도면의 전체적인 안정감을 위하여 "테두리선"을 작성하시오.
⑤ B-B' 단면도를 축척 1/100로 작성하시오(지급용지-2).

(3) 설계조건

① 해당 지역은 도로변의 자투리 공간을 이용하여 휴식 및 어린이들이 즐길 수 있는 도로변 소공원으로, 공원의 특징을 고려하여 조경계획도를 작성하시오.
② 포장지역을 제외한 곳에는 모두 식재를 계획하시오(단, 녹지공간은 대각선 친 부분이며, 경사의 차이가 발생하는 곳은 분위기를 고려하여 배식하시오).
③ 포장지역은 "소형고압블록, 콘크리트, 마사토, 투수콘크리트, 고무칩" 등 적당한 재료를 선택하여 재료의 사용이 적합한 장소에 기호로 표현하고, 포장명을 반드시 기입하시오.
④ "㉮" 지역은 놀이공간으로 계획하고, 대상지는 주변보다 1m 높은 지역으로 그 안에 어린이 놀이시설물 3종류(철봉, 정글짐, 시소)를 배치하시오.
⑤ "㉯" 지역은 소형 벽천·연못으로 계류형 단(실선) 1개당 30cm가 높으며, 담수용 바닥은 "㉰" 지역과 동일한 높이이며, 담수 가이드라인은 전체적으로 "㉰" 지역에 비해 60cm 높게 설치하시오.
⑥ "㉰" 지역은 휴식공간으로 이용자들의 편안한 휴식을 위해 퍼걸러(3,500mm×3,500mm) 1개와 앉아서 휴식을 즐길 수 있도록 등벤치 2개를 설치하고, 수목보호대(3개)에 동일한 수종의 낙엽교목을 식재하시오.
⑦ "㉱" 지역은 주차공간으로 소형자동차(2,500mm×5,000mm) 2대가 주차할 수 있는 공간으로 계획하고 설계하시오.
⑧ "㉮" 지역은 "㉰" 지역보다 높이 차가 1m 높으며, 그 높이 차이를 식수대(Plant Box)로 처리하여 적합한 조치를 하십시오.
⑨ 대상지 내 보행자 통행에 지장을 주지 않는 곳에 2인용 평상형 벤치(1,200mm×500mm) 3개(단, 퍼걸러 안에 설치된 벤치는 제외)와 휴지통 3개소를 설치하시오.
⑩ 대상지 내에는 유도식재, 녹음식재, 경관식재, 소나무 군식 등의 식재패턴을 필요한 곳에 배식하고, 수목보호대에는 녹음식재를 실시하고, 필요에 따라 추가로 설치하여 포장 내에 식재를 하시오.

⑪ 수목은 아래에 주어진 수종에서 종류가 다른 12가지를 선정하여 공간에 부합되는 식재를 계획하며, 인출선을 이용하여 수량, 수종명, 규격을 반드시 표기하시오.

개나리(H1.2×5가지)	계수나무(H2.5×R6)	구상나무(H1.5×W0.6)	굴거리나무(H2.5×W1.0)
금목서(H2.0×R6)	꽃사과(H2.5×R5)	꽝꽝나무(H0.3×W0.4)	낙상홍(H1.0×W0.4)
낙우송(H4.0×B12)	느티나무(H3.0×R6)	느티나무(H4.5×R20)	다정큼나무(H1.0×W0.6)
대왕참나무(H4.5×R20)	덜꿩나무(H1.0×W0.4)	돈나무(H1.5×W1.0)	동백나무(H2.5×B8)
마가목(H3.0×R12)	매화나무(H2.0×R4)	먼나무(H2.0×R5)	메타세쿼이아(H4.0×B8)
명자나무(H0.6×W0.4)	모과나무(H3.0×R8)	목련(H3.0×R10)	무궁화(H1.0×W0.2)
박태기나무(H1.0×W0.4)	배롱나무(H2.5×R6)	백철쭉(H0.3×W0.3)	백합나무(H4.0×R10)
버즘나무(H3.5×B8)	병꽃나무(H1.0×W0.6)	사철나무(H1.0×W0.3)	산딸나무(H2.5×R6)
산수국(H0.3×W0.4)	산수유(H2.5×R8)	산철쭉(H0.3×W0.3)	서양측백(H1.2×W0.4)
소나무(H3.0×W1.5×R10)	소나무(H4.0×W2.0×R15)	소나무(H5.0×W2.5×R20)	소나무(둥근형)(H1.2×W1.5)
수수꽃다리(H2.0×W0.8)	스트로브잣나무(H2.0×W1.0)	아왜나무(H1.5×W0.8)	영산홍(H0.3×W0.3)
왕벚나무(H4.5×B10)	은행나무(H4.0×B10)	이팝나무(H3.5×R12)	자귀나무(H3.5×R12)
자산홍(H0.3×W0.3)	자작나무(H2.5×B5)	조릿대(H0.6×W0.3)	좀작살나무(H1.2×W0.4)
주목(둥근형)(H0.3×W0.3)	주목(선형)(H2.0×W1.0)	중국단풍(H2.5×B6)	쥐똥나무(H1.0×W0.3)
청단풍(H2.5×R8)	층층나무(H3.5×R8)	칠엽수(H3.5×R12)	태산목(H1.5×W0.5)
홍단풍(H3.0×R10)	화살나무(H0.6×W0.3)	회양목(H0.3×W0.3)	갈대(8cm)
감국(8cm)	구절초(8cm)	금계국(10cm)	노랑꽃창포(8cm)
둥굴레(10cm)	맥문동(8cm)	벌개미취(8cm)	부들(8cm)
부처꽃(8cm)	붓꽃(10cm)	비비추(2~3분얼)	수호초(10cm)
에기나리(10cm)	옥잠화(2~3분얼)	원추리(2~3분얼)	잔디(0.3×0.3×0.03)
제비꽃(8cm)	털부처꽃(8cm)	패랭이꽃(8cm)	해국(8cm)

※ 규격이 다른 소나무 수종은 종류가 다른 수종으로 판단하지 않으며, 12가지에 포함 기재 시 1개 종으로 간주함

⑫ B-B' 단면도는 경사, 포장재료, 경계선, 주변의 수목, 주요 시설물, 이용자 등을 단면도상에 반드시 표기하고 높이 차를 한눈에 볼 수 있도록 설계하시오.

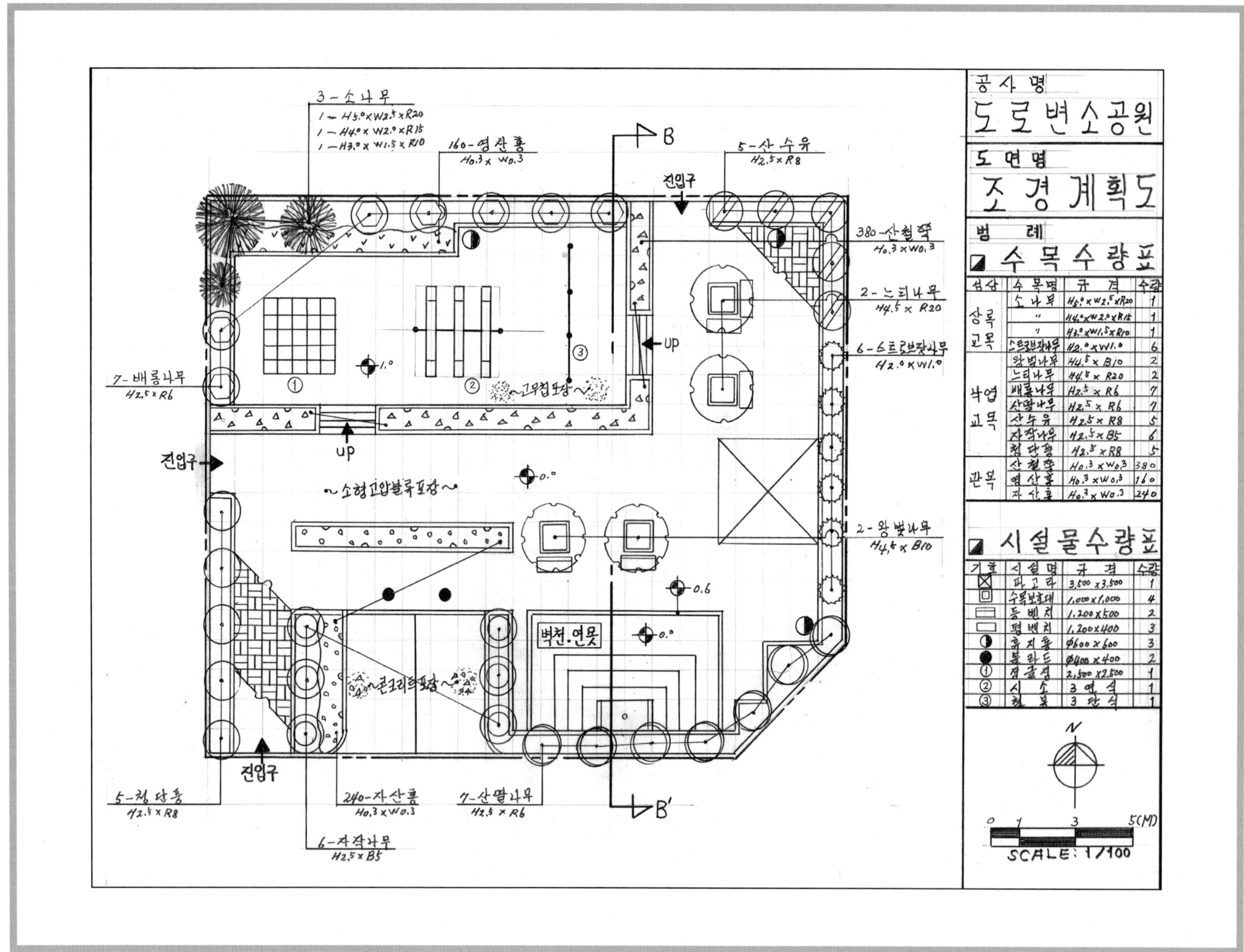

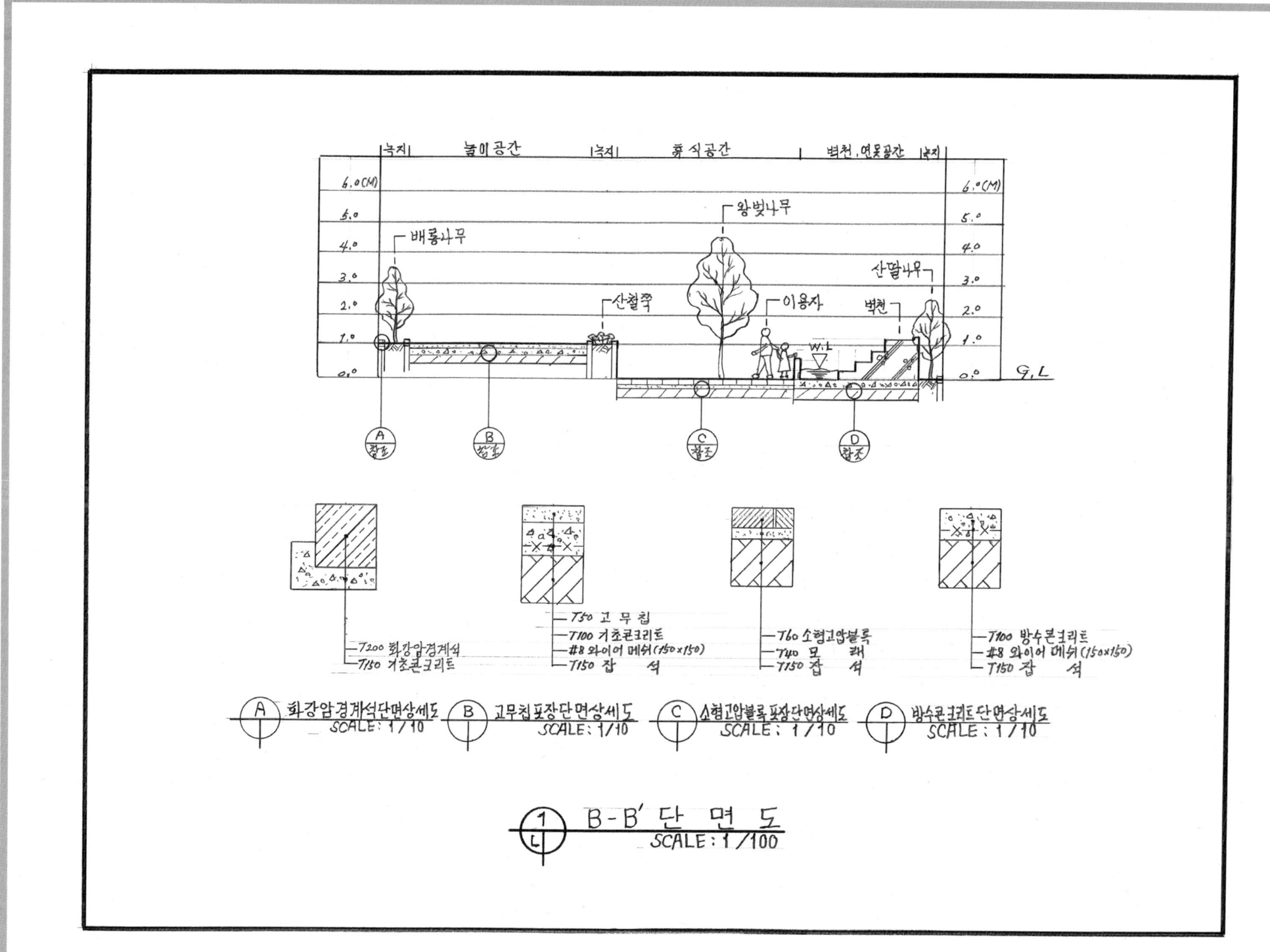

제31절 기출복원문제(도로변 소공원)

설계문제

우리나라 중부지역에 위치한 도로변 빈 공간에 대한 조경설계를 하고자 합니다. 주어진 현황도 및 아래 사항을 참조하여 설계조건에 따라 조경계획도를 작성합니다(단, 2점 쇄선 안 부분이 조경설계 대상지로 합니다).

(1) 현황도

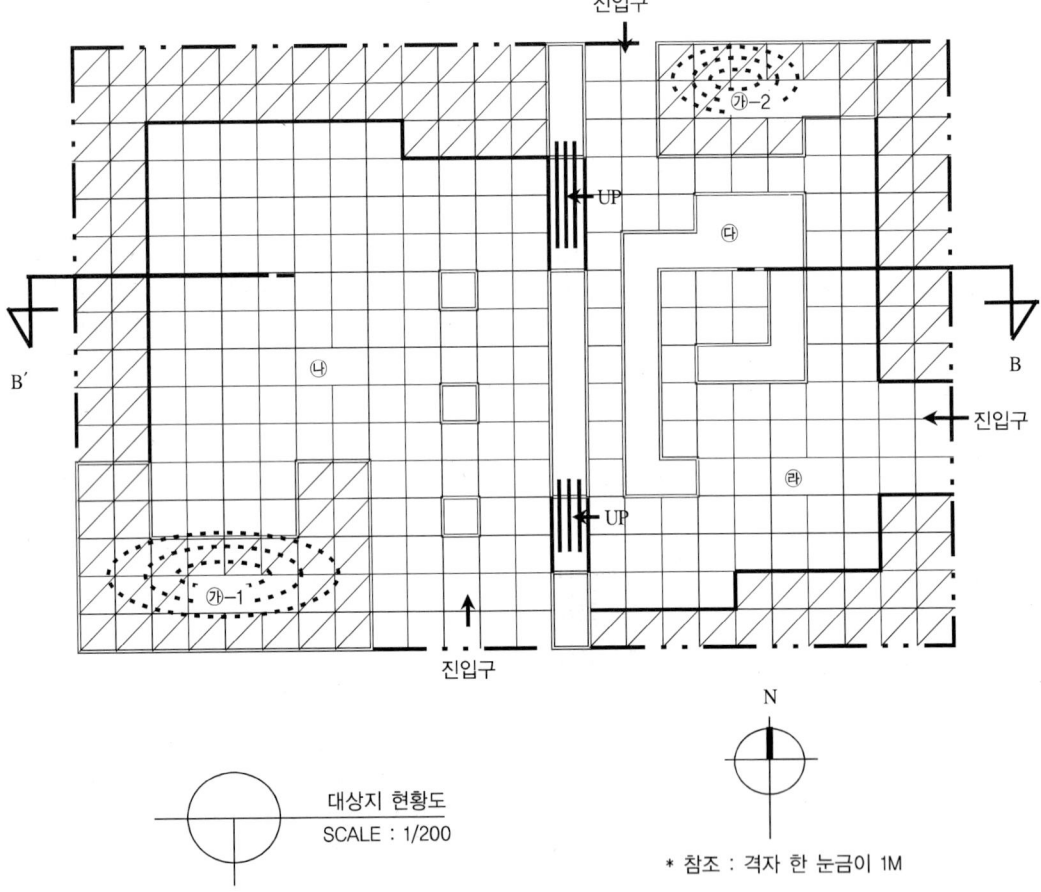

대상지 현황도
SCALE : 1/200

* 참조 : 격자 한 눈금이 1M

(2) 요구사항
① 식재평면도를 위주로 한 조경계획도를 축척 1/100로 작성하시오(지급용지-1).
② 도면의 오른쪽 위에 작업명칭을 작성하시오.
③ 도면의 오른쪽에는 "주요 시설물 수량표와 수목(식재) 수량표"를 작성하고, 수량표 아래쪽에 "방위표시와 막대 축척"을 반드시 그려 넣으시오(단, 전체 대상지의 길이를 고려하여 범례표의 폭을 조정할 수 있습니다).
④ 도면의 전체적인 안정감을 위하여 "테두리선"을 작성하시오.
⑤ B-B' 단면도를 축척 1/100로 작성하시오(지급용지-2).
⑥ 반드시 식재 수량표는 성상, 수목명, 규격, 단위, 수량을 명기하여 작성하시오.

(3) 설계조건
① 해당 지역은 도로변 자투리 공간을 이용하여 휴식 및 어린이들이 즐길 수 있는 도로변 소공원으로, 공원의 특징을 고려하여 조경계획도를 작성하시오.
② 포장지역을 제외한 곳에는 모두 식재를 계획하시오(단, 녹지공간은 대각선 친 부분이며, 수목보호대 (1m×1m) 지점에도 공간 특성을 고려하여 배식하시오).
③ 포장지역은 "점토벽돌, 콘크리트, 화강석 블록, 마사토, 고무칩, 투수콘크리트" 등 적당한 재료를 선택하여 재료의 사용이 적합한 장소에 기호로 표현하고, 포장명을 반드시 기입하시오.
④ "㉮-1"과 "㉮-2" 지역은 녹지대면보다 등고선 1개당 20cm가 높으며, 전체적으로 "㉮-1" 지역은 "㉯" 지역보다, "㉮-2" 지역은 "㉰" 지역보다 60cm가 높은 녹지지역으로 경관식재를 실시하시오. 아울러 반드시 크기가 다른 소나무 3종을 식재하고, 계절성을 느낄 수 있게 다른 수목을 조화롭게 배치하시오.
⑤ "㉯" 지역은 휴식공간으로 이용자들의 편안한 휴식을 위해 퍼걸러(3,000mm×6,000mm) 1개와 앉아서 휴식을 즐길 수 있도록 등벤치 2개를 설치하고, 수목보호대(3개)에 동일한 수종의 낙엽교목을 식재하시오.
⑥ "㉰" 지역은 수(水)공간으로 수심이 60cm 깊이로 설계하시오.
⑦ "㉱" 지역은 휴식 및 보행공간으로 이용자의 휴식을 위한 시설을 필요시 수험자 임의로 설계하시오.
⑧ "㉯" 지역은 "㉱" 지역보다 높이차가 1m 높으며, 그 높이 차이를 식수대(Plant Box)로 처리하였으므로 적합한 조치를 하시오.
⑨ 대상지 내 보행자 통행에 지장을 주지 않는 곳에 2인용 평상형 벤치(1,200mm×500mm) 4개(단, 퍼걸러 안에 설치된 벤치는 제외)와 휴지통 2개소를 설치하시오.
⑩ 대상지 내에는 유도식재, 녹음식재, 경관식재, 소나무 군식 등의 식재패턴을 필요한 곳에 배식하고, 수목보호대에는 녹음식재를 실시하고, 필요에 따라 추가로 설치하여 포장 내에 식재를 하시오.

⑪ 수목은 아래에 주어진 수종에서 종류가 다른 12가지를 선정하여 공간에 부합되는 식재를 계획하며, 인출선을 이용하여 수량, 수종명, 규격을 반드시 표기하시오.

개나리(H1.2×5가지)	계수나무(H2.5×R6)	구상나무(H1.5×W0.6)	굴거리나무(H2.5×W1.0)
금목서(H2.0×R6)	꽃사과(H2.5×R5)	꽝꽝나무(H0.3×W0.4)	낙상홍(H1.0×W0.4)
낙우송(H4.0×B12)	느티나무(H3.0×R6)	느티나무(H4.5×R20)	다정큼나무(H1.0×W0.6)
대왕참나무(H4.5×R20)	덜꿩나무(H1.0×W0.4)	돈나무(H1.5×W1.0)	동백나무(H2.5×B8)
마가목(H3.0×R12)	매화나무(H2.0×R4)	먼나무(H2.0×R5)	메타세쿼이아(H4.0×B8)
명자나무(H0.6×W0.4)	모과나무(H3.0×R8)	목련(H3.0×R10)	무궁화(H1.0×W0.2)
박태기나무(H1.0×W0.4)	배롱나무(H2.5×R6)	백철쭉(H0.3×W0.3)	백합나무(H4.0×R10)
버즘나무(H3.5×B8)	병꽃나무(H1.0×W0.6)	사철나무(H1.0×W0.3)	산딸나무(H2.5×R6)
산수국(H0.3×W0.4)	산수유(H2.5×R8)	산철쭉(H0.3×W0.3)	서양측백(H1.2×W0.4)
소나무(H3.0×W1.5×R10)	소나무(H4.0×W2.0×R15)	소나무(H5.0×W2.5×R20)	소나무(둥근형)(H1.2×W1.5)
수수꽃다리(H2.0×W0.8)	스트로브잣나무(H2.0×W1.0)	아왜나무(H1.5×W0.8)	영산홍(H0.3×W0.3)
왕벚나무(H4.5×B10)	은행나무(H4.0×B10)	이팝나무(H3.5×R12)	자귀나무(H3.5×R12)
자산홍(H0.3×W0.3)	자작나무(H2.5×B5)	조릿대(H0.6×W0.3)	좀작살나무(H1.2×W0.4)
주목(둥근형)(H0.3×W0.3)	주목(선형)(H2.0×W1.0)	중국단풍(H2.5×B6)	쥐똥나무(H1.0×W0.3)
청단풍(H2.5×R8)	층층나무(H3.5×R8)	칠엽수(H3.5×R12)	태산목(H1.5×W0.5)
홍단풍(H3.0×R10)	화살나무(H0.6×W0.3)	회양목(H0.3×W0.3)	갈대(8cm)
감국(8cm)	구절초(8cm)	금계국(10cm)	노랑꽃창포(8cm)
둥굴레(10cm)	맥문동(8cm)	벌개미취(8cm)	부들(8cm)
부처꽃(8cm)	붓꽃(10cm)	비비추(2~3분얼)	수호초(10cm)
애기나리(10cm)	옥잠화(2~3분얼)	원추리(2~3분얼)	잔디(0.3×0.3×0.03)
제비꽃(8cm)	털부처꽃(8cm)	패랭이꽃(8cm)	해국(8cm)

※ 규격이 다른 소나무 수종은 종류가 다른 수종으로 판단하지 않으며, 12가지에 포함 기재 시 1개 종으로 간주함

⑫ B-B′ 단면도는 경사, 포장재료, 경계선, 주변의 수목, 주요 시설물, 이용자 등을 단면도상에 반드시 표기하고 높이 차를 한눈에 볼 수 있도록 설계하시오.

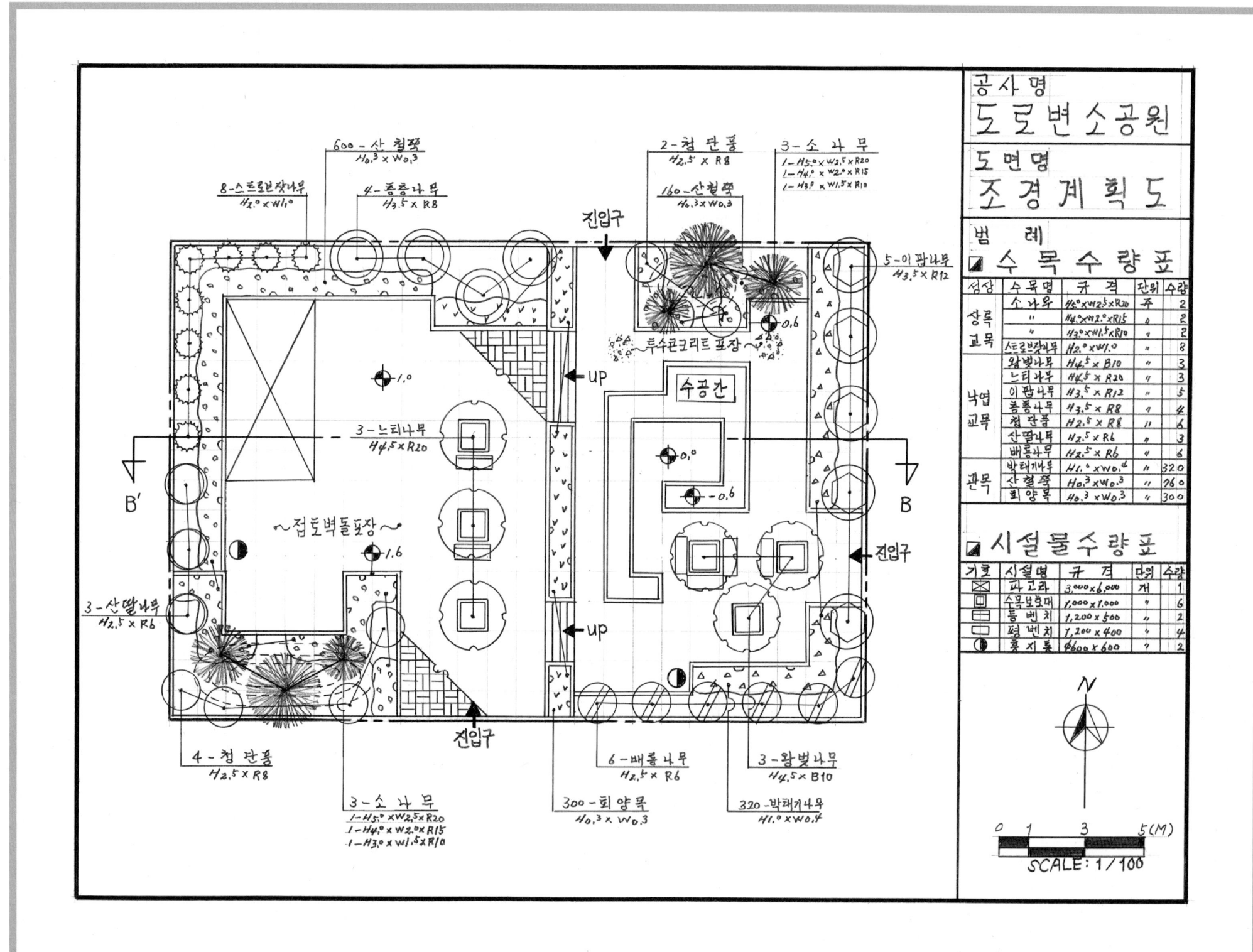

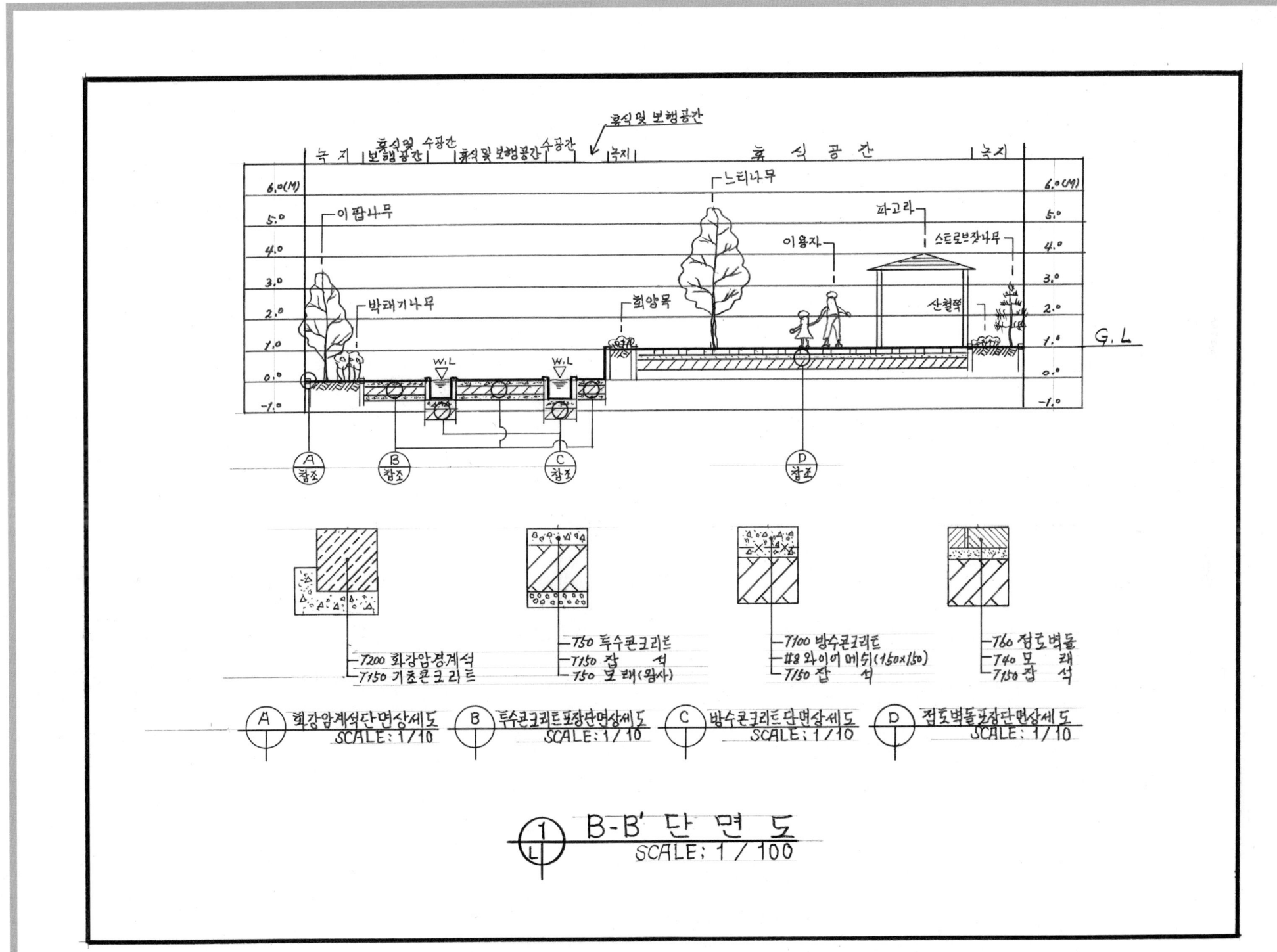

제32절 기출복원문제(도로변 소공원)

설계문제

우리나라 중부지방에 위치한 도심의 빈 공간에 대한 조경설계를 하고자 한다. 주어진 현황도 및 아래 사항을 참조하여 설계조건에 따라 조경계획도를 작성하시오(단, 2점 쇄선 안 부분이 조경설계 대상지로 한다).

(1) 현황도

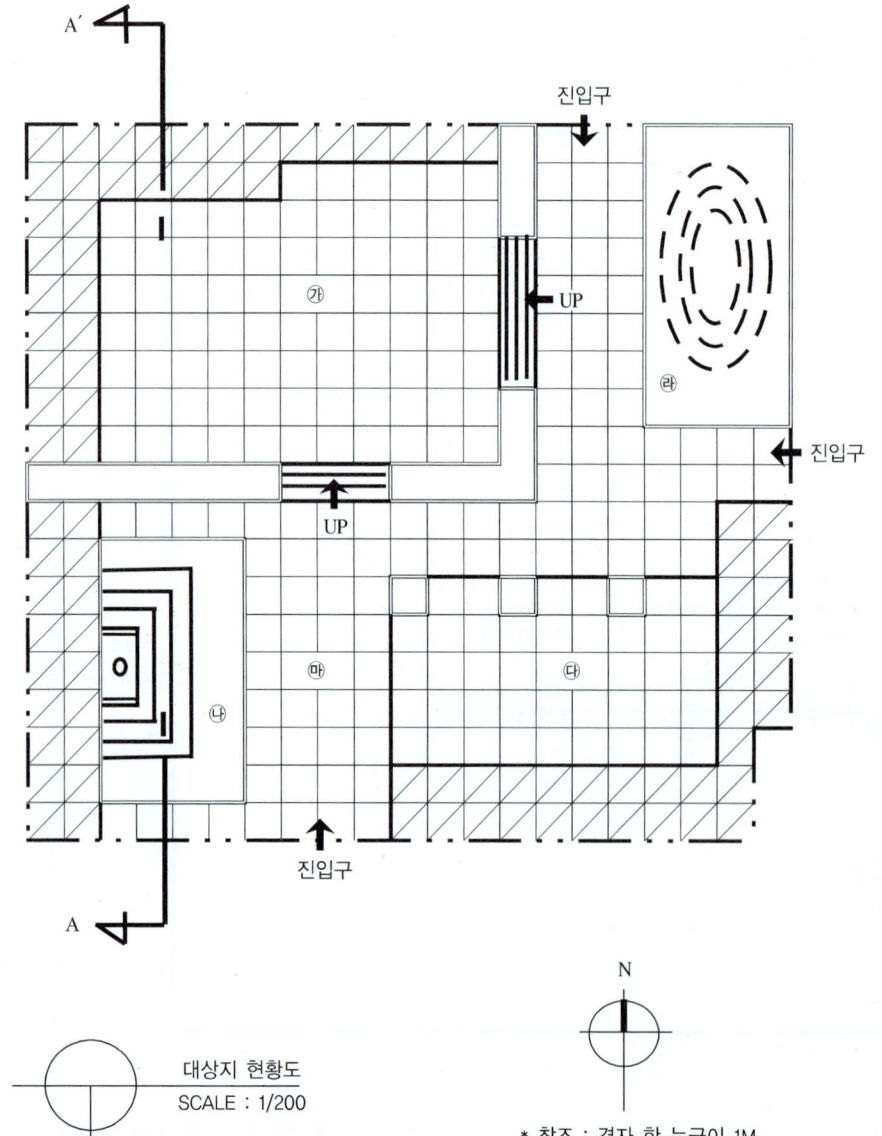

대상지 현황도
SCALE : 1/200

* 참조 : 격자 한 눈금이 1M

(2) 요구사항

① 식재평면도를 위주로 한 조경계획도를 축척 1/100로 작성하시오(지급용지-1).
② 도면의 오른쪽 위에 작업명칭을 작성하시오.
③ 도면의 오른쪽에는 "주요 시설물 수량표와 수목(식재)수량표"를 작성하고, 수량표 아래쪽 "방위표시와 막대 축척"을 반드시 그려 넣으시오(단, 전체 대상지의 길이를 고려하여 범례표의 폭을 조정할 수 있습니다).
④ 도면의 전체적인 안정감을 위하여 "테두리선"을 작성하시오.
⑤ A-A′ 단면도를 축척 1/100로 작성하시오(지급용지-2).

(3) 설계조건

① 해당 지역은 도로변 소공원으로 휴식공간과 어린이들이 즐길 수 있는 특성을 고려하여 조경계획도를 작성하시오. 포장지역을 제외한 곳에는 모두 식재를 계획하시오(단, 녹지공간은 대각선 친 부분이며, 분위기를 고려하여 배식하시오).
② 포장지역은 "점토벽돌, 콘크리트, 투수콘크리트, 고무칩, 마사토, 화강석 블록" 등 적당한 재료를 선택하여 재료의 사용이 적합한 장소에 기호로 표현하고, 포장명을 반드시 기입하시오.
③ "㉯" 지역은 녹지대면보다 등고선 1개당 20cm가 높으며, 전체적으로 "㉰" 지역에 비해 60cm가 높은 녹지지역으로 경관식재를 하시오. 아울러 반드시 크기가 다른 소나무 3종을 식재하고, 계절성을 느낄 수 있게 다른 수목을 조화롭게 배치하시오.
④ 대상지 내에 보행자 통행에 지장을 주지 않는 곳에 2인용 평상형 벤치(1,200mm×500mm) 2개(단, 퍼걸러 안에 설치된 벤치는 제외)와 휴지통 2개소를 설치하시오.
⑤ "㉰" 지역은 휴식공간으로 이용자들의 편안한 휴식을 위해 퍼걸러(3,500mm×3,500mm) 1개와 앉아서 휴식을 즐길 수 있도록 등벤치 2개를 설치하고, 수목보호대(3개)에 낙엽교목을 식재하시오.
⑥ "㉮" 지역은 "㉰" 지역에 비해 1m 높은 놀이공간으로 계획하고, 그 안에 어린이 놀이시설물을 3종류 배치하시오.
⑦ "㉯" 지역은 소형 벽천, 연못으로 계류형 단(실선)높이 30cm, 단너비 50cm로 계획하고, 담수용 바닥은 "㉰" 지역과 동일한 높이이며, 담수 가이드라인은 전체적으로 "㉰" 지역에 비해 60cm가 높게 설치하시오.
⑧ "㉰" 지역은 이동공간으로 적당한 포장을 계획하고 설계하시오.
⑨ 대상지 경계에 위치한 외곽 녹지대의 식재는 차폐식재, 유도식재, 녹음식재, 경관식재, 소나무 군식 등의 식재패턴을 필요한 곳에 배식하시오.

⑩ 수목은 아래의 수종 중에서 종류가 다른 12가지를 반드시 선정하여 골고루 안정적이고 아늑한 경관이 될 수 있도록 계획하며, 인출선을 이용하여 수량, 수종명, 규격을 반드시 표기하시오.

개나리(H1.2×5가지)	계수나무(H2.5×R6)	구상나무(H1.5×W0.6)	굴거리나무(H2.5×W1.0)
금목서(H2.0×R6)	꽃사과(H2.5×R5)	꽝꽝나무(H0.3×W0.4)	낙상홍(H1.0×W0.4)
낙우송(H4.0×B12)	느티나무(H3.0×R6)	느티나무(H4.5×R20)	다정큼나무(H1.0×W0.6)
대왕참나무(H4.5×R20)	덜꿩나무(H1.0×W0.4)	돈나무(H1.5×W1.0)	동백나무(H2.5×B8)
마가목(H3.0×R12)	매화나무(H2.0×R4)	먼나무(H2.0×R5)	메타세쿼이아(H4.0×B8)
명자나무(H0.6×W0.4)	모과나무(H3.0×R8)	목련(H3.0×R10)	무궁화(H1.0×W0.2)
박태기나무(H1.0×W0.4)	배롱나무(H2.5×R6)	백철쭉(H0.3×W0.3)	백합나무(H4.0×R10)
버즘나무(H3.5×B8)	병꽃나무(H1.0×W0.6)	사철나무(H1.0×W0.3)	산딸나무(H2.5×R6)
산수국(H0.3×W0.4)	산수유(H2.5×R8)	산철쭉(H0.3×W0.3)	서양측백(H1.2×W0.4)
소나무(H3.0×W1.5×R10)	소나무(H4.0×W2.0×R15)	소나무(H5.0×W2.5×R20)	소나무(둥근형)(H1.2×W1.5)
수수꽃다리(H2.0×W0.8)	스트로브잣나무(H2.0×W1.0)	아왜나무(H1.5×W0.8)	영산홍(H0.3×W0.3)
왕벚나무(H4.5×B10)	은행나무(H4.0×B10)	이팝나무(H3.5×R12)	자귀나무(H3.5×R12)
자산홍(H0.3×W0.3)	자작나무(H2.5×B5)	조릿대(H0.6×W0.3)	좀작살나무(H1.2×W0.4)
주목(둥근형)(H0.3×W0.3)	주목(선형)(H2.0×W1.0)	중국단풍(H2.5×B6)	쥐똥나무(H1.0×W0.3)
청단풍(H2.5×R8)	층층나무(H3.5×R8)	칠엽수(H3.5×R12)	태산목(H1.5×W0.5)
홍단풍(H3.0×R10)	화살나무(H0.6×W0.3)	회양목(H0.3×W0.3)	갈대(8cm)
감국(8cm)	구절초(8cm)	금계국(10cm)	노랑꽃창포(8cm)
둥굴레(10cm)	맥문동(8cm)	벌개미취(8cm)	부들(8cm)
부처꽃(8cm)	붓꽃(10cm)	비비추(2~3분얼)	수호초(10cm)
애기나리(10cm)	옥잠화(2~3분얼)	원추리(2~3분얼)	잔디(0.3×0.3×0.03)
제비꽃(8cm)	털부처꽃(8cm)	패랭이꽃(8cm)	해국(8cm)

※ 규격이 다른 소나무 수종은 종류가 다른 수종으로 판단하지 않으며, 12가지에 포함 기재 시 1개 종으로 간주함

⑪ A-A′ 단면도는 경사, 포장재료, 경계선, 및 기타 시설물의 기초, 주변의 수목, 주요 시설물, 이용자 등을 단면도 상에 반드시 표기하고, 높이차를 한눈에 알아볼 수 있도록 설계하시오.

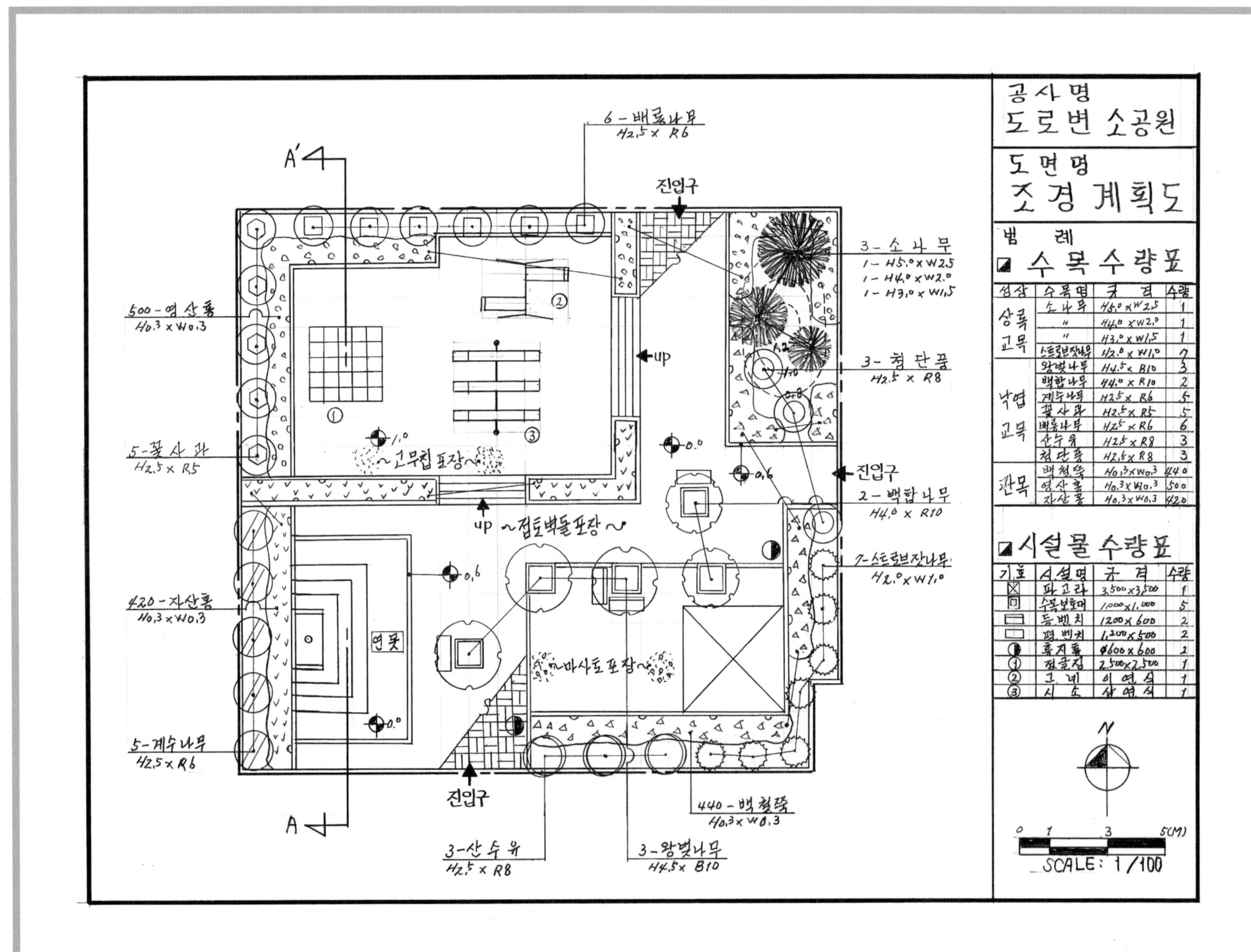

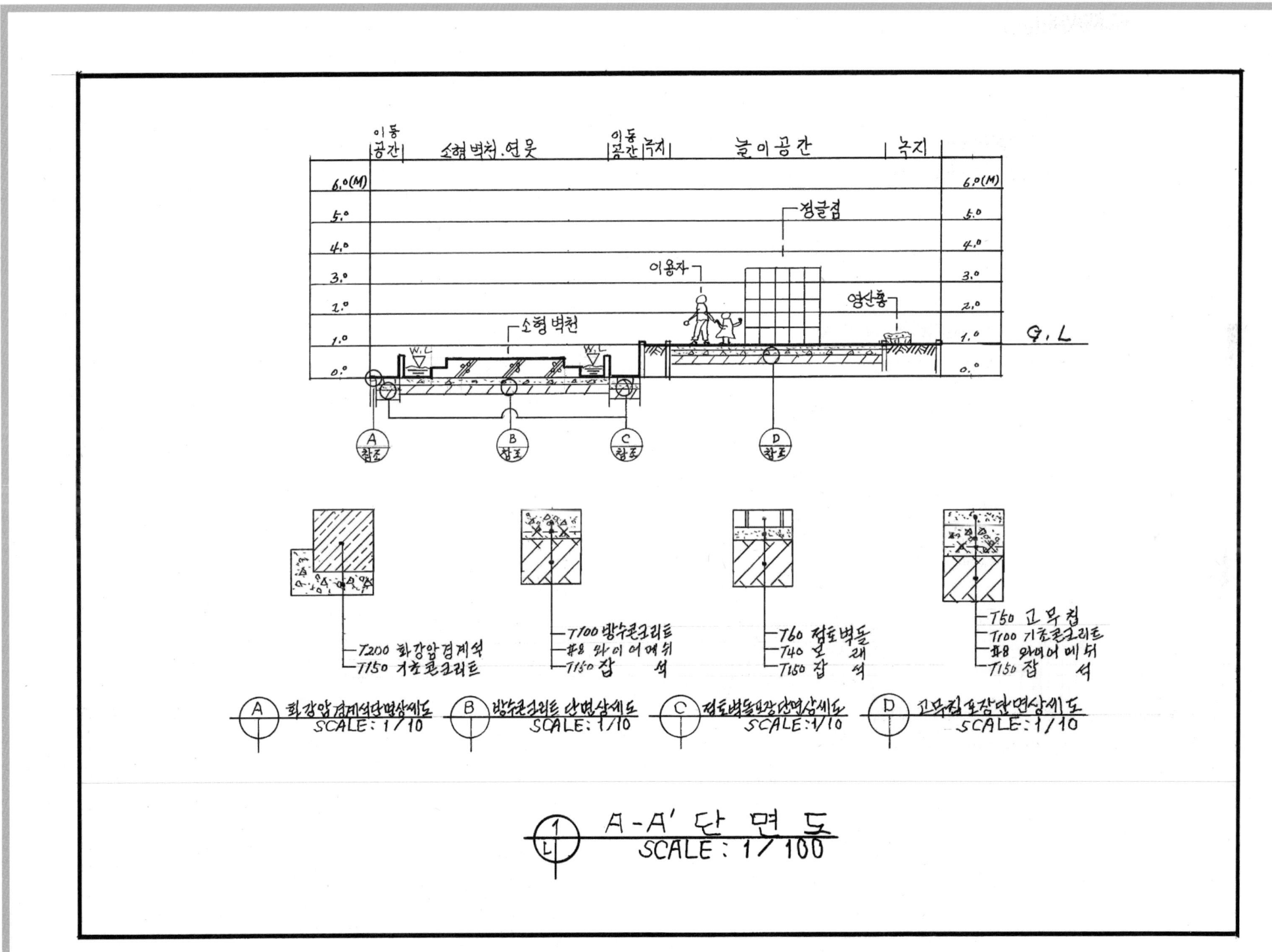

제33절 기출복원문제(옥상정원)

설계문제

우리나라 대전광역시에 위치한 옥상정원에 대한 조경설계를 하고자 한다. 주어진 현황도 및 아래 사항을 참조하여 설계조건에 따라 조경계획도를 작성하시오(단, 2점 쇄선 안 부분을 조경설계 대상지로 한다).

(1) 현황도

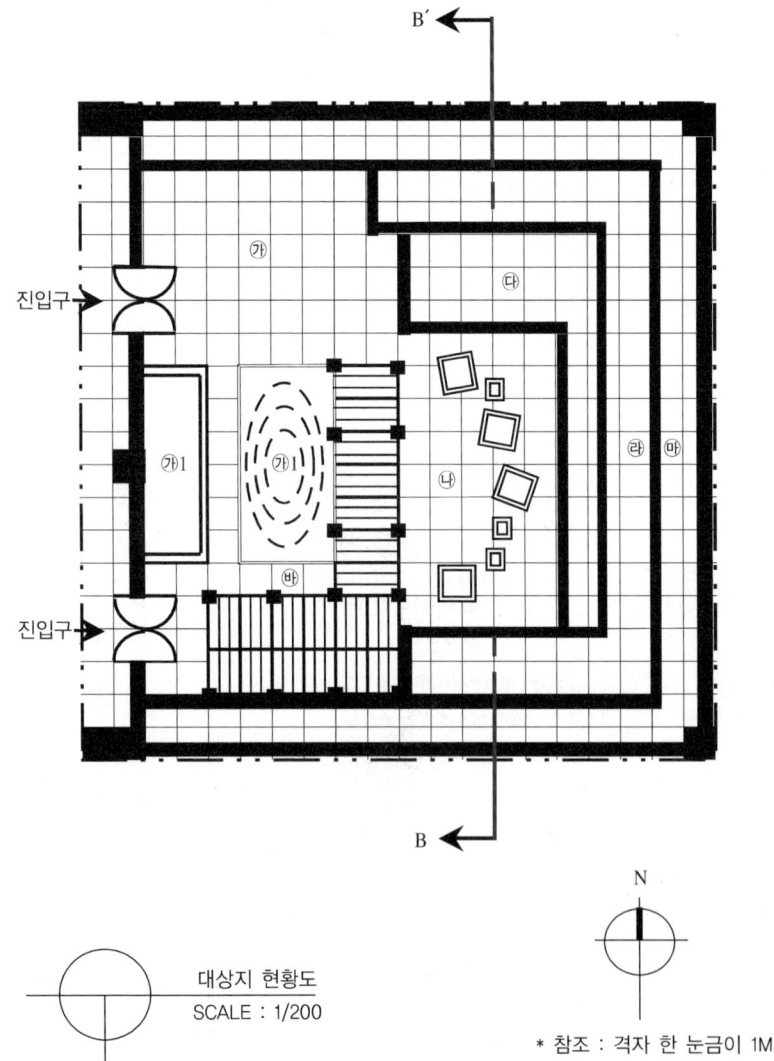

대상지 현황도
SCALE : 1/200

* 참조 : 격자 한 눈금이 1M

(2) 요구사항

① 식재 평면도를 위주로 한 조경계획도를 축척 1/100로 작성하시오(지급용지-1).
② 도면 오른쪽 위에 작업명칭을 "옥상정원 조경설계"로 작성하시오.
③ 도면 오른쪽에는 "주요 시설물 수량표와 수목(식재) 수량표"를 함께 작성하고, 수량표 아래쪽 여백을 이용하여 "방위표시와 막대축척"을 반드시 그려 넣으시오(단, 전체 대상지의 길이를 고려하여 범례표의 폭을 조정할 수 있다).
④ 도면의 전체적인 안정감을 위하여 "테두리선"을 작성하시오.
⑤ 옥상정원 부지내의 A-A' 단면도를 축척 1/100로 작성하시오(지급용지-2).
⑥ 반드시 식재평면도는 성상, 수목명, 규격, 단위, 수량을 명기하여 작성하시오.
⑦ 도면 내에 특이사항이나 특정한 표현이 필요시에는 인출선을 이용하여 나타내시오.

(3) 설계조건

① 주어진 현황도면의 위를 북향으로 한다.
② "㉮" 지역은 휴식공간으로 등의자(1,600mm×600mm) 2개, 셸터(4,000mm×4,000mm) 1개와 셸터 하부에 평의자(1,600mm×400mm) 2개, "㉮1"녹지대는 전체 높이가 60cm이고, 등고선 1개가 20cm 높이로 계획하고, 경관식재를 하시오.
③ "㉯" 지역은 수경공간으로 등의자(1,600mm×600mm) 5개와 깊이가 30cm인 담수공간으로 정사각형(1,000mm×1,000mm) 4곳, 정사각형(500mm×500mm) 3곳을 조성하며, 담수 바닥에는 조약돌을 포장하시오.
④ "㉰" 지역은 공간 성격을 고려해 포장을 선택하고, "㉮"와 "㉯" 지역 사이 그늘시렁(H3,000)을 설치하여 한낮에 그늘을 제공하며, 하부에는 시설물을 설치하지 마시오.
⑤ 플랜터는 높이가 다른 3개단(㉰, ㉱, ㉲)으로 구성하고, 남측은 인접 건물로 막혀 있으며, 동측과 북측은 개방되어 있으니 조망과 경관을 고려한 계획 설계를 하시오.
⑥ 바닥포장은 "소형고압블록, 콘크리트, 고무칩, 마사토, 투수콘크리트" 등 적당한 재료 3종 이상을 선택하여 적합한 장소에 기호로 표현하고, 포장명을 반드시 기입하시오.
⑦ "㉰" 지역은 관목/초화류를 전체적으로 볼거리가 있도록 화목류 위주로 식재하시오.
⑧ 수험자가 플랜터의 높이를 계획평면도에 선택하여 표시하고, 대상지에 조명등을 5개소 이상 설치하시오.
⑨ 요구사항의 제시 수종 중 남부지방 수종과 규격 R15(B12) 이상의 수목은 식재하지 않고 제외하시오.
⑩ 관목의 식재 기준은 m²당 9주 식재를 적용하고, 10주 단위로 군식하시오.

⑪ 다음의 제시 수목 중 10종을 선정하여 식재설계를 하고, 인출선을 사용하여 식물명, 수량, 규격을 도면상에 표기하시오.

개나리(H1.2×5가지)	계수나무(H2.5×R6)	구상나무(H1.5×W0.6)	굴거리나무(H2.5×W1.0)
금목서(H2.0×R6)	꽃사과(H2.5×R5)	꽝꽝나무(H0.3×W0.4)	낙상홍(H1.0×W0.4)
낙우송(H4.0×B12)	느티나무(H3.0×R6)	느티나무(H4.5×R20)	다정큼나무(H1.0×W0.6)
대왕참나무(H4.5×R20)	덜꿩나무(H1.0×W0.4)	돈나무(H1.5×W1.0)	동백나무(H2.5×B8)
마가목(H3.0×R12)	매화나무(H2.0×R4)	먼나무(H2.0×R5)	메타세쿼이아(H4.0×B8)
명자나무(H0.6×W0.4)	모과나무(H3.0×R8)	목련(H3.0×R10)	무궁화(H1.0×W0.2)
박태기나무(H1.0×W0.4)	배롱나무(H2.5×R6)	백철쭉(H0.3×W0.3)	백합나무(H4.0×R10)
버즘나무(H3.5×B8)	병꽃나무(H1.0×W0.6)	사철나무(H1.0×W0.3)	산딸나무(H2.5×R6)
산수국(H0.3×W0.4)	산수유(H2.5×R8)	산철쭉(H0.3×W0.3)	서양측백(H1.2×W0.4)
소나무(H3.0×W1.5×R10)	소나무(H4.0×W2.0×R15)	소나무(H5.0×W2.5×R20)	소나무(둥근형)(H1.2×W1.5)
수수꽃다리(H2.0×W0.8)	스트로브잣나무(H2.0×W1.0)	아왜나무(H1.5×W0.8)	영산홍(H0.3×W0.3)
왕벚나무(H4.5×B10)	은행나무(H4.0×B10)	이팝나무(H3.5×R12)	자귀나무(H3.5×R12)
자산홍(H0.3×W0.3)	자작나무(H2.5×B5)	조릿대(H0.6×W0.3)	좀작살나무(H1.2×W0.4)
주목(둥근형)(H0.3×W0.3)	주목(선형)(H2.0×W1.0)	중국단풍(H2.5×B6)	쥐똥나무(H1.0×W0.3)
청단풍(H2.5×R8)	층층나무(H3.5×R8)	칠엽수(H3.5×R12)	태산목(H1.5×W0.5)
홍단풍(H3.0×R10)	화살나무(H0.6×W0.3)	회양목(H0.3×W0.3)	갈대(8cm)
감국(8cm)	구절초(8cm)	금계국(10cm)	노랑꽃창포(8cm)
둥굴레(10cm)	맥문동(8cm)	벌개미취(8cm)	부들(8cm)
부처꽃(8cm)	붓꽃(10cm)	비비추(2~3분얼)	수호초(10cm)
애기나리(10cm)	옥잠화(2~3분얼)	원추리(2~3분얼)	잔디(0.3×0.3×0.03)
제비꽃(8cm)	털부처꽃(8cm)	패랭이꽃(8cm)	해국(8cm)

※ 규격이 다른 소나무 수종은 종류가 다른 수종으로 판단하지 않으며, 12가지에 포함 기재 시 1개 종으로 간주함

⑫ 범례란에 수목수량표를 성상별로 상록교목, 낙엽교목, 관목으로 분류하여 작성하고, 시설물 수량표, 방위표, 바 스케일을 작성하시오.

⑬ A-A' 단면도는 경사, 포장재료, 경계선 및 기타 시설물의 기초, 주변의 수목, 주요 시설물, 이용자 등을 단면도상에 반드시 표기하고, 높이차를 한눈에 볼 수 있도록 설계하시오.

㉠ 단면도 답안지 중앙에 평면도의 단면도 선이 지나는 시설물이나 수목 등을 규격에 맞추어 정확하게 설계한다.
㉡ 낮은 플랜터 높이는 0.5m 이하로 하고 식재토심은 0.43m 이상을 확보하고, 높은 플랜터 높이는 1.0m 이상으로 하고, 식재토심은 0.73m 이상을 확보한다.
  ※ 낮은 플랜터 : 배수판 THK30, 인공토(배수용) THK100, 인공토(육성용) THK300 이상
  ※ 높은 플랜터 : 배수판 THK30, 인공토(배수용) THK100, 인공토(육성용) THK600 이상

- 배수판 : THK30
- 인공토(배수용) : THK100
- 멀칭 : 적용하지 않음
- 인공토(육성용) : 도입수목 성상에 따른 생존토심을 적용하고, 플랜터보다 4~5cm 낮게 계획함

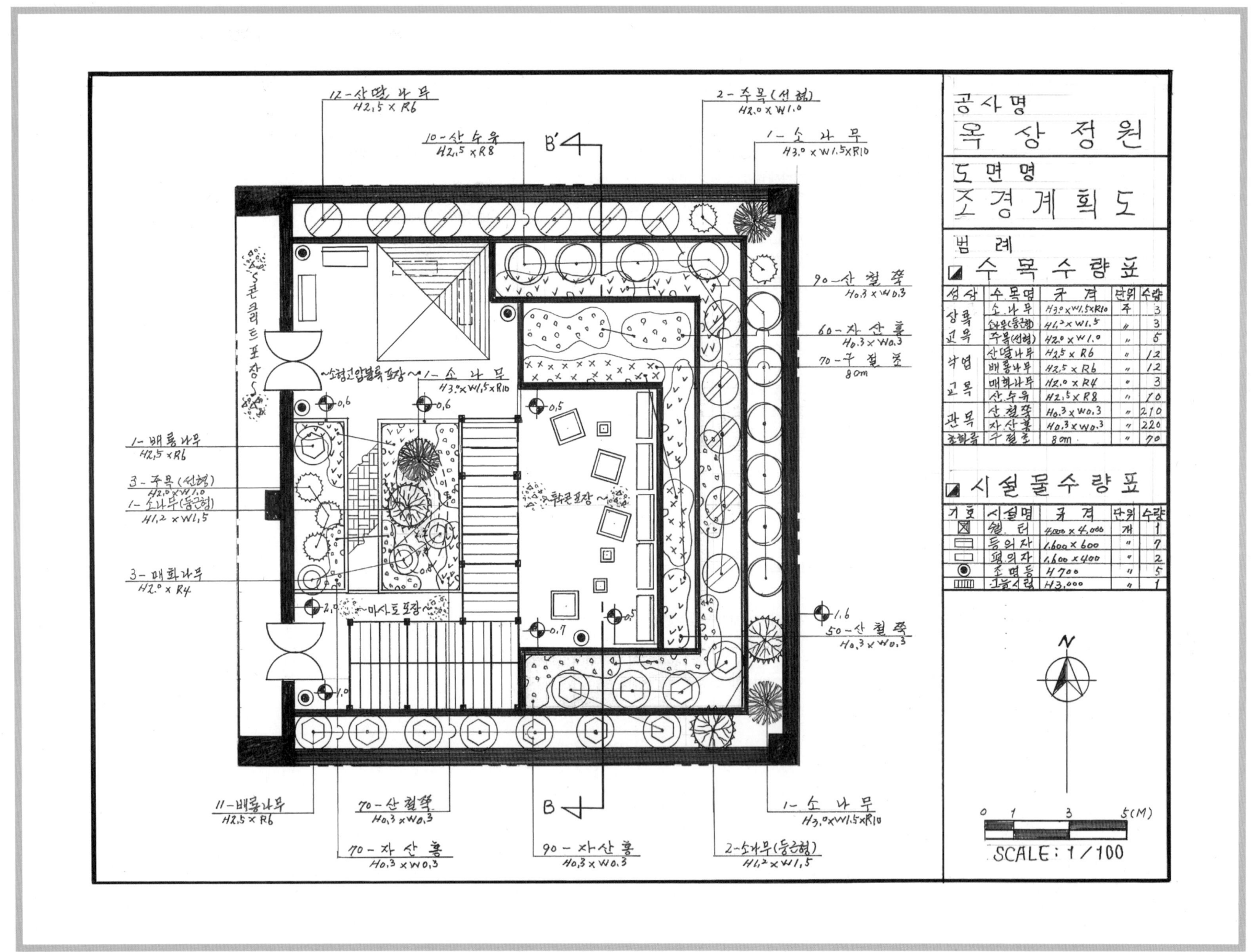

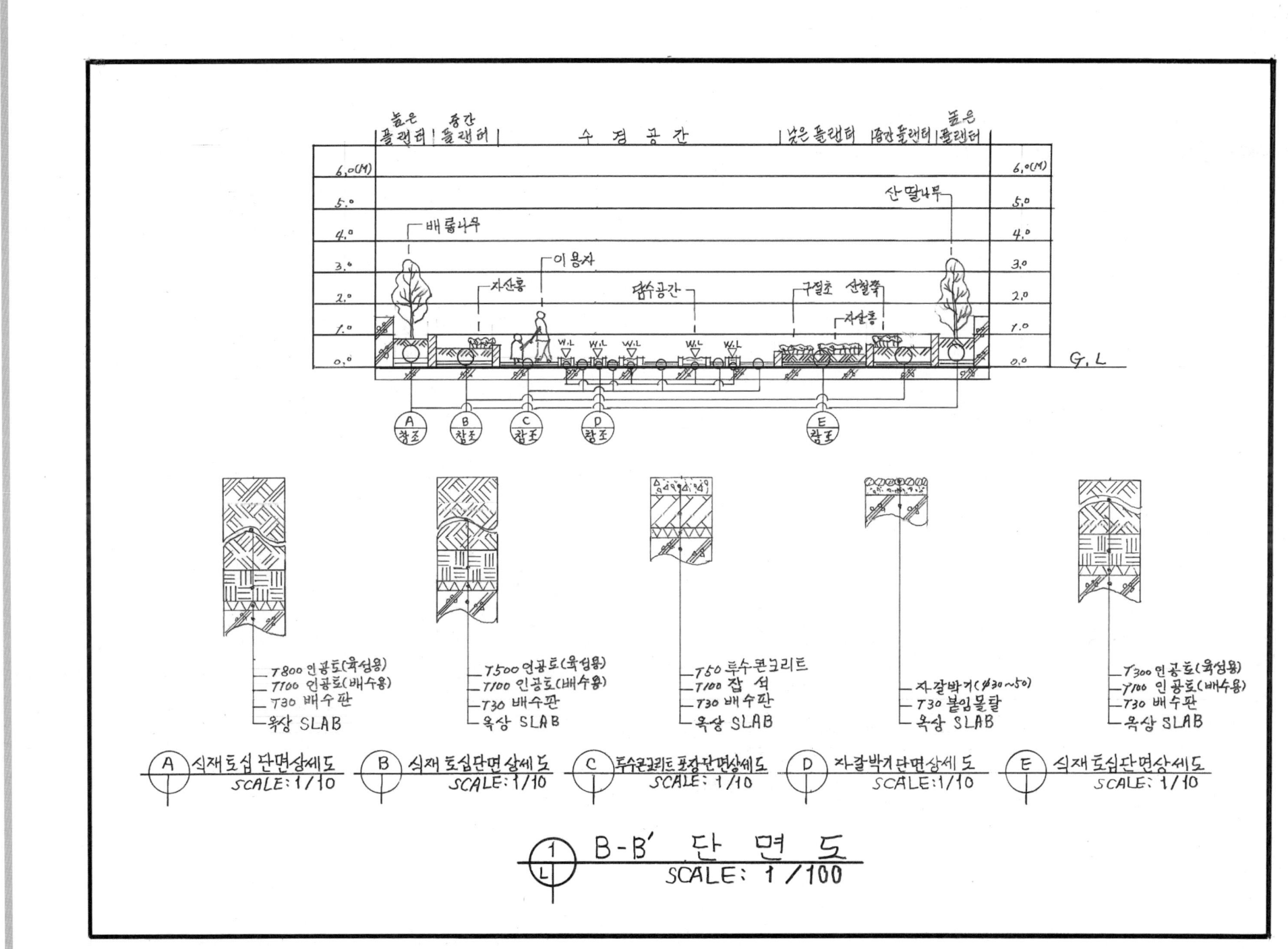

제34절 기출복원문제(도로변 소공원)

설계문제

우리나라 중부지역에 위치한 도로변의 빈 공간에 대한 조경설계를 하고자 한다. 주어진 현황도 및 아래 사항을 참조하여 설계조건에 따라 조경계획도를 작성하시오(단, 2점 쇄선안 부분을 조경설계 대상지로 합니다).

(1) 현황도

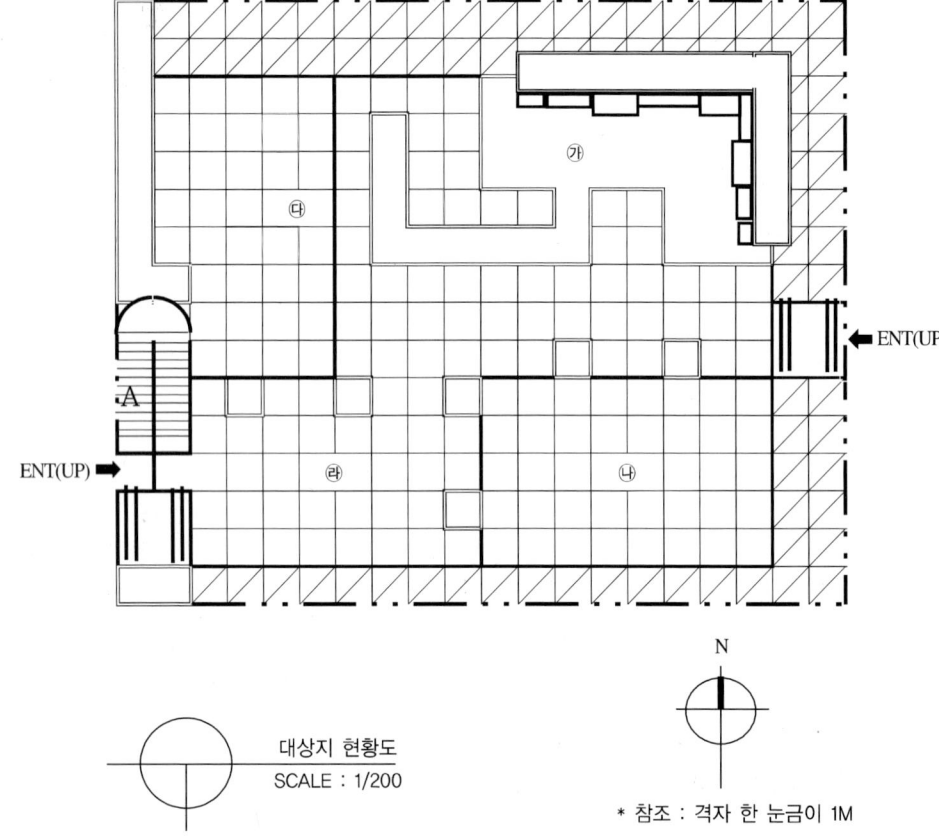

(2) 요구사항

① 식재평면도를 위주로 한 조경계획도를 축척 1/100로 작성하시오(지급용지 1).
② 도면 오른쪽 위에 작업명칭을 작성하시오.
③ 도면 오른쪽에는 "주요 시설물 수량표와 수목(식재) 수량표"를 함께 작성하고, 수량표 아래쪽 여백을 이용하여 "방위표시와 막대축척"을 반드시 그려 넣으시오(단, 전체 대상지의 길이를 고려하여 범례표의 폭을 조정할 수 있다).
④ 도면의 전체적인 안정감을 위하여 "테두리선"을 작성하시오.
⑤ 도로변 소공원 부지 내의 B-B' 단면도를 축척 1/100로 작성하시오(지급용지 2).

(3) 설계조건

① 해당 지역은 도로변의 자투리 공간을 이용하여 휴식 및 어린이들이 즐길 수 있는 도로변 소공원으로, 공원의 특징을 고려하여 조경계획도를 작성하시오.
② 포장지역을 제외한 곳에는 모두 식재를 실시하시오(단, 녹지공간은 빗금 친 부분이며, 분위기를 고려하여 식재를 실시하시오).
③ 포장지역은 "점토벽돌, 화강석블럭, 고무칩, 마사토, 투수콘크리트" 등 적당한 재료를 선택하여 재료의 사용이 적합한 장소에 기호로 표현하고, 포장명칭을 반드시 기입하시오.
④ "㉮" 지역은 수경공간으로 최대 높이 1m의 판석벽천이 위치하고, 벽천 앞의 수(水)공간은 깊이 60cm로 설계하시오.
⑤ "㉯" 지역은 놀이공간으로 계획하고, 그 안에 어린이 놀이시설물 3종을 배치하시오.
⑥ "㉰" 지역은 휴식공간으로 이용자들의 편안한 휴식을 위해 퍼걸러(3,500mm×3,500mm) 1개와 앉아서 휴식을 즐길 수 있도록 등벤치 1개 이상을 계획하고 설계하시오.
⑦ "㉱" 지역은 중심광장으로 각 공간과의 연결과 녹음을 부여하기 위해 수목보호대 6개에 적합한 수종을 식재하고, 평벤치 3개와 휴지통 2개를 배치하고 설계하시오.
⑧ 대상지역은 진입구에 계단과 램프(A)가 위치해 있으며, 대상지 외곽부지보다 높이 차이가 1m 높은 것으로 보고 설계하시오.
⑨ 대상지 경계에 위치한 외곽 녹지대는 유도식재, 녹음식재, 경관식재, 소나무 군식 등의 식재패턴을 필요한 곳에 배식하시오.

⑩ 수목은 아래에 주어진 수종 중에서 종류가 다른 12가지를 반드시 선정하여 골고루 안정적인 배식이 될 수 있도록 계획하며, 인출선을 이용하여 수량, 수종명칭, 규격을 반드시 표기하시오.

개나리(H1.2×5가지)	계수나무(H2.5×R6)	구상나무(H1.5×W0.6)	굴거리나무(H2.5×W1.0)
금목서(H2.0×R6)	꽃사과(H2.5×R5)	꽝꽝나무(H0.3×W0.4)	낙상홍(H1.0×W0.4)
낙우송(H4.0×B12)	느티나무(H3.0×R6)	느티나무(H4.5×R20)	다정큼나무(H1.0×W0.6)
대왕참나무(H4.5×R20)	덜꿩나무(H1.0×W0.4)	돈나무(H1.5×W1.0)	동백나무(H2.5×B8)
마가목(H3.0×R12)	매화나무(H2.0×R4)	먼나무(H2.0×R5)	메타세쿼이아(H4.0×B8)
명자나무(H0.6×W0.4)	모과나무(H3.0×R8)	목련(H3.0×R10)	무궁화(H1.0×W0.2)
박태기나무(H1.0×W0.4)	배롱나무(H2.5×R6)	백철쭉(H0.3×W0.3)	백합나무(H4.0×R10)
버즘나무(H3.5×B8)	병꽃나무(H1.0×W0.6)	사철나무(H1.0×W0.3)	산딸나무(H2.5×R6)
산수국(H0.3×W0.4)	산수유(H2.5×R8)	산철쭉(H0.3×W0.3)	서양측백(H1.2×W0.4)
소나무(H3.0×W1.5×R10)	소나무(H4.0×W2.0×R15)	소나무(H5.0×W2.5×R20)	소나무(둥근형)(H1.2×W1.5)
수수꽃다리(H2.0×W0.8)	스트로브잣나무(H2.0×W1.0)	아왜나무(H1.5×W0.8)	영산홍(H0.3×W0.3)
왕벚나무(H4.5×B10)	은행나무(H4.0×B10)	이팝나무(H3.5×R12)	자귀나무(H3.5×R12)
자산홍(H0.3×W0.3)	자작나무(H2.5×B5)	조릿대(H0.6×W0.3)	좀작살나무(H1.2×W0.4)
주목(둥근형)(H0.3×W0.3)	주목(선형)(H2.0×W1.0)	중국단풍(H2.5×B6)	쥐똥나무(H1.0×W0.3)
청단풍(H2.5×R8)	층층나무(H3.5×R8)	칠엽수(H3.5×R12)	태산목(H1.5×W0.5)
홍단풍(H3.0×R10)	화살나무(H0.6×W0.3)	회양목(H0.3×W0.3)	갈대(8cm)
감국(8cm)	구절초(8cm)	금계국(10cm)	노랑꽃창포(8cm)
둥굴레(10cm)	맥문동(8cm)	벌개미취(8cm)	부들(8cm)
부처꽃(8cm)	붓꽃(10cm)	비비추(2~3분얼)	수호초(10cm)
애기나리(10cm)	옥잠화(2~3분얼)	원추리(2~3분얼)	잔디(0.3×0.3×0.03)
제비꽃(8cm)	털부처꽃(8cm)	패랭이꽃(8cm)	해국(8cm)

⑪ A-A′ 단면도는 경사, 포장재료, 경계선, 및 기타 시설물의 기초, 주변의 수목, 중요 시설물, 이용자 등을 단면도상에 반드시 표시하고 높이차를 한눈에 볼 수 있도록 설계하시오.

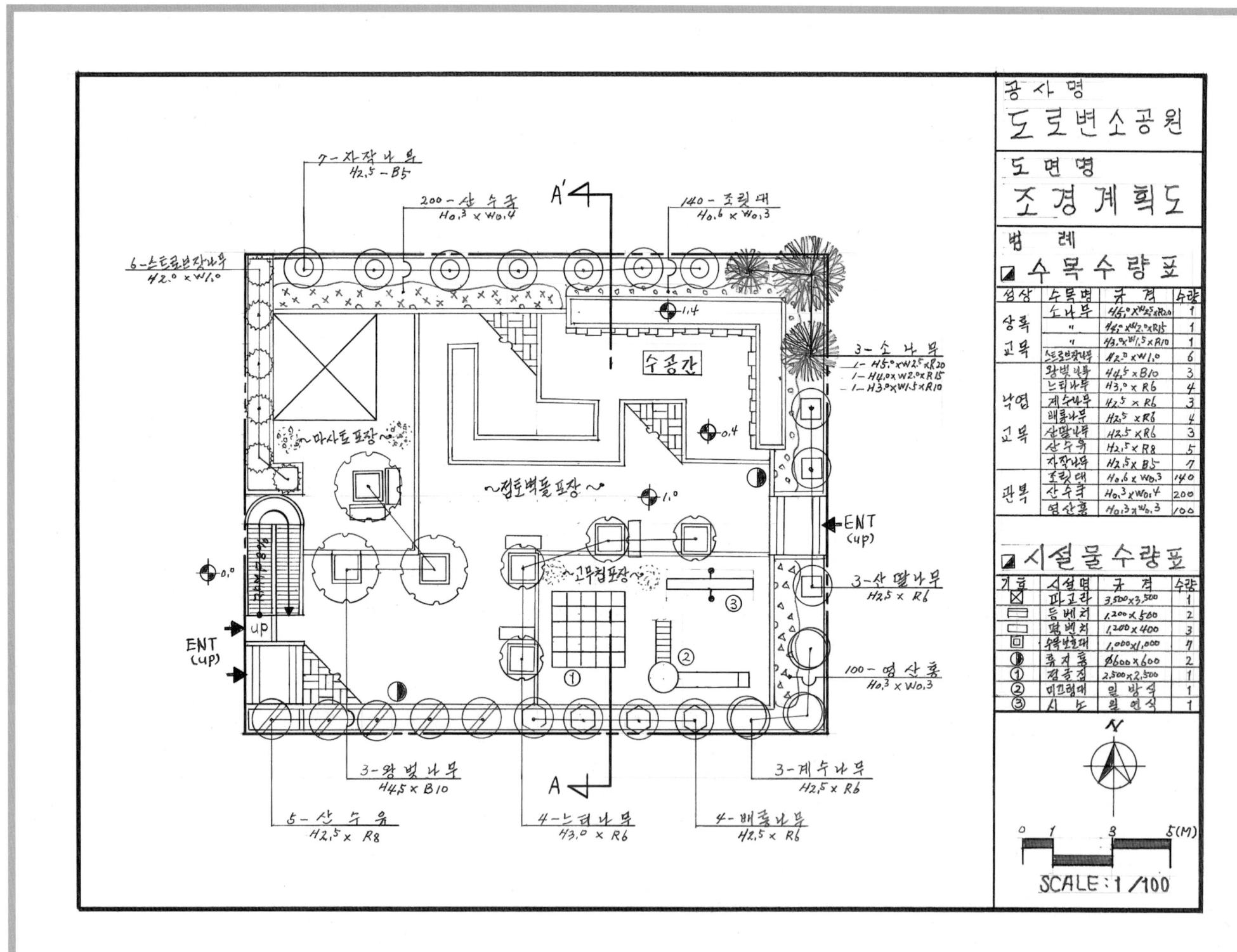

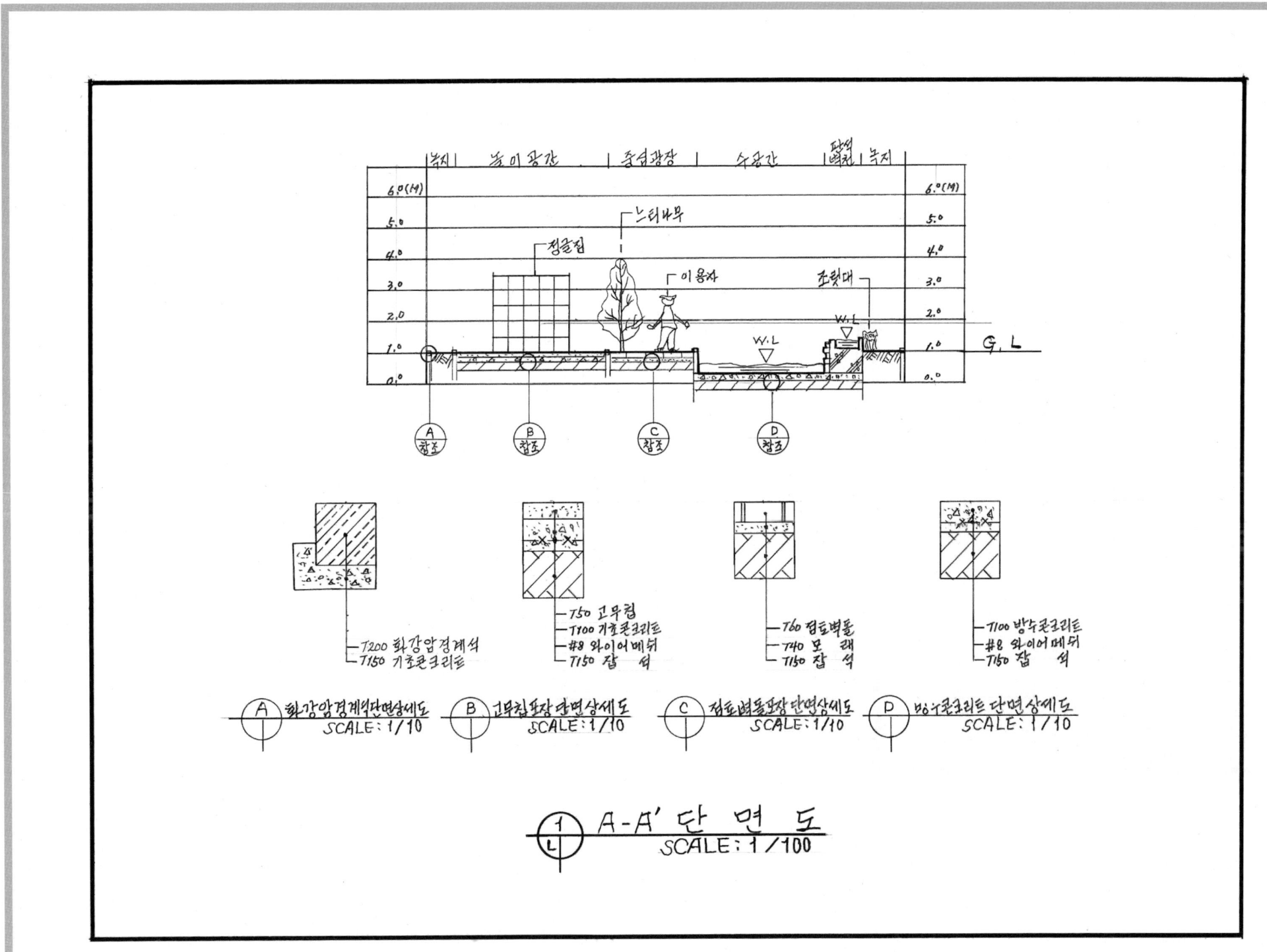

제35절 기출복원문제(옥상정원)

설계문제

우리나라 대전광역시에 위치한 옥상정원에 대한 조경설계를 하고자 한다. 주어진 현황도 및 아래 사항을 참조하여 설계조건에 따라 조경계획도를 작성하시오(단, 2점 쇄선 안 부분을 조경설계 대상지로 한다).

(1) 현황도

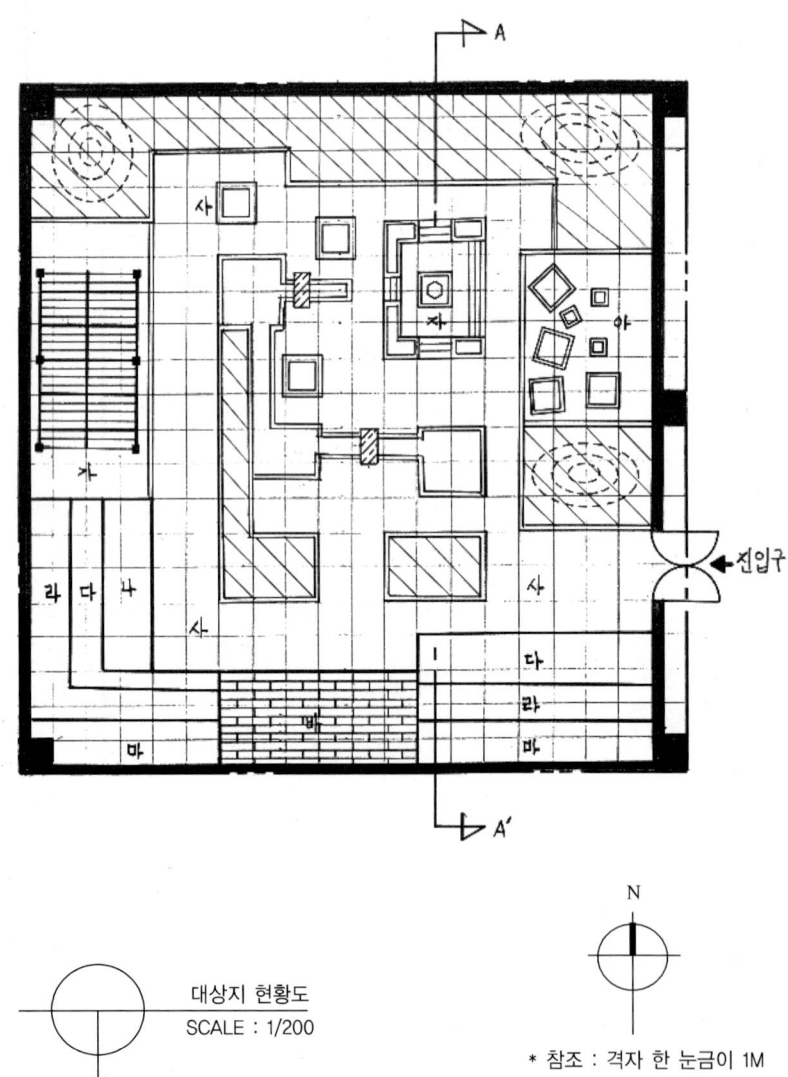

대상지 현황도
SCALE : 1/200

* 참조 : 격자 한 눈금이 1M

(2) 요구사항

① 식재평면도를 위주로 한 조경계획도를 축척 1/100로 작성하시오(지급용지-1).
② 도면 오른쪽 위에 작업명칭을 "옥상정원"으로 작성하시오.
③ 도면 오른쪽에는 "주요 시설물 수량표와 수목(식재) 수량표"를 함께 작성하고, 수량표 아래쪽 여백을 이용하여 "방위표시와 막대축척"을 반드시 그려 넣으시오(단, 전체 대상지의 길이를 고려하여 범례표의 폭을 조정할 수 있다).
④ 도면의 전체적인 안정감을 위하여 "테두리선"을 작성하시오.
⑤ 옥상정원 부지 내의 A-A' 단면도를 축척 1/100로 작성하시오(지급용지-2).

(3) 설계조건

① 주어진 현황도면의 위를 북향으로 하고, 휴식 및 여가를 즐길 수 있는 옥상정원으로, 공원의 특징을 고려하여 조경설계도를 작성하시오.
② 포장지역을 제외한 모든 곳에는 식재를 실시하시오(단, 녹지공간은 빗금 친 부분이며, 분위기를 고려하여 배식하시오).
③ 바닥포장은 "자연석, 화강석인조블록, 화강석판석, 점토블럭" 중에서 적당한 재료 2종 이상을 선택하여 적합한 장소에 기호로 표현하고, 포장명을 반드시 기입하시오.
④ "가" 지역은 휴식공간으로 등의자(1.6m×0.6m) 2개, 그늘시렁(3m×5m×H-3m)을 설치하여 한낮에 그늘을 제공하며, 하부에는 시설물을 설치하지 마시오.
⑤ "나(0.3m)", "다(0.6m)", "라(1.0m)", "마(1.5m)" 지역의 플랜터는 높이가 다른 단(각각의 높이 고려)으로, 북쪽은 인접 건물로 막혀 있고, 서쪽과 남쪽은 개방되어 있으니, 조망과 경관을 고려한 계획설계를 하시오.
⑥ "바" 지역은 목재 데크로 이동식 테이블(ϕ1,500mm) 1개, 등의자(1.6m×0.6m) 2개소를 설치하시오.
⑦ "사" 지역은 옥상정원을 산책하며 감상할 보행동선으로, 적절한 포장으로 설계하시오.
⑧ "아" 지역 담수공간(깊이 : 0.3m)로 정사각형 4곳(1m×1m), 3곳(0.5m×0.5m)을 조성하며, 담수바닥에는 조약돌을 포장하시오.
⑨ "자" 지역은 전시공간으로 "사" 지역보다 1m가 높으며, 담수공간 안에 경관조형물(설계자 임의 설계, 높이 1m 정도)을 설치하며, 담수공간(깊이 : 0.3m)은 "사" 지역의 담수공간으로 연결되며, 보행에 지장이 없도록 석재 다리(2개소)로 연결하시오.
⑩ 플랜터는 관목, 초화류를 전체적으로 볼거리가 있도록 화목류 위주로 식재하시오.
⑪ 대상지 내에 조명등(H : 1m)을 5개소 이상 설치하시오.
⑫ 요구사항의 제시 수목 중 남부지방 수종과 규격 R15(B12) 이상의 수목은 식재하지 않고 제외하시오.
⑬ 관목의 식재기준은 m²당 9주로 적용하고, 10주 단위로 군식하시오.

⑭ 위요공간이 있는 녹지는 전체적으로 50cm가 높으며 등고선 1개의 높이는 30cm로 다층식재를 하고, 수목보호대는 수목보호대와 벤치로 사용할 수 있도록 높이 0.5m, 너비 0.4m로 하며, 적합한 수종을 선택하여 그늘식재하시오.

⑮ 수목은 다음 수종 중 10종 이상을 선정하여 교목 30주 이상, 관목은 1,000주 이상 식재하고 수목명, 규격, 수량을 인출선으로 표기하시오.

개나리(H1.2×5가지)	계수나무(H2.5×R6)	구상나무(H1.5×W0.6)	굴거리나무(H2.5×W1.0)
금목서(H2.0×R6)	꽃사과(H2.5×R5)	꽝꽝나무(H0.3×W0.4)	낙상홍(H1.0×W0.4)
낙우송(H4.0×B12)	느티나무(H3.0×R6)	느티나무(H4.5×R20)	다정큼나무(H1.0×W0.6)
대왕참나무(H4.5×R20)	덜꿩나무(H1.0×W0.4)	돈나무(H1.5×W1.0)	동백나무(H2.5×B8)
마가목(H3.0×R12)	매화나무(H2.0×R4)	먼나무(H2.0×R5)	메타세쿼이아(H4.0×B8)
명자나무(H0.6×W0.4)	모과나무(H3.0×R8)	목련(H3.0×R10)	무궁화(H1.0×W0.2)
박태기나무(H1.0×W0.4)	배롱나무(H2.5×R6)	백철쭉(H0.3×W0.3)	백합나무(H4.0×R10)
버즘나무(H3.5×B8)	병꽃나무(H1.0×W0.6)	사철나무(H1.0×W0.3)	산딸나무(H2.5×R6)
산수국(H0.3×W0.4)	산수유(H2.5×R8)	산철쭉(H0.3×W0.3)	서양측백(H1.2×W0.4)
소나무(H3.0×W1.5×R10)	소나무(H4.0×W2.0×R15)	소나무(H5.0×W2.5×R20)	소나무(둥근형)(H1.2×W1.5)
수수꽃다리(H2.0×W0.8)	스트로브잣나무(H2.0×W1.0)	아왜나무(H1.5×W0.8)	영산홍(H0.3×W0.3)
왕벚나무(H4.5×B10)	은행나무(H4.0×B10)	이팝나무(H3.5×R12)	자귀나무(H3.5×R12)
자산홍(H0.3×W0.3)	자작나무(H2.5×B5)	조릿대(H0.6×W0.3)	좀작살나무(H1.2×W0.4)
주목(둥근형)(H0.3×W0.3)	주목(선형)(H2.0×W1.0)	중국단풍(I 12.5×B6)	쥐똥나무(H1.0×W0.3)
청단풍(H2.5×R8)	층층나무(H3.5×R8)	칠엽수(H3.5×R12)	태산목(H1.5×W0.5)
홍단풍(H3.0×R10)	화살나무(H0.6×W0.3)	회양목(H0.3×W0.3)	갈대(8cm)
감국(8cm)	구절초(8cm)	금계국(10cm)	노랑꽃창포(8cm)
둥굴레(10cm)	맥문동(8cm)	벌개미취(8cm)	부들(8cm)
부처꽃(8cm)	붓꽃(10cm)	비비추(2~3분얼)	수호초(10cm)
애기나리(10cm)	옥잠화(2~3분얼)	원추리(2~3분얼)	잔디(0.3×0.3×0.03)
제비꽃(8cm)	털부처꽃(8cm)	패랭이꽃(8cm)	해국(8cm)

※ 규격이 다른 소나무 수종은 종류가 다른 수종으로 판단하지 않으며, 12가지에 포함 기재 시 1개 종으로 간주함

⑯ 수목수량집계표에는 성상, 수목명, 규격, 수량을 표기하시오.

⑰ 범례란에 수목수량표를 성상별로 상록교목, 낙엽교목, 관목으로 분류하여 작성하고, 시설물 수량표, 방위표, 바 스케일을 작성하시오.

⑱ A-A′ 단면도는 경사, 포장재료, 경계선 및 기타 시설물의 기초, 주변의 수목, 주요 시설물, 이용자 등을 단면도상에 반드시 표기하고, 높이차를 한눈에 볼 수 있도록 설계하시오.

> ㉠ 단면도 답안지 중앙에 평면도의 단면도선이 지나는 시설물이나 수목 등을 규격에 맞추어 정확하게 설계한다.
> ㉡ 제일 낮은 플랜터 높이는 0.3m 이하로 하고, 식재토심은 플랜터 높이와 동일하게 확보하고, 가장 높은 플랜터 높이는 1.5m 이상으로 하고, 식재토심은 1.2m 이상을 확보한다.
> ※ 플랜터 : 배수판, 인공토(배수용), 인공토(육성용) 등은 설계자가 임의로 지정할 수 있다.

> • 배수판 : THK30
> • 인공토(배수용) : THK100
> • 멀칭 : 적용하지 않음
> • 인공토(육성용) : 도입수목 성상에 따른 생존최소토심 적용, 플랜터보다 5cm 낮게 계획함

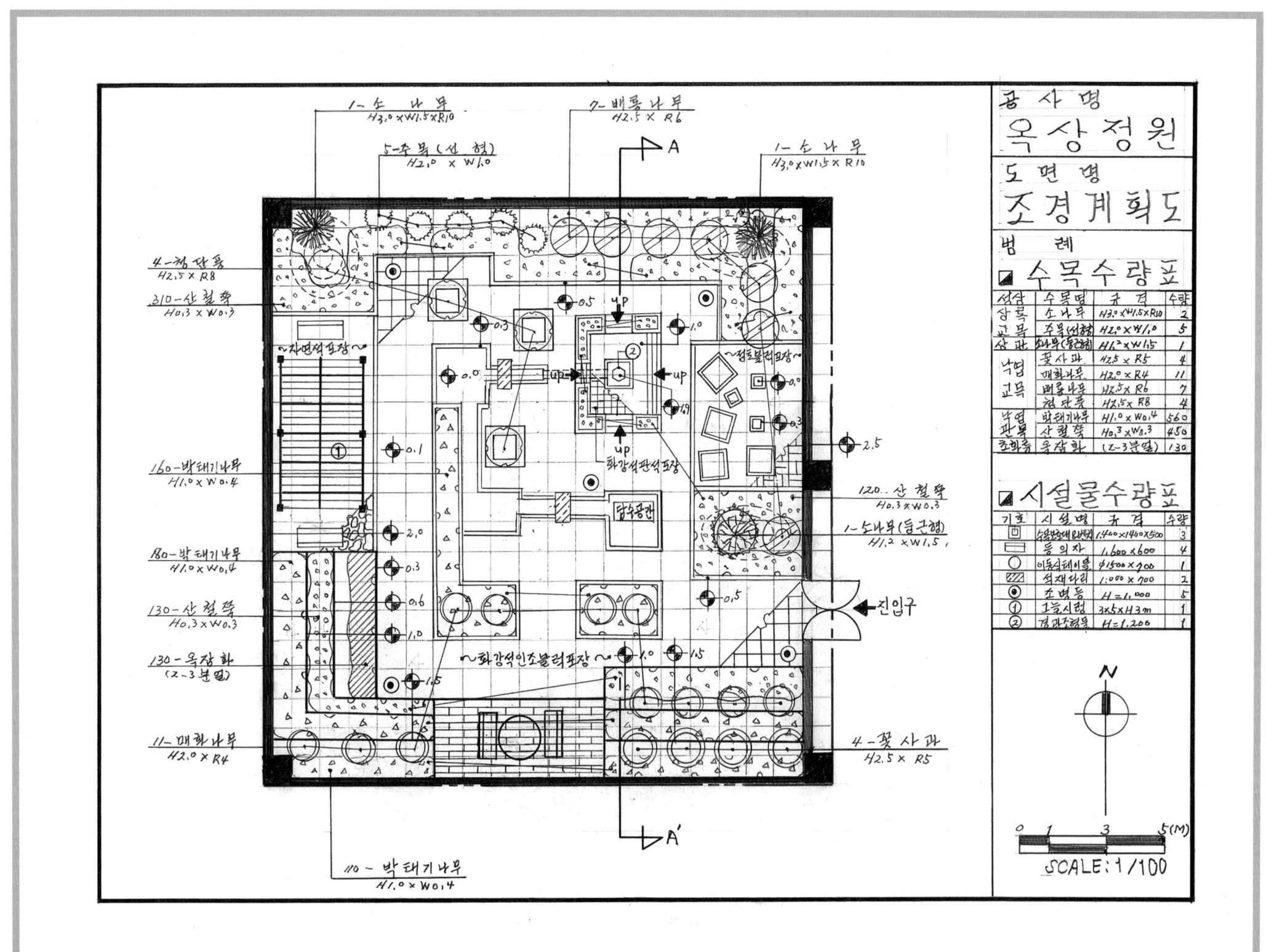

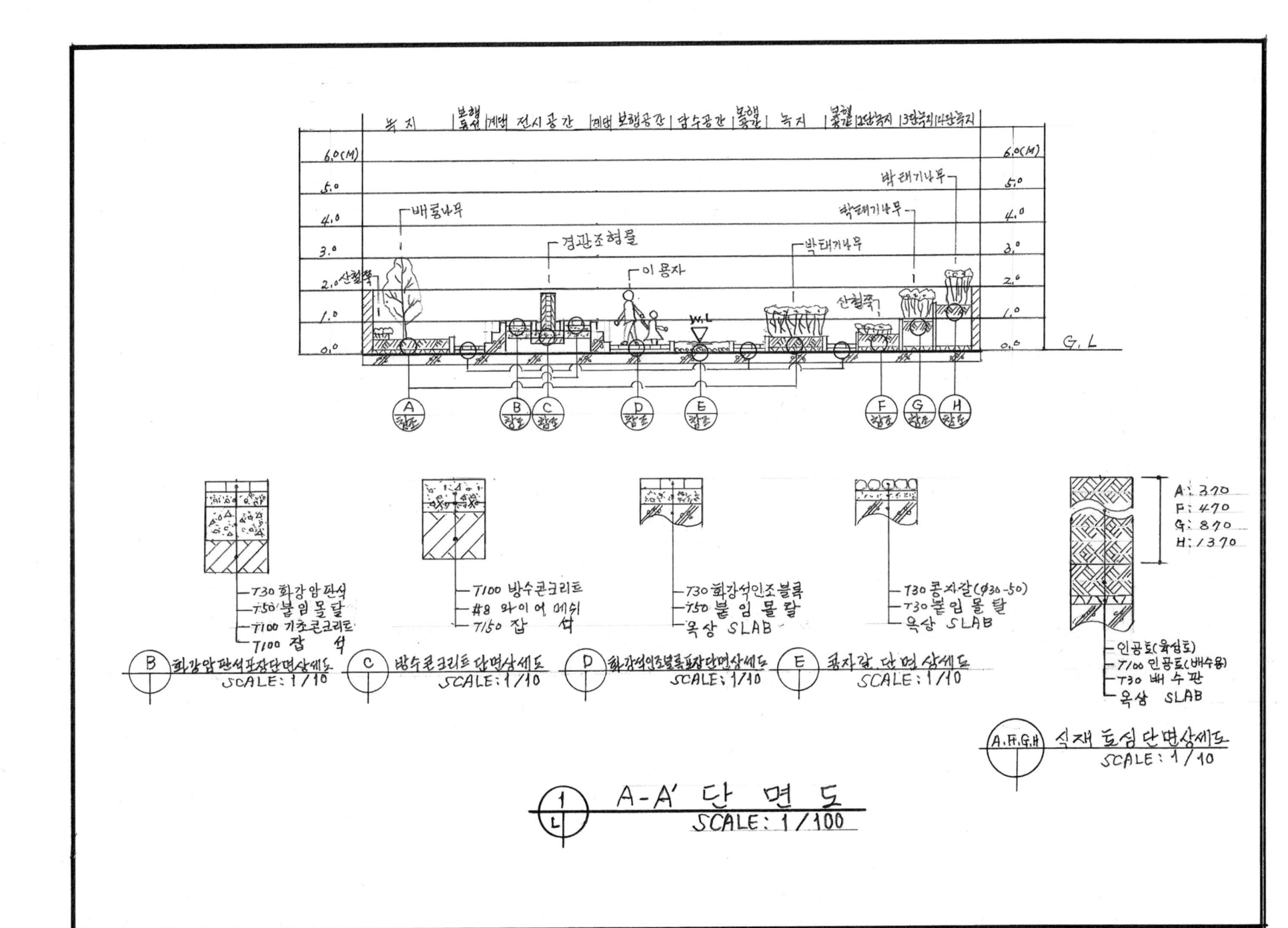

제36절 기출복원문제(도로변 소공원)

설계문제

우리나라 중부지역에 위치한 도로변의 빈 공간에 대한 조경설계를 하고자 한다. 주어진 현황도 및 아래 사항을 참조하여 설계조건에 따라 조경계획도를 작성하시오(단, 2점 쇄선 안 부분을 조경설계 대상지로 한다).

(1) 현황도

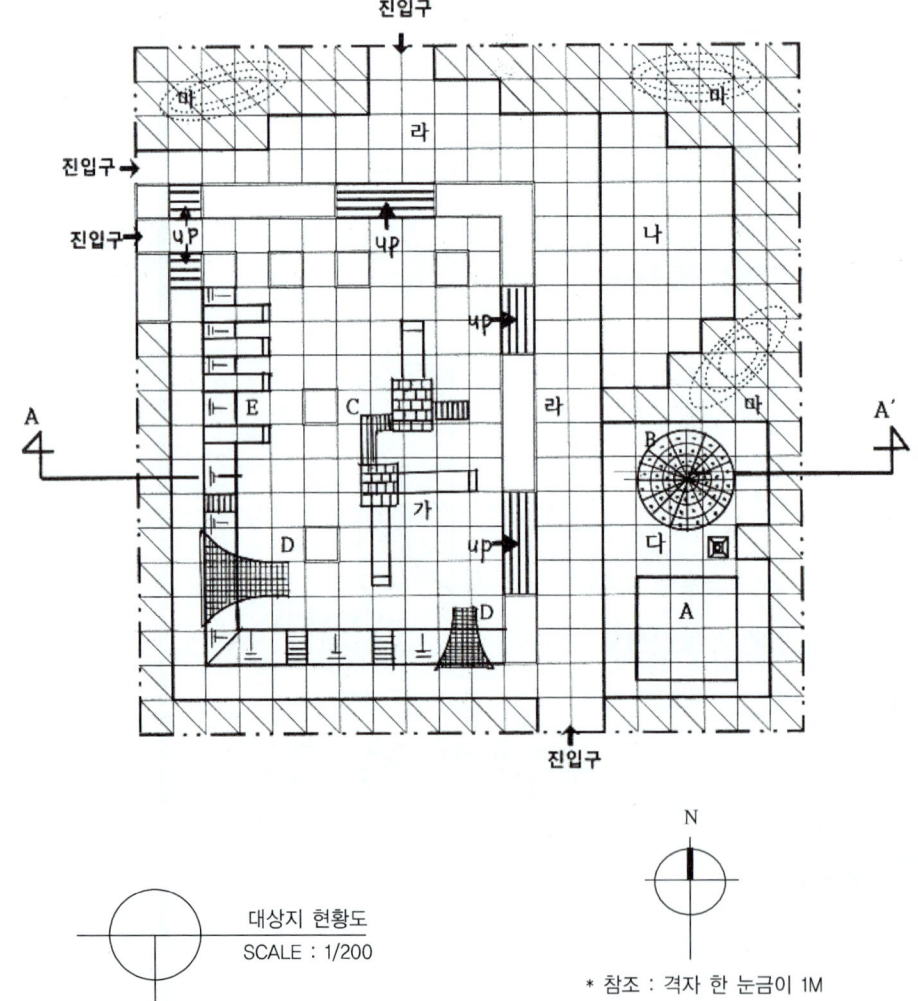

대상지 현황도
SCALE : 1/200

* 참조 : 격자 한 눈금이 1M

(2) 요구사항

① 식재평면도를 위주로 한 조경계획도를 축척 1/100로 작성하시오(지급용지-1).
② 도면 오른쪽 위에 작업명칭을 "도로변 소공원"으로 작성하시오.
③ 도면 오른쪽에는 "주요 시설물 수량표와 수목(식재) 수량표"를 함께 작성하고, 수량표 아래쪽 여백을 이용하여 "방위표시와 막대축척"을 반드시 그려 넣으시오(단, 전체 대상지의 길이를 고려하여 범례표의 폭을 조정할 수 있다).
④ 도면의 전체적인 안정감을 위하여 "테두리선"을 작성하시오.
⑤ 도로변 소공원 부지 내의 A-A' 단면도를 축척 1/100로 작성하시오(지급용지-2).

(3) 설계조건

① 주어진 현황도면의 위를 북향으로 하고, 휴식 및 어린이들이 즐길 수 있는 도로변 소공원으로, 공원의 특징을 고려하여 조경계획도를 작성하시오.
② 포장지역을 제외한 모든 곳에는 식재를 실시하시오(단, 녹지공간은 빗금 친 부분이며, 분위기를 고려하여 배식하시오).
③ 바닥포장은 "소형고압블록, 화강석 블록, 콘크리트, 고무칩, 마사토, 투수콘크리트" 등 적당한 재료를 선택하여 적합한 장소에 기호로 표현하고, 포장명을 반드시 기입하시오.
④ "가" 지역은 대상지 내 어린이를 위한 조합놀이공간으로 계획하시오(주변지역보다 1m 낮음).

- 대상지는 어린이가 놀 수 있도록 조합놀이시설을 설치하고, 반드시 적합한 포장을 선택하시오.
- 조합놀이시설(C)의 규격은 6.0m×7.0m×H2.5m로 미끄럼대 3면을 설계하시오.
- 대상지 주변에 수목보호대 5개를 설치하여 적합한 수목을 선정하여 식재하시오.

⑤ "나" 지역은 휴게공간으로 그 안에 퍼걸러(3.0m×4.0m), 평의자, 앉음벽 등 휴게시설 2종을 배치하시오.
⑥ "다" 지역은 유아 및 어린이 놀이시설로 다음의 내용으로 설치하시오.

- "A" 지역은 모래놀이터로 규격 3.0m×3.0m 1개를 설치하시오.
- "B" 지역은 지름 3.0m 원형 바닥분수로 중심으로 갈수록 높이가 낮아지도록 설계하시오.
- 대상지 내 어린이들이 물을 섭취할 수 있도록 음수대를 설치하고, 포장재료를 적합하게 설치하시오.

⑦ "라" 지역은 진입공간으로 공간과 공간을 자연스럽게 연결하는 기능으로 설치하시오.
⑧ "가" 지역은 "라" 지역보다 1m 낮은 곳이며, 시설물 중 D(그물망 2개소)와 E(미끄럼대 4개소)는 녹지지역의 경사를 활용하여 이용할 수 있는 놀이시설로 계획하고 설계하시오.
⑨ "마" 지역은 녹지대면보다 등고선 1개당 30cm가 높은 녹지지역으로 경관식재를 하시오. 반드시 1개소에는 크기가 다른 소나무 3종과 계절성을 느낄 수 있는 수목을 식재하시오.

⑩ 대상지 내에는 유도식재, 녹음식재, 경관식재, 소나무 군식 등의 식재 패턴을 필요한 곳에 배식하고, 필요에 따라 수목보호대를 추가로 설치하여 포장 내에 식재를 하시오.

⑪ 다음의 제시 수목 중 10가지를 선정하여 골고루 안정적인 배식이 될 수 있도록 계획하며, 인출선을 이용하여 수량, 수종명, 규격, 단위, 수량을 반드시 표기하시오.

개나리(H1.2×5가지)	계수나무(H2.5×R6)	구상나무(H1.5×W0.6)	굴거리나무(H2.5×W1.0)
금목서(H2.0×R6)	꽃사과(H2.5×R5)	꽝꽝나무(H0.3×W0.4)	낙상홍(H1.0×W0.4)
낙우송(H4.0×B12)	느티나무(H3.0×R6)	느티나무(H4.5×R20)	다정큼나무(H1.0×W0.6)
대왕참나무(H4.5×R20)	덜꿩나무(H1.0×W0.4)	돈나무(H1.5×W1.0)	동백나무(H2.5×B8)
마가목(H3.0×R12)	매화나무(H2.0×R4)	먼나무(H2.0×R5)	메타세쿼이아(H4.0×B8)
명자나무(H0.6×W0.4)	모과나무(H3.0×R8)	목련(H3.0×R10)	무궁화(H1.0×W0.2)
박태기나무(H1.0×W0.4)	배롱나무(H2.5×R6)	백철쭉(H0.3×W0.3)	백합나무(H4.0×R10)
버즘나무(H3.5×B8)	병꽃나무(H1.0×W0.6)	사철나무(H1.0×W0.3)	산딸나무(H2.5×R6)
산수국(H0.3×W0.4)	산수유(H2.5×R8)	산철쭉(H0.3×W0.3)	서양측백(H1.2×W0.4)
소나무(H3.0×W1.5×R10)	소나무(H4.0×W2.0×R15)	소나무(H5.0×W2.5×R20)	소나무(둥근형)(H1.2×W1.5)
수수꽃다리(H2.0×W0.8)	스트로브잣나무(H2.0×W1.0)	아왜나무(H1.5×W0.8)	영산홍(H0.3×W0.3)
왕벚나무(H4.5×B10)	은행나무(H4.0×B10)	이팝나무(H3.5×R12)	자귀나무(H3.5×R12)
자산홍(H0.3×W0.3)	자작나무(H2.5×B5)	조릿대(H0.6×W0.3)	좀작살나무(H1.2×W0.4)
주목(둥근형)(H0.3×W0.3)	주목(선형)(H2.0×W1.0)	중국단풍(H2.5×B6)	쥐똥나무(H1.0×W0.3)
청단풍(H2.5×R8)	층층나무(H3.5×R8)	칠엽수(H3.5×R12)	태산목(H1.5×W0.5)
홍단풍(H3.0×R10)	화살나무(H0.6×W0.3)	회양목(H0.3×W0.3)	갈대(8cm)
감국(8cm)	구절초(8cm)	금계국(10cm)	노랑꽃창포(8cm)
둥굴레(10cm)	맥문동(8cm)	벌개미취(8cm)	부들(8cm)
부처꽃(8cm)	붓꽃(10cm)	비비추(2~3분얼)	수호초(10cm)
애기나리(10cm)	옥잠화(2~3분얼)	원추리(2~3분얼)	잔디(0.3×0.3×0.03)
제비꽃(8cm)	털부처꽃(8cm)	패랭이꽃(8cm)	해국(8cm)

※ 규격이 다른 소나무 수종은 종류가 다른 수종으로 판단하지 않으며, 12가지에 포함 기재 시 1개 종으로 간주함

⑫ 범례란에 수목수량표를 성상별로 상록교목, 낙엽교목, 관목으로 분류하여 작성하고, 시설물 수량표, 방위표, 바 스케일을 작성하시오.

⑬ A-A' 단면도는 경사, 포장재료, 경계선 및 기타 시설물의 기초, 주변의 수목, 주요 시설물, 이용자 등을 단면도상에 반드시 표기하고, 높이차를 한눈에 볼 수 있도록 설계하시오.

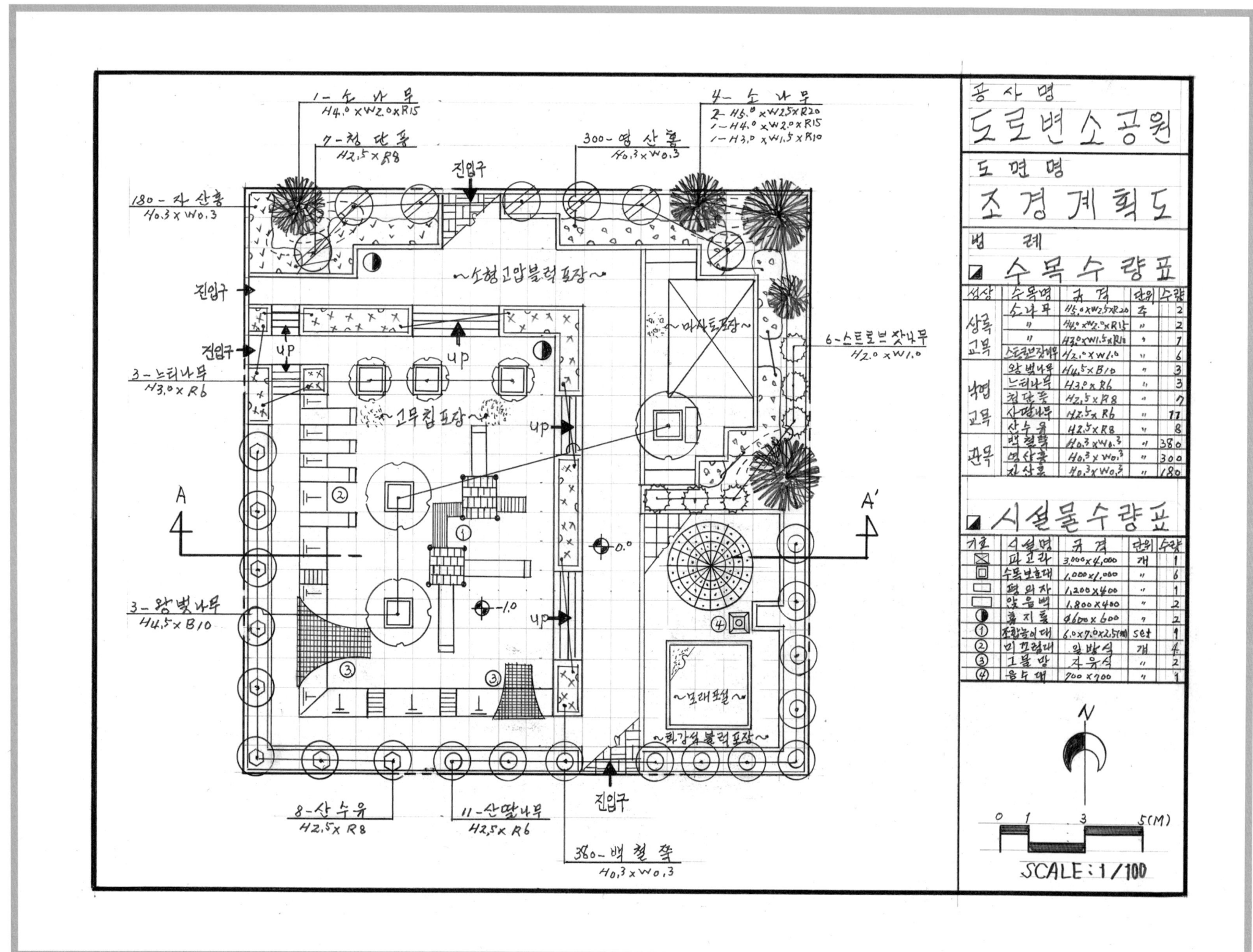

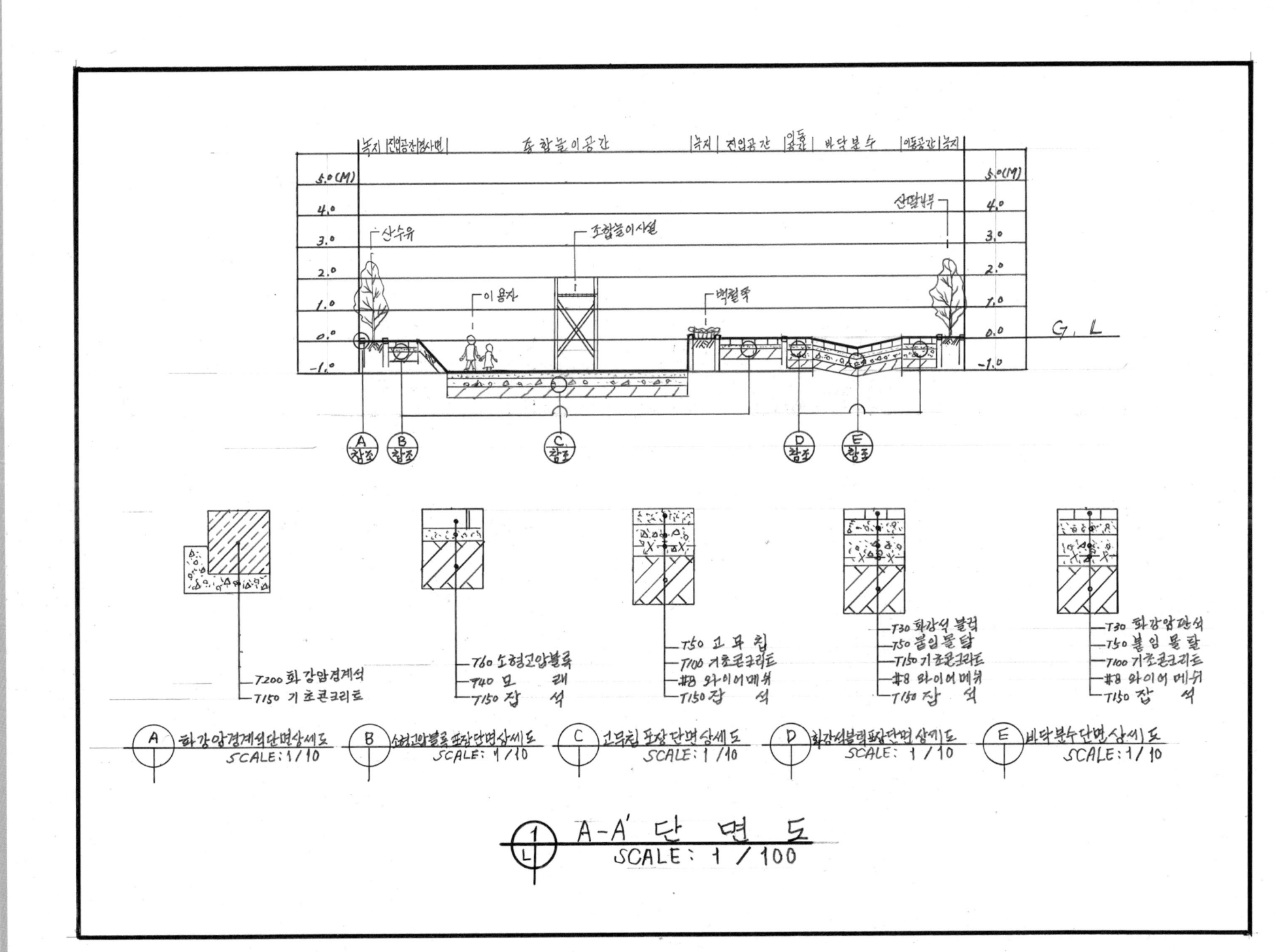

제37절　기출복원문제(도로변 소공원)

설계문제

우리나라 중부지역에 위치한 도로변 소공원에 대한 조경설계를 하고자 한다. 주어진 현황도 및 다음 사항을 참조하여 설계조건에 따라 조경계획도를 작성하시오(단, 2점 쇄선 안 부분을 조경설계 대상지로 한다).

(1) 현황도

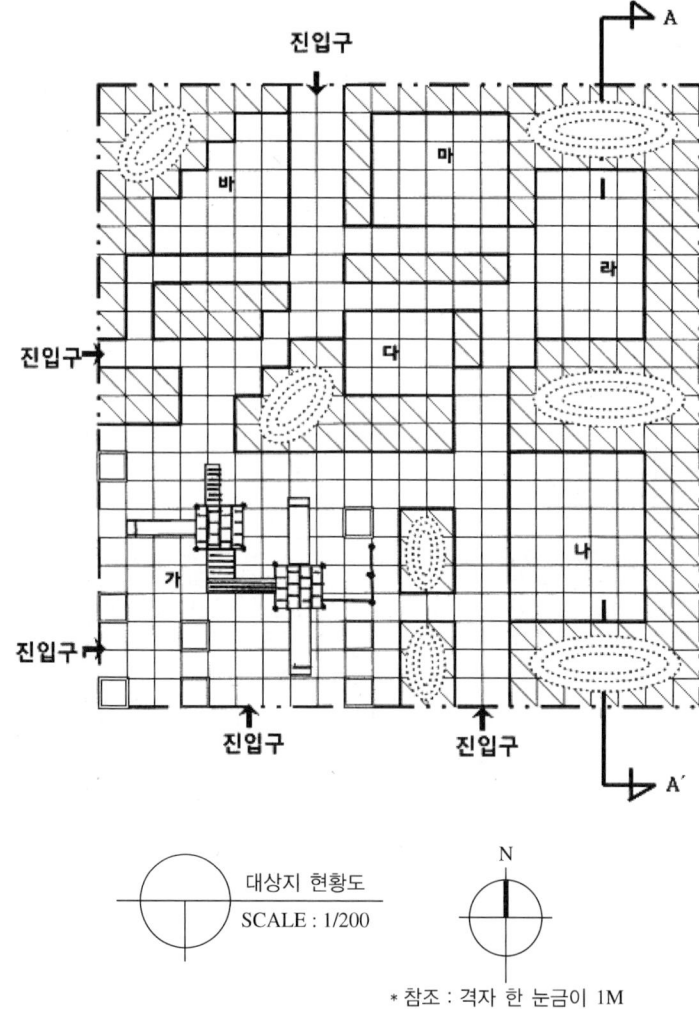

*참조 : 격자 한 눈금이 1M

(2) 요구사항

① 식재평면도를 위주로 한 조경계획도를 축척 1/100로 작성하시오(지급용지-1).
② 도면 오른쪽 위에 작업명칭을 "도로변 소공원"으로 작성하시오.
③ 도면 오른쪽에는 "주요 시설물 수량표와 수목(식재) 수량표"를 함께 작성하고, 수량표 아래쪽 여백을 이용하여 "방위표시와 막대축척"을 반드시 그려 넣으시오(단, 전체 대상지의 길이를 고려하여 범례표의 폭을 조정할 수 있다).
④ 도면의 전체적인 안정감을 위하여 "테두리선"을 작성하시오.
⑤ 도로변 소공원 부지내의 A-A' 단면도를 축척 1/100로 작성하시오(지급용지-2).

(3) 설계조건

① 주어진 현황도면의 위를 북향으로 하고, 휴식 및 어린이들이 즐길 수 있는 도로변 소공원으로, 공원의 특징을 고려하여 조경계획도를 작성하시오.
② 포장지역을 제외한 모든 곳에는 식재를 실시하시오(단, 녹지공간은 빗금 친 부분이며, 수목보호틀 (1m×1m) 지점에도 공간 분위기를 고려하여 배식하시오).
③ 바닥포장은 "점토벽돌, 화강석 블럭, 데크, 고무블럭, 고무칩" 등 적당한 재료를 선택하여 적합한 장소에 기호로 표현하고, 포장명칭을 반드시 기입하시오.
④ "가" 지역은 대상지 내 어린이를 위한 조합놀이공간으로 계획하시오.

> • 대상지는 어린이가 놀 수 있도록 조합놀이시설을 설치하고, 반드시 적합한 포장을 선택하시오.
> • 조합놀이시설(H=2.5m)로 미끄럼대 3면과 철봉 3연식을 설계하시오.
> • 대상지 주변에 수목보호대를 설치하여 적합한 수목을 선정하여 식재하시오.

⑤ 조합놀이공간("가" 지역) 주변의 녹지는 잔디를 활용한 마운딩 처리로 계획하시오.
⑥ "나" 지역은 휴게공간으로 계획하고, 그 안에 퍼걸러(4.0m×3.0m) 1개소와 평의자, 등의자, 앉음벽 등 휴게시설 1종을 배치하시오.
⑦ "다", "라", "마", "바" 지역은 대상지 내 어린이를 위한 숨은 놀이공간으로 계획하시오.

> • 대상지는 어린이 놀이시설물을 임의로 선택할 수 있으며, 반드시 적합한 포장을 선택하시오.
> • 정글짐, 그네, 동물형 흔들의자, 징검 놀이시설, 시소, 회전무대 등(기타 수험자 임의 설치 가능)
> • 공간과 공간 사이의 녹지는 신비로움을 느낄 수 있도록 식재하고, 동선을 순환할 수 있게 하시오.

⑧ 소공원과 주변 주택가와의 관계를 고려하여 외곽 녹지대에는 상록수와 낙엽수를 혼식하여 완충식재를 계획하고, 휴식공간 주변에는 녹음수를 식재하시오.
⑨ 녹지공간은 등고선 1개 높이 30cm, 다층식재, 수목보호대 8개, 적합 수종 선정, 관목 m²당 9주 식재 적용, 10주 단위로 군식하시오.

⑩ 대상지 내에는 경계, 차폐, 유도, 녹음, 경관식재, 소나무 군식 등의 식재 패턴을 필요한 곳에 배식하시오.
⑪ 수목수량집계표에는 성상, 수목명, 규격, 단위, 수량을 표기하시오.
⑫ 다음의 제시 수목 중 10종 이상을 선정하여 교목 30주 이상, 관목은 1,000주 이상 식재하고 수목명, 규격, 수량을 인출선으로 표기하시오.

개나리(H1.2×5가지)	계수나무(H2.5×R6)	구상나무(H1.5×W0.6)	굴거리나무(H2.5×W1.0)
금목서(H2.0×R6)	꽃사과(H2.5×R5)	꽝꽝나무(H0.3×W0.4)	낙상홍(H1.0×W0.4)
낙우송(H4.0×B12)	느티나무(H3.0×R6)	느티나무(H4.5×R20)	다정큼나무(H1.0×W0.6)
대왕참나무(H4.5×R20)	덜꿩나무(H1.0×W0.4)	돈나무(H1.5×W1.0)	동백나무(H2.5×B8)
마가목(H3.0×R12)	매화나무(H2.0×R4)	먼나무(H2.0×R5)	메타세쿼이아(H4.0×B8)
명자나무(H0.6×W0.4)	모과나무(H3.0×R8)	목련(H3.0×R10)	무궁화(H1.0×W0.2)
박태기나무(H1.0×W0.4)	배롱나무(H2.5×R6)	백철쭉(H0.3×W0.3)	백합나무(H4.0×R10)
버즘나무(H3.5×B8)	병꽃나무(H1.0×W0.6)	사철나무(H1.0×W0.3)	산딸나무(H2.5×R6)
산수국(H0.3×W0.4)	산수유(H2.5×R8)	산철쭉(H0.3×W0.3)	서양측백(H1.2×W0.4)
소나무(H3.0×W1.5×R10)	소나무(H4.0×W2.0×R15)	소나무(H5.0×W2.5×R20)	소나무(둥근형)(H1.2×W1.5)
수수꽃다리(H2.0×W0.8)	스트로브잣나무(H2.0×W1.0)	아왜나무(H1.5×W0.8)	영산홍(H0.3×W0.3)
왕벚나무(H4.5×B10)	은행나무(H4.0×B10)	이팝나무(H3.5×R12)	자귀나무(H3.5×R12)
자산홍(H0.3×W0.3)	자작나무(H2.5×B5)	조릿대(H0.6×W0.3)	좀작살나무(H1.2×W0.4)
주목(둥근형)(H0.3×W0.3)	주목(선형)(H2.0×W1.0)	중국단풍(H2.5×B6)	쥐똥나무(H1.0×W0.3)
청단풍(H2.5×R8)	층층나무(H3.5×R8)	칠엽수(H3.5×R12)	태산목(H1.5×W0.5)
홍단풍(H3.0×R10)	화살나무(H0.6×W0.3)	회양목(H0.3×W0.3)	갈대(8cm)
감국(8cm)	구절초(8cm)	금계국(10cm)	노랑꽃창포(8cm)
둥굴레(10cm)	맥문동(8cm)	벌개미취(8cm)	부들(8cm)
부처꽃(8cm)	붓꽃(10cm)	비비추(2~3분얼)	수호초(10cm)
애기나리(10cm)	옥잠화(2~3분얼)	원추리(2~3분얼)	잔디(0.3×0.3×0.03)
제비꽃(8cm)	털부처꽃(8cm)	패랭이꽃(8cm)	해국(8cm)

※ 규격이 다른 소나무 수종은 종류가 다른 수종으로 판단하지 않으며, 12가지에 포함 기재 시 1개 종으로 간주함

⑬ A-A′ 단면도는 경사, 포장재료, 경계선 및 기타 시설물의 기초, 주변의 수목, 주요 시설물, 이용자(사람) 등을 단면도상에 반드시 표기하고, 높이차를 한눈에 볼 수 있도록 설계하시오.

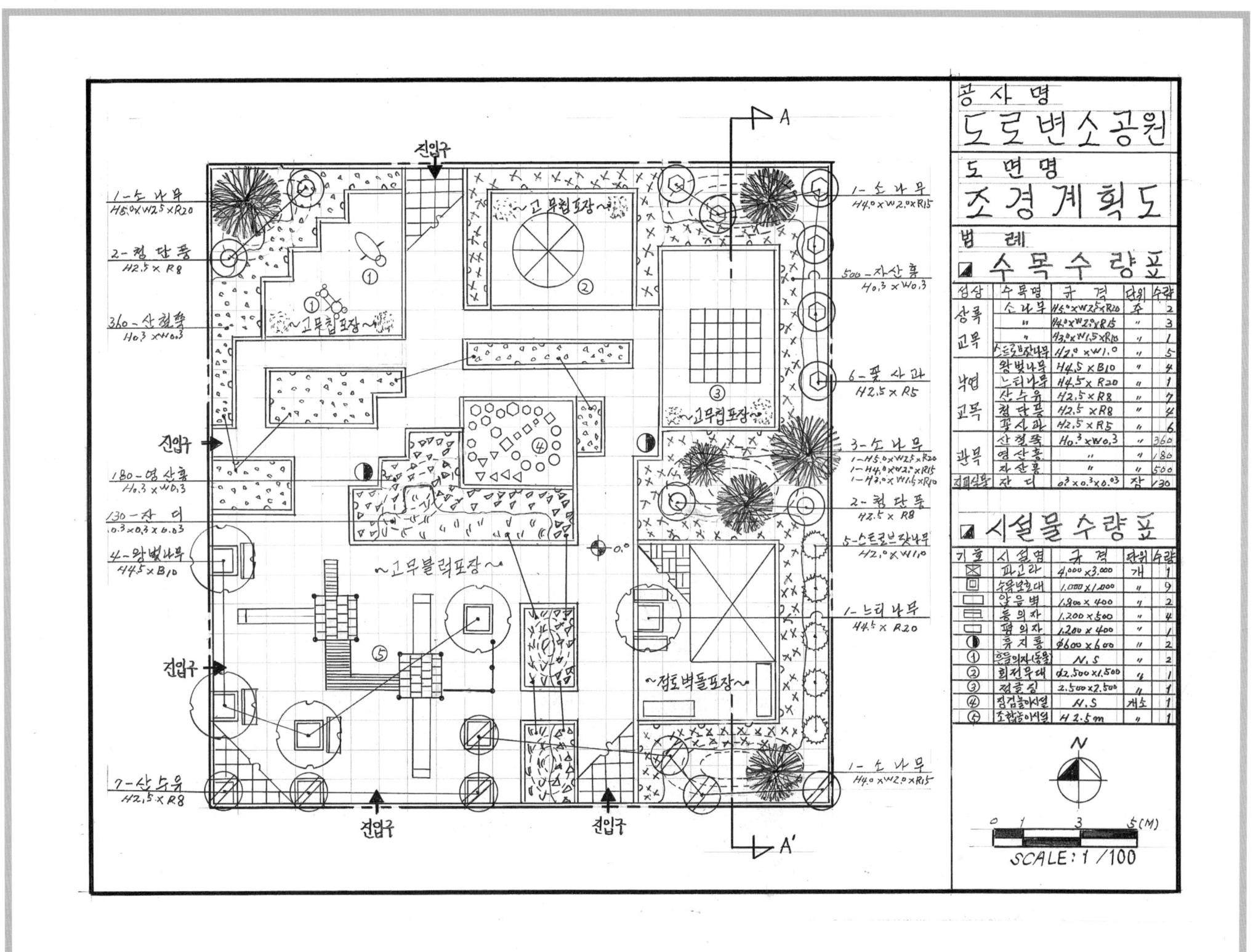

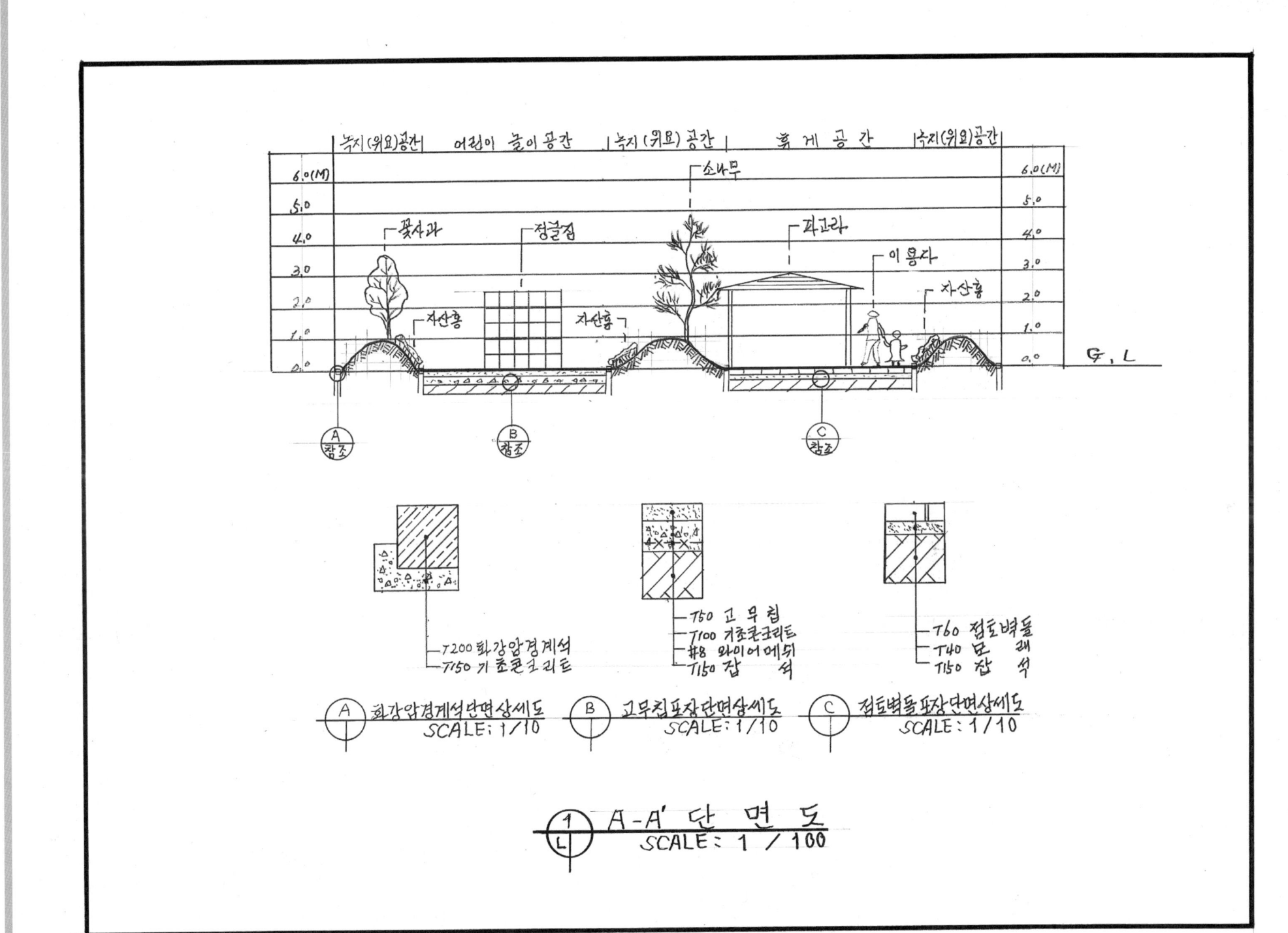

제38절 기출복원문제(도로변 소공원)

설계문제

우리나라 중부지역에 위치한 도로변 소공원에 대한 조경설계를 하고자 한다. 주어진 현황도 및 다음 사항을 참조하여 설계조건에 따라 조경계획도를 작성하시오(단, 2점 쇄선 안 부분을 조경설계 대상지로 한다).

(1) 현황도

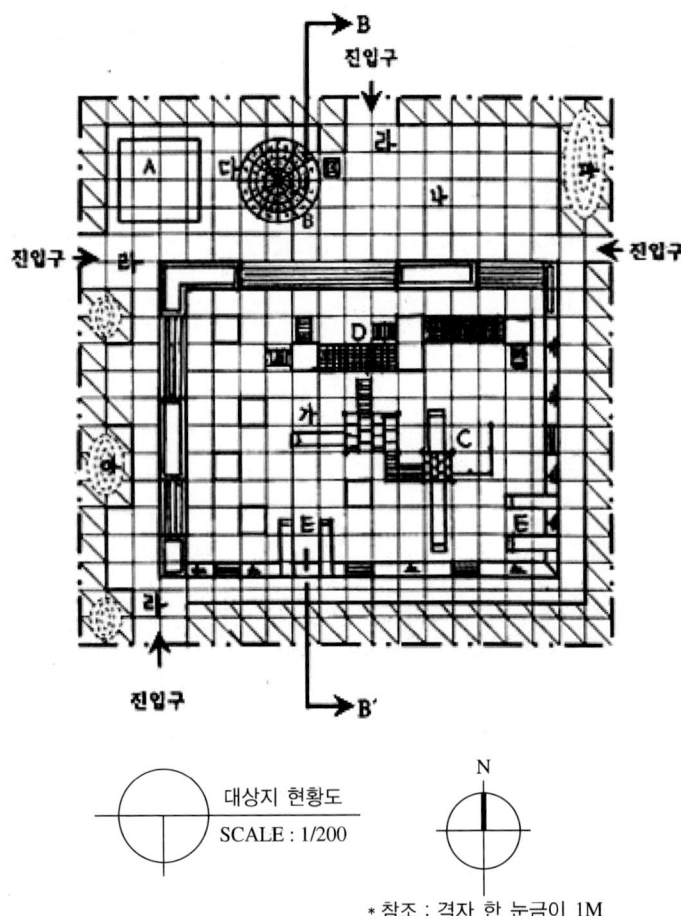

대상지 현황도
SCALE : 1/200

* 참조 : 격자 한 눈금이 1M

(2) 요구사항

① 식재평면도를 위주로 한 조경계획도를 축척 1/100로 작성하시오(지급용지-1).
② 도면 오른쪽 위에 작업명칭을 "도로변 소공원"으로 작성하시오.
③ 도면 오른쪽에는 "주요 시설물 수량표와 수목(식재) 수량표"를 함께 작성하고, 수량표 아래쪽 여백을 이용하여 "방위표시와 막대축척"을 반드시 그려 넣으시오(단, 전체 대상지의 길이를 고려하여 범례표의 폭을 조정할 수 있다).
④ 도면의 전체적인 안정감을 위하여 "테두리선"을 작성하시오.
⑤ 도로변 소공원 부지 내의 B-B' 단면도를 축척 1/100로 작성하시오(지급용지-2).

(3) 설계조건

① 주어진 현황도면의 위를 북향으로 하고, 휴식 및 어린이들이 즐길 수 있는 도로변 소공원으로, 공원의 특징을 고려하여 조경계획도를 작성하시오.
② 포장지역을 제외한 모든 곳에는 식재를 실시하시오(단, 녹지공간은 빗금 친 부분이며, 분위기를 고려하여 배식하시오).
③ 바닥포장은 "점토벽돌, 화강석 블록, 콘크리트, 고무칩, 마사토, 투수콘크리트" 등 적당한 재료를 선택하여 적합한 장소에 기호로 표현하고, 포장명을 반드시 기입하시오.
④ "가" 지역은 대상지 내 어린이를 위한 조합놀이공간으로 계획하시오(주변지역보다 1m 낮음).

- 대상지는 어린이가 놀 수 있도록 조합놀이시설을 설치하고, 반드시 적합한 포장을 선택하시오.
- 조합놀이시설(C)의 규격은 6.0m×7.0m×H2.5m로 미끄럼대 3면과 철봉 4연식을 설계하시오.
- 대상지 주변에 수목보호대 5개를 설치하여 적합한 수목을 선정하여 식재하시오.

⑤ "나" 지역은 휴게공간으로 그 안에 퍼걸러(3.0m×4.0m), 평의자, 앉음벽 등 휴게시설 2종을 배치하시오.
⑥ "다" 지역은 유아 및 어린이 놀이시설로 다음의 내용으로 설치하시오.

- "A" 지역은 모래놀이터로 규격 3.0m×3.0m 1개를 설치하시오.
- "B" 지역은 지름 3.0m 원형 바닥분수로 중심으로 갈수록 높이가 낮아지도록 설계하시오.
- 대상지 내 어린이들이 물을 섭취할 수 있도록 음수대를 설치하고, 포장재료를 적합하게 설치하시오.

⑦ "라" 지역은 진입공간으로 공간과 공간을 자연스럽게 연결하는 기능으로 설치하시오.
⑧ "가" 지역의 시설물 중 D(그물망)는 1m 높게 설치하고, E(미끄럼대 2개소)는 녹지지역의 경사를 활용하여 이용할 수 있는 놀이시설로 계획하고 설계하시오.
⑨ "마" 지역은 녹지대면 보다 등고선 1개당 30cm가 높은 녹지지역으로 경관식재를 하시오. 반드시 1개소에는 크기가 다른 소나무 3종과 계절성을 느낄 수 있는 수목을 식재하시오.

⑩ 대상지 내에는 유도식재, 녹음식재, 경관식재, 소나무 군식 등의 식재 패턴을 필요한 곳에 배식하고, 필요에 따라 수목보호대를 추가로 설치하여 포장 내에 식재를 하시오.
⑪ 수목수량집계표에는 성상, 수목명, 규격, 수량을 표기하시오.
⑫ 다음의 제시 수목 중 10종 이상을 선정하여 교목 30주 이상, 관목은 1,000주 이상 식재하고 수목명, 규격, 수량을 인출선으로 표기하시오.

개나리(H1.2×5가지)	계수나무(H2.5×R6)	구상나무(H1.5×W0.6)	굴거리나무(H2.5×W1.0)
금목서(H2.0×R6)	꽃사과(H2.5×R5)	꽝꽝나무(H0.3×W0.4)	낙상홍(H1.0×W0.4)
낙우송(H4.0×B12)	느티나무(H3.0×R6)	느티나무(H4.5×R20)	다정큼나무(H1.0×W0.6)
대왕참나무(H4.5×R20)	덜꿩나무(H1.0×W0.4)	돈나무(H1.5×W1.0)	동백나무(H2.5×B8)
마가목(H3.0×R12)	매화나무(H2.0×R4)	먼나무(H2.0×R5)	메타세쿼이아(H4.0×B8)
명자나무(H0.6×W0.4)	모과나무(H3.0×R8)	목련(H3.0×R10)	무궁화(H1.0×W0.2)
박태기나무(H1.0×W0.4)	배롱나무(H2.5×R6)	백철쭉(H0.3×W0.3)	백합나무(H4.0×R10)
버즘나무(H3.5×B8)	병꽃나무(H1.0×W0.6)	사철나무(H1.0×W0.3)	산딸나무(H2.5×R6)
산수국(H0.3×W0.4)	산수유(H2.5×R8)	산철쭉(H0.3×W0.3)	서양측백(H1.2×W0.4)
소나무(H3.0×W1.5×R10)	소나무(H4.0×W2.0×R15)	소나무(H5.0×W2.5×R20)	소나무(둥근형)(H1.2×W1.5)
수수꽃다리(H2.0×W0.8)	스트로브잣나무(H2.0×W1.0)	아왜나무(H1.5×W0.8)	영산홍(H0.3×W0.3)
왕벚나무(H4.5×B10)	은행나무(H4.0×B10)	이팝나무(H3.5×R12)	자귀나무(H3.5×R12)
자산홍(H0.3×W0.3)	자작나무(H2.5×B5)	조릿대(H0.6×W0.3)	좀작살나무(H1.2×W0.4)
주목(둥근형)(H0.3×W0.3)	주목(선형)(H2.0×W1.0)	중국단풍(H2.5×B6)	쥐똥나무(H1.0×W0.3)
청단풍(H2.5×R8)	층층나무(H3.5×R8)	칠엽수(H3.5×R12)	태산목(H1.5×W0.5)
홍단풍(H3.0×R10)	화살나무(H0.6×W0.3)	회양목(H0.3×W0.3)	갈대(8cm)
감국(8cm)	구절초(8cm)	금계국(10cm)	노랑꽃창포(8cm)
둥굴레(10cm)	맥문동(8cm)	벌개미취(8cm)	부들(8cm)
부처꽃(8cm)	붓꽃(10cm)	비비추(2~3분얼)	수호초(10cm)
애기나리(10cm)	옥잠화(2~3분얼)	원추리(2~3분얼)	잔디(0.3×0.3×0.03)
제비꽃(8cm)	털부처꽃(8cm)	패랭이꽃(8cm)	해국(8cm)

※ 규격이 다른 소나무 수종은 종류가 다른 수종으로 판단하지 않으며, 12가지에 포함 기재 시 1개 종으로 간주함

⑬ 범례란에 수목수량표를 성상별로 상록교목, 낙엽교목, 관목으로 분류하여 작성하고, 시설물 수량표, 방위표, 바 스케일을 작성하시오.
⑭ B-B' 단면도는 경사, 포장재료, 경계선 및 기타 시설물의 기초, 주변의 수목, 주요 시설물, 이용자 등을 단면도상에 반드시 표기하고, 높이차를 한눈에 볼 수 있도록 설계하시오.

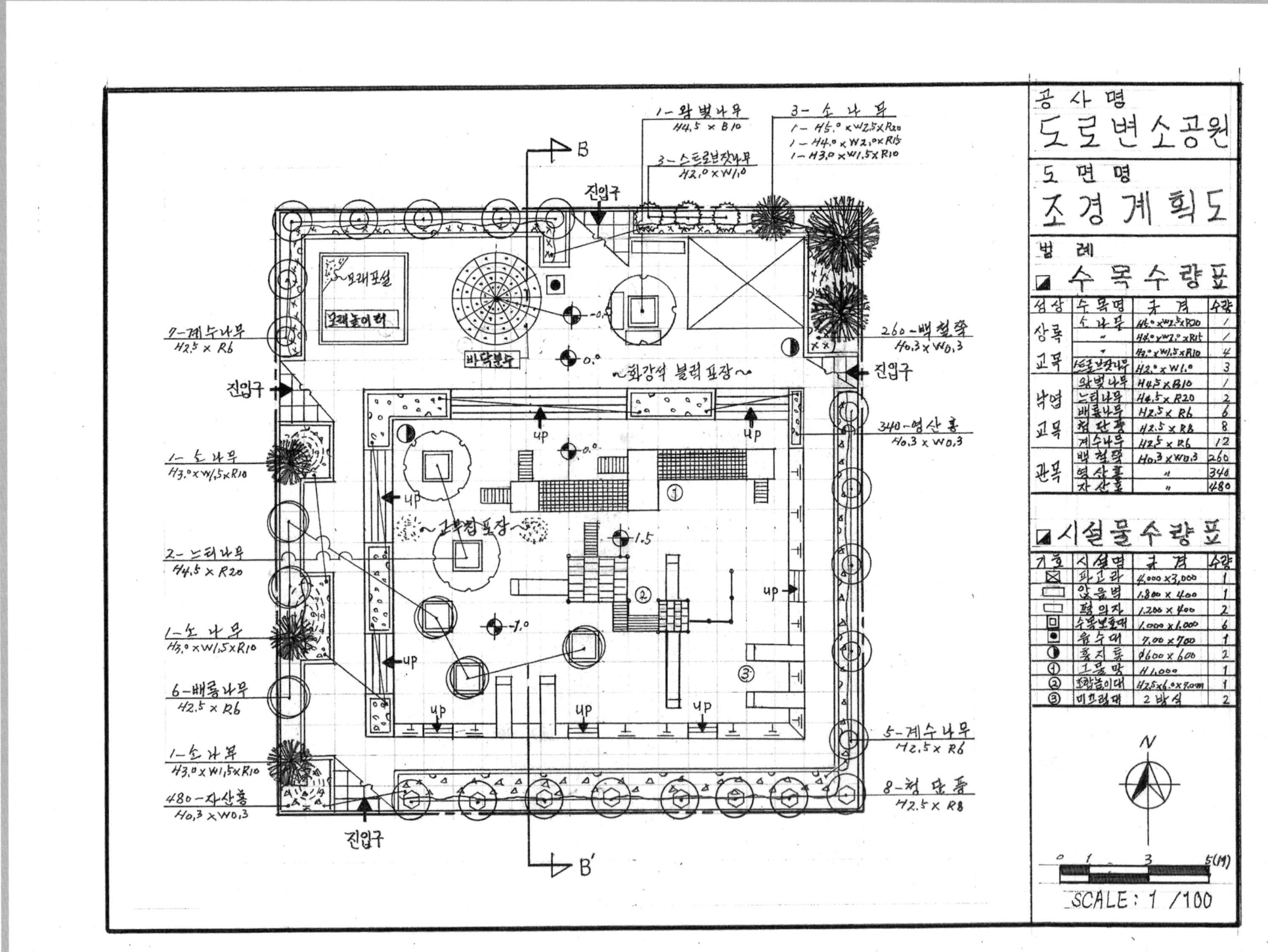

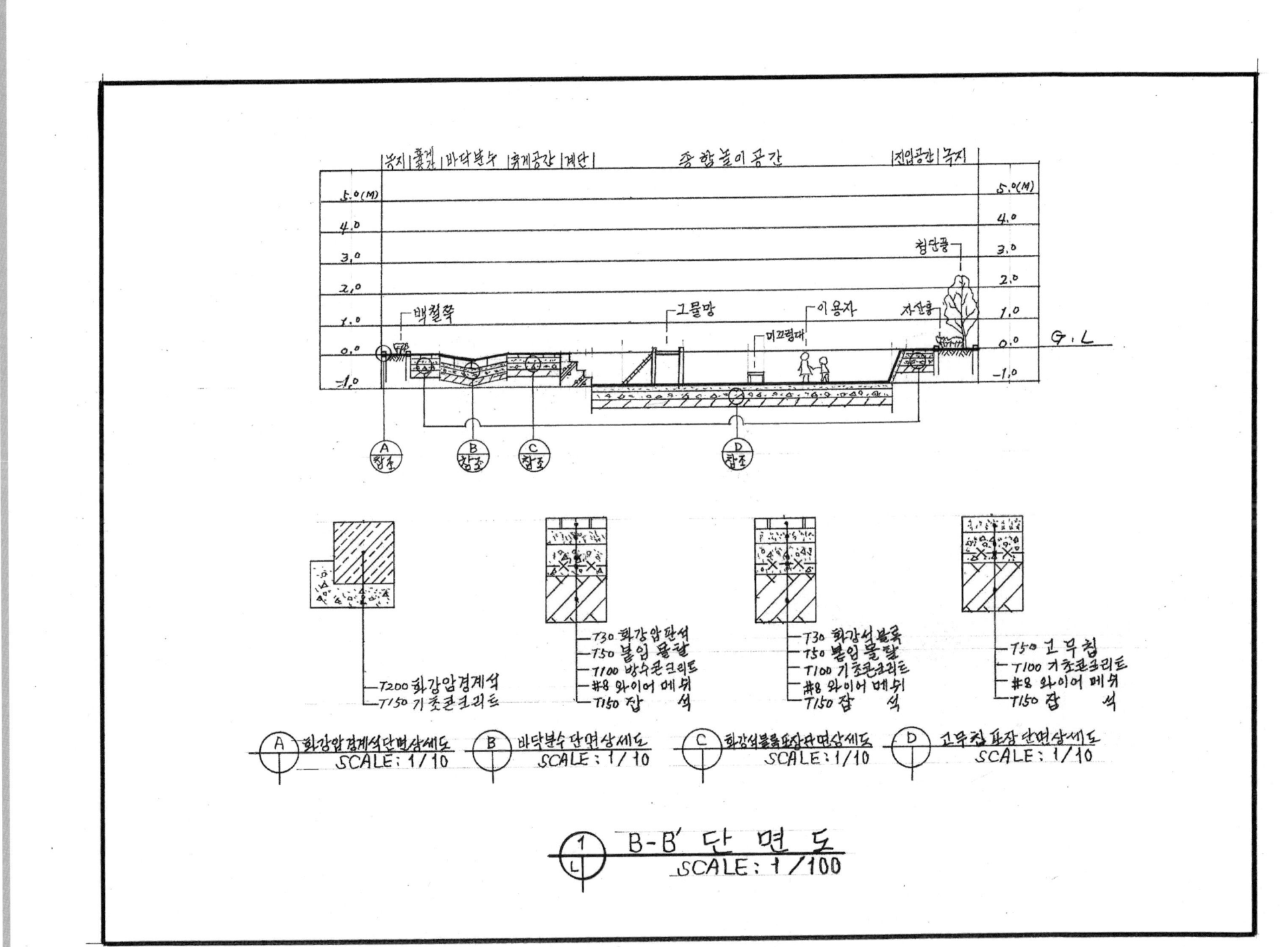

제39절 기출복원문제(도로변 소공원)

설계문제

우리나라 중부지방에 위치한 도로변 소공원에 대한 조경설계를 하고자 한다. 주어진 현황도 및 아래 사항을 참조하여 설계조건에 따라 조경계획도를 작성하시오(단, 2점 쇄선 안 부분을 조경설계 대상지로 한다).

(1) 현황도

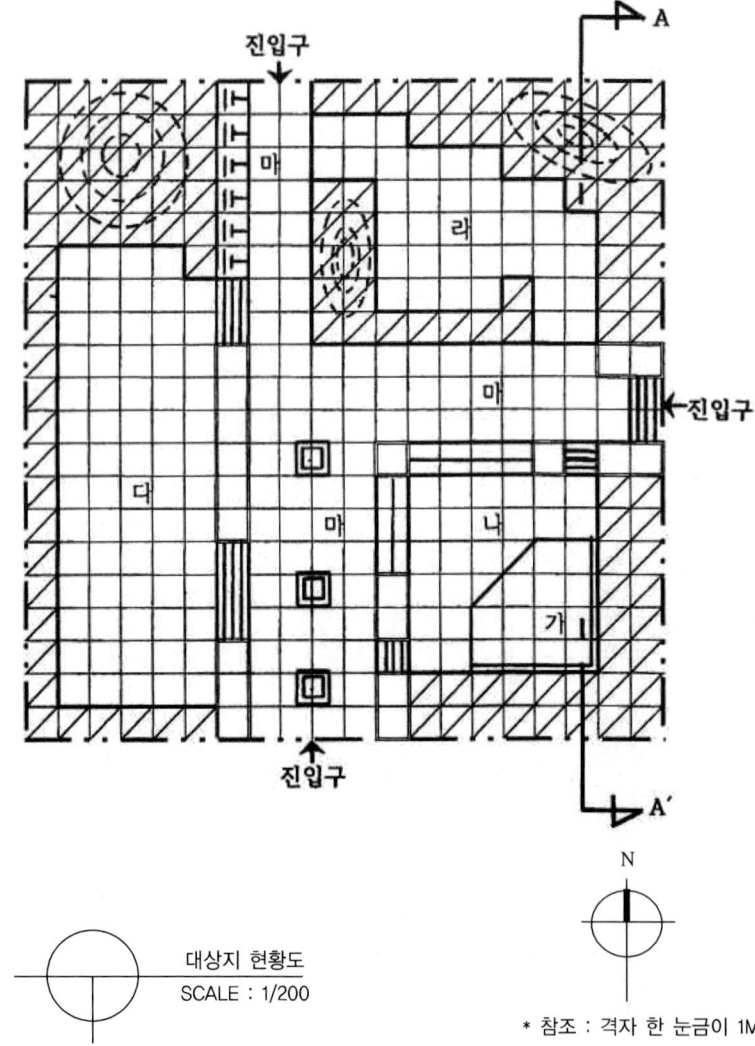

(2) 요구사항

① 식재평면도를 위주로 한 조경계획도를 축척 1/100로 작성하시오(지급용지-1).
② 도면 오른쪽 위에 작업명칭을 "도로변 소공원"으로 작성하시오.
③ 도면 오른쪽에는 "주요 시설물 수량표와 수목(식재) 수량표"를 함께 작성하고, 수량표 아래쪽 여백을 이용하여 "방위표시와 막대축척"을 반드시 그려 넣으시오(단, 전체 대상지의 길이를 고려하여 범례표의 폭을 조정할 수 있다).
④ 도면의 전체적인 안정감을 위하여 "테두리선"을 작성하시오.
⑤ 도로변 소공원 부시 내의 A-A′ 단면도를 축척 1/100로 작성하시오(지급용지-2).

(3) 설계조건

① 주어진 현황도면의 위를 북향으로 하고, 휴식 및 어린이들이 즐길 수 있는 도로변 소공원으로, 공원의 특징을 고려하여 조경계획도를 작성하시오.
② 포장지역을 제외한 모든 곳에는 식재를 실시하시오(단, 녹지공간은 빗금 친 부분이며, 수목보호대 (1m×1m) 지점에도 공간 특성을 고려하여 수종을 선정·식재를 하시오).
③ 바닥포장은 "점토벽돌, 데크, 화강석 블럭, 고무블럭, 고무칩" 등 적당한 재료를 선택하여 적합한 장소에 기호로 표현하고, 포장명을 반드시 기입하시오.
④ "가" 지역은 야외무대 공간으로 "나" 지역보다 1m 높고, 바닥포장 재료는 공연 시 미끄러짐이 없는 것을 선택하시오(단, 녹지대 쪽에 가림벽(2.5m)이 설치된 경우 그 높이를 고려함).
⑤ "나" 지역은 공연장과 관람석과의 완충공간으로 공연이 없을 경우 동적인 휴식공간으로 활용하고자 하며, "마" 지역보다 1.0m 낮게 배치하시오.
⑥ "다" 지역은 놀이공간으로 "마", "라" 지역보다 1.0m 높게 계획하고, 그 안에 어린이 놀이시설물 3종(회전무대, 시소, 미끄럼대, 철봉 등)을 배치하시오.
⑦ "라" 지역은 정적인 휴식공간으로, 퍼걸러(3,000mm×3,000mm) 1개소와 등의자(1,200mm×500mm) 2개, 휴지통 1개를 설치하시오.
⑧ "마" 지역은 보행공간으로 각각의 공간을 연계할 수 있으며, 공간별 높이차는 식수대(Plant Box)와 계단으로 처리하며, 수목보호대에는 기념식수가 가능한 수종을 선정하며, 적합한 장소를 선택하여 평상형 벤치와 휴지통을 추가로 설치하시오.
⑨ 전체 대상지에 평의자 3개와 조명등 3개를 적절한 위치에 설계하시오.
⑩ 유도식재, 녹음식재, 경관식재, 소나무 군식 등의 식재 패턴을 적합한 곳에 배식하시오.
⑪ 관목의 식재기준은 m²당 10주 식재를 적용하고, 10주 단위로 군식하는 것을 원칙으로 하시오.
⑫ 등고선 1개 높이는 30cm로 다층식재, 수목보호대는 적합한 수종을 선택하여 그늘 식재하시오.
⑬ 수목수량집계표에는 성상, 수목명, 규격, 수량을 표시하시오.

⑭ 수목은 다음에 주어진 수종 중 종류가 다른 12가지를 선정하여 식재(교목 30주 이상, 관목류는 300주 이상)하고 수목명, 규격, 수량을 인출선으로 표기하시오.

개나리(H1.2×5가지)	계수나무(H2.5×R6)	구상나무(H1.5×W0.6)	굴거리나무(H2.5×W1.0)
금목서(H2.0×R6)	꽃사과(H2.5×R5)	꽝꽝나무(H0.3×W0.4)	낙상홍(H1.0×W0.4)
낙우송(H4.0×B12)	느티나무(H3.0×R6)	느티나무(H4.5×R20)	다정큼나무(H1.0×W0.6)
대왕참나무(H4.5×R20)	덜꿩나무(H1.0×W0.4)	돈나무(H1.5×W1.0)	동백나무(H2.5×B8)
마가목(H3.0×R12)	매화나무(H2.0×R4)	먼나무(H2.0×R5)	메타세쿼이아(H4.0×B8)
명자나무(H0.6×W0.4)	모과나무(H3.0×R8)	목련(H3.0×R10)	무궁화(H1.0×W0.2)
박태기나무(H1.0×W0.4)	배롱나무(H2.5×R6)	백철쭉(H0.3×W0.3)	백합나무(H4.0×R10)
버즘나무(H3.5×B8)	병꽃나무(H1.0×W0.6)	사철나무(H1.0×W0.3)	산딸나무(H2.5×R6)
산수국(H0.3×W0.4)	산수유(H2.5×R8)	산철쭉(H0.3×W0.3)	서양측백(H1.2×W0.4)
소나무(H3.0×W1.5×R10)	소나무(H4.0×W2.0×R15)	소나무(H5.0×W2.5×R20)	소나무(둥근형)(H1.2×W1.5)
수수꽃다리(H2.0×W0.8)	스트로브잣나무(H2.0×W1.0)	아왜나무(H1.5×W0.8)	영산홍(H0.3×W0.3)
왕벚나무(H4.5×B10)	은행나무(H4.0×B10)	이팝나무(H3.5×R12)	자귀나무(H3.5×R12)
자산홍(H0.3×W0.3)	자작나무(H2.5×B5)	조릿대(H0.6×W0.3)	좀작살나무(H1.2×W0.4)
주목(둥근형)(H0.3×W0.3)	주목(선형)(H2.0×W1.0)	중국단풍(H2.5×B6)	쥐똥나무(H1.0×W0.3)
청단풍(H2.5×R8)	층층나무(H3.5×R8)	칠엽수(H3.5×R12)	태산목(H1.5×W0.5)
홍단풍(H3.0×R10)	화살나무(H0.6×W0.3)	회양목(H0.3×W0.3)	갈대(8cm)
감국(8cm)	구절초(8cm)	금계국(10cm)	노랑꽃창포(8cm)
둥굴레(10cm)	맥문동(8cm)	벌개미취(8cm)	부들(8cm)
부처꽃(8cm)	붓꽃(10cm)	비비추(2~3분얼)	수호초(10cm)
애기나리(10cm)	옥잠화(2~3분얼)	원추리(2~3분얼)	잔디(0.3×0.3×0.03)
제비꽃(8cm)	털부처꽃(8cm)	패랭이꽃(8cm)	해국(8cm)

※ 규격이 다른 소나무 수종은 종류가 다른 수종으로 판단하지 않으며, 12가지에 포함 기재 시 1개 종으로 간주함

⑮ A-A′ 단면도는 경사, 포장재료, 경계선 및 기타 시설물의 기초, 주변의 수목, 주요 시설물, 이용자(사람) 등을 단면도상에 반드시 표기하고, 높이차를 한눈에 볼 수 있도록 설계하시오.

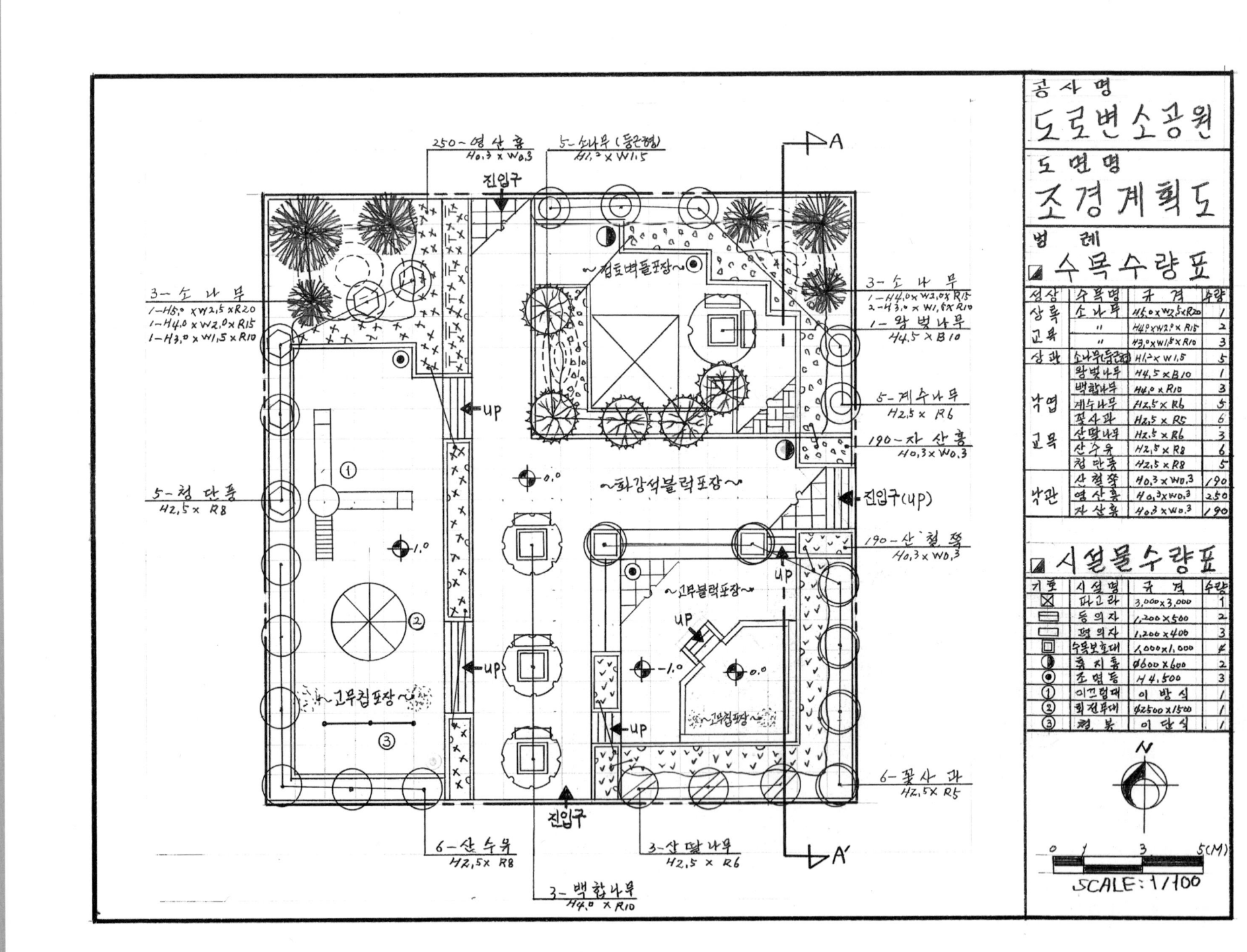

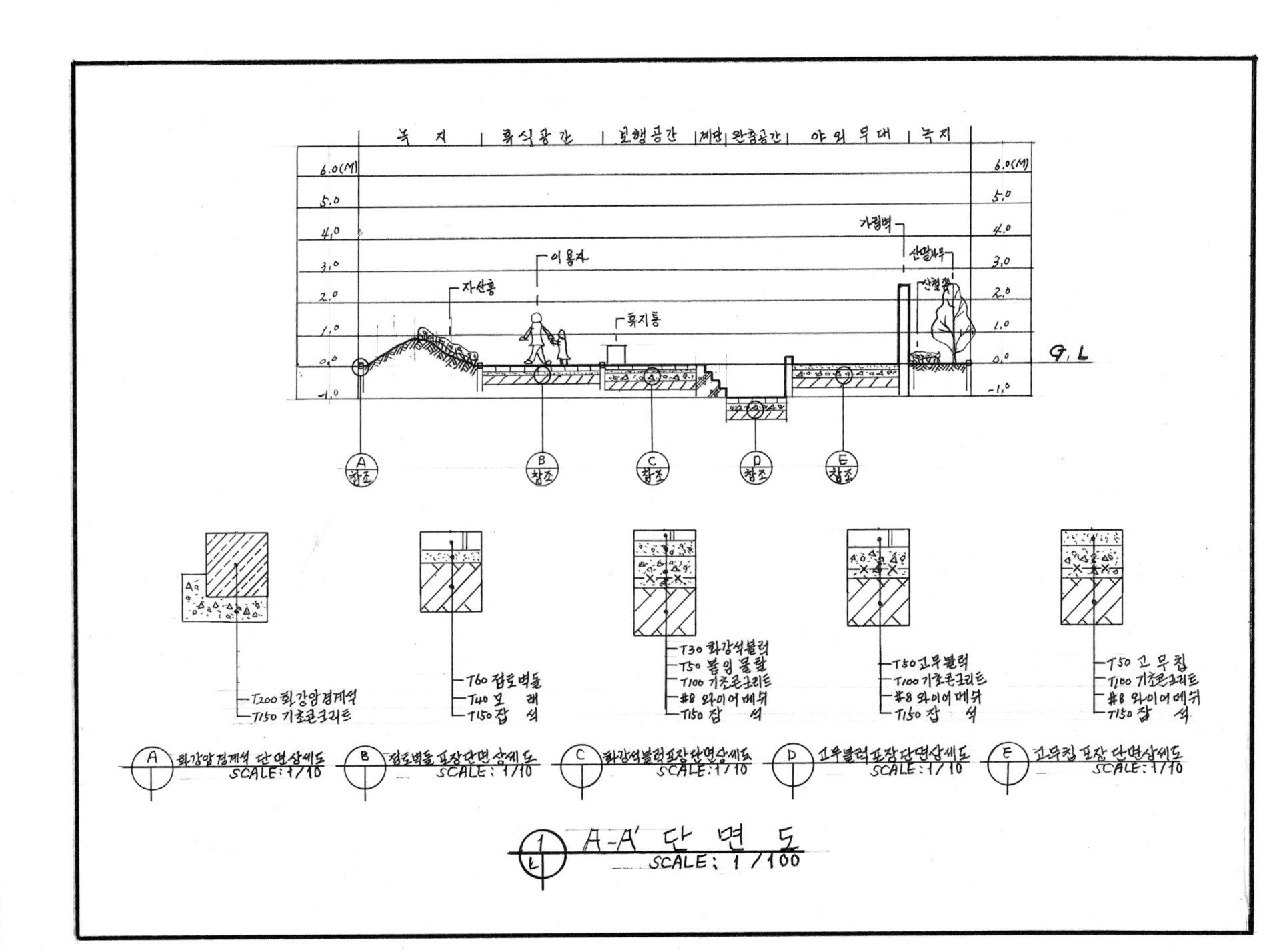

제40절 기출복원문제(도로변 소공원)

설계문제

우리나라 중부지방에 위치한 도로변 소공원에 대한 조경설계를 하고자 한다. 주어진 현황도 및 아래 사항을 참조하여 설계조건에 따라 조경계획도를 작성하시오(단, 2점 쇄선 안 부분을 조경설계 대상지로 한다).

(1) 현황도

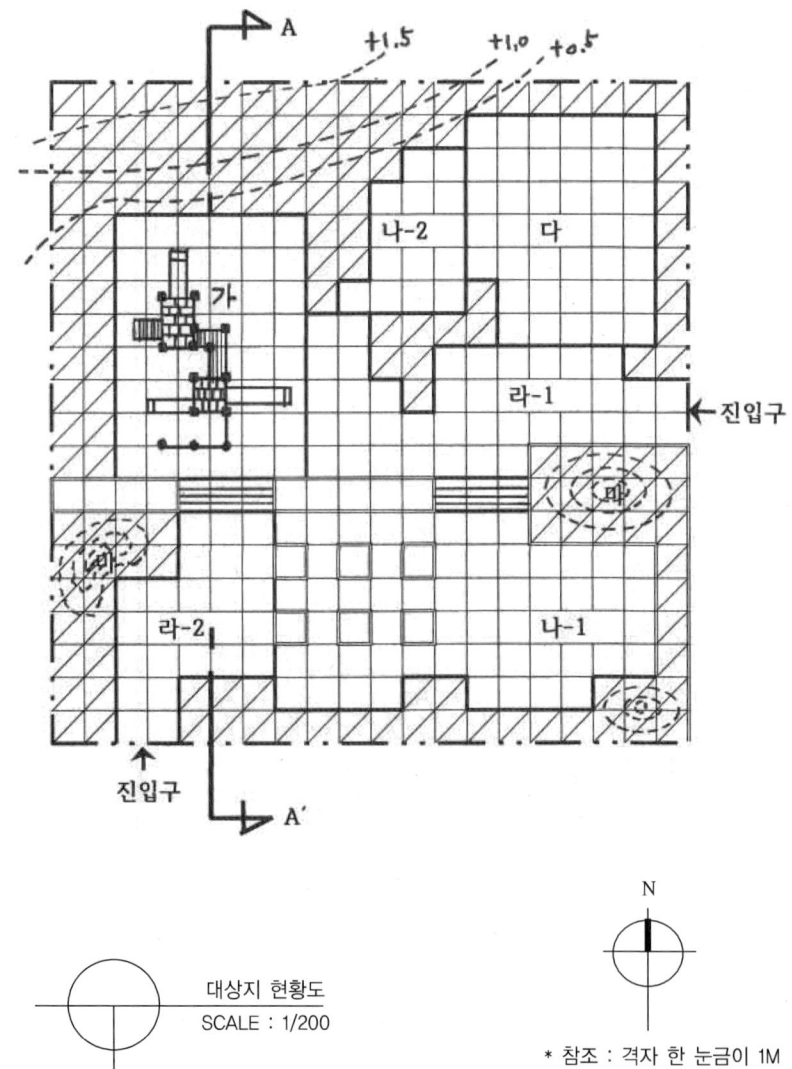

(2) 요구사항

① 식재평면도를 위주로 한 조경계획도를 축척 1/100로 작성하시오(지급용지-1).
② 도면 오른쪽 위에 작업명칭을 "도로변 소공원"으로 작성하시오.
③ 도면 오른쪽에는 "주요 시설물 수량표와 수목(식재) 수량표"를 함께 작성하고, 수량표 아래쪽 여백을 이용하여 "방위표시와 막대축척"을 반드시 그려 넣으시오(단, 전체 대상지의 길이를 고려하여 범례표의 폭을 조정할 수 있다).
④ 도면의 전체적인 안정감을 위하여 "테두리선"을 작성하시오.
⑤ 도로변 소공원 부지 내의 A-A' 단면도를 축척 1/100로 작성하시오(지급용지-2).

(3) 설계조건

① 주어진 현황도면의 위를 북향으로 하고, 휴식 및 어린이들이 즐길 수 있는 도로변 소공원으로, 공원의 특징을 고려하여 조경계획도를 작성하시오.
② 포장지역을 제외한 모든 곳에는 식재를 실시하시오(단, 녹지공간은 빗금 친 부분이며, 분위기를 고려하여 배식하시오).
③ 바닥포장은 "점토벽돌, 화강석 블럭, 콘크리트, 고무칩, 마사토, 투수콘크리트" 등 적당한 재료를 선택하여 적합한 장소에 기호로 표현하고, 포장명을 반드시 기입하시오.
④ "가" 지역은 대상지 내 어린이를 위한 조합놀이공간으로 계획하시오

> • 대상지는 어린이가 놀 수 있도록 조합놀이시설을 설치하고, 반드시 적합한 포장을 선택하시오.
> • 조합놀이시설의 규격은 5.0m×6.0m×H2.5m로 미끄럼대 3면과 철봉을 설계하시오.
> • 대상지는 남쪽의 "라-2", "나-1" 지역보다 1m 낮게 설계하시오.

⑤ "나" 지역은 휴게공간으로 "나-1" 지역은 그 안에 퍼걸러(3.0m×3.0m) 1개소, 휴게시설 중 평의자, 등의자, 앉음벽 등 2종과 수목보호대 6개를 배치하며, "나-2" 지역은 평의자, 등의자, 앉음벽 등 2종을 설계시오.
⑥ "다" 지역은 놀이공간으로 그 안에 어린이 놀이시설물 3종(회전무대, 시소, 미끄럼대, 철봉 등)을 배치하시오.
⑦ "라-1, 2" 지역은 진입공간으로 공간과 공간을 자연스럽게 연결하는 기능으로 설치하시오.
⑧ "가"와 "나-2" 지역 사이의 북쪽 녹지는 적합한 식재를 실시하시오.
⑨ "마" 지역은 녹지대면 보다 등고선 1개당 30cm가 높고, 녹지지역으로 경관식재를 하시오. 반드시 1개소에는 크기가 다른 소나무 3종과 계절성을 느낄 수 있는 수목을 식재하시오.
⑩ 대상지 내에는 유도식재, 녹음식재, 경관식재, 소나무 군식 등의 식재 패턴을 필요한 곳에 배식하고, 필요에 따라 수목보호대를 추가로 설치하여 포장 내에 식재를 하시오.
⑪ 수목수량집계표에는 성상, 수목명, 규격, 단위, 수량을 표기하시오.

⑫ 다음의 제시 수목 중 10종 이상을 선정하여 교목 30주 이상, 관목은 200주 이상 식재하고 수목명, 규격, 수량을 인출선으로 표기하시오.

개나리(H1.2×5가지)	계수나무(H2.5×R6)	구상나무(H1.5×W0.6)	굴거리나무(H2.5×W1.0)
금목서(H2.0×R6)	꽃사과(H2.5×R5)	꽝꽝나무(H0.3×W0.4)	낙상홍(H1.0×W0.4)
낙우송(H4.0×B12)	느티나무(H3.0×R6)	느티나무(H4.5×R20)	다정큼나무(H1.0×W0.6)
대왕참나무(H4.5×R20)	덜꿩나무(H1.0×W0.4)	돈나무(H1.5×W1.0)	동백나무(H2.5×B8)
마가목(H3.0×R12)	매화나무(H2.0×R4)	먼나무(H2.0×R5)	메타세쿼이아(H4.0×B8)
명자나무(H0.6×W0.4)	모과나무(H3.0×R8)	목련(H3.0×R10)	무궁화(H1.0×W0.2)
박태기나무(H1.0×W0.4)	배롱나무(H2.5×R6)	백철쭉(H0.3×W0.3)	백합나무(H4.0×R10)
버즘나무(H3.5×B8)	병꽃나무(H1.0×W0.6)	사철나무(H1.0×W0.3)	산딸나무(H2.5×R6)
산수국(H0.3×W0.4)	산수유(H2.5×R8)	산철쭉(H0.3×W0.3)	서양측백(H1.2×W0.4)
소나무(H3.0×W1.5×R10)	소나무(H4.0×W2.0×R15)	소나무(H5.0×W2.5×R20)	소나무(둥근형)(H1.2×W1.5)
수수꽃다리(H2.0×W0.8)	스트로브잣나무(H2.0×W1.0)	아왜나무(H1.5×W0.8)	영산홍(H0.3×W0.3)
왕벚나무(H4.5×B10)	은행나무(H4.0×B10)	이팝나무(H3.5×R12)	자귀나무(H3.5×R12)
자산홍(H0.3×W0.3)	자작나무(H2.5×B5)	조릿대(H0.6×W0.3)	좀작살나무(H1.2×W0.4)
주목(둥근형)(H0.3×W0.3)	주목(선형)(H2.0×W1.0)	중국단풍(H2.5×B6)	쥐똥나무(H1.0×W0.3)
청단풍(H2.5×R8)	층층나무(H3.5×R8)	칠엽수(H3.5×R12)	태산목(H1.5×W0.5)
홍단풍(H3.0×R10)	화살나무(H0.6×W0.3)	회양목(H0.3×W0.3)	갈대(8cm)
감국(8cm)	구절초(8cm)	금계국(10cm)	노랑꽃창포(8cm)
둥굴레(10cm)	맥문동(8cm)	벌개미취(8cm)	부들(8cm)
부처꽃(8cm)	붓꽃(10cm)	비비추(2~3분얼)	수호초(10cm)
애기나리(10cm)	옥잠화(2~3분얼)	원추리(2~3분얼)	잔디(0.3×0.3×0.03)
제비꽃(8cm)	털부처꽃(8cm)	패랭이꽃(8cm)	해국(8cm)

※ 규격이 다른 소나무 수종은 종류가 다른 수종으로 판단하지 않으며, 12가지에 포함 기재 시 1개 종으로 간주함

⑬ 범례란에 수목수량표를 성상별로 상록교목, 낙엽교목, 관목으로 분류하여 작성하고, 시설물 수량표, 방위표, 바 스케일을 작성하시오.

⑭ A-A′ 단면도는 경사, 포장재료, 경계선 및 기타 시설물의 기초, 주변의 수목, 주요 시설물, 이용자 등을 단면도상에 반드시 표기하고, 높이차를 한눈에 볼 수 있도록 설계하시오.

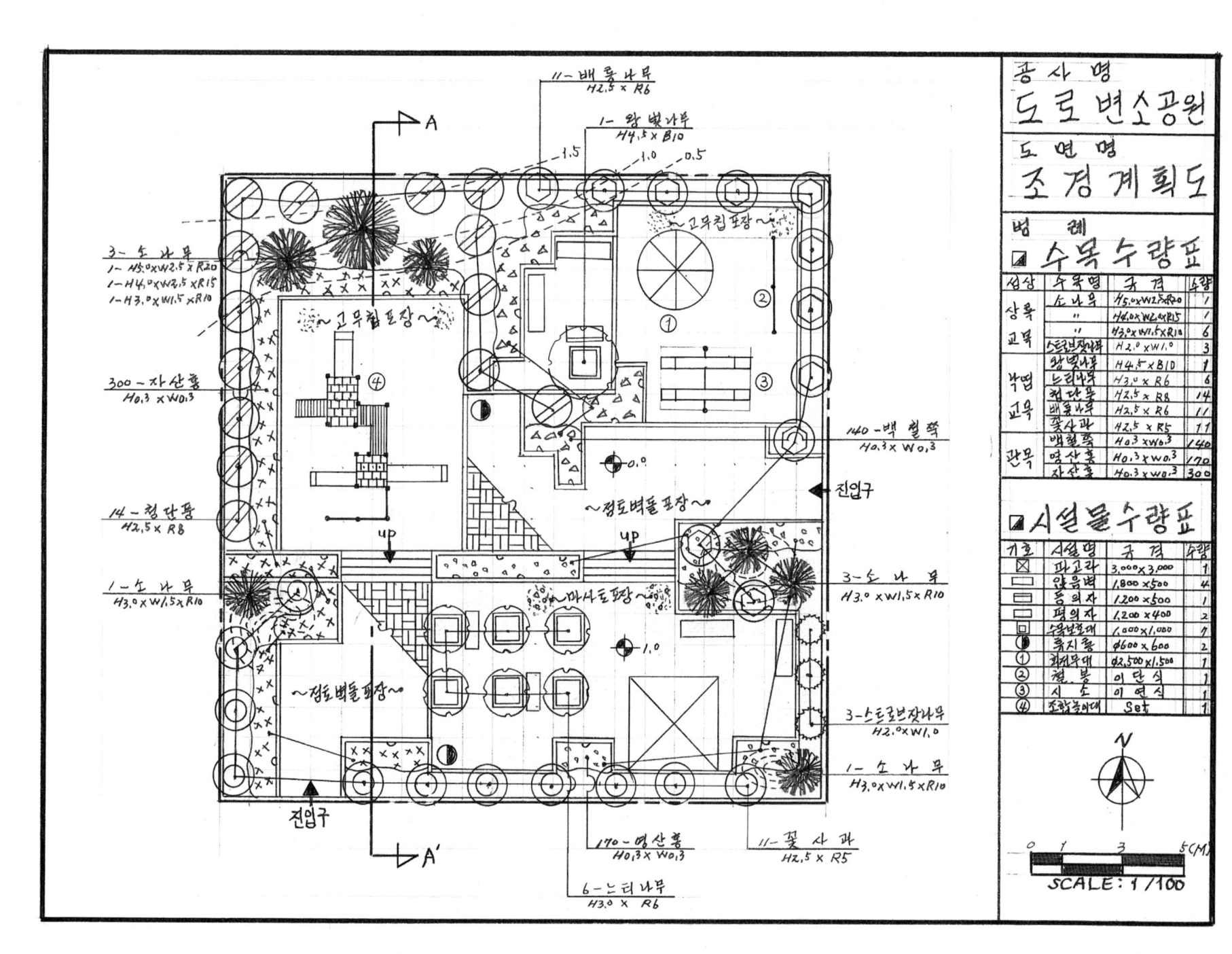

제41절 최근 기출복원문제(주택가 주변 소공원)

설계문제

우리나라 중부지방에 위치한 주택가 주변의 소공원에 대한 조경설계를 하고자 한다. 주어진 현황도 및 다음 사항을 참조하여 설계조건에 따라 조경계획도를 가로로 배치 작성하시오(단, 2점 쇄선 안 부분을 조경설계 대상지로 한다).

(1) 현황도

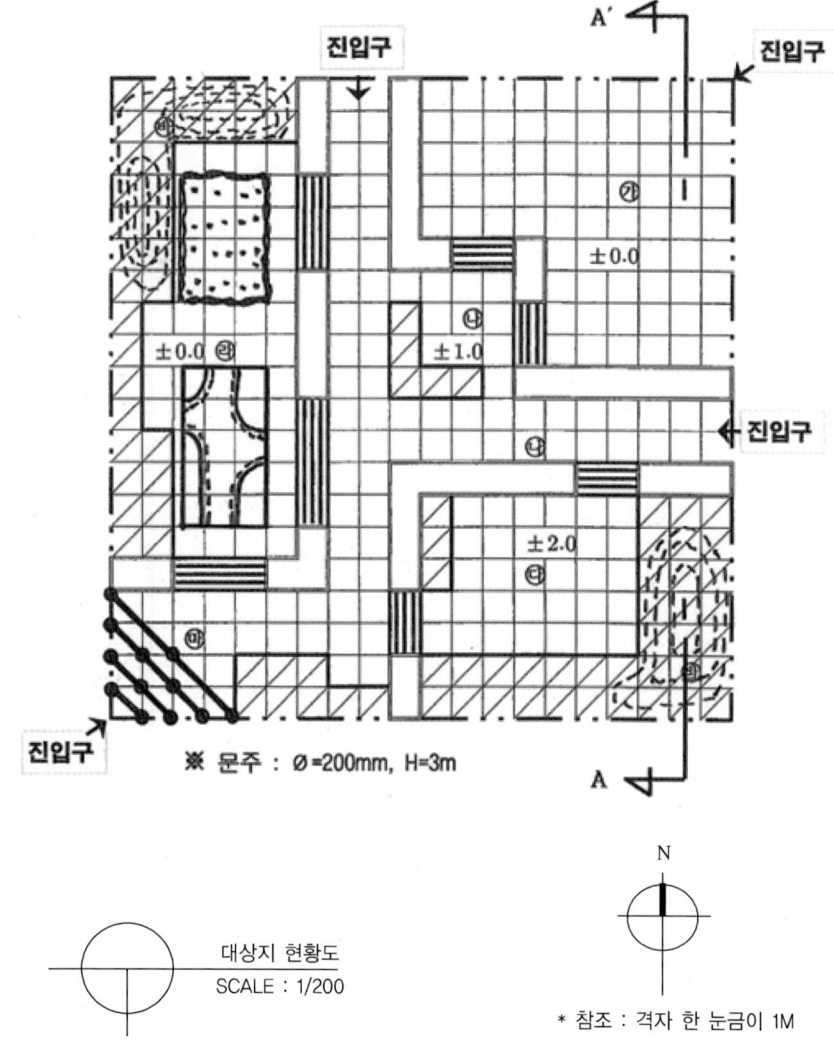

(2) 요구사항

① 식재평면도를 위주로 한 조경계획도를 축척 1/100로 작성하시오(지급용지-1).
② 도면 오른쪽 위에 작업명칭을 "주택가 주변 소공원"으로 작성하시오.
③ 도면 오른쪽에는 "주요 시설물 수량표와 수목(식재) 수량표"를 함께 작성하고, 수량표 아래쪽 여백을 이용하여 "방위표시와 막대축척"을 반드시 그려 넣으시오(단, 전체 대상지의 길이를 고려하여 범례표의 폭을 조정할 수 있다).
④ 주어진 현황도면의 위를 북향으로 하고, 주택가 자투리 공간을 활용한 소공원으로 조경계획도를 작성하시오.
⑤ 포장지역을 제외한 모든 녹지는 식재를 실시하시오(녹지공간은 빗금 친 부분이고, 설계조건에 따라 플랜터, 화계, 수목보호대(1m×1m) 등도 공간 특성을 고려하여 식재하시오).
⑥ 포장지역은 "점토벽돌, 데크, 화강석 블록, 고무블럭, 고무칩" 등 각 공간의 특성에 적합한 포장재료를 구분하여 설치하고, 도면에 포장기호와 포장명칭을 반드시 표기하시오.
⑦ 필요시 수목보호대, 조명등, 평의자, 휴지통을 적절한 위치에 설계하시오.
⑧ 기타 유도식재, 녹음식재, 경관식재, 소나무 군식 등 식재 패턴을 적합한 곳에 배식하시오.
⑨ 관목 식재기준은 m²당 10주 식재를 적용하고, 10주 단위로 군식하는 것을 원칙으로 하시오.
⑩ 등고선 1개 높이는 30cm로 다층식재, 수목보호대는 적합한 수종 선택하여 그늘 식재하시오.
⑪ 도면의 전체적인 안정감을 위하여 "테두리선"을 작성하시오.
⑫ 수목수량 집계표에는 성상, 수목명, 규격, 단위, 수량을 표기하시오.
⑬ 주택가 주변 소공원 부지 내의 A-A' 단면도를 축척 1/100로 작성하시오(지급용지-2).

(3) 설계조건

① 대상지는 주택가 자투리 공간을 활용한 소공원으로 조경계획도를 작성하시오.
② "㉮" 지역은 놀이공간으로 놀이시설물 3개(2연식 시소, 정글짐, 회전무대)를 설계하시오.
③ "㉯" 지역은 놀이공간과 기타 공간을 연결하는 순환동선으로 "㉮" 지역보다 1m 높으며, 적합한 공간을 선정하여 등벤치 3개를 설계하시오.
④ "㉰" 지역은 휴식공간으로 "㉯" 지역보다 1m 높으며, 퍼걸러(3m×4m) 1개, 평벤치 2개를 설계하시오.
⑤ "㉱" 지역은 유아용 놀이공간으로 "㉯" 지역보다 1m 낮으며, 모래놀이터(2.8m×4m) 1개, 터널형 놀이시설(□2.8m×5m×H-1m) 1개, 등벤치 2개를 설계하시오.
⑥ "㉲" 지역은 주진입구로 문주 4개를 설계하시오.
⑦ "㉳" 지역은 마운딩 공간으로 해당 지역에는 공간 성격에 적합한 식재를 실시하시오.

⑧ 수목은 다음에 제시된 수종 중에서 종류가 다른 12가지(교목 30주 이상, 관목류 200주 이상)를 선정하여 식재하고 수목명, 규격, 수량을 인출선으로 표기하시오.

개나리(H1.2×5가지)	계수나무(H2.5×R6)	구상나무(H1.5×W0.6)	굴거리나무(H2.5×W1.0)
금목서(H2.0×R6)	꽃사과(H2.5×R5)	꽝꽝나무(H0.3×W0.4)	낙상홍(H1.0×W0.4)
낙우송(H4.0×B12)	느티나무(H3.0×R6)	느티나무(H4.5×R20)	다정큼나무(H1.0×W0.6)
대왕참나무(H4.5×R20)	덜꿩나무(H1.0×W0.4)	돈나무(H1.5×W1.0)	동백나무(H2.5×B8)
마가목(H3.0×R12)	매화나무(H2.0×R4)	먼나무(H2.0×R5)	메타세쿼이아(H4.0×B8)
명자나무(H0.6×W0.4)	모과나무(H3.0×R8)	목련(H3.0×R10)	무궁화(H1.0×W0.2)
박태기나무(H1.0×W0.4)	배롱나무(H2.5×R6)	백철쭉(H0.3×W0.3)	백합나무(H4.0×R10)
버즘나무(H3.5×B8)	병꽃나무(H1.0×W0.6)	사철나무(H1.0×W0.3)	산딸나무(H2.5×R6)
산수국(H0.3×W0.4)	산수유(H2.5×R8)	산철쭉(H0.3×W0.3)	서양측백(H1.2×W0.4)
소나무(H3.0×W1.5×R10)	소나무(H4.0×W2.0×R15)	소나무(H5.0×W2.5×R20)	소나무(둥근형)(H1.2×W1.5)
수수꽃다리(H2.0×W0.8)	스트로브잣나무(H2.0×W1.0)	아왜나무(H1.5×W0.8)	영산홍(H0.3×W0.3)
왕벚나무(H4.5×B10)	은행나무(H4.0×B10)	이팝나무(H3.5×R12)	자귀나무(H3.5×R12)
자산홍(H0.3×W0.3)	자작나무(H2.5×B5)	조릿대(H0.6×W0.3)	좀작살나무(H1.2×W0.4)
주목(둥근형)(H0.3×W0.3)	주목(선형)(H2.0×W1.0)	중국단풍(H2.5×B6)	쥐똥나무(H1.0×W0.3)
청단풍(H2.5×R8)	층층나무(H3.5×R8)	칠엽수(H3.5×R12)	태산목(H1.5×W0.5)
홍단풍(H3.0×R10)	화살나무(H0.6×W0.3)	회양목(H0.3×W0.3)	갈대(8cm)
감국(8cm)	구절초(8cm)	금계국(10cm)	노랑꽃창포(8cm)
둥굴레(10cm)	맥문동(8cm)	벌개미취(8cm)	부들(8cm)
부처꽃(8cm)	붓꽃(10cm)	비비추(2~3분얼)	수호초(10cm)
애기나리(10cm)	옥잠화(2~3분얼)	원추리(2~3분얼)	잔디(0.3×0.3×0.03)
제비꽃(8cm)	털부처꽃(8cm)	패랭이꽃(8cm)	해국(8cm)

※ 규격이 다른 소나무 수종은 종류가 다른 수종으로 판단하지 않으며, 12가지에 포함 기재 시 1개 종으로 간주함

⑨ 단면도는 현황도의 계획고를 고려해 경사, 포장재료, 경계선, 주변 수목, 주요 시설물, 이용자(사람) 등을 표기하고, 보조선을 그어 공간 및 높이차를 한눈에 볼 수 있도록 설계하시오.

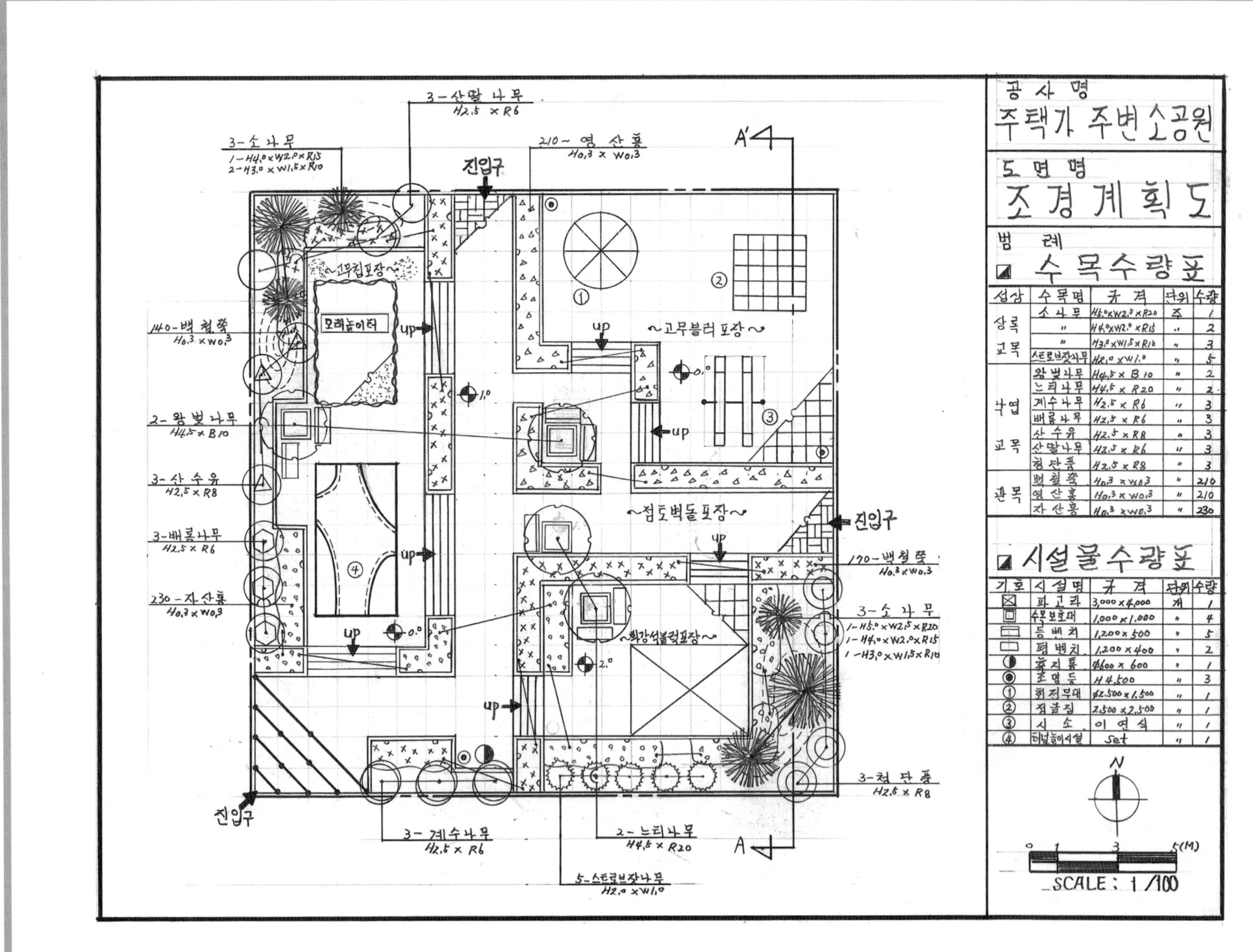

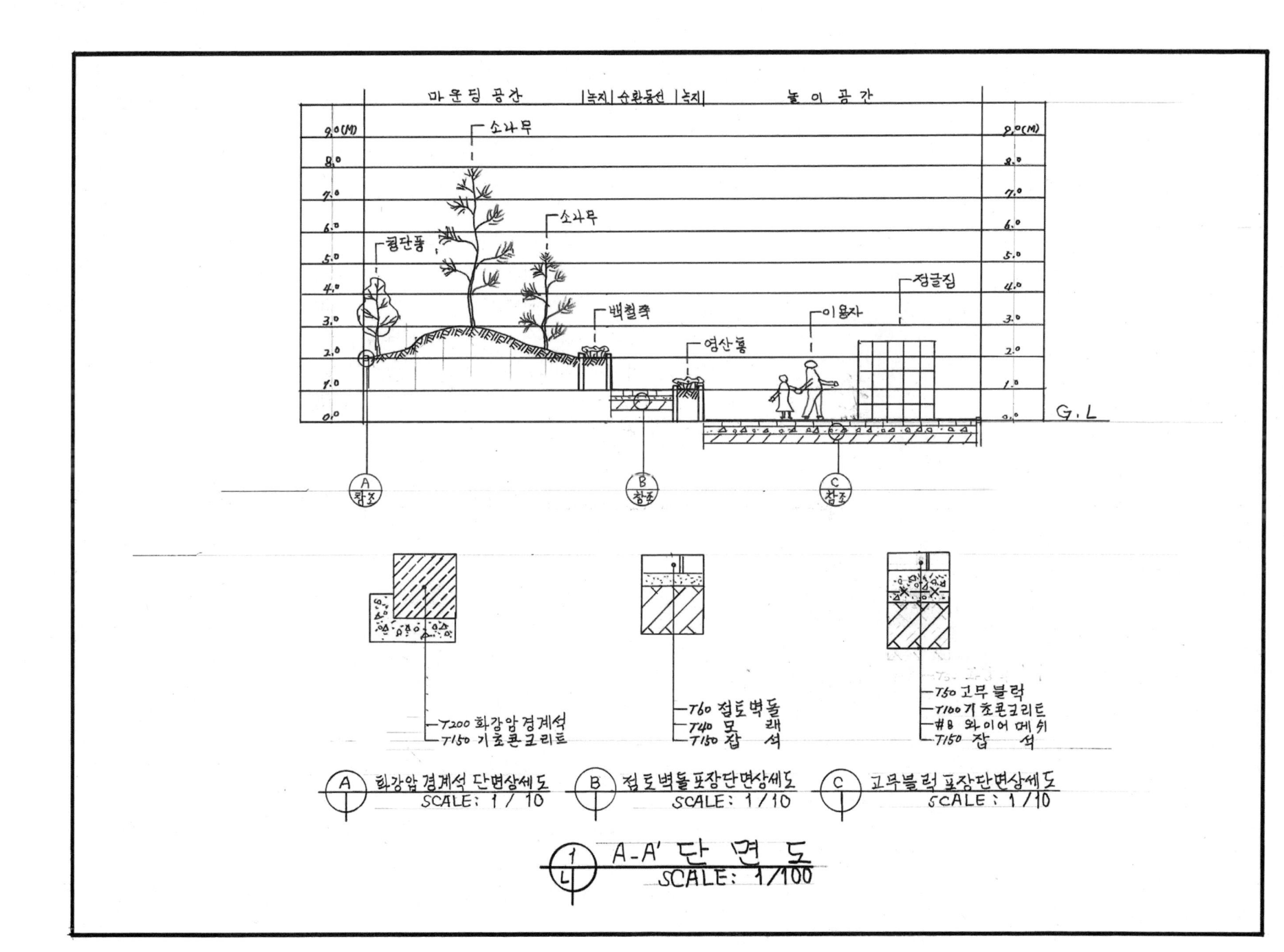

제42절 최근 기출복원문제(도로변 소공원)

설계문제

우리나라 중부지역에 위치한 주택가 도로변의 소공원에 대한 조경설계를 하고자 한다. 주어진 현황도 및 다음 사항을 참조하여 설계조건에 따라 조경계획도를 가로로 배치·작성하시오(단, 2점 쇄선 안 부분을 조경설계 대상지로 한다).

(1) 현황도

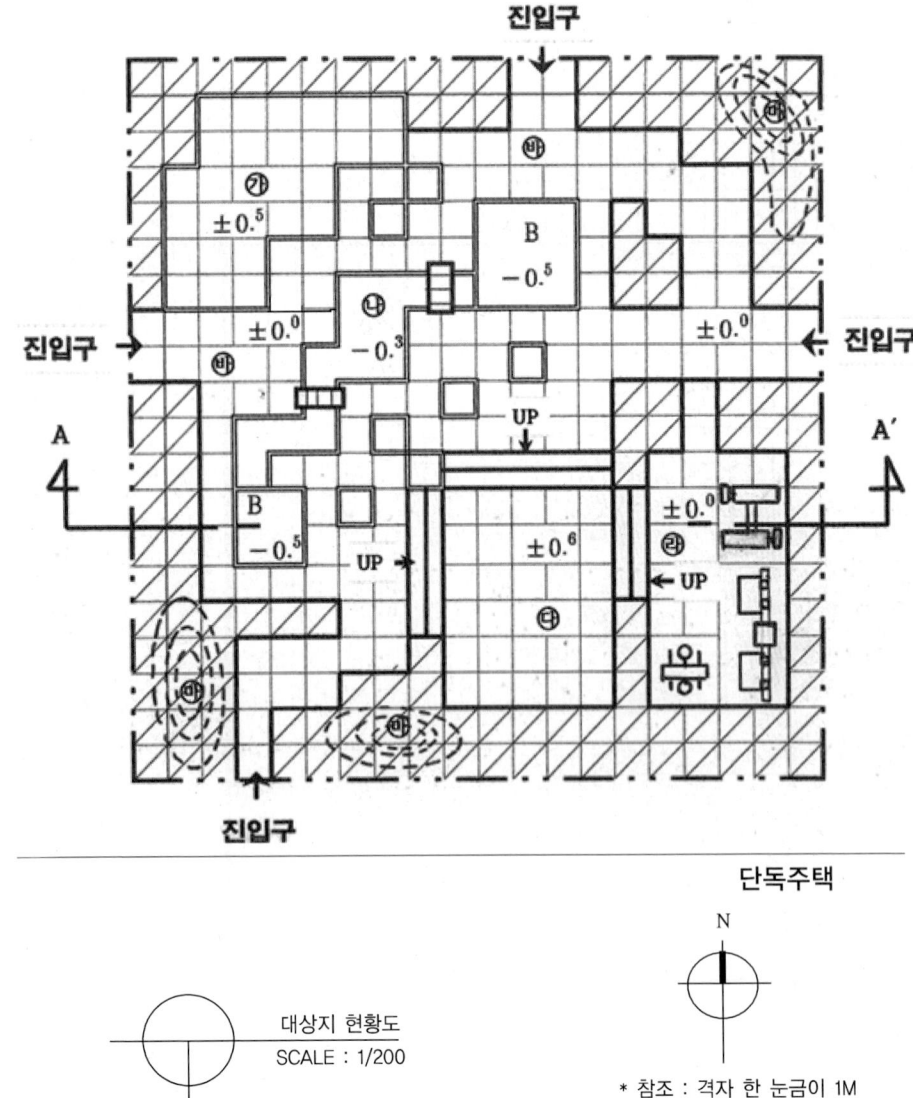

대상지 현황도
SCALE : 1/200

* 참조 : 격자 한 눈금이 1M

(2) 요구사항

① 식재평면도를 위주로 한 조경계획도를 축척 1/100로 작성하시오(지급용지-1).
② 도면 오른쪽 위에 작업명칭을 "도로변 소공원"으로 작성하시오.
③ 도면 오른쪽에는 "주요 시설물 수량표와 수목(식재) 수량표"를 함께 작성하고, 수량표 아래쪽 여백을 이용하여 "방위표시와 막대축척"을 반드시 그려 넣으시오(단, 전체 대상지의 길이를 고려하여 범례표의 폭을 조정할 수 있다).
④ 주어진 현황도면의 위를 북향으로 하고, 도로변 소공원으로 조경계획도를 작성하시오.
⑤ 포장지역을 제외한 모든 녹지는 식재를 실시하시오(녹지공간은 빗금 친 부분이고, 설계조건에 따라 플랜터, 수목보호대(1m×1m) 등도 공간 특성을 고려하여 식재하시오).
⑥ 포장지역은 "점토벽돌, 데크, 화강석 블럭, 고무블럭, 고무칩" 등 각 공간의 특성에 적합한 포장재료를 구분하여 설치하고 도면에 포장기호와 포장명칭을 반드시 표기하시오.
⑦ 필요시 수목보호대, 평의자, 휴지통을 적절한 위치에 설계하시오.
⑧ 기타 유도식재, 녹음식재, 경관식재, 소나무 군식 등 식재 패턴을 적합한 곳에 배식하시오.
⑨ 관목 식재기준은 m²당 10주 식재를 적용하고, 10주 단위로 군식하는 것을 원칙으로 하시오.
⑩ 등고선 1개 높이는 30cm로 다층식재, 수목보호대는 적합한 수종 선택하여 그늘 식재하시오.
⑪ 도면의 전체적인 안정감을 위하여 "테두리선"을 작성하시오.
⑫ 수목수량 집계표에는 성상, 수목명, 규격, 단위, 수량을 표기하시오.
⑬ 주택가 주변 소공원 부지 내의 A-A' 단면도를 축척 1/100로 작성하시오(지급용지-2).

(3) 설계조건

① 대상지는 도로변 소공원으로 조경계획도를 작성하시오.
② "㉮" 지역은 수경공간으로 "㉳" 지역보다 0.5m 낮은 지역으로 설계하시오.
③ "㉯" 지역은 연못 "B"의 연결수로이며 도섭지로 깊이 0.3m이고 어린이들의 물놀이공간 및 도섭지를 건널 수 있는 다리를 설계하시오.
④ "㉰" 지역은 휴게공간으로 "㉱", "㉳" 지역보다 0.6m 높으며, 퍼걸러(3m×4m) 1개, 평벤치 2개를 설계하시오.
⑤ "㉱" 지역은 운동공간으로 윗몸일으키기, 공중걷기, 허리돌리기를 계획하고 설계하시오.
⑥ "㉲" 지역은 마운딩 공간으로 해당 지역에는 공간 성격에 적합한 식재를 실시하시오.
⑦ "㉳" 지역은 진입공간으로 주어진 수목보호대의 공간 성격에 적합한 식재를 실시하시오.

⑧ 수목은 다음에 제시된 수종 중에서 종류가 다른 12가지(교목 30주 이상, 관목류 200주 이상)를 선정하여 식재하고 수목명, 규격, 수량을 인출선으로 표기하시오.

개나리(H1.2×5가지)	계수나무(H2.5×R6)	구상나무(H1.5×W0.6)	굴거리나무(H2.5×W1.0)
금목서(H2.0×R6)	꽃사과(H2.5×R5)	꽝꽝나무(H0.3×W0.4)	낙상홍(H1.0×W0.4)
낙우송(H4.0×B12)	느티나무(H3.0×R6)	느티나무(H4.5×R20)	다정큼나무(H1.0×W0.6)
대왕참나무(H4.5×R20)	덜꿩나무(H1.0×W0.4)	돈나무(H1.5×W1.0)	동백나무(H2.5×B8)
마가목(H3.0×R12)	매화나무(H2.0×R4)	먼나무(H2.0×R5)	메타세쿼이아(H4.0×B8)
명자나무(H0.6×W0.4)	모과나무(H3.0×R8)	목련(H3.0×R10)	무궁화(H1.0×W0.2)
박태기나무(H1.0×W0.4)	배롱나무(H2.5×R6)	백철쭉(H0.3×W0.3)	백합나무(H4.0×R10)
버즘나무(H3.5×B8)	병꽃나무(H1.0×W0.6)	사철나무(H1.0×W0.3)	산딸나무(H2.5×R6)
산수국(H0.3×W0.4)	산수유(H2.5×R8)	산철쭉(H0.3×W0.3)	서양측백(H1.2×W0.4)
소나무(H3.0×W1.5×R10)	소나무(H4.0×W2.0×R15)	소나무(H5.0×W2.5×R20)	소나무(둥근형)(H1.2×W1.5)
수수꽃다리(H2.0×W0.8)	스트로브잣나무(H2.0×W1.0)	아왜나무(H1.5×W0.8)	영산홍(H0.3×W0.3)
왕벚나무(H4.5×B10)	은행나무(H4.0×B10)	이팝나무(H3.5×R12)	자귀나무(H3.5×R12)
자산홍(H0.3×W0.3)	자작나무(H2.5×B5)	조릿대(H0.6×W0.3)	좀작살나무(H1.2×W0.4)
주목(둥근형)(H0.3×W0.3)	주목(선형)(H2.0×W1.0)	중국단풍(H2.5×B6)	쥐똥나무(H1.0×W0.3)
청단풍(H2.5×R8)	층층나무(H3.5×R8)	칠엽수(H3.5×R12)	태산목(H1.5×W0.5)
홍단풍(H3.0×R10)	화살나무(H0.6×W0.3)	회양목(H0.3×W0.3)	갈대(8cm)
감국(8cm)	구절초(8cm)	금계국(10cm)	노랑꽃창포(8cm)
둥굴레(10cm)	맥문동(8cm)	벌개미취(8cm)	부들(8cm)
부처꽃(8cm)	붓꽃(10cm)	비비추(2~3분얼)	수호초(10cm)
애기나리(10cm)	옥잠화(2~3분얼)	원추리(2~3분얼)	잔디(0.3×0.3×0.03)
제비꽃(8cm)	털부처꽃(8cm)	패랭이꽃(8cm)	해국(8cm)

※ 규격이 다른 소나무 수종은 종류가 다른 수종으로 판단하지 않으며, 12가지에 포함 기재 시 1개 종으로 간주함

⑨ 단면도는 현황도의 계획고를 고려해 경사, 포장재료, 경계선, 주변 수목, 주요 시설물, 이용자(사람) 등을 표기하고, 보조선을 그어 공간 및 높이차를 한눈에 볼 수 있도록 설계하시오.

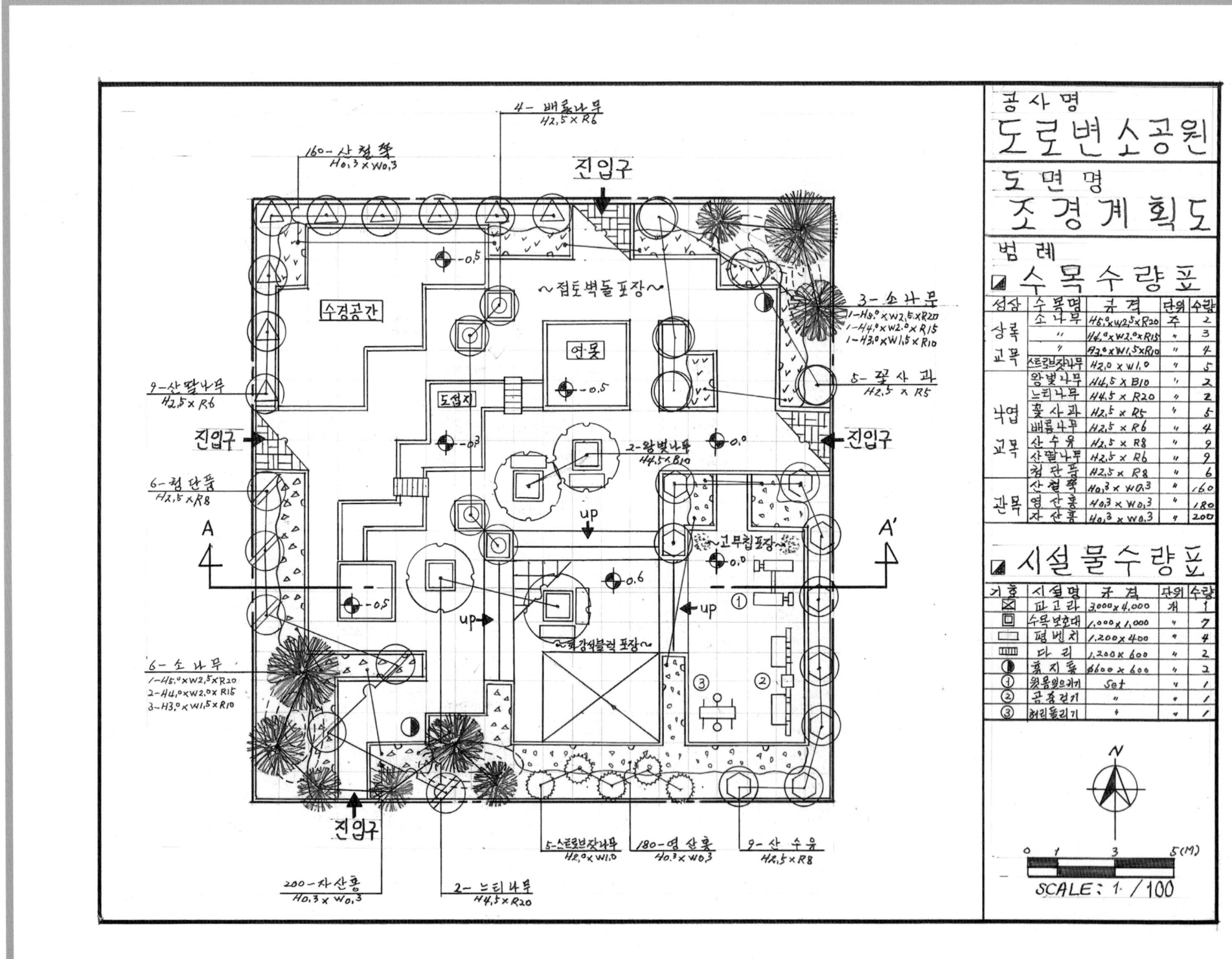

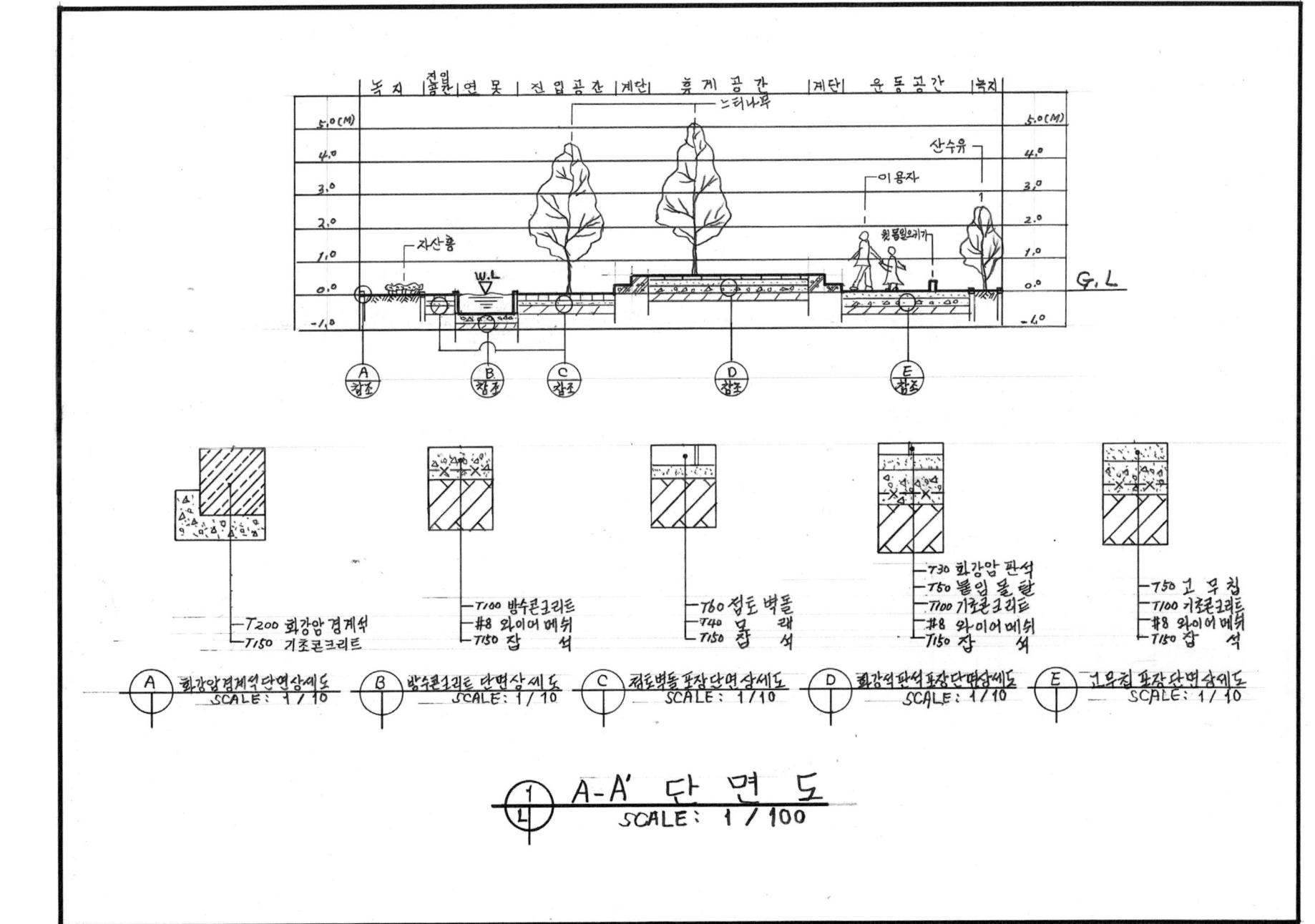

제43절 최근 기출복원문제(도로변 소공원)

설계문제

우리나라 중부지역에 위치한 주택가 도로변의 소공원에 대한 조경설계를 하고자 한다. 주어진 현황도 및 다음 사항을 참조하여 설계조건에 따라 조경계획도를 작성하시오(단, 2점 쇄선 안 부분을 조경설계 대상지로 한다).

(1) 현황도

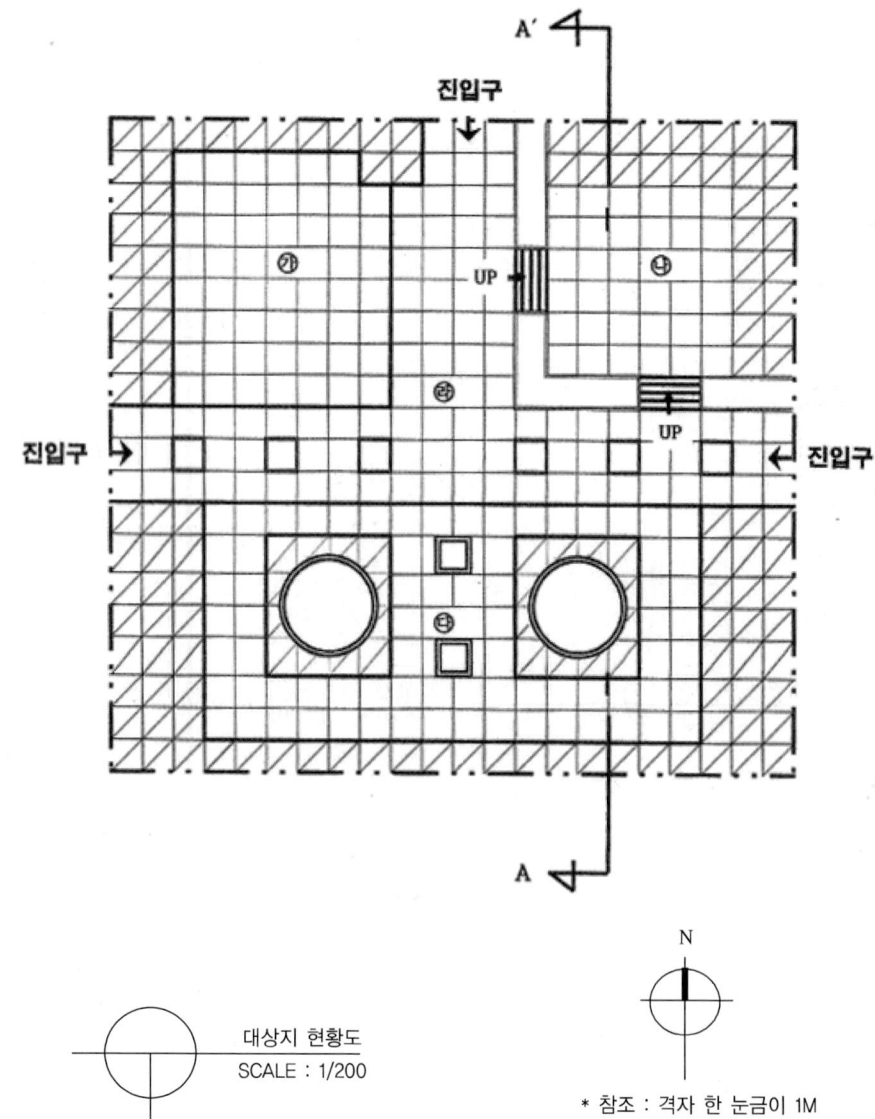

대상지 현황도
SCALE : 1/200

* 참조 : 격자 한 눈금이 1M

(2) 요구사항

① 식재평면도를 위주로 한 조경계획도를 축척 1/100로 작성하시오(지급용지-1).
② 도면 오른쪽 위에 작업명칭을 "도로변 소공원"으로 작성하시오.
③ 도면 오른쪽에는 "주요 시설물 수량표와 수목(식재) 수량표"를 함께 작성하고, 수량표 아래쪽 여백을 이용하여 "방위표시와 막대축척"을 반드시 그려 넣으시오(단, 전체 대상지의 길이를 고려하여 범례표의 폭을 조정할 수 있다).
④ 도면의 전체적인 안정감을 위하여 "테두리선"을 작성하시오.
⑤ A-A′ 단면도를 축척 1/100로 작성하시오(지급용지-2).

(3) 설계조건

① 대상지는 도로변 소공원으로 휴식공간과 어린이들이 즐길 수 있는 공원의 특징을 고려하여 조경계획도를 작성한다.
② 포장지역을 제외한 곳에는 가능한 식재를 계획하시오(녹지공간은 대각선 친 부분임).
③ 포장지역은 "점토벽돌, 화강석 블록, 투수콘크리트, 콘크리트, 고무칩, 고무블럭, 마사토, 목재데크" 등을 적당한 위치에 선택하여 표시하고 포장명을 반드시 기입하시오.
④ "㉮" 지역은 어린이를 위한 놀이공간으로 계획하며, 단위놀이시설 3종을 배치하시오.
⑤ "㉯" 지역은 휴게공간으로 주변지역보다 1m 높은 위치로 계획하며, 퍼걸러(4,000m×3,000m) 1개소와 등벤치 또는 평벤치 중 2개의 휴게시설을 선택하여 계획하고, 식수대(Plant Box)에는 방향성 식물 및 초화류 위주로 계획하시오.
⑥ "㉰" 지역은 수경공간으로 수목보호대 2개와 등벤치 또는 평벤치 중 6개의 휴게시설을 선택하여 계획하며, 인공연못의 깊이는 60cm이고, 연못 바닥은 진흙다짐 후 둥근자갈로 처리하며, 연못주변은 수변식물을 배치하시오.
⑦ "㉱" 지역은 이동공간으로 계획하며, 수목보호대 6개를 계획하시오.
⑧ 수목보호대에는 동일한 녹음수를 식재하고, 공간별 성격에 맞는 포장계획을 하시오.
⑨ 식재는 상록교목과 낙엽교목을 적절하게 배식하고, 소나무 군식, 유도식재, 차폐식재, 녹음 및 경관식재를 계획하시오.

⑩ 수목은 다음에 주어진 수종 중에서 반드시 종류가 다른 12가지를 선정하여 식재하되 교목 50주, 관목 400주 이상의 수량을 식재·계획하시오.

개나리(H1.2×5가지)	계수나무(H2.5×R6)	구상나무(H1.5×W0.6)	굴거리나무(H2.5×W1.0)
금목서(H2.0×R6)	꽃사과(H2.5×R5)	꽝꽝나무(H0.3×W0.4)	낙상홍(H1.0×W0.4)
낙우송(H4.0×B12)	느티나무(H3.0×R6)	느티나무(H4.5×R20)	다정큼나무(H1.0×W0.6)
대왕참나무(H4.5×R20)	덜꿩나무(H1.0×W0.4)	돈나무(H1.5×W1.0)	동백나무(H2.5×B8)
마가목(H3.0×R12)	매화나무(H2.0×R4)	먼나무(H2.0×R5)	메타세쿼이아(H4.0×B8)
명자나무(H0.6×W0.4)	모과나무(H3.0×R8)	목련(H3.0×R10)	무궁화(H1.0×W0.2)
박태기나무(H1.0×W0.4)	배롱나무(H2.5×R6)	백철쭉(H0.3×W0.3)	백합나무(H4.0×R10)
버즘나무(H3.5×B8)	병꽃나무(H1.0×W0.6)	사철나무(H1.0×W0.3)	산딸나무(H2.5×R6)
산수국(H0.3×W0.4)	산수유(H2.5×R8)	산철쭉(H0.3×W0.3)	서양측백(H1.2×W0.4)
소나무(H3.0×W1.5×R10)	소나무(H4.0×W2.0×R15)	소나무(H5.0×W2.5×R20)	소나무(둥근형)(H1.2×W1.5)
수수꽃다리(H2.0×W0.8)	스트로브잣나무(H2.0×W1.0)	아왜나무(H1.5×W0.8)	영산홍(H0.3×W0.3)
왕벚나무(H4.5×B10)	은행나무(H4.0×B10)	이팝나무(H3.5×R12)	자귀나무(H3.5×R12)
자산홍(H0.3×W0.3)	자작나무(H2.5×B5)	조릿대(H0.6×W0.3)	좀작살나무(H1.2×W0.4)
주목(둥근형)(H0.3×W0.3)	주목(선형)(H2.0×W1.0)	중국단풍(H2.5×B6)	쥐똥나무(H1.0×W0.3)
청단풍(H2.5×R8)	층층나무(H3.5×R8)	칠엽수(H3.5×R12)	태산목(H1.5×W0.5)
홍단풍(H3.0×R10)	화살나무(H0.6×W0.3)	회양목(H0.3×W0.3)	갈대(8cm)
감국(8cm)	구절초(8cm)	금계국(10cm)	노랑꽃창포(8cm)
둥굴레(10cm)	맥문동(8cm)	벌개미취(8cm)	부들(8cm)
부처꽃(8cm)	붓꽃(10cm)	비비추(2~3분얼)	수호초(10cm)
애기나리(10cm)	옥잠화(2~3분얼)	원추리(2~3분얼)	잔디(0.3×0.3×0.03)
제비꽃(8cm)	털부처꽃(8cm)	패랭이꽃(8cm)	해국(8cm)

※ 규격이 다른 소나무 수종은 종류가 다른 수종으로 판단하지 않으며, 12가지에 포함 기재 시 1개 종으로 간주함

⑪ A-A' 단면도는 현황도의 계획고를 고려해 경사, 포장재료, 경계선, 주변 수목, 주요 시설물, 이용자(사람) 등을 표기하고, 보조선을 그어 공간 및 높이차를 한눈에 볼 수 있도록 설계하시오.

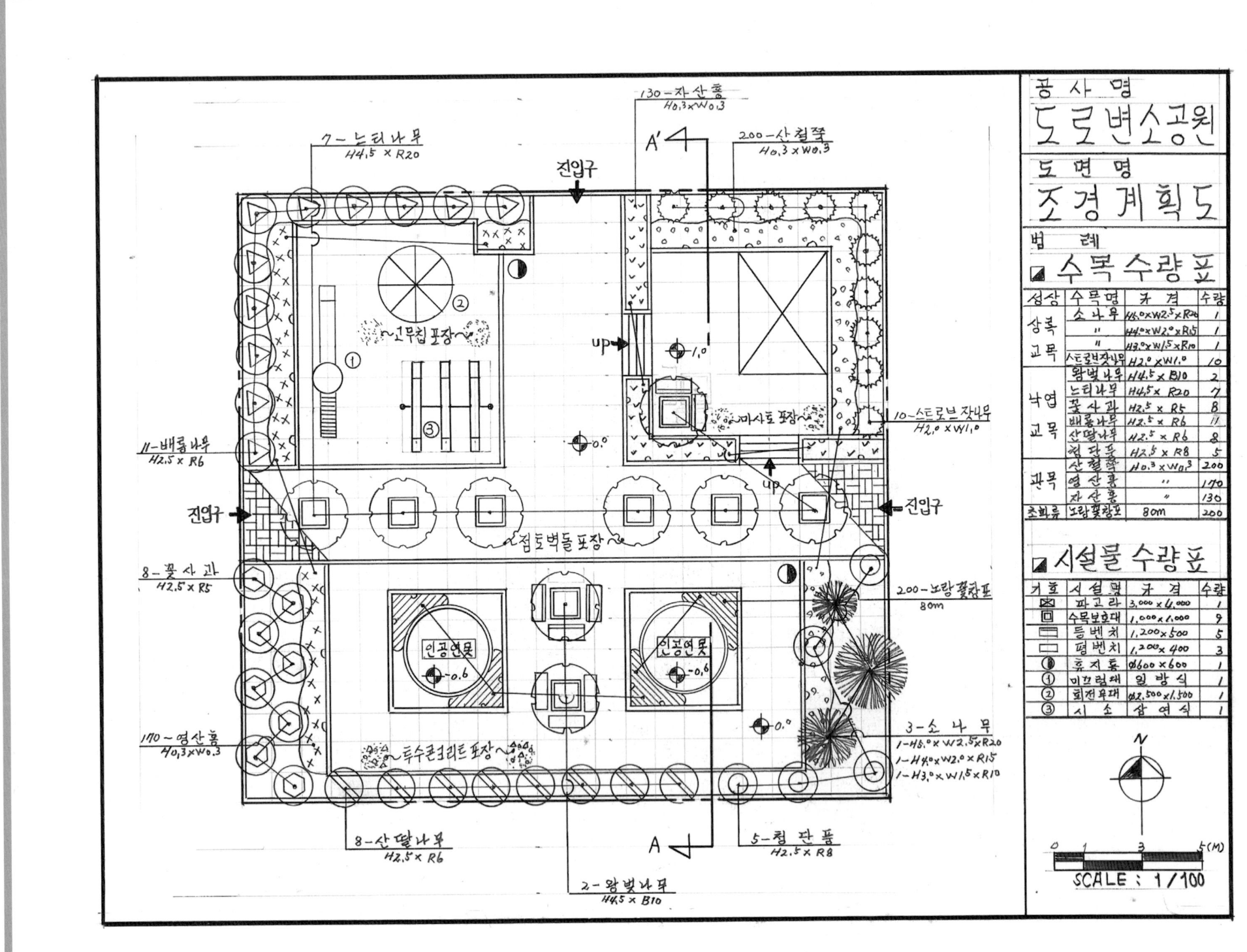

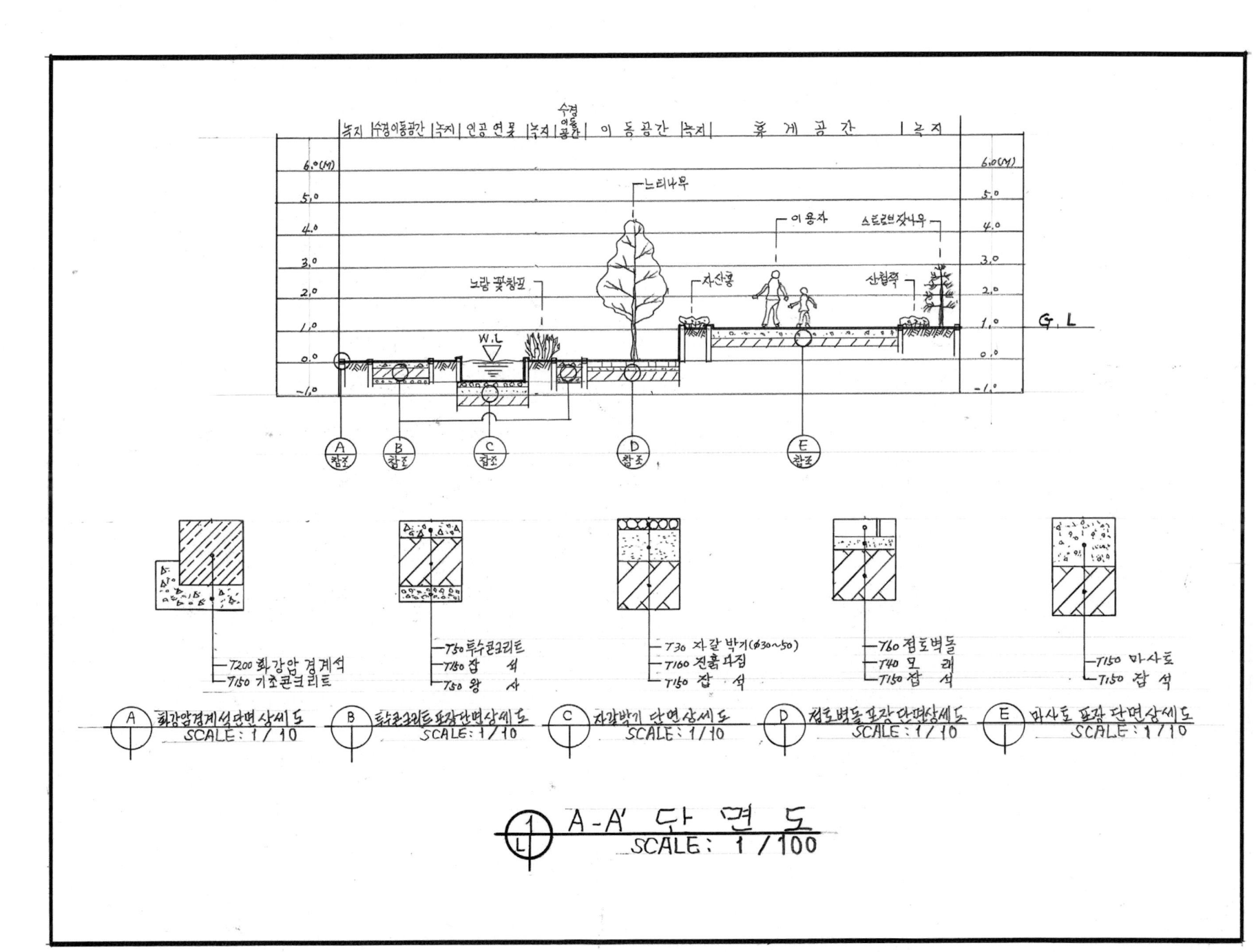

제44절 최근 기출복원문제(주택가 주변 소공원)

설계문제

우리나라 중부지역에 위치한 주택가 주변의 소공원에 대한 조경설계를 하고자 한다. 주어진 현황도 및 다음 사항을 참조하여 설계조건에 따라 조경계획도를 가로로 배치 작성하시오(단, 2점 쇄선 안 부분을 조경설계 대상지로 한다).

(1) 현황도

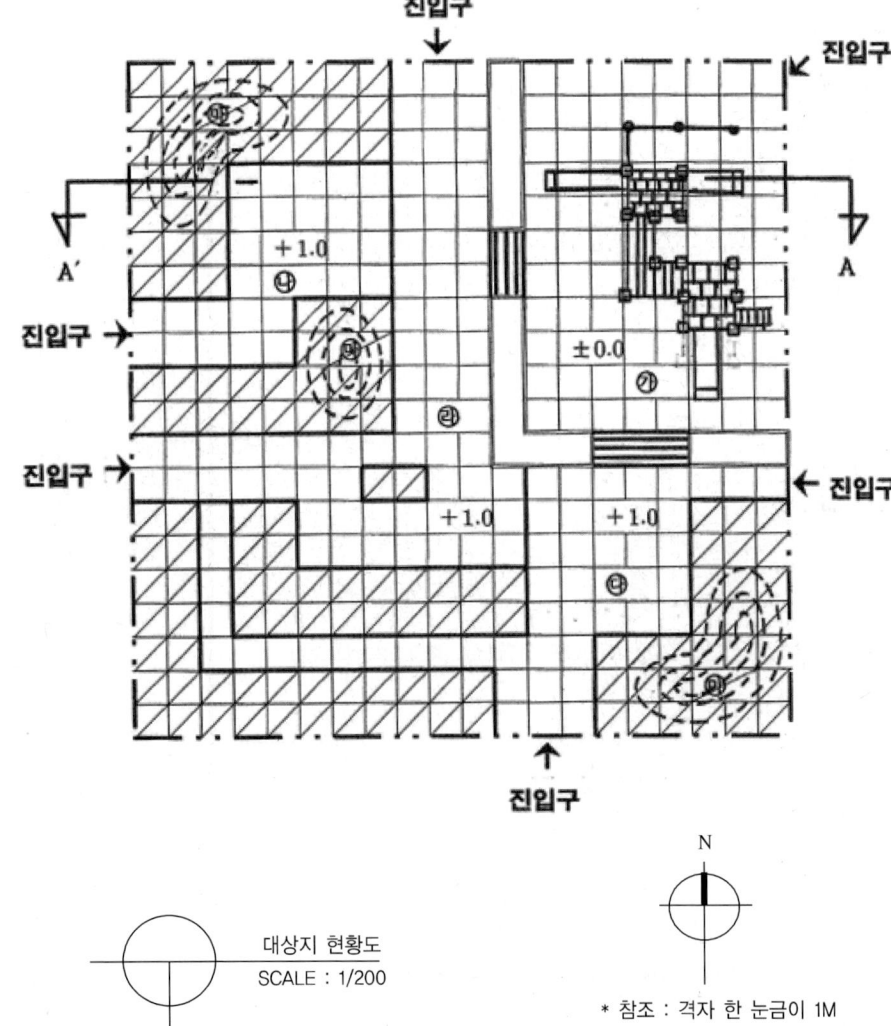

대상지 현황도
SCALE : 1/200

* 참조 : 격자 한 눈금이 1M

(2) 요구사항

① 식재평면도를 위주로 한 조경계획도를 축척 1/100로 작성하시오(지급용지-1).
② 도면 오른쪽 위에 작업명칭을 "주택가 주변 소공원"으로 작성하시오.
③ 도면 오른쪽에는 "주요 시설물 수량표와 수목(식재) 수량표"를 함께 작성하고, 수량표 아래쪽 여백을 이용하여 "방위표시와 막대축척"을 반드시 그려 넣으시오(단, 전체 대상지의 길이를 고려하여 범례표의 폭을 조정할 수 있다).
④ 주어진 현황도면의 위를 북향으로 하고, 주택가 자투리 공간을 활용한 소공원으로 조경계획도를 작성하시오.
⑤ 포장지역을 제외한 모든 녹지는 식재를 실시하시오(녹지공간은 빗금 친 부분이고, 설계조건에 따라 플랜터, 화계, 수목보호대(1m×1m) 등도 공간 특성을 고려하여 식재하시오).
⑥ 포장지역은 "점토벽돌, 데크, 화강석 블럭, 고무블럭, 고무칩" 등 각 공간의 특성에 적합한 포장재료를 구분하여 설치하고 도면에 포장기호와 포장명칭을 반드시 표기하시오.
⑦ 필요시 수목보호대, 조명등, 평의자, 휴지통을 적절한 위치에 설계하시오.
⑧ 기타 유도식재, 녹음식재, 경관식재, 소나무 군식 등 식재 패턴을 적합한 곳에 배식하시오.
⑨ 관목 식재기준은 m²당 10주 식재를 적용하고, 10주 단위로 군식하는 것을 원칙으로 하시오.
⑩ 등고선 1개 높이는 30cm로 다층식재, 수목보호대는 적합한 수종을 선택하여 그늘 식재하시오.
⑪ 도면의 전체적인 안정감을 위하여 "테두리선"을 작성하시오.
⑫ 수목수량 집계표에는 성상, 수목명, 규격, 단위, 수량을 표기하시오.
⑬ 주택가 주변 소공원 부지 내의 A-A′ 단면도를 축척 1/100로 작성하시오(지급용지-2).

(3) 설계조건

① 대상지는 주택가 인근의 자투리 공간을 활용한 소공원으로 조경계획도를 작성하시오.
② "㉮" 지역은 "㉯", "㉰", "㉱" 지역보다 1m 낮으며, 어린이 놀이공간으로서 조합놀이대(8.0m×7.0m×H-2.5m, 미끄럼대 3면, 철봉)과 수목보호대 6개를 설계·설치하시오.
③ "㉯" 지역은 휴식공간으로 공간 성격에 맞도록 퍼걸러(3m×3m) 1개, 등벤치 2개를 설계하시오.
④ "㉰" 지역은 휴식공간으로 퍼걸러(3m×3m) 1개와, "㉱" 지역의 녹지 사이로 산책로를 설계하시오.
⑤ "㉲" 지역은 공간과 공간을 상호 연결하는 보행동선으로 설계하시오.
⑥ "㉳" 지역은 녹지에 마운딩이 설치되어 있어 이를 고려하여 식재하시오.

⑦ 수목은 다음에 제시된 수종 중에서 종류가 다른 12가지(교목 30주 이상, 관목류 300주 이상)를 선정하여 식재하고 수목명, 규격, 수량을 인출선으로 표기하시오.

개나리(H1.2×5가지)	계수나무(H2.5×R6)	구상나무(H1.5×W0.6)	굴거리나무(H2.5×W1.0)
금목서(H2.0×R6)	꽃사과(H2.5×R5)	꽝꽝나무(H0.3×W0.4)	낙상홍(H1.0×W0.4)
낙우송(H4.0×B12)	느티나무(H3.0×R6)	느티나무(H4.5×R20)	다정큼나무(H1.0×W0.6)
대왕참나무(H4.5×R20)	덜꿩나무(H1.0×W0.4)	돈나무(H1.5×W1.0)	동백나무(H2.5×B8)
마가목(H3.0×R12)	매화나무(H2.0×R4)	먼나무(H2.0×R5)	메타세쿼이아(H4.0×B8)
명자나무(H0.6×W0.4)	모과나무(H3.0×R8)	목련(H3.0×R10)	무궁화(H1.0×W0.2)
박태기나무(H1.0×W0.4)	배롱나무(H2.5×R6)	백철쭉(H0.3×W0.3)	백합나무(H4.0×R10)
버즘나무(H3.5×B8)	병꽃나무(H1.0×W0.6)	사철나무(H1.0×W0.3)	산딸나무(H2.5×R6)
산수국(H0.3×W0.4)	산수유(H2.5×R8)	산철쭉(H0.3×W0.3)	서양측백(H1.2×W0.4)
소나무(H3.0×W1.5×R10)	소나무(H4.0×W2.0×R15)	소나무(H5.0×W2.5×R20)	소나무(둥근형)(H1.2×W1.5)
수수꽃다리(H2.0×W0.8)	스트로브잣나무(H2.0×W1.0)	아왜나무(H1.5×W0.8)	영산홍(H0.3×W0.3)
왕벚나무(H4.5×B10)	은행나무(H4.0×B10)	이팝나무(H3.5×R12)	자귀나무(H3.5×R12)
자산홍(H0.3×W0.3)	자작나무(H2.5×B5)	조릿대(H0.6×W0.3)	좀작살나무(H1.2×W0.4)
주목(둥근형)(H0.3×W0.3)	주목(선형)(H2.0×W1.0)	중국단풍(H2.5×B6)	쥐똥나무(H1.0×W0.3)
청단풍(H2.5×R8)	층층나무(H3.5×R8)	칠엽수(H3.5×R12)	태산목(H1.5×W0.5)
홍단풍(H3.0×R10)	화살나무(H0.6×W0.3)	회양목(H0.3×W0.3)	갈대(8cm)
감국(8cm)	구절초(8cm)	금계국(10cm)	노랑꽃창포(8cm)
둥굴레(10cm)	맥문동(8cm)	벌개미취(8cm)	부들(8cm)
부처꽃(8cm)	붓꽃(10cm)	비비추(2~3분얼)	수호초(10cm)
애기나리(10cm)	옥잠화(2~3분얼)	원추리(2~3분얼)	잔디(0.3×0.3×0.03)
제비꽃(8cm)	털부처꽃(8cm)	패랭이꽃(8cm)	해국(8cm)

※ 규격이 다른 소나무 수종은 종류가 다른 수종으로 판단하지 않으며, 12가지에 포함 기재 시 1개 종으로 간주함

⑧ 단면도는 현황도의 계획고를 고려해 경사, 포장재료, 경계선, 주변 수목, 주요 시설물, 이용자(사람) 등을 표기하고, 보조선을 그어 공간 및 높이차를 한눈에 볼 수 있도록 설계하시오.

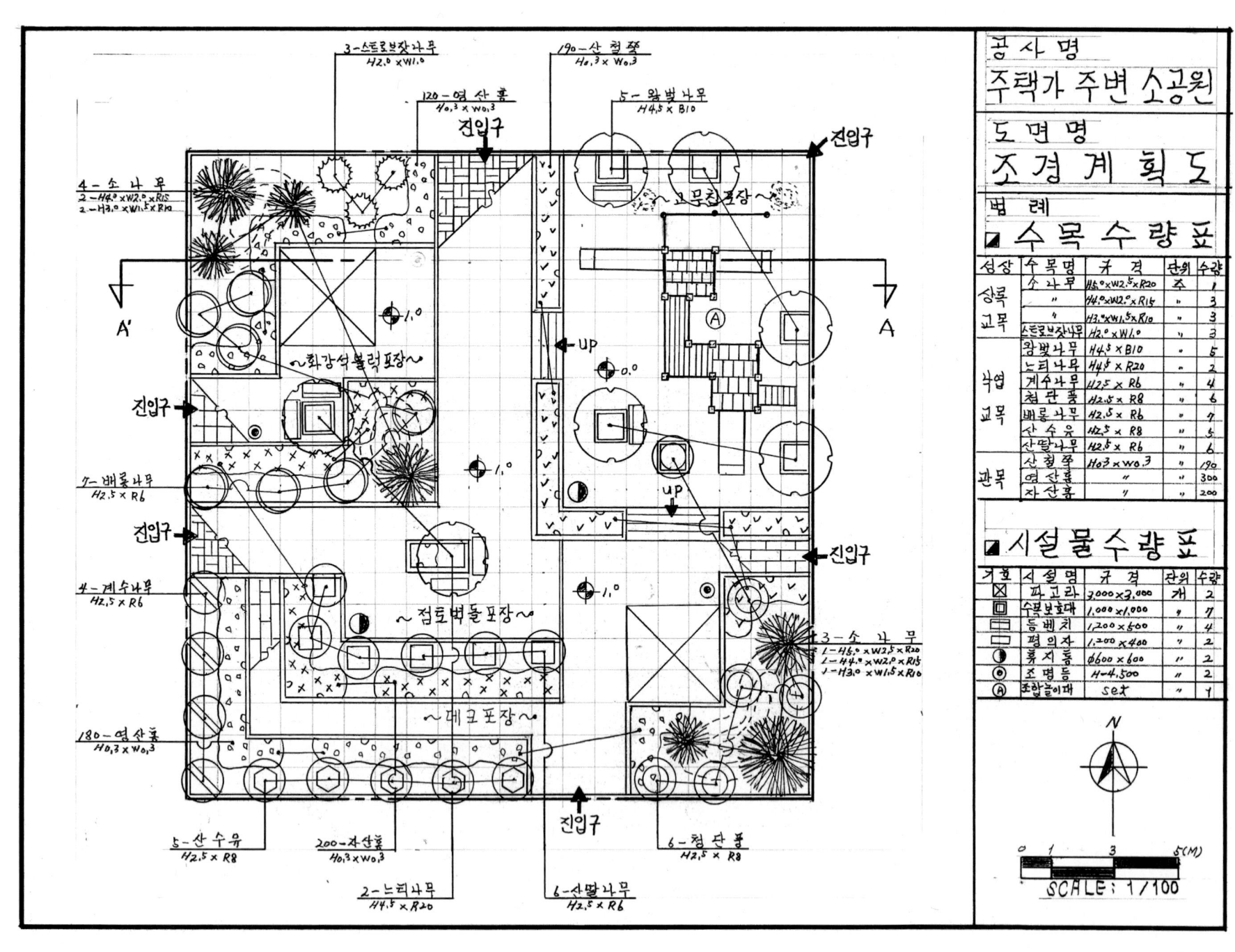

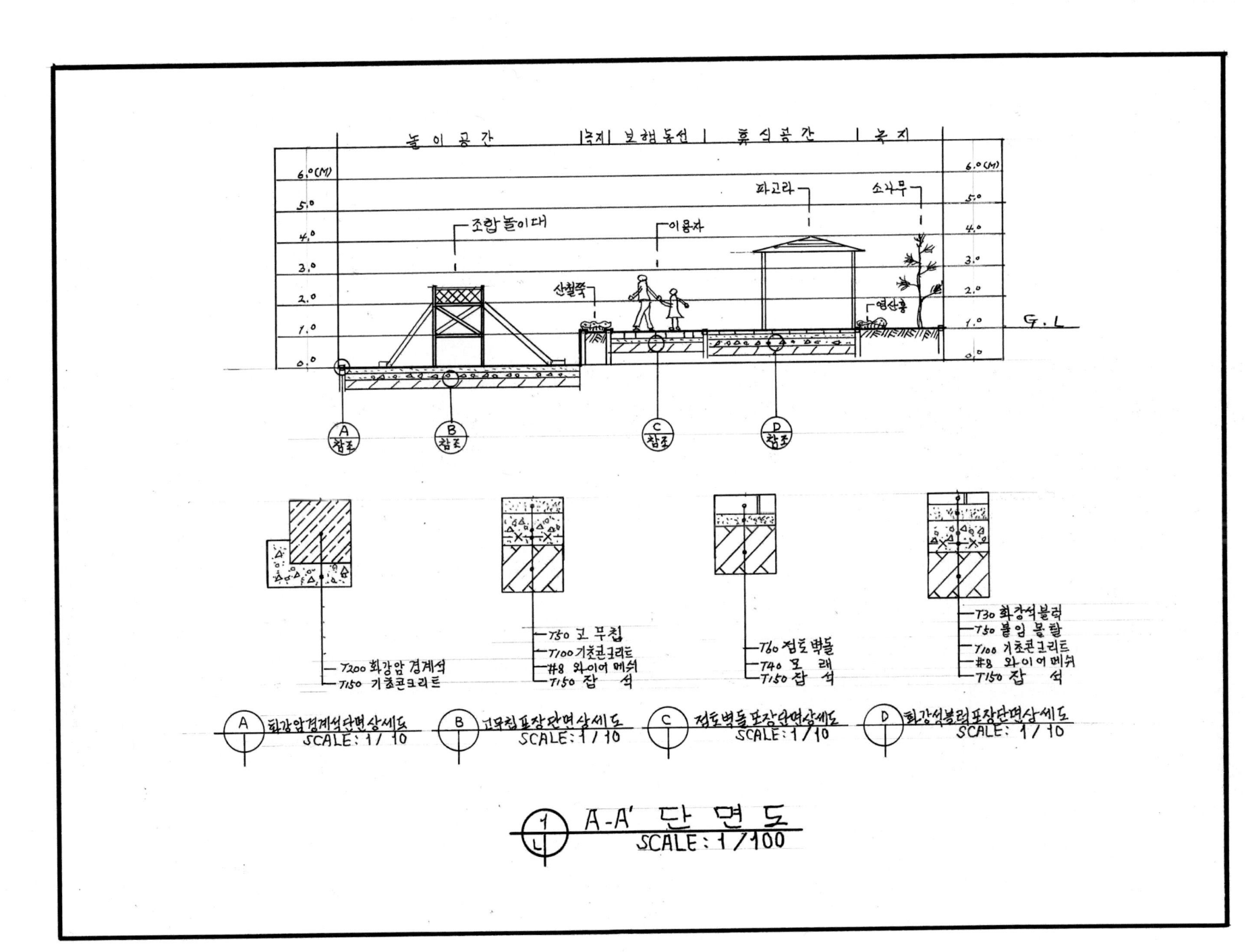

제45절 최근 기출복원문제(상가건물 옥상정원)

설계문제

우리나라 중부지역에 위치한 상가건물 옥상정원에 대한 조경설계를 하고자 한다. 주어진 현황도 및 다음 사항을 참조하여 설계조건에 따라 조경계획도를 가로로 배치 작성하시오(단, 2점 쇄선안 부분이 조경설계 대상지로 한다).

(1) 현황도

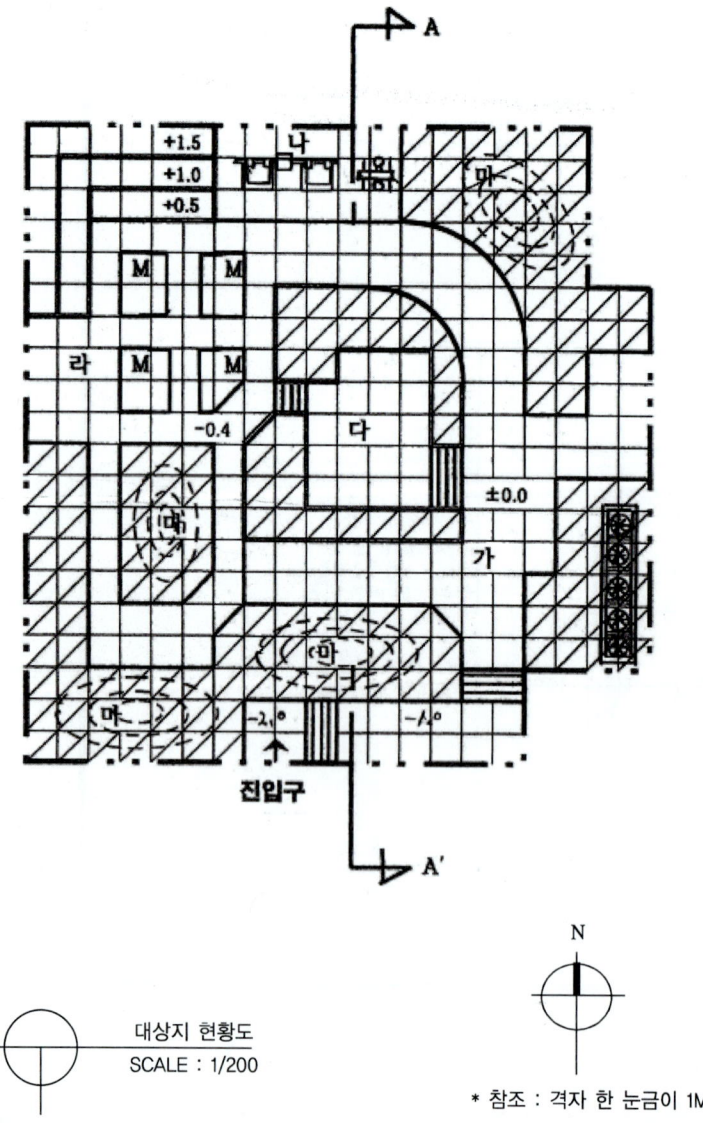

대상지 현황도
SCALE : 1/200

* 참조 : 격자 한 눈금이 1M

(2) 요구사항

① 식재평면도를 위주로 한 조경계획도를 축척 1/100로 작성하시오(지급용지-1).
② 도면 오른쪽 위에 작업명칭을 "상가건물 옥상정원"으로 작성하시오.
③ 도면 오른쪽에는 "주요 시설물 수량표와 수목(식재) 수량표"를 함께 작성하고, 수량표 아래쪽 여백을 이용하여 "방위표시와 막대축척"을 반드시 그려 넣으시오(단, 전체 대상지의 길이를 고려하여 범례표의 폭을 조정할 수 있다).
④ 도면의 전체적인 안정감을 위하여 "테두리선"을 작성하시오.
⑤ 수목수량 집계표에는 성상, 수목명, 규격, 단위, 수량을 표기하시오.
⑥ 옥상정원 내 제시된 A-A' 단면도를 축척 1/100로 작성하시오(지급용지-2).

(3) 설계조건

① 대상지는 주택가 상가옥상 부분의 공간을 활용한 녹지공간으로 조경계획도를 작성하시오.
② 포장 등을 제외한 모든 녹지는 식재하시오(단, 녹지공간은 대각선 친 부분이며, 조건에 따라 플랜터, 화계, 수목보호대(1m×1m) 등도 공간 특성을 고려하여 식재하시오).
③ 포장지역은 "점토블럭, 데크, 화강석블럭, 고무블럭, 고무칩" 등 각 공간의 특성에 적합한 포장재료를 구분하여 설치하고 도면에 포장기호와 포장명칭을 반드시 표기하시오.
④ 필요시 수목보호대, 조명등, 평의자, 휴지통을 적절한 위치에 설계하시오.
⑤ 기타 유도식재, 녹음식재, 경관식재, 소나무 군식 등 식재 패턴을 적합한 곳에 배식하시오.
⑥ 관목식재 기준은 m²당 10주 식재를 적용하고, 10주 단위로 군식하는 것을 원칙으로 하시오.
⑦ 등고선 1개의 높이는 30cm로 다층식재, 수목보호대는 적합한 수종을 선택하여 그늘 식재하시오.
⑧ 높이차는 계단, 플랜트박스, 램프, 경사면 중 선택하여 자연스러운 공간을 계획하시오.
⑨ "가" 지역은 남측의 출입 계단으로부터 공간과 공간을 순환 연결하는 동선의 역할로 배치하시오.

- 실외기는 차폐식재를 실시하여 미관상 좋지 못한 모습을 가릴 수 있도록 식재하시오.
- 실외기 부근의 포장에는 평벤치 2개소를 설치하시오.

⑩ "나" 지역은 운동공간으로 체육시설 2개소를 배치하시오.
⑪ "다" 지역은 휴게공간으로 1m 높은 지형으로 계단, 플랜트박스를 계획하여 높이차를 극복하고, 퍼걸러(3m×3m) 1개, 등의자 1개, 조명등 1개를 배치하시오.

⑫ "라" 지역은 도시농업과 휴게를 위한 공간으로 "가", "나" 지역보다 0.4m 낮게 계획하시오.

- 높이 0.5m의 이동식 텃밭상자(M)를 4개소 설계하시오.
- 북서쪽 모서리의 화단은 높이에 적합하도록 초화류 위주의 식재를 하시오.
- 휴식을 위한 등벤치 2개소, 조명등 1개소와 산책 동선의 녹지를 적절하게 배치하시오.

⑬ "마" 지역은 녹지에 마운딩이 설치되어 있으며, 이를 고려한 식재를 하시오.
⑭ 전체 대상지에 야간 이용을 위한 조명등 4개와 단독주택 인접 녹지(남서쪽)에는 차폐/완충식재를 하시오.
⑮ 수목은 다음에 제시된 수종 중에서 반드시 종류가 다른 12가지(교목 30주 이상, 관목류 100주 이상)를 선정하여 식재하고 수목명, 규격, 수량을 인출선으로 표기하시오.

개나리(H1.2×5가지)	계수나무(H2.5×R6)	구상나무(H1.5×W0.6)	굴거리나무(H2.5×W1.0)
금목서(H2.0×R6)	꽃사과(H2.5×R5)	꽝꽝나무(H0.3×W0.4)	낙상홍(H1.0×W0.4)
낙우송(H4.0×B12)	느티나무(H3.0×R6)	느티나무(H4.5×R20)	다정큼나무(H1.0×W0.6)
대왕참나무(H4.5×R20)	덜꿩나무(H1.0×W0.4)	돈나무(H1.5×W1.0)	동백나무(H2.5×B8)
마가목(H3.0×R12)	매화나무(H2.0×R4)	먼나무(H2.0×R5)	메타세쿼이아(H4.0×B8)
명자나무(H0.6×W0.4)	모과나무(H3.0×R8)	목련(H3.0×R10)	무궁화(H1.0×W0.2)
박태기나무(H1.0×W0.4)	배롱나무(H2.5×R6)	백철쭉(H0.3×W0.3)	백합나무(H4.0×R10)
버즘나무(H3.5×B8)	병꽃나무(H1.0×W0.6)	사철나무(H1.0×W0.3)	산딸나무(H2.5×R6)
산수국(H0.3×W0.4)	산수유(H2.5×R8)	산철쭉(H0.3×W0.3)	서양측백(H1.2×W0.4)
소나무(H3.0×W1.5×R10)	소나무(H4.0×W2.0×R15)	소나무(H5.0×W2.5×R20)	소나무(둥근형)(H1.2×W1.5)
수수꽃다리(H2.0×W0.8)	스트로브잣나무(H2.0×W1.0)	아왜나무(H1.5×W0.8)	영산홍(H0.3×W0.3)
왕벚나무(H4.5×B10)	은행나무(H4.0×B10)	이팝나무(H3.5×R12)	자귀나무(H3.5×R12)
자산홍(H0.3×W0.3)	자작나무(H2.5×B5)	조릿대(H0.6×W0.3)	좀작살나무(H1.2×W0.4)
주목(둥근형)(H0.3×W0.3)	주목(선형)(H2.0×W1.0)	중국단풍(H2.5×B6)	쥐똥나무(H1.0×W0.3)
청단풍(H2.5×R8)	층층나무(H3.5×R8)	칠엽수(H3.5×R12)	태산목(H1.5×W0.5)
홍단풍(H3.0×R10)	화살나무(H0.6×W0.3)	회양목(H0.3×W0.3)	갈대(8cm)
감국(8cm)	구절초(8cm)	금계국(10cm)	노랑꽃창포(8cm)
둥굴레(10cm)	맥문동(8cm)	벌개미취(8cm)	부들(8cm)
부처꽃(8cm)	붓꽃(10cm)	비비추(2~3분얼)	수호초(10cm)
애기나리(10cm)	옥잠화(2~3분얼)	원추리(2~3분얼)	잔디(0.3×0.3×0.03)
제비꽃(8cm)	털부처꽃(8cm)	패랭이꽃(8cm)	해국(8cm)

※ 규격이 다른 소나무 수종은 종류가 다른 수종으로 판단하지 않으며, 12가지에 포함 기재 시 1개 종으로 간주함

⑯ A-A' 단면도는 현황도의 계획고를 고려해 경사, 포장재료, 경계선, 주변 수목, 주요 시설물, 이용자 (사람) 등을 표기하고, 보조선을 그어 공간 및 높이차를 한눈에 볼 수 있도록 설계하시오.

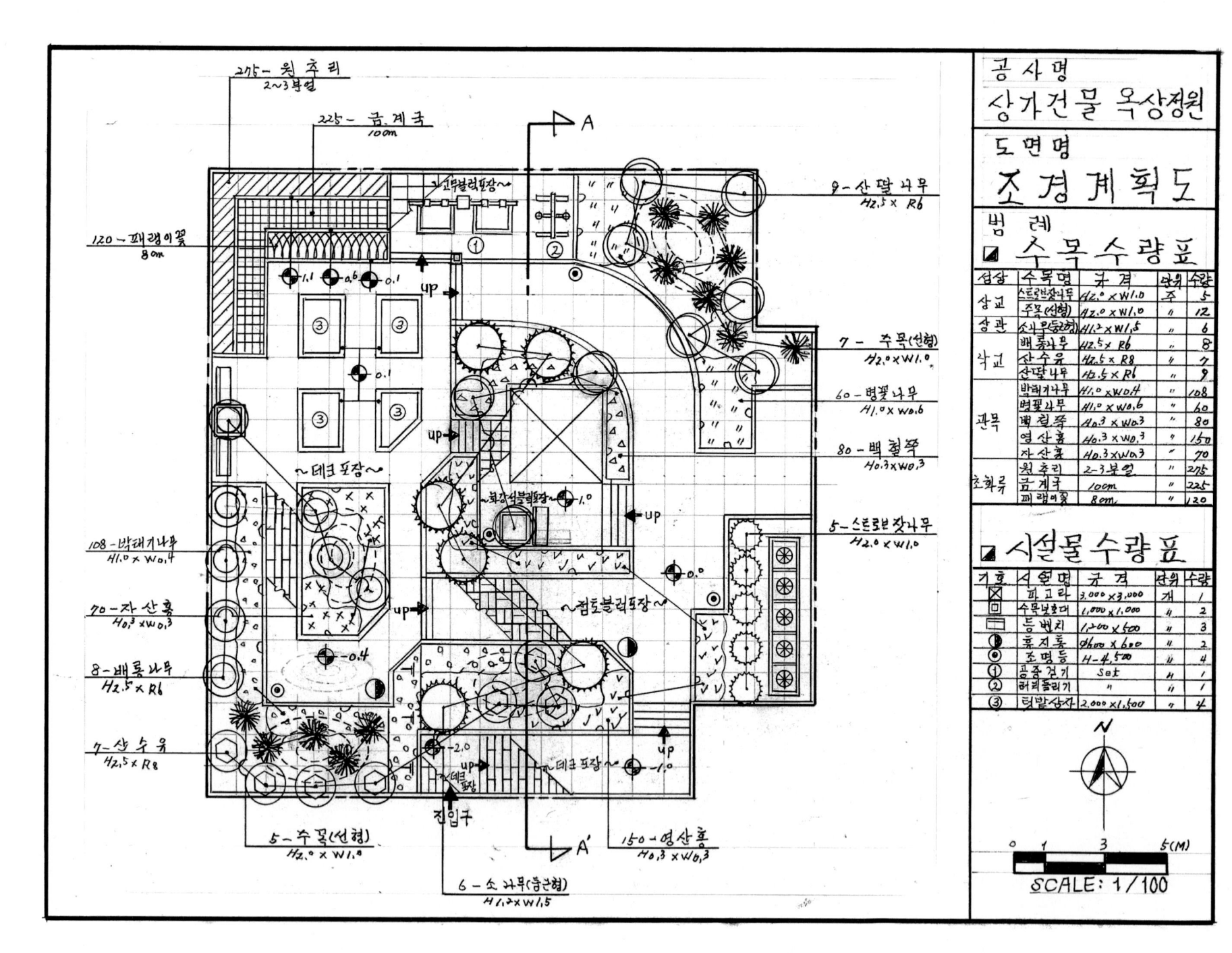

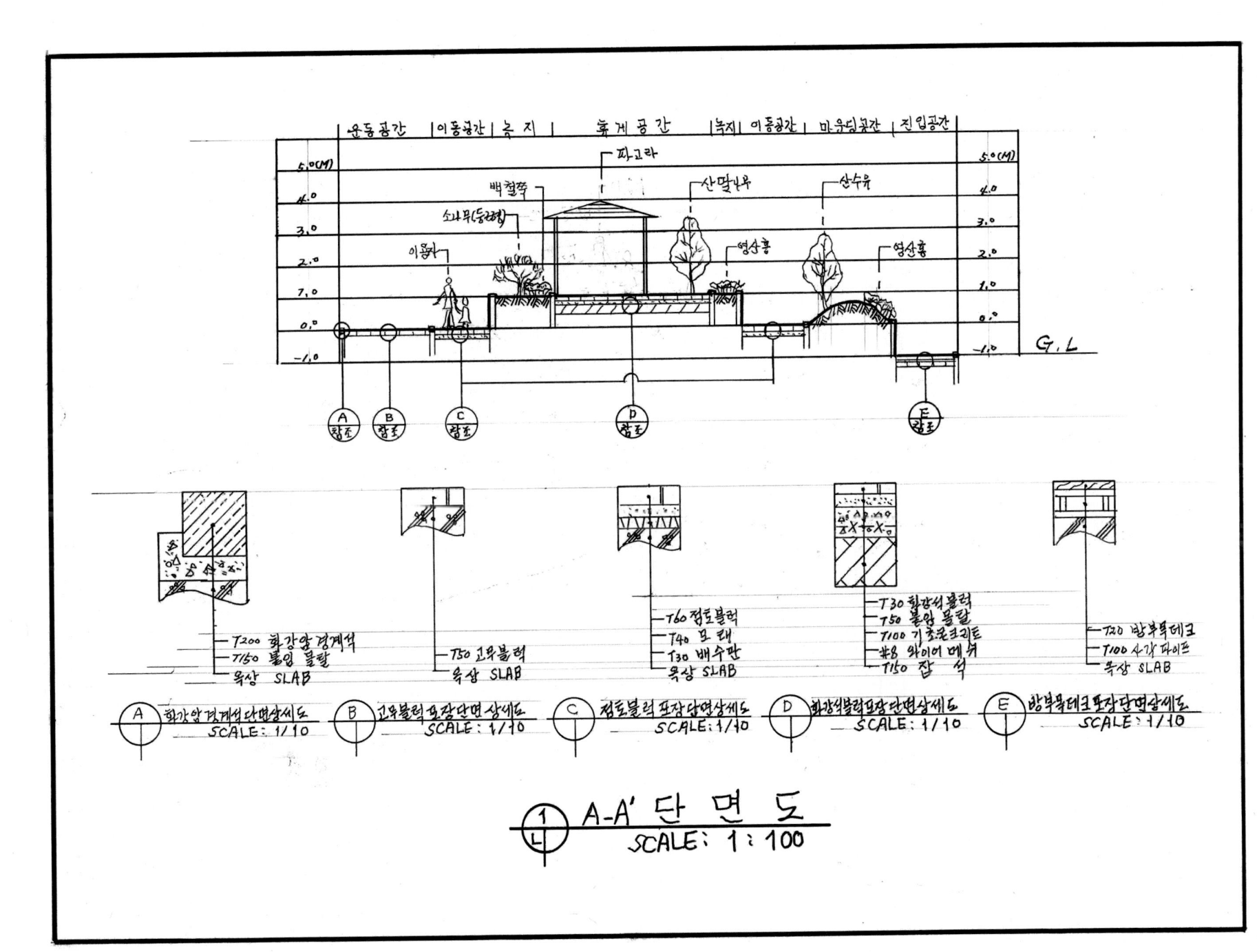

제46절 최근 기출복원문제(도로변 소공원)

설계문제

우리나라 중부지역에 위치한 도로변 소공원에 대한 조경설계를 하고자 한다. 주어진 현황도 및 아래 사항을 참조하여 설계조건에 따라 조경계획도를 작성하시오(단, 2점 쇄선 안 부분을 조경설계 대상지로 한다).

(1) 현황도

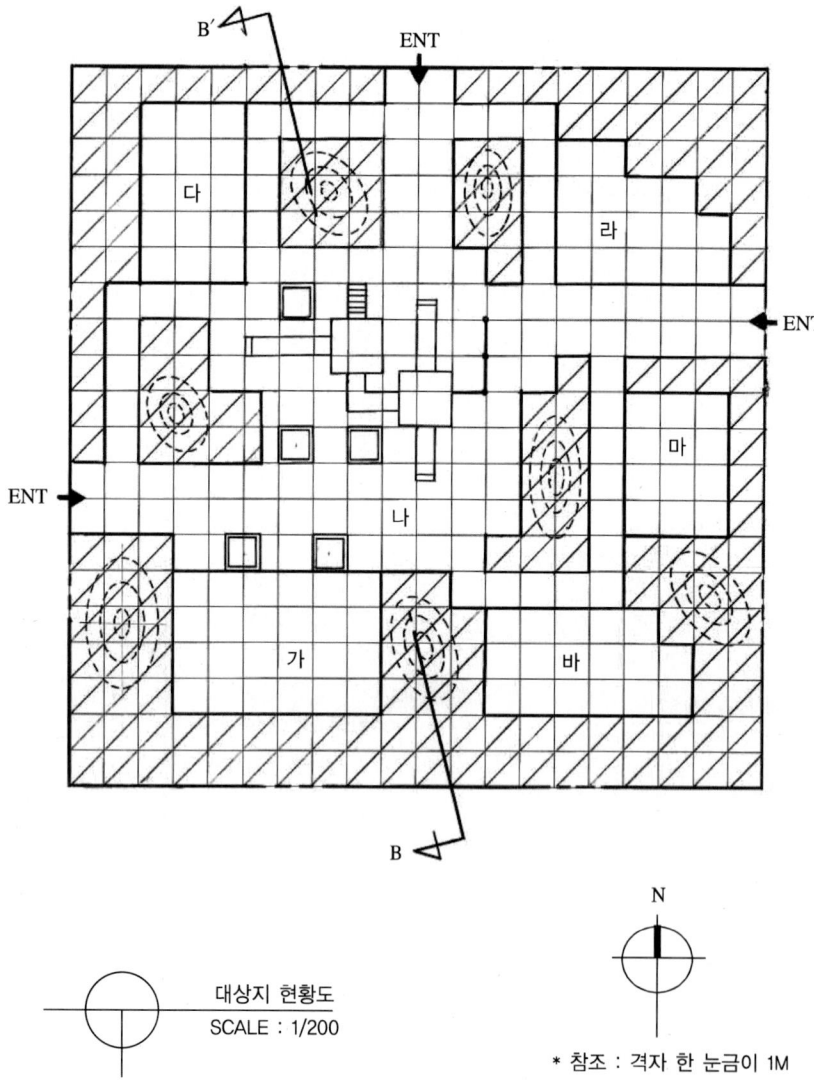

대상지 현황도
SCALE : 1/200

* 참조 : 격자 한 눈금이 1M

(2) 요구사항

① 식재평면도를 위주로 한 조경계획도(식재평면도, 시설물배치도 등)를 축척 1/100로 작성하시오(지급용지-1).
② 도면 오른쪽 위에 작업명칭을 "도로변 소공원"으로 작성하시오.
③ 도면 오른쪽에는 "주요 시설물 수량표와 수목(식재) 수량표"를 함께 작성하고, 수량표 아래쪽 여백을 이용하여 "방위표시와 막대축척"을 반드시 그려 넣으시오(단, 전체 대상지의 길이를 고려하여 범례표의 폭을 조정할 수 있다).
④ 도면의 전체적인 안정감을 위하여 "테두리선"을 작성하시오.
⑤ B-B' 단면도를 축척 1/100로 작성하시오(지급용지-2).

(3) 설계조건

① 해당 지역은 도로변 소공원으로 휴식공간과 어린이들이 즐길 수 있는 공원의 특징을 고려하여 조경계획도를 작성하시오.
② 포장지역을 제외한 곳에는 가능한 식재를 계획하시오(단, 녹지공간은 대각선 친 부분임).
③ 포장지역은 "점토벽돌, 목재데크, 투수 콘크리트, 소형고압블록, 고무칩, 고무블록, 화강석 블록, 마사토 등" 각 공간의 특성에 적합한 포장재료를 구분하여 설치하고, 도면에 포장기호와 포장명을 반드시 표기하시오.
④ "가" 지역은 휴게공간으로 퍼걸러(3,500×3,500mm) 1개소와 등벤치, 평벤치, 앉음벽 중 1개의 휴게시설을 선택하여 계획하시오.
⑤ "나" 지역은 어린이를 위한 놀이공간으로 조합놀이시설(H 2,500)을 설치한 후 적당한 포장을 계획하고 그 주변으로 수목보호대 5개를 설치하여 적당한 수목을 식재하시오. 그리고 주변의 식재지에는 마운딩을 조성하고 잔디로 식재하시오.
⑥ "다"~"바" 지역은 숨은 놀이공간으로 그네, 시소, 회전무대, 정글짐, 흔들놀이기구, 구름다리 등에서 임의로 선택하여 각 공간마다 1종을 골라 계획하고 적당한 포장을 실시하시오.
⑦ 진입구 마운딩에는 소나무 군식을 실시하고 유도식재, 녹음식재, 경관식재 등의 식재 패턴을 필요한 곳에 배식하시오(마운딩 등고선은 개당 0.25m 높이로 계획하시오).
⑧ 수목은 다음의 수종 중에서 10가지를 골고루 선정하여 안정적이고 아늑한 경관이 될 수 있도록 계획하고, 소나무 군식은 반드시 크기가 다른 3종으로 식재하시오.

개나리(H1.2×5가지)	계수나무(H2.5×R6)	구상나무(H1.5×W0.6)	굴거리나무(H2.5×W1.0)
금목서(H2.0×R6)	꽃사과(H2.5×R5)	꽝꽝나무(H0.3×W0.4)	낙상홍(H1.0×W0.4)
낙우송(H4.0×B12)	느티나무(H3.0×R6)	느티나무(H4.5×R20)	다정큼나무(H1.0×W0.6)
대왕참나무(H4.5×R20)	덜꿩나무(H1.0×W0.4)	돈나무(H1.5×W1.0)	동백나무(H2.5×B8)
마가목(H3.0×R12)	매화나무(H2.0×R4)	먼나무(H2.0×R5)	메타세쿼이아(H4.0×B8)
명자나무(H0.6×W0.4)	모과나무(H3.0×R8)	목련(H3.0×R10)	무궁화(H1.0×W0.2)
박태기나무(H1.0×W0.4)	배롱나무(H2.5×R6)	백철쭉(H0.3×W0.3)	백합나무(H4.0×R10)
버즘나무(H3.5×B8)	병꽃나무(H1.0×W0.6)	사철나무(H1.0×W0.3)	산딸나무(H2.5×R6)
산수국(H0.3×W0.4)	산수유(H2.5×R8)	산철쭉(H0.3×W0.3)	서양측백(H1.2×W0.4)
소나무(H3.0×W1.5×R10)	소나무(H4.0×W2.0×R15)	소나무(H5.0×W2.5×R20)	소나무(둥근형)(H1.2×W1.5)
수수꽃다리(H2.0×W0.8)	스트로브잣나무(H2.0×W1.0)	아왜나무(H1.5×W0.8)	영산홍(H0.3×W0.3)
왕벚나무(H4.5×B10)	은행나무(H4.0×B10)	이팝나무(H3.5×R12)	자귀나무(H3.5×R12)
자산홍(H0.3×W0.3)	자작나무(H2.5×B5)	조릿대(H0.6×W0.3)	좀작살나무(H1.2×W0.4)
주목(둥근형)(H0.3×W0.3)	주목(선형)(H2.0×W1.0)	중국단풍(H2.5×B6)	쥐똥나무(H1.0×W0.3)
청단풍(H2.5×R8)	층층나무(H3.5×R8)	칠엽수(H3.5×R12)	태산목(H1.5×W0.5)
홍단풍(H3.0×R10)	화살나무(H0.6×W0.3)	회양목(H0.3×W0.3)	갈대(8cm)
감국(8cm)	구절초(8cm)	금계국(10cm)	노랑꽃창포(8cm)
둥굴레(10cm)	맥문동(8cm)	벌개미취(8cm)	부들(8cm)
부처꽃(8cm)	붓꽃(10cm)	비비추(2~3분얼)	수호초(10cm)
애기나리(10cm)	옥잠화(2~3분얼)	원추리(2~3분얼)	잔디(0.3×0.3×0.03)
제비꽃(8cm)	털부처꽃(8cm)	패랭이꽃(8cm)	해국(8cm)

※ 규격이 다른 소나무 수종은 종류가 다른 수종으로 판단하지 않으며, 전체수량에 포함 기재 시 1개 종으로 간주함

⑨ 관목의 식재수량은 400주 이상으로 하고, 교목은 30주 이상 배식하시오.

⑩ 수목수량 집계표에는 성상, 수목명, 규격, 수량을 표기하시오.

⑪ B-B' 단면도에는 현황도의 계획고를 고려해 경사, 포장재료, 경계선, 주변 수목, 주요 시설물, 이용자 (사람) 등을 표기하고, 보조선을 그어 공간 및 높이차를 한눈에 볼 수 있도록 설계하시오.

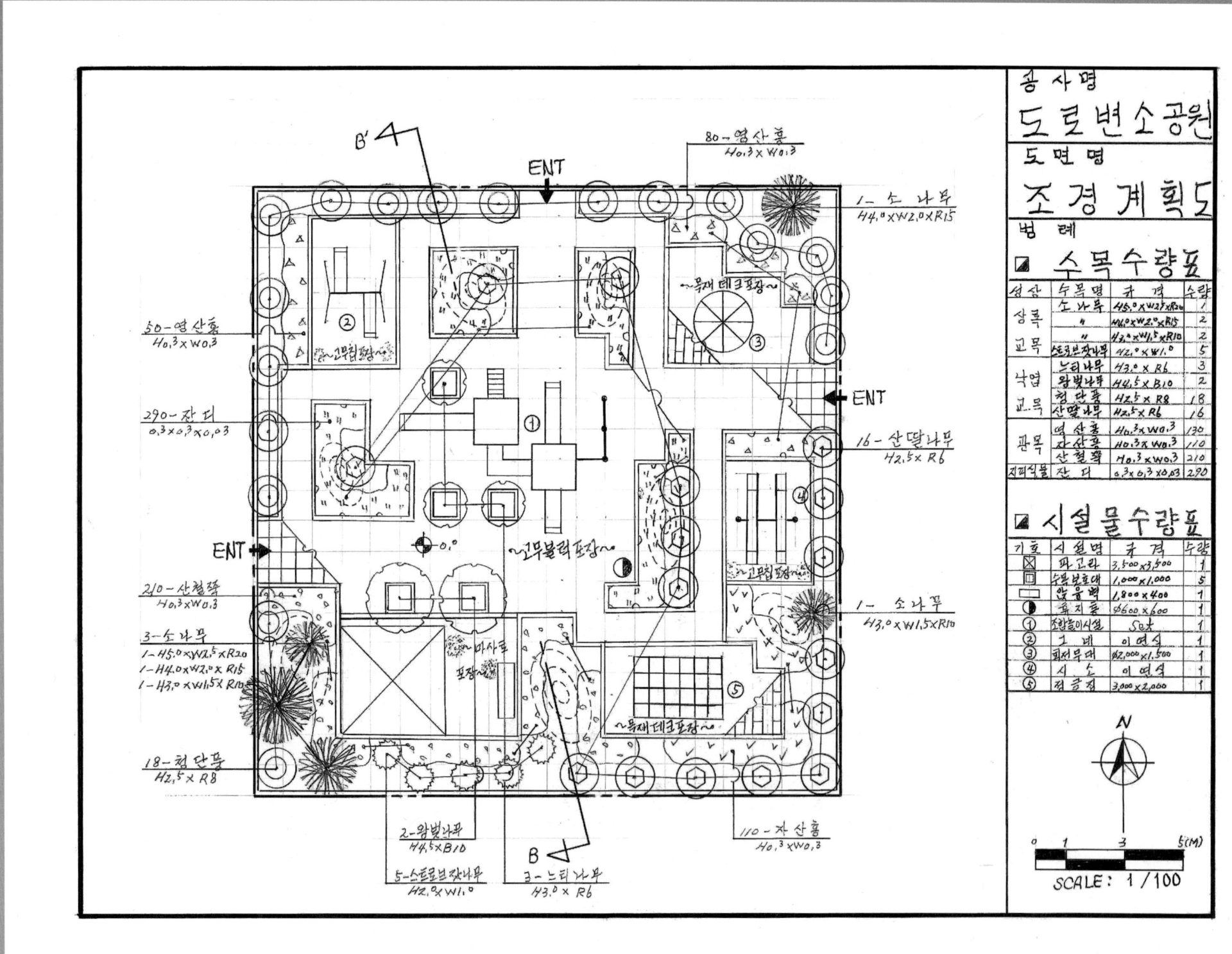

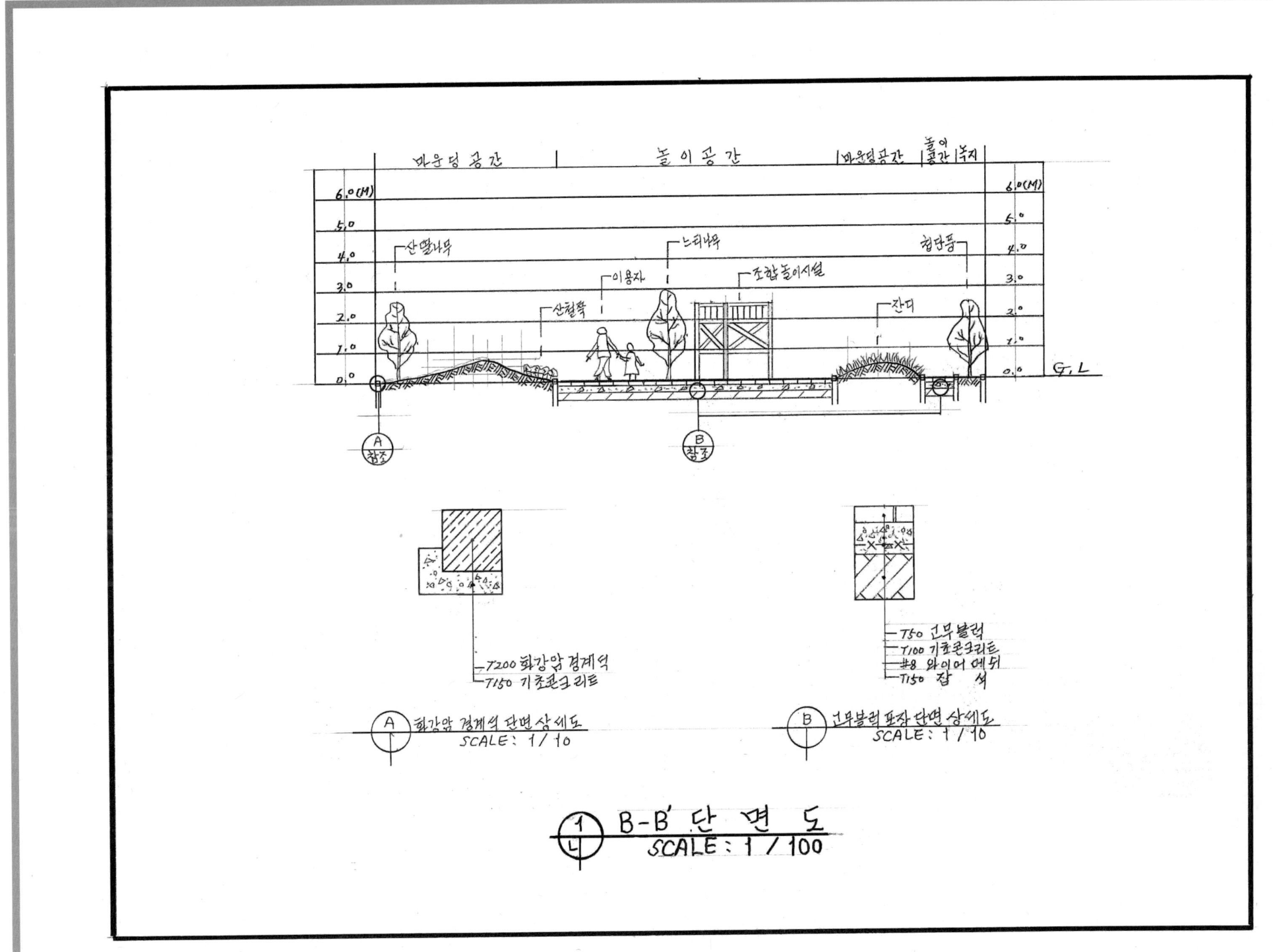

제47절 최근 기출복원문제(도로변 소공원)

설계문제

우리나라 중부지역에 위치한 도로변 소공원에 대한 조경설계를 하고자 한다. 주어진 현황도 및 아래 사항을 참조하여 설계조건에 따라 조경계획도를 작성하시오(단, 2점 쇄선 안 부분을 조경설계 대상지로 한다).

(1) 현황도

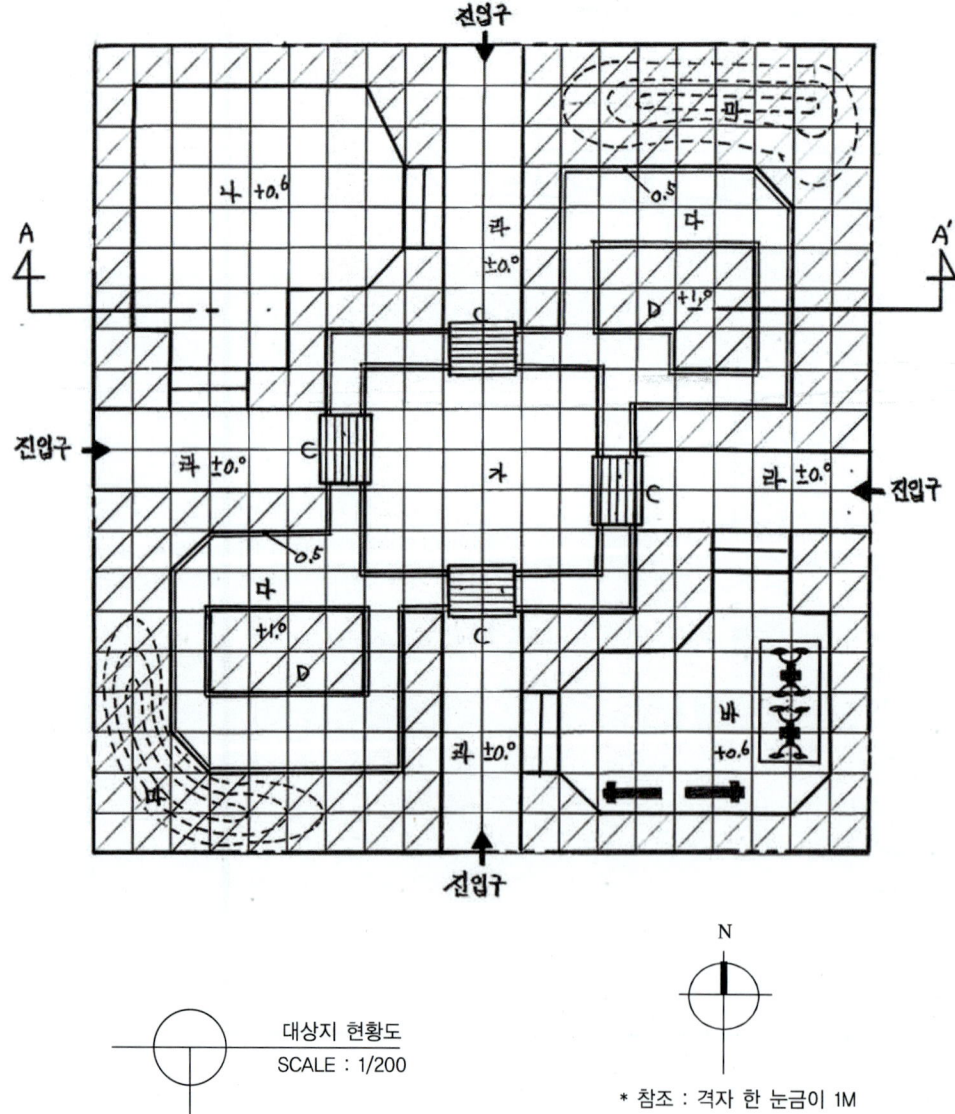

(2) 요구사항

① 식재평면도를 위주로 한 조경계획도(식재평면도, 시설물배치도 등)를 축척 1/100로 작성하시오(지급용지-1).
② 도면 오른쪽 위에 작업명칭을 "도로변 소공원"으로 작성하시오.
③ 도면 오른쪽에는 "주요 시설물 수량표와 수목(식재) 수량표"를 함께 작성하고, 수량표 아래쪽 여백을 이용하여 "방위표시와 막대축척"을 반드시 그려 넣으시오(단, 전체 대상지의 길이를 고려하여 범례표의 폭을 조정할 수 있다).
④ 주어진 현황도면의 위를 북향으로 하고, 도로변 소공원으로 조경계획도를 작성하시오.
⑤ 포장지역을 제외한 모든 녹지는 식재를 실시하시오(녹지공간은 빗금 친 부분이고, 설계조건에 따라 플랜터, 화계, 수목보호대(1×1m) 지점에도 공간 특성을 고려하여 수종을 선정 식재하시오).
⑥ 포장지역은 "점토벽돌, 목재데크, 화강석 인조블록, 고무블록, 화강석 판석, 황토, 마사토 등" 각 공간의 특성에 적합한 포장재료를 구분하여 설치하고 도면에 포장기호와 포장명칭을 반드시 표기하시오.
⑦ 필요시 수목보호대, 조명등, 평의자, 휴지통을 적합한 위치에 설계하시오.
⑧ 기타 유도식재, 녹음식재, 경관식재, 소나무 군식 등 식재 패턴을 적합한 곳에 배식하시오.
⑨ 관목 식재밀도는 m^2당 10주를 적용하고, 10주 단위로 군식하는 것을 원칙으로 하시오.
⑩ 도면의 전체적인 안정감을 위하여 "테두리선"을 작성하시오.
⑪ 수목수량 집계표에는 성상, 수목명, 규격, 단위, 수량과 성상별 소계를 표기하시오.
⑫ 도로변 소공원 부지 내 제시된 단면위치의 단면도(축척 1/100)를 작성하시오(지급용지-2).

(3) 설계조건

지역	공간명칭	요구사항	적용 시설물
가	휴식공간	이용자 휴식공간	퍼걸러(4×3m) 1개, 등의자 2개
나	놀이공간	• "라" 지역과 높이차 발생 • 어린이 놀이를 위한 공간	• 회전무대, 정글짐, 미끄럼틀, 시소 등 3종(공간 고려) • 안전 등에 적합한 포장 선택
다	수경공간	• 물을 활용, 4방향 보행교(C) 설치 • 담수 공간 안쪽에 녹지(D) 조성	• 담수 가이드라인 높이 0.5m, 깊이는 0.2m로 설정 • 담수공간 내 녹지: +1.0m, 관목 위주의 식재
라	보행공간	진입부터 내부 공간 순환 동선	등의자 2개 설치, 주변공간 성격에 적합한 식재
마	마운딩	녹지공간으로 주변 고려 식재	등고선 1개당 높이: 20~30cm
바	운동공간	생활체육 공간, "라" 지역과 높이차 발생	기성품 운동시설 2종 배치, 적합 포장 실시
수목식재		• 다음의 수종 중 종류가 다른 12가지를 식재, 인출선을 사용하여 수목명, 규격, 수량 표기(교목: 30주 이상, 관목 및 초화류: 200주 이상) • 단, 크기가 다른 소나무 3종 식재, 계절감을 느낄 수 있게 다양한 수목을 조화롭게 배치	
단면도		• 계획고를 고려해 경사, 포장재료, 경계선, 주변 수목, 주요 시설물, 이용자(사람) 등 표현 • 보조선을 활용하여 공간 및 높이차를 한눈에 볼 수 있도록 설계	

개나리(H1.2×5가지)　계수나무(H2.5×R6)　구상나무(H1.5×W0.6)　굴거리나무(H2.5×W1.0)
금목서(H2.0×R6)　꽃사과(H2.5×R5)　꽝꽝나무(H0.3×W0.4)　낙상홍(H1.0×W0.4)
낙우송(H4.0×B12)　느티나무(H3.0×R6)　느티나무(H4.5×R20)　다정큼나무(H1.0×W0.6)
대왕참나무(H4.5×R20)　덜꿩나무(H1.0×W0.4)　돈나무(H1.5×W1.0)　동백나무(H2.5×B8)
마가목(H3.0×R12)　매화나무(H2.0×R4)　먼나무(H2.0×R5)　메타세쿼이아(H4.0×B8)
명자나무(H0.6×W0.4)　모과나무(H3.0×R8)　목련(H3.0×R10)　무궁화(H1.0×W0.2)
박태기나무(H1.0×W0.4)　배롱나무(H2.5×R6)　백철쭉(H0.3×W0.3)　백합나무(H4.0×R10)
버즘나무(H3.5×B8)　병꽃나무(H1.0×W0.6)　사철나무(H1.0×W0.3)　산딸나무(H2.5×R6)
산수국(H0.3×W0.4)　산수유(H2.5×R8)　산철쭉(H0.3×W0.3)　서양측백(H1.2×W0.4)
소나무(H3.0×W1.5×R10)　소나무(H4.0×W2.0×R15)　소나무(H5.0×W2.5×R20)　소나무(둥근형)(H1.2×W1.5)
수수꽃다리(H2.0×W0.8)　스트로브잣나무(H2.0×W1.0)　아왜나무(H1.5×W0.8)　영산홍(H0.3×W0.3)
왕벚나무(H4.5×B10)　은행나무(H4.0×B10)　이팝나무(H3.5×R12)　자귀나무(H3.5×R12)
자산홍(H0.3×W0.3)　자작나무(H2.5×B5)　조릿대(H0.6×W0.3)　좀작살나무(H1.2×W0.4)
주목(둥근형)(H0.3×W0.3)　주목(선형)(H2.0×W1.0)　중국단풍(H2.5×B6)　쥐똥나무(H1.0×W0.3)
청단풍(H2.5×R8)　층층나무(H3.5×R8)　칠엽수(H3.5×R12)　태산목(H1.5×W0.5)
홍단풍(H3.0×R10)　화살나무(H0.6×W0.3)　회양목(H0.3×W0.3)　갈대(8cm)
감국(8cm)　구절초(8cm)　금계국(10cm)　노랑꽃창포(8cm)
둥굴레(10cm)　맥문동(8cm)　벌개미취(8cm)　부들(8cm)
부처꽃(8cm)　붓꽃(10cm)　비비추(2~3분얼)　수호초(10cm)
애기나리(10cm)　옥잠화(2~3분얼)　원추리(2~3분얼)　잔디(0.3×0.3×0.03)
제비꽃(8cm)　털부처꽃(8cm)　패랭이꽃(8cm)　해국(8cm)

※ 규격이 다른 소나무 수종은 종류가 다른 수종으로 판단하지 않으며, 전체수량에 포함 기재 시 1개 종으로 간주함

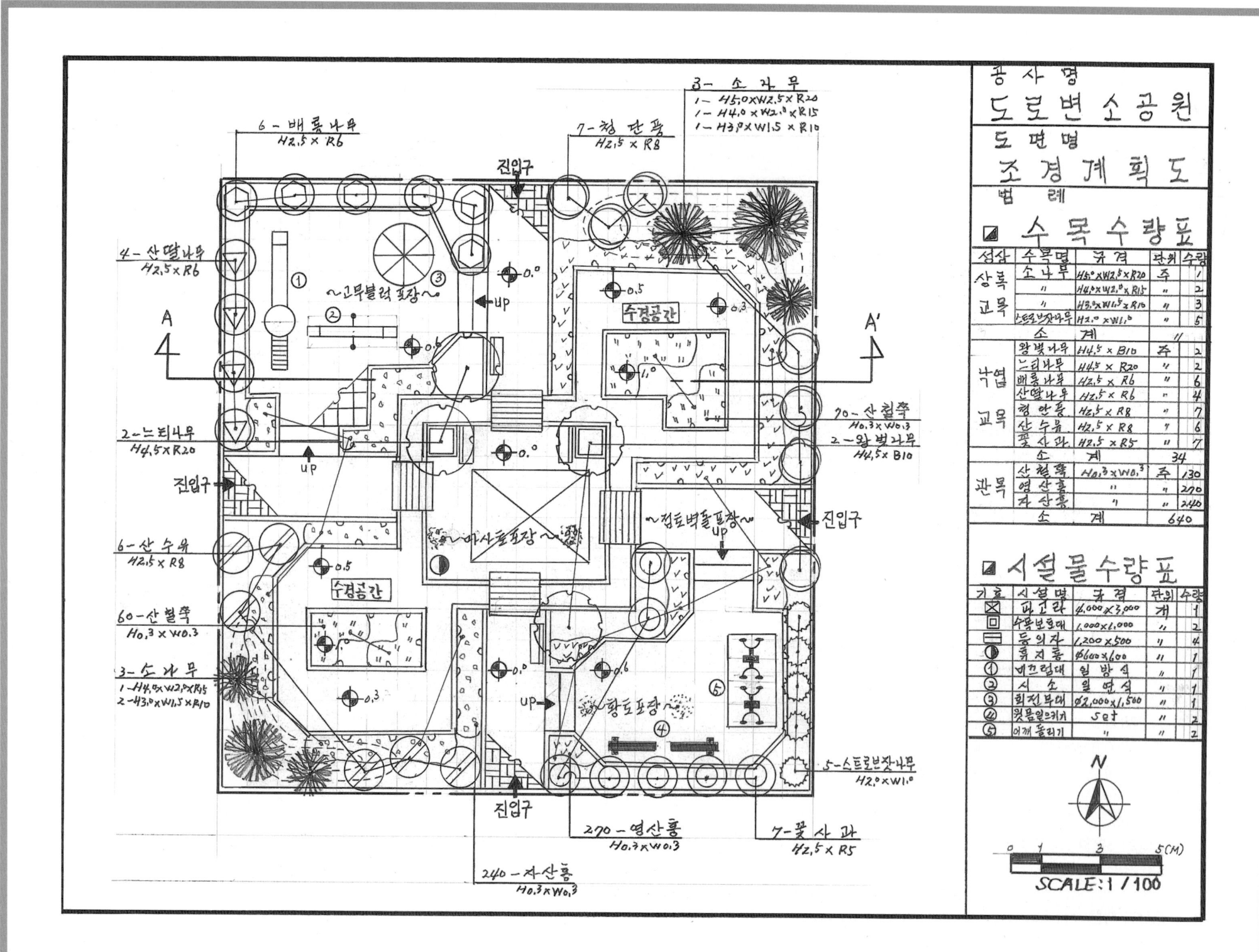

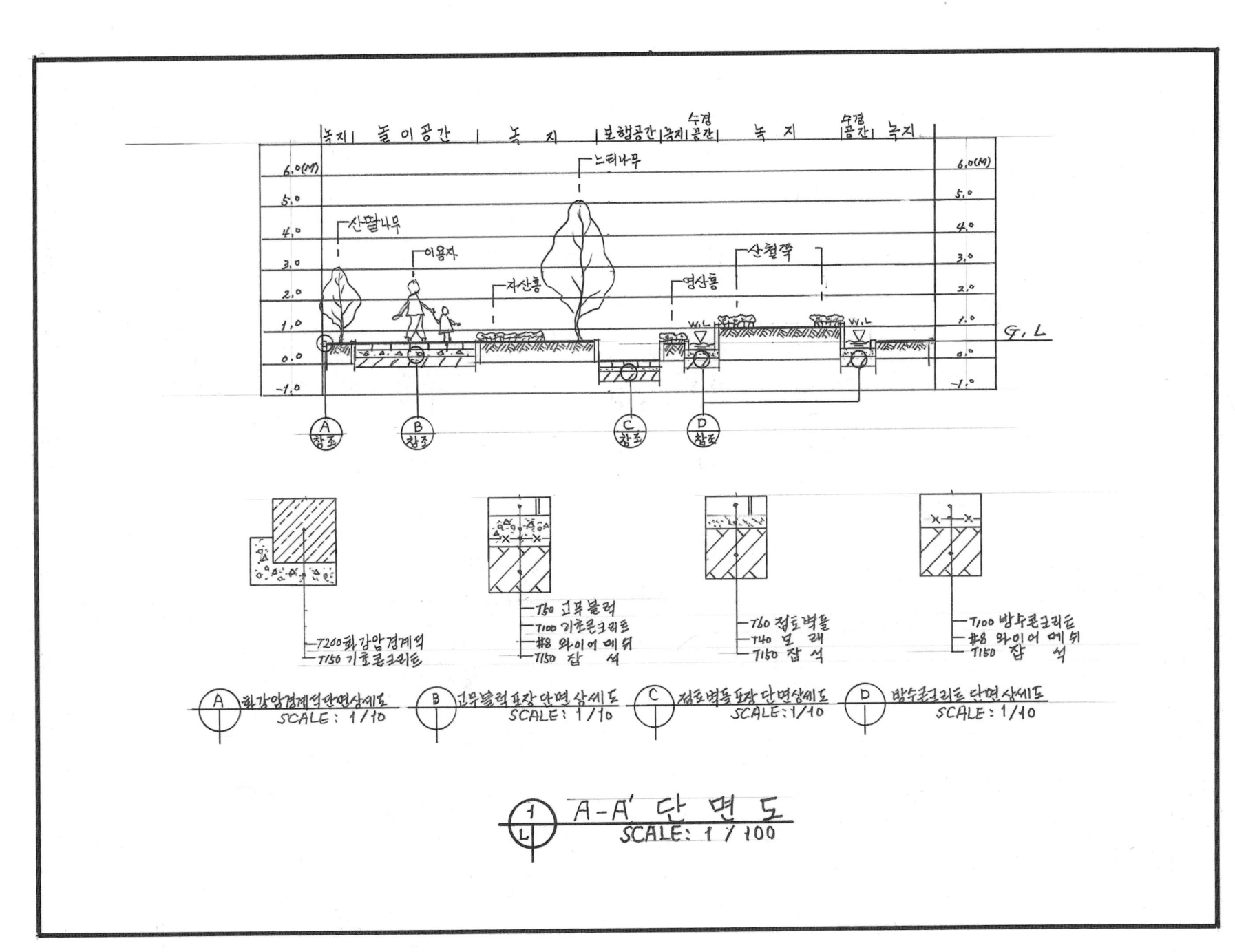

제48절 최근 기출복원문제(도로변 소공원)

설계문제

우리나라 중부지역에 위치한 도로변 소공원에 대한 조경설계를 하고자 한다. 주어진 현황도 및 아래 사항을 참조하여 설계조건에 따라 조경계획도를 작성하시오(단, 2점 쇄선 안 부분을 조경설계 대상지로 한다).

(1) 현황도

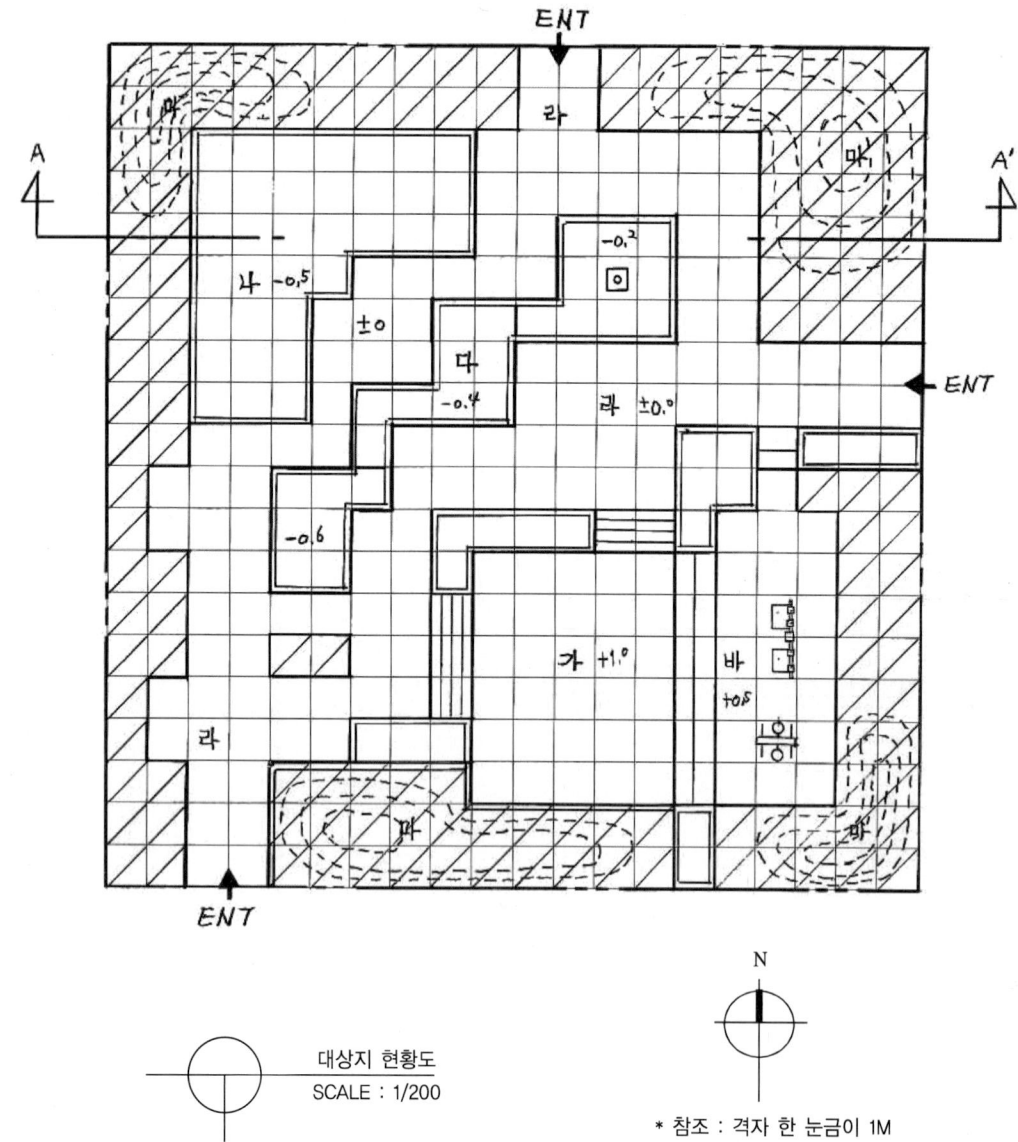

대상지 현황도
SCALE : 1/200

* 참조 : 격자 한 눈금이 1M

(2) 요구사항

① 식재평면도를 위주로 한 조경계획도(식재평면도, 시설물배치도 등)를 축척 1/100로 작성하시오(지급용지-1).
② 도면 오른쪽 위에 작업명칭을 "도로변 소공원"으로 작성하시오.
③ 도면 오른쪽에는 "주요 시설물 수량표와 수목(식재) 수량표"를 함께 작성하고, 수량표 아래쪽 여백을 이용하여 "방위표시와 막대축척"을 반드시 그려 넣으시오(단, 전체 대상지의 길이를 고려하여 범례표의 폭을 조정할 수 있다).
④ 주어진 현황도면의 위를 북향으로 하고, 도로변 소공원으로 조경계획도를 작성하시오.
⑤ 포장지역을 제외한 모든 녹지는 식재를 실시하시오(녹지공간은 빗금 친 부분이고, 설계조건에 따라 플랜터, 화계, 수목보호대(1×1m) 지점에도 공간 특성을 고려하여 수종을 선정 식재하시오).
⑥ 포장지역은 "점토벽돌, 목재데크, 화강석 인조블록, 고무블록, 화강석 판석, 황토, 마사토 등" 각 공간의 특성에 적합한 포장재료를 구분하여 설치하고 도면에 포장기호와 포장명칭을 반드시 표기하시오.
⑦ 필요시 수목보호대, 조명등, 평의자, 휴지통을 적합한 위치에 설계하시오.
⑧ 기타 유도식재, 녹음식재, 경관식재, 소나무 군식 등 식재 패턴을 적합한 곳에 배식하시오.
⑨ 관목 식재밀도는 m^2당 10주를 적용하고, 10주 단위로 군식하는 것을 원칙으로 하시오.
⑩ 도면의 전체적인 안정감을 위하여 "테두리선"을 작성하시오.
⑪ 수목수량 집계표에는 성상, 수목명, 규격, 단위, 수량과 성상별 소계를 표기하시오.
⑫ 도로변 소공원 부지 내 제시된 단면위치의 단면도(축척 1/100)를 작성하시오(지급용지-2).

(3) 설계조건

지역	공간명칭	요구사항	적용 시설물
가	휴식공간	이용자 휴식, 경관식재, 높이차 발생	퍼걸러(3×3m) 1개, 등의자 2개
나	놀이공간	• "라" 지역과 높이차 발생 • 어린이 놀이시설물 배치	• 회전무대, 정글짐, 미끄럼틀, 시소 등 3종(공간 고려) • 안전 등에 적합한 포장 선택
다	수경공간	• 최상단 분수에서 최하단으로 흐르도록 • 위→아래 3단 설치(-0.2m→0.6m)	• 분수 설치, 가이드라인 설치는 설계자 임의로 결정 • 수경공간 주변에 등의자 3개 설치
라	보행공간	진입순환 동선, 중앙광장, 조화식재	등의자 4개 설치, 주변공간 성격에 적합한 식재
마	마운딩	녹지공간으로 주변 고려 식재	등고선 1개당 높이 : 20~30cm
바	운동공간	휴게공간 인근 생활체육 공간	기성품 운동시설 2종 배치, 적합 포장 실시
수목식재		• 다음의 수종 중 종류가 다른 12가지를 식재, 인출선을 사용하여 수목명, 규격, 수량 표기(교목 : 30주 이상, 관목 및 초화류 : 200주 이상) • 단, 크기가 다른 소나무 3종 식재, 계절감을 느낄 수 있게 다양한 수목을 조화롭게 배치	
단면도		• 계획고를 고려해 경사, 포장재료, 경계선, 주변 수목, 주요 시설물, 이용자(사람) 등 표현 • 보조선을 활용하여 공간 및 높이차를 한눈에 볼 수 있도록 설계	

개나리(H1.2×5가지)	계수나무(H2.5×R6)	구상나무(H1.5×W0.6)	굴거리나무(H2.5×W1.0)
금목서(H2.0×R6)	꽃사과(H2.5×R5)	꽝꽝나무(H0.3×W0.4)	낙상홍(H1.0×W0.4)
낙우송(H4.0×B12)	느티나무(H3.0×R6)	느티나무(H4.5×R20)	다정큼나무(H1.0×W0.6)
대왕참나무(H4.5×R20)	덜꿩나무(H1.0×W0.4)	돈나무(H1.5×W1.0)	동백나무(H2.5×B8)
마가목(H3.0×R12)	매화나무(H2.0×R4)	먼나무(H2.0×R5)	메타세쿼이아(H4.0×B8)
명자나무(H0.6×W0.4)	모과나무(H3.0×R8)	목련(H3.0×R10)	무궁화(H1.0×W0.2)
박태기나무(H1.0×W0.4)	배롱나무(H2.5×R6)	백철쭉(H0.3×W0.3)	백합나무(H4.0×R10)
버즘나무(H3.5×B8)	병꽃나무(H1.0×W0.6)	사철나무(H1.0×W0.3)	산딸나무(H2.5×R6)
산수국(H0.3×W0.4)	산수유(H2.5×R8)	산철쭉(H0.3×W0.3)	서양측백(H1.2×W0.4)
소나무(H3.0×W1.5×R10)	소나무(H4.0×W2.0×R15)	소나무(H5.0×W2.5×R20)	소나무(둥근형)(H1.2×W1.5)
수수꽃다리(H2.0×W0.8)	스트로브잣나무(H2.0×W1.0)	아왜나무(H1.5×W0.8)	영산홍(H0.3×W0.3)
왕벚나무(H4.5×B10)	은행나무(H4.0×B10)	이팝나무(H3.5×R12)	자귀나무(H3.5×R12)
자산홍(H0.3×W0.3)	자작나무(H2.5×B5)	조릿대(H0.6×W0.3)	좀작살나무(H1.2×W0.4)
주목(둥근형)(H0.3×W0.3)	주목(선형)(H2.0×W1.0)	중국단풍(H2.5×B6)	쥐똥나무(H1.0×W0.3)
청단풍(H2.5×R8)	층층나무(H3.5×R8)	칠엽수(H3.5×R12)	태산목(H1.5×W0.5)
홍단풍(H3.0×R10)	화살나무(H0.6×W0.3)	회양목(H0.3×W0.3)	갈대(8cm)
감국(8cm)	구절초(8cm)	금계국(10cm)	노랑꽃창포(8cm)
둥굴레(10cm)	맥문동(8cm)	벌개미취(8cm)	부들(8cm)
부처꽃(8cm)	붓꽃(10cm)	비비추(2~3분얼)	수호초(10cm)
애기나리(10cm)	옥잠화(2~3분얼)	원추리(2~3분얼)	잔디(0.3×0.3×0.03)
제비꽃(8cm)	털부처꽃(8cm)	패랭이꽃(8cm)	해국(8cm)

※ 규격이 다른 소나무 수종은 종류가 다른 수종으로 판단하지 않으며, 전체수량에 포함 기재 시 1개 종으로 간주함

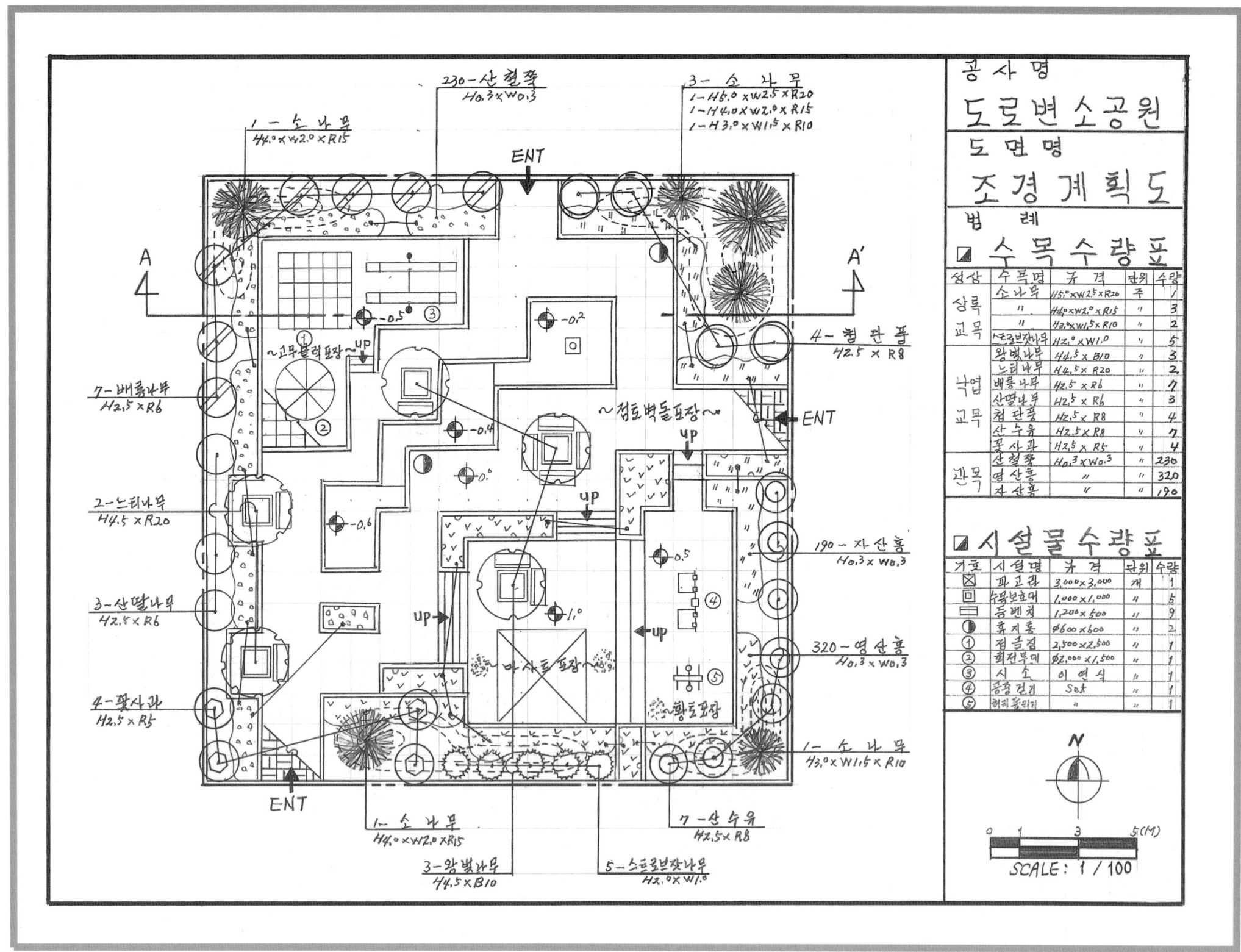

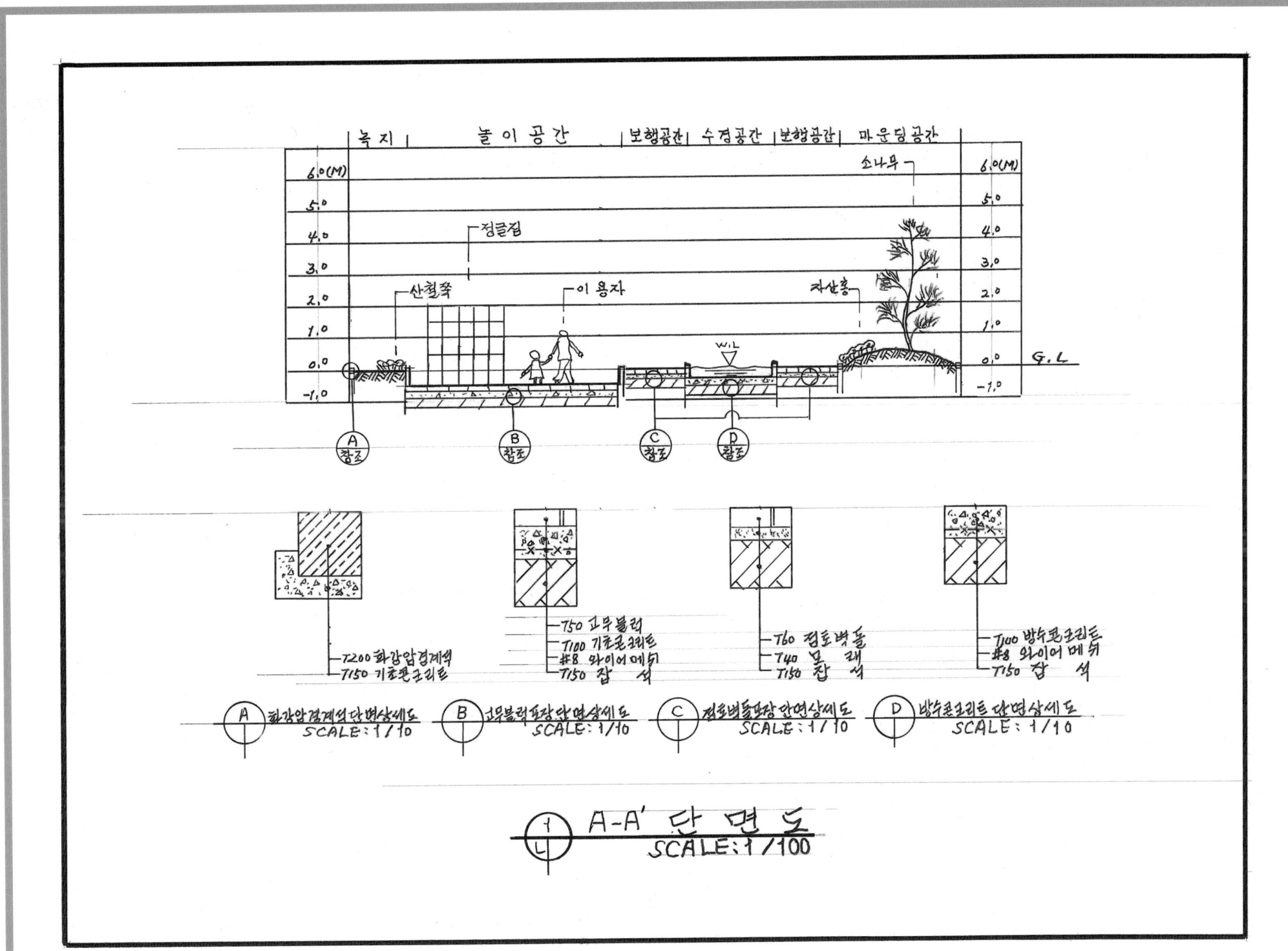

제49절 최근 기출복원문제(도로변 소공원)

설계문제

우리나라 중부지역에 위치한 도로변 소공원에 대한 조경설계를 하고자 한다. 주어진 현황도 및 아래 사항을 참조하여 설계조건에 따라 조경계획도를 작성하시오(단, 2점 쇄선 안 부분을 조경설계 대상지로 한다).

(1) 현황도

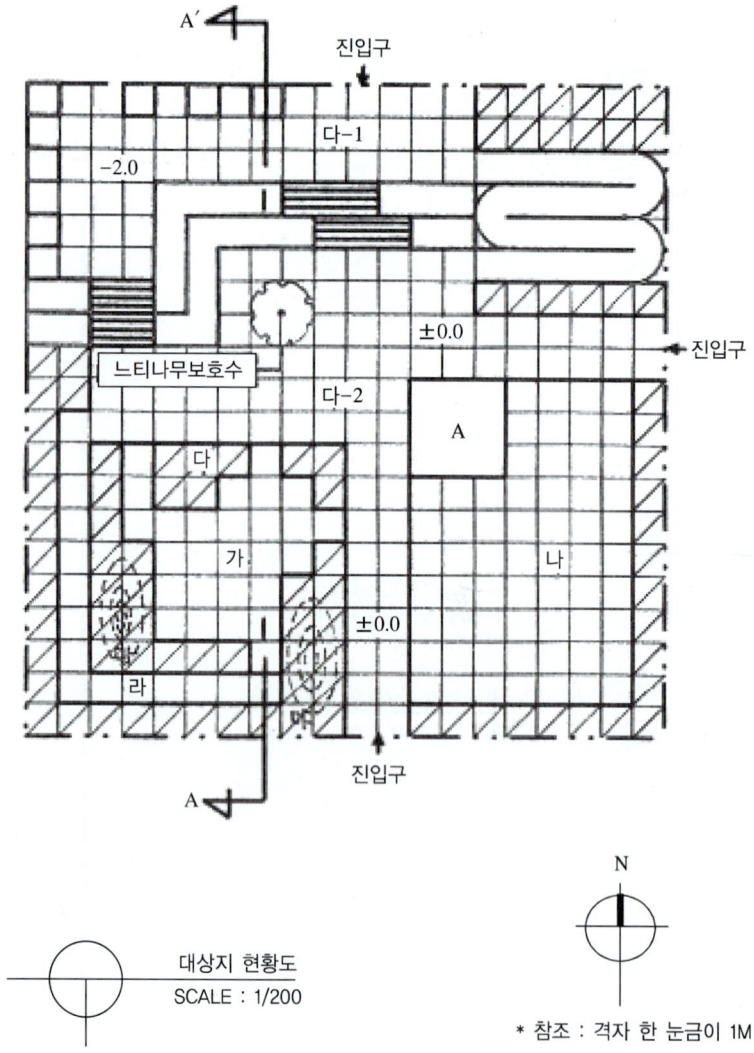

대상지 현황도
SCALE : 1/200

* 참조 : 격자 한 눈금이 1M

(2) 요구사항

① 식재평면도를 위주로 한 조경계획도(식재평면도, 시설물배치도 등)를 축척 1/100로 작성하시오(지급용지-1).
② 도면 오른쪽 위에 작업명칭을 "도로변 소공원"으로 작성하시오.
③ 도면 오른쪽에는 "주요 시설물 수량표와 수목(식재) 수량표"를 함께 작성하고, 수량표 아래쪽 여백을 이용하여 "방위표시와 막대축척"을 반드시 그려 넣으시오(단, 전체 대상지의 길이를 고려하여 범례표의 폭을 조정할 수 있다).
④ 주어진 현황도면의 위를 북향으로 하고, 도로변 소공원으로 조경계획도를 작성하시오.
⑤ 포장지역을 제외한 모든 녹지는 식재를 실시하시오(녹지공간은 빗금 친 부분이고, 설계조건에 따라 플랜터, 화계, 수목보호대(1×1m) 지점에도 공간 특성을 고려하여 수종을 선정 식재하시오).
⑥ 포장지역은 "점토벽돌, 목재데크, 화강석 인조블록, 고무블록, 화강석 판석, 황토, 마사토 등" 각 공간의 특성에 적합한 포장재료를 구분하여 설치하고 도면에 포장기호와 포장명칭을 반드시 표기하시오.
⑦ 필요시 수목보호대, 조명등, 평의자, 휴지통을 적합한 위치에 설계하시오.
⑧ 기타 유도식재, 녹음식재, 경관식재, 소나무 군식 등 식재 패턴을 적합한 곳에 배식하시오.
⑨ 관목 식재밀도는 m²당 10주를 적용하고, 10주 단위로 군식하는 것을 원칙으로 하시오.
⑩ 등고선 1개의 높이는 20~30cm로 하며, 적합한 수종을 선택하여 식재하시오.
⑪ 도면의 전체적인 안정감을 위하여 "테두리선"을 작성하시오.
⑫ 수목수량 집계표에는 성상, 수목명, 규격, 단위, 수량과 성상별 소계를 표기하시오.
⑬ 도로변 소공원 부지 내 제시된 단면위치의 단면도(축척 1/100)를 작성하시오(지급용지-2).

(3) 설계조건

지역	공간명칭	요구사항	적용 시설물
가	휴식공간	이용자 휴식공간, 경관식재	퍼걸러(3×3m) 1개
나	놀이공간	• "가", "다" 지역과 높이차 발생 • 어린이 놀이시설물 배치 • 안전 등 적합한 포장을 선택	• 회전무대, 2연식 시소, 정글짐, 미끄럼틀 등 3종 설치 • A : 유아용 모래놀이터(3×3m) • 주변 차폐식재 실시
다	진입/보행로	• 공간별 높이차 발생, 단차 해소 • 중앙광장에 느티나무 보호수 있음	• 플랜트박스, 램프, 계단 등을 다양하게 활용 • 보호수 보호용 울타리(4×4×1.5m) 조성 • 수목보호대 7개, 평의자 4개 설치
라	산책로	서-남쪽 순환 동선, 조화로운 식재	주변공간의 성격에 맞도록 식재
마	마운딩	녹지공간으로 주변 고려 식재	등고선 1개당 높이 : 20~30cm
수목식재		• 다음의 수종 중 종류가 다른 12가지를 식재, 인출선을 사용하여 수목명, 규격, 수량 표기(교목 : 30주 이상, 관목 및 초화류 : 200주 이상) • 단, 크기가 다른 소나무 3종 식재, 계절감을 느낄 수 있게 다양한 수목을 조화롭게 배치	
단면도		• 계획고를 고려해 경사, 포장재료, 경계선, 주변 수목, 주요 시설물, 이용자(사람) 등 표현 • 보조선을 활용하여 공간 및 높이차를 한눈에 볼 수 있도록 설계	

개나리(H1.2×5가지)	계수나무(H2.5×R6)	구상나무(H1.5×W0.6)	굴거리나무(H2.5×W1.0)
금목서(H2.0×R6)	꽃사과(H2.5×R5)	꽝꽝나무(H0.3×W0.4)	낙상홍(H1.0×W0.4)
낙우송(H4.0×B12)	느티나무(H3.0×R6)	느티나무(H4.5×R20)	다정큼나무(H1.0×W0.6)
대왕참나무(H4.5×R20)	덜꿩나무(H1.0×W0.4)	돈나무(H1.5×W1.0)	동백나무(H2.5×B8)
마가목(H3.0×R12)	매화나무(H2.0×R4)	먼나무(H2.0×R5)	메타세쿼이아(H4.0×B8)
명자나무(H0.6×W0.4)	모과나무(H3.0×R8)	목련(H3.0×R10)	무궁화(H1.0×W0.2)
박태기나무(H1.0×W0.4)	배롱나무(H2.5×R6)	백철쭉(H0.3×W0.3)	백합나무(H4.0×R10)
버즘나무(H3.5×B8)	병꽃나무(H1.0×W0.6)	사철나무(H1.0×W0.3)	산딸나무(H2.5×R6)
산수국(H0.3×W0.4)	산수유(H2.5×R8)	산철쭉(H0.3×W0.3)	서양측백(H1.2×W0.4)
소나무(H3.0×W1.5×R10)	소나무(H4.0×W2.0×R15)	소나무(H5.0×W2.5×R20)	소나무(둥근형)(H1.2×W1.5)
수수꽃다리(H2.0×W0.8)	스트로브잣나무(H2.0×W1.0)	아왜나무(H1.5×W0.8)	영산홍(H0.3×W0.3)
왕벚나무(H4.5×B10)	은행나무(H4.0×B10)	이팝나무(H3.5×R12)	자귀나무(H3.5×R12)
자산홍(H0.3×W0.3)	자작나무(H2.5×B5)	조릿대(H0.6×W0.3)	좀작살나무(H1.2×W0.4)
주목(둥근형)(H0.3×W0.3)	주목(선형)(H2.0×W1.0)	중국단풍(H2.5×B6)	쥐똥나무(H1.0×W0.3)
청단풍(H2.5×R8)	층층나무(H3.5×R8)	칠엽수(H3.5×R12)	태산목(H1.5×W0.5)
홍단풍(H3.0×R10)	화살나무(H0.6×W0.3)	회양목(H0.3×W0.3)	갈대(8cm)
감국(8cm)	구절초(8cm)	금계국(10cm)	노랑꽃창포(8cm)
둥굴레(10cm)	맥문동(8cm)	벌개미취(8cm)	부들(8cm)
부처꽃(8cm)	붓꽃(10cm)	비비추(2~3분얼)	수호초(10cm)
애기나리(10cm)	옥잠화(2~3분얼)	원추리(2~3분얼)	잔디(0.3×0.3×0.03)
제비꽃(8cm)	털부처꽃(8cm)	패랭이꽃(8cm)	해국(8cm)

※ 규격이 다른 소나무 수종은 종류가 다른 수종으로 판단하지 않으며, 전체수량에 포함 기재 시 1개 종으로 간주함

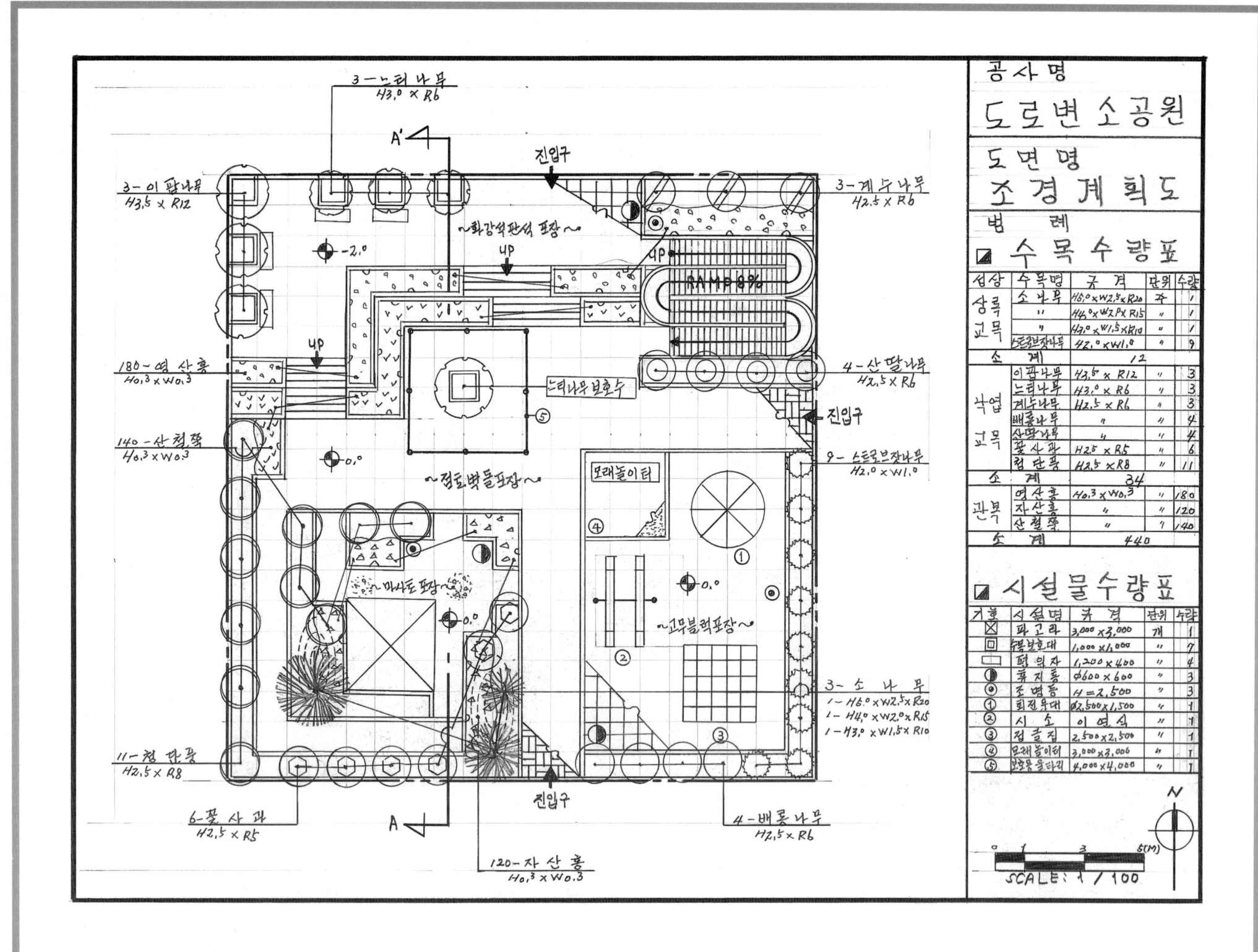

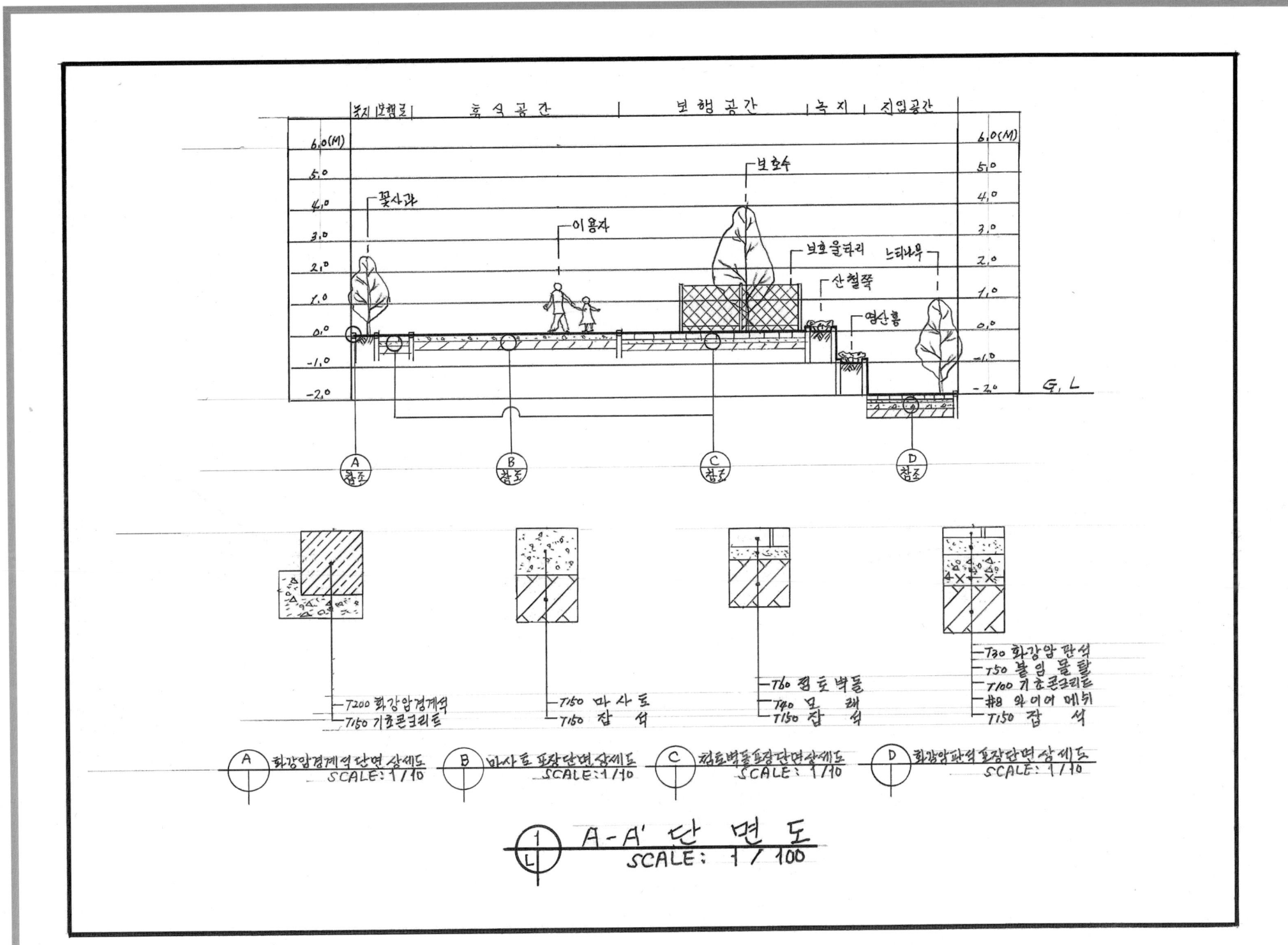

참 / 고 / 문 / 헌

- 세계화훼장식식물도감, 학술편수관, 하순혜, 2006

- 식물 도안, 도서출판 우람, 미술도서연구회, 1993

- 식물비교도감, 현암사, 김옥임·남정칠 공저, 2009

- 야생화 도감, 지식서관, 김완규, 2005

- 조경계획·설계, 보문당, 임승빈·주신하 공저, 2006

- 조경수 식재관리기술, 서울대학교 출판부, 이경준·이승재 공저, 2001

- 조경수목도감, 기문당, 대한주택공사, 1998

- 조경식물, 기문당, 최상범, 2006

- 조경학, 보문당, John Ormesbee Simonds, 안동만 역, 2008

- 조경화초, 기문당, 최상범, 2008

- 한국의 야생식물, 흥농종묘(주) 출판부, 윤평섭, 1990